全国高等职业教育畜牧业类"十三五"规划教材

# 动物疫病

杜宗沛　魏冬霞　郭广富　主编

中国林业出版社

## 内 容 简 介

本教材共分15章。第1、2章论述了动物传染病发生、流行规律和综合防制措施；第3章是多种动物共患病；第4章选编了24种危害较大或常见的猪传染病；第5章选编了21种危害较大或常见的禽类传染病；第6章选编了14种常见的牛、羊传染病；第7章选编了8种其他动物传染病；第8章是动物寄生虫病概述；第9~14章分别选编了动物吸虫病、动物绦虫病、动物线虫病、动物棘头虫病、动物蜘蛛昆虫病和动物原虫病；第15章是技能实训部分，编者精心编选了21个常用的、可操作性强的、有针对性的技能实训指导。

本教材是畜牧兽医专业学生的必修教材，同时也满足基层畜牧兽医及相关业者的职业需求。因此，在教学内容的选取上，是根据我国牧业发展和动物疫病的流行现状为目标；突出职业性和实践性；也是基层畜牧兽医技术人员的必备参考书。

**图书在版编目(CIP)数据**

动物疫病 / 杜宗沛，魏冬霞，郭广富主编．—北京：中国林业出版社，2019.8(2023.12重印)
 全国高等职业教育畜牧业类"十三五"规划教材
 ISBN 978-7-5219-0233-4

Ⅰ.①动⋯ Ⅱ.①杜⋯ ②魏⋯ ③郭⋯ Ⅲ.①兽疫-防治-高等职业教育-教材 Ⅳ.①S851.3

中国版本图书馆CIP数据核字(2019)第177581号

**中国林业出版社教育分社**

策划、责任编辑：高红岩
电话：(010)83143554　　　　　　　　　　传真：(010)83143516

| | |
|---|---|
| 出版发行 | 中国林业出版社(100009　北京市西城区德内大街刘海胡同7号)<br>E-mail:jiaocaipublic@163.com　电话：(010)83143500<br>http://www.forestry.gov.cn/lycb.html |
| 经　　销 | 新华书店 |
| 印　　刷 | 三河市祥达印刷包装有限公司 |
| 版　　次 | 2019年8月第1版 |
| 印　　次 | 2023年12月第4次印刷 |
| 开　　本 | 787mm×1092mm　1/16 |
| 印　　张 | 24.75 |
| 字　　数 | 585千字 |
| 定　　价 | 58.00元 |

未经许可，不得以任何方式复制或抄袭本书之部分或全部内容。
**版权所有　　侵权必究**

# 《动物疫病》编写人员

主　编　杜宗沛　魏冬霞　郭广富
副主编　郭长明　张库食　相　群
编　者　（按姓氏笔画排序）
　　　　马鸣潇（辽宁医学院畜牧兽医学院）
　　　　王永立（周口职业技术学院）
　　　　刘　红（黑龙江农业职业技术学院）
　　　　刘洪杰（黑龙江农业职业技术学院）
　　　　齐富刚（江苏农牧科技职业学院）
　　　　杜宗沛（江苏农牧科技职业学院）
　　　　杨玉平（黑龙江生物科技职业学院）
　　　　杨晓花（云南农业职业技术学院）
　　　　张库食（苏州太湖国家旅游度假区动物防疫站）
　　　　相　群（吉林大学）
　　　　袁　橙（江苏农牧科技职业学院）
　　　　郭广富（江苏农牧科技职业学院）
　　　　郭长明（江苏农牧科技职业学院）
　　　　梁　楠（河南农业职业学院）
　　　　魏冬霞（江苏农牧科技职业学院）
主　审　陶建平（扬州大学）

# 前言
## Preface

  本教材是根据国务院发布的《国家职业教育改革实施方案》精神，以及高等职业教育的培养目标，即"培养适应生产、建设、管理、服务第一线，德、智、体、美全面发展的高等技术应用性专门人才"的指导下编写的。

  在编写过程中，我们充分考虑到，高等职业教育学生就业的方向是生产第一线的岗位，因此，严格遵循高等职业教育的教学规律，打破传统学科分类体系下所产生的课程与实际脱节的弊端，正确处理理论与实践、教学与实训的关系，突出能力与素质的培养，充分体现应用性、实践性的原则，将预防动物医学范畴内的两门独立学科合二为一，立足于当前畜牧业岗位的需要，着眼于未来发展的趋势，充实新知识、新技术、新方法，深入浅出地讲述，便于学生记忆与联系实际，以期真正达到理论与实践有机结合的目的。本教材既可作为高等职业学院的教材，又可作为从事动物防疫第一线工作人员的学习参考书。

  本教材编写分工为：郭广富编写第1章；刘红、张库食编写第2章；郭长明编写第3章；王永立、马鸣潇编写第4章；梁楠、杨晓花编写第5章；杨玉平编写第6章；相群编写第7章；魏冬霞编写第8～10章；袁橙编写第11章；刘洪杰编写第12章；齐富刚编写第13章；朴宗沛编写第14、15章及负责全书的统稿。

  本教材由扬州大学陶建平教授审稿，在此深表谢意。

  本教材由于作者水平所限，难免有不足之处，恳请广大读者指正。

编　者

2019年4月

# 目录
## Contents

前　言

**第1章　动物传染病发生和流行规律** ······················· 1
 1.1　动物传染病的发生、特征和分类 ····················· 1
 1.2　动物传染病的流行过程 ····························· 4
 1.3　动物传染病的流行病学调查与分析 ··················· 13

**第2章　动物传染病的综合防制措施** ······················· 16
 2.1　动物传染病防制措施的制定 ························· 16
 2.2　动物传染病的预防措施 ····························· 18
 2.3　动物传染病的疫情报告和诊断 ······················· 29
 2.4　动物传染病的扑灭与净化 ··························· 33
 2.5　动物传染病防疫计划的制订 ························· 36

**第3章　多种动物共患病** ································· 41
 3.1　炭　疽 ··········································· 41
 3.2　巴氏杆菌病 ······································· 43
 3.3　口蹄疫 ··········································· 48
 3.4　布鲁氏菌病 ······································· 51
 3.5　结核病 ··········································· 53
 3.6　痘　病 ··········································· 56
 3.7　伪狂犬病 ········································· 60
 3.8　狂犬病 ··········································· 62

3.9 大肠杆菌病 …… 64
3.10 沙门氏菌病 …… 67
3.11 破伤风 …… 72
3.12 流行性乙型脑炎 …… 73
3.13 钩端螺旋体病 …… 75
3.14 李氏杆菌病 …… 77
3.15 肉毒梭菌中毒症 …… 79
3.16 坏死杆菌病 …… 81
3.17 放线菌病 …… 83
3.18 轮状病毒感染 …… 84
3.19 莱姆病 …… 85
3.20 附红细胞体病 …… 86
3.21 禽流行性感冒 …… 88
3.22 衣原体病 …… 91

## 第4章 猪传染病 …… 95

4.1 猪丹毒 …… 95
4.2 猪痢疾 …… 97
4.3 猪链球菌病 …… 99
4.4 猪支原体肺炎 …… 101
4.5 猪传染性萎缩性鼻炎 …… 104
4.6 猪梭菌性肠炎 …… 105
4.7 猪传染性胸膜肺炎 …… 107
4.8 猪瘟 …… 109
4.9 猪水疱病 …… 113
4.10 猪圆环病毒感染 …… 114
4.11 猪流行性腹泻 …… 117
4.12 猪脑心肌炎 …… 118
4.13 猪捷申病毒病 …… 119
4.14 猪繁殖与呼吸综合征 …… 120

  4.15 猪传染性胃肠炎 ⋯⋯⋯⋯⋯⋯⋯⋯⋯⋯⋯⋯⋯⋯⋯⋯⋯⋯⋯⋯ 121
  4.16 猪细小病毒感染 ⋯⋯⋯⋯⋯⋯⋯⋯⋯⋯⋯⋯⋯⋯⋯⋯⋯⋯⋯⋯ 123
  4.17 猪戊型肝炎 ⋯⋯⋯⋯⋯⋯⋯⋯⋯⋯⋯⋯⋯⋯⋯⋯⋯⋯⋯⋯⋯⋯ 124
  4.18 猪博卡病毒病 ⋯⋯⋯⋯⋯⋯⋯⋯⋯⋯⋯⋯⋯⋯⋯⋯⋯⋯⋯⋯⋯ 126
  4.19 猪巨细胞病毒感染 ⋯⋯⋯⋯⋯⋯⋯⋯⋯⋯⋯⋯⋯⋯⋯⋯⋯⋯⋯ 126
  4.20 猪细环病毒感染 ⋯⋯⋯⋯⋯⋯⋯⋯⋯⋯⋯⋯⋯⋯⋯⋯⋯⋯⋯⋯ 128
  4.21 猪血凝性脑脊髓炎 ⋯⋯⋯⋯⋯⋯⋯⋯⋯⋯⋯⋯⋯⋯⋯⋯⋯⋯⋯ 129
  4.22 猪增生性肠炎 ⋯⋯⋯⋯⋯⋯⋯⋯⋯⋯⋯⋯⋯⋯⋯⋯⋯⋯⋯⋯⋯ 131
  4.23 非洲猪瘟 ⋯⋯⋯⋯⋯⋯⋯⋯⋯⋯⋯⋯⋯⋯⋯⋯⋯⋯⋯⋯⋯⋯⋯ 133
  4.24 塞内卡病毒病 ⋯⋯⋯⋯⋯⋯⋯⋯⋯⋯⋯⋯⋯⋯⋯⋯⋯⋯⋯⋯⋯ 134

## 第5章 家禽传染病 ⋯⋯⋯⋯⋯⋯⋯⋯⋯⋯⋯⋯⋯⋯⋯⋯⋯⋯⋯⋯⋯⋯⋯ 138

  5.1 新城疫 ⋯⋯⋯⋯⋯⋯⋯⋯⋯⋯⋯⋯⋯⋯⋯⋯⋯⋯⋯⋯⋯⋯⋯⋯ 138
  5.2 传染性支气管炎 ⋯⋯⋯⋯⋯⋯⋯⋯⋯⋯⋯⋯⋯⋯⋯⋯⋯⋯⋯⋯ 141
  5.3 传染性喉气管炎 ⋯⋯⋯⋯⋯⋯⋯⋯⋯⋯⋯⋯⋯⋯⋯⋯⋯⋯⋯⋯ 143
  5.4 马立克氏病 ⋯⋯⋯⋯⋯⋯⋯⋯⋯⋯⋯⋯⋯⋯⋯⋯⋯⋯⋯⋯⋯⋯ 144
  5.5 传染性法氏囊病 ⋯⋯⋯⋯⋯⋯⋯⋯⋯⋯⋯⋯⋯⋯⋯⋯⋯⋯⋯⋯ 146
  5.6 鸭　瘟 ⋯⋯⋯⋯⋯⋯⋯⋯⋯⋯⋯⋯⋯⋯⋯⋯⋯⋯⋯⋯⋯⋯⋯⋯ 148
  5.7 小鹅瘟 ⋯⋯⋯⋯⋯⋯⋯⋯⋯⋯⋯⋯⋯⋯⋯⋯⋯⋯⋯⋯⋯⋯⋯⋯ 150
  5.8 鸭病毒性肝炎 ⋯⋯⋯⋯⋯⋯⋯⋯⋯⋯⋯⋯⋯⋯⋯⋯⋯⋯⋯⋯⋯ 151
  5.9 鸭传染性浆膜炎 ⋯⋯⋯⋯⋯⋯⋯⋯⋯⋯⋯⋯⋯⋯⋯⋯⋯⋯⋯⋯ 152
  5.10 番鸭细小病毒病 ⋯⋯⋯⋯⋯⋯⋯⋯⋯⋯⋯⋯⋯⋯⋯⋯⋯⋯⋯⋯ 154
  5.11 减蛋综合征 ⋯⋯⋯⋯⋯⋯⋯⋯⋯⋯⋯⋯⋯⋯⋯⋯⋯⋯⋯⋯⋯⋯ 155
  5.12 鸡传染性贫血 ⋯⋯⋯⋯⋯⋯⋯⋯⋯⋯⋯⋯⋯⋯⋯⋯⋯⋯⋯⋯⋯ 157
  5.13 禽白血病 ⋯⋯⋯⋯⋯⋯⋯⋯⋯⋯⋯⋯⋯⋯⋯⋯⋯⋯⋯⋯⋯⋯⋯ 158
  5.14 网状内皮组织增殖症 ⋯⋯⋯⋯⋯⋯⋯⋯⋯⋯⋯⋯⋯⋯⋯⋯⋯⋯ 159
  5.15 禽曲霉菌病 ⋯⋯⋯⋯⋯⋯⋯⋯⋯⋯⋯⋯⋯⋯⋯⋯⋯⋯⋯⋯⋯⋯ 160
  5.16 鸡毒支原体病 ⋯⋯⋯⋯⋯⋯⋯⋯⋯⋯⋯⋯⋯⋯⋯⋯⋯⋯⋯⋯⋯ 161
  5.17 鸡葡萄球菌病 ⋯⋯⋯⋯⋯⋯⋯⋯⋯⋯⋯⋯⋯⋯⋯⋯⋯⋯⋯⋯⋯ 163
  5.18 禽呼肠孤病毒感染 ⋯⋯⋯⋯⋯⋯⋯⋯⋯⋯⋯⋯⋯⋯⋯⋯⋯⋯⋯ 165

5.19 禽传染性鼻炎 ·················· 167
5.20 禽脑脊髓炎 ·················· 169
5.21 鹅副黏病毒病 ················· 171

## 第6章　牛羊传染病　174

6.1 牛副结核病 ·················· 174
6.2 羊梭菌性疾病 ················· 176
6.3 牛白血病 ···················· 185
6.4 蓝舌病 ····················· 186
6.5 牛黏膜病 ···················· 189
6.6 牛海绵状脑病 ················· 191
6.7 牛传染性胸膜肺炎 ··············· 194
6.8 牛恶性卡他热 ················· 195
6.9 牛传染性鼻气管炎 ··············· 197
6.10 梅迪-维斯纳病 ················ 198
6.11 山羊病毒性关节炎-脑炎 ············ 200
6.12 新生犊牛腹泻 ················· 201
6.13 小反刍兽疫 ·················· 203
6.14 牛流行热 ··················· 204

## 第7章　其他动物传染病　208

7.1 兔病毒性出血症 ················ 208
7.2 犬瘟热 ····················· 210
7.3 犬细小病毒肠炎 ················ 214
7.4 犬传染性肝炎 ················· 216
7.5 兔波氏杆菌病 ················· 218
7.6 兔梭菌性下痢 ················· 220
7.7 兔葡萄球菌病 ················· 221
7.8 兔密螺旋体病 ················· 222

## 第 8 章　动物寄生虫病概述 ········ 224
- 8.1　寄　生 ········ 224
- 8.2　寄生虫与宿主 ········ 224
- 8.3　寄生虫的生活史 ········ 227
- 8.4　寄生虫的分类和命名 ········ 227
- 8.5　寄生虫免疫 ········ 228
- 8.6　寄生虫病的流行病学 ········ 229
- 8.7　寄生虫病诊断 ········ 232
- 8.8　寄生虫病的防制 ········ 234

## 第 9 章　动物吸虫病 ········ 237
- 9.1　吸虫概述 ········ 237
- 9.2　片形吸虫病 ········ 239
- 9.3　阔盘吸虫病 ········ 243
- 9.4　前后盘吸虫病 ········ 244
- 9.5　日本分体吸虫病 ········ 245
- 9.6　华支睾吸虫病 ········ 247
- 9.7　姜片吸虫病 ········ 249
- 9.8　棘口吸虫病 ········ 250
- 9.9　前殖吸虫病 ········ 251
- 9.10　并殖吸虫病 ········ 252

## 第 10 章　动物绦虫病 ········ 255
- 10.1　绦虫概述 ········ 255
- 10.2　猪囊尾蚴病 ········ 258
- 10.3　棘球蚴病 ········ 259
- 10.4　脑多头蚴病 ········ 261
- 10.5　细颈囊尾蚴病 ········ 262
- 10.6　裂头蚴病 ········ 263
- 10.7　牛羊绦虫病 ········ 264

  10.8 犬猫绦虫病 ·················································································· 267
  10.9 鸡绦虫病 ······················································································ 268
  10.10 水禽绦虫病 ·················································································· 269
  10.11 兔豆状囊尾蚴病 ············································································ 270
  10.12 马裸头绦虫病 ··············································································· 271

## 第 11 章 动物线虫病 ··········································································· 273
  11.1 线虫概述 ······················································································ 273
  11.2 旋毛虫病 ······················································································ 276
  11.3 蛔虫病 ························································································· 277
  11.4 猪食道口线虫病 ············································································· 283
  11.5 后圆线虫病 ··················································································· 284
  11.6 牛羊消化道线虫病 ·········································································· 285
  11.7 犬肾膨结线虫病 ············································································· 292
  11.8 丝虫病 ························································································· 292
  11.9 鸡异刺线虫病 ················································································ 294
  11.10 马尖尾线虫病 ··············································································· 294

## 第 12 章 动物棘头虫病 ········································································· 296
  12.1 棘头虫概述 ··················································································· 296
  12.2 猪大棘头虫病 ················································································ 297
  12.3 鸭棘头虫病 ··················································································· 298

## 第 13 章 动物蜘蛛昆虫病 ······································································ 300
  13.1 蜘蛛昆虫概述 ················································································ 300
  13.2 硬蜱病 ························································································· 301
  13.3 软蜱病 ························································································· 303
  13.4 疥螨病 ························································································· 303
  13.5 痒螨病 ························································································· 305
  13.6 蠕形螨病 ······················································································ 306

13.7　鸡蜱螨病 …………………………………………………………… 307
13.8　虱　病 ……………………………………………………………… 309
13.9　犬猫蚤病 …………………………………………………………… 311
13.10　羊鼻蝇蛆病 ……………………………………………………… 312
13.11　牛皮蝇蛆病 ……………………………………………………… 314
13.12　马胃蝇蛆病 ……………………………………………………… 315

## 第14章　动物原虫病 …………………………………………………… 318
14.1　原虫概述 …………………………………………………………… 318
14.2　球虫病 ……………………………………………………………… 320
14.3　猪弓形虫病 ………………………………………………………… 330
14.4　猪结肠小袋虫病 …………………………………………………… 331
14.5　牛羊巴贝斯虫病 …………………………………………………… 332
14.6　牛羊泰勒虫病 ……………………………………………………… 334
14.7　禽组织滴虫病 ……………………………………………………… 337
14.8　鸡住白细胞原虫病 ………………………………………………… 338
14.9　肉孢子虫病 ………………………………………………………… 340
14.10　隐孢子虫病 ……………………………………………………… 341
14.11　马伊氏锥虫病 …………………………………………………… 343

## 第15章　技能实训 ……………………………………………………… 346
技能实训1　动物生物制品的使用和预防接种 ………………………… 346
技能实训2　病料的采取、包装和送检 ………………………………… 349
技能实训3　巴氏杆菌的实验室诊断 …………………………………… 351
技能实训4　布鲁氏菌病的检疫 ………………………………………… 352
技能实训5　猪丹毒的实验室诊断 ……………………………………… 354
技能实训6　猪瘟的诊断 ………………………………………………… 355
技能实训7　鸡新城疫抗体监测 ………………………………………… 357
技能实训8　鸡法氏囊病的诊断 ………………………………………… 359
技能实训9　兔病毒性出血症的诊断 …………………………………… 360

技能实训10　寄生虫病流行病学调查与临诊检查 …………… 361
技能实训11　吸虫及其中间宿主形态的观察 …………… 362
技能实训12　绦虫及其中间宿主形态观察 …………… 363
技能实训13　线虫的解剖及观察 …………… 364
技能实训14　蠕虫病的粪便检查法 …………… 364
技能实训15　蠕虫卵形态的观察 …………… 366
技能实训16　螨病实验室诊断 …………… 367
技能实训17　球虫病的实验室诊断 …………… 368
技能实训18　血液原虫病的实验室诊断 …………… 369
技能实训19　肌旋毛虫检查技术 …………… 370
技能实训20　蠕虫学剖检技术 …………… 372
技能实训21　驱虫技术 …………… 376

**参考文献** …………… 379

**附　录** …………… 380

# 第1章 动物传染病发生和流行规律

动物传染病发生和流行的一般规律及其影响因素是动物传染病学的基础,同时也是传染病防制的理论依据,因此在本章的学习过程中,除要求掌握基本概念和基本理论外,还应注意以下几方面内容及其之间的相关性,即传染病及其特征、传染病的流行及其研究方法。本章的重点内容是动物传染病的流行及其研究方法。

## 1.1 动物传染病的发生、特征和分类

### 1.1.1 概念

凡是由特定病原微生物引起的,具有一定潜伏期和临诊表现,并具有传染性的疾病称为传染病。当机体抵抗力较强时,病原微生物侵入后一般不能生长繁殖,更不会出现传染病的临诊表现,因为动物机体能够迅速动员自体的非特异性免疫力和特异性免疫力而将该侵入者消灭或清除。当动物体对某种病原微生物缺乏抵抗力或免疫力时,则称为动物对该病原体具有易感性,而具有易感性的动物常被称为易感动物。病原微生物侵入易感动物机体后可以造成传染病的发生。

### 1.1.2 特征

在临诊上,不同动物传染病的表现多种多样、千差万别,同一种动物传染病在不同种类动物上的表现也多种多样,甚至于同种动物不同个体的致病作用和临诊表现也有所差异,但与非传染性疾病相比,传染性疾病具有一些区别于非传染性疾病的共同特征。

(1)由特异的病原微生物引起

每种传染病都是由特定的病原体引起,如犬瘟热病毒感染犬引起犬的犬瘟热,新城疫病毒感染鸡群引起鸡新城疫等。

(2)具有传染性和流行性

病原微生物能在患病动物体内增殖并不断排出体外,通过一定的途径再感染另外的易感动物而引起具有相同症状的疾病,这种疾病不断向周围散播传染的现象即传染性,是传染病与非传染病区别的一个重要特征。在一定地区和一定时间内,传染病在易感动物群中

从个体发病扩展到整个群体感染发病的过程，便构成了传染病的流行。

**(3)感染动物机体发生特异性免疫反应**

感染动物在病原体或其代谢产物的刺激下，能够出现特异性的免疫生物学变化，并产生特异性的抗体或变态反应等。这些微细变化或反应可通过血清学试验等方法检测出来，因而有利于病原体感染状态的确定。

**(4)耐过动物可获得特异性的免疫力**

多数传染病发生后，没有死亡的患病动物能产生特异性的免疫力，并在一定时期内或终生不再感染该种传染病的病原体。

**(5)具有一定的临诊表现和病理变化**

大多数传染病都具有其明显的或特征性的临诊症状和病理变化，以及一定的潜伏期和病程经过。而且在一定时期或地区范围内呈现群发性疾病的表现。

**(6)传染病的发生具有明显的阶段性和流行规律**

个体发病动物通常具有潜伏期、前驱期、临诊明显期和转归期4个阶段，而且各种传染病在群体中流行时通常具有相对稳定的病程和特定的流行规律。

### 1.1.3　构成传染病的必要条件

为了确定动物疾病的性质，除了根据传染病的传染性和流行性进行判断外，还要明确构成传染病的必要条件。为此，可按照"郭霍法则"规定的程序和方法进行操作和判定。在患病动物机体内发现有某种特定的病原微生物，且该微生物在体内分布应与临诊上观察的病灶相符合。该种微生物在体外能够被分离培养和纯化，而且还能够继续增殖和传代。所分离的纯培养物接种易感动物时，能产生与自然病例相同的症状和病理变化。在上述人工发病易感动物体内，重新分离的微生物应与原来接种的微生物相同。"郭霍法则"对鉴定一种新传染病的病原体具有重要的指导意义，但也有一定的局限性。在实际工作中应注意某些特殊情况，如目前还有无法分离培养的病原体、感染后不引起明显临诊症状的病原体。近年来，随着分子生物学和免疫学的发展，病原体检测方法和技术得到了很大的改进，再加上对动物本身因素和环境条件与传染病发生发展间关系的深入研究，"郭霍法则"也得到了不断充实。

### 1.1.4　传染病的病程经过

虽然不同传染病在临诊上的表现千差万别，但个体动物发病时的病程经过具有明显的规律性，一般为潜伏期、前驱期、临诊明显期和转归期4个阶段。

**(1)潜伏期**

潜伏期指从病原体侵入机体开始，直到该病临诊症状开始出现时的一段时间。不同的传染病，潜伏期差异很大，由于不同的种属、品种或个体动物对病原体易感性不同，以及病原体的种类、数量、毒力、侵入途径或部位等方面的差异，同种疾病的潜伏期长短也有很大差别。但传染病的潜伏期还是具有相对的规律性，如口蹄疫的潜伏期为1～14d、猪瘟2～20d等。通常急性传染病的潜伏期较短且变动范围较小，亚急性或慢性传染病的潜伏期较长且变动范围也较大。了解传染病潜伏期的主要意义是：潜伏期与传染病的传播特性有关，如潜伏期短的疾病通常来势凶猛、传播迅速；帮助判断感染时间并寻找感染的来源和传播方式；确定传染病封锁和解除封锁的时间以及在某些情况下对动物的隔离观察时间；确定免疫接种的类型，如处于传染病潜伏期内动物需要被动免疫接种，周围动物则需要紧急疫苗接种等；有助于评价防制措施的临诊效果，如实施某措施后需要经过该病潜伏期的观察，比较前后病例数变化便可评价该措施是否有效；预测疾病的严重程度，如潜伏期短促时病情常较为严重。

**(2) 前驱期**

前驱期指疾病的临诊症状开始出现后，直到该病典型症状显露的一段时间。不同传染病的前驱期长短有一定的差异，有时同种传染病不同病例的前驱期也不同，但该期通常只有数小时至一两天。临诊上患病动物主要表现是体温升高、食欲减退、精神异常等。

**(3) 临诊明显期**

临诊明显期是指该病典型症状充分表现出来的一段时间。该阶段是传染病发展和病原体增值的高峰期，典型临诊症状和病理变化也相继出现，进行临诊诊断比较容易。同时，由于患病动物体内排出的病原体数量多、毒力强，故应加强发病动物的饲养管理，防止病原微生物的散播和蔓延。

**(4) 转归期**

转归期(恢复期)指疾病发展的最后阶段。此时如果病原体的致病能力增强，或动物体的抵抗力减弱，则疾病以动物的死亡而告终。如果动物体获得了免疫力，抵抗力逐渐增强，机体则逐步恢复健康，表现为临诊症状逐渐消退，体内的病理变化逐渐消失，正常的生理机能逐步恢复。在疾病转归期，机体能够在一定时期内保留免疫学反应，同时在机体内也存在有病原微生物，这种免疫学反应和带菌(毒)现象存在时间的长短与传染病的种类有关。

## 1.1.5 分类

根据不同的分类方法可以将动物传染病分为不同的种类，下面分别介绍几种分类方法。

**(1) 按病原体的种类分类**

可以分为病毒病、细菌病、支原体病、衣原体病、螺旋体病、放线菌病、立克氏体病和霉菌病等。其中除病毒病外，其他病原体引起的动物传染病通常称为细菌性传染病。

**(2) 按动物的种类分类**

可以分为猪传染病、鸡传染病、鸭传染病、鹅传染病、牛传染病、羊传染病、犬传染病、猫传染病、兔传染病以及人畜共患传染病等。

**(3) 按病原体侵害的主要器官或系统分类**

有全身性败血性传染病和以侵害消化系统、呼吸系统、神经系统、生殖系统、免疫系统、皮肤或运动系统等为主的传染病等。

**(4) 按动物传染病的危害程度分类**

国内和国际分类方法略有不同。根据动物传染病对人和动物危害的严重程度、造成经济损失的大小和国家扑灭措施的需要，我国政府将动物传染病分为三大类。

一类动物传染病是指对人和动物危害严重，以及新发生的不明原因的动物传染病，需要采取紧急、严厉的强制性预防、控制和扑灭措施的疾病。这类传染病大多数为发病急、死亡快、流行广、危害大的急性、烈性传染病或人畜共患的传染病。按照法律规定此类动物传染病一旦暴发，应采取以疫区封锁、扑杀和销毁动物为主的扑灭措施。

二类动物传染病是指可造成重大经济损失，需要采取严格控制、扑灭措施的疾病。由于该类动物传染病的危害性、暴发强度、传播能力以及控制和扑灭的难度不如一类动物传染病大，因此法律规定发现二类动物传染病时，应根据需要采取必要的控制、扑灭措施，当二类动物传染病暴发时，采取与上述一类传染病相似的强制性措施。

三类动物传染病是指常见多发、可造成重大经济损失、需要控制和净化的动物传染病。该类动物传染病多呈慢性发展状态，法律规定应采取检疫净化的方法，并通过预防、改善环境条件和饲养管理等措施控制。

这种动物传染病分类方法的主要意义是根据动物传染病的发生特点、传播媒介、危害程度、危害范围和危害对象，在众多的动物传染病中能够分别主次，明确动物传染病防治工作的重点，便于组织实施动物传染病的扑灭计划。

世界动物卫生组织（OIE）将动物传染病分成 A 类和 B 类。A 类动物传染病是指超越国界，具有快速的传播能力，能引起严重的社会经济或公共卫生后果，并对动物和动物产品的国际贸易具有重大影响的传染病。按照《国际动物卫生法典》的规定，应将这类动物传染病的流行状况经常或及时地向 OIE 报告。A 类动物传染病包括口蹄疫、水泡性口炎、猪水疱病、牛瘟、小反刍兽疫、牛传染性胸膜肺炎、结节性皮肤病、裂谷热、蓝舌病、绵羊痘和山羊痘、非洲马瘟、非洲猪瘟、猪瘟、高致病性禽流感和新城疫。B 类动物传染病是指在国内对社会经济或公共卫生具有明显的影响，并对动物和动物产品国际贸易具有很大影响的传染病。按规定应每年向 OIE 呈报一次疫情，但必要时也需要多次报告，这类动物传染病的种类较多。

## 1.2 动物传染病的流行过程

动物传染病流行的研究方法主要是采用动物流行病学的基本方法进行的。动物流行病学是研究动物群体中疾病的决定因素和分布规律，制定有效防制对策并评价其效果的科学。该学科在预防动物疫病学中的作用是探讨病因已知疾病的来源，研究病因未知疾病的发病机制和控制措施，积累有关疫病自然史方面的资料，制定并评价疾病的防制规划，估价动物疾病防制方面的经济影响和经济效益等。它有许多分支，本节主要介绍与动物传染病流行有关的知识和方法，以增强传染病诊断和防制中的流行病学观念。

### 1.2.1 概述

动物传染病的基本特征是具有传染性。病原体从传染源排出，经过一定的传播途径侵入另一易感动物体内而形成新的传染，并不断地在动物群体中发生、蔓延和终止的过程，称为动物传染病的流行过程。简言之，流行过程就是从动物个体感染发病到群体感染发病的发展过程。传染病能够通过直接接触或媒介物在易感动物群体中互相传染的特性，称为流行性。传染病的流行必须具备3个最基本的条件,即传染源、传播途径和易感动物。这3个条件通常称为构成传染病流行过程的基本环节,只有当这3个条件同时存在并相互联系时,传染病才能在动物群中发生、传播和流行。动物流行病学就是从传染病流行过程的基本条件着手,探讨传染病的来源和病因、自然史和发病机制、疾病蔓延和流行的影响因素,从而制定并评价传染病的防制措施,因此对动物传染病的综合性防制具有重要的指导意义。

## 1.2.2 流行过程的基本环节

### 1.2.2.1 传染源

传染源是指体内有某种病原体寄居、生长、繁殖,并能排出体外的动物机体。具体地说就是受感染的动物,包括传染病患病动物、病原携带者和被感染的其他动物。

**(1)患病动物**

一般来说,患病动物是最重要的传染源,但不同发病阶段患病动作为传染源的意义也不相同,需要根据病原体的排出状况、排出数量和频度来确定。处于前驱期和临诊明显期动物排出病原体的数量多,尤其是急性传染病例排出的病原体数量更大、毒力更强,因此作为传染源的作用也最大。潜伏期和恢复期的动物是否可作为传染源,则随病种不同而异。处于潜伏期的动物机体通常病原体数量少,并且不具备排出的条件;但少数传染病如狂犬病、口蹄疫和猪瘟等在潜伏期的后期就能够排出病原体。在恢复期,大多数传染病患病动物已经停止病原体的排出,即失去传染源作用,但也有部分传染病如猪痢疾、猪气喘病、鸡支原体感染和布鲁氏菌病等疾病在恢复期也能排出病原体。

在实际生产中,将患病动物能排出病原体的整个时期称为传染期,不同传染病的传染期长短有明显差异。为了控制传染病,对患病动物进行隔离和检疫时应到传染期终了为止。

**(2)病原携带者**

病原携带者是指外表无症状但能携带并排出病原体的动物,是更具危险性的传染源。不同传染病的病原携带状态是病原体和动物机体相互作用的结果,病原携带者排出病原体的数量虽然远不如患病动物多,但由于缺乏临诊症状并在群体中自由活动而不易被发现,因而是非常危险的传染源。病原携带者可随动物的转运将病原体散播到其他地区而造成新的暴发或流行。在临诊上,病原携带者又分为潜伏期病原携带者、恢复期病原携带者和健康病原携带者3种情况。

**潜伏期病原携带者** 这个时期大多数患传染病的动物不具备排出病原体的条件,因而不能作为传染源。但少数传染病如狂犬病、口蹄疫和猪瘟等,在潜伏期的后期能够排出病原体。

**恢复期病原携带者** 是指某些传染病的病程结束后仍能排出病原体的动物,如猪痢疾、萎缩性鼻炎、巴氏杆菌病、沙门氏菌病等。这种携带状态持续的时间有时较短暂,但有时则成为慢性病原携带者。因此,对这类传染病的控制应延长隔离时间,才能收到预期的效果。

**健康病原携带者** 过去没有患过某种传染病但却能排出该病病原体的动物。一般认为是隐性感染或条件性病原体感染的结果。这种携带状态通常只能靠实验室方法检出,而且持续时间短暂、病原排出的数量少。然而，由于巴氏杆菌病、沙门氏菌病、猪气喘病、猪丹毒和猪痢疾等健康病原携带者在某些地区或养殖场内数量较多，常常构成重要的传染源。

病原携带者常常具有间歇排出病原体的现象，因此仅凭一次病原学检查的阴性结果不能反映动物群的状态，只有经过反复多次的检查才能排除病原携带状态。

对预防动物医学工作者来说，防止健康动物群中引入病原携带者，或在动物群中清除病原携带状态动物是传染病防制工作中艰巨和主要的任务之一。

#### 1.2.2.2 传播途径

病原体由传染源排出后，通过一定的方式再侵入其他易感动物所经历的途径称为传播途径。明确传染病传播途径的目的主要是能够针对不同的传播途径采取相应的措施，防止病原体从传染源向易感动物群中不断扩散和传播，保护易感动物不受感染，这是防制传染病的重要环节之一。

传播途径可以为水平传播和垂直传播两大类型，前者是指病原体在动物群体之间或个体之间横向平行的传播方式；后者则是病原体从亲代到其子代的传播方式。

**(1) 水平传播**

水平传播为个体之间横向传播，又分为直接接触传播和间接接触传播两种。

**直接接触传播** 是指在没有外界因素参与的前提下，通过传染源与易感动物直接接触如交配、舔咬等所引起的病原体传播。在动物传染病中，仅通过直接接触传播的病种较少，狂犬病最具代表性。但在发生传染病或处于病原体携带状态时，种用动物之间则经常因配种而传播病原体。通过直接接触方式传播的传染病在流行病学上通常具有明显的流行线索。

**间接接触传播** 是指病原体必须在外界因素的参与下，通过传播媒介侵入易感动物的传播。大多数传染病如口蹄疫、牛瘟、猪瘟、鸡新城疫等以间接接触传播为主，同时也可以通过直接接触传播，这类传染病被称为接触性传染病。传播媒介是指将病原体从传染源传播给易感动物的各种外界因素。传播媒介可以是生物媒介者，也可以是物体媒介物或污染物。间接接触传播一般有以下几种途径。

经空气传播：空气作为传染病传播因素主要有两种情况。一种情况是飞沫传播。由于患病动物呼吸道内渗出液的不断刺激，动物在咳嗽或喷嚏时，通过强气流把病原体和渗出液从狭窄的呼吸道喷射出来，并形成飞沫飘浮于空气中。经飞散于空气中的、带有病原体的微细泡沫的传染称为飞沫传染。所有呼吸道疾病均可通过飞沫而传播，如结核病、牛肺疫、猪气喘病、鸡传染性喉气管炎等。当飞沫蒸发干燥后，则可变成主要由蛋白质、细菌或病毒组成的飞沫核。动物呼吸时，直径在 $5\mu m$ 以上的飞沫核多在上呼吸道被排出而不易进入肺内，但直径 $1\sim 2\mu m$ 的飞沫核被吸入后有 1/2 左右沉积在肺泡内。飞沫或飞沫核传染容易受时间和空间的限制，一次喷出的飞沫，传播空间不过几米，维持时间也只有几小时，但由于传染源和易感动物不断转移和集散，加上飞沫中病原体的抵抗力相对较强，所以动物群中一旦出现呼吸道传染病则很容易广泛流行。

另一种情况是尘埃传播。随患病动物分泌物、排泄物和处理不当的尸体以及较大的飞沫而散播的病原体，在外界环境中可形成尘埃。随着流动空气的冲击，附着有病原体的尘埃也可悬浮在空中而被易感动物吸入造成感染。从理论上讲，尘埃传播疾病的时间和空间范围比飞沫大，但由于外界环境中的干燥、日光暴晒等因素存在，病原体很少能够长期存活，只有少数抵抗力较强的病原体如结核菌、炭疽杆菌、丹毒杆菌和痘病毒等才能通过尘埃传播。

经空气传播的传染病一般具有以下流行特征：由于传播途径易于实现，病例常连续发生，且新出现的病例多是传染源周围的易感动物；在易感动物集中时则可形成暴发性流行；在缺乏有效预防措施时，通过空气传播的传染，具有周期性流行和季节性升高现象，如冬春季节发病率升高等；流行强度常常与动物的饲养密度、易感动物的比例、畜舍的通风条件以及卫生消毒状况有密切的关系。

经污染的饲料和饮水以及物体传播：多种传染病如口蹄疫、猪瘟、鸡新城疫、沙门氏菌病、炭疽、鼻疽等都可经消化道感染，其传播媒介主要是被污染的饲料和饮水。通过饲料和饮水的传播过程容易建立，因为患病动物的分泌物、排出物或尸体等很容易污染饲料、牧草、饲槽、水桶，或以污染的管理用具、车船、动物圈舍等污染饲料和饮水，一旦易感动物饮食这种污染有病原体的饲料和饮水便可感染发病。

通过这种传播方式的疾病流行强度，取决于饲料或饮水的污染程度、使用范围和管理制度、病原体在饲料或饮水中的存活能力，以及卫生消毒措施的执行状况等因素。在流行的初期阶段，经这种途径传播传染病的流行病学特征是：病例分布与饲料或饮水的应用范围一致；生长发育良好的动物发病数量较多；严重污染的饲料或饮水可能造成暴发流行。

经污染的土壤传播：随患病动物排泄物、分泌物或其尸体一起落入土壤而能在其中长时间存活的病原微生物，称为土源性病原微生物，如炭疽杆菌、气肿疽梭菌、破伤风梭菌、猪丹毒杆菌等。能够经土壤传播的传染病，其流行病学特征是：由于该类病原体在外界环境中抵抗力很强，一旦它们进入土壤便可形成难以清除的持久污染区，因此应特别注意患病动物的排泄物、污染的环境和物体以及尸体的处理，防止病原体污染土壤。

经活的媒介者传播：主要是指节肢动物、野生动物和人类。

第一，节肢动物。能传播疾病的节肢动物有昆虫纲的蚊、蝇、虱、蚤等和蜘蛛纲的蜱、螨等，这些节肢动物有的吸血，有的不吸血，但都能传播疾病。节肢动物传播疾病的方式主要有机械性传播和生物性传播两种。机械性传播是指病原体被节肢动物，如家蝇、虻类、蚊和蚤类等接触或吞食后，在其体表、口腔或肠内能够存活而不能繁殖，但可通过接触、吸血或其粪便污染饲料等途径散播病原体。生物性传播是指某些病原体（如立克次体）在感染动物前，能在一定种类的节肢动物（如某种蜱）体内进行发育、繁殖，然后通过节肢动物的唾液、呕吐物或粪便进入新易感动物体内的传播过程。经节肢动物传播的疾病很多，如蚊传播日本乙型脑炎和马的各种脑炎，虻类和螫蝇等可传播炭疽、马传染性贫血等。通过节肢动物传播的传染病，其流行特征一般是：传染病流行的地区范围与传播该传染病的节肢动物分布和活动范围一致；发病率升高的季节与某种节肢动物的数量、活动性以及病原体在该节肢动物体内发育繁殖的季节相一致；新生的和新引进的动物发病率高，老龄动物则多因免疫力高而发病率低。

第二，野生动物。某些野生动物本身对特定的病原体存在易感性，受感染后可将病原体传播给人工饲养的易感动物，如鼠类可传播沙门氏菌、钩端螺旋体、布鲁氏菌、伪狂犬病病毒等，狐、狼、吸血蝙蝠等传播狂犬病病毒，野猪传播猪瘟病毒等。另一些野生动物虽然本身对某些病原体不易感受，但可进行该类病原体的机械性传播。

第三，人类。由于人类活动范围广，与动物的关系密切，因此在许多情况下都可成为动物病原体的机械携带者。如人类虽然不感染猪瘟病毒、鸡法氏囊病病毒，但却能机械性传播这些病原体。

除此之外，医源性传播、管理源性传播等人为性传播因素对动物传染病的发生和流行也具有实际意义。医源性传播是指兽医人员使用被病原体污染的体温计、注射针头等器械，以及被外源性病原体污染的生物制品等，或没有按照严格的防疫卫生要求操作，将病原体带入动物群而造成的传染病传播。管理源性传播是指由于管理不善，饲养管理人员缺乏防病意识，防疫卫生制度不健全，不注意日常卫生消毒等造成疾病的暴发或蔓延。例如平时来回进出不同的动物圈舍；车辆、人员进出动物场舍时不消毒；动物粪便、污物和病死尸体不能及时清除或处理不当等。在进行人工授精或胚胎移植时，病原体也可通过精液或胚胎带入动物体内而引发传染病。

**(2) 垂直传播**

垂直传播，亲代到子代的传播。一般可归纳为下列 3 种途径。

**经胎盘传播** 是指产前被感染的怀孕动物能通过胎盘将其体内病原体传给胎儿的现象。可经胎盘传播的疾病有猪瘟、猪细小病毒感染、牛黏膜病、蓝舌病、伪狂犬病、衣原体病、日本乙型脑炎、布鲁氏菌病、弯曲菌性流产、钩端螺旋体病等。

**经卵传播** 是指携带病原体的种禽卵子在发育过程中能将其中的病原体传给下一代的现象。可经种蛋传播的病原体有禽白血病病毒、禽腺病毒、鸡传染性贫血病毒、禽脑脊髓炎病毒、鸡白痢沙门菌和鸡毒支原体等。

**经产道传播** 是指存在于怀孕动物阴道和子宫颈口的病原体在分娩过程中造成新生胎儿感染的现象。可经产道传播的病原体主要有大肠杆菌、葡萄球菌、链球菌、沙门氏菌和疱疹病毒等。

动物传染病的传播途径比较复杂，每种传染病都有自己特定的传播途径，如皮肤霉菌病只能经破损的皮肤伤口感染；口蹄疫、猪瘟等疾病可经接触、饲料、饮水、空气或媒介动物等传播。研究和分析传染病的传播方式以及传播途径的目的，就是为了采取针对性的措施，切断传染源和易感动物间的联系，使传染病的流行能够迅速平息或终止。

### 1.2.2.3 动物群体的易感性

动物易感性是指动物个体对某种病原体缺乏抵抗力、容易被感染的特性。动物群体易感性是指一个动物群体作为整体对某种病原体感受性的大小和程度。易感性的高低取决于群体中易感个体所占的比例和机体的免疫强度，它决定传染病能否在动物群体中流行以及流行的严重程度。影响群体易感性的主要是由动物的遗传特性和特异性免疫状态等内在因素决定的。因此，判断群体对某一种传染病易感性的高低，可以通过该地区动物种类或品种调查、历年来该病的流行情况、预防接种情况以及针对该病的抗体滴度测定结果而得知。值得注意的是其他外界因素如气候、饲料、饲养管理、卫生条件、健康状态和应激等因素也可影响群体易感性。

**(1)导致动物群体易感性升高的主要因素**

一定地区饲养动物的种类或品种，如目前许多地区的养殖业都形成了以某些种类或品种动物为主的格局，不同种类或品种动物对不同病原体甚至对同一种病原体的易感性有差异，因此造成某些传染病在某一地区发病率上升或流行；群体免疫力降低，某种传染病流行结束后，动物群的自然免疫力逐渐消退，如造成牛流行热流行具有明显周期性的主要原因之一，是由于针对该病的免疫力消退；新生动物或新引进动物的比例增加；免疫接种程序的紊乱或接种的动物数量不足；免疫接种所使用的生物制品质量不合格；饲养管理因素也可以造成动物群的免疫力下降、易感性升高，如饲料质量差、营养成分不全、饥饿、寒冷、暑热、运输和疾病状态等因素均可导致机体的抵抗力降低；年龄及性别因素等。

**(2)导致动物群体易感性降低的主要因素**

这些因素包括：有计划地预防接种；传染病流行引起动物的群体免疫力增加；病原体的隐性感染导致动物群体的免疫力升高；抗病育种可选育抵抗力强的动物品系；随着动物日龄的增长，动物群的年龄抵抗力明显增强，如幼龄动物对大肠杆菌、沙门氏菌等易感性较高，而成年动物的易感性逐渐降低。

## 1.2.3 动物传染病的流行特征

### 1.2.3.1 流行过程的强度

在动物传染病流行过程中，传染病的流行范围、发病率的高低、传播速度以及病例间的联系程度等称为流行强度。通常具有以下几种表现形式。

**(1)散发性**

散发性是指动物发病数量不多，在一定时间内呈散在性发生或零星出现，而且各个病例在时间和空间上没有明显联系的现象。这种形式的原因主要有：①动物群对某种传染病的免疫水平相对较高；②某种传染病通常以隐性感染形式出现；③某种传染病的传播需要特定的条件，如破伤风等。

**(2)地方流行性**

地方流行性是指动物的发病数较多，在一定地区或动物群中，传染病流行范围较小并具有局限性传播的特性，如猪气喘病、猪丹毒、炭疽和牛气肿疽等通常就是采取这种流行形式。地方流行性的含义包括：①一定地区内的动物群中较长时间某病的发病数量略高于散发性，且总是以相对稳定的频率发生；②某些特定传染病的发生和流行具有明显的地区局限性。

**(3)流行性**

流行性是指发病数量多，在某一时间内一定动物群中某种传染病的发病率超过预期水平的现象，而且在较短的时间内传播的范围比较广。流行性是一个相对的概念，仅说明传染病的发病率比平时升高，不同地区中存在的不同传染病流行时，其发病率的高低并不一致。一般来说，流行性疾病具有传播能力强、传播范围广、发病率高等特性，在时间、空间和动物群间的分布也不断变化。

**(4)暴发**

暴发是指在局部范围的一定动物群中，短期内突然出现较多病例的现象。实际上，暴发是流行的一种特殊形式。

**(5)大流行性**

大流行性是指某些传染病具有来势猛、传播快、受害动物比例大、波及面广的流行现象。此类传染病的流行范围可达几个省、几个国家甚至几个大洲，如牛瘟、口蹄疫、禽流感、新城疫等病在一定的条件下均可采取这种方式流行。

以上几种流行形式之间，在发病数量和流行范围上没有量的绝对界限，只是一个相对量的概念。而且某些传染病在特殊的条件下可能会表现出不同的流行形式，如鸡新城疫、猪瘟等，有时会以地方流行性的形式出现，有时则以流行性或暴发的形式出现。

### 1.2.3.2 流行过程的地区性

**(1)外来性**

外来性是指本国没有流行而从别国输入的疾病。

**(2)地方性**

这里的地方性强调的是由于自然条件的限制，某病仅在一些地区中长期存在或流行，而在其他地区基本不发生或很少发生的现象，如钩端螺旋体病和类鼻疽等。

**(3)疫源地**

把具有传染源及其排出的病原体所存在的地区称为疫源地。疫源地的含义要比传染源的含义广泛得多，除了传染源外，它还包括被污染的环境以及这个范围内的易感动物和贮藏宿主等。因此在防疫时，不但要对传染源进行处理，还要注意对环境和传播媒介以及易感动物的处理等一系列综合措施。

**疫源地的范围** 疫源地的范围要根据传染源的分布和污染范围的具体情况确定。它可能只限于个别动物栏舍、放牧地；也可能包括某饲养场、自然村或更大的地区。通常将范围小的疫源地或单个传染源所构成的疫源地称为疫点。若干个疫源地连接成片并范围较大时称为疫区。疫区不但指某种传染病正在流行的地区，还应包括患病动物于发病前（该病的最长潜伏期）后活动过的地区。从防疫工作的实际出发，有时也将某个比较孤立的养殖场或自然村称为疫点，所以疫点与疫区的划分不是绝对的。

**疫源地的消灭** 疫源地的存在具有一定的时间性，时间的长短由多方面的复杂因素所决定。至少需要具备3个条件，即最后一个传染源死亡，或痊愈后不再携带病原体，或已经离开该疫源地；对所污染的环境进行彻底消毒，并且达到该病最长潜伏期，不再有新病例出现；还要通过病原学检查动物群均为阴性反应时，才能认为该疫源地被消灭。如果没有外来的传染源和传播媒介的侵入，这个地区就不再有这种传染病的存在了。

**(4)自然疫源地**

有些传染病的病原体在自然条件下，即使没有人类或动物的参与，也可以通过传播媒介感染动物造成流行，并且长期在自然界循环延续后代，这些传染病称为自然疫源性疾病。存在自然疫源性疾病的地区，称为自然疫源地。自然疫源性疾病具有明显的地区性和季节性等特点，并受人类从事一些活动时，使生态系统产生变化时的影响。

自然疫源性疾病种类有流行性出血热、森林脑炎、狂犬病、伪狂犬病、犬瘟热、流行性乙型脑炎、黄热病、非洲猪瘟、蓝舌病、口蹄疫、恙虫病、Q热、鼠型疹伤寒、鼠疫、土拉杆菌病、布鲁氏菌病、李氏杆菌病、弓形虫病等。

#### 1.2.3.3 群体中疾病发生的度量

描述动物疾病在动物群中的分布，常用疾病在不同时间、不同地区和不同动物群中的分布频率来表示，如发病率、死亡率、患病率、感染率、携带率等。

**发病率** 表示一定时期内某动物群中某病新病例的出现频率。

某病发病率＝(一定时内某动物群中该病的新病例数/同期内该群体动物的平均数)×100%

发病率可用来描述疾病的分布，探讨疾病的病因或评价疾病防治措施的效果，同时也反映疫病对动物群体的危害程度。

**死亡率** 是指某动物群体在一定时间内死亡动物数与该动物群体同期动物平均数的比率。

某动物群体的死亡率＝(该群体在一定时期内死亡动物总数/同期该群体动物平均数)×100%

死亡率如按疾病种类计算时，则称某病死亡率。

某病死亡率＝(某群体动物一定时期内死于该病的动物总数/同期该群体中动物的平均数)×100%

某病死亡率是疾病分布的一项重要指标，能反映疾病的危险程度和严重程度，不但对病死率高的疾病，如猪瘟、鸡新城疫等疫病诊断很有价值，而且对于症状轻微、致死率较低在诊断上也有一定的参考价值。

**病死率** 是指一定时期内某种疫病的患病动物发生死亡的比例。

某病病死率＝(某时期内该病死亡数/同期患该病的动物数)×100%

病死率比死亡率能更精确地反映疫病的严重程度，如狂犬病和破伤风的死亡率低，但病死率较高。

**患病率** 是指某个时间内某病的新老病例数与同期群体平均数之间的比率。

某病患病率＝(在一定时间某群体患该病的病例数/同时间该群体暴露动物数)×100%

患病率是疾病普查或现状调查常用的频率。患病率按一定时刻计算称为点时患病率；按一段时间计算则称为期间患病率。患病率统计对病程短的传染病意义不大，但对于病程较长的传染病则有较大价值。

**感染率** 某些传染病感染后不一定发病，但可以通过微生物学、血清学及其他免疫学方法测定是否感染。

感染率＝(检出阳性动物数/受检动物数)×100%

感染动物包括具有临诊症状和无临诊症状的动物，也包括病原携带者和血清学反应阳性的动物。由于感染的诊断方法和判断标准对感染率影响很大，因此应使用同一标准进行检测、判断和分析。感染率的用途很广，如推论该病的流行态势或作为制定防制对策的依据等，常用于结核病、布鲁氏菌病、鼻疽、牛副结核病等慢性细菌病、病毒病以及寄生虫病的分析和研究。

**携带率**　是与感染率相似的概念,分子为群体中携带某病原体的动物数,分母为被检动物总数。根据病原体的不同又可分为带菌率、带毒率等。

此外,比率的表达形式还有粗率和专率之分。

粗率是群体中某种疫病病例总量的表达方式,如死亡粗率和发病粗率,不考虑受害群体的性别、年龄、品种等结构。用粗率来描述疾病有很大缺陷,往往会存在掩盖病因的作用。专率是指按性别、年龄、品种或饲养管理等宿主属性将动物群体分为不同的类别,然后对这些类别中的动物发病和死亡情况进行统计分析,如年龄发病专率、性别发病专率、品种发病专率等。用专率来描述群体中的发病情况能提供比粗率更有价值的信息,如沙门氏菌、产肠毒素性大肠杆菌感染的年龄患病专率表明幼龄动物的感染率明显高于成年动物等。

## 1.2.4　流行过程的季节性和周期性

### 1.2.4.1　季节性

季节性指某些动物传染病经常发生于一定的季节,或在一定季节内出现发病率明显升高的现象。传染病流行的季节性分为3种情况。

**严格季节性**　指病例只集中在一年内的少数几个月份,其他月份几乎没有病例发生的现象。传染病流行的严格季节性与这类疾病的传播媒介活动性有关,如日本乙型脑炎只流行于每年的6~10月等。

**季节性升高**　指一些疾病,如钩端螺旋体病、传染性胃肠炎、气喘病、鸡毒支原体病、流感、口蹄疫等在一年四季均可发生,但在一定季节内发病率有明显升高的现象。传染病流行的季节性升高主要是季节变化能够直接影响病原体在外界环境中的存活时间、动物机体的抗病能力以及传播媒介的活动性。

**无季节性**　指一年四季都有病例出现,并且无显著性差异的传染病流行现象。一些慢性或潜伏期长的传染病,如结核病和鼻疽等发病时通常无季节性差异。

传染病流行的季节性变化受动物群的密度、饲养管理、病原体的特性、传播媒介以及其他生态因素变化的影响。了解疾病季节性升高的原因及影响,便于更有效地采取防制措施。

### 1.2.4.2　周期性

周期性是指在经过一个相对恒定的时间间隔后,某些传染病如牛流行热、口蹄疫等可以再次发生较大规模流行的现象。牛、马等大动物每年群体更新的比例不大,几年后易感个体的数量才可达到引起再度流行的比例,因此这类动物的某些传染病常有周期性流行的特点;而繁殖率高、群体更新快的猪和禽等动物的传染病,则很少出现周期性流行现象。传染病周期性流行出现的原因主要是:①某些传染病的传播机制容易实现,动物群受到感染的机会多。某些传染病在一次流行后会使动物获得免疫力,但这种免疫力会随着时间的推移而逐渐降低;②易感动物在动物群中数量足够多,而引起传染病再度流行。

## 1.2.5 影响流行过程的因素

动物传染病的流行过程必须具备传染源、传播途径和易感动物群3个基本环节。阻断这3个环节的相互连接，才能够控制传染病的发生和流行。影响传染病流行过程的因素主要是自然因素和社会因素，而两种因素都存在着有利和不利两个方面。

### 1.2.5.1 自然因素

对流行过程有影响的自然因素主要包括气候、气温、湿度、阳光、雨量、地形、地理环境等，它们对3个环节的作用错综复杂。对于传染源而言，江、海、河、高山等地理条件，对传染源的转移产生一定限制，成为天然的隔离条件。季节变换使动物机体抵抗力降低而发生传染病或者病情加重时，散播传染的机会也随之增加，反之则减少。对于传播媒介而言，自然因素对其影响更为明显。适宜的温度和湿度环境季节，都有利于传播媒介的活动，因此就增加了传播疾病的机会。对于易感动物而言，自然因素的影响主要是提高或降低机体的抵抗力，从而减少或增加传染病的发生和流行。

### 1.2.5.2 社会因素

影响动物传染病流行过程的社会因素主要包括社会制度、生产力和人们的经济、文化、科学技术水平以及法律法规的执行情况等。这些既是促使动物传染病流行的原因，也是可以有效消灭和控制动物传染病流行的关键所在。需要特别强调的是，严格执行法规和防治措施，是控制和消灭动物传染病的重要保证。要尽最大努力将由于人为因素而使动物传染病发生和流行的可能性降至最低，它所产生的效益将会十分巨大。

# 1.3 动物传染病的流行病学调查与分析

## 1.3.1 目的

流行病学调查与分析是人们研究畜禽动物传染病流行规律的主要方法，其目的在于揭示动物传染病在畜禽群中发生的特征，阐明其流行的原因和规律，以作出正确的流行病学判断，迅速采取有效的措施，控制动物传染病的流行。

流行病学的调查与分析是认识动物传染病流行规律的两个相互联系的阶段。调查是查明动物传染病在畜禽群中发生的地点、时间、畜群分布、流行条件等，这是认识动物传染病的感性阶段；分析是将调查资料归纳整理，进行全面的综合分析，查明流行的原因和条件，找出流行的规律。调查是分析的基础，分析是调查的深入。一切防疫措施都是以调查分析的结果为依据，调查越充分，措施就越合理，效果也越显著。

## 1.3.2 种类

流行病学调查的种类，根据调查对象和目的的不同，一般可以分为个例调查、暴发调查、观察调查（也称流行情况调查或现况调查）、回顾性调查和前瞻性调查。其中，个例调查与现况调查是发生疫情时最基本和常用的调查。

### 1.3.3 方法

流行病学调查的主要方法包括以下 4 种。

**(1)询问调查**

询问调查是流行病学调查的一种最简单而又基本的方法。必要时可组织座谈,调查对象主要是畜主、兽医工作者、当地有关人员等。调查结果按统一的规定和要求记录在调查表上。询问时要耐心细致,态度亲切,边提问边分析,但不要按主观意图作暗示性提问,力求使调查的结果客观真实。询问时要着重问清:动物传染病从何处来?怎样传来?疫病是否传染给其他畜禽等。

**(2)现场察看**

现场察看就是对病畜周围进行调查。调查者应仔细察看疫区的动物卫生、地理地形和气候条件等特点,以便进一步了解流行发生的经过和关键问题所在。在进行现场察看时,可以根据疾病种类不同有侧重点地调查。如发生肠道动物传染病时,应特别注意饲料的来源和质量,水源和卫生条件,粪便和尸体的处理情况;发生由节肢动物传播的动物传染病时,应注意调查当地节肢动物种类、分布、生态习性和感染等情况。

**(3)实验室检查**

实验室检查目的是为了准确诊断、发现隐性传染源、证实传播途径、摸清畜禽群免疫状态和有关病因等。通常需要对可疑患病畜禽应用微生物学、血清学、变态反应、尸体剖检等各种诊断方法进行检查;对有污染嫌疑的各种因素(水、饲料、土壤、畜禽产品、节肢动物或野生动物等)进行微生物学和理化检查,以确定可能的传播媒介或传染源;有条件的地区,尚可对疫区畜禽群进行免疫水平测定。

**(4)统计学方法**

在调查中涉及许多有关疫情数量的资料,需要找出其特点,进行分析比较,因此要应用统计学方法。在流行病学分析中常用的频率指标有发病率、死亡率、患病率、感染率、携带率等。

### 1.3.4 动物传染病流行病学的分析

流行病学分析是在调查所得资料的基础上,找出动物传染病流行过程的本质和相关因素。应认真对资料去粗取精、去伪存真、由此及彼、由表及里,系统整理,综合分析,得出流行过程的客观规律,由感性认识上升到理性认识,为制定有效的防制措施提供科学依据,从而又转过来为实践服务。实践工作中调查与分析是相互渗透、紧密联系的,流行病学调查为流行病学分析积累材料,而流行病学分析是从调查材料中找出规律,同时又为下一次调查提出新的任务,如此循序渐进,指导防疫实践的不断完善。

复习思考题

1. 什么叫传染病?它有什么特征?
2. 动物传染病流行过程有哪些特征?影响流行过程的因素有哪些?

3. 动物传染病流行包括哪3个基本环节？在动物防疫实践中如何应用其原理防制动物传染病？

4. 简述动物传染病的分类。

5. 动物传染病流行病学调查与分析有什么意义？有哪些方法？

6. 传染源包括哪几类？为什么说患病动物是主要传染源，而病原携带者是更危险的传染源？

# 第 2 章 动物传染病的综合防制措施

## 2.1 动物传染病防制措施的制定

### 2.1.1 传染病防制措施制定的原则

**(1)坚持"预防为主"的原则**

由于现代化动物养殖的密度和数量大,传染病一旦发生或流行,给生产带来的损失非常惨重,特别是那些传播能力较强的传染病,发生后可在动物群中迅速蔓延,有时甚至来不及采取相应的措施已经造成大面积扩散,因此必须重视传染病"预防为主"的防制原则。同时还应加强畜牧兽医工作人员的业务素质和职业道德教育,使其树立良好的职业道德风尚。

**(2)加强和完善动物疫病防疫法律法规建设**

控制和消灭动物传染病的工作关系到国家信誉和人民健康,动物防疫行政部门要以动物流行病学和动物传染病学的基本理论为指导,以《中华人民共和国动物防疫法》等法律法规为依据,根据动物生产的规律,制定和完善动物保健和疫病防制相关的法规条例以规范动物传染病的防制。

**(3)加强动物传染病的流行病学调查和监测**

由于不同传染病在时间、地区及动物群中的分布特征、危害程度和影响流行的因素有一定的差异,因此要制订适合本地区或养殖场的疫病防制计划或措施,必须在对该地区展开流行病学调查和研究的基础上进行。

**(4)突出不同传染病防制工作的主导环节**

由于传染病的发生和流行都离不开传染源、传播途径和易感动物群的同时存在及其相互联系,因此任何传染病的控制或消灭都需要针对这 3 个基本环节及其影响因素,采取综合性防制技术和方法。但在实施和执行综合性措施时,必须考虑不同传染病的特点及不同时期、不同地点和动物群的具体情况,突出主要因素和主导措施,即使为同一种疾病,在不同情况下也可能有不同的主导措施,在具体条件下究竟应采取哪些主导措施要根据具体情况而定。

## 2.1.2 传染病综合性防制措施的内容

一个国家或地区动物传染病的防制，应根据流行病学调查和研究的结果以及不同病种的危害程度，在宏观经济分析的基础上制订长远规划和短期计划，以使传染病防制工作有明确的目标。为了达到这一工作目标，除应加强动物疫病基础设施建设和工作管理、严格执行动物防疫法律法规外，在实际工作中更应强化实施动物传染病的综合性防制措施。

综合性防治措施可概括为传染病的预防、传染病的控制、传染病的消灭、传染病的净化等。

### 2.1.2.1 传染病的预防

传染病的预防是指采取一切手段将某种传染病排除在一个未受感染动物之外的防疫措施。疫病防御通常有两种含义，即通过多种隔离设施和检疫措施等阻止某种传染源进入一个尚未被污染的国家或地区；或通过免疫接种、药物预防和环境控制等措施，保护动物群免遭已存在于该国家或地区的疫病传染。在内容上通常包括：①加强环境控制，改善饲养管理条件，提高动物群的一般抗病能力；②强化动物繁育体系建设，需要引进动物时应进行严格的隔离和检疫，以防止病原体的传入；③适时进行预防接种，认真执行强制性免疫计划；④定期进行卫生消毒和杀虫灭鼠工作，及时对粪便等污物进行无害化处理；⑤认真贯彻执行动物及其产品的国境国内检疫，以便及时发现并消灭传染源；⑥建立各地的动物疫病流行病学监测网络，系统地监测和调查当地疫病的分布状况，明确预防工作对象而使其能够有计划、有目的地进行。

### 2.1.2.2 传染病的控制

传染病的控制是指通过采取各种方法降低已经存在于动物群中某种传染病的发病率和死亡率，并将该种传染病限制在局部范围内加以就地扑灭的防疫措施。它包括患病动物的隔离、消毒、治疗、紧急免疫接种或封锁疫区、扑杀传染源等方法，以防止疫病在易感动物群中蔓延。因此，从理论上说它具有疫病预防和疫病扑灭的含义。传染病发生时的扑灭措施包括：①接到疫情报告，应立即赶赴现场，及时对患病动物群采取隔离、检查和诊断措施；②对发病动物的污染场所进行紧急消毒处理，确诊为法定一类疫病、危害性大的人和动物共患病或外来疫病时，应立即采取以封锁疫区和扑杀传染源为主的综合性防疫措施；③疫点和疫区周围的动物群立即进行疫苗紧急接种，并根据疫病的性质对患病动物进行及时、合理的治疗或处理；④患病死亡或淘汰的动物或其尸体应按法定程序进行合理的处理；⑤全面系统地对周围动物群进行检疫和监测，以发现、淘汰或处理各种病原携带者。

### 2.1.2.3 传染病的消灭

传染病的消灭是指在限定地区内根除一种或几种病原微生物而采取多种措施的统称，通常也指动物疫病在限定地区内被根除的状态。传染病的消灭，除取决于各种社会因素外，更受病原体生物学特性的影响，如宿主范围、病原体携带及排毒状态、免疫力的持续期、病原血清型、亚临诊感染以及疫苗的效果等。

### 2.1.2.4 传染病的净化

传染病的净化是指通过采取检疫、消毒、扑杀或淘汰等技术措施，使某一地区或养殖场内的某种或某些动物传染病在限定时间内逐渐被清除的状态。不同地区或养殖场同时进行疫病净化的最终结果是疫病消灭的基础和前提条件，因此疫病净化是目前国际上许多国家对付某些法定动物传染病的通用方法。

## 2.2 动物传染病的预防措施

### 2.2.1 动物传染病预防的一般性措施

#### 2.2.1.1 加强人员的防疫知识和动物防疫法规教育

动物传染病预防知识和技术的普及状况，人们的法律意识、经济状况和文化素质等社会因素对传染病的发生和流行具有很大影响，同时也是控制和消灭动物传染病的重要因素。因此，加强防疫意识的宣传教育是动物传染病防制工作的一项非常重要内容。

#### 2.2.1.2 规模化养殖场的规划和布局应严格遵循动物防疫卫生的要求

在现代化养殖业中，动物遗传性能的发挥、饲料质量的体现以及疾病防制措施的效果，都离不开良好舒适的动物饲养环境。因此，养殖场的规划、选址和布局应严格遵循动物防疫卫生的要求，使其有利于动物疫病综合性防制措施的执行。

#### 2.2.1.3 规模化养殖场应建立配套的隔离制度，建设完善的隔离设施和全进全出制及良种繁育体系

在集约化养殖过程中，隔离制度和隔离设施的建立和完善，将最大限度地保障饲养群体的安全性，避免动物传染病的大面积群体发生，把养殖风险降到最低。全进全出制的管理方式，避免了动物传染病的交叉感染。无特定病原的良种繁育体系，为商品代养殖带来更大的安全和效益。

#### 2.2.1.4 强化动物群的饲养管理

影响疾病发生和流行的饲养管理因素主要包括饲料营养、饮水质量、饲养密度、通风换气、防暑或保温、粪便和污物处理、环境卫生和消毒、动物圈舍管理、生产管理制度、技术操作规程以及患病动物隔离、检疫等内容。这些外界因素常常可通过降低动物群与各种病原体接触的机会、提高动物群对病原体的一般抵抗力以及提高动物群产生特异性的免疫应答等作用，使动物机体表现出良好的状态。实践证明，规范化的饲养管理是提高养殖业经济效益和动物综合性防疫水平的重要手段；在饲养管理制度健全的养殖场中，动物体的生长发育良好、抗病能力强、人工免疫的应答能力高、外界病原体侵入的机会少，因而疫病的发病率及其造成的损失相对较小。各种应激因素，如饲喂不按时、饮水不足、过冷、过热、通风不良导致有害气体浓度升高、免疫接种、噪声、挫伤、疾病等因素长期持续作用或累积相加，达到或超过了动物能够承受的临界点时，可以导致动物机体的免疫应答能力和抵抗力下降而诱发或加重疾病。

#### 2.2.1.5 加强环境保护和杀虫灭鼠

随着养殖业的发展和集约化、规模化生产的不断扩大，动物粪便在局部区域内大量积

累，加上运输、农时和季节等方面的矛盾，造成粪尿腐败、流失现象十分严重。从防疫角度看，大多数传染病的病原体都可通过患病动物的分泌物、排泄物排出体外，因此那些流入江河、湖泊等处的大量污水粪尿，势必要造成水体污染和病原体的传播，这种状况给污染区周围养殖业的传染病防制和公共卫生安全造成了很大威胁。因此，加强养殖业的环境治理和环境保护，发展生态型养殖业，尤为重要。

杀灭蚊、蝇、蜱、虻等媒介昆虫和鼠类并防止它们的出现，在消灭传染源、切断传播途径、阻止传染病流行、保障人和动物健康等方面具有非常重要的意义，是动物综合性防疫体系中的重要组成部分。

(1) 杀虫

动物传染病学中重要的害虫包括蚊、蝇、虻和蜱等节肢动物的成虫、幼虫和虫卵。常用的杀虫方法分为物理性、生物性和化学性3种方法。

**物理杀虫法** 在规模化养殖场中对昆虫聚居的墙壁缝隙、用具和垃圾等可用火焰喷灯喷烧杀虫，用沸水或蒸汽烧烫车船、动物圈舍和工作人员衣物上的昆虫或虫卵，当有害昆虫聚集数量较多时，也可选用电子灭蚊、灭蝇灯具杀虫。

**生物杀虫法** 主要是通过改善饲养环境，阻止有害昆虫的滋生，达到减少害虫的目的。通过加强环境卫生管理、及时清除圈舍地面中的饲料残屑和垃圾以及排沟中的积粪，强化粪污管理和无害化处理，填埋积水坑洼，疏通排水及排污系统等措施来减少或消除昆虫的滋生地和生存条件。条件许可时，可通过雄虫绝育技术和昆虫病害微生物的感染来控制昆虫的泛滥。生物学方法由于具有无公害、不产生抗药性等优点，日益受到人们的重视。

**化学杀虫法** 是指在养殖场舍内外的有害昆虫栖息地、滋生地大面积喷洒化学杀虫剂，以杀灭昆虫成虫、幼虫和虫卵的措施。常见的杀虫剂包括有机磷杀虫剂如敌敌畏、倍硫磷等；除虫菊酯类杀虫剂如胺菊酯等；硫酸烟碱类以及多种驱避剂等。

(2) 灭鼠

鼠类除了给人类的经济生活带来巨大的损失外，对人和动物的健康威胁也很大。作为人或动物多种共患病的传播媒介和传染源，鼠类可以传播的传染病有炭疽、鼠疫、布鲁氏菌病、结核病、野兔热、钩端螺旋体病、伪狂犬病、口蹄疫、猪瘟、猪丹毒、巴氏杆菌病、衣原体病和立克次体病等，因此灭鼠对动物防疫和公共卫生都具有重要的现实意义。

在规模化生产实践中，防鼠灭鼠工作要根据害鼠的种类、密度、分布规律等生态学特点，在动物圈舍墙基、地面和门窗的建造方面加强投入，让鼠类难以藏身和滋生；在管理方面，应从动物圈舍内外环境的整洁卫生等方面着手，让其难以得到食物和藏身之处，并且要做到及时发现漏洞及时解决。由于规模化养殖中的场区占地面积大、建筑物多、生态环境非常适合鼠类的生存，要有效地控制鼠害，必须动员全场人员挖掘、填埋、堵塞鼠洞，破坏其生存环境。

## 2.2.2 消毒

### 2.2.2.1 消毒的概念及分类

消毒是指通过物理、化学或生物学方法杀灭或清除环境中病原体的技术或措施。消毒是传染病预防措施中的一项重要内容，它可将养殖场、交通工具和各种被污染物体中病原微生物的数量减少到最低或无害的程度。通过消毒能够杀灭环境中的病原体，切断传播途径，防止传染病的传播和蔓延。根据消毒的目的可将其分为预防性消毒、随时消毒和终末消毒。

**(1) 预防性消毒**

预防性消毒是指在平时的饲养管理中，定期对动物圈舍及其空气、场地、用具、道路或动物等进行的消毒。如临产前对产房、产篮和临产动物体表的消毒，动物断脐、断尾、断喙或阉割时的术部消毒，人员、车辆出入圈舍或生产区时的消毒，饲料、饮用水乃至空气的消毒以及医疗器械（如体温表、注射器、针头等）的消毒等。

**(2) 随时消毒**

随时消毒是指动物群中出现疫病或突然有个别动物死亡时，为及时消灭刚从患病动物体内排出的病原体而采取的消毒措施。适用于患病动物所在的圈舍、隔离场地以及被其分泌物、排泄物污染或可能污染的一切场地、用具和物品。患病动物的隔离舍应每天多次消毒，以防止病原体的扩散和传播。

**(3) 终末消毒**

终末消毒是指在患病动物解除隔离（痊愈或死亡）时，或在疫区解除封锁前，为消灭动物隔离舍内或疫区内残留的病原体而进行的全面彻底的大消毒。也用于全进全出制的生产系统中，当动物群全部出栏后对场区、圈舍所进行的消毒。

### 2.2.2.2 消毒的方法

消毒方法可概括物理消毒法、化学消毒法和生物消毒法。

**(1) 物理消毒法**

通过机械性清扫、冲刷、通风换气、高温、干燥、照射等物理方法对环境和物品中病原体的清除或杀灭。

**机械性清扫、洗刷和通风换气**　通过机械性清扫、洗刷等手段清除病原体是最常用的消毒方法，也是日常的卫生工作之一。采用清扫、洗刷等方法可以除去动物圈舍地面、墙壁以及动物体表被毛上污染的粪便、垫草、饲料、粕渣等污物。随着这些污物的消除，大量病原体也被清除。如果环境较为干燥，应在清扫前用清水或化学消毒剂溶液喷洒，防止尘土飞扬而造成病原体散播。清扫出来的污物应进行堆集发酵、掩埋、焚烧或用其他药物消毒处理，不能随意堆放。此法虽然能够将大量的病原体清除，但不能消灭芽孢，必须配合其他消毒方法使用，才能将残留的病原体消灭干净。

通风换气可以将动物圈舍内的污浊空气及其中的病原微生物排除出去，具有明显降低空气中病原体数量的作用。

**日光紫外线和其他射线辐射**　通过日光光谱中的紫外线以及热量和干燥等因素的作用能够直接杀灭多种病原微生物。在直射日光下经过几分钟至几小时可杀死病毒和非芽孢性病原菌，反复暴晒还可使带芽孢的菌体变弱或失活。

紫外线的波长范围中在 200~320nm 内的射线具有杀灭病原体的作用，而 253~266nm 的紫外线杀菌能力最强，因此在实际工作中常用紫外灯人工产生紫外线进行空气消毒。紫外线对细菌的繁殖体和病毒消毒效果好，但对细菌的芽孢无效。影响紫外线消毒的因素较多，如紫外线的穿透能力弱，只能用于物体表面的消毒；空气中尘埃对紫外线具有吸收作用，故消毒空间必须洁净等。紫外线的有效消毒范围是在光源周围1.5～2.0m处，因此消毒时灯管与污染物体表面的距离不得超过1.5m。此外，消毒时应注意空气的湿度，一般是洒水后将空间净化干净，开启紫外线灯。消毒时间应根据污染的程度确定，通常为0.5～2h，但随着照射时间的适当延长，能够增强消毒效果。各种病原体对紫外线的抵抗力是革兰阴性菌＜革兰阳性菌＜病毒＜细菌芽孢，抵抗力较强的病原体需要的照射量或照射时间应适当延长。

除紫外线外，其他多种射线和微波也具有很强的杀菌作用。

**高温灭菌** 是通过热力学作用导致病原微生物中的蛋白质和核酸变性，最终引起病原体失去生物学活性的过程，它通常分为干热灭菌法和湿热灭菌法。

干热灭菌法：包括火焰烧灼灭菌法和烘烤灭菌法，该两种方法的灭菌效果明显、使用操作也比较简单。当病原体抵抗力较强时，可通过火焰喷射器对粪便、场地、墙壁、笼具、其他废弃物品进行烧灼灭菌，或将动物的尸体以及传染源污染的饲料、垫草、垃圾等进行焚烧处理；全进全出制动物圈舍中的地面、墙壁、金属制品也可用火焰烧灼灭菌。烘烤灭菌也称热空气灭菌法，该法主要用于干燥的玻璃器皿，如烧杯、烧瓶、吸管、试管、离心管、培养皿、玻璃注射器、针头、滑石粉等灭菌。灭菌时将待火菌物品放入烘烤箱内，使温度逐渐上升到160℃维持2h，可以杀死全部细菌及其芽孢。

湿热灭菌法：包括煮沸灭菌法、高压蒸汽灭菌法和间歇蒸汽灭菌法等。

第一，煮沸灭菌法。由于大部分的非芽孢病原微生物在100℃沸水中煮沸能迅速死亡，而细菌的芽孢经煮沸1～2h后才能致死，因此将待灭菌的物品置于一定容器中煮沸1～2h可达到杀灭所有病原体的目的。该法常用于玻璃器皿、针头、金属器械、工作服等物品的消毒。如果在水中加入1%～2%碳酸钠，可大大增强灭菌的效果。

第二，高压蒸汽灭菌法。是指通过高压水蒸气的热量使病原体丧失活性的灭菌方法，饱和热蒸汽穿透力强，能使物品快速均匀受热，再加上高压的状态下水的沸点提高，饱和蒸汽的比热容大、杀菌力加强，故能在短时间内达到完全灭菌的效果。该方法常用于玻璃器皿、纱布、金属器械、细菌培养基、橡胶用品等耐高压器皿以及生理盐水和各种缓冲液等的灭菌，也用于患病动物或其尸体的化制处理。

第三，间歇蒸汽灭菌法。由于在100℃时维持30min可以杀死污染物品中细菌的繁殖体，因而将消毒后的物品置于室温下过夜，使其中的细菌芽孢和霉菌孢子萌发，第2天和第3天再用同样的方法进行处理和消毒，便可杀灭全部的细菌、真菌及其芽孢和孢子。此法常用于易被高温破坏的物品如含有鸡蛋、血清、牛乳和各种糖类等培养基的灭菌。

**(2)化学消毒法**

在疫病防制过程中，常常利用各种化学消毒剂对病原微生物污染的场所、物品等进行清洗、浸泡、喷洒、熏蒸，以达到杀灭病原体的目的。各种消毒剂对病原微生物具有广泛的杀伤作用，但有些也可破坏宿主的组织细胞，因此通常仅用于环境的消毒。

临诊实践中常用的消毒剂种类很多，根据其化学特性分为：酚类、醛类、醇类、酸类、碱类、氯制剂、氧化剂、碘制剂、染料类和表面活性剂等。现分述如下：

**酚类** 包括苯酚、煤酚、复合酚等，低浓度时能破坏菌体细胞膜，使胞质漏出；高浓度时则可使病原体的蛋白质变性而起杀菌作用。

**醇类** 醇类的杀菌力主要是能够去除细菌细胞膜中的脂质并使菌体蛋白凝固和变性。常使用的醇类消毒剂为乙醇，无水乙醇的杀菌力很低，加水稀释成质量分数为70%或体积分数为75%的乙醇溶液杀菌作用最强，但一般只能杀死细菌的繁殖体，对细菌芽孢无效。该品主要用于皮肤及器械的消毒。

**醛类** 醛类消毒剂有甲醛、聚甲醛和戊二醛等，其中以甲醛的熏蒸消毒最为常用。多聚甲醛为白色疏松粉末，本身无杀菌作用，但加热至80~100℃能产生大量的甲醛气体而呈现强大的杀菌作用。

**酸类** 由于高浓度的$H^+$可使菌体蛋白质变性和水解，低浓度的$H^+$以改变细菌表面蛋白的离解度而影响其吸收、排泄、代谢和生长，因而酸类物质具有抑菌和抗菌作用。酸类消毒剂包括有机酸和无机酸。

无机酸中的盐酸和硫酸具有强大的杀菌和杀芽孢作用，但它们对动物组织细胞、纺织品、木质用具和金属制品等具有强烈的刺激和腐蚀作用，从而使其应用受到了很大限制，但常用体积分数为2%盐酸加食盐15g浸泡被芽孢污染的皮张40h将可杀灭该菌的芽孢。

有机酸中的乳酸和乙酸具有杀菌和抑菌作用，乳酸对伤寒杆菌、大肠杆菌、葡萄球菌和链球菌等都具有抑制或杀灭作用，对某些病毒也有灭活作用，适用于空气消毒。

**碱类** 碱类制剂包括氢氧化钠、氢氧化钾、石灰、草木灰、碳酸钠和碳酸钾等。碱制剂对细菌、病毒和细菌芽孢都具有强大的杀灭作用，可用于多种传染病的消毒。但在应用时应注意碱类制剂对革兰阴性菌的杀灭作用比对阳性菌有效；杀灭细菌芽孢需要较高浓度的溶液。

**卤素类** 常用的卤素类有氯、碘及其制剂，卤素以及容易释放出卤素的化合物均有强大的杀菌能力，其作用机理是卤原子易渗入细胞内与菌体蛋白的氨基或其他基团相结合而发生卤化作用，使其中的有机物分解或丧失功能呈现杀菌作用。在卤素中以氟、氯的杀菌力最强，其次为溴、碘，但氟和溴一般不用作消毒药。

**氧化剂类** 该类消毒剂含有不稳定的结合态氧，当它与病原体接触后可通过氧化反应破坏其活性基团而呈现杀灭作用。常用的制剂有高锰酸钾、过氧乙酸等。

**表面活性剂类** 该类制剂可通过吸附于细菌表面，改变菌体胞膜的通透性，使胞内酶、辅酶和中间代谢产物逸出，造成病原体代谢过程受阻而呈现杀菌作用。它分为阴离子表面活性剂、阳离子表面活性剂及不电离的表面活性剂3种。其中阳离子表面活性剂的抗菌作用强、抗菌谱广、作用快，能杀灭多种革兰阳性菌和革兰阴性菌，且对病毒和霉菌也有一定的抑制和杀灭作用。

常用的表面活性剂类消毒剂有新洁尔灭，还有洗必泰、杜灭芬、消毒净等，它们都是广谱的消毒剂，对革兰阴性菌和阳性菌均有较强的杀灭作用。

**挥发性烷化剂** 该类消毒剂的化学活性强，在常温常压下极易挥发成气体。主要是通过其烷基取代病原体活性物质中的氨基、巯基、羧基等基团的不稳定氢原子，并使其变性或功能改变而达到杀菌的目的。本品能杀死细菌及其芽孢、病毒和霉菌，并且对细菌芽孢和细菌繁殖体的杀灭能力相同。常用的制剂有环氧乙烷等。

**(3) 生物热消毒**

生物热消毒是指通过堆积发酵、沉淀池发酵、沼气池发酵等产热或产酸，以杀灭粪便、污水、垃圾及垫草等内部病原体的方法。在发酵过程中,由于粪便、污物等内部微生物产生的热量可使温度上升达70℃以上,经过一段时间后便可杀死病毒、病原菌、寄生虫卵等病原体,从而达到消毒的目的,同时发酵过程还可改善粪便的肥效。

## 2.2.3 检疫

### 2.2.3.1 动物检疫的内容

检疫是指由法定的机构或人员,按照规定的方法与标准对动物和动物产品的疫病状况及卫生安全实施强制性检查、定性和处理,并出具结论性法定证明的行为。

检疫的基本内容是动物、动物产品或其他检疫物,如动物疫苗、血清、动植物废弃物以及装载容器、包装物和可能污染的运输工具等检疫对象中的动物传染病、寄生虫病和其他有害生物。在检疫过程中,通常根据检疫类型和检出疫病的种类采取不同的处理措施。

### 2.2.3.2 国境检疫

国境检疫是一项政策性和技术性相结合的动物卫生防疫工作,对维护国家主权、控制动物重大疫病的传入和流行,对保障养殖业的正常发展和人民的身体健康都有重要的意义。国境检疫分为入境检疫、出境检疫、过境检疫和国际运输工具检疫等。

**入境检疫**　是指从国外引进动物及其胚胎、精液、受精卵等时必须按规定履行的入境检疫手续。其基本程序包括:签订双边检疫议定书、检疫审批、报检、现场检疫、隔离检疫、检疫放行和处理。

**出境检疫**　是指对输出到其他国家和地区的动物及其相关产品出境前实施的检疫。出境动物产品检疫是指对输出到其他国家和地区的、未经加工或虽经加工但仍然有可能传播疫病的动物产品实施的检疫。出境检疫的基本程序包括:报检、检疫、出证、离境。

**过境检疫**　是指对经某国国境运输的动物、动物产品、其他检疫物及装载动物和动物产品的运输工具、装载容器等实施的检疫。过境动物时必须事先征得过境国检疫机关的同意,事先办理检疫许可手续并按照指定的口岸和路线过境。动物过境检疫许可的程序包括:过境申请;填写过境检疫申请表,并出示输出国检疫部门出具的动物检疫证书;办理动物过境检疫许可;报检;检疫。

**运输工具检疫**　由于国际间运输工具常常在不同国家或地区间运行,流动性较大,容易成为动物疫病病原体的携带媒介,因此除对装载动物、动物产品和其他检疫物进境、出境、过境的运输工具进行动物检疫外,《中华人民共和国进出境动植物检疫法》规定对来自动物疫区的船舶、飞机、火车及进境车辆等也实施检疫。运输工具检疫的程序包括:申报、检疫、检疫处理。

### 2.2.3.3 国内检疫

国内检疫是指为有效地防止重要疫病的发生和传播,根据法律规定由法定机构或人员对境内动物及其产品实施的具有法律效力和法律后果的技术措施和政府行为。它不仅直接关系到动物养殖业的生产安全,同时对保障人民的身体健康、维护我国的国际贸易信誉等都具有重要的意义。临诊实践中通过不同的诊断技术和方法对动物、动物产品进行常规检查,出具结论性处理意见的行为并不属于检疫的范畴。

动物及其产品的国内检疫是由县级以上农牧部门所属的动物检疫站和乡镇兽医站等部门负责执行。国家农牧部门根据动物和动物产品的产地、集散地、调运及屠宰加工等环节的生产流向规律，在各省、市、县、乡镇境内和铁路、公路、码头、港口、航空港等处分别设立检疫站，负责辖区内动物及其产品的检疫。根据检疫的设置地点、检疫对象和要求等，将国内检疫分为产地检疫、运输检疫和屠宰检疫等形式。

**产地检疫** 是指对动物离开养殖场地之前的检疫。产地检疫是及时发现并扑灭传染源、阻止疫病扩散的有效方法，同时也是保证动物及其产品质量、维护人民身体健康的重要措施。产地检疫一般分为养殖场地检疫、交易检疫等形式。检疫的程序及内容包括当地的疫情调查、查验动物的免疫接种状况、动物群体及个体的临诊检查、患病动物的病理学检查以及实验室检验等。检疫合格者签发《产地检疫证明书》，在检疫过程中发现法定的各类疫病，应按照《中华人民共和国动物检疫法》的有关规定处理。

**运输检疫** 是指对通过铁路、公路、航空运输的动物及其产品进行的检疫。运输检疫通常包括铁路检疫、公路运输检疫、码头检疫和航空运输检疫等，它是防止动物疫病扩散、控制疫病发生和流行的重要措施之一。其程序和内容如下：①在启运前3~5d向当地动物检疫部门报检，动物检疫人员接到报检应到达动物或其产品的启运现场。②查验动物及其产品的产地检疫证明书、特定疫病非疫区证明书、特定疫病检疫证明书和特定疫病预防注射证明书或产品消毒证明书等。③对动物及其产品进行现场检查，包括动物群体检查、个体检查以及产品的抽样检验等。④检疫合格、物证相符时签发运输检疫证，凭证办理外运手续；若在检疫过程中发现法定的检疫对象，应禁止外运并在动物检疫人员的监督下进行无害化处理。

**屠宰检疫** 是防止肉品污染和动物疫病的传播流行，提高肉品卫生质量和保障人民身体健康的重要环节。屠宰检疫又分为宰前检疫和宰后检验两个部分。

第一，宰前检疫。是指在动物进入屠宰车间之前的检查。宰前检疫的程序和步骤包括：检查动物的产地检疫证明书、非疫区证明书、特定疫病的免疫证明书等；了解产地疫情状况和运输途中动物的发病死亡情况，如果产地疫情严重或途中发病死亡过多，则应将该群动物置于屠宰隔离圈以进行隔离检疫；初步检疫合格、证物相符的动物可按产地、批次分群分圈赶入预检圈中进行群体检疫；将群体检疫合格的动物转入健康待宰圈，而将发病动物及可疑感染动物送隔离圈或急宰车间以进行急宰处理；对隔离圈内动物进行详细的检查，必要时进行病原学和免疫学检查，并根据不同疫病类别的要求对患病动物进行禁宰、急宰或缓宰处理。

第二，宰后检验。是宰前检疫的继续和补充，是防止动物肉食污染，保障人民身体健康的重要措施。宰前检疫通常只能根据动物的体温反应和明显的临诊症状等将患病动物检查出来，而对于那些不出现体温反应或临诊症状不明显的动物则很难发现。在屠宰过程中，通过对肉尸和内脏病理变化及异常表现的直接观察和其他检测方法，则可以将该类患病动物检查出来。

宰后检验是在兽医病理解剖学知识的基础上，根据特定疫病在机体特定部位出现的具有代表性的病理变化作出判断的。由于在实际宰后检验工作中，必须保持动物肉尸的完整性，所以不同动物的宰后检验具有特定的程序和方法。当单凭肉眼观察不能确诊时，还必须辅以实验室方法进行检验。

## 2.2.4 免疫接种

### 2.2.4.1 免疫接种的类型

疫苗的免疫接种可分为预防接种、紧急接种、环状免疫带和免疫隔离屏障建立 4 种类型。

**预防接种** 是指为控制动物传染病的发生和流行，减少传染病造成的损失，根据一个国家、地区或养殖场传染病流行的具体情况，按照一定的免疫程序有组织、有计划地对易感动物群进行的疫苗免疫接种。如我国猪瘟和鸡新城疫的疫苗免疫接种等就属于该种类型。

**紧急接种** 是指某些传染病暴发时，为了迅速控制和扑灭该病的流行，对疫区和受威胁区尚未发病动物进行的应急性免疫接种。

**环状免疫带建立** 通常指某地区发生急性、烈性传染病时，在封锁疫点和疫区的同时，根据该病的流行特点对封锁区及其外围一定区域内所有易感动物进行的免疫接种。建立免疫带的目的主要是防止疫病扩散，将传染病控制在封锁区内就地扑灭。

**免疫隔离屏障建立** 是指为防止某些传染病从有疫病国家向无该病国家扩散，而对国界线周围地区的动物群进行的免疫接种。

### 2.2.4.2 免疫接种的途径

疫苗的免疫接种途径根据疫苗的种类、性质、特点以及病原体的侵入门户和其在动物体内的定位等因素来确定。主要包括：

**注射免疫接种** 适用于各种灭活苗和弱毒苗的免疫接种。常用的注射接种途径包括：皮下接种、皮内接种、肌肉注射接种。

**滴鼻、点眼免疫接种** 是一种非常有效的局部免疫接种途径，也具有激发机体全身免疫的作用。对于哺乳动物来说，两者免疫效果相同；在禽类点眼免疫可刺激哈德尔氏腺，使禽类的抗体产生迅速且不受母源抗体的干扰，因此，禽类免疫提倡点眼，尤其是雏禽。

**经口免疫接种** 主要通过呼吸道和消化道传播的传染病的弱毒苗常采用经口免疫接种，如饮水和拌料免疫。经口免疫效率高、省时省力、操作方便，能使全群动物在同一时间内共同被接种，对群体的应激反应小。但动物群中抗体滴度往往不均匀，免疫持续期短，免疫效果容易受到其他因素的影响。采用该方法免疫时需注意：①适当加大疫苗的用量，并在饮水中加入适当浓度的疫苗保护剂。②免疫前应根据季节和天气情况停饮和停止喂料 2~4h。③饮水免疫时选用的水要清洁，不得含有任何消毒药或对疫苗有损伤作用的其他物质；水温不宜过高，以免影响抗原的活性。④加入的水量要适中，保证在最短的时间内饮用完毕。

**气雾免疫接种** 是指稀释的疫苗在气雾发生器的作用下，形成雾化粒子悬浮于空气中，从而刺激动物口腔和呼吸道等部位黏膜的免疫接种方法。气雾免疫分为气溶胶免疫和喷雾免疫两种形式，其小气溶胶免疫最为常用。

气雾免疫的效果与疫苗雾滴的大小直接相关，粒子过大容易快速沉落，粒子过小则在空气中会快速上升,通常4~10μm粒子容易通过屏障进入肺泡,被吞噬细胞吞噬后产生良好的免疫力,因此使用气溶胶免疫时应严格控制其颗粒的大小。气雾免疫省时、省力、省工、省苗,受母源抗体的干扰较小;免疫剂量均匀、效果确实可靠;全群动物可在同一短暂时间内获得同步免疫,尤其适合于大规模集约化的养殖场。但该方法容易激发潜在的呼吸道病,且雾滴越小激发呼吸道病的可能性越大。

**刺种免疫接种** 该方法常用于禽痘、禽脑脊髓炎等疫病的弱毒疫苗接种。将疫苗稀释后,用接种针或蘸水笔尖蘸取疫苗液并刺入禽类翅膀内侧无血管处的翼膜内即可。刺种免疫操作相对较为烦琐,应用范围较小。

**其他免疫途径** 擦肛免疫接种、皮肤涂擦免疫接种等目前很少使用。对于出生后发病时间较早的传染病,可以通过怀孕动物或种禽的免疫接种,使幼龄动物获得由母源抗体提供的被动免疫保护力。如猪大肠杆菌病、猪传染性胃肠炎、鸡脑脊髓炎、小鹅瘟及鸭病毒性肝炎等。

#### 2.2.4.3 预防接种免疫程序的制定

**(1) 免疫程序制定的原则**

免疫程序是指根据一定地区或养殖场内不同传染病的流行状况及疫苗特性,为特定动物群制定的疫苗接种类型、次序、次数、途径及间隔时间。制定免疫程序通常应遵循的原则如下:①动物群的免疫程序是由传染病的三间分布特征决定的。由于动物传染病在地区、时间和动物群中的分布特点和流行规律不同,它们对动物造成的危害程度也会随着发生变化,一定时期内兽医防疫工作的重点就有明显的差异,需要随时调整。有些传染病流行时具有持续时间长、危害程度大等特点,应制定长期的免疫防制对策。②免疫程序是由疫苗的免疫学特性决定的。疫苗的种类、接种途径、产生免疫力需要的时间、免疫力的持续期等差异是影响免疫效果的重要因素,因此在制定免疫程序时要根据这些特性的变化进行充分地调查、分析和研究。③免疫程序应具有相对的稳定性。如果没有其他因素的参与,某地区或养殖场在一定时期内动物传染病分布特征是相对稳定的。因此,实践证明某一免疫程序的应用效果良好,则应尽量避免改变这一免疫程序。如果发现该免疫程序执行过程中仍有某些传染病流行,则应及时查明原因(疫苗、接种、时机或病原体变异等),并进行适当地调整。

**(2) 免疫程序制定的方法和步骤**

目前仍没有一个能够适合所有地区或养殖场的标准免疫程序,不同地区或部门应根据传染病流行特点和生产实际情况,制定科学合理的免疫接种程序。对于某些地区或养殖场正在使用的程序,也可能存在某些防疫上的问题,需要进行不断地调整和改进。因此,了解和掌握免疫程序制定的步骤和方法具有非常重要的意义。

第一,掌握威胁本地区或养殖场传染病的种类及其分布特点。根据疫病监测和调查结果,分析该地区或养殖场内常发、多见传染病的危害程度以及周围地区威胁性较大的传染病流行和分布特征,并根据动物的类别确定哪些传染病需要免疫或终生免疫,哪些传染病需要根据季节或动物年龄进行免疫防制。

第二,了解疫苗的免疫学特性。由于疫苗的种类、适用对象、保存、接种方法、使用剂量、接种后免疫力产生需要的时间、免疫保护效力及其持续期、最佳免疫接种时机及间隔时间等疫苗特性是免疫程序的主要内容，因此在制定免疫程序前，应对这些特性进行充分的研究和分析。一般来说，弱毒疫苗接种后 5～7d、灭活疫苗接种后 1～3 周可产生免疫力。

第三，充分利用免疫监测结果。由于年龄分布范围较广的传染病需要终生免疫，因此应根据定期测定的抗体消长规律确定首免日龄和加强免疫的时间。初次使用的免疫程序应定期测定免疫动物群的免疫水平，发现问题要及时进行调整并采取补救措施。新生动物的免疫接种应首先测定其母源抗体的消长规律，并根据其半衰期确定首次免疫接种的日龄，以防止高滴度的母源抗体对免疫力产生的干扰。

第四，传染病发病及流行特点决定是否进行疫苗接种、接种次数及时机。主要发生于某一季节或某一年龄段的传染病，可在流行季节到来前 2～4 周进行免疫接种，接种的次数则由疫苗的特性和该病的危害程度决定。

总之，制定不同动物或不同传染病的免疫程序时，应充分考虑本地区常发、多见或威胁大的传染病分布特点、疫苗类型及其免疫效能和母源抗体水平等因素，这样才能使免疫程序具有科学性和合理性。

#### 2.2.4.4　紧急免疫接种的注意事项

紧急免疫接种应根据疫苗或抗血清的性质、传染病发生及其在动物群中的流行特点进行合理的安排。接种后能够迅速产生保护力的一些弱毒苗或高免血清，可以用于急性病的紧急接种，因为此类疫苗进入机体后往往经过 3～5d 便可产生免疫力，而高免血清则在注射后能够迅速分布于机体各部。由于疫苗接种能够激发处于潜伏期感染的动物发病，且在操作过程中容易造成病原体在感染动物和健康动物之间的传播，因此为了提高免疫效果，在进行紧急免疫接种时应首先对动物群进行详细的临诊检查和必要的实验室检验，以排除处于发病期和感染期的动物。

紧急免疫接种常用的生物制品主要包括各种疫苗和高免血清。多年来的临诊实践证明，在传染病暴发或流行的早期，紧急免疫接种可以迅速建立动物机体的特异性免疫，使其免遭相应疾病的侵害。但在紧急免疫时需要注意：①必须在疾病流行的早期进行；②尚未感染的动物既可使用疫苗，也可使用高免血清或其他抗体预防，但感染或发病动物则最好使用高免血清或其他抗体进行治疗；③必须采取适当的防范措施，防止操作过程中由人员或器械造成的传染病蔓延和传播。

#### 2.2.4.5　影响疫苗免疫效果的因素

疫苗免疫效果的影响因素主要包括动物体的遗传特性、营养、饲养管理、所处的环境以及各种应激因素，病原体的血清型、变异株或超强毒株，疫苗的保存、运输和内在质量，免疫程序，母源抗体水平和免疫抑制因子的存在等。这些因素可通过不同的机制干扰动物体免疫力的产生。

**(1) 免疫动物群的状况**

动物品种、年龄、体质、营养状况、饲养管理条件、应激因素以及接种密度等对免疫效果和机体抗病能力的影响很大。幼龄、体弱、生长发育较差以及患慢性病的动物，可能会出现明显的注射反应，而且抗体上升缓慢；环境条件恶劣、卫生消毒制度不健全、饲料营养不全面、动物圈舍通风保温不够、应激状态等都可降低机体的免疫应答反应。此外，当动物群的免疫密度较高时，那些免疫动物在群体中能够形成免疫屏障，从而保护动物群不被感染；相反，若动物群的免疫接种率低或不进行免疫接种，由于易感动物集中，病原体一旦传入即可在群体中造成流行。

(2) 病原体的血清型和变异性

某些病原体的血清型多，容易发生抗原变异或出现超强毒力变异株，常常造成免疫接种失败。

(3) 免疫程序不合理

免疫程序不合理包括疫苗的种类、生产厂家、接种时机、接种途径和剂量、接种次数及间隔时间等不适当。由于不同疫苗具有不同的免疫学特性，如果不了解它们的差异而改变某一免疫程序时，容易出现免疫效果差或免疫失败的现象。此外，疫病分布发生变化时，疫苗的接种时机、接种次数及间隔时间等应随之调整。同时还应对疫苗的接种途径给予高度重视，特别是以呼吸道和消化道为入侵门户的传染病，应密切协调其黏膜免疫和全身免疫的关系。

(4) 免疫抑制性因素的存在

猪繁殖呼吸综合征病毒、鸡传染性贫血病毒、禽网状内皮细胞增殖病病毒、禽白血病病毒、鸡马立克氏病病毒、鸡传染性法氏囊病病毒、禽呼肠孤病毒、禽腺病毒和鸡毒支原体等病原体，在动物体内可通过不同的机制破坏机体的免疫系统，导致动物机体免疫功能受到抑制。此外，某些药物、营养成分缺乏、霉菌毒素等也可通过不同机制导致机体的免疫应答能力下降。

(5) 疫苗的运输、贮藏和质量

疫（菌）苗大致可分为冻干苗和液体苗。冻干苗随保存温度的升高其保存时间相应缩短，一般应按照生产厂家的要求保存在适宜的条件下。液体疫苗又分油佐剂苗和水剂苗，油佐剂苗应严禁冻结，置于4～8℃冷藏，水剂苗则需根据不同情况妥善贮存。疫苗的运输和贮存应严格执行冷链系统，即从生产单位到使用单位的一系列运输、贮存直到使用过程中的每个环节，始终使其处于适当的冷藏条件下，并严禁反复冻融。

疫苗的内在质量是由生产厂家控制的，使用前若发现冻干苗失真空、油佐剂苗破乳、变质或生长霉菌、存在异物、过期或未按规定运输保存时应予废弃。使用时应严格按照要求进行稀释，在规定时间内将稀释后的疫苗接种完毕，以保证疫苗的注射剂量和注射密度，而且接种活菌苗后应在规定的时间内禁止投服抗菌药物。

(6) 母源抗体的干扰和超前免疫

母源抗体的持续时间及其对动物的免疫保护力，受动物种类、疫病类别以及母体免疫状况的影响很大。一般来说，未吃初乳的新生动物，血清中免疫球蛋白的含量极低，吮吸初乳后血清免疫球蛋白的水平能够迅速上升并接近母体的水平，生后24～35h即可达到高峰；随后开始降解而滴度逐渐下降，降解速度随动物种类、免疫球蛋白的类别、原始浓度等的不同，而有明显差异。由于体内缺乏主动免疫细胞，此时接种弱毒疫苗时很容易被母源抗体中和而出现免疫干扰现象。

## 2.2.5 药物预防

药物预防是指利用特定的药物进行动物群体预防特定传染病的发生与流行的一种非特异性方法。

在动物临诊上，各种抗菌药物的应用非常普遍，是细菌性传染病的主要预防和治疗药物。关于这类药物的种类、性质、药理作用和使用方法请参阅药理学的有关内容。在使用时应选择高效、价廉、使用方便、残留量低、对人和动物毒副作用小的药物，并且剂量应足够、用药途径和疗程应适当，防止产生耐药性菌株。应避免未查明疾病原因盲目用药、有病无病长期重复用药、疗程和用药间隔期过长或过短、用药剂量过大或过小、用药途径或时机不当、药物残留和配伍禁忌等现象的发生。

目前中草药亦有广泛的应用。某些中草药能够增强机体的免疫功能，具有抗应激、抗菌、抗病毒、促生长和改善动物产品质量及风味等多重作用。由于中草药具有天然属性、毒副作用小、在产品中不出现残留、使用简便、效果持久等优点，在一些疫病的治疗过程中证明有明显的效果。

# 2.3 动物传染病的疫情报告和诊断

## 2.3.1 疫情报告制度

### 2.3.1.1 国内疫情报告系统

为了使动物防疫部门及时掌握动物传染病的流行情况，制定有效的防疫措施以便迅速准确地控制疫情，相关人员应根据国家有关规定的时间和程序，及时向上级政府和动物防疫监督机关报告动物疫情。

(1)法定报告人

按照《中华人民共和国动物防疫法》规定，任何与动物及其产品生产、经营、屠宰、加工、运输等相关的单位或个人，都作为法定的动物疫情报告人，在发现动物传染病或疑似传染病时，都应及时向当地动物防疫机构或乡镇畜牧兽医站报告；任何单位和个人都不得以自身利益或其他原因为借口，瞒报、谎报或阻碍他人报告动物疫情。

(2)报告内容

动物疫情的报告内容包括我国法定的一类、二类和三类动物疫病，详细病种见附录1。

(3)报告方式

动物疫情的报告方式有口头报告、书面报告、电话报告和电子邮件报告等方式。当疑似疫病或误诊疫病，经过确诊或排除后，也应及时报告。

(4)报告时间

要求发现疫病时立即报告，不能拖延时间，以免疫情扩散。若发生重要疫病或扩散蔓延迅速的紧急疫情，特别是怀疑为口蹄疫、禽流感、牛瘟、蓝舌病、牛肺疫、猪瘟、猪水疱病、炭疽、鸡新城疫等重要传染病时，要求有关人员或机构应以最迅速的方式上报疫情。

**(5)疫情报告处理**

有关部门接到动物疫情报告后,应及时派人深入现场进行疫病诊断和疫情紧急处理,并根据具体情况逐级上报,同时通知邻近单位及有关部门注意防疫。

**(6)疫病发生现场处理**

当动物突然死亡或怀疑发生传染病时,除立即报告动物防疫监督机构外,在兽医人员未到现场或未作出诊断前,应将患病动物进行隔离并派专人管理,对患病动物污染的环境和用具进行严格消毒,患病动物的尸体应保留完整,未经兽医检查同意,不得擅自急宰和剖检,以便为疫病的准确、快速诊断提供材料,并防止病原体的扩散。

#### 2.3.1.2 国际疫情报告系统

为了限制重要动物疫病的扩散,协助在世界范围内更好地控制动物疫病,OIE对其成员国规定了动物疫情国际通报的权利和义务,其程序和内容简述如下:①当某成员国或某地区出现OIE规定的A类疫病或其他国家具有重要流行病学意义的非A类疫病时,应在24h内通过电传、电报、传真或电子邮件通报中央局(即OIE常设秘书处)。②初次通报后,在疫情稳定或疫病根除之前应按上述方法每周上报一次疫情控制的进展情况。③疫情扑灭后或未发生重大疫情的国家或地区,应对A类疾病和具有重要流行病学意义的非A类疫病,按月上报其控制和存在状况。④所有A类、B类及其他具有重要社会经济意义的疫病每年应上报一次。⑤在疫病发生时,各国兽医行政管理部门除上报上述内容外,还应通报为防止疫病传播所采取的措施,包括检疫措施、疫区内动物及其产品和其他物品等流通的限制措施、传播媒介的控制措施等。

### 2.3.2 动物传染病的诊断

动物传染病的诊断就是依靠人的感官或利用其他方法对患病动物进行检查,从而作出诊断。及时准确有效地诊断,是扑灭动物传染病工作成败的关键。及时准确诊断动物传染病能有效地实施扑灭措施,做到有的放矢,从而尽早有效、彻底地控制乃至消灭动物传染病。若诊断不准确或不及时,将延误扑灭动物传染病的有效时机,影响扑灭措施的有效实施。诊断的方法很多,实际工作过程中,需根据某种动物传染病的特点采用几种方法进行综合诊断,有时仅需要采用其中一、两种方法便可作出准确诊断。现将常用的诊断方法简介如下。

#### 2.3.2.1 临诊诊断

**(1)流行病学诊断**

流行病学诊断经常与临诊诊断是联系在一起的。流行病学诊断是在流行病学调查(即疫情调查)的基础上进行的,疫情调查可在临诊诊断过程中进行,如以座谈式向畜主询问疫情,并对现场进行仔细检查,取得第一手资料,然后对材料进行分析,作出诊断。由于动物传染病不同,流行病学诊断的重点也不一样。一般应调查以下几个问题:

第一,本次流行的情况。最初发病的时间、地点、随后蔓延的情况,目前的疫情分布。疫区内各种动物的数量和分布情况、发病动物的种类、数量、年龄、性别。查明其感染率、发病率、病死率和死亡率以及治疗效果等。

第二，疫情来源。本地过去曾否发生过类似的动物传染病？何时何地？流行情况如何？是否经过确诊？有无历史资料可查？何时采取过何种防治措施？效果如何？如本地未发生过，附近地区曾否发生？这次发病前，是否在其他地方引进动物、畜产品或饲料？输出地有无类似的动物传染病存在。

第三，传播途径和方式。本地各类有关动物的饲养管理方法，使役和放牧情况，牲畜流动、收购以及防疫卫生情况如何？交通检疫、市场检疫和屠宰检验的情况如何？病死畜处理情况如何？有哪些助长动物传染病传播蔓延的因素和控制动物传染病的经验？疫区的地理、地形、河流、交通、气候、植被和野生动物、节肢动物等的分布和活动情况，它们与动物传染病的发生及蔓延传播有无关系？

综上所述，可以看出，疫情调查不仅可给流行病学诊断提供依据，而且也能为拟定防治措施提供依据。

(2) 临诊症状诊断

这是最基本、最简便易行的方法，也是动物传染病诊断的起点和基础。它是利用人的感官或借助一些最简单的器械（如温度计、听诊器等）直接对患病动物进行检查，有时也需要结合血、尿、粪的常规检查方可作出诊断，对某些具有典型症状的病例，通过临诊诊断一般可以确诊，如破伤风、放线菌病、马腺疫、猪气喘病等。但应当指出，这种方法有一定的局限性和片面性，如对发病初期特征性症状尚不明显的病例和非典型病例，通过临诊诊断难以确诊，只能提出可疑动物传染病的大致范围，必须结合其他方法才能作出确诊。在进行临诊诊断时，应注意对整个发病动物群所表现的综合征加以分析判断，不要单凭个别或少数病例的症状轻易下结论，以防误诊。

(3) 病理解剖诊断

大多数的动物传染病都有不同程度的特殊病理剖检变化，对于诊断动物传染病具有重要价值，如鸡新城疫、猪瘟、禽霍乱、猪气喘病等。但有些病例，如最急性和非典型病例，其病理变化不太典型，尤其是非典型病例，需多剖检一些病例进行综合分析，方可发现某病典型病理变化，如非典型鸡新城疫。

### 2.3.2.2 实验室诊断

(1) 病原学检查

病原学检查是诊断动物传染病最重要的方法之一，是确诊动物传染病的重要依据。在进行病原学诊断时，首先要正确采取病料进行包装和送检，否则会直接影响检查结果的准确性。病料力求新鲜，尽量在濒死期或死亡时立即采取。病料采取时要注意灭菌操作，防止污染，用具、器械等尽可能严格消毒。根据流行病学、临诊和剖检的不完整资料而怀疑的动物传染病，应按其特性采取含病原体多、病变较明显的脏器或组织，如猪瘟病例，可采取淋巴结和脾脏；鸡新城疫和鸭瘟可取整个头部、肝和脾；水泡病可取水泡液或水泡皮；痘病可取痘痂；结核病可取结核病灶等。对于缺乏临诊资料、流行病学资料、剖检又无明显病变难以提出怀疑病种时，应按败血症动物传染病较全面地取肝、脾、胃、肺、血液、脑及淋巴结等。特别需要注意的是，如果怀疑为炭疽则禁止剖检，只割取一块耳尖则可，且局部要彻底消毒。常用病原学诊断方法如下：

第一,病料涂片镜检。通常在有显著病变的不同组织器官和不同部位涂抹数片,进行染色镜检。此法对于一些具有特征性形态的病原微生物如炭疽杆菌、巴氏杆菌等可以迅速作出诊断,但对大多数动物传染病来说,此法只能提供进一步检查的依据或参考。

第二,分离培养和鉴定。用人工培养方法将病原体从病料中分离出来。细菌、真菌、螺旋体等可选择适当的人工培养基,病毒可先用动物或组织培养等方法分离培养,分得病原体后,再进行形态学、培养特性、动物接种及免疫学试验等方法作出鉴定。

第三,动物接种试验。通常选择对该种动物传染病病原体最敏感的动物进行人工感染试验。将病料用适当的方法处理后,进行人工接种,然后根据对不同动物的致病力、症状和病理变化特点来帮助诊断。当实验动物死亡或经一定时间杀死后,观察体内变化,并采取病料进行涂片检查和分离鉴定。

一般应用的实验小动物有家兔、小鼠、豚鼠、仓鼠、家禽、鸽子等,在实验小动物对该病原体无感受性时,可以采用有易感性的大动物进行试验,但费用大,而且需要严格的隔离条件和严格的消毒措施,因此只有在非常必要和条件许可时才能进行。

从病料中分离出微生物,虽是确诊的重要依据,但也应注意动物的"健康带菌"现象,其结果还需与临诊及流行病学、病理变化结合起来进行分析。有时即使没有发现病原体,也不能完全否定该种动物传染病的诊断。

第四,免疫组化技术。是指用标记的特异性抗体(抗原)对组织细胞内抗原(抗体)分布进行检测的方法。根据标记物的不同分为免疫荧光组化技术、免疫酶组化技术、免疫电镜技术等。不同的免疫组化技术各自具有独特的试剂和方法,包括抗体制备、组织材料处理、免疫染色、对照试验及显微观察等。在涉及病毒、细菌和原生生物等抗原的检测或鉴定中,该技术具有以下几方面的优点:样品运送方便;能够安全地控制对人员具有潜在致病作用的病原体;使样品的保存和回顾性研究成为可能;诊断快速;能够对无活性的病原体进行检测。

随着单克隆抗体技术的发展,免疫组化技术在动物疫病诊断方面的应用将越来越广泛。

**(2)免疫学诊断**

免疫学诊断是动物传染病诊断和检疫中常用的重要方法,包括血清学试验和变态反应两类。

第一,血清学试验。利用抗原和抗体特异性结合的免疫学反应进行诊断。可以用已知抗原来测定被检动物血清中的特异性抗体,也可以用已知的抗体(免疫血清)来测定被检材料中的抗原。血清学试验有中和试验(毒素抗毒素中和试验、病毒中和试验等);凝集试验(直接凝集试验、间接凝集试验、间接血凝试验);沉淀试验(环状沉淀试验、琼脂扩散沉淀试验);溶细胞试验(溶菌试验、溶血试验);补体结合试验以及免疫荧光试验、免疫酶技术、放射免疫测定、单克隆抗体和核酸探针等。

第二,变态反应。动物患某些动物传染病时,可对该病病原体或其产物的再次进入产生强烈的反应。能引起变态反应的物质称为变应原。该方法主要是将变应原接种动物后,在一定时间内通过观察动物明显的局部或全身反应进行判断,如结核菌素,将其注入患病畜,可引起局部或全身反应。

**(3) 病理组织学诊断**

病理组织学诊断是经典的诊断方法之一，主要是通过显微镜观察病料组织切片中的特征性显微病变和特殊结构，借以诊断和(或)区别不同的传染病。目前病理组织学诊断对某些传染病仍是最主要和可靠的诊断方法，如狂犬病和牛海绵状脑病。

## 2.4 动物传染病的扑灭与净化

动物传染病的扑灭与净化是动物传染病综合防制技术的重要内容。从技术和经济学角度考虑，传染病流行的不同时期应采取不同的措施，如在急性、烈性动物传染病流行的早期，疾病在动物群中还没有出现广泛的传播和扩散，此时应以临诊检查、淘汰或扑杀感染或发病动物为主，同时进行污染场地的严格消毒处理和周围动物群的紧急免疫接种；慢性传染病的处理则应以检疫、淘汰感染动物为主。不同动物传染病的消灭及控制技术不同，对口蹄疫、高致病力禽流感、非洲猪瘟等危害性大的疫病，应采取以封锁疫区、检疫、隔离、扑杀和销毁为主的消灭措施；对鸡白痢、禽白血病、结核病、布鲁氏菌病、牛白血病、副结核病等疫病应采取以严格检疫、及早淘汰为主的消灭或净化技术，也可通过建立健康动物群等方法加以净化；对于大肠杆菌病、葡萄球菌病、链球菌病、绿脓杆菌病等应以加强环境控制，结合敏感药物治疗为主的综合性控制措施；而对于病原体血清型单一、疫苗免疫效果良好的动物疫病如牛传染性鼻气管炎、产蛋下降综合征、禽痘、鸭肝炎等则应采取以疫苗接种为主的防制措施。

### 2.4.1 隔离

隔离是指将患病动物和疑似感染动物控制在一个有利于防疫和生产管理的环境中进行单独饲养和防疫处理的方法。

隔离患病动物和可疑病动物是扑灭动物传染病的重要措施之一。其目的是为了控制传染源，防止动物继续受到传染，控制动物传染病蔓延，以便将疫情控制在最小范围内加以就地扑灭。为此，在发生动物传染病时，应及时采用临诊诊断、变态反应诊断，必要时应用血清学试验等方法进行临时检疫（当进行大批动物逐头逐只检查时，应注意不能使检查工作成为散播传染病的因素）。根据诊断检疫结果，将全部受检动物分为患病动物群、可疑感染动物群和假定健康动物群3类，以便分别对待。

**(1) 患病动物群**

患病动物群是指有典型症状或类似症状，或其他诊断方法检查为阳性的动物。对检出的患病动物应立即送往隔离栏舍或偏僻地方进行隔离。如患病动物数量较多时，可隔离于原动物舍内，而将少数疑似感染动物移出观察。对有治疗价值的，要及时治疗；对危害严重、缺乏有效治疗办法或无治疗价值的，应扑杀后深埋或销毁。对患病动物要设专人护理，禁止闲散人员出入隔离场所。饲养管理用具要专用，并经常消毒，粪便发酵处理，对人畜共患病还要做好个人防护。

**(2) 可疑感染动物群**

可疑感染动物群是指在发生某种动物传染病时，与患病动物同群或同舍，并共同使用饲养管理用具、水源等的动物。这些动物有可能处在潜伏期中或有排菌（毒）危害，故应经消毒后转移隔离（应与患病动物分别隔离），限制活动范围，详细观察、及时分化。有条件时可进行紧急预防接种或药物预防。根据该种动物传染病潜伏期的长短，经一个潜伏期观察不再发病后，进行动物消毒后解除隔离。

(3) 假定健康动物群

假定健康动物群是指与患病动物有过接触或患病动物邻近畜舍的动物。对假定健康动物应及时进行紧急预防接种，加强饲养管理和消毒等，以保护动物群的安全。如无疫（菌）苗，可根据具体情况划为小群或分散饲养，或转移到安全、偏僻地区。

## 2.4.2 封锁

封锁是指当某地或养殖场暴发法定一类疫病和外来疫病时，为了防止疫病扩散以及安全区健康动物的误入而对疫区或其动物群采取划区隔离、扑杀、销毁、消毒和紧急免疫接种等的强制性措施。

根据《中华人民共和国动物防疫法》的规定，当确诊为牛瘟、口蹄疫、猪瘟、鸡新城疫、禽流感（高致病性禽流感）、猪水泡病、非洲猪瘟、非洲马瘟、牛传染性胸膜肺炎、牛海绵状脑病、痒病、蓝舌病、小反刍兽疫、绵羊痘等一类动物传染病时，兽医人员应立即报请当地政府机关，划定疫区范围，进行封锁。封锁的目的是保护广大地区畜群的安全和人民健康，把动物传染病控制在封锁区之内，发动群众力量就地扑灭。封锁行动应通报邻近地区政府采取有效措施，同时逐级上报国家畜牧兽医行政机关，并由其统一管理和发布国家动物疫情信息。

封锁区的划分，必须根据该动物传染病的流行规律、当时的流行情况和当地的条件，经过充分研究讨论，按"早、快、严、小"的原则进行。"早"是早封锁，"快"是行动果断迅速，"严"是严密封锁，"小"是把疫区尽量控制在最小范围内。封锁是针对传染源、传播途径、易感动物群3个环节采取的措施。根据我国有关兽医法规的规定，具体措施如下：

(1) 封锁的疫点应采取的措施

严禁人、动物、车辆出入和动物产品及可能污染的物品运出。在特殊情况下人员必须出入时，需经有关兽医人员许可，经严格消毒后出入；对病死动物及其同群动物，县级以上农牧部门有权采取扑灭、销毁或无害化处理等措施，畜主不得拒绝；疫点出入口必须有消毒设施，疫点内用具、圈舍、场地必须进行严格消毒，疫点内的动物粪便、垫草、受污染的草料必须在兽医人员监督指导下进行无害化处理。

(2) 封锁的疫区应采取的措施

交通要道必须建立临时性检疫消毒卡，备有专人和消毒设备，监视动物及其产品移动，对出入人员、车辆进行消毒；停止集市贸易和疫区内动物及其产品的采购；未污染的动物产品必须运出疫区时，需经县级以上农牧部门批准，在兽医防疫人员监督指导下，经外包装消毒后运出；非疫点的易感动物，必须进行检疫或预防注射，村城镇饲养及牧区动物与放牧水禽必须在指定疫区放牧，役畜限制在疫区内使役。

(3) 受威胁区及其应采取的措施

疫区周围地区为受威胁区，其范围应根据疾病的性质、疫区周围的山川、河流、草场、交通等具体情况而定。受威胁区应采取如下主要措施：对受威胁区内的易感动物应及时进行预防接种，以建立免疫带；禁止易感动物出入疫区，并避免饮用疫区流过来的水；禁止从封锁区购买牲畜、草料和畜产品。对设于本区的屠宰场、加工厂、畜产品仓库进行动物卫生监督，拒绝接受来自疫区的活畜及其产品。

**(4) 解除封锁**

疫区内（包括疫点）最后一头患病动物扑杀或痊愈后，通过实验室检测和临诊观察，经过该病的最长潜伏期，未再出现新的感染和发病动物时，经彻底清扫和终末消毒，兽医行政部门验收合格后，原发布封锁令的政府部门便可宣布解除封锁，并通报毗邻地区和有关部门。疫区解除封锁后，病愈动物需根据其带毒时间，控制在原疫区范围内活动，不能将它们调到安全区去。

## 2.4.3 扑杀政策

扑杀政策是兽医学中特有的传染病控制方法，对动物传染病的扑灭和净化是有利的。扑杀政策是指在兽医行政部门的授权下，宰杀感染特定疫病的动物及同群可疑感染动物，并在必要时宰杀直接接触动物或可能传播病原体的间接接触动物的一种强制性措施。当某地暴发法定A类或一类疫病、外来疫病以及人兽共患病时，其疫点内的所有动物，无论其是否实施过免疫接种，按照防疫要求应一律扑杀，动物的尸体通过焚烧或深埋销毁。扑杀政策通常与封锁和消毒等措施结合使用。

大多数国家在口蹄疫流行时，采取的控制政策都是扑杀感染区内所有偶蹄动物；非洲猪瘟等外来病传入时则采取整群扑杀的政策；而禽流感暴发时要扑杀疫点内的所有禽类。此外，在消灭某传染病的过程中，当一个国家或地区通过多年的努力使某病已缩小到几个孤立的疫点时，也可将感染或暴露的动物全群扑杀；在慢性传染病流行时，由于患病动物生产性能下降及对其他易感动物的传染源作用，建议养殖场自行扑杀或淘汰。

## 2.4.4 感染动物及尸体的处理

根据我国的有关法律规定，当某地发生传染病时，对发病地区或场所及其染有病原体的动物及动物产品应按照下列方式进行处理。

**(1) 防疫消毒**

防疫消毒指对可能传播病原体的动物、动物产品及其运输工具、包装物、垫料、所处的环境等采取的除害、除菌措施。

**(2) 无害化处理**

无害化处理是指通过物理、化学的方法或其他方法杀灭有害生物的处理方式，如熏蒸、高温处理，也包括各种消毒方法。

**(3) 销毁**

销毁是指用焚烧、深埋和其他方法直接杀灭有害的动物及其产品的过程。

我国目前规定的患病动物及其尸体的处理措施是：当确认为口蹄疫、蓝舌病、牛瘟、牛肺疫、非洲猪瘟、猪瘟、猪水疱病、禽流感、非洲马瘟、炭疽、布鲁氏菌病、狂犬病、乙型脑炎、鼻疽、恶性水肿、气肿疽、牛白血病、山羊关节炎/脑炎、羊快疫、羊长毒血症、肉毒梭菌毒素中毒症、羊猝击、马流行性淋巴管炎、马传染性贫血、马鼻肺炎、马传染性鼻气管炎、伪狂犬病、猪繁殖呼吸综合征、猪传染性胃肠炎、猪流行性腹泻、猪丹毒、牛传染性鼻气管炎、牛病毒性腹泻-黏膜病、钩端螺旋体病、李斯特菌病、鸡新城疫、马立克氏病、小鹅瘟、鸭瘟、兔病毒性出血症、野兔热、兔产气荚膜梭菌病等传染病，和恶性肿瘤或两个器官出现肿瘤的整个动物尸体以及从其他患病动物各部位取下的病变器官或内脏，应在密闭容器中运送至销毁地点进行焚烧炭化或湿热化制。

确认为上述传染病的同群动物以及确诊为结核病、副结核病、猪肺疫、猪溶血性链球菌病、猪副伤寒、猪痢疾、猪气喘病、猪萎缩性鼻炎、禽霍乱、传染性法氏囊病、鸡传染性支气管炎、鸡传染性喉气管炎、羊痘、梅迪-维斯纳病、弓形虫病、梨形虫病、锥虫病等患病动物的肉尸、内脏和怀疑被上述疫病病原体污染的肉尸及内脏等，应在密闭条件下运至高温车间进行高压或煮沸处理。

### 2.4.5　动物传染病的净化

动物传染病的净化是指在某一限定地区或养殖场内，根据特定传染病的流行病学调查结果和传染病监测结果，及时发现并淘汰各种形式的感染动物，使限定动物群中某些传染病逐渐被清除的疾病控制方法。其对动物传染病控制起到了极大的推动作用。目前，国内外对鸡白痢、鸡白血病、慢性呼吸道病、结核病、副结核病、猪瘟、布鲁氏菌病、牛白血病、鼻疽、马传染性贫血、伪狂犬病等传染病都采取了不同程度和范围的净化措施，并取得了显著效果。

## 2.5　动物传染病防疫计划的制订

### 2.5.1　制订动物传染病防疫计划的意义

各级动物疫病防疫机构及养殖场、农牧场等基层兽医部门，都应制订动物传染病防疫计划，将防疫工作纳入计划中。

防疫工作能否正确、及时和顺利开展，在很大程度上取决于防疫计划的拟定是否富有预见性和切合实际。防疫计划应正确地指导全盘防疫工作和体现流行病学的地区特点。通过计划性的工作安排，促使现有的疫情尽快地缩小和消灭，并准确地防止将要发生的新疫情。防疫计划既要反映最新科学成就，又要切合实际。防疫工作在正确的防疫计划指导下，应当用最起码的物质力量收到最理想的防疫效果。当缺乏防疫计划或脱离实际时，往往使防疫工作杂乱无章，毫无头绪，形成跟在疫情后面打被动仗的局面。储备的生物制剂和药品毫无用场而又缺乏急需的生物制品，临时乱抓，结果浪费了巨大的人力、物力，疫情却不能有效控制，日益严重。由此看出，防疫计划的有无或优劣，实际体现着有关防疫部门及基层兽医人员的工作质量和业务水平。

## 2.5.2 动物传染病防疫计划的内容和范围

动物传染病防疫计划的内容包括一般性动物传染病的预防，某些慢性动物传染病的检疫及控制、遗留疫情的扑灭等项工作。编写计划时可以分成：基本情况、预防接种、诊断性检疫、动物防疫监督和动物卫生措施、生物制品和抗生素药物的储备、耗损及补充计划、普通药械补充计划、经费预算等部分。

### 2.5.2.1 基本情况

简述所属地区与流行病学有关的自然概念和社会、经济因素；畜牧业的经济管理水平，畜禽数目及饲养条件；兽医工作条件，包括人员、设备、基层组织和以往的工作基础等；本地区及其周围地带目前和最近两三年的疫情，对来年疫情的估计等。

### 2.5.2.2 预防接种计划

应考虑预防接种动物传染病的种类，使用疫苗的种类、数量、畜禽种类，地区范围以及选用的免疫程序等内容，可列表表示，格式见表2-1。

表2-1　×××年预防接种计划

| 接种名称 | 地区范围 | 畜别 | 计划接种头数 | | | | |
|---|---|---|---|---|---|---|---|
| | | | 第一季 | 第二季 | 第三季 | 第四季 | 合计 |
| | | | | | | | |
| | | | | | | | |
| | | | | | | | |

制表人＿＿＿＿　　　审核人＿＿＿＿　　　＿＿＿年＿＿＿月＿＿＿日

### 2.5.2.3 诊断性检疫计划

包括检疫动物传染病的种类、地区范围、畜禽种类、检疫的头数等内容，列表格式同表2-1，只是将表中"接种"改为"检疫"即可。

### 2.5.2.4 动物防疫监督和动物防疫措施计划

包括除了预防接种和检疫以外的，以消灭现有动物传染病及预防出现新疫点为目的的一系列措施实施计划，如改善饲养管理的计划；建立隔离地、产房、药浴池、贮粪池、尸坑、畜禽墓地及畜产品加工厂的计划；实施预防消毒和驱虫灭鼠的计划；加强对畜禽及其产品买卖运输时的消毒和检疫的计划等。

### 2.5.2.5 生物制剂和药物计划

包括生物制品和药物名称、计算单位、全年需用量、库存情况、需要补充的情况等，可列表表示。

### 2.5.2.6 普通药械计划

包括药械名称、用途、现有数量、需补充数量、规格、使用时间等，格式见表2-2。

表 2-2　×××年普通药械计划

| 药械名称 | 用途 | 单位 | 现有数 | 需补充数 | 要求规格 | 代用规格 | 需用时间 | 备注 |
|---|---|---|---|---|---|---|---|---|
|  |  |  |  |  |  |  |  |  |
|  |  |  |  |  |  |  |  |  |

制表人_____　　　审核人_____　　　_____年_____月_____日

#### 2.5.2.7　经费预算

预算包括防疫计划所需的全部开销。

### 2.5.3　动物传染病防疫计划的编制方法

编制动物传染病防疫计划时，首先要进行充分的调查研究，写好计划的"基本情况"部分，为整个计划提出依据。在此基础上，编制好预防接种计划、诊断性检疫计划及动物防疫监督和动物卫生措施计划等部分的具体内容。再进行生物制剂和抗生素计划、普通药械计划的制订，最后进行经费预算。

编制动物传染病防疫计划的"基本情况"时，需要熟悉本地区（或养殖场）的地理、地形、植被、气候条件及气象学资料，了解各区域、农牧场、养殖场等经营畜牧业的发展方向。尤其是要研究与明确目前和以往动物传染病在本地区的流行情况。为此，需要搜集和阅读本地区以往的，有关动物传染病的统计报表资料、动物传染病流行地图、化验室的资料及尸体剖检报告等。当对上述资料发生疑问时，应亲自到现场做详细的调查。这种调查可以在日常工作中进行，在拟定计划时，也可进行专门的补充调查。应深入地分析本地区有哪些有利或不利于某些动物传染病发生和传播的自然因素及社会因素，充分考虑到避免或利用这些因素的可能性。

为了正确地拟定计划，掌握本地区各种畜禽现有的以及一二年内可能达到的数量，并充分考虑到现有兽医人员的力量及其技术水平。不要把不可能办到的事情勉强订入计划中去。另外，也应估计到在开展防疫工作过程中培养基层技术力量的可能性，或某些工作方面利用畜牧工作者和群众力量的可能性。如果当地的技术力量及设备条件等不允许将所有应当采取的防疫措施相提并论时，应当把最重要而又有把握按计划实施的措施列为重点，较次要而又可以结合重点工作进行的措施项目，应考虑配合重点工作来实施。

计划初稿拟定以后，首先应在本单位讨论，修订通过后，再征求有关行政机关、农牧场的意见，最后报请上级审核批准定案。

### 2.5.4　大型养殖场的动物传染病防治计划

当前，随着畜牧业生产逐渐向集约化发展，防治动物传染病的工作愈加重要，在大型养殖场中，饲养数量多，畜群密集，如果动物传染病预防不严，引起传染蔓延，必然导致重大损失。要控制大型养殖场的动物传染病，不仅要掌握当地动物传染病的流行情况及规律，还必须了解环境卫生因素与畜群动物传染病的关系，制订切实可行的动物防疫制度，搞好检疫、免疫消毒和药物防治，杜绝传染源。关于大型养殖场的动物传染病防治计划及其实施程序，各养殖场都在实践中积累了经验，摸索出各自行之有效的计划程序，各有其特点。但总的来说，一个完整的动物传染病防治计划，应根据各自场（区）的动物传染病流行情况、畜禽饲养管理的方式和水平、经济状况等实际情况来制订。它应包括免疫接种、药物防治及环境消毒等几方面的内容。现以大型养猪场动物传染病防治计划为例，归纳如表 2-3、表 2-4，以供参考。

表 2-3 繁殖母猪的综合性动物防疫计划

| 项　目 | 药剂或方法 | 实施日龄 |
| --- | --- | --- |
| 预防接种 | 猪瘟弱毒苗 | 3 周龄、6～7 月龄、14 个月各 1 次 |
| | 猪丹毒弱毒苗 | 4 周龄 1 次，4 月龄 1 次 |
| | 猪脑炎灭活苗 | 5 月龄 1 次，隔 6 个月再注 1 次 |
| | 猪细小病毒病灭活苗 | 第一次于 6 月龄，6 个月以后再追注 1 次 |
| | 猪流行性腹泻弱毒苗 | 给妊娠母猪注产前 1 个月注 |
| | 猪萎缩性鼻炎灭活苗 | 第一次与第二次间隔 3 个月以上 |
| 实验室检查 | 弓形体病血清学反应 | 于 9～10 月间进行血凝反应 |
| | 其他血清学反应 | 于 6 月龄和 9～10 月龄进行检验 |
| | 微生物学反应 | 于 6 月龄和 9～10 月龄进行检验 |
| | 寄生虫病菌粪便检查 | 于 9～10 月龄时进行检验 |
| 药物预防 | 猪气喘病 | 抗生素，必要时在分娩前 2 周到分娩后 1 周应用 |
| | 猪萎缩性鼻炎 | 抗生素，于 12～13 月龄时进行药物预防 |
| | 弓形体病 | SDDS 等，必要时于生后 1～4 周给予 |
| | 猪痢疾 | 抗生素、抗菌药，于生后 1～3 周龄进行药物预防 |
| | 寄生虫病 | 驱虫药，于 4 月龄和 11 月龄时根据虫卵检查结果选用药物 |
| 消毒 | 猪舍消毒 | 消毒剂，每月 1 次 |
| | 运动场消毒 | 消毒剂，每个季度至少消毒 1 次 |
| | 槽消毒 | 消毒剂，经常性消毒 |
| | 猪体消毒 | 消毒剂，经常性消毒，每周更换 1 次消毒液 |
| | 杀虫灭鼠 | 杀虫灭鼠药，消毒猪舍时进行 |
| 饲养管理 | 配种 | 8～10 月龄体重达 120～130kg，13～14 月龄体重达 200kg，发情弱猪于发情前 2～3 日用催情剂 |
| | 分娩 | 注意分娩准备，产房清扫，消毒 |
| | 断奶 | 1 月龄断奶，注意预防乳房炎，仔猪下痢 |
| | 饲料 | 按照饲养标准喂饲 |

表 2-4　仔猪、育肥猪综合性卫生防疫计划

| 项　目 | 药剂或方法 | 实施日龄 |
|---|---|---|
| 预防接种 | 猪瘟弱毒苗 | 40~50日龄免疫，对新引入的猪，如不知情况是否经过接种，需于引入后1~2周接种 |
| | 猪丹毒活苗 | 2月龄时免疫 |
| | 萎缩性鼻炎灭活苗 | 30、35日龄时各免1次，150、155日龄时再各免1次 |
| | 乙型脑炎活苗或灭活苗 | 150、155日龄时各免1次 |
| 实验室检查 | 寄生虫病粪便检查 | 2月龄检验1次 |
| | 其他血清学反应 | 必要时弓形体病的血凝反应、萎缩性鼻炎的凝集反应 |
| | 微生物检查 | 微生物学检查 |
| 药物预防 | 猪气喘病 | 料内添加抗生素，断奶后连续给药10d |
| | 猪萎缩性鼻炎 | 鼻内喷雾或注射，断奶期间施行，每周1~2次 |
| | 预防贫血 | 葡聚糖枸橼酸铁铵，出生后3d注射1次，生后1月内经常以水溶液喂给 |
| | 下痢、猪痢疾 | 抗生素必要时在料内拌喂之 |
| | 预防"应激"维生素 | 对新引入猪在引进时给予 |
| | 驱虫、驱虫药 | 对新引入猪在引进后及时给予 |
| 饲养管理 | 断奶 | 30日龄断奶，预防下痢 |
| | 引入 | 在隔离的2~3周内，注意饲养管理 |
| | 出栏 | 预防运送时可能发生的事故 |
| | 饲料 | 注意给予维生素和矿物质 |

# 复习思考题

1. 就禽类来讲，滴鼻和点眼免疫，哪个更好些？为什么？

2. 为什么说免疫程序制定出来就是不合理的？合理性只是相对的。要想科学免疫，只能用免疫监测的方法吗？

# 第 3 章
# 多种动物共患病

## 3.1 炭疽

炭疽(anthrax)是由炭疽杆菌(*Bacillus anthracis*)引起的一种人畜共患的急性、热性、败血性传染病。其特征是高热、可视黏膜发绀、天然孔出血、尸僵不全、血液凝固不良呈煤焦油样。具有重要的公共卫生意义。

**(1)病原**

炭疽杆菌属芽孢杆菌科芽孢杆菌属。有保护性抗原、荚膜抗原和菌体抗原。其毒素已知有3种成分，即水肿因子、保护性抗原和致死因子。本菌为革兰阳性大杆菌，大小$(1.0\sim1.5)\mu m\times(3\sim5)\mu m$，菌体两端平直，呈竹节状，无鞭毛；在病料中多散在或呈2~3个短链排列，有荚膜。在培养基中可形成长链，一般不形成荚膜；在病畜体内和未解剖的尸体中不形成芽孢，动物体内的炭疽杆菌只有暴露于空气后才能形成芽孢。

炭疽杆菌为兼性需氧菌，对营养要求不高，在普通琼脂平板上生长，形成灰白色不透明、扁平、边缘不整、表面粗糙的菌落，低倍镜观察边缘呈弯曲的卷发状。在普通肉汤中生长，上层液体清亮，底部有白色絮状沉淀。

炭疽杆菌菌体对理化因素的抵抗力不强，常规消毒方法即可将其灭活，在未解剖的尸体中，细菌可随腐败而迅速崩解死亡。但芽孢对外界环境有较强的抵抗力，在干燥状态下可存活60年，120℃高压蒸汽灭菌10min、150℃干热60min才能灭活。现场消毒常用20%漂白粉、0.1%升汞、0.5%过氧乙酸。

**(2)流行病学**

**传染源** 患病动物是主要的传染源，病原菌大量存在于病畜的各组织器官，并通过其分泌物、排泄物，特别是濒死动物天然孔流出的血液，污染饲料、饮水、牧场、土壤、用具等，如不及时消毒处理或处理不彻底，能形成芽孢，成为长久疫源地。

**传播途径** 本病主要通过采食污染的饲料、饲草和饮水经消化道感染，也可经呼吸道和吸血昆虫叮咬感染。此外，从疫区输入病畜产品，也常引起本病暴发。

**易感动物** 自然条件下，草食兽最易感，以绵羊、山羊、马、牛易感性最强；骆驼、水牛及野生草食兽次之；猪的感受性较低；犬、猫、狐狸等肉食动物少见，家禽几乎不感染。实验动物中以豚鼠、小鼠、家兔较易感；人对炭疽普遍易感，但主要发生于那些与动物及其产品接触机会较多的人员。

**流行特征** 本病常呈地方性流行，发病率的高低与炭疽芽孢的污染程度有关。动物炭疽的流行与当地气候有明显的相关性，干旱或多雨、洪水涝积、吸血昆虫多都是炭疽暴发的原因。此外，从疫区输入病畜产品如骨粉、皮革、羊毛等也常引起本病暴发。

(3) 临诊症状

本病潜伏期一般为1～5d，最长的可达14d。按临诊表现的不同，可分为以下4种类型：

**最急性型** 常见于绵羊，偶尔见于牛、马，外表完全健康的动物突然倒地，全身战栗，摇摆、昏迷、磨牙，呼吸极度困难，可视黏膜发绀，天然孔流出带泡沫的暗色血液，常在数分钟内死亡。有的在使役或放牧中突然死亡。

**急性型** 多见于牛、马、羊，病牛体温升高至42℃，兴奋不安，吼叫或顶撞人畜、物体，以后精神沉郁，食欲、反刍、泌乳减少或停止，呼吸困难；初便秘，后腹泻，粪中带血，尿呈暗红色，有时混有血液，乳汁量减少并带血，常有不同程度的臌气；妊娠母牛可发生流产，一般在1～2d死亡。马的急性型与牛的症状相似，常伴有剧烈的腹痛。

**亚急性型** 多见于牛、马、猪，症状与急性型相似，但病情较轻。除急性热性病征外，常在颈部、咽部、胸部、腹下、肩胛或乳房等部皮肤，以及直肠、口腔黏膜等处发生炭疽痈。初期硬固有热痛，以后热痛消失，可发生坏死，有时可形成溃疡，病程可长达1周。

**慢性型** 主要发生于猪，多不表现临诊症状，或仅表现食欲减退和长时间伏卧，在屠宰才发现颌下淋巴结、肠系膜及肺有病变。有的发生咽型炭疽，咽喉部和附近淋巴结明显肿胀，导致猪吞咽、呼吸困难，黏膜发绀，最终窒息死亡。肠型炭疽常伴有便秘或腹泻等消化道失常的症状。

(4) 病理变化

炭疽或疑似炭疽的病例禁止剖检，因炭疽杆菌暴露于空气中易形成芽孢污染环境。

死于炭疽的尸体尸僵不全，尸体易腐败，天然孔流带泡沫的黑红色血液，黏膜发绀，血液凝固不良黏稠如煤焦油样；全身多发性出血，皮下、肌间、浆膜下结缔组织水肿；脾脏肿大3～5倍。局部炭疽死亡的猪，在咽部、肠系膜以及其他淋巴结肿大、出血、坏死，临近组织呈出血性胶样浸润。还可见扁桃体出血、肿胀、坏死，并有黄色痂皮覆盖。

(5) 诊断

因动物种类不同，本病的经过和表现多样，最急性型病例往往缺乏临诊症状，对疑似病死畜又禁止解剖，因此确诊要依靠微生物学和血清学诊断。

**病料采集** 可采取病畜末梢静脉血或切下一块耳朵，病料必须装入密封的容器中。

**细菌学诊断** 取末梢血液或其他病料制成涂片后，用瑞氏或碱性美蓝染色，发现有大量单在、成对或2～4个菌体相连的竹节状、有荚膜的粗大杆菌即可确诊。

**血清学诊断** 炭疽沉淀反应（Ascoli氏反应）是诊断炭疽简便而快速的方法，其优点是培养失效时，仍可用于诊断，适用于腐败病料及动物皮张及风干、腌浸过肉品的检验。将标准阳性血清放入炭沉管中，再放入肝、脾、血液等制成的抗原于 1～5min 内、生皮病料抗原于 15min 内，两液接触面出现清晰的白色沉淀环，即为阳性。

**(6) 防制**

**预防措施** 在疫区或常发地区每年对易感动物进行预防注射是预防本病的主要措施，常用的疫苗有 II 号炭疽芽孢苗和无毒炭疽芽孢苗。II 号炭疽芽孢苗，牛、马、驴、骡、羊和猪，注射后 24d 可产生坚强的免疫力，免疫期 1 年。无毒炭疽芽孢苗，接种 14d 后产生免疫力，免疫期为 1 年。山羊对此苗反应强烈，禁用于山羊。

**扑灭措施** 发生炭疽时，应立即上报疫情，划定疫点、疫区，采取隔离封锁等措施，禁止病畜的流动，禁止疫区内牲畜交易和输出畜产品及草料，禁止食用病畜乳、肉，病畜要隔离治疗；对发病畜群要逐一测温，凡体温升高的可疑患畜用青霉素和抗炭疽血清同时注射。对发病羊群可全群预防性给药，受威胁区及假定健康动物作紧急预防注射，逐日观察至 2 周。

尸体天然孔及切开处，用浸泡过消毒液的棉花或纱布堵塞，连同粪便、垫草一起焚烧。病死畜躺过的地面应除去表土 15～20cm，并与 20% 漂白粉混合后深埋。畜舍、用具及污染场地应彻底消毒。

**(7) 公共卫生**

人感染炭疽有 3 种类型：皮肤炭疽、肺炭疽和肠炭疽。皮肤炭疽主要是畜牧兽医工作人员和屠宰场职工，因接触病畜畜产品而引起，经皮肤伤口感染。并伴有头痛、发热、关节痛、呕吐、乏力等症状。肺炭疽多为羊毛、鬃毛、皮革等工厂工人，吸进带有炭疽芽孢的尘土而引起。病情急骤，早期恶寒，发热，咳嗽，咯血，呼吸困难，可视黏膜发绀等。肠炭疽常因吃进病畜肉类所致。发病急，发热，呕吐，腹泻，血样便，腹痛，腹胀等腹膜炎症状。以上 3 型均可继发败血症及脑膜炎。

人炭疽的预防应着重于与家畜及其产品频繁接触的人员，炭疽疫区的人群、畜牧兽医人员，应在每年的 4～5 月前接种"人用皮上划痕炭疽减毒活菌苗"连续 3 年。发生疫情时，病人应住院隔离治疗，与病人或病死畜接触者要进行医学观察，皮肤有损伤的用青霉素预防，局部用 2% 碘酊消毒。人不要接触、宰杀和食用病死或不明原因死亡的牛、羊等动物。

## 3.2 巴氏杆菌病

巴氏杆菌病（Pasteurellosis）又称出血性败血病，是由多杀性巴氏杆菌（*Pasteurella multocida*）引起的一种传染病的总称。动物急性病例以败血症和炎症出血为主要特征；慢性病例的病变只限于局部器官。人的病例少见，多为伤口感染。

### 3.2.1 病原

多杀性巴氏杆菌，是一种卵圆形的短小杆菌，大小 $(0.25～0.4)\mu m \times (0.5～2.5)\mu m$，革兰染色阴性，病料组织或血液涂片用瑞氏或美蓝染色时，可见典型的两极着色，即菌体两端着色深，中间着色浅，所以又称两极杆菌。无鞭毛，不形成芽孢，新分离的强毒菌株有荚膜，人工培养后及弱毒菌株，荚膜不明显或消失。

巴氏杆菌为需氧或兼性厌氧菌，对营养要求较高，在普通培养基上生长贫瘠，在加有血液或血清的培养基中生长良好，在血琼脂上37℃培养18~24h，可长成灰白色、光滑湿润、隆起、边缘整齐的露珠状小菌落，不溶血。在血清肉汤中培养，开始轻度混浊，4~6d后液体变清朗，管底有黏稠沉淀，摇震后不分散，表面形成菌环。

本菌存在于病畜全身各组织、体液、分泌物和排泄物中，少数慢性病例仅存在于肺脏的小病灶中，健康家畜的上呼吸道也可能带菌。

巴氏杆菌对各种理化因素的抵抗力不强。在无菌蒸馏水和生理盐水中很快死亡；在阳光中暴晒10min，或60℃ 10min可灭活；在厩肥中可存活1个月，尸体中可存活1~3个月；在干燥的空气中2~3d可死亡。3％石炭酸、3％福尔马林、10％石灰乳、2％来苏儿、0.5％~1％烧碱等5min可杀死本菌。

### 3.2.2 流行病学

**传染源** 病畜和带菌家畜是本病的主要传染源，病畜禽通过分泌物、排泄物排出病菌。有时家畜在发病前已经带菌，当饲养管理不良、寒冷、闷热、气候剧变、潮湿、拥挤、圈舍通风不良、阴雨连绵、突然改变饲料、长途运输等诱因出现，使家畜抵抗力降低时，发生内源性传染。

**传播途径** 本病主要通过消化道和呼吸道，也可通过吸血昆虫和损伤的皮肤、黏膜感染。

**易感动物** 多杀性巴氏杆菌对多种动物和人都易感。

**流行特征** 本病的发生一般无明显的季节性，但以冷热交替、气候剧变、闷热潮湿、多雨时发病较多。本病多呈散发或地方性流行。

### 3.2.3 猪巴氏杆菌病

**(1)临诊症状**

猪巴氏杆菌病又称猪肺疫，潜伏期1~5d，分为最急性、急性和慢性三型。

**最急性型** 俗称"锁喉风"，多见于流行初期，常无明显症状而突然死亡；病程稍长的，可见体温升高至41~42℃，食欲废绝，卧地不起；呼吸困难，咽喉部肿胀，有热痛、红肿坚硬，严重的可延至耳根，向后可达胸前；病猪呼吸高度困难，呈犬坐姿势；口鼻流出泡沫样液体，可视黏膜发绀；腹侧、耳根和四肢内侧皮肤出现红斑，有时有出血斑点，最后窒息死亡，病程1~2d。病死率100％。

**急性型** 较常见，主要表现为纤维素性胸膜肺炎。除具有败血症症状外，体温升高至40~41℃，病初发生痉挛性干咳，呼吸困难，鼻流黏稠的液体，有时混有血液，后变为湿咳，咳时有痛感。胸部触诊或叩诊有剧烈疼痛；听诊有啰音和摩擦音。病势发展后，呼吸更困难，呈犬坐姿势，可视黏膜呈蓝紫色；一般先便秘后腹泻。病的后期心脏衰弱，心跳加快，多因窒息死亡。病程5~8d，不死的转为慢性。

**慢性型** 多见于流行后期，主要表现为慢性肺炎和慢性胃炎症状。有持续性咳嗽和呼吸困难，鼻流少量黏脓性分泌物。有时皮肤出现湿疹，关节肿胀；常发生腹泻，进行性营养不良，极度消瘦；如不及时治疗，可因衰弱死亡。病程约2周，病死率60%～70%。

**(2)病理变化**

**最急性型** 病例以咽喉部及其周围组织的出血性浆液浸润为特征。主要为全身浆膜、黏膜及皮下组织有大量出血点，切开颈部皮肤时，可见大量胶冻样淡黄或灰青色纤维素性浆液。水肿可从颈部蔓延至前肢。全身淋巴结出血，切面呈红色；肺急性水肿。

**急性病型** 病例主要为胸膜炎、肺炎的变化。特征性的病变是纤维素性肺炎。肺有不同程度的肝变区，周围常伴有水肿和气肿；胸膜常有纤维素性附着物，严重的胸膜与肺发生粘连，胸腔及心包积液，有含纤维蛋白凝块的混浊液体。病程稍长的，气管、支气管内含有大量泡沫状黏液。

**慢性型** 病例以慢性肺炎变化为主。肺有较大的肝变区，并有大块坏死灶和化脓灶，外有结缔组织包囊，内含干酪样物质，有时形成空洞，与支气管相通；心包与胸腔积液，胸膜增厚，常与肺发生粘连。

**(3)诊断**

根据流行病学、临诊症状和病理变化可以作出初步诊断。确诊要作细菌学诊断。

**病料采集** 败血症病例可取心、肝、脾或体腔渗出液；其他病例可取病变部位渗出液、脓液。镜检：采取血液、局部水肿液、呼吸道分泌物、胸腔渗出液、肝、脾、肿胀的淋巴结或其他病变组织涂片或触片，用瑞氏或美蓝染色镜检，见多量两极着色的小杆菌，可确诊。

**分离培养** 适用于严重污染的病料，将病料接种于血液或血清琼脂平板，37℃培养24h，观察培养结果。

**动物接种** 取病料研磨，用生理盐水做成1:10悬液，或用24h肉汤纯培养物0.2mL接种于小鼠、家兔或鸽等，接种后在1～2d后发病，呈败血症死亡，再取其病料涂片镜检或培养即可确诊。

**(4)防制措施**

**预防措施** 坚持自繁自养，加强检疫，改善环境卫生。每年春、秋两季，用猪肺疫疫苗进行预防接种。加强饲养管理，消除降低猪抵抗力的外界因素，圈舍、围栏要定期消毒。

**扑灭措施** 发现病猪及可疑感染猪，应立即采取隔离、消毒、紧急接种、药物防治等措施。尸体进行无害化处理。

## 3.2.4 牛巴氏杆菌病

**(1)临诊症状**

牛巴氏杆菌病又称牛出血性败血病，简称牛出败，潜伏期2～5d，根据临诊表现可分为败血型、浮肿型和肺炎型三型。

**败血型** 多见于水牛，病牛体温升高至41～42℃，精神沉郁，结膜潮红，鼻镜干燥，食欲废绝，泌乳和反刍停止，腹泻、粪中带血和黏液，有恶臭，常于12～24h死亡。

**肺炎型** 病牛表现急性纤维素性胸膜肺炎的症状。后期有时发生腹泻，便中带血，有的尿血，数天至 2 周死亡。

**浮肿型** 牦牛常见，病牛除有全身症状外，在头、颈、咽喉及胸前皮下水肿，舌及周围组织高度肿胀，流涎，呼吸困难，眼红肿、流泪，黏膜发绀，常因窒息死亡。病程 12～36h。

**(2) 病理变化**

败血型呈一般败血症变化，黏膜和内脏表面有广泛的点状出血，胸腔和腹腔内有大量渗出液。

水肿型病例主要见于头、颈和咽喉部水肿，还有急性淋巴结炎和肝、肾、心等实质器官发生变性，咽淋巴结和前颈淋巴结高度急性肿胀，上呼吸道黏膜卡他性潮红。

肺炎型病例主要表现为纤维素性胸膜肺炎，胸腔内有大量浆液性纤维素性渗出液，整个肺有红色和灰色肝变区，肺小叶间质明显水肿，切面呈大理石状。

**(3) 诊断**

根据流行病学，临诊症状和病理变化，可作出初步诊断，确诊要进行实验室诊断。

**病料采集** 采取急性病例的心、肝、脾或体腔渗出物以及其他病性的病变部位、渗出物、脓汁等病料。

**镜检** 病料涂片用瑞氏或美蓝染色镜检，见两极染色的卵圆形杆菌，可确诊。

**分离培养** 将病料接种于血琼脂、麦康凯琼脂和三糖铁琼脂培养基，37℃培养 24h，观察培养结果。麦康凯上不生长，在血琼脂上生长良好，菌落不溶血，三糖铁上可生长，使底部变黄。必要时可进一步作生化鉴定。

**动物接种** 取病料研磨，用生理盐水做成 1:10 悬液，或用 24h 肉汤纯培养物 0.2mL 接种于小鼠、家兔或鸽等，接种后 1～2d 发病，呈败血症死亡，再取其病料涂片镜检或培养即可确诊。

**(4) 防制措施**

**预防措施** 本病的发生与各种应激因素有关，因此平时应加强饲养管理，增强机体的抵抗力；注意通风换气和防暑防寒，避免过度拥挤，减少或消除降低机体抵抗力的各种致病诱因。并定期对牛舍及运动场消毒，杀灭环境中可能存在的病原体。新引进的牛要隔离观察 1 个月以上，证明无病才可混群饲养。在经常发生本病的地区，每年定期接种牛出血性败血病菌苗，常用牛出败氢氧化铝灭活苗。

**扑灭措施** 发生本病时，应立即隔离病牛，并对污染的圈舍、用具和场地进行彻底消毒。在严格隔离的条件下对病牛进行治疗，常用的药物有链霉素、庆大霉素、卡纳霉素、强力霉素、磺胺类等多种抗菌药物。也可选用高免血清或康复动物的血清进行治疗。周围的假定健康动物应进行紧急预防接种或药物预防，但应注意，用弱毒菌苗紧急预防接种时被接种动物于接种前后至少 1 周内不可使用抗菌药物。

## 3.2.5 禽巴氏杆菌病

**(1) 临诊症状**

禽巴氏杆菌病又称禽霍乱，鸡、鸭、鹅的表现有所不同。

**鸡** 自然感染的潜伏期一般为 2～9d，根据病程可分为最急性、急性和慢性型三型。

**最急性型**：见于流行初期，以肥壮、产蛋高的鸡多发。病鸡常无明显症状，突然倒地，拍翅抽搐，迅速死亡。

**急性型**：大多数病例呈急性型，病鸡体温升高至43~44℃，精神沉郁，羽毛松乱，翅下垂，昏睡，食欲废绝，口渴。常有剧烈腹泻，粪便初呈灰黄，后变为污绿色或红色液体。呼吸困难，口鼻分泌物增加，鸡冠、肉髯呈青紫色，有的肉髯发炎肿胀。经1~3d死亡，病死率较高。

**慢性型**：见于流行后期，主要表现肺、呼吸道或胃肠道的慢性炎症。有的病鸡有慢性关节炎，跛行和翅下垂。

**鸭** 鸭霍乱俗称"摇头瘟"。病鸭症状以急性型为主。与鸡的症状基本相似；50日龄内雏鸭呈多发性关节炎，主要表现一侧或两侧的跗、腕以及肩关节发热肿胀，行动缓慢无力或不能行走。

**鹅** 成年鹅发病与鸭症状相似，仔鹅的发病率和死亡率较成年鹅高，常以急性为主，食欲废绝，喉头有黏液性分泌物。喙和蹼发紫；眼结膜有出血斑，常于发病后1~2d死亡。

(2)病理变化

**最急性型** 病例常无明显的病变。

**急性型** 病例病变以败血症为主，尤以十二指肠出血较为严重，肝脏的病变具有特征性，肝肿大，布满针头大小的灰白色或灰黄色的坏死点。

**慢性型** 病例的鼻腔和上呼吸道积液，腹膜和卵巢出血，局限于关节炎和腱鞘炎的病例，常见关节肿大、变形和炎性渗出物以及干酪样坏死。公鸡的肉髯肿大，内有干酪样的渗出物，母鸡的卵巢出血明显，有时在卵巢周围有坚实、黄色的干酪样物质附着在内脏器官的表面。

鸭、鹅的病变与鸡基本相似。呈多发生性关节炎的雏鸭，可见关节面粗糙，附着黄色的干酪样物质或红色的肉芽组织；关节囊增厚，内含有红色浆液或灰黄色、混浊的黏稠液体；肝脏肿大，发生脂肪变性和局部坏死。

(3)诊断

根据本病的流行特点、临诊症状及病理变化，可作出初步诊断，确诊要进行细菌学诊断。

(4)防制措施

**预防措施** 养禽场严格执行卫生消毒制度；引进种禽或幼雏时，必须从无病的禽场购买；新引进的鸡、鸭要隔离饲养2周，观察无病才能混群饲养。在流行地区可用疫苗进行免疫接种，菌苗有弱毒苗和灭活苗，可选择使用。种鸡和蛋鸡在产蛋前接种，免疫期一般为3个月。霍乱氢氧化铝菌苗：2月龄以上的鸡或鸭一律肌肉注射2mL，免疫期3个月；如第一次注射后7d再注射一次，效果较好。禽霍乱灭活菌苗：既可常温保存又可低温保存，应用效果较好。2月龄以上的家禽肌肉注射1mL，2月龄以下的肌肉注射0.5mL。免疫后5~7d产生坚强免疫力，免疫期6个月，保护率90%~95%。

**扑灭措施** 禽群发病后，应将病死禽全部深埋或销毁，病禽进行隔离治疗。发病群中尚未发病的家禽，全部在饲料中拌喂抗生素或磺胺类药物，以控制发病。用禽霍乱免疫血清紧急注射，效果更好。污染的禽舍、场地和用具进行彻底消毒；粪便及时清除，堆积发酵；距离较远的健康家禽用菌苗进行紧急预防注射。

**药物防治** 已发病的养禽场应及时选用药物治疗。常用的药物有庆大霉素、恩诺沙星、诺氟沙星、喹乙醇、星诺明、土霉素、链霉素等。可采用浑水法、拌料法和逐只投服法给药。但对不吃不饮的病禽，应采取注射给药法。为了避免细菌产生抗药性，最好先做药敏试验，或采用交替用药法，可以提高治疗效果。

### 3.2.6 兔巴氏杆菌病

**(1)临诊症状**

兔巴氏杆菌病主要危害2~6月龄的兔，潜伏期一般为4~5d，可分为以下几种类型：

**鼻炎型** 特征是有浆液性、黏液性或黏脓性鼻漏，并常见打喷嚏、咳嗽和鼻塞音等。

**地方流行性肺炎型** 病初精神沉郁，食欲减退，病兔肺实质虽发生实变，但很少出现肺炎的症状，后呈败血症而亡。

**败血型** 流行初期常不见症状突然死亡。多与鼻炎、肺炎和胸膜炎同时发生。往往是各种病型的结局，多数病例转为败血症死亡。

**中耳炎型** 又称斜颈病，兔吃食、饮水困难，严重的向头的一侧滚转，常在一侧或两侧鼓室有奶油状白色渗出物。

**其他病型** 结膜炎、子宫炎、睾丸炎、附睾炎和全身各部位的脓肿。

**(2)病理变化**

死于鼻炎型病兔的鼻腔积有多量黏液或脓性分泌物，鼻窦和副鼻窦内有分泌物，窦腔内层黏膜红肿；肺炎型常表现为急性纤维素性肺炎和胸膜炎的变化；败血型除败血病变化外，常见鼻炎和肺炎的变化；中耳炎型的鼓膜和鼓室内壁变红，有时鼓室破裂，脓性渗出物流入外耳道，严重时出现化脓性脑膜炎的病变。

**(3)诊断**

根据流行病学、临诊症状和病理变化，可作出初步诊断。确诊要进行细菌学诊断。

**(4)防制措施**

应注意保暖防寒，防治寄生虫病等，定期进行检疫，淘汰病兔。兔舍、用具要严格消毒。兔场可用兔巴氏杆菌氢氧化铝甲醛灭活苗，或兔巴氏杆菌-魏氏梭菌二联苗，或兔巴氏杆菌-魏氏梭菌-兔瘟三联苗，或兔巴氏杆菌-魏氏梭菌-兔瘟-兔波氏杆菌四联苗等免疫接种，对预防本病有一定效果。病兔可用链霉素、诺氟沙星、增效磺胺等治疗。

## 3.3 口蹄疫

口蹄疫(foot-and-mouth disease，FMD)是由口蹄疫病毒(foot-and-mouth disease virus，FMDV)引起偶蹄兽的一种急性、热性、高度接触性传染病，偶见于人和其他动物。临诊上以口腔黏膜、蹄部及乳房皮肤发生水疱和溃烂为特征，严重的蹄壳脱落、跛行、不能站立。本病有较强的传染性，一旦发病，传播速度很快，往往造成大流行，带来严重的经济损失。

**(1) 病原**

口蹄疫病毒，属微核糖核酸病毒科中的口蹄疫病毒属。病毒粒子直径为23~25nm，呈圆形或六角形，所含核酸为RNA，无囊膜。口蹄疫病毒具有多型性，现已知有7个血清型，即O、A、C、SAT1、SAT2、SAT3（南非1、2、3型）及亚洲Ⅰ型，65个亚型。各型的临诊表现相同，但各型之间抗原性不完全相同，不能交互免疫。

病毒在水疱皮、水疱液及淋巴液中含量最高。在发热期的血液中的病毒含量最高，体温降至正常后在奶、尿、口涎、泪、精液及粪便等也含有一定的病毒。

病毒对外界环境的抵抗力较强，不怕干燥。在自然情况下，病毒在污染的饲草、饲料、皮毛及土壤中，可保持传染性达数周甚至数月之久；在-70~-30℃或冻干保存可存活数年；在50%甘油生理盐水中5℃时能存活1年以上。但高温和直射阳光（紫外线）对病毒有杀灭作用。病毒对碱、酸和一般消毒药敏感，2%氢氧化钠、3%福尔马林、0.3%过氧乙酸、1%强力消毒灵或5%次氯酸钠等，都是良好的消毒剂。水疱液中的病毒，在60℃经5~15min死亡，80~100℃很快死亡，鲜牛奶中的病毒在37℃可存活12h，酸牛奶中的病毒能迅速死亡。

**(2) 流行病学**

**传染源** 病畜是最主要的传染源。在症状出现之前，病畜体就开始排出大量病毒，发病期排毒量最多，在病的恢复期排毒量逐渐减少。病毒随分泌物和排泄物排出。水疱液、水疱皮、奶、尿、唾液及粪便含毒量最多，毒力也最强。

**传播途径** 本病以直接接触或间接接触的方式传播，主要通过消化道、呼吸道以及损伤的皮肤和黏膜感染。本病可呈跳跃式传播流行，多由于输入带毒产品和家畜所致。被污染的畜产品（皮、毛、骨、肉品、奶制品）、饲料、草场、饮水、水源、车辆、饲养用具等均可成为传播媒介。空气也是口蹄疫的重要传播媒介，病毒能随风传播到10~60km以外的地方，如大气稳定、气温低、湿度高、病毒毒力强，本病常可发生远距离气源性传播。

**易感动物** 口蹄疫病毒主要侵害偶蹄兽，家畜中以牛易感性最强（黄牛、奶牛、牦牛最易感，水牛次之），其次是猪，再次为绵羊、山羊和骆驼。仔猪和犊牛不但易感，而且死亡率也高。野生偶蹄兽如黄羊、鹿、麝和野猪也可感染发病。人类偶能感染，多发生于与患畜密切接触的或实验室工作人员。

**流行特征** 本病一年四季均可发生，以冬、春多发，其流行具有明显的季节规律，多在秋季开始，冬季加剧，春季减缓，夏季平息。常呈地方性流行或大流行。但在大群饲养的猪舍，本病的发生无明显的季节性。

**(3) 临诊症状**

由于多种动物的易感性、病毒的数量、毒力以及感染门户不同，潜伏期的长短也不完全一致。

**牛** 潜伏期平均为2~4d，最长可达1周。病牛体温高达40~41℃。精神沉郁，食欲减退，闭口，流涎，开口时有吸吮音，1~2d后，在唇内、齿龈、舌面和颊部发生蚕豆至核桃大的水疱，此时口角流涎增多，呈白色泡沫状，常常挂在嘴边，采食、反刍完全停止。经一昼夜水疱破溃，形成边缘整齐的红色糜烂，水疱破溃后，体温降至正常。在口腔出现水疱的同时或稍后，在趾间及蹄冠的柔软皮肤上出现红肿、疼痛，并迅速发生水疱，水疱很快破溃，出现糜烂。糜烂部位可能继发细菌感染化脓、坏死，病畜站立不稳，跛行，严重的蹄匣脱落。乳头皮肤有时也可出现水疱，很快破溃形成烂斑，泌乳量显著减少，甚至泌乳停止。本病一般取良性经过，约经1周即可痊愈，如蹄部出现病变，病程可延至2~3周或更长。病死率较低，一般不超过1‰~3‰。但有时，在水疱病变逐渐痊愈，病牛趋向恢复时，病情突然恶化，病牛全身虚弱，肌肉发抖，心跳加快，节律失调，食欲废绝，反刍停止，站立不稳，行走摇摆，因心脏麻痹而突然倒地死亡。此种病称为恶性口蹄疫，病死率高达20%~50%，主要是病毒侵害心肌所致。

**羊** 潜伏期1周左右，症状与牛的大致相同，但感染率较牛低。山羊的水疱多见于口腔，水疱发生在硬腭和舌面。羔羊有时有出血性胃肠炎，常因心肌炎而死亡。

**猪** 潜伏期1~2d，病猪以蹄部水疱为主要特征，病初体温升高至40~41℃，精神沉郁，食欲减少或废绝。口黏膜（包括舌、唇、齿龈、咽、腭）形成小水疱或糜烂。蹄冠、蹄叉、蹄踵等部出现局部发红、微热、敏感等症状，不久逐渐形成米粒大、蚕豆大的水疱，水疱破溃后表面出血，形成糜烂，如无细菌感染，1周左右痊愈。如有继发感染，严重的可引起蹄壳脱落，患肢不能着地，常卧地不起。病猪鼻镜、乳房也常见到烂斑，尤其是哺乳母猪，乳头上的皮肤病灶较为常见，但也发于鼻面上。还可常见跛行，有时流产、乳房炎及慢性蹄变形。吃奶仔猪的口蹄疫，通常呈急性胃肠炎和心肌炎而突然死亡。病死率可达60%~80%，病程稍长者，亦可见到口腔（齿龈、唇、舌等）及鼻面上有水疱和糜烂。

(4) 病理变化

动物口蹄疫除口腔和蹄部的水疱和烂斑外，在咽喉、气管、支气管和前胃黏膜等部位有时可见圆形烂斑和溃疡，真胃和肠黏膜可见出血性炎症。特征性的病变是心脏的病变，心包膜有弥散性及点状出血，心肌松软，切面有灰白色或淡黄色斑点或条纹，似老虎皮上的斑纹，称为"虎斑心"。

(5) 诊断

根据流行特点和典型临诊症状可作出初步诊断，确诊要进行实验室检查。发病时必须迅速采取水疱皮和水疱液送检，以确诊和鉴定病毒毒型。可采取舌面、蹄部的水疱皮或水疱液，数量10g左右，水疱皮置入盛有50%甘油生理盐水的消毒瓶中，水疱液用消毒过的注射器抽取，装入消毒试管或小瓶中，迅速送往实验室进行诊断。

(6) 防制措施

**预防措施** 坚持"预防为主"的方针，采取以免疫预防为主的综合防控措施，控制疫情的发生。免疫预防是控制本病的主要措施，要选择与流行毒株相同血清型的口蹄疫疫苗对易感动物进行预防接种。带毒活畜及其产品的流动是口蹄疫暴发和流行的重要原因之一，因此，要依法进行产地检疫和屠宰检疫；依法做好流通领域运输活畜及其产品的检疫、监督和管理，防止口蹄疫传入；进入流通领域的偶蹄动物必须具备运输检疫合格证明和免疫注射证明。

**扑灭措施** 严格按《中华人民共和国动物防疫法》及有关规定，采取紧急、强制、综合性的扑灭措施。一旦有口蹄疫疫情发生，应迅速上报疫情，划定疫点、疫区，按"早、快、严、小"的原则，严格封锁。病畜及同群畜隔离并无血扑杀，同时对病牛舍及污染的场所和用具进行彻底消毒,牛舍、场地和用具等,用 2%~5% 氢氧化钠、10% 石灰乳、0.2%~0.5% 过氧乙酸或 1% 强力消毒剂喷洒消毒。皮张用环氧乙烷、甲醛气体消毒,粪便堆积发酵或用 5% 氨水消毒。在封锁期间,禁止易感动物及其产品流出疫区,禁止非疫区的动物进入疫区,并根据扑灭动物疫病的需要对出入封锁区的人员、运输工具及有关物品采取消毒和其他限制性措施。对疫区周围的受威胁区的易感动物用同型疫苗进行紧急预防接种,在最后一头病畜扑杀后 14d,未出现新的病例,经彻底大消毒后可解除封锁。

**(7) 公共卫生**

预防人的口蹄疫,主要依靠个人自身防护,如不吃生奶、接触病畜后立即洗手消毒,防止病牛的分泌物和排泄物落入口鼻和眼结膜,污染的衣物及时作消毒处理等。非工作人员不与病畜接触,以防感染和散毒。

## 3.4 布鲁氏菌病

布鲁氏菌病(Brucellosis)是由布鲁氏菌(*Brucella*)引起的人畜共患的慢性传染病。临诊上以母畜流产、不孕为特征;公畜出现睾丸炎;人也可感染,表现为长期发热、多汗、关节痛等症状。家畜中牛、羊、猪多发。本病严重危害人和动物的健康。

**(1) 病原**

布鲁氏菌为布氏杆菌属,是革兰阴性的细小球杆菌,大小 (0.5~0.7)μm×(0.6~7.5)μm,两端圆形,经柯氏染色呈红色。

布鲁氏菌对外界环境有较强的抵抗力,在患病动物的分泌物、排泄物以及病死动物的脏器中能存活 4 个月左右;在食品中能存活 2 个月;在干燥的土壤中能存活 2 个月以上;在毛、皮上可存活 3~4 个月之久;在冷暗处、胎儿体内可存活 6 个月左右。但对热和消毒剂敏感,60℃ 30min、80~95℃ 5min、直射日光 0.5~4h 能灭活。2% 石炭酸、2% 来苏儿、2% 氢氧化钠、0.1% 升汞、2% 福尔马林或 5% 石灰乳都在短时间内将其灭活。

**(2) 流行病学**

**传染源** 病畜和带菌者是主要传染源,病畜可从乳汁、粪便和尿液中排出病原菌,污染草场、畜舍、饮水、饲料;病畜在流产或分娩时将大量布鲁氏菌随着胎儿、羊水和胎衣排出,成为最危险的传染源,流产后的阴道分泌物及乳汁中含有大量病原菌,公牛精液中也有病原菌。

**传播途径** 本病可通过多种途径传播,消化道是主要的传播途径,易感动物采食了病畜流产时的排泄物或污染的饲料、饮水,通过消化道感染。易感动物直接接触病畜流产物、排泄物、阴道分泌物等带菌污染物,可经皮肤或眼结膜感染。

**易感动物** 在自然条件下,布鲁氏菌的易感动物范围很广,主要是羊、牛、猪,还有牦牛、野牛、水牛、鹿、骆驼、野猪等,性成熟的母畜比公畜易感,特别是头胎妊娠母牛、羊对本病易感性最强。

**流行特征** 本病一年四季都有发生,但有明显的季节性。羊种布病春季开始,夏季达高峰,秋季下降;牛种布病以夏秋季节发病率较高。

**(3)临诊症状**

**牛** 潜伏期一般在 2 周至 6 个月。母牛最明显的临诊症状是流产，可发生在妊娠的任何时期。多见胎衣滞留失去生育能力。有些牛见关节肿大，跛行。公牛可见阴茎潮红肿胀，常见睾丸炎和附睾炎，急性病例可见睾丸肿大疼痛。精液中含有大量布鲁氏菌。

**绵羊及山羊** 常见流产和乳房炎，流产发生于妊娠后第 3~4 个月。公羊发生睾丸炎、附睾炎，有的病羊出现关节炎，跛行。乳山羊的乳房炎常较早出现，乳汁有结块，泌乳减少，乳腺组织有结节性变硬。

**猪** 最明显的症状是流产，出现暂时或永久性不育，睾丸炎、跛行、后肢麻痹、脊髓炎，偶尔发生子宫内膜炎，后肢或其他部位出现溃疡。

**(4)病理变化**

**牛** 胎衣呈黄色胶样浸润，有些部位覆有纤维蛋白絮片和脓液，有的增厚有出血点；子宫见黄白色高粱米粒大小结节，称为子宫粟粒性结节，可作为证病性病理变化。绒毛叶部分或全部贫血呈灰黄色，或覆有灰色或黄绿色纤维蛋白絮片。胎儿胃特别是第四胃中有淡黄色或白色黏液絮状物，胃肠和膀胱的浆膜下可见有点状或线状出血。淋巴结、脾脏和肝脏有程度不同的肿胀，有的有炎性坏死灶。脐带常呈浆液性浸润，肥厚。公牛生殖器官精囊内可见出血点和坏死灶，睾丸和副睾可见炎性坏死灶和化脓灶。关节炎、关节肿大。

**羊、猪** 病理变化与牛的大致相同。

**(5)诊断**

布鲁氏菌病的诊断主要依据流行病学、临诊症状和实验室检查。发现可疑患病动物时，应首先观察有无布鲁氏菌病的特征，如流产、胎衣滞留、关节炎或睾丸炎，了解传染源与患病动物接触史，然后通过实验室检验进行确诊。

**病料采集** 取流产胎儿、胎盘、阴道分泌物或乳汁。

**镜检** 通常取病料直接涂片，作革兰染色和柯氏染色镜检。若发现革兰阴性、鉴别染色为红色的球状杆菌或短小杆菌，即可作出初步诊断。

**免疫学诊断** 常用的免疫学诊断方法有虎红平板凝集试验、试管凝集试验、间接酶联免疫吸附试验和布鲁氏菌皮肤变态反应等。

布鲁氏菌病实验室诊断，除流产材料的细菌学检查外，牛主要是血清虎红平板凝集试验，对无病乳牛群可用乳环状试验作为一种监测试验。山羊、绵羊群检疫用变态反应方法比较合适，少量的羊只用虎红平板凝集试验。猪常用血清虎红平板凝集试验，也有用变态反应的。无论哪种动物，如果是进出口检疫或司法鉴定，一律用试管凝集试验。

**(6)防制措施**

**预防措施** 布鲁氏菌病的传播机会较多，必须采取综合性的防控措施，早期发现病畜、彻底消灭传染源和传播途径，防止疫情扩散。在本病疫区应采取有效措施控制其流行。对易感动物群每 2~3 个月进行一次检疫，检出的阳性动物及时清除淘汰，2 次疑似定为阳性，直至全群获得 2 次阴性结果为止。如果动物群中经过多次检疫并将患病动物淘汰后仍有阳性动物不断出现，可应用疫苗进行预防注射。疫苗接种是控制本病的有效措施，有活疫苗如牛流产布鲁氏菌 19 号苗、马耳他布鲁氏菌 Rev I 苗，灭活苗如牛流产布鲁氏菌 45/20 苗和马耳他布鲁氏菌 58H38 苗等。我国主要使用猪布鲁氏菌 2 号弱毒活苗和马耳他布鲁氏菌5号弱毒活苗。

**扑灭措施** 发现疑似疫情,应及时对疑似患病动物立即隔离。确诊后对患病动物全部扑杀;对病畜的同群家畜实施隔离;对患病动物及其流产胎儿、胎衣、排泄物、乳、乳制品等进行无害化处理。开展流行病学调查和疫源追踪;对同群动物进行检测。对患病动物污染的场所、用具、物品严格消毒。养殖场的金属设备、设施可用火焰、熏蒸消毒;污染的圈舍、场地、车辆等,可用2%氢氧化钠消毒;污染的饲料、垫草等,可采取深埋发酵处理或焚烧;粪便消毒采取堆积密封发酵方式。皮毛消毒用环氧乙烷、福尔马林熏蒸等。

(7)公共卫生

人可感染布鲁氏菌病,患病的牛、羊、猪、犬是主要传染源,传播途径是食入、吸入或皮肤的黏膜和伤口,动物流产和分娩时易受到感染。

人类布鲁氏菌病的流行特点是患病与职业有密切关系。凡与病畜及其产品接触多的如畜牧兽医人员、屠宰工人、皮毛工等,其感染和发病明显高于其他职业。因此,本病的预防,首先要注意职业性感染,注意自我防护,可每年用M104冻干疫苗免疫。在动物养殖场的饲养员、人工授精人员,屠宰场、畜产品加工厂的工作人员以及兽医、实验室工作人员等,必须严格遵守防护制度和卫生消毒措施,严格产房、场地、用具、污染物的消毒卫生。特别在仔畜大批生产季节,更要注意。

羊种布氏杆菌M5对人有较强的侵袭力和致病性,易引起暴发流行,疫情重,且大多出现典型临诊症状;牛种布鲁氏菌疫区感染率高而发病率低,呈散在发病;猪种布鲁氏菌疫区人发病情况介于羊种和牛种布鲁氏菌之间。

## 3.5 结核病

结核(tuberculosis)是由分枝杆菌(*Mycobacterium*)引起的一种人畜共患的慢性传染病。目前在牛群中最常见,本病的特征是病程缓慢、渐进性消瘦、咳嗽,在体内多种组织器官中形成结核性肉芽肿(结核结节)、干酪样坏死和钙化的结节性病灶。

(1)病原

病原主要是分枝杆菌属的3个种,即结核分枝杆菌、牛分枝杆菌和禽分枝杆菌。本属菌为平直或微弯的杆菌,大小为$(0.2\sim0.6)\mu m \times (1\sim10)\mu m$,有时分枝、呈丝状,无荚膜、芽孢和鞭毛,革兰染色阳性,能抵抗3%盐酸酒精的脱色,所以称为抗酸菌。常用萋-尼二氏抗酸染色法,本属菌染成红色,非抗酸菌染成蓝色。

结核杆菌在自然环境中对干燥和湿冷的抵抗力较强。干痰中存活10个月,病变组织和尘埃中能存活2~7个月或更长。在粪便、土壤中可存活6~7个月,水中可存活5个月,奶中90d,冷藏奶油中能存活10个月。但结核菌对热敏感,60℃经30min死亡,在直射日光下经数小时死亡。对消毒剂5%石炭酸、4%氢氧化钠和3%的福尔马林敏感,在70%酒精、10%漂白粉溶液中很快死亡。本菌对链霉素、异烟肼、对氨基水杨酸和环丝氨酸敏感,可用于治疗。磺胺类药、青霉素及其他广谱抗生素对结核菌无效。

**(2) 流行病学**

**传染源** 结核病畜（禽）是本病的传染源，特别是开放型患者是主要的传染源。其痰液、粪尿、乳汁和生殖道分泌物中都可带菌，污染空气、饲料、饮水及环境而散布传染。

**传播途径** 本病主要经呼吸道和消化道感染。病原菌随咳嗽、喷嚏排出体外，污染空气，健康人畜吸入后可感染；污染饲料后通过消化道感染是一个重要的途径，犊牛的感染主要是吸吮带菌奶或喂病牛奶而引起；成年牛多因与病牛和病人直接接触而感染。

**易感动物** 本病可侵害人和多种动物，有50多种哺乳动物、25种禽类可感染发病。易感性因动物种类和个体不同而异，家畜中牛特别是奶牛最易感，其次为黄牛、牦牛和水牛；猪和家禽易感性也较高；羊极少见。人和牛可互相传染，也能传染其他家畜。

**流行特征** 多呈散发性，无明显的季节性和地区性。各种年龄的动物都可感染发病。饲养管理不当、营养不良、牛舍拥挤、通风不良、潮湿、卫生条件差、缺乏运动等是造成本病扩散的重要因素。

**(3) 临诊症状**

**牛结核病** 潜伏期一般为16~45d，长的数月甚至数年，通常取慢性经过。根据侵害部位的不同，可分以下几种类型。

肺结核：以长期顽固的干咳为特征，清晨最为明显。病初食欲、反刍无明显变化，常发生短而干的咳嗽，随着病情的发展咳嗽逐渐加重、频繁，并有黏液性鼻汁，呼吸次数增加，严重的发生气喘，胸部听诊可听到啰音和摩擦音。病畜日渐消瘦、贫血。肩前、股前、腹股沟、颌下、咽及颈淋巴结肿大。当纵隔淋巴结受侵害肿大，压迫食道，可引起慢性臌气。病势恶化时可见病牛体温升高达40℃以上，呈弛张热或稽留热，呼吸困难，最后因心律衰竭而死亡。

肠结核：多见于犊牛，以消瘦和持续性腹泻或便秘腹泻交替出现为特点。表现消化不良，食欲不振，顽固性腹泻，粪便带血或脓汁，味腥臭。

生殖器官结核：以性机能紊乱为特征。母牛发情频繁，性欲亢进，慕雄狂与不孕；孕牛流产，公牛副睾和睾丸肿大，阴茎前部可发生结节、糜烂等。

乳房结核：乳房上淋巴结肿大，乳房出现局限性或弥散性硬结，无热痛，乳房表面凹凸不平，泌乳量逐渐下降，乳汁初期无明显变化，严重时乳汁稀薄如水。由于肿块形成和乳腺萎缩，两侧乳房不对称，乳头变形，位置异常，最终泌乳停止。

**禽结核病** 主要侵害鸡和火鸡，成年鸡多发，其他家禽和多种野禽也可感染。感染途径主要经消化道，也可经呼吸道感染。临诊表现贫血、消瘦、鸡冠萎缩、肉髯苍白，产蛋下降或停止；如果病禽关节或肠道受到侵害时，病禽出现跛行或顽固性腹泻。最后病禽因衰竭或因肝变性破裂而突然死亡。病程持续2~3个月，有时可达1年。

**猪结核病** 猪对禽分枝杆菌、牛分枝杆菌、结核分枝杆菌都有易感性，猪对禽型菌的易感性较其他哺乳动物高。养猪场里养鸡或者养鸡场里养猪，都可能增加猪感染禽结核的机会。猪感染结核主要经消化道感染，常在扁桃体和颌下淋巴结发生病灶，很少出现临诊症状，当肠道有病灶则发生腹泻。

**(4) 病理变化**

结核病的病变特征，是在器官组织发生增生性或渗出性炎，或两者混合存在。当机体抵抗力强时,机体对结核菌的反应以细胞增生为主,形成增生性结核结节。当机体抵抗力弱时,机体的反应以渗出性炎为主,即在组织中有纤维蛋白和淋巴细胞的弥漫性沉积,后发生干酪样坏死、化脓或钙化,这种变化主要见于肺和淋巴结。

**牛结核病** 特征是患部形成结核结节。常见于肺、肺门淋巴结、纵隔淋巴结,其次为肠系膜淋巴结。在表面或切面常有很多突起的白色或黄色结节,切开后有干酪样的坏死,有的见有钙化,切时有砂砾感;有的坏死组织溶解和软化,排出后形成空洞。胸腔或腹腔浆膜可发生密集的结核结节,一般为粟粒至豌豆大的半透明或不透明灰白色坚硬的结节,即所谓的"珍珠病"。胃肠黏膜可见大小不等的结核结节或溃疡。乳房结核多发生于进行性病例,切开乳房可见大小不等的病灶,内含干酪样物质。

**禽结核病** 病灶多发生于肠道、肝、脾、骨骼和关节。肠道发生溃疡,可于任何肠段。肝、脾肿大,切开可见有大小不一的结节状干酪样病灶,感染的关节肿胀,内含干酪样物质。

**猪结核病** 全身性结核不常见,在某些器官如肝、肺、肾等出现一些小的病灶,或有的病例发生广泛的结节性过程。在颌下、咽、肠系膜淋巴结及扁桃体等发生结核病灶。

(5) 诊断

当畜群中发生原因不明的进行性消瘦、咳嗽、肺部异常、慢性乳房炎、顽固性腹泻、体表淋巴结慢性肿胀等症状时,可怀疑为本病。通过病理剖检的特异性结核病变不难作出诊断;结核菌素变态反应试验是结核病诊断的标准方法。结合流行病学、临诊症状、病理变化和微生物学等检查方法进行综合判断,可确诊。

**病料采集** 无菌采取病畜的病灶、痰、粪尿、乳及其他分泌物。

**细菌学诊断** 对开放性结核病的诊断具有实际意义。采取病畜的病灶、痰、粪尿、乳,涂片,用抗酸染色法染色镜检;分离培养和动物接种试验。

**结核菌素变态反应诊断** 是目前诊断结核病最有现实意义的好方法。结核菌素试验主要包括提纯结核菌素(PPD)诊断方法和老结核菌素(O.T)诊断方法。常用方法是皮内法和点眼法。①老结核菌素诊断法:我国现行奶牛结核病检疫规程规定,应以结核菌素皮内注射和点眼法同时进行,每次检疫各做两回,两种方法中的任何一种是阳性反应的,即判定为结核菌素阳性反应牛。②提纯结核菌素诊断法:诊断牛结核病时,将牛分枝杆菌提纯菌素用蒸馏水稀释成 10 万 IU/mL,颈侧中部上 1/3 处皮内注射 0.1mL。注射后经 72h 判定。

(6) 防制措施

**预防措施** 采取以"检测、检疫、扑杀和消毒"相结合的综合性防制措施。即加强引进动物的检疫,防止引进带菌动物;净化污染群,培养健康动物群;加强饲养管理和环境消毒,增强动物的抵抗力,消灭环境中存在的分枝杆菌。①引进动物时,应进行严格的隔离检疫,隔离观察 1 个月,再进行 1 次检疫,经结核菌素变态反应确认为阴性时,才可混群饲养。②每年对牛群进行反复多次的检测,淘汰变态反应阳性牛。通常牛群每隔 3 个月进行 1 次检疫,连续 3 次检疫阴性者为健康牛群。检出的阳性牛应及时淘汰处理,同群牛应定期进行检疫和临诊检查,必要时进行病原学检查,以发现可能被感染的病牛。病牛所产犊牛出生后只吃 3~5d 初乳,以后则由检疫无病的母牛喂养或喂消毒奶。犊牛应在出生后

1月龄、3~4月龄、6月龄进行3次检疫，凡呈阳性者必须淘汰处理。若3次检疫都呈阴性反应，且无任何临诊症状，可放入假定健康牛群中培育。假定健康牛群为向健康牛群过渡的畜群，应在第一年每隔3个月进行1次检疫，直到没有一头阳性牛出现为止。然后再在一年至一年半的时间内连续进行3次检疫。若3次均为阴性反应即可称为健康牛群。③每年定期进行2~4次的彻底环境消毒。发现阳性病牛时要及时进行1次临时性的大消毒。常用的消毒药为20%石灰乳或20%漂白粉。

**扑灭措施** 发现疑似病牛，应及时向当地动物防疫监督机构报告。对疑似患病动物立即隔离。确诊后，对患病动物全部扑杀；对病畜的同群畜实施隔离，可采用圈养和固定草场放牧两种方式隔离。隔离饲养用草场要远离交通要道、居民点或人畜密集的地区。场地周围最好有自然屏障或人工栅栏。病死和扑杀的病畜，要进行无害化处理。开展流行病学调查和疫源追踪；对同群动物进行检测。对病畜和阳性畜污染的场所、用具、物品进行消毒。养殖场的金属设施、设备可采用火焰、熏蒸等方式消毒；圈舍、场地、车辆等可用4%氢氧化钠等消毒药消毒；饲料、垫草可采用深埋或焚烧处理；粪便采取堆积密封发酵处理，以及其他相应的有效消毒方式。

**(7) 公共卫生**

结核病有重要的公共卫生意义。防制人结核病的主要措施是早期发现，严格隔离，彻底治疗。牛奶应煮沸后饮用；婴儿注射卡介苗；与病人、病畜禽接触时应注意个人防护。治疗人结核病有多种有效药物，以异烟肼、链霉素和对氨基水杨酸钠等最为常用。

人感染动物结核病多由牛型结核杆菌所致，特别是小孩饮用带菌的生牛奶而患病，所以消毒牛奶是预防人患结核病的一项重要措施。为了消灭传染源，对牛群采取检疫、淘汰和屠宰结核病牛的办法是行之有效的方法。

## 3.6 痘 病

痘病(variola, pox)是由痘病毒(pox virus)引起的各种家畜、家禽和人的一种急性、热性、接触性传染病。哺乳动物的特征是在皮肤上形成痘疹，家禽是在皮肤产生增生性和肿瘤样病变。

### 3.6.1 病原

病原属于痘病毒科脊椎动物痘病毒亚科，与痘病有关的有6个属：正痘病毒属、山羊痘病毒属、禽痘病毒属、兔痘病毒属、猪痘病毒属和副痘病毒属。各种动物的痘病毒分属于各个属，各种禽痘病毒与哺乳动物痘病毒之间不能交叉感染或交叉免疫。

病毒呈砖形或椭圆形，为双股DNA，可在易感细胞的胞浆内复制，并能形成包涵体。多数痘病毒能在鸡胚绒毛膜上生长，产生痘疮病灶。

病毒对温度有较强的抵抗力，在干燥的痂块中可存活数年，但对氯化剂和乙醚敏感。

### 3.6.2 绵羊痘

绵羊痘是各种家畜痘病中危害最严重的一种热性、接触性传染病。由山羊痘病毒属的绵羊痘病毒引起，其特征是在皮肤和黏膜出现特异性的痘疹，可见到典型的斑疹、丘疹、水疱、脓疱和结痂等病理过程。

**(1) 流行病学**

病羊和带毒羊是主要的传染源，病羊可通过分泌物、排泄物和痂皮向体外排出病毒。

本病主要经呼吸道感染，也可通过损伤的皮肤或黏膜感染。饲养管理人员、护理用具、皮毛、饲料、垫草和外寄生虫都可成为传播的媒介。

不同品种、性别和年龄的绵羊都有易感性，以细毛羊易感性最强，羔羊比成年羊易感，病死率高，妊娠母羊可引起流产。本病多发于冬末春初，气候寒冷、饲草缺乏和饲养管理不良等都可促使本病的发生和加重病情。

**(2) 临诊症状**

潜伏期平均为 6～8d，典型病羊体温升高到 41～42℃，食欲减少，精神沉郁，眼结膜潮红，鼻孔流出浆液、黏液或脓性分泌物。呼吸、脉搏增数。经 1～4d 后出现痘疹。

痘疹多发生于皮肤无毛或少毛部分，如眼的周围、唇、鼻、乳房、外生殖器、四肢和尾内侧。开始为红斑，1～2d 后形成丘疹，突出皮肤表面，随后丘疹逐渐扩大，变成灰白色或淡红色半球状的隆起结节。结节在几天内变成水疱，逐渐变成脓疱。如无继发感染，脓疱在几天内干燥成棕色痂块，痂块脱落后形成红斑，颜色逐渐变淡。

非典型病例不出现上述典型症状或经过，仅出现体温升高和黏膜卡他性炎症，不出现或仅出现少量痘疹或痘疹出现硬结状，在几天内干燥后脱落，不形成水疱和脓疱，此为良性经过，也称顿挫型。有的病例痘疱内出血，呈黑色痘。还有的病例痘疱发生化脓和坏疽，形成深的溃疡，发出恶臭，常为恶性经过，病死率达 20%～50%。

**(3) 病理变化**

特征性病变在咽喉、气管、肺、肝和前胃或第四胃黏膜上出现痘疹，有大小不等的圆形或半球形坚实的结节，有的病例还形成糜烂或溃疡。咽和支气管黏膜常有痘疹，在肺有干酪样结节和卡他性肺炎区。此外，常见细菌性败血症变化，如肝脂肪变性、心肌变性、淋巴结急性肿胀等。病羊常死于继发感染。

**(4) 诊断**

典型病例可根据临诊症状、病理变化和流行情况进行诊断。对非典型病例，可结合群体的不同个体发病情况作出诊断。

**(5) 防制措施**

**预防措施** 在羊痘常发地区，每年定期用羊痘鸡胚化弱毒疫苗进行免疫接种，对大小绵羊一律在尾内或股内侧，皮下注射 0.5mL，免疫期 1 年；山羊痘弱毒疫苗，仅用于山羊，皮内注射 0.5mL，或皮下注射 1mL，免疫期 1 年。

**扑灭措施** 发生本病时，应立即上报疫情。立刻按照《中华人民共和国动物防疫法》的规定采取紧急、强制性的控制和扑灭措施，封锁疫区，将病羊隔离、扑杀，作无害化处理。被病畜污染的羊舍、场地及用具，用 2% 氢氧化钠、3%～5% 福尔马林，或 10% 漂白粉进行彻底消毒。

**治疗** 本病无特效药，主要采取对症治疗。发生痘疹后，可用 0.1% 高锰酸钾冲洗，擦干后涂抹紫药水或碘甘油等。康复羊血清有一定防治作用，预防量成年羊每只 5～

10mL，小羊2.5~5mL；治疗量加倍，皮下注射。早期若用免疫血清治疗，效果更好。

### 3.6.3 山羊痘

病原为与绵羊痘病毒同属的山羊痘病毒，两者在琼脂扩散试验和补体交叉试验时有共同抗原。山羊痘病毒能在羔羊睾丸细胞、肾细胞以及犊牛睾丸细胞上生长，并致明显的细胞病变，可在胞浆内形成包涵体。在鸡胚绒毛尿囊膜上产生痘斑。

山羊痘病毒在自然条件下主要感染山羊，仅有少数毒株可感染绵羊。

山羊痘的症状和病理变化与绵羊痘相似，主要在皮肤和黏膜上形成痘疹。在诊断时要注意与羊的传染性脓疱鉴别，后者发生于绵羊和山羊，主要在皮肤和黏膜上形成水疱、脓疮，后结成厚而硬的痂，一般无全身反应。患过山羊痘的耐过山羊可获得坚强免疫力。

防控参见绵羊痘。

### 3.6.4 禽痘

禽痘是由禽痘病毒引起的禽类的一种急性、热性、高度接触性传染病，分为皮肤型和黏膜型。前者多以皮肤尤其是头部皮肤的痘疹，继而结痂、脱落为特征；后者可引起口腔和咽喉黏膜的纤维素性坏死性炎症，常形成假膜，所以又称禽白喉，有的病禽两型可同时发生。

其中危害最严重的是鸡痘，它对鸡群除引起死亡外，还可造成增重降低、产蛋减少、产蛋期推迟等。

**(1) 流行病学**

家禽中以鸡的易感性最高，不同年龄、性别和品种的鸡都可感染；其次是火鸡，鸭、鹅等家禽也可发病，但不严重；鸟类如金丝雀、麻雀、燕雀、鸽等也常发生痘疹，但病毒类型不同，一般不交叉感染。鸡以雏鸡和生长鸡最常发病，易引起雏鸡大批死亡。

病禽和带毒禽是本病的传染源。

禽痘的传染常由健康家禽和病禽接触引起，脱落和碎散的痘痂是病毒散布的主要形式。一般经损伤的皮肤和黏膜感染，蚊虫及体表寄生虫可传播本病。蚊虫的带毒时间可达10~30d。

本病一年四季均可发生，以春秋两季和蚊虫活跃的季节最易流行。拥挤、通风不良、阴暗、潮湿、体表寄生虫、维生素缺乏，可使病情加重。如有葡萄球菌病、传染性鼻炎、慢性呼吸道病等并发感染，可造成病鸡的大批死亡。

**(2) 临诊症状**

潜伏期4~8d，根据侵害部位不同，可分为皮肤型、黏膜型、混合型，偶尔有败血型。

**皮肤型** 以头部皮肤，有时见于腿、脚、泄殖腔和翅内侧形成特殊的痘疹为特征。常见于冠、肉、喙角、眼皮和耳球上，呈干而硬的结节。有时结节数目很多并相互融合，形成大块的厚痂，使眼缝完全闭合，一般无明显的全身症状。

**黏膜型** 又称白喉型，多发生于小鸡，病死率较高，可达50%。病初出现鼻炎症状，病禽精神沉郁，食欲减少，流鼻汁，初为浆性黏液，后变为脓性。若蔓延至眼下窦和眼结膜，眼睑肿胀，结膜充满脓性或纤维蛋白渗出物，可引起角膜炎而失明。鼻炎出现后2~

3d，在口腔和咽喉等黏膜上发生痘疹，初为圆形黄色斑点，逐渐扩散形成一层黄白干酪样假膜，随后变厚成棕色痂块，不易剥离。假膜有时伸入喉部，引起呼吸和吞咽困难，甚至窒息死亡。

**混合型** 皮肤和黏膜均被侵害，出现上述二型的临诊症状。

**败血型** 较少见，以严重的全身症状开始，继而发生肠炎。病禽有时迅速死亡，有时急性症状消失，转为慢性，腹泻而死。

火鸡痘与鸡痘的症状基本相似，因增重受阻造成的损失比因病死亡还大。产蛋火鸡出现产蛋减少和受精率降低。病程2～3周，严重的6～8周。

鸽痘的痘疹，一般出现在腿、脚、眼睑或靠近喙角基部，个别的可发生口疮。

(3) 病理变化

病变与临诊症状相似，口腔黏膜的病变有时可蔓延至气管、食道和肠道。肠黏膜可见有小点状出血，肝、脾和肾常肿大，心肌有时呈现实质病变。组织学检查，病变部位的上皮细胞的胞浆内有包涵体。

(4) 诊断

皮肤型和混合型根据症状不难作出诊断，确诊可通过病理组织学方法检查包涵体。黏膜型易与传染性鼻炎、传染性喉气管炎等混淆，可采取组织学和病毒学方法确诊。

(5) 防制措施

**预防措施** 有计划地进行预防接种是防制本病的有效方法。可用鸡痘鹌鹑化弱毒疫苗，接种方法是用鸡痘刺种针或无菌钢笔尖蘸取稀释的疫苗，于鸡翅侧无血管处皮下刺种。6日龄以上雏鸡用200倍稀释疫苗刺种1针，20日龄以上鸡用100倍稀释疫苗刺种1针；1月龄以上鸡用100倍稀释疫苗刺种2针。免疫期大鸡5个月，初生雏鸡2个月。免疫接种一般在春秋两季进行。

**扑灭措施** 发生本病，应隔离病禽，病重的淘汰，病死禽深埋或焚烧。对禽舍、运动场和用具进行严格消毒。还可作对症治疗，皮肤上的痘疹用镊子剥离后，伤口涂上碘酊；眼部肿胀的病鸡，用手挤出痘疹内的干酪样物质后，用2％硼酸冲洗，再滴入5％蛋白银溶液。隔离的病鸡应在完全康复2个月后才可合群。

## 3.6.5 猪痘

猪痘是由猪痘病毒和痘苗病毒引起的。其特征是皮肤、黏膜发生痘疹和结痂。猪痘病毒主要由猪血虱传播，其他昆虫如蚊、蝇也可传播，多发于4-6周龄仔猪及断乳仔猪，成年猪有抵抗力。由痘苗病毒引起的猪痘，各种年龄的猪均可感染发病，常呈地方流行性。

潜伏期平均4～7d，病猪体温升高，精神沉郁，食欲减少，鼻、眼有分泌物。痘疹主要发生于躯干的下腹部和肢内侧以及背部或体侧部等处。痘疹开始为深红色的硬结节，突出于皮肤表面，略呈半球状，表面平整，并很快结成棕黄色痂块，脱落后遗留白色斑块而痊愈，病程10～15d。本病多为良性经过，病死率不高，如饲养管理不当或有继发感染，常使病死率增高，特别是幼龄仔猪。

一般根据病猪典型痘疹和流行病学即可作出诊断。区别猪痘是由何种病毒引起，可用家兔作接种实验，痘苗病毒可在接种部位引起痘疹，而猪痘病毒不感染家兔。必要时可进行病毒的分离与鉴定。

对猪群要加强饲养管理，搞好卫生，消灭猪血虱和蚊、蝇等。新购入的生猪要隔离观察1～2周，防止带入传染源。发现病猪要及时隔离治疗，可试用康复猪血清或痊愈血治疗，其他治疗方法见绵羊痘。对猪病污染的环境及用具要彻底消毒，垫草焚毁。本病目前尚无有效疫苗，但康复猪可获得坚强免疫力。

## 3.7 伪狂犬病

伪狂犬病(pseudorabies)是由伪狂犬病病毒(pseudorabies virus)引起家畜和多种野生动物的一种急性、热性传染病。发病后通常具有发热、奇痒及脑脊髓炎等典型症状。本病对猪的危害最大，可导致妊娠母猪流产、死胎、木乃伊；初生仔猪具有明显的神经症状，急性致死。目前世界上本病猪、牛及绵羊等动物的发病率逐年增加。

**(1)病原**

伪狂犬病病毒，属于疱疹病毒科，甲型疱疹病毒亚科。病毒粒子呈圆形，直径150～180nm，有囊膜和纤突。所含核酸为DNA。病毒只有一个血清型，但毒株间存在差异。病毒能在鸡胚及多种动物细胞上生长繁殖，产生核内包涵体。

病毒对外界抵抗力较强，在污染的猪舍中能存活1个多月，在肉中能存活5周以上。但在干燥的条件下及直射日光下迅速灭活。对消毒药敏感，一般常用消毒药都有效。可用2%氢氧化钠、3%来苏儿等消毒。

**(2)流行病学**

**传染源** 病猪、带毒猪以及带毒鼠类是本病的主要传染源。猪感染后，其鼻、眼、阴道、乳汁等分泌物都有病毒排出。康复猪可通过鼻腔分泌物及唾液持续排毒。

**传播途径** 本病的传播途径主要是经消化道、呼吸道、损伤的皮肤以及生殖道感染，但成年猪无症状表现。病毒可经胎盘使胎儿感染，引起流产和死胎。猪配种时可传播本病，母猪感染本病后6～7d乳中有病毒，持续3～5d，乳猪可因吃奶而感染本病。怀孕母猪感染本病后，常可侵入子宫内的胎儿。牛常因接触猪、鼠而感染，感染发病后几乎100%死亡。

病毒可通过直接接触传播，也容易间接传播。如吸入带病毒粒子的气溶胶或饮用污染的水等，健康猪与病猪、带毒猪直接接触可感染本病；鼠可因吃进被污染的饲料而感染，可在猪群之间传播病毒。

**易感动物** 猪的易感性最强，牛、羊、猫、犬、鼠等也可自然感染；许多野生动物、肉食动物也有易感性，除猪以外，其他易感动物感染都是致死性的。

**流行特征** 本病多呈散发，或呈地方流行性。病的发生具有一定的季节性，以冬春多发。哺乳仔猪日龄越小，发病率和病死率越高，发病率和病死率可随着日龄的增长而下降。

**(3)临诊症状**

潜伏期一般为3～6d，短的36h，长的达10d。

**猪** 临诊表现主要取决于毒株和感染量，随年龄的增长有很大差异。

2周龄以内哺乳仔猪：发病时，症状最严重。病初发热至41℃、呕吐、腹泻、精神沉郁。有的出现眼球上翻，呼吸困难。随后出现发抖、运动失调，两前肢呈八字形站立，间歇性痉挛，后期麻痹，做前进或后退转动，倒地四肢划动。常伴有癫痫发作或昏睡，触摸时肌肉抽搐，最后衰竭死亡。哺乳仔猪的病死率可达100%。

3~4周龄的猪：主要症状同上。但病程稍长，常见便秘，病死率可达40%~60%。耐过的猪常有后遗症，如偏瘫和发育受阻。

2月龄以上的猪：以呼吸道症状为主，症状轻微或隐性感染。较常见的症状是一过性发热，咳嗽，便秘。发病率高，病死率低。有的病猪呕吐。多在3~4d恢复。如出现体温继续升高，病猪又出现神经症状，震颤，共济失调，头向上抬，背拱起，倒地后四肢痉挛，间歇性发作。

妊娠母猪：咳嗽、发热、精神沉郁，随即发生流产，产死胎、木乃伊胎和弱仔。这些弱仔猪出生后1~2d出现呕吐和腹泻，运动失调，痉挛，角弓反张。一般在24~36h内死亡。

**牛、羊和兔** 对本病特别敏感，感染后病程短、病死率高，症状特殊，主要表现为体表任何病毒增殖部位的奇痒，并因瘙痒而出现各种姿势。如鼻黏膜受感染，用力摩擦鼻镜和面部；有的呈犬坐姿势，在地面摩擦肛门或阴户；有的在头颈、肩胛、胸壁、乳房等部位发生奇痒。奇痒部位因强烈瘙痒而脱毛、水肿，甚至出血。还可出现某些神经症状，如磨牙、流涎、强烈喷气、狂叫，甚至神志不清。病初体温短期升高，病的后期多因麻痹而死亡。病程2~3d。个别病例发病后无奇痒症状，数小时内即死亡。

(4)病理变化

**猪** 一般无特征性病变。有神经症状的病死猪，脑膜明显充血、出血和水肿，脑脊液增多；扁桃体、肝、脾有散在的白色坏死点；流产胎儿的脑和臀部皮肤有出血点，肾和心肌出血。流产母猪有轻度子宫内膜炎，公猪阴囊水肿。

**其他动物** 主要是体表皮肤局部擦伤、撕裂、皮下水肿、肺充血、水肿、心外膜出血、心包积水。

**组织变化** 可见中枢神经系统呈弥漫性非化脓性脑炎，有明显血管套和胶质细胞坏死。在鼻咽黏膜、脾和淋巴结细胞内有核内包涵体。

(5)诊断

根据病畜典型的临诊症状和流行病学可作出初步诊断。确诊必须进行实验室检查。病料采集，用于病毒分离和鉴定，一般采取流产胎儿、脑、扁桃体、肺组织以及脑炎病例的鼻咽分泌物等；牛可采取瘙痒病畜的脊髓；将病料制成悬液，加双抗，离心取上清，肌肉接种给家兔，2d左右家兔注射部位奇痒，家兔不停啃咬，致使注射部位脱毛、出血、皮开肉绽；1~2d后麻痹死亡可确诊。用于血清学检查采取感染动物的血清送检，样品需冷藏送检。取自然病例的脑或扁桃体的压片或冰冻切片，用荧光抗体检查，见神经细胞的胞浆及核内产生荧光可确诊。猪感染本病常呈隐性经过，因此，诊断要依靠血清学方法，包括中和试验、琼脂扩散试验、补体结合试验、荧光抗体试验及酶联免疫测定等。

(6)防制措施

**预防措施** 引进动物时进行严格的检疫，防止将野毒引入健康动物群是控制本病的重要措施。严格灭鼠,控制犬、猫、鸟类和其他禽类进入猪场。搞好消毒及血清学监测对本病的防控有重要作用。预防牛、羊伪狂犬病的疫苗主要是氢氧化铝甲醛灭活苗,牛每头皮下注射8~10mL,免疫期1年;羊每只皮下注射0.5mL,免疫期半年。猪伪狂犬病疫苗包括灭活疫苗和基因缺失弱毒苗。使用灭活苗免疫时,种猪(包括公猪)初次免疫后间隔1周加强免疫1次,以后每胎配种前注射免疫1次,产前1个月左右加强免疫1次,即可获得较好的免疫效果,并可使哺乳仔猪的保护力维持到断奶。留作种用的断奶仔猪在断奶时免疫1次,间隔1周后加强免疫1次,以后即可按种猪免疫程序进行。育肥仔猪在断奶时接种1次即可维持到出栏。规模化猪场一般不宜用弱毒疫苗。

**扑灭措施** 认真检查全部猪群,扑杀发病乳猪、仔猪,对污染的圈舍、场地和用具进行彻底消毒。发病猪群或猪场,无症状的母猪、架子猪和仔猪,一律紧急注射伪狂犬病弱毒疫苗,乳猪第一次注射0.5mL,断奶后再注射1mL;3月龄以上的猪及怀孕母猪产前1个月注射2mL,免疫期1年。也可注射伪狂犬病油乳剂灭活苗。

**治疗** 本病尚无有效药物治疗,紧急情况下用高免血清治疗,可降低病死率。猪干扰素用于同窝仔猪的紧急预防和治疗,有较好的疗效;用白细胞介素和伪狂犬病基因弱毒苗配合对发病猪群进行紧急接种,可在短时间内控制病情的发展。

## 3.8 狂犬病

狂犬病(rabies)俗称疯狗病或恐水病,是由狂犬病病毒(rabies virus)引起的一种人畜共患的接触性传染病。临诊特征是患病动物出现极度的神经兴奋、狂暴和意识障碍,最后全身麻痹死亡。本病潜伏期较长,病死率极高,几乎所有的温血动物都能感染。近年世界流行趋势还有所上升,严重威胁人类健康和生命安全。

**(1)病原**

狂犬病病毒,属于弹状病毒科的狂犬病病毒属。病毒粒子直径75~80nm,长140~180nm,呈子弹形。病毒的核酸为RNA。

病毒对外界的抵抗力不强,可被各种理化因素灭活。反复冻融、紫外线以及常用的消毒药如石炭酸、新洁尔灭、70%乙酸溶液、0.1%升汞、2%甲醛、1%~2%肥皂水、70%酒精、0.01%碘溶液都能使之灭活。

**(2)流行病学**

**传染源** 患病动物和带毒者是本病的传染源,它们通过咬伤、抓伤使其他动物感染;患狂犬病的犬是使人感染的主要传染源,其次是猫。患病动物体内以中枢神经、唾液腺和唾液的含毒量最高。

**传播途径** 多数患病动物唾液中带有病毒,由患病动物咬伤或伤口被含有狂犬病病毒的唾液直接污染是本病的主要传播方式。唾液中含有的大量病毒,通过咬伤使病毒随唾液进入皮下组织,然后沿神经纤维进入神经中枢,病毒在中枢神经组织增殖,并由中枢沿神经向外周扩散,进入唾液腺。病毒在中枢神经系统可继续繁殖,损害神经细胞和血管壁,引起一系列的神经症状。

**易感动物** 所有的温血动物对本病都有易感性,但在自然界中主要的易感动物是犬科和猫科动物，以及蝙蝠和某些啮齿类动物。野生动物如狼、狐、臭鼬、蝙蝠是狂犬病病毒的自然贮存宿主，野生啮齿动物如野鼠、松鼠、鼬鼠等对本病易感，在一定条件下可成为本病的危险疫源长期存在。

**流行特征** 本病的发生有季节性，一般春夏比秋冬多发；没有年龄和性别的差异。人发生本病有明显的年龄、性别特征和季节性，一般青少年和儿童患者较多，男性较多，温暖季节发病较多。

(3)临诊症状

潜伏期的长短差异较大，一般为2～8周，短的1周，长的数月或1年以上。

**犬** 潜伏期10d至2个月，可分为狂暴型和麻痹型两种类型。

狂暴型：有前驱期、兴奋期和麻痹期。前驱期1～2d，病犬精神沉郁，常躲在暗处，不愿和人接近，性情、食欲反常，喜吃异物。喉头轻度麻痹，吞咽时颈部伸展。瞳孔散大，反射机能亢进，轻度刺激即兴奋，有时望空扑咬。性欲亢进，唾液分泌增多，后躯软弱。兴奋期2～4d，病畜高度兴奋，表现狂暴并常攻击人畜。狂暴发作常与沉郁交替出现，表现一种特殊的斜视和惶恐表情，当再次受到外界刺激时，又可出现一次新的发作，狂乱攻击，自咬四肢、尾及阴部等。病犬在野外游荡，多半不归，到处咬伤人畜。随着病情的发展，意识障碍，反射紊乱，显著消瘦，吠声嘶哑，夹尾，眼球凹陷，瞳孔散大或缩小。麻痹期1～2d。麻痹症状迅速发展，下颌下垂，舌脱出口外，流涎显著，不久后躯及四肢麻痹，卧地不起。最后因呼吸中枢麻痹或衰竭死亡。

麻痹型：病犬以麻痹为主，兴奋期很短或仅见轻微表现即转入麻痹期。麻痹始见于头部肌肉，病犬表现吞咽困难，张口流涎、恐水，随后发生四肢麻痹进而全身麻痹而死亡。一般病程为5～6d。

**人** 发病开始有焦躁不安的感觉，头痛，感觉异常，在咬伤部位常感疼痛难忍。随后发生兴奋症状，对光和声音的刺激极度敏感，瞳孔放大，流涎增加。随着病情的发展，咽肌痉挛，由于肌肉收缩使液体反流，大部分患者表现吞吐困难，当看到液体时发生咽喉部痉挛，以致不能咽下自己的唾液，表现为恐水症。呼吸道肌肉也可痉挛，全身抽搐，兴奋期可持续至死亡，或在最后出现全身麻痹。有些病例兴奋期很短，而以麻痹为主。症状可持续2～6d，有时更长，患者大都死亡。

(4)病理变化

本病无特征性剖检变化，常见尸体消瘦，体表有伤痕。病理组织学检查见有非化脓性脑炎变化，特征性的病变是在人脑海马角、人脑或小脑皮质等处的神经细胞中可检出嗜酸性包涵体——内基氏小体。

(5)诊断

本病的临诊诊断较困难，有时因潜伏期特长，查不出咬伤史，症状又易与其他脑炎相混而误诊。如患病动物出现典型的病程，每个病期的临诊表现明显，结合病史可作出初步诊断。但因狂犬病犬在出现症状前1～2周就已从唾液中排出病毒，所以，当动物或人被可疑病犬咬伤后，应及早对可疑犬作出确诊，以便对被咬伤的人畜进行必要的处理。应将可疑犬拘禁观察或扑杀，进行实验室检验。

采取扑杀或死亡的可疑动物脑组织，最好是海马角或延髓。各切取1cm见方的小块，置灭菌容器中，在冷藏条件下送实验室检查。检查内基氏小体，此法简单、迅速，可切取海马角，置吸水纸上，切面向上，载玻片轻压切面，制成压印标本，室温自然干燥后染色镜检，检查有无特异包涵体。内基氏小体位于神经细胞胞浆内，直径3～20μm，呈椭圆形，嗜酸性染色(染成红色)。检出内基氏小体可确诊。荧光抗体法也是一种特异而快速的直接染色检查诊断法。取可疑病例脑组织或唾液腺制成压印片或冰冻切片，用荧光抗体染色，在荧光显微镜下检查，胞浆内出现亮绿色荧光颗粒为阳性可确诊。要有阳性和阴性对照组。

**(6)防制措施**

**预防措施** 对家犬大面积的预防免疫是控制和消灭狂犬病的根本措施。只要使用有效的狂犬病疫苗，使其免疫覆盖率连续数年达75%以上，就可有效地控制狂犬病的发生。咬伤前的预防性免疫，免疫对象仅限于受高度感染威胁的人员，如兽医、实验室检验人员、饲养员和野外工作人员等。

**扑灭措施** 发现疑似疫情，应及时向当地动物防疫监督机构报告。畜主应立即隔离疑似患病动物，限制其移动。动物防疫监督机构接到报告后，应及时到现场诊断，包括流行病学调查、临诊症状检查、病理解剖检查、采集病料、实验室诊断等，并根据诊断结果采取相应防治措施。

在养殖场，确诊为狂犬病后，当地县级以上地方人民政府畜牧兽医行政管理部门应当划定疫点、疫区、受威胁区；县级以上地方人民政府根据需要组织有关部门和单位采取隔离、扑杀、销毁、消毒、限制易感动物及其产品出入等控制、扑灭措施。

对患狂犬病死亡的动物一般不应解剖，更不允许剥皮食用，以免狂犬病病毒经破损的皮肤黏膜而使人感染，而应将尸体焚化或深埋。如因检验诊断需要剖检尸体时，必须做好个人防护和消毒。

伤口的局部处理是极为重要的，紧急处理伤口以清除含有狂犬病病毒的唾液是关键步骤。伤口用大量肥皂水或0.1%新洁尔灭和清水冲洗，再用75%酒精或2%～3%碘酊消毒。同时，用狂犬病免疫血清或人源抗狂犬病免疫球蛋白围绕伤口局部作浸润注射。局部处理在咬伤后早期(尽可能在几分钟内)进行效果最好，但数小时或数天后处理也不应疏忽。局部伤口不应过早缝合。

对咬人动物的处理，凡出现典型症状的动物，应立即扑杀，并将尸体焚化或深埋。不能确定为狂犬病的可疑动物，在咬人后应捕获隔离观察10d，扑杀或在观察期间死亡的动物，脑组织应进行实验室检验。

**(7)公共卫生**

人的狂犬病大都是由于被患狂犬病的动物咬伤所致，潜伏期长，多数为2～6个月甚至几年。因此，人若被可疑动物咬后应立即用20%肥皂水冲洗伤口，并用3%碘酊处理，然后迅速接种狂犬病疫苗，在发病之前建立主动免疫。

## 3.9 大肠杆菌病

大肠杆菌病(colibacillosis)是由病原性大肠杆菌(*Escherichia coli*)引起的多种动物不同疾病的总称。多发于幼畜、幼禽，以严重腹泻、败血症和毒血症为特征。随着集约化畜禽养殖业的发展，致病性大肠杆菌对畜牧业造成的损失日益严重。

### 3.9.1 病原

大肠埃希菌，属埃希菌属，是一种革兰阴性、中等大小的杆菌，大小$(0.4\sim0.7)\mu m\times(2\sim3)\mu m$，有鞭毛，能运动。在普通培养基上就能生长，在血清或血液琼脂培养基上生长良好，在鲜血琼脂培养基上，能形成β溶血；在麦康凯培养基上形成紫红色菌落；在伊红美兰培养基上形成黑色菌落。根据菌体抗原、表面抗原及鞭毛抗原不同，构成不同的血清型，已知大肠杆菌有菌体(O)抗原171种，表面(K)抗原103种，鞭毛(H)抗原60种。病原性大肠杆菌的许多血清型可引起各种家畜和家禽发病，一般使仔猪发病的往往带有K88，而使犊牛和羔羊发病的多带有K99。由于大肠杆菌的血清型太多，所以，预防大肠杆菌最好用自家苗免疫。大肠杆菌对外界的抵抗力很弱，一般消毒药都可将其杀死。

### 3.9.2 流行病学

**传染源** 病畜(禽)和带菌者是本病的主要传染源，通过粪便排出病菌，污染水源、饲料以及母畜的乳头和皮肤。当仔畜吮乳、舐舔或饮食时经消化道感染。

**传播途径** 主要是消化道。牛可经子宫内或脐带感染；鸡可经呼吸道或病菌经种蛋裂隙使胚胎感染。人主要通过手或污染的水源、食品、牛奶及用具等经消化道感染。

**易感动物** 幼龄畜禽对本病最易感。猪从出生至断乳期均可发病，仔猪黄痢常发生于出生1周以内，以1～3日龄多发；仔猪白痢多发于生后10～30日龄的猪，以10～20日龄多发；猪水肿病主要见于断乳仔猪；牛在生后10d多发；鸡常发生于3～6周龄；兔主要侵害20日龄及断乳前后的仔兔和幼兔。

**流行特征** 本病四季都可发生，但犊牛和羔羊多发于冬春舍饲时期。仔猪发生黄痢时，常波及一窝仔猪的90%以上，病死率很高，有时达100%；发生白痢时，一窝仔猪发病率可达30%～80%；发生水肿病时，多呈地方流行性，发病率10%～35%，发病的常为生长快的健壮仔猪。牛、羊发病时呈地方流行性或散发。雏鸡发病率可达30%～60%，病死率可达100%。

### 3.9.3 仔猪大肠杆菌病

**(1) 临诊症状**

**仔猪黄痢** 主要发生于生后1～3日龄的仔猪。潜伏期短，出生后12h内就可发病，长的也只有1～3d，一窝仔猪出生时体况正常，经一段时间，突然有1～2头表现全身衰竭，迅速死亡，以后其他仔猪相继发病，排出黄色浆状稀粪，内含凝乳块，很快消瘦、昏迷死亡。

**仔猪白痢** 主要发生于生后10～30日龄的仔猪。病猪突然发生腹泻，排出乳白色或灰白色的浆状、糊状稀粪，腥臭黏腻。病程2～3d，长的1周左右。如不加干预，很快死亡。

**仔猪水肿病** 是仔猪的一种肠毒血症，其特征是胃壁和某些部位发生水肿。发病率不高，但病死率很高。主要发生于断乳仔猪，体况健壮、生长快的仔猪最为常见，病猪突然发病，精神沉郁，食欲减少或口吐白沫；心跳加快、呼吸初快而浅，后变得慢而深；常便秘，但发病前2～3d常有轻度腹泻。病猪卧于一隅，肌肉震颤、抽搐、四肢划动呈游泳状。触诊表现敏感。行走时四肢无力，共济失调，步态摇摆，盲目前进或做圆圈运动。

水肿是本病的特征症状，常见于眼部、眼睑、齿龈，有时波及颈部和腹部的皮下。病程短的仅数小时，一般为1～2d，也有长达7d以上的。病死率约90%。

**(2)病理变化**

**仔猪黄痢** 剖检尸体脱水严重，皮下常有水肿，肠道膨胀，内有大量黄色液体状内容物和气体，小肠黏膜充血、出血，以十二指肠最严重，肠系膜淋巴结充血、出血。

**仔猪白痢** 剖检尸体苍白、消瘦，主要病变在胃和小肠前部，胃内有少量凝乳块，胃黏膜充血、出血，肠系膜淋巴结轻度肿胀。

**仔猪水肿病** 剖检病变主要为水肿。胃壁水肿，常见于大弯部和贲门部，也可波及胃底及食道部黏膜和肌层之间有一层胶冻样水肿，严重的厚达2～3cm，范围约数厘米。胃底有弥漫性出血。胆囊和喉头也常有水肿。大肠系膜的水肿也很常见，有的病例直肠周围也有水肿。

**(3)诊断**

根据流行病学、临诊症状和病理变化可作出初步诊断，确诊要进行细菌学检查。取败血型的血液、内脏组织，肠毒血症的小肠前部黏膜，肠型发炎的肠黏膜。对分离出的大肠杆菌进行镜检、生化反应、血清学和毒力因子鉴定。

**(4)防制措施**

**预防措施** 加强饲养管理和卫生消毒，改善母猪的饲养质量，保持环境卫生，保持产房温度。母猪临产前，对产房或产仔圈舍彻底清扫、冲洗、消毒，可用各种消毒剂交替使用，垫上干净垫草。待产母猪乳头、乳房和胸腹部应清洗，然后用0.1%高锰酸钾或新洁尔灭消毒。哺乳时，先挤掉几滴奶，再给仔猪吸乳，初生仔猪宜尽早吸食初乳，以增强抵抗力。在常发病区和猪场，应给产前1个月的妊娠母猪注射疫苗，以通过母乳使仔猪获得保护。

**治疗** 一旦发病，应对同群仔猪全部进行治疗。对存在黄痢的猪场，仔猪出生后12h内可进行预防性投药注射敏感的抗生素可有效减少发病和死亡。目前较敏感的药物有氟喹诺酮类药物、氟苯尼考、利高霉素等，仔猪发病时应全窝给药，内服或肌肉注射盐酸土霉素等。仔猪在吃奶前投服某些微生态制剂如促菌生、调菌生等，也可起到一定的预防作用。在服用微生态制剂期间，禁止服用抗生素。对仔猪白痢和仔猪水肿病，还可用硫酸新霉素、强力霉素、磺胺类药物进行预防和治疗。

## 3.9.4 禽大肠杆菌病

**(1)临诊症状**

潜伏期从数小时至3d不等。急性者体温上升，常无腹泻而突然死亡。经卵感染或在孵化后感染鸡胚，出壳后几天内即可发生大批急性死亡。慢性者呈剧烈腹泻，粪便灰白色，有时混有血液，死前有抽搐和转圈运动，病程可拖延十余天，有时见全眼球炎。成年鸡感染后，多表现为浆膜纤维素性渗出，关节滑膜炎（翅下垂，不能站立）、输卵管和腹膜炎。

**(2)病理变化**

剖检病死禽尸体，因病程、年龄不同，有下列多种病理变化。

**急性败血症**　肠浆膜、心外膜、心内膜有明显小出血点。肠壁黏膜有大量黏液。脾肿大数倍。心包腔有多量浆液。

**气囊炎**　气囊增厚，表面有纤维素渗出物被覆，呈灰白色，由此继发心包炎和肝周炎，心包膜和肝被膜上附有纤维素性伪膜，心包膜增厚，心包液增量、混浊，肝肿大，被膜增厚，被膜下散在大小不等的出血点和坏死灶。

**关节滑膜炎**　多见于肩、膝关节。关节明显肿大，滑膜囊内有不等量的灰白色或淡红色渗出物，关节周围组织充血水肿。

**全眼球炎**　眼结膜充血、出血，眼房液混浊，镜检前眼房液中有变性的纤维素、巨噬细胞和异嗜性白细胞浸润。

**输卵管炎和腹膜炎**　产蛋期鸡感染时，可见输卵管增厚，有畸形卵阻滞，甚至卵破裂溢于腹腔内，有多量干酪样物，腹腔液增多、混浊、腹膜有灰白色渗出物。

**脐炎**　幼雏脐部受感染时，脐带口发炎，多见于蛋内或刚孵化后感染。

**肉芽肿**　此型生前无特征性症状。主要以肝、十二指肠、盲肠系膜上出现典型的针头至核桃大小的肉芽肿为特征，其组织学变化与结核病的肉芽肿相似。

**(3)诊断**

同仔猪大肠杆菌病。

**(4)防制措施**

搞好禽舍环境卫生和消毒工作，加强孵化室、孵化用具和种蛋的卫生消毒，防止种蛋污染和初生雏感染是预防本病的重要环节。

大肠杆菌对多种抗菌药物易产生耐药性，在治疗前最好先做药敏试验，选择高度敏感的药物治疗。常用的药物有环丙沙星、头孢噻呋、强力霉素和磺胺等。

**(5)公共卫生**

人发病大多急骤，主要症状是腹泻，常为水样稀便，每天数次至10次，伴有恶心、呕吐、腹痛、里急后重、胃寒发热、咳嗽、咽痛和周身乏力等表现。一般成人症状较轻，多数仅有腹泻，数日可愈。少数病情严重者，可呈霍乱样腹泻而导致虚脱或表现为菌痢型肠炎。由O157∶H7引起的病例，呈急性发病，突发性腹痛，先排水样稀便，后转为血性粪便、呕吐、低烧或不发烧。小儿能导致溶血性尿毒综合征，血小板减少，有紫癜，造成肾脏损害，难以恢复。婴幼儿和年老体弱者多发，并可引起死亡。

## 3.10　沙门氏菌病

沙门氏菌病（salmonellosis），又名副伤寒，是由沙门氏菌（*Salmonella*）属细菌引起的各种动物疾病的总称。临诊上多表现为败血症和肠炎，也可使妊娠母畜发生流产。沙门氏菌属中的许多类型对人、家畜、家禽以及其他动物均有致病性。各种年龄的畜禽都可感染，但幼畜较成年畜禽易感。本病对家畜的繁殖和幼畜带来严重威胁。许多血清型沙门氏菌，可使人感染，发生食物中毒和败血症等症状。

### 3.10.1 病原

沙门氏菌属细菌包括肠道沙门氏菌（又称猪霍乱沙门氏菌）和邦戈沙门氏菌两个种。革兰阴性，两端钝圆、中等大小球杆菌，有鞭毛，能运动。

沙门氏菌属根据不同的 O（菌体）抗原、Vi（荚膜）抗原、H（鞭毛）抗原，可分为许多血清型。迄今，沙门氏菌有 A～Z 和 O51～O67 共 42 个 O 群，58 种 O 抗原，63 种 H 抗原。由于该菌血清型众多，免疫可考虑用自家苗进行。利用该菌在伊红美兰培养基上产生蓝色菌落；在麦康凯培养基上产生灰白色菌落；在煌绿琼脂培养基上产生粉红色菌落和在亚硫酸铋琼脂培养基上产生黑色菌落的特点，进行分离提纯；灭活。

沙门氏菌对外界有较强的抵抗力，在干燥的环境中能存活 4 个月以上，在粪便和土壤中能存活 10 个月，在食盐腌肉和熏肉中能存活 75d 以上。但对消毒药敏感，3%来苏儿、1%石炭酸、2%烧碱、0.5%过氧乙酸都可很快将其杀灭。

### 3.10.2 流行病学

**传染源** 病畜和带菌者是本病的主要传染源，它们可由粪便、尿、乳汁以及流产的胎儿、胎衣和羊水排出病菌，污染水源和饲料。

**传播途径** 本病主要经消化道感染，生殖道或用病公畜的人工授精也可感染发病。人感染本病，一般是由于与感染的动物及其动物性食品的直接或间接接触，人类带菌也可成为传染源。

**易感动物** 各种年龄的畜禽均可感染，但幼龄畜禽较成年畜禽易感。本病常发生于 6 月龄以下的仔猪，以 1～4 月龄的幼猪多发；常发于 2～3 周龄仔鸡。另一种是病原菌存在于健康动物体内，不表现症状，当饲养管理不当、寒冷潮湿、气候突变、断奶过早等，使动物抵抗力降低时，病原菌大量繁殖，致病力增强而引起内源性感染发病。

**流行特征** 本病一年四季都可发生，但以冬春气候寒冷多变及多雨潮湿季节多发。猪在多雨潮湿季节多发；成年牛多于夏季放牧时发生；育成期羔羊常于夏季和早秋发病；妊娠羊主要在晚冬、早春季节发生流产。

### 3.10.3 猪副伤寒

仔猪副伤寒又称猪沙门氏菌病，是由多种沙门氏菌引起的仔猪传染病，主要侵害 1～4 月龄仔猪。临诊上以急性败血症或慢性纤维素性坏死性肠炎、顽固性腹泻为特征，有时发生肺炎。常引起断奶仔猪大批发病，如并发其他感染或不及时治疗，病死率较高，可造成较大的经济损失。

**(1)临诊症状**

潜伏期 2 周至数周不等，临诊可分为最急性、亚急性和慢性型三型。

**最急性型** 多见于断奶前后的仔猪，病猪体温突然升高到 41～42℃，精神沉郁，食欲废绝。后期腹泻和呼吸困难，病的后期在耳根、胸前、腹下及后躯的皮肤呈紫红色，发病率低，病死率高，病程 2～4d。

**亚急性和慢性型** 此二型较常见，多发于3月龄左右的猪。病猪体温升高到40.5～41.5℃，精神沉郁，食欲减退，眼有黏性和脓性分泌物；初便秘，后腹泻，粪便恶臭，呈暗紫红色，并混有血液、坏死组织或纤维素絮片。病猪很快消瘦，步态不稳。在病的中后期病猪皮肤发绀、淤血或出血，有时皮肤出现湿疹，并有干涸的痂样物覆盖，揭开见浅表溃疡。病程2～3周或更长，最后极度消瘦，衰弱而死。病死率25%～50%。

(2) 病理变化

**最急性型** 主要是败血症变化，耳及腹部皮肤有紫斑；脾脏肿大呈橡皮样，暗紫色；淋巴结肿大、充血、出血；肝实质可见糠麸状、细小的灰黄色坏死小点；全身黏膜、浆膜有不同程度的出血。

**亚急性和慢性型** 特征性病变为坏死性肠炎。盲肠、结肠肠壁增厚，表面覆盖着一层弥漫性灰黄色或淡绿色麸皮样纤维素物质，剥离后见肠壁有糜烂或坏死，少数病例滤泡周围黏膜坏死，稍突出于表面，有纤维蛋白积聚，形成隐约可见的轮环状。肝、脾及肠系膜淋巴结肿大，常见有针尖大至粟粒大的灰白色坏死灶。

(3) 诊断

急性病例诊断较困难，慢性病例根据临诊症状和病理变化，结合流行病学可作出初步诊断。确诊要进行细菌学检查。可采取病猪的肝、脾、心血和骨髓等病料送检。

(4) 防制措施

**预防措施** 在本病常发地区，仔猪断奶后接种仔猪副伤寒弱毒冻干苗，可有效地控制本病的发生。1月龄以上哺乳或断奶仔猪用仔猪副伤寒弱毒冻干苗预防，用20%氢氧化铝生理盐水稀释，肌肉注射1mL，免疫期9个月。口服时按瓶签说明，服前可用冷开水稀释成每头份5～10mL，拌入饲料中饲喂，或将每头份疫苗稀释成1～10mL冷开水中给猪灌服。

**扑灭措施** 发病猪应及时隔离，被污染的猪圈应彻底消毒，病猪隔离治疗，通过药敏试验选择合适的抗生素治疗，可选用庆大霉素、硫酸黏杆菌素、乙酰甲喹、硫酸新霉素及某些磺胺类药物。病死猪必须进行无害化处理，以免发生食物中毒。

## 3.10.4 禽沙门氏菌病

禽沙门氏菌病根据抗原结构不同可分为3种。由鸡白痢沙门氏菌引起的称为鸡白痢；由鸡伤寒沙门氏菌引起的称为禽伤寒；由其他有鞭毛能运动的沙门氏菌引起的禽类疾病统称为副伤寒。诱发禽副伤寒的沙门氏菌能广泛感染各种动物和人类，人的沙门氏菌感染和食物中毒也常常来源于发生副伤寒的禽类、蛋品或其他产品，因此在公共卫生上有重要意义。

(1) 鸡白痢

鸡白痢是由鸡白痢沙门氏菌引起鸡和火鸡的一种传染病。雏鸡和雏火鸡呈急性、败血性经过，病鸡以排出白色糊状的稀粪为特征；成年鸡主要是局部和生殖系统的慢性感染。

各种品种和年龄的鸡对本病都有易感性，但雏鸡较易感，以2～3周龄以内的雏鸡发病率和病死率最高，呈流行性。成年鸡感染呈慢性或隐性经过。鸭、雏鹅、鹌鹑、麻雀、鸽、金丝雀等也有发病的报告。这些禽类感染多数与接触病鸡有关。本病除能引起动物感染发病外，还能因食品污染造成人的食物中毒，严重威胁人和动物的健康。

不同年龄的鸡发生白痢的临诊表现有很大差异。

**雏鸡白痢** 潜伏期4～5d，经卵垂直感染的雏鸡，在孵化器或孵出后不久即可看到虚弱、昏睡、继而死亡。出壳后感染的雏鸡，多于孵出后3～5d出现症状，2～3周为发病和死亡高峰。病雏表现为精神沉郁，羽毛松乱，两翼下垂，低头缩颈，闭眼昏睡，不愿走动，聚成一团。腹泻，排白色的糊状稀粪，常污染肛门周围的绒毛，干涸后封住肛门周围，排粪困难。由于肛门周围炎症引起疼痛，常发出尖锐的叫声。有的病雏呼吸困难、气喘，有的可见关节肿大、跛行。病程3～7d。3周龄以上的鸡发病很少死亡，耐过鸡生长发育不良，成为慢性病鸡或带菌鸡。鸡只死亡后可见尸体瘦小、羽毛污秽，泄殖腔周围被粪便污染。剖检可见肝脏、脾脏、肾脏肿大、充血，有时肝脏可见大小不等的坏死点。卵黄吸收不良，内容物呈奶油状或干酪样黏稠状。盲肠出现栓塞，俗称"盲肠芯"。

**育成鸡白痢** 多见于40～80日龄的鸡，地面平养的鸡群的发病率比网上和笼养鸡群的高，本病发生突然，全群鸡食欲精神无明显变化，但鸡群中不断出现精神、食欲差和腹泻的病例，常突然死亡。死亡不见高峰，而是每天都有鸡死亡，数量不一。该病病程较长，可延至20～30d，病死率可达10%～20%。可见肝脏肿大，有时比正常肿大数倍，淤血、质脆、易破裂，表面有大小不等的坏死点。脾脏肿大，心包增厚，心肌可见数量不一的黄色坏死灶，严重的心脏变形、变圆。

**成年鸡白痢** 多呈慢性经过或隐性感染。一般无明显症状，当鸡群感染比例较大时，可明显影响产蛋量，产蛋高峰不高，维持时间短。部分病鸡面部苍白、鸡冠萎缩、精神沉郁、缩颈垂翅、食欲废绝、产蛋停止、排白色稀粪。有的感染鸡可因坠卵性腹膜炎而出现"垂腹"现象。最常见的病变是卵巢，有的卵巢输卵管细小，多数卵巢仅有少量接近成熟的卵子。已发育正常的卵巢质地改变，卵子变色，呈灰色、红色、褐色、浅绿色，甚至铅黑色，卵子内容物呈干酪样。卵黄膜增厚，卵子形态不规则。产蛋鸡患病后输卵管内充满炎性分泌物。病鸡剖开后腹腔内见大量破碎的卵黄。

成年公鸡病变常局限于睾丸和输精管，睾丸极度萎缩，同时出现小脓肿。输精管管腔增大，充满浓稠渗出液。

根据流行病学、临诊症状和病理变化可作出初步诊断。确诊需采取肝、脾、心血、肺和卵黄等，成年鸡采取卵巢、输卵管和睾丸等进行细菌学诊断。血清学检验，成年鸡感染多呈慢性或隐性经过，可用凝集反应进行诊断。凝集反应分试管法和平板法，平板法又分为全血平板凝集反应和血清平板凝集反应，以全血平板凝集反应较为常用。

防控鸡白痢的原则是杜绝病原的传入，清除带菌鸡，同时严格执行卫生、消毒和隔离制度。①预防措施：消灭带菌鸡是防制本病的根本措施，种蛋应来自无病鸡群。健康鸡群应定期用全血平板凝集反应进行全面检疫，淘汰阳性鸡和可疑感染鸡；有本病的种鸡场或种鸡群，应每隔4～5周检疫1次，将全部阳性带菌鸡检出并淘汰，以建立健康种鸡群。加强消毒，坚持种蛋孵化前的消毒工作，可用喷雾或浸泡等方法，同时应对孵化室、孵化器及其用具定期进行彻底消毒，杀灭环境中的病原菌。②扑灭措施：发现病禽，迅速淘汰，污染的禽舍、用具进行彻底消毒。全群鸡进行抗菌药物预防或治疗，可用头孢噻呋、磺胺类、喹诺酮类、庆大霉素、硫酸黏杆菌素、硫酸新霉素、土霉素等，但治愈后的家禽可能长期带菌，不能作种用。

**(2) 禽伤寒**

禽伤寒是由鸡沙门氏菌引起的禽类的一种败血性传染病，主要发生于鸡，也可感染火鸡、鸭、珠鸡、孔雀、鹌鹑等禽类，野鸡、鹅、鸽不易感。以发热、贫血、败血症和肠炎为特征。一般呈散发。

潜伏期一般为4~5d，育成鸡和成年鸡，急性经过的突然停食，精神沉郁，腹泻，排黄绿色稀粪，羽毛松乱。由于严重的溶血性贫血，鸡冠和肉髯苍白而皱缩。体温上升1~3℃。病鸡一般在5~10d死亡。自然发病的病死率为10%~50%或更高。雏鸡和雏鸭发病时，很快死亡，无特殊症状。

成年鸡的最急性病例，病变轻微或不明显。病程稍长的常见肝、脾和肾充血肿大。亚急性及慢性病例，特征的病变是肝肿大呈青铜色，被称为"青铜肝"。肝和心脏有灰白色粟粒状坏死灶，有心包炎。成年母鸡卵子变形、变色，呈囊状。公鸡睾丸萎缩，有小脓肿。死于几日龄的病雏，有出血性肺炎；稍大的病雏，肺有灰黄色或灰色肝变，肠呈卡他性炎症。

根据本病在鸡群中的流行病史、临诊症状和病理变化，特别是肝肿大呈青铜色，可作出初步诊断。确诊要进行细菌学诊断。取病死鸡的肝、脾、肺、心血、胚胎、未吸收的卵黄、脑及其他病变组织，成年鸡取卵巢、输卵管及睾丸进行细菌学检查。

防控本病必须严格贯彻消毒、隔离、检疫等一系列综合性措施；病鸡群及带菌鸡群，应定期反复用凝集试验进行检疫，将阳性鸡及可疑鸡全部淘汰，净化鸡群。发生本病时，病禽应扑杀，进行无害化处理，严格消毒鸡舍及用具。饲养员、兽医、屠宰人员以及其他经常与畜禽及其产品接触的人员，应注意卫生消毒工作，防止本病从畜禽传染给人。可用丁胺卡那霉素、硫酸新霉素、庆大霉素、硫酸黏杆菌素等进行治疗。畜禽专用第三代头孢类抗生素——注射用头孢噻呋钠冻干粉剂对病鸡群肌肉注射，1次/天，连用2~3d，可收到较好的疗效。

**(3) 禽副伤寒**

各种家禽和野禽均可易感，家禽中以鸡和火鸡最常见。常在孵化后2周之内感染发病，6~10d为最高峰。呈地方流行性，病死率10%~20%，严重的可达80%以上。

经带菌卵感染或出壳雏禽在孵化器感染的，常呈败血症经过，往往不出现任何症状就迅速死亡。年龄稍大的幼禽，一般取亚急性经过，主要表现水样腹泻。病程1~4d。1月龄以上的幼禽很少死亡。

雏鸭感染本病常见颤抖、喘息及眼睑浮肿。常突然倒地死亡。

成年禽一般为隐性感染，有时出现水样腹泻。

死于鸡副伤寒的雏鸡(鸭)，最急性的无可见病变，病程稍长的，肝、脾、肾充血，有条纹状或针尖状出血和坏死灶，肺及肾出血，心包炎，常有出血性肠炎。成年鸡肝、脾、肾充血肿胀，有出血性和坏死性肠炎、心包炎及腹膜炎，产蛋鸡的输卵管坏死、增生，卵巢坏死、化脓。

### 3.10.5 公共卫生

许多血清型沙门氏菌可感染人，发生食物中毒和败血症等症状。在食品卫生检疫中，属于不允许检出菌。人沙门氏菌病的临床症状可分为胃肠炎型、败血型、局部感染化脓型,以胃肠炎型(即食物中毒)为常见。

为防止本病从动物传染给人,患病动物应严格执行无害化处理,加强屠宰检验。与病禽及其产品接触的人员,应做好卫生消毒工作。

## 3.11 破伤风

破伤风(tetanus)又称强直症,俗称锁口风,是由破伤风梭菌(*Clostridium tetani*)经伤口感染引起的一种急性、中毒性人畜共患传染病。临诊上以骨骼肌持续性痉挛和神经反射兴奋性增高为特征。

**(1)病原**

破伤风梭菌是一种专性厌氧菌,大小$(0.4\sim0.6)\mu m \times (4\sim8)\mu m$,革兰染色阳性,多单个存在。本菌在动物体内外均形成芽孢,其芽孢在菌体一端,似鼓槌状或球拍状。多数菌株有周鞭毛、能运动,不形成荚膜。

破伤风梭菌在动物体内和培养基中均可产生几种破伤风外毒素,主要有痉挛毒素和溶血毒素。破伤风痉挛毒素是一种作用于神经系统的神经毒素,是动物发生特征性强直症状的决定性因子,是仅次于肉毒梭菌毒素的第二种最强的细菌毒素。溶血毒素,可使红细胞发生溶血;组织发生坏死。

**(2)流行病学**

破伤风梭菌广泛存在于自然界,人畜粪便都可带有,尤其是施肥的土壤、腐臭淤泥中。但本病的发生必须通过创伤感染,如钉伤、刺伤、去势、断尾、断脐、手术、穿鼻、产后感染等。

各种家畜均有易感性,其中以单蹄兽最易感,猪、羊、牛次之,犬、猫仅偶尔发病,家禽自然发病少见。人的易感性也很高。本病的发生无明显的季节性,多为散发。幼龄动物的感受性较高。

**(3)临诊症状**

潜伏期最短1d,最长可达数月,一般1~2周。

**单蹄兽** 最初表现对刺激的反射兴奋性增高,稍有刺激即抬头,瞬膜外露;接着出现咀嚼缓慢,步态僵硬等症状;随着病情的发展,出现全身性强直痉挛症状。口少许张开,采食缓慢,严重病例开口困难、牙关紧闭,无法采食和饮水。由于吞咽肌痉挛致使吞咽困难,唾液积于口腔而流涎,且口臭,头颈伸直,两耳竖立,鼻孔开张,四肢腰背僵硬。腹部卷缩,粪尿潴留,甚则便秘,尾根高举,行走困难,状如木马;各关节屈曲困难,易跌倒,且不易自起。病畜神志清楚,有饮欲、食欲,但应激性高,轻微刺激可使其惊恐不安、痉挛和大汗淋漓,末期患畜常因呼吸功能障碍(浅表、气喘、喘鸣等)或循环系统衰竭(心律不齐、心博亢进)而死亡。体温一般正常,死前体温可升至42℃,病死率45%~90%。

**牛** 较少发生。症状与马相似,但较轻微,反射兴奋性明显低于马,常见反刍停止,多伴随有瘤胃臌气。

**羊** 多由剪毛引起。病羊全身肌肉强直，角弓反张，伴有轻度瘤胃臌气及腹泻。母羊多发生于产死胎或胎衣停滞之后；羔羊多因脐带感染引起，病死率极高，几乎可达100%。

**猪** 较常发生，多由于阉割感染。一般是从头部肌肉开始痉挛，牙关紧闭，口吐白沫；叫声尖细，瞬膜外露，两耳竖立，腰背弓起，全身肌肉痉挛，触摸坚实如木板，四肢僵硬，难于站立，病死率较高。

(4)诊断

根据本病特殊的临诊症状，如神志清醒，反射兴奋性增高，骨骼肌强直性痉挛，体温正常，并有创伤史，即可确诊。对于病初症状不明显病例，要注意与马钱子中毒、癫痫、脑膜炎、狂犬病及肌肉风湿等相鉴别。

(5)防制措施

**预防措施** 在本病常发区对易感家畜定期接种破伤风类毒素。牛、马等大动物在阉割等手术前一月进行免疫接种，可起到预防本病作用。对较大较深的创伤，除作外科处理外，应肌肉注射破伤风抗毒素1万～3万IU。一旦发生外伤，要及时处理，防止感染。阉割手术要注意器械的消毒和无菌操作。

**治疗** 尽快查明感染的创伤和进行外科处理，清除创内的脓汁、异物、坏死组织及痂皮，对创深、创口小的要扩创，以5%～10%碘酊和3%过氧化氢或1%高锰酸钾消毒，再撒以碘仿硼酸合剂，然后用青霉素、链霉素作创周注射。同时用青霉素、链霉素作全身治疗。早期使用破伤风抗毒素，疗效较好，剂量20万～80万IU，分3次注射，也可一次全剂量注入。同时应用40%乌洛托品，大动物50mL，犊牛、幼驹及中小动物酌减。当病畜兴奋不安和强直痉挛时，可使用镇静解痉剂。一般多用氯丙嗪肌肉注射或静脉注射，每天早晚各1次。也可用25%硫酸镁作肌肉注射或静脉注射，以解痉挛。对咬肌痉挛、牙关紧闭者，可用1%普鲁卡因溶液于开关、锁口穴位注射，每天1次，直至开口为止。人的预防也以主动或被动免疫接种为主要措施。

## 3.12 流行性乙型脑炎

流行性乙型脑炎(epidemic encephalitis B)又称日本乙型脑炎，简称乙脑，是一种由昆虫媒介传播的人畜共患的急性传染病。本病属自然疫源性疾病，多种动物都可感染，人、猴、马和驴感染后出现明显的脑炎症状，病死率较高。猪乙脑在临诊上以妊娠母猪流产和产死胎、公猪的睾丸炎、新生仔猪出现典型脑炎和育肥猪持续高热为特征。

(1)病原

乙脑病毒(epidemic encephalitis B virus)，属于黄病毒科黄病毒属的滤过病毒。病毒主要存在于病猪的脑、脑脊液、血液、脾、睾丸，病毒能凝集鸡、鸭、鹅、鸽和绵羊的红细胞，并为阳性血清所抑制。该病毒能在鸡胚卵黄囊及鸡胚成纤维细胞、仓鼠肾细胞、猪肾传代细胞内增殖，并产生细胞病变和蚀斑。病毒对外界的抵抗力不强，56℃ 30min或100℃ 2min可灭活，一般消毒药如2%氢氧化钠、3%来苏儿、碘酊等都有效。

(2)流行病学

**传染源** 人类和多种动物可作为本病的传染源，家畜和家禽是主要的传染源。猪对乙脑病毒自然感染率高。

**传播途径** 本病经蚊虫叮咬而传播。能传播本病的蚊虫很多，现已被证实的有库蚊、伊蚊和按蚊。

**易感动物** 马、猪、牛、羊等多种动物和人都可感染，但除人、马和猪外，其他动物多为隐性感染。初产母猪发病率高，流产、死胎等症状严重。

**流行特征** 在热带地区，本病全年均可发生，在亚热带和温带地区本病的发生有明显的季节性。

(3) 临诊症状

猪　人工感染潜伏期一般为3~4d。常突然发病，体温升高达40~41℃，呈稽留热，精神沉郁，食欲减退。粪便干燥呈球状，表面常附有灰白色黏液，尿呈深黄色。有的猪后肢关节肿胀疼痛而跛行。个别表现为明显神经症状，视力障碍，摆头，乱冲乱撞，后肢麻痹，最后倒地不起而死亡。妊娠母猪常突然发生流产。流产多发生在妊娠后期，流产后症状减轻，体温、食欲恢复正常。少数母猪流产后从阴道流出红褐色乃至灰褐色黏液，胎衣不下。流产胎儿多为死胎或木乃伊胎，或濒于死亡。公猪除有上述一般症状外，突出表现是在发热后发生睾丸炎。一侧或两侧睾丸明显肿大，较正常睾丸大1/2~1倍，具有特征性。

马　潜伏期为1~2周。病初体温短期升高，可视黏膜潮红或轻度黄染，精神沉郁，头下垂，食欲减退，肠音稀少，粪球干小。有的病马由于病毒侵害脑和脊髓，出现明显的神经症状，表现沉郁、兴奋或麻痹。有的病马以沉郁为主，表现呆立不动，低头垂耳，眼半开半闭，常出现异常姿势，后期卧地昏迷；有的病马以兴奋为主，表现为狂暴不安，乱冲乱撞，攀越饲槽，后期因过度疲惫，倒地不起，麻痹衰竭而死亡。

牛、羊　发热、痉挛、转圈、四肢强直、牙关紧闭、麻痹、昏睡、死亡。

(4) 病理变化

马　肉眼病变不明显。脑脊髓液增量，脑膜和脑实质充血、出血、水肿，肺水肿，肝、肾浊肿，心内外膜出血，胃肠有急性卡他性炎症。脑组织学检查，见非化脓性脑炎变化。睾丸实质充血、出血、坏死。

猪　肉眼病变主要在脑、脊髓、睾丸和子宫。脑的病变与马相似。肿胀的睾丸实质充血、出血和坏死灶。流产胎儿常见脑水肿，腹水增多，皮下有血样浸润。胎儿大小不等，有的呈木乃伊化。

牛、羊　非化脓性脑炎变化。

(5) 诊断

**临诊综合诊断** 本病有严格的季节性，呈散在性发生，多发生于幼龄动物和10岁以下的儿童，有明显的脑炎症状，妊娠母猪发生流产，公猪发生睾丸炎，死后取大脑皮质、丘脑和海马角进行组织学检查，发现非化脓性脑炎等，可作为诊断的依据。

**血清学诊断** 在本病的血清学诊断中，血凝抑制试验、中和试验是常用的实验室诊断方法。其他血清学诊断法还有荧光抗体法、酶联免疫吸附试验、反向间接血凝试验等。

(6) 防制措施

预防流行性乙型脑炎，应从畜群免疫接种、消灭传播媒介和加强宿主动物的管理3个方面采取措施。

畜群免疫接种：用乙脑疫苗给马、猪进行预防注射，不但可预防流行，还可降低本动物的带毒率，既可控制本病的传染源，也可控制人群中乙脑的流行。

消灭传播媒介：这是一项预防与控制乙脑流行的根本措施。以灭蚊防蚊为主，尤其是三带喙库蚊，应根据其生活规律和自然条件，采取有效措施，才能收到较好的效果。

加强宿主动物的管理：应重点管理好没有经过夏秋季节的幼龄动物和从非疫区引进的动物。应在乙脑流行前完成疫苗接种并在流行期间尽量避免蚊虫叮咬。

(7)公共卫生

带毒猪是人乙型脑炎的主要传染源。往往在猪乙型脑炎流行高峰过后1个月便出现人乙型脑炎的发病高峰。病人表现高热、头痛、昏迷、呕吐、抽搐、口吐白沫、共济失调、颈部强直，儿童发病率和病死率高，幸存者常留有神经系统后遗症。在流行季节到来之前，加强个体防护、做好卫生防疫工作对防控人感染乙型脑炎具有重要意义。

## 3.13 钩端螺旋体病

钩端螺旋体病(leptospirosis，简称钩体病)，是由致病性钩端螺旋体(*Leptospira interrogans*)引起的一种人畜共患自然疫源性传染病。在家畜中以猪、牛、犬的带菌和发病率较高。急性病例以发热、黄疸、贫血、血红蛋白尿、出血性素质、流产、皮肤和黏膜坏死以及马的周期性眼炎等为特征。

(1)病原

钩端螺旋体，为螺旋体目细螺旋体科细螺旋体属。大小$(0.1\sim0.2)\mu m \times (6\sim20)\mu m$。在暗视野和相差显微镜下，呈细长的丝状，圆柱形，螺纹细密而规则，菌体两端弯曲成钩状，通常呈"C"或"S"形弯曲。运动活泼并沿其长轴旋转。革兰阴性，但不易着色，常用姬姆萨氏染色和镀银法染色，后者效果较好。

根据抗原结构成分，已知有19个血清群、180个血清型。我国至今分离出来的致病性钩端螺旋体共有18个血清群、70个血清型。

钩端螺旋体在一般的水田、池塘、沼泽里及淤泥中可以生存数月或更长，这在本病的传播上有重要意义。但对消毒药、加热敏感，一般常用消毒药均可将其杀死。

(2)流行病学

**传染源** 发病和带菌动物是主要的传染源，猪、马、牛、羊带菌期半年左右，犬的带菌期为2年左右。病原体随着这些动物的尿、乳和唾液等排出体外污染环境。鼠类感染后，可终生带菌，大多数呈健康带菌者，是重要的贮存宿主和传染源。

**传播途径** 各种带菌动物经尿、乳、唾液、流产物和精液等多种途径排出体外，特别是尿中排菌量最大、时间长。动物、人与外界环境中污染的水源接触，是本病的主要感染方式。

**易感动物** 钩端螺旋体病是自然疫源性疾病，动物宿主非常广泛，家畜中猪、牛、水牛、犬、羊、马、骆驼、鹿、兔、猫，家禽中鸭、鹅、鸡、鸽以及其他野禽均可感染和带菌。其中以猪、水牛、牛和鸭的感染率较高。

**流行特征** 本病的流行有明显的季节性，本病一年四季都可发生，但以7～10月为流行的高峰期，其他月份仅为个别散发。

(3) 临诊症状

潜伏期为2～28d。

**猪** 急性黄疸型，多发生于大猪和中猪，呈散发性，偶也见暴发。病猪体温升高，精神沉郁，食欲减少，皮肤干燥，1～2d内全身皮肤和黏膜泛黄，尿浓茶样或血尿。几天内，有时数小时内突然惊厥而死，病死率较高。亚急性和慢性型，多发生于断奶前后至30kg以下的小猪，呈地方流行性或暴发，常引起严重的损失。病初有不同程度的体温升高，眼结膜潮红，精神沉郁，食欲减退；几天后，眼结膜有的潮红浮肿、有的泛黄，有的在上下颌、头部、颈部甚至全身水肿，指压凹陷，俗称"大头瘟"；尿液变黄、茶尿、血红蛋白尿甚至血尿，有腥臭味。有时粪干硬，有时腹泻。病猪逐渐消瘦，无力。病程十几天至一个多月。病死率50%～90%。妊娠母猪感染钩端螺旋体可发生流产，流产率20%～70%，母猪在流产前后有时兼有其他症状，甚至流产后发生急性死亡。流产的胎儿有死胎、木乃伊状，也有衰弱的弱仔，常于产后不久死亡。

**牛** 潜伏期4～10d，犊牛可表现急性经过，体温突然升至40℃以上，呈稽留热，精神沉郁，食欲、反刍停止，贫血、黄疸、血红蛋白尿及肺炎，严重的死亡。红细胞数骤减到100～300万/$cm^3$，常见皮肤干裂、坏死和溃疡。在发病后3～7d内死亡。病死率高。哺乳牛或成年牛表现为亚急性、慢性经过，食欲、反刍、泌乳减少或停止，贫血、血红蛋白尿。妊娠母牛流产、产出死胎或弱胎，胎衣滞留或不孕症。流产是牛钩端螺旋体病的主要症状之一，一些牛群暴发本病的唯一症状就是流产，但也可与急性症状同时出现。

**羊** 山羊比绵羊多发，山羊感染钩端螺旋体可造成流行和死亡。绵羊感染后多不表现临诊症状，少有暴发和流行。

**马** 急性病例呈高热稽留，食欲废绝，皮肤与黏膜发黄，点状出血。皮肤干裂和坏死，病的中后期出现血红蛋白尿。病程数天至2周。病死率40%～60%。亚急性病例有发热、精神沉郁、黄疸等症状。病程2～4周，病死率10%～18%。

(4) 病理变化

钩端螺旋体在家畜所引起的病变基本是一致的。急性病例，眼观病变主要是黄疸、出血、血红蛋白尿及肾不同程度的损害。慢性或轻型病例，以肾的变化为主。

**猪** 皮肤、皮下组织、浆膜和黏膜有程度不同的黄疸，胸腔和心包有黄色积液；心内膜、肠系膜、肠、膀胱黏膜等出血；肝肿大呈棕黄色、胆囊肿大、淤血，慢性病例肾有散在的灰白色病灶（间质性肾炎）。水肿型病例在下颌、头颈、背、胃壁等部位出现水肿。

**牛、羊、马** 病变相似，皮肤有干裂坏死性病灶，口腔黏膜有溃疡，黏膜及皮下组织黄染，有时可见浮肿；肺、心、肾和脾等实质器官有出血斑点；肝肿大，泛黄；肾稍肿，有灰色病灶，膀胱积有深黄色或红色尿液；肠系膜淋巴结肿大。

(5) 诊断

发病初期采血液，中后期采尿液、脊髓液或血清，死后采新鲜的肾、肝、脑、脾等病料及时送检。符合以下一项即可确诊。暗视野显微镜或染色直接镜检菌体阳性：血液、尿、脑脊液置暗视野显微镜下观察可见螺旋状快速旋转或伸屈运动的细长菌体；经镀银染色呈黑色，复红亚甲蓝染色呈紫红色，姬姆萨染色呈淡红色的螺旋状菌体。在发病早期，血清中可检出特异性抗体，并能维持较长时间。可用炭凝集试验、间接血凝试验等检测特异性抗体的存在情况，可作出诊断。

(6)防制措施

**预防措施** 钩体病感染者可长期带菌并排菌，预防应改造疫源地，控制和消灭污染源。灭鼠和预防接种是控制钩体病暴发流行，减少发病的关键。

**扑灭措施** 任何单位和个人发现疑似本病的动物，都应及时向当地动物防疫监督机构报告。

发现疑似本病的疫情时，应进行流行病学调查、临诊症状检查，并采样送检。确诊后采取以下措施处理：本病呈暴发流行时，应划定疫区，实施封锁。对污染的圈舍、场地、用具等进行彻底消毒；对病畜隔离治疗，对同群畜立即进行强制免疫或用药物预防，并隔离观察20d。必要时对同群畜进行扑杀处理。对病死畜及其排泄物、可能被污染的饲料、饮水等按有关规定进行无害化处理；对可能被污染的物品、交通工具、用具、畜舍进行严格彻底的消毒；对疫区和受威胁区内所有易感动物进行紧急免疫接种或用药物预防；对所有病死畜、被扑杀的动物及可能被污染的产品（包括猪肉、内脏、骨、血、皮、毛等）按有关规定进行无害化处理；对病畜的排泄物或可能被污染的垫草、饲料等均需进行无害化处理；在最后一头病畜隔离治疗20d后，进行一次彻底的终末消毒，可解除封锁；参与疫情处理的有关人员，应穿防护服、胶鞋、戴口罩和手套，做好自身防护。

**治疗** 链霉素、强力霉素、四环素和土霉素等抗生素有一定疗效。在猪群中发现感染，应全群治疗，饲料加入土霉素连喂7d，可以解除带菌状态和消除一些轻型症状。妊娠母猪产前1个月连续饲喂上述土霉素饲料5d，可以防止流产。

(7)公共卫生

钩端螺旋体病是重要的人畜共患病和自然疫源性传染病。

人钩端螺旋体病的治疗，应按病的表现确定治疗方案，一般是以抗生素为主，配合对症、支持疗法，首选药物为链霉素，其次为庆大霉素。预防本病，平时应做好灭鼠工作，保护水源不受污染；注意环境卫生，经常消毒和处理污水；发病率较高的地区要用多价疫苗进行预防接种。

## 3.14 李氏杆菌病

李氏杆菌病(listeriosis)是由单核细胞增生李斯特菌(*Listeria monocytogenes*)引起的一种人畜共患的散发性传染病。家畜和人以脑膜脑炎、败血症和流产为特征；家禽和啮齿动物以坏死性肝炎、心肌炎和单核细胞增多症为特征。

(1)病原

单核细胞增生李斯特菌在分类上属于李氏杆菌属。革兰阳性的小杆菌，大小为$(0.4\sim 0.5)\mu m \times (0.5\sim 2)\mu m$。在抹片中或单个分散或两个菌排成"V"形或互相并列。需氧兼性厌氧菌，在含有血清或血液的琼脂上才能生长良好，在血琼脂上生长能形成β溶血。

李氏杆菌对理化因素的抵抗力较强。在土壤、粪便、青贮饲料和干草内能长期存活。pH 5.0 以下缺乏耐受性，pH 5.0～9.6 能生长繁殖。对食盐耐受性强，在含 10% 食盐的培养基中能生长，在 20% 食盐溶液内能长期存活。本菌是一种低温生长菌，可在 4℃ 时生长良好，可用低温增菌法提纯。对热的耐受性比大多数无芽孢杆菌强，常规巴氏消毒法不能杀灭它，65℃ 经 30～40min 才杀灭。一般消毒药都易使之灭活。

**(2) 流行病学**

**传染源** 发病和带菌动物是本病的传染源。由患病动物的粪、尿、乳汁、精液，以及眼、鼻、生殖道的分泌液都曾分离到本菌。家畜因饲喂带菌鼠类污染的饲料可引起本病的发生。

**传播途径** 本病自然感染可通过消化道、呼吸道、眼结膜以及皮肤伤口。饲料和水是主要的传播媒介。冬季缺乏青饲料，气候骤变，有寄生虫或沙门氏菌感染可诱发本病。

**易感动物** 自然发病在家畜以绵羊、猪、家兔较多，牛、山羊次之，马、犬、猫少见；在家禽中以鸡、火鸡、鹅多发，鸭较少发生。许多野兽、野禽、啮齿动物都有易感性，特别是鼠类的易感性最高，常为本菌的贮存宿主。

**流行特征** 本病为散发性，偶尔可见地方流行性，一般只有少数发病，但病死率较高。各种年龄的动物都可感染发病，但幼龄动物比成年动物易感性高，发病较急；妊娠母畜感染后常发生流产。

**(3) 临诊症状**

自然感染的潜伏期为 2～3 周。有的可能只有数天，也有长达 2 个月的。

**反刍兽** 病初体温升高 1～2℃，不久降至常温。原发性败血症主要见于幼畜，表现为精神沉郁、呆立、低头垂耳、流涎、流鼻液、流泪、不随群行动、咀嚼吞咽迟缓。脑膜脑炎发生于较大的动物，头颈一侧性麻痹，弯向对侧，沿头的方向旋转（回旋病）或做圆圈运动，颈项强硬，有的呈现角弓反张，后来昏迷卧于一侧，死亡，病程短的 2～3d，长的 1～3 周或更长。成年动物症状不明显，妊娠母畜常发生流产。水牛突然发生脑炎，症状似黄牛，但病程短，病死率高。

**猪** 病猪体温一般不升高，病初意识障碍，运动失常，做圆圈运动，无目的地行走，有的头颈后仰，前肢或后肢张开，呈典型的观星姿势；肌肉震颤、强硬，颈部和颊部尤为明显。有的表现为阵发性痉挛，口吐白沫，侧卧地上，四肢乱爬，一般 1～4d 死亡，长的可达 7～9d。较大的猪有的身体摇摆，共济失调，步态强拘；有的后肢麻痹，不能起立，拖地而行，病程可达 1 个月以上。仔猪多发生败血症，体温升高，精神高度沉郁，食欲减少或废绝，口渴；有的全身衰弱、僵硬、咳嗽、腹泻、皮疹、呼吸困难、耳部和腹部皮肤发绀，病程 1～3d，病死率高。妊娠母猪常发生流产。

**家禽** 主要为败血症，精神沉郁、食欲废绝、腹泻，多在短时间内死于败血症。病程稍长的可能出现痉挛、斜颈等神经症状。

**(4) 病理变化**

有神经症状的病畜，脑膜和脑可能有充血、炎症或水肿的变化，脑脊液增加，稍混浊，脑干变软，有小脓灶，血管周围有以单核细胞为主的细胞浸润；肝可能有小炎灶和小坏死灶。败血症的病畜，有败血症变化，肝脏有坏死。家禽心肌和肝脏有坏死灶或广泛坏死。反刍兽和马不见单核细胞增多，而常见多形核细胞增多。流产的母畜可见到子宫内膜充血以至广泛坏死，胎盘子叶常见有出血和坏死。

(5) 诊断

病畜表现为特殊神经症状、妊娠母畜流产、血液中单核细胞增多，可疑为本病。确诊要进行细菌学诊断或血清学试验，可用凝集试验和直接荧光抗体染色法。人李氏杆菌病的诊断主要依靠细菌学检查，对原因不明的发热或新生儿感染者，应采取血、脑脊液、新生儿脐带残端及粪尿等，进行涂片镜检、分离培养和动物接种试验。

(6) 防制措施

平时须驱除鼠类和其他啮齿动物，驱除外寄生虫，不要从有病地区引入畜禽。发病时应实施隔离、消毒、治疗等防制措施。

本病的治疗以土霉素效果最好，青霉素、磺胺和氨苄青霉素较好。广谱抗生素病初大量应用有效。有神经症状的可用氯丙嗪肌注。对病人，一般采用氨苄青霉素静脉注射，同时加用庆大霉素，分次肌肉注射。

(7) 公共卫生

人对李氏杆菌有易感性，感染后症状不一，以脑膜炎较为多见。血液中单核细胞增多，除神经症状外，还有肝坏死、小叶性肺炎等病变。从事与病畜禽有关的工作人员，在参与病畜饲养管理、尸体剖检或接触污染物时，应注意自我防护。平时应注意饮食卫生，剩饭、剩菜放在冰箱保存时，此菌也能生长，食用时要加热透，防止食入被污染的乳、肉、蛋或蔬菜而感染。病畜的肉及其产品须经无害化处理后才可利用。

## 3.15 肉毒梭菌中毒症

肉毒梭菌中毒症(botulism)，是由于摄入含有肉毒梭菌(*Clostridium botulinum*)毒素的食物或饲料引起的人和动物的一种中毒性疾病。以运动神经麻痹和迅速死亡为特征。

(1) 病原

肉毒梭菌为梭菌属的成员，革兰阳性的粗大杆菌，能形成芽孢，为专性厌氧菌。在适宜环境中可产生一种蛋白神经毒素——肉毒梭菌毒素，它是迄今所知毒力最强的毒素。毒素能耐pH 3.6~8.5，对高温也有抵抗力(经100℃加热15~30min才能破坏)，在动物尸体、骨头、腐烂植物、青贮饲料和发霉饲料及发霉的青干草中，毒素能保存数月。肉毒梭菌根据抗原性不同，可分成A、B、$C_\alpha$、$C_\beta$、D、E、F、G 8个型，人类的肉毒素中毒主要由A、B、E、F型引起，禽肉毒素中毒主要由C型引起。

(2) 流行病学

肉毒梭菌芽孢广泛存在于自然界，也存在于健康动物肠道和粪便中，土壤为其自然居留场所，腐败尸体、腐败饲料及各种植物中都经常含有。自然发病主要是由于采食了含有毒素的食物或饲料引起。在畜禽中以鸭、鸡、牛、马较多见，绵羊、山羊次之，猪、犬、猫少见。其易感性大小依次为：单蹄兽、家禽、反刍兽及猪。本病的发生有明显的地域分布，与土壤类型和季节等有关。在温带地区，肉毒梭菌中毒发生于温暖的季节，因为在22~37℃范围内，饲料中的肉毒梭菌才能产生大量毒素。饲料中毒时，因毒素分布不匀，在同等情况下以膘肥体壮、食欲良好的动物发病较多。放牧盛期的夏季、秋季多发。

**(3) 临诊症状**

本病的潜伏期一般为4~20h，长的可达数日。

**家禽** 以鸭多发，其次是鸡、火鸡和鹅，家禽肉毒中毒的临诊症状基本相似，主要表现头颈软弱无力，向前低垂，常以喙尖触地支持或以头部着地，颈项呈锐角弯曲，翅下垂，两脚无力；重症病例头颈伸直，平铺地面，不能抬起，因此本病又称为"软颈病"；有的发生嗜睡及阵发性痉挛；最后因心脏和呼吸衰竭而死亡。病死率5%~95%。

**牛、羊、马** 表现为神经麻痹，由头部开始，迅速向后发展，直至四肢；出现肌肉软弱和麻痹，不能咀嚼和吞咽，垂舌，流涎，下颌下垂；眼半闭，瞳孔散大，对外界刺激无反应；麻痹波及四肢时，共济失调，以致卧地不起，头部如产后软瘫弯于一侧；肠音消失，粪便秘结，腹痛；呼吸极度困难，直至呼吸麻痹死亡，严重的数小时死亡。病死率70%~100%。

**猪** 少见，症状与牛马相似，主要表现为肌肉进行性衰弱和麻痹，起初吞咽困难，唾液外流；两前肢软弱无力，行动困难，伏卧在地，以后两后肢发生麻痹，倒地伏卧，不能起立；呼吸肌受损时，出现呼吸困难，黏膜发绀，最后呼吸麻痹，窒息死亡。

**(4) 病理变化**

家畜肉毒梭菌中毒尸体剖检无特征的病理变化。家禽可见整个肠道充血、出血，尤以十二指肠最严重，喉和气管有少量灰黄色带泡沫的黏液，咽喉和肺部有出血点。其他器官无明显病变。

**(5) 诊断**

根据特征性症状，结合发病原因可作出初步诊断。确诊需采集病畜胃肠内容物和可疑饲料，加入2倍以上无菌生理盐水，充分研磨，制成混悬液，置室温1~2h，然后离心（血清或抗凝血等可直接离心），取上清液加抗生素处理后，分成2份，一份不加热，供毒素试验用，另一份100℃加热30min，供对照用。可选择表3-1的实验动物进行试验，如检出毒素后需作毒素型别鉴定。

表3-1 实验动物接种肉毒梭菌的表现

| 实验动物 | 接种量(mL) | 接种途径 | 结果观察时间及变化 | 对照 |
| --- | --- | --- | --- | --- |
| 鸡（鸽） | 0.1~0.2 | 一侧眼内角皮下 | 经0.5~2h接种不加热病料侧眼闭合，10h后死亡 | 接种加热病料侧眼正常 |
| 小鼠 | 0.2~0.5 | 皮下、腹腔 | 经1~2d，小鼠出现麻痹，呼吸困难而死亡 | 健康 |
| 豚鼠 | 1.0~2.0 | 口服、注射 | 经3~4d，豚鼠出现麻痹，呼吸困难而死亡 | 健康 |

**(6) 防制措施**

**预防措施** 人肉毒梭菌中毒的预防主要是加强卫生管理和注意饮食卫生，尤其是各种肉类制品、罐头、发酵食品等。畜禽的预防措施是随时清除牧场、畜舍中的腐烂饲料，避免畜禽食入。禁喂腐烂的草料、青菜等，调制饲料要防止腐败。在本病的常发区，可用同型类毒素或明矾菌苗进行预防接种。

**扑灭措施** 发病时，应查明和清除毒素来源，发病畜禽的粪便内含有大量肉毒梭菌及其毒素,要及时清除。治疗在早期可注射多价抗毒素血清,毒型确定后可用同型抗毒素,在摄入毒素后 12h 内均有中和毒素的作用。大家畜内服大量盐类泻剂或用 5%碳酸氢钠或 0.1%高锰酸钾洗胃灌肠,可促进毒素的排出。

**(7)公共卫生**

因本病死亡的尸体严禁食用。腐败变质的肉类或其他食物也不可食用。有本菌繁殖的肉类或其他食物常没有明显腐败变质的变化,肉眼检查难以判断。因此,必须注意肉类和各种食物的合理保存,防止肉毒梭菌的污染和繁殖。本菌毒素也可由伤口和黏膜吸收,在处理可疑动物尸体或肉品时,应注意自我防护。

## 3.16 坏死杆菌病

坏死杆菌病(necrobacteriosis)是由坏死杆菌(*Fusobacterium necrophorum*)引起各种哺乳动物和禽类的一种慢性传染病。病的特征是在受损的皮肤和皮下组织、消化道黏膜发生组织坏死,有的在内脏形成转移性坏死灶。一般散发,有时呈地方流行性。

**(1)病原**

坏死杆菌,为多形性的革兰阴性菌,呈球杆状或短杆状,在病变的组织或培养物中呈长丝状,长达 $100\mu m$。幼龄培养菌着色均匀,老龄培养物着色不均匀,似串珠状,本菌无荚膜、鞭毛和芽孢。

坏死杆菌为严格厌氧菌,常从病畜的肝、脾等内脏的病变部位采病料分离,若需从体表坏死处分离,则应从病、健组织交界处采取,将其接种于兔或小鼠的皮下,从死亡后的脏器采料分离。在血液琼脂平板上,呈 β 溶血,本菌可产生多种毒素,如杀白细胞素、溶血素,能致组织水肿,引起组织坏死。

本菌对理化因素抵抗力不强,常用消毒药均有效,但在污染的土壤中和有机质中能存活较长时间。

**(2)流行病学**

**传染源** 发病和带菌动物是本病的传染源,患病动物的肢、蹄、皮肤、黏膜出现坏死性病变,病菌随渗出物或坏死组织污染周围环境。病畜粪便中约有半数以上能分离出本菌,沼泽、水塘、污泥、低洼地更适宜病菌的生存。

**传播途径** 本病主要经损伤的皮肤和黏膜(口腔)感染,新生畜有时经脐带感染。

**易感动物** 多种畜禽和野生动物均有易感性,家畜中以猪、绵羊、山羊、牛、马最易感,禽易感性较低。

**流行特征** 本病常发生于低洼潮湿地区,炎热、多雨季节多发,一般散发或呈地方流行性。

**(3)临诊症状**

潜伏期一般 1~3d,因受害部位不同而表现以下几种病型:

**腐蹄病** 多见于成年牛、羊,有时也见于鹿。病初跛行,蹄部肿胀或溃疡,流出恶臭的脓汁。病变如向深部扩散,可波及腱、韧带和关节、滑液囊;严重的可出现蹄壳脱落,重症病例有全身症状,如发热、食欲废绝,进而发生脓毒血症死亡。

**坏死性皮炎** 多见于仔猪和架子猪，其他家畜也有发生。其特征为体表皮肤和皮下发生坏死和溃疡，多发生于体侧、头和四肢；初为突起的小丘疹，局部发痒，盖有干痂的结节，触之硬固、肿胀，进而痂下组织迅速坏死；有的病猪发生耳及尾的干性坏死，最后脱落。母猪还可发生乳头和乳房皮肤坏死，甚至乳腺坏死。

**坏死性口炎** 又称"白喉"，多见于犊牛、羔羊或仔猪，有时也见于仔兔和雏鸡。病初食欲减少，发热、流涎、有鼻汁，气喘；在舌、齿龈、上颚、颊、喉头等处黏膜上附有假膜，呈粗糙、污秽的灰褐色或灰白色，剥离假膜，可露出不规则的溃疡面，易出血；发生在咽喉的，有颌下水肿，呼吸困难，不能吞咽，病程多在4～5d，长的延至2～3周。

**(4) 病理变化**

坏死杆菌毒素使组织发生凝固性坏死。病变组织污染其他细菌（如化脓菌、腐败菌等），可出现湿性坏疽或气性坏疽。当畜体抵抗力弱或细菌毒力强时，则病原蔓延或转移，最后由于饥饿（白喉）、全身中毒、大面积内脏坏死和栓塞或继发性感染使病畜死亡。

死于"白喉"或坏死性皮炎的畜禽，在肠道及肺脏中也有坏死病变。有时，肺中病灶蔓延形成坏死性化脓性胸膜肺炎。

**(5) 诊断**

根据本病的发生部位是以肢蹄部和畜禽口腔黏膜坏死性炎症为主，以及坏死组织有特殊的臭味和变化，再结合流行病学，可作出初步诊断。确诊需进行细菌学诊断。

在病变与健康组织交界处，取病料染色镜检，能发现病菌。以厌氧培养法培养，经48～72h后，本菌长出一种带蓝色的菌落，中央不透明，边缘有一光带，从中选出可疑菌落，获得纯培养后再作生化鉴定。

动物试验可用生理盐水或肉汤制取病料的悬液，兔耳外侧或小鼠尾根皮下接种0.5～1.0mL，2～3d后，接种动物逐渐消瘦，局部坏死，8～12d死亡，从死亡动物实质脏器易获得分离物。

**(6) 防制措施**

**预防措施** 采取综合性防制措施，避免皮肤和黏膜损伤。平时要保持圈舍环境及用具的清洁与干燥，使地床平整，及时清除粪尿和污水，防止动物互相啃咬。不到低洼潮湿不平的泥泞地放牧，牛、羊、马要正确保蹄，在多发季节，如有动物发病，可用抗生素类药物进行治疗。

**扑灭措施** 畜群中一旦发生本病，应及时隔离治疗。畜舍的粪便及清除的坏死组织要严格消毒和销毁。在采用局部治疗的同时，要根据病型配合全身治疗，如肌肉或静脉注射磺胺类药物、链霉素、土霉素、螺旋霉素等，有控制本病发展和继发感染的双重功效。此外，还应配合强心、解毒、补液等对症疗法，以提高治愈率。

**腐蹄病治疗** 用清水洗净患部并清创。再用1％高锰酸钾、5％福尔马林或10％硫酸铜冲洗消毒。然后在蹄底的孔内填塞硫酸铜、水杨酸粉、高锰酸钾或磺胺粉，创面可涂敷5％高锰酸钾、10％甲醛酒精液或龙胆紫。牛、羊可通过5％福尔马林或10％硫酸铜溶液进行蹄浴。对软组织可用磺胺软膏、碘仿鱼石脂软膏等药物。

**"白喉"病畜治疗** 应先除去伪膜，再用1％高锰酸钾冲洗，然后用碘甘油，每天2次至痊愈。

## 3.17 放线菌病

放线菌病(actinomycosis)又称大颌病,是由各种放线菌(actinomycetes)引起动物和人的一种以局部肿胀为特征的慢性传染病。病的特征为头、颈、颌下和舌的放线菌肿。

**(1)病原**

本病的病原体是牛放线菌、伊氏放线菌和林氏放线杆菌。牛放线菌和伊氏放线菌是牛的骨骼和猪的乳房放线菌病的主要病原,伊氏放线菌是人放线菌病的主要病原,为革兰阳性,在动物组织中呈带有辐射状菌丝的颗粒性凝集物——菌芝,外观似硫黄颗粒,其大小如别针头,呈灰色、灰黄色或微棕色。涂片经革兰染色后镜检,中心菌体呈紫色,周围放射状菌丝呈红色,主要侵害骨骼和软组织。林氏放线杆菌是皮肤和柔软器官放线菌病的主要病原菌,是一种不运动、不形成芽孢和荚膜的呈多形态的革兰阴性杆菌。在动物组织中也形成菌芝,无显著的辐射状菌丝,革兰染色后,中心与周围均呈红色。

**(2)流行病学**

本病呈散发性。牛、猪、羊、马、鹿等均可感染发病,人也可感染。动物中以牛最常被侵害,特别是2~5岁的牛。

放线菌病的病原存在于污染的土壤、饲料和水中,寄生于动物口腔和上呼吸道,当黏膜或皮肤受损时,便可感染。当给牛喂带刺的饲料,常使口腔黏膜损伤而感染发病。

**(3)临诊症状**

**牛** 常见上、下颌骨肿大,界限明显;肿胀进展缓慢,一般经6~18个月才出现一个小而坚实的硬块,肿胀部初期疼痛,后期无痛;病牛呼吸、吞咽和咀嚼困难;有时皮肤化脓破溃,脓汁流出,形成瘘管,长久不愈。头、颈、颌部组织也常出现硬结,无热痛。舌和咽喉被侵害时,组织变硬,舌活动困难,俗称"木舌病"。

**猪** 乳头基部发生硬块,逐渐蔓延到乳头,引起乳房畸形。

**绵羊和山羊** 嘴唇、头部和身体前半部的皮肤增厚,可发生多数小脓肿。

**(4)病理变化**

病理变化以增生性或渗出性-化脓性变化为主。牛主要以白齿槽的颌骨放线菌感染具有特征性,表现为骨炎、骨膜炎、骨髓炎、骨骼畸形隆起,骨质呈海绵状。口腔黏膜有时可见溃疡,或呈蘑菇状生成物,圆形,质地柔软呈褐黄色。病程长的病例,肿块有钙化的可能。

**(5)诊断**

放线菌病的临诊症状和病理变化比较特殊,不易与其他传染病混淆,诊断不难。必要时可取脓汁,用水稀释,找出硫黄样颗粒,在水内洗净,置载玻片上加入1滴15%氢氧化钾溶液,覆以盖玻片用力挤压,显微镜检查。

**(6)防制措施**

**预防措施** 应避免在低湿地放牧,防止皮肤、黏膜损伤,有伤口及时处理可预防本病的发生。舍饲牛在饲喂前最好将干草、谷糠等浸软,避免刺伤黏膜。

**治疗** 硬结可用外科手术切除,若有瘘管形成,要连同瘘管彻底切除,新创腔用碘酊纱布填塞,24~48h更换一次。伤口周围注射10%碘仿醚或2%鲁戈氏液,重症病例可静脉注射10%碘化钠，隔日1次。在用药过程中，如出现碘中毒现象(黏膜、皮肤发疹，流泪、脱毛、消瘦和食欲不振等)应暂停用药5～6d或减少剂量。

放线菌对青霉素、红霉素、林可霉素敏感，林氏放线菌对链霉素、磺胺类药比较敏感，可用抗菌药物进行治疗，但需应用大剂量，才可收到良好的疗效。

## 3.18 轮状病毒感染

轮状病毒感染(rotavirus infection)是由轮状病毒(rotavirus)引起的多种幼龄动物和婴幼儿的一种急性肠道传染病，以腹泻和脱水为特征。成年动物和成人多呈隐性经过。

(1)病原

轮状病毒属呼肠孤病毒科轮状病毒属。病毒无囊膜，由11个双股RNA片段组成，有双层衣壳，像车轮。轮状病毒分为A、B、C、D、E、F 6个群。A群为常见的典型病毒，主要感染人和各种动物；B群主要感染猪、牛和大鼠；C群和E群感染猪；D群感染鸡和火鸡；F群感染禽。

轮状病毒对理化因素有较强的抵抗力，室温能存活7个月。0.01%碘、1%次氯酸钠和70%的酒精可使其灭活。

(2)流行病学

**传染源** 病人、病畜和隐性感染动物是本病的传染源，病毒主要存在于人和动物的肠道内，随粪便排出，污染环境。

**传播途径** 从粪便排出的病毒污染饲料、饮水、垫草和土壤，经消化道感染。

**易感动物** 各种年龄的人和动物都可感染，最高感染率可达90%～100%，常呈隐性经过，发病的一般是新生婴儿和幼龄动物。

**流行特征** 本病传播迅速，发病有一定的季节性，晚秋、冬季和早春多发。寒冷、潮湿及不良的卫生条件可使病情加重。

(3)临诊症状

**牛** 潜伏期15～96h，多发于1周龄以内的新生犊牛。病牛精神沉郁，食欲减退，腹泻，粪便呈黄白色、液状，有时带有黏液和血液。腹泻长的脱水明显，病情严重的可引起死亡。病死率可达50%，病程1～8d。恶劣的寒冷气候可使许多病牛在腹泻后并发严重的肺炎而死亡。

**猪** 潜伏期12～24h，呈地方流行性。多发于8周龄以内的仔猪。病猪精神沉郁，食欲减退，偶有呕吐，迅速发生腹泻，粪便水样或糊状，呈暗黑色，病猪脱水明显。若有母源抗体保护，1周龄的仔猪不易感染发病；10～20周龄哺乳仔猪症状轻，腹泻1～2d即可痊愈，病死率低；3～8周龄或断奶2d的仔猪病死率10%～30%，严重的可达50%。

**其他动物** 羔羊和鸡感染后，潜伏期短，主要症状是腹泻、精神沉郁、食欲减退、体重减轻和脱水等，一般经4～8d痊愈。

(4)病理变化

病变限于消化道，幼龄动物胃壁弛缓，胃内充满凝乳块和乳汁。小肠壁菲薄，半透明，内容物液状，呈灰黄或灰黑色。小肠广泛出血，肠系膜淋巴结肿大。

**(5) 诊断**

根据本病发生于寒冷季节，主要侵害幼龄动物，突然发生水样腹泻，水样便且呈黑色或颜色发深，发病率高，病变集中在消化道，小肠广泛性出血等可作出初步诊断。确诊要进行实验室诊断，取腹泻开始24h内的小肠及内容物或粪便，小肠做冰冻切片或涂片进行荧光抗体检查和感染细胞培养物；小肠内容物和粪便经超速离心等处理后，做电镜检查。

**(6) 防制措施**

**预防措施**  在疫区要使新生仔畜及早吃到初乳，接受母源抗体保护以减少和减轻发病。用猪源弱毒疫苗免疫母猪，其所产仔猪腹泻率下降60%以上，成活率高。用牛源弱毒疫苗免疫母牛，所产犊牛30d内未发生腹泻。我国还研制出猪轮状病毒感染和猪传染性胃肠炎二联弱毒疫苗，给妊娠母猪分娩前1个月注射，也可使其所产仔猪获得良好的被动免疫。

**扑灭措施**  发生本病后，应停止哺乳，用葡萄糖盐水给病畜自由饮用。同时对病畜进行对症治疗，如可用收敛止泻药，静脉注射葡萄糖盐水和碳酸氢钠溶液以防止脱水和酸中毒，使用抗菌药物以防止继发细菌性感染。

**(7) 公共卫生**

婴幼儿主要感染A群轮状病毒，感染后会出现每天10余次的急性腹泻，并持续1周，脱水，酸中毒，可并发肺炎、病毒性心肌炎、脑炎等，严重的可引起死亡。预防婴儿感染轮状病毒，应做到饭前便后洗手，尽量用母乳喂养婴儿，提高婴儿的抵抗力。

## 3.19 莱姆病

莱姆病(Lyme disease)是由伯氏疏螺旋体(*Borrelia burgdorferi*)引起的人畜共患传染病。临诊表现以叮咬性皮损、发热、关节炎、脑炎、心肌炎为特征。人以慢性"游走性红斑"、关节肿胀和慢性神经系统综合征为特征。

**(1) 病原**

伯氏疏螺旋体，革兰染色阴性，用姬姆萨法染色良好，呈弯曲的螺旋状，平均长30μm，直径为0.2~0.4μm，有多根鞭毛。暗视野下可见菌体扭曲和翻转运动。本菌微需氧，最适培养温度为33℃。常用的培养基为含牛、兔血清的复合培养基(BSK培养基)。一般从硬蜱体内分离培养菌株较易，从动物体内分离培养则较难。本菌对四环素、红霉素等敏感，0.06~3.0μg/mL有抑制作用；而对新霉素、庆大霉素、丁胺卡那霉素不敏感，在8~16μg/mL浓度时仍能生长，因此可将此类抗生素加入BSK培养基中作为选择培养基，以减少污染，提高分离检出率。

**(2) 流行病学**

蜱类是本病的主要传播媒介，是本病流行的重要环节。硬蜱的感染途径主要是通过叮咬宿主动物，有些硬蜱可以经卵垂直传播。

人和多种动物对本病都有易感性。如牛(奶牛)、马、狗、猫、羊、白尾鹿、浣熊、兔、狼、狐和鼠类均可感染发病。

本病的流行与硬蜱的生长活动密切相关，因而具有明显的地区性，在硬蜱能大量生长繁衍的山区、林区、牧区多发。病的发生还有明显的季节性，多发于温暖季节，多见于夏季 6～9 月，冬春一般无本病发生。

**(3) 临诊症状**

潜伏期 3～32d，伯氏疏螺旋体在蜱叮咬动物时，随蜱唾液进入皮肤，也可能随蜱粪便污染创口而进入体内，病菌在皮肤中扩散，形成皮肤损害，当病菌侵入血液后，引起发热、肌关节肿胀、疼痛，神经系统、心血管系统、肾脏受损并出现相应的临诊症状。

**牛(奶牛)** 发热，体温升高到 38～39℃，精神沉郁，跛行，关节肿胀疼痛，口腔黏膜苍白。病初轻度腹泻，继之出现水样腹泻，奶牛产奶量下降，早期妊娠母牛可发生流产。有的病牛出现心肌炎、肾炎和肺炎等症状。

**马** 发热，嗜睡。触摸蜱叮咬部位高度敏感，四肢被叮咬部位毛和皮肤脱落；跛行或四肢僵硬，不愿运动；有的病马出现脑炎症状，大量出汗，头颈歪斜，吞咽困难，不能站立。妊娠马易发生死胎和流产。

**犬** 发热，食欲减少，嗜睡；关节肿胀发炎，跛行；局部淋巴结肿大，心肌炎。有的病例可见到肾功能紊乱、氮血症、蛋白尿、圆柱尿、脓尿和血尿等。有的病例还可以出现神经症状和眼病。

**猫** 主要表现为食欲减少、疲劳、跛行或关节异常等症状。

**(4) 病理变化**

动物常在被蜱叮咬的四肢部位出现脱毛和皮肤剥落现象。奶牛可见消瘦，腕关节的关节囊显著变厚，含有较多的淡红色滑液，同时有绒毛增生性滑膜炎；有的病例胸腹腔内有大量的液体和纤维素；全身淋巴结肿胀。马的病变与牛的基本相同。犬的病理变化主要是心肌炎、肾小球肾炎及间质性肾炎等。

**(5) 诊断**

根据病的流行特点和临诊症状，可以作出初步诊断，确诊需进行实验室诊断。目前应用最普遍的是免疫荧光抗体试验和酶联免疫吸附试验。

**(6) 防制措施**

防制本病应避免家畜进入有蜱隐匿的灌木丛地区，采取保护措施，防止人和动物被蜱叮咬。受本病威胁的地区，要定期进行检疫，发现病例及时治疗，并采取有效的灭蜱措施。

治疗可用四环素、红霉素、强力霉素、先锋霉素等药物，大剂量使用，并结合对症治疗，可收到良好疗效。

**(7) 公共卫生**

莱姆病主要发生在林区，因此在林区工作和生活的人应防止被蜱叮咬。

在野外旅游，特别是在林区和山区时，应注意自我防护，穿长袖衣和长裤，用驱虫剂涂在衣物上防止蜱侵袭。如果发现有虫叮咬或者皮肤有红斑，应及时到医院检查和治疗。病畜的肉禁止食用，在疫区的人要定期检查，病人应及时到医院治疗。

## 3.20 附红细胞体病

附红细胞体病(eperythrozoonosis，简称附红体病)是由附红细胞体($Eperythrozoon$)引起的人畜共患传染病，以贫血、黄疸和发热为特征。

## (1) 病原

附红细胞体，根据其生物学特点更接近于立克次体而将其列入立克次体目无浆体科附红细胞体属。附红体是寄生于动物和人红细胞表面、血浆和骨髓中的微生物小体。目前已发现的附红体有 14 个种。主要有寄生于猪的猪附红体、小附红体，寄生于绵羊、山羊及鹿中的绵羊附红体，寄生于鼠的球状附红体，寄生于牛的温氏附红体，以及兔附红体、犬附红体、猫附红体和人附红体等。

附红体是一种多形态微生物，多数为环形、球形和卵圆形，少数呈顿号形和杆状，大小不一。寄生在人、牛、羊及啮齿类动物中的较小，直径为 $0.3\sim0.8\mu m$；在猪体中的较大，直径为 $0.8\sim1.5\mu m$。通常在红细胞表面或边缘，数量不等，数量多的可在红细胞边缘形成链状，也可游离于血浆中。加压情况下可通过 $0.1\sim0.45\mu m$ 滤膜，革兰染色阴性，姬姆萨染色呈紫红色，瑞氏染色为蓝色。鲜血滴片直接镜检可见呈不同形式的运动。

附红体对热、干燥及常用消毒药敏感，60℃水浴中 1min 即停止运动，100℃水浴中 1min 可灭活。对常用消毒药均敏感，70%酒精、0.5%石炭酸含氯消毒剂中 5min 内可杀死，0.1%甲醛、0.05%苯酚溶液、乙醚、氯仿可迅速灭活。但附红体对低温冷冻的抵抗力较强，4℃ 60d，-30℃可存活 120d，-70℃可存活数年。

## (2) 流行病学

**传染源** 在多种动物和人体内均可检出附红体，其在一些啮齿类、家畜、家禽、鸟类及人类体内寄生。这些宿主既是被感染者，又是传染源。

**传播途径** 附红体的传播途径目前尚不明确。可能的传播途径有接触性传播、血源性传播、垂直传播及经媒介传播等。血源性传播可能由注射器、动物打号器、断尾术、去势术等造成。传播媒介已知有虻、刺蝇、蚊子、蜱、螨、虱等。

**易感动物** 附红体的易感宿主范围广，易感动物有猪、牛、羊、犬、猫、兔、马、驴、骡、骆驼、鸡、鼠等。感染率很高，但多不表现症状，当自身抵抗力下降或环境条件恶劣时，可引起发病或流行。

**流行特征** 本病分布广泛，病的发生有明显的季节性，多发于高温多雨、吸血昆虫繁殖的季节，夏秋季为发病高峰。流行形式有散发性、地方流行性。动物在饲养密度较高、封闭饲养的圈舍内多发。在环境条件恶劣，饲养管理差、应激、动物抵抗力下降及并发感染其他病时，可出现暴发流行。附红体可通过胎盘传给胎儿，发生垂直传播，导致仔畜死亡率升高。

## (3) 临诊症状

本病多呈隐性感染，在少数情况下受应激因素刺激可出现临诊症状。由于动物种类不同，潜伏期也不相同，介于 $2\sim45d$。

**猪** 通常发生在哺乳仔猪、怀孕母猪以及受高度应激的肥育猪，特别是断奶仔猪或阉割后几周的猪多发。急性感染时，其临诊特征为急性黄疸性贫血和发热，体表苍白，有时可见黄疸，皮肤表面有出血斑点，四肢、尾部，特别是耳部边缘发紫，耳郭边缘甚至大部分耳郭可能会发生坏死。母猪发病时，食欲减少，发热，乳房及会阴部水肿 $1\sim3d$；受胎率低，不发情，流产，产死胎弱胎。产出的仔猪往往苍白贫血，有时不足标准体重，易发病。

其他动物发病时,均以高热、贫血、黄疸为主要症状。

鸡发病可见冠苍白而称为"白冠病"。

**人** 人患病后有多种表现,不同病人有不同表现。主要有发热,体温可达40℃,并伴有多汗,关节酸痛;可视黏膜及皮肤黄染,疲劳、嗜睡等贫血症状;淋巴结肿大,常见于颈部浅表淋巴结;肝脾肿大、皮肤瘙痒、脱发等。小儿患病时,有时腹泻。

(4)病理变化

病理变化可见黏膜浆膜黄染;弥漫性血管炎症,有浆细胞、淋巴细胞和单核细胞等聚集于血管周围;肝脾肿大,肝有脂肪变性,并且有实质性炎性变化和坏死,胆汁浓稠;脾被膜有结节,结构模糊;肺、心、肾等都有不同程度的炎性变化。死亡动物的病变广泛,往往具有全身性。

(5)诊断

根据流行病学、临诊症状,可作出初步诊断。本病呈地方流行或散发,夏秋季常见,应激状态、有慢性病和自身免疫低下者多发,临诊表现主要为发热、贫血、黄疸、淋巴结肿大等可作出初诊。确诊需进行实验室检查。

**直接镜检** 采用直接镜检诊断人畜附红体病仍是当前的主要手段,包括鲜血压片和涂片染色。

**鲜血压片检查** 新鲜血液加等量生理盐水置显微镜下观察可见在血浆中转动或翻滚,遇红细胞即停止运动的菌体。

**涂片染色镜检** 新鲜血液涂片,固定后染色,显微镜下观察,姬姆萨染色的红细胞表面可见紫红色小体或瑞氏染色呈淡蓝色的小体时,可判为阳性。用吖啶黄染色可提高检出率,在血浆中及红细胞上观察到不同形态的附红体为阳性。

**血清学诊断** 包括间接血凝试验、补体结合试验或ELISA,由于抗体滴度只能在2~3个月内维持较高水平,所有的血清学方法只适合于群体诊断。

(6)防制措施

治疗病人和各种患病动物,曾用过各种药物,如卡那霉素、强力霉素、土霉素、黄色素、贝尼尔、氯苯胍等,一般认为贝尼尔是首选药物。

预防本病要采取综合性措施,加强饲养管理,注意环境卫生,定期消毒,给以全价饲料,增强机体抵抗力,减少应激等,这些措施对本病的预防和控制有重要意义。加强对引进动物的检疫,同时在流行季节加强灭蚊、灭蝇工作,加强对动物免疫及治疗用注射器、手术器械的消毒,也可减少本病的传播。

## 3.21 禽流行性感冒

禽流行性感冒(avian influenza,AI)简称禽流感,也称真性鸡瘟或欧洲鸡瘟,是由A型流感病毒(avian influenza virus)引起家禽的一种烈性传染病,由高致病性禽流感病毒引起的高致病性禽流感被OIE列为A类动物疫病,我国将其列为一类动物疫病。

(1)病原

禽流感病毒,属正黏病毒科A型流感病毒属,为单股负链RNA病毒。病毒颗粒呈球形、杆状或长丝状，直径为80~120nm，有囊膜，囊膜上有含血凝素和神经氨酸酶活性的糖蛋白纤突。流感病毒有3个不同的抗原型，A型、B型和C型。B型和C型一般只见于人类。所有的禽流感病毒都是A型。A型流感病毒也见于人、马、猪。

根据病毒表面的血凝素（HA）和神经氨酸酶（NA），可将A型流感病毒分为若干亚型，不同的HA和NA组合即成为一个亚型，如H5N1亚型，对鸡有高致病力。目前已知有16种HA和9种NA。

病毒能凝集鸡和某些哺乳动物的红细胞，并能被特异性血清所抑制。可用此特性进行病毒鉴定和流行病学调查。

病毒广泛存在于病鸡的呼吸道、血液、分泌物和排泄物中，对外界环境有较强的抵抗力，鼻腔分泌物和粪便中的病毒可存活10d以上，冻禽肉和骨髓中的病毒可存活10个月之久，在干燥血液中可存活100d以上，羽毛中可存活18d。但对热敏感，60℃ 20min、65~70℃数分钟即可灭活。直射日光下40~48h可灭活。紫外线照射也可迅速破坏病毒的感染性。常用消毒药均可将其灭活，如福尔马林、氧化剂、卤素化合物（如漂白粉和碘制剂）、重金属离子能迅速杀灭病毒。

**(2) 流行病学**

**传染源** 病禽是主要传染源，野生水禽是自然界A型流感病毒的主要带毒者，观赏鸟类也有携带和传播病毒的作用。病毒主要通过病禽的各种分泌物、排泄物及尸体等污染饲料、饮水等，其中粪便含有大量病毒，1g被禽流感病毒污染的粪便含有足可让100万只家禽全部感染的病毒量。

**传播途径** 本病主要经消化道、结膜、伤口和呼吸道感染。被病毒污染的饮水、饲料、物品、笼具、车辆都易传播本病，近距离的家禽之间可通过空气传播。母鸡感染本病后可经蛋垂直传播。人员的流动与消毒不严，可起非常重要的传播作用。自然条件下，许多家禽和野禽、鸟类都对禽流感病毒敏感，鸡的易感性最高，可引起大批死亡。野生鸟类和迁徙的水禽是禽流感的自然宿主，家禽与它们接触，可引起流感的暴发。

**流行特征** 禽流感病毒的致病力差异很大，有的毒株发病率虽高，但病死率较低；有些毒株致病力很强，如强毒株在自然条件下，鸡的发病率和病死率可达100%。在各种家禽中，火鸡最常发生流感暴发。常突然发生，传播迅速，呈流行性和大流行性。多发生于天气骤变的晚秋、早春以及寒冷的冬季。阴雨、潮湿、寒冷、贼风、运输、拥挤、营养不良和内外寄生虫侵袭可促进本病的发生和流行。

**(3) 临诊症状**

潜伏期一般为3~5d，流行初期的急性病例，不出现任何症状而突然死亡。一般病初表现精神沉郁、食欲减少、羽毛松乱、垂头缩颈，鸡冠和肉髯发绀、肿胀、出血。头部水肿、眼睑肿胀，又称"大头瘟"，眼有分泌物，结膜充血肿胀，偶尔有出血。有的病鸡表现呼吸困难，鼻分泌物增多，病鸡常摇头甩出分泌物，严重的可引起窒息，口腔中黏液分泌物也增多。病鸡腹泻，排黄绿色稀粪。有的病鸡出现神经症状、惊厥，打滚或圆圈运动，共济失调和眼盲，产蛋下降或停止，产软壳蛋、畸形蛋，鸡腿爪部鳞片有出血斑。病死率可达100%。

**(4) 病理变化**

鸡禽流感的特征性变化是腺胃黏膜和腹部脂肪出血，肌胃内层出血、糜烂，胰腺、肠系膜出血。肠黏膜出血广泛而明显。有时在胸骨内侧、胸肌和全身组织出血。脑膜脑炎，脑和脑膜充血、出血。眼结膜充血，有时有淤血点，气管黏膜严重出血，呈红气管。心外膜有出血点，心肌软化。头部颜面、鸡冠、肉垂水肿部皮下呈黄色胶样浸润、出血。产蛋鸡的输卵管有白色黏稠或干酪样分泌物，卵黄囊软化、破裂，并常见卵黄性腹膜炎。脚趾鳞片出血。

火鸡病变与鸡相似，但没有鸡严重。

特征性的病理组织学变化为水肿、充血、出血和血管套（血管周围淋巴细胞聚集）的形成，主要表现在心肌、肺、脑、脾等。另外，还有坏死性胰腺炎和心肌炎。

(5)诊断

根据流行病学、临诊症状和病理变化等综合分析可作出初步诊断，确诊要进行病毒分离鉴定和血清学诊断。用于病原鉴定，可采集病死禽的气管、肺、肝、肾、脾等组织样品。活禽可用棉拭子涂擦病禽的喉头、气管后，置于每毫升含1000IU的青霉素、2mg链霉素、pH 7.2~7.6的肉汤中，无肉汤可用25%~50%的甘油盐水，泄殖腔拭子用双倍上述抗生素处理。用于血清学检查，应采取急性期及恢复期的血清进行确诊。

(6)防制措施

按照《高致病性禽流感防治技术规范》(GB/T 19442—2004)实施。

**预防措施** 用禽流感疫苗对家禽进行预防注射，可采用灭活苗和弱毒疫苗，当前使用的有禽流感灭活疫苗（H5N2、H5N1、H9N2亚型）；弱毒疫苗，如H5亚型禽流感重组鸡痘病毒载体活疫苗，是以高度成熟的鸡痘病毒为载体研制的新型基因工程禽流感-鸡痘二联苗，该疫苗免疫后，不产生针对病毒核蛋白的抗体，不影响疫情监测，具有安全、高效、免疫产生快、免疫期长等特点。另外，应用高效价抗体血清给鸡注射后，可获得被动免疫。

**扑灭措施** 一旦发生可疑病例，应及时上报疫情。确诊后，立即采取封锁、隔离、扑杀、销毁、消毒、紧急预防接种等控制、扑灭措施。疫情处理实行以紧急扑杀为主的综合性防制措施。划定疫点、疫区、受威胁区，严格封锁，疫点周围200m范围内不允许任何人员、车辆、动物进入；对疫点周围3km范围内的所有禽类进行扑杀、焚烧、深埋；对疫点内禽舍、场地以及所有运输工具、饮水用具必须严格消毒，常用消毒药有氯制剂、碘制剂、氢氧化钠、季铵盐（如百毒杀等），采用喷洒、气雾和火焰消毒方法；对疫点外3~8km范围之间的健康禽全部进行紧急强制免疫接种，使用国家批准（指定）生物药品厂生产的疫苗，并建立详细免疫档案。

封锁期间对受威胁区的易感禽类及其产品进行监测、检疫和监督管理。疫点内所有禽类按规定扑杀并无害化处理后，经过21d，进行彻底的终末消毒，才可解除封锁。

(7)公共卫生

禽流感病毒某些亚型如H5、H7和H9能直接感染人并可引起死亡，使禽流感病毒作为人畜共患的公共卫生地位更显突出。

人感染后潜伏期1~2d。发病突然，表现为发热、畏寒，头痛，肌肉痛，有时衰竭。常见结膜发炎、流泪、干咳、喷嚏、流鼻液。一般2~7d可恢复，但老年人康复较慢，病情严重的常因呼吸综合征而死亡。发生细菌感染时，常并发支气管炎或支气管肺炎。

有 H9N2、H5N1 和 H7N7 亚型禽流感病毒感染人，并导致人发病和死亡的报告。在高致病性禽流感暴发时，要特别注意人的安全，在疫区所有参与疫情处理的人员，尤其是接触过病禽的人员都必须做好卫生消毒工作，防止疫情扩大，同时也应做好个人防护，确保人的健康。

## 3.22 衣原体病

衣原体病(chlamydiosis)是一种由衣原体引起的传染病，多种动物和禽类都可感染发病，人也有易感性。以流产、肺炎、肠炎、结膜炎、多发性关节炎、脑炎等多种临诊症状为特征。

**(1)病原**

衣原体(chlamydia)是衣原体科衣原体属的微生物。衣原体属目前认为有 4 个种，即沙眼衣原体、鹦鹉热衣原体、肺炎衣原体和反刍动物衣原体。

衣原体属的微生物细小，呈球状，有细胞壁。直径为 $0.2\sim1.0\mu m$。在脊椎动物细胞的胞浆中可形成包涵体，直径可达 $12\mu m$。易被嗜碱性染料着染，革兰染色阴性，用姬姆萨、马夏维洛、卡斯坦萘达等法染色着色良好。

衣原体对高温的抵抗力不强，而在低温下则可存活较长时间，如 4℃可存活 5d，0℃存活数周。0.1%福尔马林、0.5%石炭酸在 24h 内，70%酒精、3%氢氧化钠数分钟能将其迅速灭活。衣原体对四环素、红霉素、土霉素、氯霉素等抗生素敏感，对链霉素、杆菌肽等有抵抗力。对磺胺类药物，沙眼衣原体敏感，而鹦鹉热衣原体和反刍动物衣原体则有抵抗力。

**(2)流行病学**

**传染源** 病畜(禽)和带菌者是本病的主要传染源。它可由粪便、尿、乳汁以及流产的胎儿、胎衣和羊水排出病原，污染水源和饲料。

**传播途径** 本病主要经消化道、呼吸道或眼结膜感染。另外，病畜与健康家畜交配或病畜的精液人工授精可感染。

**易感动物** 衣原体具有广泛的宿生，但家畜中以羊、牛、猪易感性强，禽类中以鹦鹉、鸽子较为易感。羔羊(1～8 月龄)多表现为关节炎、结膜炎，犊牛(6 月龄以前)、仔猪多表现为肺炎、肠炎，成年牛有脑炎症状，怀孕牛、羊、猪则多数发生流产。雏禽发病严重，常引起死亡。

**流行特征** 本病的发生没有明显的季节性，但犊牛肺炎、肠炎病例冬季多于夏季；羔羊关节炎和结膜炎常见于夏秋。本病的流行形式多种多样，妊娠牛、羊、猪流产常呈地方流行性；羔羊、仔猪发生结膜炎或关节炎时多呈流行性；而牛发生脑脊髓炎则为散发性。

**(3)临诊症状**

**流产型** 又名地方流行性流产，主要发生于羊、牛和猪。羊，潜伏期 50～90d，症状为流产、死产和产弱羔；流产发生于妊娠的最后 1 个月，流产后，病羊可排出子宫分泌物达数天之久，胎衣常滞留。易感母牛感染后，有一短暂的发热阶段，初次妊娠的青年牛感染后易于引起流产，流产常发生于妊娠后期，一般不发生胎衣滞留，流产率高达 60%。猪无流产先兆，体温升高者少见，初产母猪的流产率为40%～90%；有的病猪产活仔多，但因仔猪胎内感染迅速出现抑郁，体温升高1～2℃，寒战、发绀，有的发生恶性腹泻，多在3～5d死亡。公猪发生睾丸炎、附睾炎、阴茎炎、尿道炎。

**肺肠炎型** 主要见于6月龄以前的犊牛，仔猪也常发生。潜伏期1～10d，病畜表现腹泻，体温升高至40.6℃，鼻流浆黏性分泌物、流泪，以后出现咳嗽和支气管肺炎。犊牛表现的症状轻重不一，有急性、亚急性和慢性之分，有的犊牛可呈隐性经过。仔猪常发生胸膜炎或心包炎。

**关节炎型** 主要发生于羔羊。病初体温上升至41～42℃，食欲废绝。肌肉运动僵硬，并有疼痛，一肢甚至四肢跛行。随着病情的发展，跛行加重，羔羊弓背而立，有的羔羊长期侧卧。发病率一般达30%，甚至可达80%以上，病程2～4周。犊牛也常发病，病初发热，不愿站立和运动，在病的2～3d，关节肿大，后肢关节最严重，症状出现后2～12d死亡。

**脑脊髓炎型** 又称伯斯病。主要发生于牛，以2岁以下的牛最易感，自然感染的潜伏期4～27d。病初体温突然升高至40.5～41.5℃，食欲废绝、消瘦、衰竭，体重迅速减轻；流涎和咳嗽明显，行走摇摆，有的病牛有转圈运动或以头抵硬物；四肢主要关节肿胀、疼痛。病的后期，有的病牛角弓反张和痉挛。断奶仔猪表现精神沉郁，有稽留热，皮肤震颤，后肢轻瘫；有的病猪高度兴奋，尖叫，突然倒地，四肢作游泳状，病死率可达20%～60%。

**鹦鹉热** 又称鸟疫，一般将发生于鹦鹉鸟类的称为鹦鹉热，而发生于非鹦鹉鸟类的称为鸟疫。禽类多呈隐性感染，而鹦鹉、鸽、鸭、火鸡等呈显性感染。患病鹦鹉精神沉郁，食欲废绝，眼和鼻有黏性分泌物，腹泻，病的后期脱水、消瘦。幼龄鹦鹉常引起死亡，成年的则症状轻微，康复后长期带菌。病鸽精神不安，眼和鼻有分泌物，腹泻；雏鸽大多死亡，成年鸽多数可康复成带菌者。病鸭眼和鼻流出浆性或脓性分泌物，食欲废绝，腹泻，排淡绿色水样粪便，病初震颤，步态不稳，后期明显消瘦，常发生惊厥而死亡；雏鸭死亡率较高，成年鸭多为隐性经过。火鸡患病后，精神沉郁，食欲废绝，腹泻，粪便呈液状并带血，消瘦，病死率一般不高，但有时症状严重，病死率高。

(4) 病理变化

**流产型** 以胎盘炎症和胎儿病变为主。

**肺炎型** 呼吸道黏膜为卡他性炎症。肺的尖叶、心叶、整个或部分隔叶有紫红色至灰红色的实质病变灶。肺间质水肿、膨胀不全，支气管增厚，切面多汁呈红色，有黏稠分泌物流出。支气管上皮细胞和单核细胞中有包涵体。

**肠炎型** 呈急性卡他性胃肠炎。胃和小肠浆膜面无光泽，十二指肠和盲肠浆膜面有条纹状出血。真胃黏膜充血水肿，有小点状出血和小溃疡。小肠黏膜充血和点状出血，以回肠最明显。回盲瓣淤血或点状出血。肠系膜淋巴结肿大、出血。组织学检查见胃黏膜上皮细胞、固有层巨噬细胞、浆细胞、成纤维细胞、中心乳糜管内皮细胞、嗜铬细胞及杯状细胞中存有包涵体。

**关节炎型** 病变多发生在关节、腱鞘及其附近组织。大的关节如枕骨关节，常有淡黄色液体增多而扩张。滑液膜水肿并有不同程度的点状出血，附有疏松或致密的纤维素性碎屑和斑块。

**脑脊髓炎型** 尸体消瘦、脱水、中枢神经系统充血、水肿，脑脊髓液增多，大脑、小脑和延脑有弥漫性炎症变化。有些慢性病例还伴有浆液性、纤维素性腹膜炎、胸膜炎或心包炎。在各脏器的浆膜面上有厚层纤维蛋白覆盖物。

**鹦鹉热型** 病变以禽体消瘦和发生浆膜炎为主。出现浆液性或浆液纤维蛋白性腹膜炎、心包炎和气囊炎。肝和脾肿大，肝周炎，肝和脾上有灰黄白色珍珠状小坏死灶。气囊增厚、粗糙，内有渗出物及白色絮片。其他脏器表面被覆一层纤维蛋白样渗出物，卵巢充血或出血，内容物呈黄绿色胶冻状或水样。

(5)诊断

根据流行病学、临诊症状和病理变化仅能怀疑为本病，确诊要进行实验室诊断。取有严重全身症状病畜的血液和实质脏器；流产胎儿的器官、胎盘和子宫分泌物；关节炎病例的滑液；脑炎病例的大脑与脊髓；肺炎病例的肺、支气管淋巴结；肠炎病例的肠道黏膜、粪便等，作细菌学和血清血诊断。严重感染的病例，如绵羊地方性流产的子叶，其涂片用马夏维洛氏法或姬姆萨氏法染色镜检，可确诊。常用补体结合反应。一般用加热处理过的衣原体悬液作为抗原，来测定被检验血清。哺乳动物和禽类一般于感染后 7~10d 出现补体结合抗体。通常采取急性和恢复期双份血清，如抗体滴度增高 4 倍以上，认为系阳性。补体结合反应的程度取决于动物感染的轻重，如绵羊地方性流产，流产后 3 周内抗体滴度可升高 1000 倍。

(6)防制措施

**预防措施** 衣原体的宿主十分广泛。因此，防制本病应采取综合性的措施。在规模化养殖场，应建立密闭的饲养系统，杜绝其他动物携带病原体侵入；对外来鹦鹉鸟类要严格实施隔离检疫，禽类屠宰、加工时防止尘雾发生；建立疫情监测制度，对疑似病例要及时检验，清除传染源；在本病流行区，应制订疫苗免疫计划，定期进行预防接种。

**治疗** 发生本病时，可用抗生素进行治疗，也可将抗生素混于饲料中，连用 1~2 周。

## 复习思考题

1. 死于炭疽的尸体应如何处理？为何不能剖检？
2. 试述绵羊痘的临诊症状及防制。
3. 试述布鲁氏菌病的检疫及防制。人类如何防止布鲁氏菌病的自身感染？
4. 试述巴氏杆菌病的微生物学诊断方法。
5. 简述附红细胞体的病原学特征。该病的防治措施有哪些？
6. 急性禽霍乱有哪些特征性症状和病变？如何防治该病？
7. 猪急性型巴氏杆菌病的症状和病变特点是什么？该病的防治措施有哪些？
8. 试述口蹄疫的流行特点、主要症状、病变及防治措施。
9. 如何消灭乳牛场的结核病，建立健康牛群？
10. 简述鸡痘的类型及临诊特点。如何防治该病？
11. 怀孕母猪及 4 周龄以内的仔猪患伪狂犬病后各有哪些病状？如何确诊该病？

12. 简述犬发生狂犬病的临诊症状。如何预防狂犬病的发生？
13. 简述猪大肠杆菌病的类型及其临诊表现。如何确诊及防治仔猪黄痢？
14. 禽大肠杆菌病有哪些类型？急性败血症和卵黄性腹膜炎的病变特点有哪些？
15. 试述动物沙门氏菌感染在公共卫生方面的意义。如何防止本病从家畜传给人？
16. 破伤风的主要传播途径是什么？如何防治破伤风？
17. 日本乙型脑炎的流行病学有何特点？如何预防该病的发生？
18. 钩端螺旋体病在流行病学有哪些主要特点？试述猪和牛在临诊上有哪些主要表现？
19. 简述家禽肉毒梭菌中毒症的主要症状。如何预防该病的发生？
20. 试述禽高致病性禽流感的主要症状、病变及防治措施。

# 第 4 章
# 猪传染病

## 4.1 猪丹毒

猪丹毒(swine erysipelas)是由猪丹毒杆菌引起的一种急性、热性传染病。其特征为急性病例表现败血症，亚急性病例表现皮肤疹块，慢性病例主要表现为心内膜炎、关节炎和皮肤坏死。该病广泛流行于世界各地。

**(1)病原**

猪丹毒杆菌是一种纤细的小杆菌，大小为$(0.2\sim0.4)\mu m\times(0.8\sim2.0)\mu m$。革兰染色阳性，不运动，不产生芽孢，无荚膜。在感染动物组织触片或血片中，呈单个、成对或小丛状。从心脏瓣膜疣状物中分离的常呈不分枝的长丝状或短链状。

本菌为微需氧菌，在普通培养基上能生长，加入适量血清或血液，生长得更好。明胶穿刺培养，沿穿刺线呈试管刷状生长。糖发酵力极弱，能发酵一些碳水化合物，产酸、不产气。大多菌株能产生硫化氢。

本菌对不良环境的抵抗力较强，动物组织内可存活数月，在土壤内能存活 35d。但对热的抵抗力弱，55℃ 15min、70℃ 5~10min 能杀死。消毒药如 3%来苏儿溶液、1%氢氧化钠溶液、2%甲醛溶液、5%石灰乳、1%漂白粉溶液等 5~15min 能杀死。本菌对青霉素、四环素等敏感，对新霉素、卡那霉素和磺胺类药物不敏感。

**(2)流行病学**

本病主要发生于猪，不同年龄的猪均易感，但以架子猪发病较多。其他动物、野生动物和禽类也有发病的报道，人经伤口感染称为类丹毒，以与链球菌感染人所致的丹毒相区别。

病猪和各种带菌动物是本病的传染源，其中最重要的带菌者是猪，35%~50%健康猪的扁桃体和淋巴组织中存在此菌。

本病的传播途径广泛，接触传染是重要的传播途径之一。病猪、带菌猪可通过分泌物、排泄物等污染饲料、饮水、土壤、用具和猪舍，经消化道传染给易感猪。本病也可经损伤的皮肤以及蚊、蝇、虱、蜱等吸血昆虫传播。屠宰场、肉食品加工厂的废料、废水、食堂泔水、动物性蛋白饲料等喂猪常引起本病。

本病一年四季均可发病，但以夏秋季节多发，呈散发或地方性流行。营养不良、寒冷、酷热、疲劳等环境和应激因素也影响猪的易感性。

(3)临诊症状

潜伏期一般为3~5d，最短的1d，最长的8d。根据病程长短和临诊表现的不同可分为急性败血型、亚急性疹块型、慢性型。

**急性败血型**　本型多见于流行的初期，有一头或几头猪不表现任何症状而突然死亡，其他的猪相继发病。病猪表现为体温升高，高达40~42℃，稽留不退。病猪虚弱，喜卧不愿走动，厌食，有的出现呕吐。粪便干硬呈粟状，附有黏液，有时下痢。严重的呼吸加快，黏膜发绀。部分病猪皮肤潮红，继而发紫。病程3~4d，死亡率80%左右。急性的不死多转入亚急性或慢性型。

**亚急性疹块型**　本型临诊上多见，俗称"打火印"或"鬼打印"。其特征是皮肤表面出现疹块。病猪表现为食欲减退，口渴，便秘，有时呕吐，精神不振，不愿走动，体温略有升高。发病后2~3d，在病猪的背、胸、腹、颈、耳、四肢等处皮肤出现方形、菱形大小不同的疹块，并稍突起于皮肤表面。初期疹块充血，指压褪色；后期淤血，呈紫蓝色，指压不褪色。疹块形成后体温随之下降，病势也减轻，病猪经数天后能自行恢复健康。若病势较重或长期不愈，可出现皮肤坏死现象。有不少病猪在发病过程中，由于病情恶化转变为败血型而死亡。

**慢性型**　本型多由急性或亚急性转变而来，常见的临诊表现有关节炎、心内膜炎和皮肤坏死等。关节炎病猪表现为四肢关节（腕、跗关节）的炎性肿胀，疼痛；病程长者关节变形，出现跛行，病猪生长缓慢，消瘦，病程数周到数月。心内膜炎病猪表现为消瘦，贫血，体质虚弱，喜卧不愿走动，听诊心脏有杂音，心跳加快，心律不齐，呼吸急促，有时由于心脏麻痹而突然死亡。皮肤坏死病猪表现为背、肩、耳、蹄和尾等部的皮肤出现肿胀、隆起、坏死、干硬似皮革，经2~3个月坏死皮肤脱落，形成瘢痕组织而痊愈。如有继发感染则病情复杂，病程延长。

(4)病理变化

**急性败血型**　猪丹毒病猪剖检的主要变化是全身性败血症，在各个组织器官可见到弥漫性的出血。全身淋巴结充血、肿胀、切面多汁，呈浆液性出血性炎症；肺脏充血、水肿；肝脏充血、肿大；胃肠道为卡他性出血性炎症变化，尤其是胃底部黏膜有点状和弥漫性出血，十二指肠和回肠有轻重不等的充血和出血；脾脏充血、肿胀，呈樱桃红色，切面可见"白髓周围红晕"现象；肾脏淤血、肿大，呈暗红色，皮质部有出血点，有大红肾之称。

**亚急性疹块型**　以皮肤疹块为特征性变化。疹块内血管扩张，皮肤和皮下结缔组织水肿浸润，有时有小出血点，亚急性型猪丹毒内脏的变化比急性型轻缓。

**慢性型**　慢性心内膜炎型猪丹毒多见二尖瓣膜上有溃疡或菜花状赘生物，它是由肉芽组织和纤维素性凝块组成的。慢性关节炎型猪丹毒为慢性、增生性、非化脓性关节炎。

(5)诊断

根据该病的流行病学、临诊症状、病理变化等可作出初步诊断，但急性败血型猪丹毒应注意与猪瘟、猪肺疫和猪链球菌病等的区别。必要时可作病原学或血清学诊断。

**病原学诊断**　急性败血型病例生前耳静脉采血，死后取肾、肝、脾、心血；亚急性疹块型取疹块边缘皮肤处血液；慢性型取心内赘生物、关节液、坏死与健康交界处的血液，直接涂片，染色镜检。如发现为革兰阳性，菌体呈单个、成对、小丛状、不分枝的长丝状或短链状的纤细小杆菌，可确诊为本病。

**血清学诊断** 主要应用于流行病学调查和鉴别诊断，常用的方法有血清凝集试验，主要用于血清抗体的测定及免疫效果的评价；SPA 协同凝集试验，主要用于菌体的鉴定和菌株的分型；琼扩试验主要用于菌株血清型鉴定。荧光抗体主要用于快速诊断，直接检查病料中的猪丹毒杆菌。

(6)防制措施

**预防措施** 每年有计划地进行预防接种是预防本病最有效的方法。每年春、秋二季各免疫 1 次。仔猪免疫因可能受到母源抗体干扰，应于断乳后进行，以后每隔 6 个月免疫 1 次。目前使用的菌苗有猪丹毒弱毒活菌苗、猪丹毒氢氧化铝甲醛菌苗、猪瘟-猪丹毒二联苗、猪瘟-猪丹毒-猪肺疫三联苗等，免疫期为 6 个月。在免疫接种前 3 天和后 7 天，不能给猪投服抗生素类药物，否则造成免疫失败。平时应搞好猪圈的环境卫生，对用具、运动场及猪舍等定期进行消毒。食堂泔水、下脚料喂猪时，必须事先煮沸再喂，同时对农贸市场、屠宰场等要严格检疫。另外，应加强饲养管理，提高猪群的抗病力。购入种猪时，必须先隔离观察 2~4 周，确认健康后，方可混群饲养。

**扑灭措施** 对全群猪进行检查，对发病猪群应及早确诊，及时隔离病猪；对猪舍、用具、运动场等认真消毒；粪便和垫料最好烧毁或堆肥发酵处理。病猪尸体、急宰病猪的血液和割除的病变组织器官化制和深埋；对同群未发病的猪只，注射青霉素或四环素，每天 2~3 次，连续 3~4d，可收到控制疫情的效果。

**治疗** 应用青霉素注射效果最好。青霉素按每千克体重 2 万~3 万 IU，肌肉注射，每天 3 次，连续 2~3d。体温恢复正常、症状好转后，再坚持注射 2~3 次，免得复发或转为慢性。若发现有的病猪用青霉素无效时，可改用四环素，按每千克体重 1 万~2 万 IU，肌肉注射，每天 2 次，直到痊愈为止。此外，土霉素、林可霉素、泰乐霉素也有良好的疗效。

(7)公共卫生

人在皮肤损伤时如果接触猪丹毒杆菌易被感染，所致的疾病称为"类丹毒"。感染部位多发生于指部，感染 3~4d 后，感染部位发红肿胀，肿胀可向周围扩大，但不化脓。常伴有感染部位邻近的淋巴结肿大，间或发生败血症、关节炎和心内膜炎，甚至肢端坏死。工作中要注意自我防护，发现感染后应及时用抗生素治疗。

## 4.2 猪痢疾

猪痢疾(swine dysentery，SD)又称血痢、黑痢、黏液性出血性下痢，是由猪痢疾密螺旋体引起猪的一种肠道传染病。其特征为黏液性或黏液性出血性下痢，大肠黏膜发生卡他性出血性炎症，有的发展为纤维素性坏死性炎症。

目前，本病已遍及全世界主要的养猪国家，该病一旦传入猪群，很难根除。

**(1) 病原**

本病的病原体为猪痢疾密螺旋体，呈螺旋状，为4～6个弯曲，两端尖锐，能运动，大小为(6～8.5)μm×(0.32～0.38)μm，革兰染色为阴性。本菌为严格厌氧菌，对培养基要求较高。猪痢疾密螺旋体存在于猪的病变肠黏膜、肠内容物及粪便中。

猪痢疾密螺旋体对外界环境有较强的抵抗力，在粪便中5℃时存活61d，25℃时存活7d，37℃时很快死亡。在土壤中4℃能存活102d。但对消毒药抵抗力不强，常用的消毒药有效，如2%氢氧化钠、0.1%高锰酸钾、3%来苏儿等溶液均能迅速将其杀死。

**(2) 流行病学**

猪是本病唯一的易感动物，各种年龄、性别和品种的猪均易感，但多发生于7～12周龄的小猪。小猪的发病率比大猪高。一般发病率为75%，病死率为5%～25%。

病猪和带菌猪是主要的传染源，康复猪带菌可长达数月，经常从粪便排出病原体，污染环境、饲料、饮水和用具等，经消化道而感染。此外，人和其他动物如狗、鼠类、鸟类等都可传播本病。

本病无明显的季节性，但流行经过比较缓慢，持续时间较长。各种应激因素如饲养管理不当、气候异常、长途运输、拥挤、饥饿等均可促进本病的发生和流行。本病一旦侵入猪场，常常拖延几个月，而且很难根除，用药可暂时好转，但停药后易复发。

**(3) 临诊症状**

潜伏期3d至2个月，或更长，一般为10～14d。根据临诊表现和病程可分为急性型和慢性型。

**急性型** 本型较多见，病猪体温升高到40～40.5℃，精神沉郁，食欲减退，持续腹泻，初期粪便为黄色或灰色软便，后期粪便呈棕色、红色或黑红色，混有黏液、血液、纤维素性物质和坏死组织碎片，俗称"血痢"。病猪迅速消瘦，弓背缩腹，起立无力，脱水，最后衰竭而死或转为慢性。病程1～2周。

**慢性型** 本型病情较缓，表现为下痢，但粪便中的黏液和坏死组织碎片增多、血液减少。病猪具有不同程度的脱水表现，生长发育受阻。不少病例能自然康复，但间隔一定时间，部分病例可能复发甚至死亡。病程在1个月以上。

**(4) 病理变化**

病变主要表现在大肠(结肠和盲肠)。病猪大肠壁和肠系膜充血、水肿，黏膜肿胀，附有黏液、血块和纤维素性渗出物，肠内容物软至稀薄，混有血液、黏液和组织碎片。当病情进一步发展时，肠壁水肿减轻，但炎症加重，黏膜表现出血性纤维素性炎症，黏膜表层点状坏死，形成麸皮样或灰色纤维假膜，剥去假膜出现浅表的溃疡面。另外，肠系膜淋巴结肿胀，胃底幽门处红肿、出血。

组织学变化主要是大肠黏膜的炎症反应，且仅局限于黏膜层，早期黏膜上皮与固有层分离，微血管外露而发生坏死。当病理变化进一步发展时，病损黏膜表层发生坏死，黏膜完整性受到不同程度的破坏，并覆有黏液、纤维素、脱落的上皮细胞及炎性细胞。在肠腔表面和腺窝内可见到数量不一的猪痢疾密螺旋体。

**(5) 诊断**

根据本病流行缓慢，多发生于7～12周龄的猪，哺乳仔猪及成年猪少见，临诊上表现为病初的黄色或灰色稀粪，以后下痢并含有大量黏液和血液，病变局限于大肠，可做出初步诊断。但注意与仔猪黄痢、仔猪白痢、慢性仔猪副伤寒、仔猪红痢、猪传染性胃肠炎、猪流行性腹泻和猪轮状病毒感染的区别。要确诊必须进行实验室诊断。

**细菌学诊断** 取急性病猪的大肠黏膜或粪便抹片染色镜检，用暗视野显微镜检查，每视野见有3～5条密螺旋体，可作为诊断依据。但确诊还需从结肠黏膜和粪便中分离和鉴定致病性猪痢疾密螺旋体。

**血清学诊断** 主要方法有凝集试验、酶联免疫吸附试验、间接荧光抗体、琼扩试验和被动溶血试验等，比较实用的是凝集试验和酶联免疫吸附试验，主要用于猪群检疫和综合诊断。

(6)防制措施

本病尚无菌苗可用于预防，药物可控制猪的发病率和减少死亡，但停药后容易复发，在猪群中又很难根除。所以，防制本病必须采取综合措施，并配合药物防治才能有效地控制或消灭本病。

无病的猪场主要是坚持自繁自养的原则，加强饲养管理和消毒工作，避免各类不良的应激，育肥舍实行全进全出制；引入种猪时禁止从疫区和污染场引种，必须引入时要做好隔离、检疫工作，2个月后证明健康，方能混群。

发病猪场最好全群淘汰，彻底清理和消毒，空舍2～3个月，再引进健康猪。对易感猪群可选用多种药物进行防制，结合清除粪便、消毒、干燥及隔离措施，可以控制甚至净化猪群。

可用痢菌净(治疗量每千克体重5mg，预防量减半)、痢立清(治疗和预防量均为每吨饲料50g)、呋喃唑酮(治疗量每吨饲料300g，预防量每吨饲料100g)和林可霉素(治疗量每吨饲料100g，预防量每吨饲料40g)等进行防制。

## 4.3 猪链球菌病

猪链球菌病(swine streptocosis)是由多种溶血性链球菌引起猪的一种传染病。其特征是急性型表现为出血性败血症、肺炎和脑炎；慢性型表现为关节炎、心内膜炎、脾脏坏死及淋巴结化脓性炎症。

本病在我国各地均有发生，特别是在集约化养猪场中，其发生率有不断上升的趋势，对养猪业危害较大，已成为一种重要的细菌性传染病。猪链球菌病的大流行，不但给当地经济造成了重大损失，而且也严重威胁着人民的生命健康。2005年7月，据四川省卫生厅报告，在四川的资阳等地的26个县(市、区)102个乡镇，因屠宰和误食猪链球菌病猪肉，致使181人感染猪链球菌病，死亡34人。

(1)病原

本病的病原体是链球菌，菌体呈球形或卵圆形，大小为0.5～2.0$\mu m$，可单个、成对或以长短不一的链状存在。一般无鞭毛，不能运动，不形成芽孢，有的菌株在体内或含血清的培养基内能形成荚膜。革兰染色阳性。在普通培养基上生长不良，在含血清或血液培养基上生长较好，并能形成β溶血。

链球菌具有一种特异性的多糖类抗原，又称 C 抗原。根据该抗原的不同将链球菌分为 20 个血清群(A～U，无 I 和 J 群)。引起猪链球菌病的链球菌主要是 C 群的兽疫链球菌、类马链球菌、D 群的猪链球菌、L 群的链球菌及 E 群的链球菌。

本菌除在自然界中分布很广外，也常存在于正常动物及人的呼吸道、消化道、生殖道等。感染发病动物的排泄物、分泌物、血液、内脏器官及关节内均有病原体存在。

本菌对外界环境抵抗力较强，对干燥、高温都很敏感，60℃ 30min 可将其杀死；常用的消毒药如 5% 石炭酸溶液、0.1% 新洁尔灭溶液、2% 甲醛、1% 来苏儿溶液等均能在 10min 内将其杀死。对青霉素、卡纳霉素、磺胺类和喹诺酮类药物敏感。

(2) 流行病学

链球菌可以感染多种动物和人类，但不同血清群细菌侵袭的宿主有所差异。例如，当猪链球菌病流行时，与猪密切接触的牛、犬和家禽未见发病。猪链球菌病可见于各种年龄、品种和性别的猪，以仔猪、架子猪和怀孕母猪的发病率高，仔猪最敏感。实验动物以家兔最为敏感，其次为小鼠、鸽子和鸡。

病猪和带菌猪是本病的主要传染源，其分泌物、排泄物中均含有病原体。病死猪肉、内脏及废弃物处理不当是散播本病的主要原因。本病主要经呼吸道、消化道和伤口感染，新生仔猪因断脐、阉割、注射等消毒不严而发生感染。

本病一年四季均可发生，但夏秋季节发病较多。常呈散发或地方性流行。新疫区及流行初期多为急性败血型和脑炎型；老疫区及流行后期多为关节炎或组织化脓型。本病易与猪传染性萎缩性鼻炎、猪接触传染性胸膜肺炎和猪繁殖与呼吸综合征发生混合感染。本病的发病率和病死率随年龄而不同，哺乳仔猪的发病率接近 100%，病死率约为 60%；架子猪发病率接近 70%，病死率约为 40%；成年猪更低。

(3) 临诊症状

潜伏期一般为 1～5d，慢性病例有时较长。根据临诊表现和病程长短可分为急性败血型、脑膜脑炎型、亚急性型和慢性型。

**急性败血型** 多见于成猪，表现为突然发病，体温升高达 41～43℃，食欲废绝，喜卧，流浆液性或黏液性鼻液，流泪，便秘，眼结膜潮红，有分泌物，呼吸加快，犬坐。在耳、颈、腹下皮肤出现紫斑。全身发绀。跛行和不能站立的猪只突然增多，呈现急性多发性关节炎症状。有些猪出现共济失调、磨牙、空嚼或昏睡等神经症状。病后期出现呼吸困难，多数 1～3d 死亡。死前出现呼吸困难，体温降低，天然孔流出暗红色或淡黄色液体，死亡率可达 80%～90%。

**脑膜脑炎型** 多见于仔猪，表现为体温升高达 40.5～42.5℃，精神沉郁，不食，便秘，很快出现特征性的神经症状，如共济失调、转圈、磨牙、空嚼，继而出现后肢麻痹、前肢爬行，最后昏迷而死亡。短者几小时，长者 1～3d。

**亚急性型和慢性型** 多由急性转变而来，主要表现为关节炎、淋巴结肿胀、心内膜炎、乳房炎等。特征是病情缓和，流行缓慢，病程长久，有的可达 1 个月以上，较少引起死亡，但病猪生长发育受阻。

(4) 病理变化

**急性败血型** 以败血症为主，表现为血液凝固不良，皮下、黏膜、浆膜出血，鼻腔、喉头及气管黏膜充血，内有大量气泡；胃及小肠黏膜充血、出血；全身淋巴结肿大、充血和出血；心包有淡黄色积液，心内膜有出血点；肺呈大叶性肺炎；肾脏出血，有时呈现坏死；脾脏出现大面积坏死；脑膜充血、出血；浆膜腔、关节腔积液，含有纤维素。

**脑膜脑炎型** 脑膜充血、出血，重者溢血，个别脑膜下积液，脑实质有点状出血，其他病变与急性败血症相同。

**亚急性型和慢性型** 关节炎时，可见关节腔内有黄色胶冻样液体或纤维素性脓性渗出物，淋巴结脓肿。心内膜炎时，可见心瓣膜增厚，表面粗糙，有菜花样赘生物。

(5) 诊断

根据流行病学、临诊症状、剖检变化等基本可以确诊。实验室诊断如下。

**涂片镜检** 取发病或病死猪的脓汁、关节液、肝、脾、心血、淋巴结等，制成涂片或触片，染色镜检，如发现有革兰染色阳性，呈球形或卵圆形，可见单个、成对或以长短不一的链状存在，可确诊。

**分离培养** 选取上述病料，接种于含血液琼脂培养基中，置于37℃培养24h，应长出灰白色、透明、湿润黏稠、露珠状菌落，菌落周围出现β型溶血环。

**动物接种试验** 选取上述病料，接种于马丁肉汤培养基中，置于37℃培养24h，取培养物注射实验动物或猪，小鼠皮下注射0.1~0.2mL或家兔皮下或腹腔注射0.1~1mL，于2~3d内死于败血症。剖检，取肝、脾作触印片，以革兰染色或瑞氏染色，镜检，如发现大量链球菌，即可作出诊断。

本病应注意与猪肺疫、猪丹毒、猪瘟和蓝耳病相区别。

(6) 防制措施

**预防措施** 加强饲养管理和卫生消毒，对新生仔猪进行断脐、阉割、注射时应注意消毒防止感染。坚持自繁自养和全进全出制度，严格执行检疫隔离制度以及淘汰带菌母猪等措施。目前应用的疫苗有猪链球菌弱毒冻干苗和氢氧化铝甲醛苗。免疫程序是种猪每年注射2次，仔猪断乳后注射1次。

**扑灭措施** 发现病猪立即隔离治疗，对猪舍、场地和用具等用2%氢氧化钠溶液等严格消毒，无害化处理好猪尸。

**治疗** 可应用青霉素按每千克体重3万IU，肌肉注射，每天3次，连续2~3d。20%磺胺嘧啶钠注射液，10~20kg猪5~10mL、成年猪20~30mL，肌肉注射，每天2次，连用3~4d。同时注意对症治疗，如解热镇痛可用安乃近每千克体重0.2g，镇静可用氯丙嗪每千克体重0.5~1mg，每天2次。

# 4.4 猪支原体肺炎

猪支原体肺炎(mycoplasma pneumoniae of swine，MP)又称猪地方流行性肺炎、猪霉形体肺炎、猪气喘病，是由猪肺炎支原体引起的猪的一种慢性呼吸道传染病。主要症状为咳嗽和气喘，病变的特征是融合性支气管肺炎，肺心叶、尖叶、中间叶及膈叶前下缘出现"肉样"或"虾肉样"实变。

本病广泛分布于世界各地，患猪长期发育不良，饲料转化率低。在一般情况下，该病的死亡率不高。但继发感染可造成严重死亡，所致经济损失很大，给养猪业带来严重危害。

**(1) 病原**

本病病原体为猪肺炎支原体，是支原体科支原体属的成员。猪肺炎支原体又称猪肺炎霉形体，因无细胞壁，故具有多形性，有球状、环状、点状、杆状、两极状，大小在 $0.3\sim0.8\mu m$。革兰染色阴性，但着色不佳，用姬姆萨或瑞氏染色着色良好。

猪肺炎支原体能在无生命的人工培养基上生长，但生长条件要求较严格。培养基内必须含有水解乳蛋白的组织培养缓冲液、酵母浸出液和猪血清等。在固体培养基上生长较慢，接种后经 $7\sim10d$ 长成肉眼可见针尖和露珠状菌落。低倍显微镜下菌落呈煎荷包蛋状。

猪肺炎支原体对外界环境抵抗力较弱，圈舍、用具上的支原体，一般在 $2\sim3d$ 失活，病肺悬液置 $15\sim25$℃中 $36d$ 内失去致病力。常用消毒药(如 1%氢氧化钠、2%甲醛等)均能在数分钟内将其杀死。本菌对放线菌素 D、丝裂菌素 C 和氧氟沙星最敏感；对红霉素、四环素、壮观霉素、卡那霉素、土霉素、泰乐菌素、螺旋霉素和林可霉素敏感。

**(2) 流行病学**

本病仅见于猪，无年龄、性别和品种的差异，但乳猪和断乳仔猪易感性最高，发病率和死亡率较高，其次是怀孕后期和哺乳期的母猪，育肥猪发病率低，症状也较轻，成年猪多呈慢性或隐性经过。

病猪和带菌猪是本病的传染源。很多地区和猪场由于从外地引进猪只时，未经严格检疫购入带菌猪，引起本病的暴发。哺乳仔猪常因母猪带菌而受到感染，当几窝仔猪并群饲养时而暴发该病。病猪在症状消失后半年至一年多仍可排菌。本病一旦传入后，如不采取严密措施，很难彻底扑灭。

病菌主要存在于患猪的呼吸道，通过病猪咳嗽、气喘和喷嚏等将病原体排出，形成飞沫，经呼吸道而感染。此外，病猪与健康猪的直接接触也可传播。

本病一年四季均可发病，但在寒冷、多雨、潮湿或气候骤变时发病率较高。饲养管理和卫生条件较好可减少发病率和死亡率。如继发或并发其他疾病，常引起临诊症状加剧和死亡率升高。

**(3) 临诊症状**

潜伏期一般为 $11\sim16d$，短的 $3\sim5d$，最长的可达 1 个月以上。根据病程可分为急性、慢性和隐性 3 种类型，但以慢性和隐性多见。

**急性型** 多见于新疫区和新发病的猪群，尤以仔猪和哺乳母猪更为多见。病初精神不振，头下垂，站立一隅或趴伏在地，呼吸加快可达 $60\sim120$ 次/min。病猪表现呼吸困难，严重者张口喘气，发出喘鸣声，似拉风箱，呈腹式呼吸。一般咳嗽次数少而低沉，有时发生痉挛性咳嗽。体温一般正常，如发生继发感染，则体温升高至 40℃以上。病程一般为 $1\sim2$ 周，死亡率较高。

**慢性型** 多是由急性型转变而来，也有原发慢性型。常见于老疫区的架子猪、育肥猪和后备猪。病猪主要表现咳嗽和气喘，咳嗽多见于早晚、驱赶、运动或吃食之后，咳嗽时病猪站立不动、拱背、颈直伸、垂头。病初多为单咳，随病程发展则出现痉挛性阵咳，有不同程度的呼吸困难，呼吸加快，呈腹式呼吸。这些症状时而明显，时而缓和，食欲较差，采食量下降。随着病程的推迟，病猪通常生长发育不良，甚至停滞，成为僵猪。病程数月，长者达到半年以上。

**隐性型** 通常由以上两型转变而来，病猪在饲养状况良好时，虽已感染，但不表现任何症状，生长也正常，如用 X 线检查或剖检可见肺部有不同程度的病变。隐性型在老疫区的猪中占相当多的比例。如饲养管理不当，则会出现急性或慢性病例，甚至引起死亡。本型病猪仍带菌排菌，也是造成本病流行的一个不可忽视的因素。

(4) 病理变化

病变主要见于肺、肺门淋巴结和纵隔淋巴结。急性死亡者，肺有不同程度的水肿和气肿。在心叶、尖叶、中间叶及部分病例的膈叶上出现融合性支气管肺炎变化。初期多见于心叶、尖叶和膈叶的前下缘呈淡红或灰红色半透明，病变部界限明显，似鲜肌肉样，俗称"肉变"，病变区切面湿润，小支气管内有灰白色泡沫状液体。随着病程延长，病变部位颜色变深，半透明状程度减轻，形似胰脏，俗称"胰变"或"虾肉样变"。肺门和纵隔淋巴结肿大，切面多汁外翻，边缘轻度充血，呈灰白色。如果没有其他传染病合并发生，除呼吸器官外，其他内脏的病变一般并不明显。

(5) 诊断

对急性型和慢性型病例，可根据流行特点、临诊症状和剖检变化的特征作出诊断，但注意与猪肺疫和猪肺丝虫病的区别。对隐性型病例则需要实验室诊断或使用 X 线透视才能确诊。

**X 线检查** 对本病的诊断有重要价值，对隐性或可疑患猪通过 X 线透视可作出诊断。在 X 线检查时，猪只以直立背胸位为主，侧位或斜位为辅。病猪在肺野的内侧区以及心膈角区呈现不规则的云絮状渗出性阴影。

**血清学诊断** 可应用间接红细胞凝集试验、微量补体结合试验、免疫荧光技术和 ELISA 等方法进行，这些诊断方法对于本病的诊断有一定的意义。

(6) 防制措施

预防或消灭本病主要是采取综合性的防制措施，根据本病的特点可采用以下措施。

**未污染地区和猪场** 坚持自繁自养，杜绝本病的传入，如引入种猪时应到未污染的地区或猪场，隔离观察 2～3 个月，X 线胸透检查 2～3 次，确认猪体健康，方可混群。同时，有计划进行免疫接种，用猪气喘病乳兔化弱毒冻干苗，保护率 80%，免疫期为 8 个月。

**污染地区和猪场** 商品猪集中育肥出售，彻底消毒，空舍半个月以上。种猪进行临诊和 X 线胸透检查，分出健康和病猪群，严格隔离，病猪中种用价值不大的直接淘汰，有价值的治疗，仍可留种用。健康群可用抗气喘病药物控制感染，并注意仔猪隔离，防止发生本病。同时，培养健康猪群，健康猪群的鉴定标准是观察 3 个月以上，未发生气喘病症状的猪，放入易感小猪两头同群饲养，也不被感染。种猪一年以上未发现本病症状，X 线检查及一个月后复查均为阴性，可定为健康猪。

**药物治疗** 最有效的方法是同时交替使用土霉素（肌肉注射，每千克体重 50mg，首次加倍）和卡那霉素（肌肉注射，每千克体重 2 万～4 万 IU），每日 2 次，连注 5d，收效良好。红霉素、罗红霉素、阿奇霉素、泰乐菌素、北里霉素等有效。

## 4.5 猪传染性萎缩性鼻炎

猪传染性萎缩性鼻炎(atrophic rhinitis of swine，AR)又称萎缩性鼻炎，是由产毒性多杀性巴氏杆菌单独或与支气管败血波氏杆菌联合引起的猪的一种慢性接触性呼吸道传染病。其特征是鼻甲骨萎缩、鼻炎及鼻中隔扭曲。临诊上主要表现为打喷嚏、鼻塞等鼻炎症状和颜面部变形或歪斜。

本病最早(1983年)发现于德国，此后在英国、法国、美国、加拿大、前苏联相继发生，现在几乎在世界各养猪发达的地区都有发生。本病造成的损失主要是猪生长迟缓，饲料转化降低，用药开支增加，从而给集约化养猪生产造成巨大的经济损失。

**(1)病原**

本病病原为支气管败血波氏杆菌和产毒性多杀性巴氏杆菌。单独感染支气管败血波氏杆菌可引起较温和的非进行性鼻骨萎缩，一般无明显鼻甲骨病变；感染支气管败血波氏杆菌和产毒性多杀性巴氏杆菌，有不同的鼻甲骨萎缩；感染支气管败血波氏杆菌后再感染产毒性多杀性巴氏杆菌时，则常引起严重的鼻甲骨萎缩。

支气管败血波氏杆菌为革兰阴性小杆菌，呈两极染色，大小为$(0.2\sim0.3)\mu m \times (0.3\sim1.0)\mu m$。不形成芽孢，有的有荚膜，有周鞭毛，能运动。需氧，培养基中加入血液可助其生长。在葡萄糖中性红琼脂平板上，菌落中等大小，呈透明烟灰色。肉汤培养物有腐霉味。

本菌的抵抗力不强，常用消毒药能杀死，如3%来苏儿溶液、1%~2%氢氧化钠溶液、5%石灰乳溶液、1%漂白粉溶液等。

**(2)流行病学**

各种年龄的猪均可感染，但以仔猪的易感性最高。1周龄猪被感染后可引起原发性肺炎，致全窝仔猪死亡。发病率一般随年龄的增长而下降。1月龄以内仔猪感染，常在数周后发生鼻炎，并出现鼻甲骨萎缩，1月龄以后的猪只受到感染，多为较轻病例；3个月龄后的感染者，只有在组织学水平上才能观察到萎缩性鼻炎的轻度变化，但大多数为带菌者。

病猪和带菌猪是主要的传染源，其他动物和人可带菌，也可是本病的传染源。

传播方式主要通过飞沫传播。患病或带菌的哺乳母猪，通过直接接触经呼吸道(飞沫)传染给其后代，使后代发生感染，不同月龄的猪再通过水平传播扩大到全群。

本病在猪群内传播比较缓慢，多为散发或地方性流行。饲养管理不良、猪舍通风不良、猪群密度过大等可促进本病的发生。

**(3)临诊症状**

本病早期症状多见于6~8周龄仔猪。表现为鼻炎，打喷嚏，吸气困难，流涕。从鼻孔中流出带有少量血性的浆液性、黏液性或脓性的鼻液，鼻黏膜潮红充血。病猪常因鼻炎刺激黏膜而表现不安，如摇头、拱地、搔扒或在饲槽边缘、墙角等到处摩擦鼻部，常见不同程度的鼻出血。吸气时鼻孔张开，发出鼾声，严重的张口呼吸。在出现上述症状的同时，鼻泪管阻塞，不能排出分泌物，眼结膜发炎，出现流泪，眼角下的湿润区因尘土污染黏结而呈月牙状的灰黑色斑块，称为"泪斑"。

随着病程的发展，鼻甲骨发生萎缩，致使面部变形。如两侧鼻甲骨病理损伤相同时，外观可见鼻短缩；若一侧鼻骨萎缩严重，则鼻腔常向严重一侧弯曲形成歪鼻猪，以至上下颌咬合不全。由于鼻甲骨萎缩，额窦不能正常发育，使两眼宽度变小和头部轮廓发生变形。有的病例，由于病原微生物的作用或炎症的蔓延，常出现脑炎或肺炎，而呈现继发病的症状，使病情恶化。病猪生长发育停滞，多数成为僵猪，严重地影响育肥和繁殖。

**(4) 病理变化**

本病的病理变化局限于鼻腔和邻近组织，最有特征的变化是鼻腔的软骨组织和骨组织的软化和萎缩，特别是下鼻甲骨的下卷曲最为常见。萎缩严重时，鼻中隔偏曲或消失，鼻腔变成一个鼻道。鼻黏膜充血、水肿，有黏液性渗出物。

**(5) 诊断**

根据该病的流行病学、临诊症状、剖检变化等易作出诊断，但注意与猪传染性坏死性鼻炎、骨软症的区别。有条件可用 X 射线、病原学检查和血清学试验等进行确诊。

**(6) 防制措施**

**预防措施** 免疫接种是预防本病最有效的措施。目前应用的疫苗有两种，即支气管败血波氏杆菌灭活菌苗和支气管败血波氏杆菌-产毒性多杀性巴氏杆菌灭活二联菌苗，母猪于产前 2 个月和 1 个月分别接种，皮下注射 2mL，仔猪断乳前接种 1mL。如母猪不免疫，仔猪在 1 周龄和 4 周龄分别免疫 1 次。同时应加强饲养管理，引进种猪时应严格进行检疫，至少观察 3 周，防止带菌猪的引入。

**扑灭措施** 本病发生后应及时做好隔离、治疗和消毒。猪舍每天用 2%氢氧化钠溶液消毒 1 次，对有临诊症状的猪用链霉素每千克体重 10mg 或卡那霉素每千克体重 10～15mg 进行治疗，肌肉注射，每天 2 次，连用 3～5d。病死猪及污染物进行无害化处理。

## 4.6 猪梭菌性肠炎

猪梭菌性肠炎(clostridial enteritis of piglets)也称仔猪传染性坏死性肠炎、仔猪红痢，是由 C 型产气荚膜梭菌引起的新生仔猪的高度致死性肠道传染病。特征是血性下痢、肠黏膜坏死、病程短、死亡率高，主要发生于 1 周龄以内的仔猪。

**(1) 病原**

病原体为 C 型产气荚膜梭菌，也称魏氏梭菌，为革兰阳性、有荚膜不能运动的厌氧大杆菌，大小 $1.5\mu m \times (4～8)\mu m$。芽孢呈卵圆形，位于菌体中央或近端，但在人工培养基中则不容易形成芽孢。

本菌能产生毒素，主要为 α 和 β 毒素，引起仔猪肠毒血症、坏死性肠炎。本菌对外界抵抗力不强，常用消毒药能杀死，但形成芽孢后，抵抗力明显增强，80℃ 15～30min，100℃ 5min 才能杀死。冻干保存至少 10 年其毒力和抗原性不发生变化。

**(2) 流行病学**

本病主要侵害 1 周龄以内仔猪，1 周龄以上的仔猪很少发病。在同一猪群内各窝仔猪的发病率不同，最高可达 100%，死亡率一般为 20%～70%。本菌在自然界中的分布很广，主要存在于人畜肠道、土壤、下水道和尘埃中，特别是发病猪群母猪消化道中更多见，可随粪便排出，污染哺乳母猪的乳头及垫料经消化道感染仔猪。猪场一旦发生本病，常顽固地在猪场存在，很难清除。

**(3) 临诊症状**

本病按病程的不同可分为最急性型、急性型、亚急性型和慢性型。

**最急性型** 仔猪出生后，1d 内就可发病，临诊症状多不明显。突然排出红色便，污染后躯，病猪衰弱，很快进入濒死状态。少数病猪无红色下痢，而昏倒死亡。

**急性型** 本型最常见。病猪排出含有灰色组织碎片的红褐色液状稀粪。病猪消瘦、虚弱，病程常维持 2d，一般在第 3 天死亡。

**亚急性型** 病猪呈持续性腹泻，病初排出灰色软便，以后变成液状，内含有组织碎片。病猪逐渐消瘦、脱水，生长停滞，一般 5~7d 死亡。

**慢性型** 病猪在 1 周以上，表现间歇性或持续性腹泻，粪便呈灰色糊状。病猪逐渐消瘦，生长停滞，于数周后死亡或淘汰。

**(4) 病理变化**

主要病变位于小肠和肠系膜淋巴结，以空肠病变最明显。急性病例以出血病变为主，空肠呈暗红色，两端界限明显，肠腔内充满含血的液体。肠黏膜弥漫性出血，肠系膜淋巴结呈鲜红色。慢性型病例以肠坏死病变为主，肠壁变厚，空肠黏膜呈黄色或灰色坏死性假膜，容易剥离，肠腔内含有坏死组织碎片。病猪腹腔内有许多樱桃红色渗出液，脾边缘有小点出血，肾呈灰白色，肾皮质部小点出血。心外膜、膀胱有时可见点状出血。因本病死亡的动物，会有凝血不良的现象。

**(5) 诊断**

根据该病的流行病学、临诊症状、剖检变化的特点，如本病发生于 1 周龄内的仔猪，血样下痢，病程短，死亡率高，肠腔内充满含血的液体和坏死组织碎片等，可作出初步诊断，但注意与仔猪黄痢和猪痢疾的区别。确诊须进行实验室检查。

**细菌学检查** 取心血、肺、腹水、十二指肠和空肠内容物、脾、肾等脏器进行涂片，染色镜检，可发现革兰阳性、两端钝圆的大杆菌。

**毒力试验** 包括泡沫肝试验和肠毒素试验，其中泡沫肝试验是取分离菌肉汤培养物 3mL 给家兔静脉注射，1h 后将家兔处死，放 37℃恒温 8h 剖检可见肝脏充满气体，出现泡沫肝现象。肠毒素试验是指采取刚死亡的急性病猪空肠内容物或腹腔积液，加等量生理盐水搅拌均匀，3000r/min 离心 30~60min，取上清液静脉注射体重 18~20g 的小白鼠 5 只，每只注射 0.2~0.5mL；同时将上述液体与魏氏梭菌抗毒素混合，作用 40min 后，注射于另一小白鼠以作对照。如注射上清液的一组小白鼠死亡，而对照组健活，即可确诊为本病。检测细菌毒素基因型的 PCR 与多重 PCR 等方法也可帮助诊断。

**(6) 防制措施**

由于本病发展迅速，病程短，发病后用药治疗效果不佳，所以必须充分做好预防工作。平时应加强饲养管理，做好猪舍、场地和环境的清洁卫生和消毒工作，特别是产房和哺乳母猪的乳头消毒，可以减少本病的发生和传播；给怀孕母猪注射仔猪红痢氢氧化铝菌苗，在临产前 1 个月肌肉注射 5mL，1 周后再肌肉注射 8mL，使母猪获得免疫，仔猪出生后吃初乳可获被动免疫；或仔猪出生后注射抗猪红痢血清，每千克体重 3mL，肌肉注射，可获得充分保护。注意：注射要早，否则效果不佳。

治疗可用青霉素每千克体重 5 万～8 万 IU，肌肉注射，每日 2 次，连用 3d；或土霉素 0.1g，肌肉注射，每日 2 次，连用 3d。

## 4.7 猪传染性胸膜肺炎

猪传染性胸膜肺炎（porcine contagious pleuropneumonia，PCP）又称坏死性胸膜肺炎，是由胸膜肺炎放线杆菌引起猪的一种接触性呼吸道传染病，以急性出血性纤维素性肺炎和慢性纤维素性坏死性胸膜炎为主要特征。急性者大多死亡；慢性者常能耐过，但严重影响猪的生长发育。目前该病在世界上广泛存在，造成了巨大的经济损失。美国、丹麦、瑞士将本病列为主要猪病之一。我国近年来由于引种频繁，该病也随之侵入，其发生和流行日趋严重，全国各地都有此病报道。

**(1)病原**

本病病原体为胸膜肺炎放线杆菌，曾命名为副溶血嗜血杆菌，属于巴斯德氏菌科嗜血杆菌属，是一种非溶血性，没有运动性（无鞭毛），无芽孢的革兰阴性小杆菌，具有多形性，有两极染色球杆菌形态、棒杆状、长丝状形态，有荚膜和菌毛，不形成芽孢，能产生毒素。该菌在体外生长时严格需要烟酰胺腺嘌呤二核苷（NAD，也称 V 因子），并在有血清的培养基上生长良好。根据热稳定性可溶性抗原和琼脂扩散试验，该菌至少分为 15 个血清型，且不同血清型 HPS 的毒力存在差异，其中 1、5、10、12、13、14 型属于强毒力菌株，2、4、15 型属于中等毒力菌株，3、6、7、8、9、11 型为毒力较弱或无毒力菌株，另外还有 20% 左右的菌株不能分型。各血清型之间很少有交叉免疫。

该菌需氧或兼性厌氧，可发酵半乳糖、葡萄糖、蔗糖、D-核糖和麦芽糖等，脲酶阴性、氧化酶试验阴、接触酶阳性。

本菌对外界环境抵抗力不强，60℃ 15min 便失去活性，常用消毒药即可杀死，对抗生素和磺胺类药物敏感。

**(2)流行病学**

各种年龄、性别的猪都有易感性，但以 3 月龄猪最易感。但多暴发于高密度饲养、通风不良且无免疫力的断奶或育成猪群。大群混养比小群和按年龄分开饲养的猪群更易发生本病。

病猪和带菌猪是主要的传染源，主要通过空气、猪与猪之间的接触，以及排泄物进行传播。病菌主要存在于病猪呼吸道，尤以坏死的肺部病变组织和扁桃体中含量最多。人员和用具被污染也可造成间接传播。

本病在猪群之间的传播主要是由引进带菌猪引起。在断奶、转群和混群饲养、运输等外界刺激和猪群中存在繁殖呼吸综合征、流感或地方性肺炎等自身刺激等应激条件下，可增加该病的感染风险。拥挤、气温剧变、湿度过高和通风不良等可促进本病的发生和传播，使发病率和死亡率升高。

**(3) 临诊症状**

繁殖母猪一般没有明显的临诊症状，2~8周龄仔猪感染发病可观察到典型症状。潜伏期因菌株毒力和感染量而定，自然感染1~2d，人工感染24h。根据猪的免疫状态、不良的环境和病原的毒力等，可分为最急性型、急性型和慢性型。

**最急性型** 最急性病例往往无明显症状而突然死亡，个别病猪死后，鼻孔流出血样泡沫。多见于断乳仔猪，发病突然、病程短、死亡快。在同一猪群中有1头或几头仔猪突然发病，表现为体温升高达41.5~42.0℃，精神沉郁，食欲废绝，有时出现短期轻度的腹泻和呕吐。有明显的呼吸道症状，咳嗽，呼吸困难；心跳加快，并逐渐出现循环和呼吸衰竭，在鼻、耳、四肢，甚至全身的皮肤发绀，最后出现严重的呼吸困难，呈犬坐姿势，张口呼吸，口腔和鼻腔流出大量带血的泡沫样分泌物，一般于24~36h死亡，也有突然倒地死亡的猪。

**急性型** 主要表现为体温升高可达40.5~41.5℃，精神沉郁，食欲减退或废绝，呼吸极度困难，咳嗽，常站立或犬坐而不愿卧地，关节肿胀，尤其是跗关节和腕关节触摸时疼痛尖叫，跛行，颤栗和共济失调。病猪眼睑皮下水肿，耳朵、腹部皮肤及肢体末梢等处发绀，指压不褪色，死前侧卧、抽搐、四肢呈划水状，多于发病后3~5d死亡。有时可见张口呼吸，鼻盘和耳尖、四肢皮肤发绀。病程的长短主要取决于肺脏病变的程度和治疗的方法。

**慢性型** 多数由急性型转化而来。一般表现咳嗽，食欲减退，渐进性消瘦，被毛粗乱，皮肤苍白，轻度咳嗽，目光呆滞，四肢无力不愿走动，便秘腹泻交替出现，最后因衰竭而死，部分耐过猪也因营养不良而成为僵猪。若混合感染巴氏杆菌或支原体时，则病情恶化，病死率明显增加。很少有体温升高者。妊娠母猪发病可见流产、产死胎、木乃伊胎，产后无乳、便秘和食欲减退。公猪关节稍肿，轻度跛行。

**(4) 病理变化**

病理变化主要在呼吸道。病猪解剖可见胸腔、腹腔、心包积液，有黄色或淡红色污浊液体流出，量或多或少，有的呈胶冻状。单个或多个浆膜面损伤，引发胸膜炎、腹膜炎、脑膜炎、心包炎、关节炎等多发性炎症，并有大量浆液性或纤维素性炎性渗出物，呈蛛网样覆盖在脏器表面，使各内脏器官与胸壁、腹壁广泛粘连。两侧肺肿胀、出血、间质增宽，呈紫红色。一些肺叶切面似肝，肺间质充满血色胶冻样液体，表现为明显的纤维素性胸膜肺炎变化。全身淋巴结肿大、充血、出血，尤以腹股沟淋巴结和肺门淋巴结为甚。心脏表面有一层绒毛状增生物，呈现"绒毛心"外观，肝脏淤血肿大，肾脏乳头出血，脑膜充血，脑回展平。肿大的关节周围皮下组织与肌腱水肿，有浆液性蛋白渗出物。

**(5) 诊断**

根据临诊症状和剖检变化可以作出初步诊断，但最急性型和急性型的病例，应注意与猪繁殖与呼吸综合征、猪丹毒、猪肺疫和猪链球菌病的区别；慢性型的病例注意与猪气喘病的区别。确诊需进行实验室检查。

**细菌学检查** 采取未经治疗的急性期发病病猪的血液或浆膜表面的渗出物，在巧克力琼脂平板培养基上接种或与葡萄球菌做交叉画线接种于羊、马或牛的鲜血琼脂，培养之后，可见平皿表面长出许多针头大小、圆形隆起、边缘整齐、半透明的灰白色菌落，用接种环取少许菌落，用革兰染色法进行涂片镜检，可见到密布排列的、大小不一致的革兰阴性球杆菌、长丝状菌。结合流行病学、临诊症状，即可作出诊断。

进一步检测可通过与葡萄球菌的交叉划线接种培养之后，在葡萄球菌菌落的周围可见生长良好的该菌，呈发散状，又称卫星现象。培养之后，可以取典型的可疑菌落进行生化鉴定。

**血清学检查** 取病变组织制成触片，利用荧光抗体或免疫酶染色对细菌抗原进行检测；也可用协同凝集试验和酶联免疫吸附试验对肺组织提取物中特异性抗原进行检测。

(6) 防制措施

**预防措施** 无本病的猪场，应采取严格的防疫措施防止病原体的传入；引入种猪时应进行严格的隔离饲养和血清学检查，以避免引入病猪。免疫接种是预防本病发生的最好方法。由于胸膜肺炎放线杆菌血清型多，各个血清型之间的免疫保护性差，使得现有的灭活疫苗不能够很好地对该病进行防控。应采用自家灭活菌苗进行免疫防控，能够取得比较好的效果。

用自家灭活菌苗对后备种猪6月龄首免，5d后加强免疫1次；仔猪断奶前首免，5d后再加强免疫1次，均采用肌肉注射。

**扑灭措施** 发生本病的猪场应及时隔离病猪，对污染场所和猪舍进行严格的、经常性消毒，同时对病猪应用抗生素进行治疗以降低病死率。可选用链霉素、四环素、土霉素、环丙沙星、恩诺沙星、强力霉素、卡那霉素、氟苯尼考、替米考星、庆大霉素及磺胺类药物进行治疗。

## 4.8 猪 瘟

猪瘟(classical swine fever，CSF)是由猪瘟病毒引起的猪的一种急性、热性，高度接触性传染病。其特征是发病急，高热稽留和细小血管壁变性，引起全身广泛性点状出血和脾脏梗死。

猪瘟呈世界性分布，由于其危害程度高，对养猪业造成经济损失巨大，所以OIE将本病列入法定的A类传染病，并规定为国际重点检疫对象。近几十年来，不少国家先后采取了消灭猪瘟的措施，取得了显著效果。目前本病在我国仍时有发生，是对养猪业危害最大、最危险的传染病之一。

(1) 病原

猪瘟病毒属于黄病毒科瘟病毒属的一个成员。病毒粒子直径40~50nm，呈球形，核衣壳为二十面体对称，有囊膜，核酸类型为单股RNA。猪瘟病毒和同属的牛黏膜病病毒有共同的抗原成分，既有血清学交叉反应，又有交叉保护作用。

猪瘟病毒为单一血清型，尽管分离出不少变异性毒株，但都是属于一个血清型。

本病毒存在于病猪的全身组织、器官和体液中，其中以血液、淋巴结和脾脏最多，病猪的粪便及分泌物中也含有较多的病毒。

猪瘟病毒对外界环境的抵抗力不强，在粪便中20℃能存活2周，72~76℃ 1h能杀死，日光直射时30~60min能杀死。常用的消毒药有2%氢氧化钠溶液、10%漂白粉溶液、5%～10%石灰水和3%～5%来苏儿溶液等。2%氢氧化钠溶液是最有效而常用的消毒药。

**(2) 流行病学**

该病仅发生于猪和野猪。各种品种、年龄、性别的猪都是易感动物。免疫母猪所产仔猪，在哺乳期内有被动免疫力，以后易感性逐渐增加。

病猪和带毒猪是主要的传染源，传播的主要方式是病猪与健康猪的直接接触。感染猪在发病前即可从口、鼻及泪腺分泌物、尿和粪中排毒，直到死亡。侵入门户是口腔、鼻腔、眼结膜、生殖道和损伤的皮肤黏膜。

当猪瘟病毒感染妊娠母猪时，起初不被觉察，但病毒可侵袭胎儿，造成死产或出生不久即死去的弱仔，分娩时排出大量的猪瘟病毒。如果这种先天感染的仔猪在出生时正常，并保持健康几个月，它们可作为病毒散布的持续感染来源而很难辨认出来。因此，这种持续的先天性感染对猪瘟的流行病学具有极其重要的意义。

本病一年四季均可发病，一般以春、秋多发。在本病常发地区，猪群有一定的免疫性，其发病死亡率较低，在新疫区发病率和死亡率在90%以上。

近年来由于普遍进行疫苗接种等预防措施，大多集约化猪群已具有一定的免疫力，使猪瘟流行形式发生了变化，出现温和型猪瘟等，以散发性流行。发病特点为临诊症状轻或死亡率低，病理变化不典型，必须依赖实验室诊断才能确诊。

**(3) 临诊症状**

潜伏期为5～7d，最短的2d，最长的21d。根据临诊症状和病程可分为最急性型、急性型、慢性型、温和型猪瘟（非典型猪瘟）。

**最急性型** 多见于流行初期和首次发生猪瘟的猪场，表现为突然发病，高热稽留，体温达42℃；四肢末梢、耳尖和黏膜发绀，全身多处有出血点或片状出血；全身痉挛，四肢抽搐，卧地不起而死亡。病程1d以内，死亡率为90%～100%。

**急性型** 最常见，体温升高2℃左右，呈稽留热。病猪精神高度沉郁，呆滞，行动缓慢，食欲废绝，喜饮，怕冷挤卧，好钻草窝；先便秘，后腹泻，粪便恶臭，带有血液。公猪包皮积液，挤压时流出白色浑浊、恶臭的浓液。病猪眼结膜发炎，初期为黏性分泌物，后期为脓性分泌物，有时第二天早晨发现病猪的上下眼睑粘连在一起。初期可见皮肤潮红充血，后期呈点状出血，一般多见于耳、四肢、腹下等部位。病程1～2周，死亡率50%～60%。

**慢性型** 多见于有本病流行的猪场或防疫卫生条件不好的猪场。病猪表现被毛粗乱，消瘦，精神沉郁，食欲减少，全身衰弱，行走摇摆不稳，常拱背呆立；便秘和腹泻交替出现。有的猪皮肤出现紫斑或坏死痂。病猪生长迟缓，发育不良。病猪可长期存活，很难完全康复，常形成僵猪。

**温和型猪瘟** 由于母猪体内含少量抗体，感染猪瘟病毒后，不表现典型的猪瘟症状，只导致流产、木乃伊胎、畸形胎、死胎，产出有颤抖症状的弱仔猪或外表健康的先天性感染仔猪。产出的弱仔猪一般数天后死亡，不死者可终生带毒和排毒。

**(4) 病理变化**

**最急性型** 败血症变化，可见浆膜、黏膜、淋巴结和肾脏等处出血斑点，皮下组织胶样浸润。

**急性型** 以皮肤和内脏器官的出血变化为主。全身皮肤上有大小不等的出血点或弥漫性出血，血液凝固不良。全身淋巴结，特别是耳下、颈部、肠系膜和腹股沟淋巴结水肿、出血，表面呈暗红色或黑红色，切面边缘呈黑红色，中间有红白相间的大理石样花纹，这种病变有诊断意义。肾脏表面有出血点，严重时有出血斑，出血部位以皮质表面最常见，呈所谓的"雀斑肾"外观。脾脏不肿大，但边缘上出现特征性的、大小不一、数量不等、呈紫黑色、突出于脾表面的出血性梗死灶。脾脏的出血性梗死是猪瘟最有诊断意义的病理变化。此外，全身浆膜、黏膜和心、肺、胆囊均可出现大小不等、多少不一的出血点或出血斑。膀胱增厚并有出血点。

**慢性型** 出血和梗死不明显，主要是在回盲瓣周围、盲肠和结肠黏膜上发生坏死性肠炎，形成轮层状、纽扣状溃疡，突出于黏膜表面，呈褐色或黑色，中央凹陷。由于钙、磷失调表现为突然钙化，从肋骨、肋软骨联合到肋骨近端常见有半硬的骨结构形成的明显横切线，该病理变化在慢性猪瘟诊断上有一定意义。

**温和型猪瘟** 母猪感染后表现为繁殖障碍，主要发生木乃伊胎、畸形胎、死胎，或产出先天性感染仔猪。死胎呈现皮下水肿，腹水和胸水增多，皮肤有点状出血。畸形胎儿表现头和四肢变形，小脑、肺和肌肉发育不良。

(5) 诊断

典型的急性猪瘟根据流行特点、临诊症状和剖检变化可作出准确的诊断，但注意与非洲猪瘟、急性猪丹毒、急性猪肺疫、急性仔猪副伤寒、猪链球菌病、猪弓形体病的区别，现将猪瘟与猪丹毒、猪肺疫、仔猪副伤寒的区别列表鉴别如下（表4-1）。必要时可进行实验室诊断。

慢性和温和型猪瘟，与急性猪瘟不同，因临诊症状和病变不典型，作出临诊诊断比较困难，必须进行实验室诊断，才能确诊。

实验室诊断的主要方法是兔体交互免疫试验、荧光抗体技术或酶标抗体技术。兔体交互免疫试验是将兔分成两组，一组先用猪瘟疫苗免疫；当有疑似猪瘟病料时，将病料经抗生素处理后，接种两组兔体，然后测温。如猪瘟疫苗免疫组无任何反映，另一组发生定型热反应，则为猪瘟。

(6) 防制措施

**预防措施** 加强饲养管理，搞好猪舍及环境卫生，定期消毒。坚持自繁自养的原则，不从外地购入猪只。如必需购入时，要隔离观察2～3周，并进行严格检疫，确认为健康，并经预防注射1周后才能混群。同时制定合理的免疫程序，一般对种猪每年春、秋两季采用猪瘟-猪丹毒-猪肺疫三联苗进行免疫注射。仔猪可用猪瘟兔化弱毒冻干疫苗按下列程序进行免疫注射：有猪瘟疫情的地区和猪场，于断奶后立即注射1次，5d后再注射1次；对无猪瘟疫情的地区和猪场，可在断奶后注射1次。

**扑灭措施** 发生猪瘟后，立即隔离，封锁疫区，对所有猪进行测温和临诊检查，病健隔离。对急宰病猪的死尸，宰后的血液、内脏及污物，污染的场地、用具和工作人员等都应严格消毒，对猪舍、垫草、粪便、吃剩的饲料也应消毒，以防病毒扩散。对受威胁区的猪用猪瘟兔化弱毒冻干疫苗，2～4倍剂量进行紧急预防接种。

表 4-1 猪瘟、猪丹毒、猪肺疫、仔猪副伤寒四大传染病的鉴别诊断表

| 项目 | | 病名 | | | |
| --- | --- | --- | --- | --- | --- |
| | | 猪瘟 | 猪丹毒 | 猪肺疫 | 仔猪副伤寒 |
| 流行病学 | 发病季节 | 无季节性 | 夏冬多发 | 无季节性 | 无季节性 |
| | 发病年龄 | 无年龄差别 | 架子猪 | 无年龄差别 | 2～4月龄、10～20kg |
| | 流行情况 | 传播迅速，呈流行性 | 地方流行 | 散发 | 散发，地方流行 |
| | 死亡率 | 不免疫达100% | 急性高，慢性低 | 急性达70% | 20%～50% |
| 症状 | 体温(℃) | 40.5～42 | 41～43 | 40～41 | 42 |
| | 粪便 | 初期便秘、后期下痢、混有黏液 | 多数便秘，末期有的下痢 | 初期便秘，后期下痢有血液 | 下痢、恶臭、有血液和气泡 |
| | 呼吸 | 有时咳嗽 | 呼吸加快 | 呼吸困难、咳嗽、呈犬坐姿势、咽喉肿胀 | 一般无变化 |
| | 皮肤 | 有红色出血点，按压不退色 | 有疹块状突起，按压退色 | 有出血点，黏膜发绀 | 病后期末梢皮肤呈紫色 |
| 剖检变化 | 心脏 | 心内外膜有点状出血 | 疣状心内膜炎 | 心内外膜有点状出血 | 无明显变化 |
| | 肺脏 | 轻度肿胀，有出血点 | 充血，水肿 | 急性有出血点、有红黄灰色肝变区、切面呈大理石外观 | 慢性肺脏变硬有干酪样坏死灶 |
| | 胃及十二指肠 | 有出血点 | 胃底、幽门及12指肠黏膜弥漫性潮红、并有出血点 | 点状出血 | 无明显变化 |
| 剖检变化 | 大肠 | 急性的有出血点、出血性肠炎、慢性回盲口有扣状肿 | 急性的有出血点，慢性无明显变化 | 急性的有出血点，慢性无明显变化 | 黏膜肿胀、肠壁增厚、似糠麸样、溃疡边缘不规则 |
| | 脾脏 | 不肿大、边缘有紫红色或紫黑色凸起（梗死灶） | 肿大、呈樱红色 | 无明显变化 | 肿大、呈暗蓝紫色、触诊似橡皮状 |
| | 肝脏 | 无明显变化 | 充血肿大、呈红棕色 | 无明显变化 | 肿大，充血，出血 |
| | 胆囊 | 无明显变化 | 无明显变化 | 无明显变化 | 肿大、黏膜有溃疡 |
| | 肾脏 | 被膜下有出血点 | 肿大，切面有出血点 | 被膜下有出血点 | 无明显变化 |
| | 膀胱 | 有出血点 | 无明显变化 | 无明显变化 | 无明显变化 |
| | 淋巴结 | 肿大、切面呈大理石样外观 | 肿大充血，切面多汁 | 肿胀、出血 | 肿大、出血 |
| | 病原体 | 猪瘟病毒 | 猪丹毒杆菌 | 巴氏杆菌 | 沙门氏杆菌 |
| | 细菌检查 | 无 | 革兰阳性杆菌 | 革兰阴性小杆菌、两极浓染 | 革兰阴性中等大小杆菌 |
| | 治疗 | 无特效药物 | 青霉素 | 卡那霉素等 | 链霉素、痢菌净等 |

## 4.9 猪水疱病

猪水疱病（swine vesicular disease，SVD）是由猪水疱病病毒引起猪的一种急性、热性、接触性传染病。流行性强，发病率高，临诊上以蹄部、口腔黏膜、鼻端和腹部、乳头周围皮肤发生水疱为特征。在症状上与口蹄疫极为相似，但牛、羊等家畜不发病；与水疱性口炎也相似，但马却不发病。

**(1) 病原**

本病病原为猪水疱病病毒，属于微 DNA 病毒科肠道病毒属。病毒粒子呈球形，无囊膜，大小为 22~30nm，病毒的衣壳呈二十面体对称，核酸类型为单股正链 RNA。病毒不能凝集红细胞。对乙醚不敏感。病毒对外界环境和消毒药有较强抵抗力，但对热敏感，在 60℃ 30min 和 80℃ 1min 即可灭活，在低温下可长期保存。3%氢氧化钠溶液在 33℃，24h 能杀死水疱中的病毒，1%过氧乙酸溶液 60min 可杀死病毒。消毒药以 5%氨水效果较好。病毒在污染猪舍内能存活 8 周以上，病猪的肌肉、皮肤、肾脏保存于－20℃ 经 11 个月，病毒滴度未见显著下降。

**(2) 流行病学**

本病在自然感染中仅发生于猪，而牛、羊等家畜不发病，猪只无年龄、性别和品种的差异。病猪和带毒猪是本病的主要传染源，主要通过粪便、水疱液、乳汁等排出病毒。感染主要通过消化道接触污染的饲料、饮水等引起。另外，牛、羊接触本病毒虽然不发病，但牛可以短期带毒，也可传播本病。本病在高密度饲养的猪场和调运频繁的地区，极易造成流行，尤其是在猪集中的猪舍，集中的数量和密度越大，发病率越高。在分散饲养的情况下很少引起流行。本病在农村主要由于城市的泔水，特别是洗猪头和蹄的污水而感染。

**(3) 临诊症状**

潜伏期 2~5d，或更长。根据临诊症状可分为典型型、温和型和隐性型。

**典型型** 水疱主要发生在主趾和附趾的蹄冠上，也可见于鼻盘、舌、唇和母猪的乳头上。初期病变部皮肤呈苍白色肿胀，36~48h 出现充满液体的水疱，很快破裂，但有时维持数天。水泡破裂后形成溃疡，呈鲜红色，常常环绕蹄冠皮肤与蹄壳之间裂开。病变严重时蹄壳脱落，部分病猪因细菌继发感染而形成化脓性溃疡。由于蹄部疼痛病猪出现跛行，有时病猪呈犬坐或爬行。体温升高至 40~42℃，精神沉郁，食欲减退或废绝，水疱破裂后体温下降至正常。在一般情况下，如无并发其他疾病时不引起死亡，初生仔猪叮造成死亡。病猪很快康复，病愈后 2 周，创面可痊愈，如蹄壳脱落，则需要长时间才能恢复。

**温和型** 少数病猪出现水疱，传播缓慢，症状轻微，往往不易被发现。

**隐性型** 不表现临诊症状，但感染猪体内有抗体形成。通常可排毒，造成其他猪感染。

病猪在水疱出现后，约有 2%的猪出现中枢神经系统紊乱的症状，表现为前冲、转圈，用鼻摩擦或咬啃猪舍用具，眼球转动，有时出现强直性痉挛。

**(4) 病理变化**

本病特征性病变主要在蹄部、鼻端、唇、舌面及乳房出现水疱。水疱破裂水疱皮脱落，暴露出创面，有出血和溃疡。个别病例在心内膜有条状出血斑。其他内脏器官无可见病变。

**(5) 诊断**

根据临诊症状和剖检变化，不能将口蹄疫、猪水疱病和猪水疱性口炎等区分开来，特别是与口蹄疫的区分更应注意。因此，发生类似临诊症状的疾病应立即采取病料样品进行实验室诊断，以判定疫病的类型。常用的实验室方法如下：

**生物学诊断** 将病料分别接种于1~2日和7~9日龄乳小鼠，如两组乳小鼠均死亡者为口蹄疫；1~2日龄乳小鼠死亡，而7~9日龄乳小鼠不死亡者，为猪水疱病。病料经pH 3~5缓冲液处理后，接种于1~2日龄乳小鼠，死亡者为猪水疱病，反之则为口蹄疫。

**反向间接血凝试验** 用口蹄疫A、O、C型的豚鼠高免血清与猪水疱高免血清抗体(IgG)致敏，用1%戊二醛或甲醛固定的绵羊红细胞，制备抗红细胞与不同稀释程度的待检抗原，进行反向间接血凝试验，可在2~7h内快速诊断猪水疱病和口蹄疫。

**补体结合试验** 用豚鼠制备的诊断血清与待检病料进行补体结合试验，可用于猪水疱病和口蹄疫的鉴别诊断。

**荧光抗体试验** 用直接和间接荧光抗体试验，可检出病猪淋巴结冰冻切片和涂片中的感染细胞，也可检出水疱皮和肌肉中的病毒。

此外，中和试验、酶联免疫吸附试验等也常用于猪水疱病的诊断。

**(6) 防制措施**

**预防措施** 预防本病的重要措施是防止本病传入。因此，在引进猪和猪产品时，必须严格检疫。做好日常消毒工作，对猪舍、环境、运输工具可用有效消毒药进行定期消毒。在本病常发地区进行免疫预防，用猪水疱病高免血清或康复血清进行被动免疫有良好效果，免疫期达1个月以上。我国研制的猪水疱灭活疫苗，注射后7~10d即可产生免疫力，保护率在80%以上，免疫期达4个月以上。用水疱皮和仓鼠传代毒制成灭活苗有良好的免疫效果，保护率为75%~100%。

**扑灭措施** 发生本病时，要及时向上级主管部门报告，对可疑病猪进行隔离，对污染的场所、用具要严格消毒，粪便、垫草等堆积发酵消毒，确认本病时，疫区实行封锁，对疫区和受威胁的猪只，可采用被动免疫或疫苗接种，以后实行定期免疫接种。控制猪及猪产品出入疫区。必须出入疫区的车辆和人员等要严格消毒。扑杀病猪并进行无害化处理。必须治疗的病猪，要严格隔离及时治疗，主要采取对症疗法，并给以良好的护理。可用0.1%高锰酸钾溶液清洗患部，再涂以龙胆紫或碘甘油，蹄部也可涂鱼石脂软膏等。为防止继发细菌感染，可应用抗生素，经过数日治疗后多数病猪可康复。

**(7) 公共卫生**

猪水疱病可感染人，常发生于与病猪接触的人或从事本病研究的人员，感染后都有不同程度的神经系统损害，因此饲养人员和实验人员均应小心处理这种病毒和病猪，加强自身防护，以免受到感染。

## 4.10 猪圆环病毒感染

猪圆环病毒感染(porcine circovirus-associated diseases，PCVAD)是由猪圆环病毒引起猪的一种多系统衰弱的传染病。其主要特征为体质下降、消瘦、腹泻、呼吸困难等。

猪圆环病毒感染作为一种新的病毒病在许多国家广泛流行。我国于2001年首次发现。目前我国猪群中感染情况已十分严重，本病日益受到人们的关注。

(1) 病原

本病的病原为猪圆环病毒，属于圆环病毒科圆环病毒属成员，它是动物病毒中最小的成员之一。病毒直径17nm，呈二十面体对称，无囊膜，不具有血凝活性。猪圆环病毒有两种血清型，即猪圆环病毒Ⅰ型和Ⅱ型。已知猪圆环病毒Ⅰ型对猪的致病性较低，偶尔可引起怀孕母猪的胎儿感染，造成繁殖障碍，但在正常猪群及猪源细胞中的污染率却极高。猪圆环病毒Ⅱ型对猪的危害极大，可引起断奶仔猪多系统衰竭综合征、猪间质性肺炎、猪皮炎肾病综合征以及母猪繁殖障碍、仔猪先天性震颤等，这些病总称为猪圆环病毒病。

猪圆环病毒对环境的抵抗力较强，对氯仿不敏感，在pH 3的酸性环境中能长时间存活，对高温(72℃)也有抵抗力。一般消毒药很难将其杀灭。

(2) 流行病学

猪对猪圆环病毒有较强的易感性，各种年龄的猪均可感染，但仔猪感染后发病严重。胚胎期或生后早期感染的猪，往往在断奶后才可以发病，一般集中在5～18周龄，尤其在6～12周龄最多见。病猪和带毒猪(多数为隐性感染)为本病的主要传染源。病毒存在于病猪的呼吸道、肺脏、脾和淋巴结中，从鼻液和粪便中排出病毒。经呼吸道、消化道和精液及胎盘传染，也可通过污染病毒的人员、工作服、用具和设备传播。

本病流行以散发为主，有时可呈现暴发，病程发展较缓慢，有时可持续12～18个月之久。病猪多于出现症状后2～8d发生死亡。饲养管理不良、饲养条件差、饲料质量低、环境恶劣、通风不良、饲养密度过大、不同日龄的猪只混群饲养，以及各种应激因素的存在均可诱发本病，并加重病情的发展，增加死亡。

由于猪圆环病毒能破坏猪体的免疫系统，造成免疫抑制，引起继发性免疫缺陷，因而本病常与猪繁殖与呼吸综合征病毒、细小病毒、伪狂犬病毒、猪肺炎支原体，猪胸膜肺炎放线杆菌、多杀性巴氏杆菌和链球菌等混合或继发感染。

(3) 临诊症状

猪圆环病毒感染后潜伏期均较长，既或是胚胎或出生后早期感染，也多在断奶后才陆续出现临诊症状。猪圆环病毒感染可引起以下多种病症。

**断奶仔猪多系统衰弱综合征** 本病多见于5～12周龄的猪，发病率5%～30%，病死率在5%～40%之间。本病在猪群中发生后发展缓慢，病程较长，一般可持续12～18个月。患猪临诊特征为进行性呼吸困难，肌肉衰弱无力，渐进性消瘦，体重减轻，生长发育不良，皮肤和可视黏膜黄染，贫血，有的病猪下痢，体表淋巴结明显肿胀，多数病猪呈强烈震颤、死亡或被淘汰，康复者成为僵猪。

**皮炎和肾病综合征** 本病多见于8～18周龄的猪，发病率在0.15%～2%，有时可达7%。患病猪皮肤发生圆形或不规则形的丘状隆起，呈现为红色或紫色斑点状病灶，病灶常融合成条带或斑块。最早出现这种丘疹的部位在后躯、四肢和腹部，逐渐扩展至胸背部和耳部。病情较轻的猪体温、食欲等多无异常，常可自动康复。发病严重的可出现发热、减食、跛行、皮下水肿，有的可在数日内死亡，有的可维持2～

3周。

**增生性坏死性间质性肺炎** 人们已经认识到在育肥猪中的肺炎与猪圆环病毒Ⅱ型相关，猪圆环病毒Ⅱ型和猪繁殖与呼吸综合征、猪流感病毒等多种传染性疾病的共同感染导致了肺炎的发生。猪圆环病毒Ⅱ型引起的肺炎主要危害6~14周龄的猪，发病率在2%~30%，致死率在2%~10%。

**繁殖障碍** 猪圆环病毒Ⅰ型和猪圆环病毒Ⅱ型感染均可造成繁殖障碍，以猪圆环病毒Ⅱ型引起的繁殖障碍更严重。可引起母猪的返情率升高，流产和产木乃伊胎、死胎和弱仔的比例增加。

(4) 病理变化

**断奶仔猪多系统衰弱综合征** 最显著的剖检病变是全身淋巴结，特别是腹股沟淋巴结、纵隔淋巴结、肺门淋巴结、肠系淋巴结及颌下淋巴结肿大2~5倍，有时可达10倍。切面硬度增加，可见均匀的白色。有的淋巴结有出血。肺脏肿胀、坚硬或似橡皮，俗称"橡皮肺"。部分病例形成固化、致密病灶。严重病例肺泡出血，颜色加深，整个肺呈紫褐色，有的肺尖叶和心叶萎缩或实变。肝脏发暗，萎缩，肝小叶结缔组织增生。脾脏常肿大，呈肉样变化。肾脏水肿，呈灰白色，被膜下有时有白色坏死灶。胃的食管部黏膜水肿和非出血性溃疡。回肠和结肠段肠壁变薄，盲肠和结肠黏膜充血和淤血。另外，由继发感染引起的胸膜炎、腹膜炎和心包炎及关节炎也经常见到。

**皮炎和肾病综合征** 剖检可见肾肿大、苍白，有出血点或坏死点。

**增生性坏死性间质性肺炎** 眼观病变为肺有弥漫性塌陷，较重而结实，如橡皮状，表面颜色呈灰红色或灰棕色的斑纹。

(5) 诊断

本病仅靠症状难以确诊，因此需进行实验室诊断。实验室诊断方法分为抗体检测和抗原检测两种。

检测抗体可采用间接免疫荧光、酶联免疫吸附试验和单克隆抗体法等，华中农业大学动物医学学院病毒研究室已经成功建立了 ORF-ELISA 诊断方法并研制了相应的试剂盒，可应用于临床对本病的检测。

检测抗原的方法主要有病毒的分离鉴定、电镜检查和PCR方法等。

(6) 防制措施

对猪圆环病毒感染目前尚无可用的有效的治疗药物，主要采用疫苗免疫等综合控制技术来减轻本病的危害。

建立健全猪场的生物安全防疫体系，认真执行常规的猪群防疫保健技术措施。引进种猪时，要进行必要的隔离、检测。强化对养猪生产有害生物（猫、狗、啮齿类动物、鸟以及蚊、蝇等）的控制。

加强营养，特别是控制好断奶前后仔猪的营养水平，增加食槽的采食空间。在分娩、保育、育肥的各个阶段做到全进全出，同一批次的猪日龄范围控制在10d之内，批与批之间不混群。在分娩舍限制交叉寄养，必须要寄养的猪应控制在24h内。

对发病猪群最好淘汰，不能淘汰者使用一些抗病毒药物同时配合对症治疗，可降低死亡率。

## 4.11 猪流行性腹泻

猪流行性腹泻(porcine epidemic diarrhea，PED)是由猪流行性腹泻病毒引起猪的一种急性、高度接触性肠道传染病。临诊主要特征为呕吐、下痢、脱水。本病的流行特点、临诊症状和病理变化等方面与猪传染性胃肠炎极为相似。但哺乳仔猪死亡率较低，在猪群中的传播速度相对缓慢。

**(1)病原**

猪流行性腹泻病毒属于冠状病毒科冠状病毒属，病毒形态略呈球形，在粪便中的病毒粒子常呈多形态，有囊膜，大小为95～190nm。病毒对乙醚和氯仿敏感。本病毒对外界环境抵抗力弱，一般消毒药都可将其杀灭。病毒在60℃ 30min可失去感染力，在50℃条件下相对稳定。病毒在4℃、pH 5.0～9.0或在37℃、pH 6.5～7.5时稳定。

**(2)流行病学**

本病仅发生于猪，各种年龄的猪均易感染发病。哺乳仔猪和育肥猪发病率可达100%，以哺乳仔猪发病最重。母猪发病率为15%～90%。病猪和带毒猪是主要的传染源，病毒存在于肠绒毛上皮和肠系膜淋巴结中，随粪便排出体外，污染环境、饲料、饮水和用具等，经消化道传染给易感猪。本病呈地方性流行，有一定的季节性，主要在冬季多发。本病在猪体内可产生短时间(几个月)的免疫记忆。常常是有一头猪发病后，同圈或邻圈的猪在1周内相继发病，2～3周后临诊症状可缓解。

**(3)临诊症状**

潜伏期一般为5～8d，表现为水样腹泻，偶有呕吐，且多发生于吃食或吃乳后。病猪体温正常或稍有升高，精神沉郁，食欲减退或废绝；症状的轻重与日龄的大小有关，日龄越小，症状越重。7日龄以内的仔猪发生腹泻后3～4d，呈现严重脱水而死亡，死亡率可达50%～100%。断乳猪、母猪常呈现精神委顿、厌食和持续性腹泻，约1周后逐渐恢复正常；育肥猪在感染后发生腹泻，1周后康复，死亡率1%～3%；成年猪仅表现精神沉郁、厌食等临诊症状，如果没有继发其他疾病和护理不当，猪很少发生死亡。

**(4)病理变化**

眼观病理变化仅限于小肠。小肠扩张，充满淡黄色或黄绿色液体，肠壁变薄，个别小肠黏膜有出血点，肠系膜淋巴结水肿，小肠绒毛变短，重症者萎缩，绒毛长度和深度比2∶1或3∶1(正常猪为7∶1)。胃经常是空的，或充满胆汁样的黄色液体。其他实质器官无明显病理变化。

**(5)诊断**

本病在流行特点和临诊症状方面与猪传染性胃肠炎无显著差别，只是病死率比传染性胃肠炎稍低，在猪群中传播的速度也较缓慢。确诊要依靠实验室诊断。

取病猪粪便，或取病猪小肠组织黏膜或肠内容物，经触片，或取病猪小肠做冷冻切片或肠抹片，风干后丙酮固定，加荧光抗体染色，镜检，细胞内有荧光颗粒者为阳性。

**(6)防制措施**

疫苗接种是目前预防猪病毒性腹泻的主要手段。可用猪流行性腹泻氢氧化铝灭活疫苗或猪传染性胃肠炎-流行性腹泻二联细胞灭活疫苗对母猪进行免疫接种，能有效地预防本病。

本病目前尚无特效药物和疗法，主要通过隔离消毒、加强饲养管理、减少人员流动、采取全进全出制等措施进行预防和控制。注意要为发病猪群提供足够的清洁饮水。患病母猪常出现乳汁缺乏，应为初生仔猪提供代乳品。

## 4.12　猪脑心肌炎

猪脑心肌炎（swine encephalomyocarditis）是由脑心肌炎病毒（encephalomyocarditis virus，EMCV）感染引起的一种对仔猪高致死率的自然疫源性传染病，以非化脓性脑炎、心肌炎和淋巴结炎为主要特征。

**(1) 病原**

EMCV 是微 RNA 病毒科心病毒属的成员，只有一个血清型，为无囊膜的单股正链病毒，病毒粒子呈典型的二十面体对称，直径 27nm 左右。病毒经 60℃ 30min 可灭活，对低温较稳定，-70℃中很稳定，但冻干或干燥后常失去感染性。

**(2) 流行病学**

EMCV 可感染多种哺乳动物、鸟类和昆虫等，啮齿类动物是 EMCV 的自然宿主，而猪是感染脑心肌炎病毒最广泛、最严重的动物，以仔猪的易感性最强，20 周龄内的仔猪可发生致死性感染，成年猪多呈隐性感染。本病毒也可引起母猪繁殖障碍，本病的发病率和病死率随饲养管理条件及病毒株的强弱而有显著差异，发病率可达 100%。

**(3) 临诊症状**

临床上最急性型病猪，在几乎看不到任何前期症状的情况下突然发病死亡，或经短时间兴奋虚脱死亡。急性型病猪，早期可见短时间的发热 41～42℃，精神沉郁，减食或停食，逐渐消瘦。有的猪皮肤苍白，大部分猪发生腹泻，有的猪耳朵、腹下、四肢内侧大面积充血，并有数量不一的出血点。有的猪表现震颤、步态蹒跚、呕吐、呼吸困难，或表现进行性麻痹，有的在采食或兴奋时突然倒地死亡。

**(4) 病理变化**

病变主要集中在脑、心、淋巴结等器官，分别呈现非化脓性脑炎、急性病毒性心肌炎及急性出血性淋巴结炎的变化。

**(5) 诊断**

根据流行特点、临床症状和病理变化，可作出本病的初步诊断，确诊需要进行实验室诊断。可采用病毒分离、抗体检测和抗原检测等实验室技术加以确诊。

**(6) 防制措施**

目前，国内外对猪脑心肌炎尚无有效的治疗药物，国内也无疫苗上市，主要靠综合性防制措施加以预防。本病的发生与猪场内的鼠的数量以及患病鼠多少有十分密切关系。因此，应当清除鼠类，以减少带毒鼠类污染饲料与水源。猪群中如发现可疑病猪时，应立即隔离、消毒并对症治疗，防止继发感染。做好被污染场地环境的消毒，以防止人的感染。

## 4.13 猪捷申病毒病

猪捷申病毒病(porcine teschen disease,PTD)是猪捷申病毒(porcine teschovirus,PTV)感染引起猪的一种病毒性传染病。主要引起猪脑脊髓炎、繁殖障碍、肺炎、腹泻、心包炎和心肌炎,以侵害中枢神经系统引起共济失调、肌肉抽搐和肢体麻痹等一系列神经症状为主要特征。

**(1)病原**

PTV为小RNA病毒科捷申病毒属成员。PTV至少有11种不同的血清型,分别命名为PTV-1到PTV-11。PTV-1的有些毒株可以引起严重的脑脊髓炎。PTV其他血清型以及部分PTV-1的毒株往往不致病或者病情较为温和。PTV主要在胃肠道以及相关淋巴组织(包括扁桃体)增殖。PTV在15℃的环境中存活时间可达5个月以上。

**(2)流行病学**

猪捷申病毒主要感染猪,且任何年龄的猪都比较容易感染发病,其中感染性较强的是幼龄仔猪。该病的主要传染源是病猪和带毒猪,尤其是隐性感染猪是非常重要的传染源。猪只感染病毒后,通常在脑脊髓中寄生,通过唾液等分泌物和粪便等排泄物会排出到体外,健康猪群往往是由于采食的饮水和饲料被病毒污染,经由消化道引起感染。猪群感染该病毒后,通常在较长时间内持续带毒,妊娠母猪的带毒期一般能够持续3个月,且能够通过胎盘导致胎儿发生感染;未妊娠母猪的带毒期通常持续3个月。感染猪只能够长期、持续、大量地排出病毒。

**(3)临诊症状**

毒力较强的PTV血清型毒株引起的临床症状有发热,食欲废绝,抑郁和动作不协调,接着伴随着过敏、瘫痪直到死亡,这一过程往往只持续3~4d;有些病猪表现为肌肉震颤,僵硬或强直,眼球震颤,抽搐,叫声减弱甚至消失,角弓反张,腿出现阵挛性痉挛。在疾病的最后阶段,持续性的瘫痪进一步发展,体温降低。死亡通常是呼吸肌麻痹引起的。其他血清型PTV导致的临床症状较轻。猪感染了毒力较强的PTV血清型毒株后,发病率和死亡率均较高,可导致90%的死亡率。

**(4)病理变化**

感染后的猪剖解后常无明显的肉眼病变。有时,脑脊髓、脑膜和鼻腔黏膜会有充血。病理组织学病变主要发生在中枢神经系统,主要特征是血管周围有淋巴细胞袖套状浸润现象。病变主要分布在小脑灰质、间脑、延髓和脊髓,背根神经节和三叉神经节的病变也很明显。

**(5)诊断**

根据流行病学、临诊症状、病理变化等可作出初步诊断,但确诊猪捷申病需要进行实验室检查。病毒分离可以收集病猪的脑或脊髓样品。病毒可以在猪肾细胞上培养。对病毒及其血清学的鉴定可以采用中和试验、间接免疫荧光试验以及酶联免疫吸附试验的方法。也从病料中提取病毒RNA,采用RT-PCR的方法来检测病毒的核酸参与诊断。

**(6) 防制措施**

本病目前尚无疫苗可用。猪场应坚持自繁自养,加强饲养管理,特别要注意提高饲料中能量饲料的供给,完善防寒保暖措施,提高猪群整体抗病能力。搞好猪舍的清洁卫生和消毒工作,圈舍粪尿及垃圾要及时清除,并坚持对圈舍固定时间消毒。病毒在紫外线和日光下容易被灭活,保持地面干燥也有一定的作用。

猪场一旦感染发病,除用抗菌药物防止细菌继发感染外,还要采取隔离措施,随时清除病猪及疑似病猪。防止发病猪舍传到健康猪舍。控制人员串舍,妥善处理病猪粪便,注意做好防猫、狗、老鼠和飞鸟措施。目前本病尚无有效的治疗方法,只有采取综合性防治措施,才能有效降低发病率和死亡率。

## 4.14 猪繁殖与呼吸综合征

猪繁殖与呼吸综合征(porcine reproductive and respiratory syndrome,PRRS)是由猪繁殖与呼吸综合征病毒引起猪的一种繁殖障碍和呼吸困难的传染病。临诊特征为母猪发热、厌食、怀孕后期发生流产,产木乃伊胎、死胎、弱胎;仔猪表现呼吸困难和高死亡率。

本病1987年在美国中西部首先发现,并分离到病毒,因为部分病猪的耳部发紫,又称"猪蓝耳病",曾命名为"猪不孕与呼吸综合征"。1992年国际兽疫局在国际专家研讨会上采用"猪繁殖与呼吸综合征"这一名称。我国于1996年郭宝清等首次在暴发流产的胎儿中分离到猪繁殖与呼吸综合征病毒。

**(1) 病原**

猪繁殖与呼吸综合征病毒属于动脉炎病毒科动脉炎病毒属。病毒呈球形,呈二十面体对称,有囊膜,大小为45~65nm,核酸类型为单股正链 RNA。该病毒对热敏感,37℃ 48h、56℃ 45min 即活性丧失;对低温不敏感,可利用低温保存病毒,4℃可以保存1个月,-20℃下可以长期保存。对乙醚和氯仿敏感。pH 依赖性强,在 pH 6.5~7.5 相对稳定,高于7.5或低于6时,感染力很快消失。

**(2) 流行病学**

本病只感染猪,各种年龄和品种的猪均易感,但主要侵害种公猪、繁殖母猪及仔猪,而育肥猪发病比较温和。病猪及带毒猪是本病的主要传染源,感染母猪可明显排毒,如鼻、眼的分泌物、粪便和尿液等均含有病毒。耐过猪可长期带毒并不断向外排毒。本病主要通过呼吸道或通过公猪的精液经生殖道在同群猪中进行水平传播,也可以在母子间进行垂直传播。猪场的饲养管理不当,卫生条件差,气候恶劣可促进本病的流行。

**(3) 临诊症状**

潜伏期4~7d。根据病的严重程度和病程不同,临诊表现不尽相同。

母猪感染本病表现精神倦怠、厌食、发热,体温升高达40~41℃,食欲废绝。妊娠后期发生早产、流产、死胎、木乃伊胎及弱仔。母猪流产后2~3周开始康复,但再次交配时受胎率明显降低,发情期也常推迟。这种现象往往持续6周,而后出现重新发情的现象,但常造成母猪不育或产仔量下降,少数猪耳部发紫,皮下出现一过性血斑。部分猪的腹部、耳部、四肢末端、口鼻皮肤呈青紫色，以耳尖发绀最常见，故称"蓝耳病"。有的母猪出现肢体麻痹性神经症状。

仔猪以2~28日龄感染后症状明显，早产仔猪在出生后当时或几天内死亡。表现严重呼吸困难，食欲不振，发热，肌肉震颤，后肢麻痹，共济失调，打喷嚏，嗜睡，有的仔猪耳尖发紫和肢体末端皮肤发绀，死亡率高达80%。

公猪感染后表现食欲不振，精神沉郁，呼吸困难和运动障碍，性欲减弱，精液质量下降、射精量少。

育肥猪感染后表现为双眼肿胀，发生结膜炎和腹泻，并出现肺炎，食欲不振，轻度的呼吸困难和耳尖皮肤发绀，发育迟缓。

(4)病理变化

主要见于肺弥漫性间质性肺炎，并伴有细胞浸润和卡他性肺炎区。可见腹膜、肾周围脂肪、肠系膜淋巴结、皮下脂肪和肌肉、肺等部位发生水肿。流产胎儿出现动脉炎、心肌炎和脑炎。

(5)诊断

根据妊娠母猪发生流产，仔猪呼吸困难和高死亡率，以及间质性肺炎可作出初步诊断。注意与猪细小病毒感染、猪流行性乙型脑炎、猪伪狂犬病、猪布氏杆菌病、猪瘟和猪钩端螺旋体病等的区别。但要确诊必须进行实验室检查。取有急性呼吸症状的仔猪、死胎及流产胎儿的肺、脾等，进行病毒分离培养和鉴定；取耐过猪的血清进行间接免疫荧光抗体试验或酶联免疫吸附试验。

(6)防制措施

本病目前尚无特效药物治疗，主要采取综合防制措施及对症疗法。最根本的办法是消除病猪、带毒猪和彻底消毒，切断传播途径。

国内种猪交换或购入种猪时，必须要搞清供方猪场病情，并确认无此病，对确定所引猪只应进行血清学检查，阴性者方可引入。引入后仍需隔离饲养3~4周，并再次进行血清学检查，确认健康无病者方可混群饲养。

在疫区可用灭活苗或弱毒苗进行免疫接种。常用灭活苗，免疫程序是：后备种猪6月龄首免，5d后加强免疫1次；成年母猪每次配种前15d免疫1次，种用公猪每年免疫2次，均肌肉注射2mL。

发病后要加强消毒工作，带毒猪消毒可用0.2%过氧乙酸溶液喷洒；对空猪舍，先清扫粪便，用水冲洗干净之后，用2%~3%氢氧化钠溶液进行喷洒，彻底消毒。对死亡的仔猪和所产死胎、木乃伊胎，应彻底无害化处理，以防病原扩散。

## 4.15 猪传染性胃肠炎

猪传染性胃肠炎(transmissible gastroenteritis of swine，TGE)是由猪传染性胃肠炎病毒引起的猪的一种急性、高度接触性肠道传染病。临诊主要特征为呕吐、水样下痢、脱水。该病可发生于各种年龄的猪，但对仔猪的影响最为严重。10日龄以内的仔猪死亡率高达100%，5周龄以上的猪感染后的死亡率较低，成年猪感染后几乎没有死亡，但会严重影响猪的增重并降低饲料报酬。

目前，该病广泛存在于许多养猪国家和地区，造成严重的经济损失。

**(1)病原**

本病的病原是猪传染性胃肠炎病毒，属于冠状病毒科冠状病毒属。病毒粒子多呈圆形或椭圆形，大小为80～120nm，有囊膜，其表面有一层棒状纤突。核酸类型为RNA。

猪传染性胃肠炎病毒对外界环境抵抗力较强，但对光照和高温敏感。-20℃可保存6个月，-18℃可保存18个月，56℃ 45min、65℃ 10min能杀死。病毒对乙醚和氯仿敏感，对许多消毒剂也较敏感，如2%氢氧化钠溶液、0.5%石炭酸溶液、1%～2%甲醛溶液等。

**(2)流行病学**

本病只侵害猪，各种年龄的猪均易感，但10日龄以内仔猪最敏感，发病率和死亡率都很高，可达100%。随日龄的增加发病率和死亡率降低，育肥猪、种猪症状较轻，大多能自然康复。

病猪和带毒猪是主要的传染源。特别是密闭猪舍、湿度大、猪只集中的猪场，更易传播。可通过粪便、分泌物、呕吐物等排出病毒，污染饲料、饮水和用具等，经消化道或呼吸道传染给易感猪。带毒的犬、猫和鸟类也可传播此病。

本病的发生有季节性，从每年12月至次年的3月发病最多，夏季发病最少。新疫区呈流行性发生，几乎所有的猪都发病，老疫区呈地方性流行或间歇性的地方性流行，由于病毒和病猪持续存在，使得母猪大都具有抗体，仔猪从哺乳中获得母源抗体，很少发病，但断乳后成为新的易感动物，把本病延续下去。

**(3)临诊症状**

潜伏期短，一般15～18h，长的2～3d。传播迅速，2～3d内可蔓延全群。仔猪突然发生呕吐，接着发生剧烈腹泻，粪便呈水样，恶臭，淡黄色、绿色或灰白色，常含有未消化的凝乳块和泡沫。其特征是含有大量电解质、水分和脂肪，呈碱性。病猪极度口渴，明显脱水，体重迅速减轻，日龄越小，病程越短，死亡率越高，10日龄以内的仔猪一般2～7d死亡。病初有体温升高现象，腹泻后下降。

断乳猪、育肥猪和种猪感染后发病较轻，稍有精神沉郁，食欲不振、呕吐、水样腹泻，粪便灰色或褐色，泌乳母猪可出现停乳现象。一般经3～7d康复，极少死亡。

**(4)病理变化**

眼观病变为尸体脱水，胃和小肠内充满乳白色凝乳块，胃底部黏膜潮红充血，有的病例有出血点、出血斑及溃疡灶。小肠内有白色或黄绿色液体，含有泡沫和未消化的小乳块，肠壁充血、膨胀、变薄、半透明，无弹性。组织学变化为病猪的回肠、空肠绒毛萎缩变短，有的脱落变平，绒毛长度和深度比为1:1(正常猪为7:1)。

**(5)诊断**

根据该病流行特点、临诊症状和剖检变化等可以作出初步诊断，但注意与仔猪黄痢、仔猪白痢、猪流行性腹泻、猪轮状病毒感染等病的区别。确诊需进行实验室诊断。取病猪的空肠、空肠内容物、肠系膜淋巴结及发病猪急性期和康复期的血清样品进行病原学和血清学诊断。血清学诊断有直接免疫荧光法、双抗体夹心ELISA、血清中和试验和间接ELISA。

**(6)防制措施**

**预防措施** 加强饲养管理，制定完善的动物防疫制度，并严格执行。不从疫区引种，以免病原传入。禁止外来人员进入猪舍，以防止引入本病。同时应注意猪舍的消毒和冬季保暖工作。可用猪传染性胃肠炎弱毒疫苗对母猪进行免疫接种，方法是于母猪产前30d肌肉接种疫苗1mL，可使新生仔猪在出生后通过乳汁获得被动免疫，保护率达95%以上。

**扑灭措施** 发病时应隔离病猪，用2%氢氧化钠溶液对猪舍、环境、用具等进行彻底消毒。对假定健康猪群进行紧急免疫接种。

本病无特效药物治疗，发病后只能采取对症疗法，以减轻脱水，防止酸中毒和继发感染。新生仔猪可用康复猪的全血或高免血清，每天口服10mL，连用3d。

## 4.16 猪细小病毒感染

猪细小病毒感染(porcine parvovirus disease)是由猪细小病毒引起的母猪繁殖障碍的一种传染病。其特征是受感染的母猪，特别是初产母猪产出死胎、畸形胎、木乃伊胎及病弱仔猪，偶有流产，母猪本身无明显症状。

**(1)病原**

猪细小病毒属于细小病毒科细小病毒属，病毒呈圆形或六角形，无囊膜，大小为20nm，二十面体对称，核酸类型为单股DNA。病毒在细胞中可形成核内包涵体，能凝集人、猴、豚鼠、小鼠和鸡等动物的红细胞，可通过血凝和血凝抑制试验检测该病毒及抗体。病毒对热和消毒药的抵抗力很强，能耐受56℃ 48h、70℃ 2h、80℃ 5min 失活；0.3%次氯酸钠溶液数分钟内可杀灭病毒。对乙醚、氯仿不敏感，pH适应范围广。

**(2)流行病学**

猪是本病唯一的易感动物，不同年龄、性别的家猪和野猪都可感染。传染源主要是病猪和带毒猪。病毒可通过胎盘传给胎儿，感染母猪所产胎儿和子宫分泌物中含有高滴度的病毒，可污染食物、猪舍内外环境，经呼吸道和消化道引起健康猪感染。感染的公猪在精细胞、精索、附睾和副性腺中都含有病毒，在配种时可传染给母猪。本病主要通过呼吸道和消化道感染。污染的猪舍在病猪移出后空圈4.5个月，经常规方法清扫后，当再放进易感猪时，仍能被感染。

本病常见于初产母猪，一般呈地方性流行或散发，发生本病后，猪场连续几年不断地出现母猪繁殖失败现象。

**(3)临诊症状**

母猪不同孕期感染，症状不同。怀孕30d前感染时，多为胚胎死亡而被母体吸收，使母猪不孕或不规则地反复发情；怀孕30~50d感染时，主要是产木乃伊胎；怀孕50~60d感染时，多出现死胎；怀孕60~70d感染时，母猪则常表现流产症状；怀孕70d后感染，大多数胎儿能存活，但这些仔猪常带有抗体和病毒。

此外，本病还可引起母猪产弱仔、产仔数少和久配不孕等症状。对公猪的受精率或性欲没有明显影响。

### (4)病理变化

母猪子宫内膜有轻微炎症,胎盘有部分钙化,胎儿在子宫内有被溶解、吸收的现象。感染胎儿还可见充血、水肿、出血、体腔积液、脱水(木乃伊化)及坏死等病理变化。

### (5)诊断

根据该病流行特点、临诊症状和剖检变化等可以作出初步诊断,但注意与猪繁殖与呼吸综合征、猪流行性乙型脑炎、猪伪狂犬病、猪布氏杆菌病、非洲猪瘟、猪瘟和猪钩端螺旋体病等的区别。但要确诊必须进行实验室检查。取死胎的淋巴组织、肾脏或胎液触片,再以荧光抗体检查病毒抗原;也可用血凝抑制试验检查受感染猪血清中的抗体。

### (6)防制措施

本病尚无有效的治疗方法,要采取以下措施进行防制:

防止本病传入猪场,引进种猪时应隔离饲养2周后,再做血凝抑制试验,阴性者方可引入、混饲。

预防本病的有效方法是免疫接种,我国现有猪细小病毒灭活疫苗和弱毒苗,预防效果良好。常用灭活苗进行免疫接种的方法是:后备母猪和公猪在配种前1个月首免,5d后二次强化免疫,均肌肉注射2mL。

发病时应隔离或淘汰发病猪。对猪舍及用具等进行严格的消毒,并用血清学方法对全群猪进行检查,对阳性猪应淘汰,以防止疫情的扩散。

## 4.17 猪戊型肝炎

猪戊型肝炎(swine hepatitis E,SHE)由猪戊型肝炎病毒(SHEV)引起,该病毒通过粪口途径传播,可感染人、猪、黑猩猩等多种动物,且可引起人的高病死率,同时猪的感染概率较高,为一种重要的人兽共患传染病。

### (1)病原

猪戊型肝炎的病原是猪戊型肝炎病毒(SHEV)。SHEV是一种单股正链无囊膜的RNA病毒,病毒粒子直径32~34nm,基因组全长约7.2kb,属于戊型肝炎病毒科戊型肝炎病毒A种。A种戊型肝炎病毒只有一个血清型,包括7个主要的基因型。SHEV属于基因Ⅰ、Ⅲ和Ⅳ型,为目前重要的人兽共患病病原。

SHEV稳定性较差,对氯化铯、氯仿及高盐敏感,在蔗糖中或经反复冻融后会结成团,造成病毒活性下降;对pH值改变不敏感,在碱性环境中比较稳定,当有锰和镁离子存在时可以保持病毒的完整性。HEV在4℃保存时容易裂解,对热不稳定,加热至56℃时,50%的HEV会失活,当温度上升到60℃时,96%都会失活,可以通过煮沸的方式将其灭活。

### (2)流行病学

野猪和圈养的猪是SHEV基因Ⅲ和Ⅳ型主要的动物源宿主。除了猪外,抗戊型肝炎病毒的抗体也在其他物种中被检测到,包括鹿、大鼠、狗、猫、猫鼬、牛、绵羊、山羊以及禽类,抗体的存在说明这些动物可能被戊型肝炎病毒或类戊型肝炎病毒感染。而基因Ⅲ型或Ⅳ型已经从遗传学角度已被鉴定可能具有人兽共感染的可能性,并且已在野猪、鹿、猫鼬和兔子中分离得到。

SHEV 的感染在世界范围内广泛存在。SHEV 在猪群中的感染通常发生于 2~3 月龄猪。感染的猪通常有 1~2 周短暂的病毒血症，3~7 周后在粪便中可以检测到病毒排出。大部分成年母猪和公猪可以检测到抗 SHEV 的 IgG 阳性，但是在粪便中已经不排毒。经过序列分析，目前世界范围内主要存在基因Ⅲ和Ⅳ型的 SHEV，两种基因型都可以造成人戊型肝炎病毒的散发病例。

类似于人戊型肝炎病毒，猪戊型肝炎病毒的传播途径也可能是粪口传播。感染戊型肝炎病毒的猪排出含大量病毒的粪便更有可能是病毒传播的来源。未感染的猪通过与感染戊型肝炎病毒的猪直接接触或者通过污染的食物或者水源而感染，甚至有些猪可以直接通过血液传播被感染。由于排毒的粪便含有大量的病毒，猪粪肥料和猪粪会污染灌溉或沿海的水源，因此会导致水生动物的污染。

戊型肝炎病毒的流行和暴发大多数情况下发生于雨季或洪水之后，发病存在明显的季节性，多发生于秋冬季节，然而散发性病例不存在明显的季节性，而且流行持续的时间长短不一。

(3) 临诊症状

猪感染 SHEV 后，几乎不表现临床症状，但有时可表现发热，全身疲乏，食欲减退，呕吐，尿色深黄如茶，皮肤发黄，肝功能检查转氨酶高于正常值数倍。

带毒猪可以感染所有生长阶段的猪，并在其间传播。少数生产母猪出现流产和死胎。

(4) 病理变化

感染 SHEV 猪的各个脏器及组织大多没有明显改变。部分猪只的肝脏轻度浊肿，肿胀部位色泽轻度变淡，质度变脆，病变周围血管轻度充血，色泽暗红。组织学检查发现病变部肝细胞发生不同程度的水泡变性，肝细胞肿大，胞浆疏松呈网状结构，色泽变淡，胞核常被挤压到一侧。

(5) 诊断

猪感染猪戊型肝炎后，不表现明显的临床症状，呈隐性经过，诊断该病主要依靠实验室检测。目前，血清学检测技术主要是间接 ELISA，用以检测 SHEV 的 IgA、IgG 和 IgM 抗体，其中对 IgG 抗体的检测较常用。病原学检测技术主要是 RT-PCR 方法，可以检测猪的胆汁或者粪便中是否存在 SHEV 的 RNA。

(6) 防制措施

SHE 是一种病毒性传染病，目前尚无特效药物治疗，疫苗还未上市，只能采取综合性的防治措施进行防控。密切监视本地区 SHE 流行情况，注意猪场附近饮用水源及饲料的监测，在传播途径上切断传染源；加强外购猪的检疫，减少外来 SHEV 传入本场，以保障本场猪的安全；加强对 SHEV 的监测，若有可疑病例，则对全群猪开展戊型肝炎普查；及时掌握本地区 SHEV 的基因型，密切监视可能出现的新变异型种；政府部门要加强对动物性食品和口岸戊型肝炎的检疫工作；猪肉制品和肝脏要熟后食用，防止戊型肝炎传染给人；加强工作人员的净化，杜绝患戊型肝炎的人员从事猪场的工作，防止戊型肝炎传染给猪；加强环境的净化，定期监测畜舍内外环境，搞好养殖场卫生，严格做好消毒工作；设法提高机体的免疫力；严防犬、猫、兔等动物进入禽舍，做好防鼠灭鼠工作，防止其他鸟类进入禽舍，避免这些动物传播本病；控制传染源，发病动物及时淘汰，病死动物一定应进行无害化处理或焚烧或深埋；为防治本病可采取早期（17～19 日龄）断奶以防止垂直传播，仔猪严格隔离以防止水平传播，这些措施有助于建立无 SHE 猪群。

## 4.18 猪博卡病毒病

猪博卡病毒病是由猪博卡病毒（porcine bocavirus，PBoV）引起猪的一种传染病，多发生于新生仔猪，主要症状为腹泻。

**(1)病原**

PBoV 属于细小病毒科博卡病毒属成员，为单股 DNA 病毒，正二十面体结构，无囊膜，病毒粒子大小 25～30nm。PBoV 对各种消毒剂敏感，常用的消毒剂都有一定的杀灭作用。

**(2)流行病学**

本病在全球各地均有发现，并在我国多个省市检测到。目前本病的流行趋势、传染源、感染途径等均不太清楚。一般认为易感动物是猪，病猪和带毒猪是本病的主要传染源，猪只全年可感染发病，发病多见于秋末、冬季与早春寒冷、气温突变的季节，病毒可以通过消化道、呼吸道传播，也可经胎盘垂直传播。

**(3)临诊症状**

PBoV 可引起仔猪呼吸道与肠道感染，主要表现为支气管炎、肺炎及胃肠炎等症状。母猪感染可引发流产及产死胎或木乃伊胎。感染本病的哺乳仔猪多在出生 2～3d 后出现剧烈的腹泻，粪便呈黄绿色、淡绿色或灰白色水样粪便，部分仔猪有呕吐症状，病猪迅速脱水消瘦、精神沉郁、被毛粗乱、食欲减退或废食，一般于 5～7d 死亡，10 日龄以内的仔猪死亡率较高，随日龄的增加死亡率降低。

**(4)病理变化**

解剖可见病猪尸体消瘦、脱水、胃内充满凝乳块，胃黏膜充血，有时有出血点，肠内充满白色至黄绿色液体，小肠黏膜充血肠壁变薄无弹性，内含水样稀便，肠系膜淋巴结肿胀。组织学观察，小肠黏膜绒毛变短和萎缩，黏膜固有层内可见浆液渗出和细胞浸润。有些仔猪有并发肺炎病变。

**(5)诊断**

本病多发生于仔猪，常伴有下呼吸道感染症状和腹泻，与猪圆环病毒Ⅱ型、猪繁殖与呼吸综合征病毒、猪伪狂犬病毒等普遍存在混合感染，在疑似患病仔猪中，本病的检出率和病死率较高。实验室检查可采用病原分离鉴定、血清学或分子生物学方法进行。

**(6)防制措施**

目前，PBoVD 防控还没有疫苗可以应用，养猪场防控本病主要通过加强饲养管理和加强环境卫生，定期做好疫病监测，及时发现疫情，及早隔离治疗或无害化处理病猪。

## 4.19 猪巨细胞病毒感染

猪巨细胞病毒感染（porcine cytomegalovirus infection，PCMI）是猪的一种条件性传染病，感染仔猪多表现为鼻炎、肺炎和眼炎症状，并且生长发育不良，增重率降低，母猪则表现为繁殖障碍。

**(1) 病原**

猪巨细胞病毒 (porcine cytomegalovirus, PCMV) 基因组为线状双链 DNA, 在形态上属于典型的疱疹病毒, 病毒颗粒直径为 150～200nm, 核衣壳为正十二面体, 衣壳外有囊膜。PCMV 对氯仿、乙醚等亲脂性溶剂敏感, 易被酸制剂、紫外线灭活, 表面活性剂类消毒药物具有消毒效果。PCMV 在 $-80$℃下可保存 1 年以上, 长期保存最适宜的温度是 $-196$℃; 在 $-70$℃和 37℃反复冻融 3 次或 37℃放置 4h 病毒滴度不降低; 在 37℃ 24h 或 50℃ 30min, 可使其完全失活。

**(2) 流行病学**

PCMV 仅感染猪, 遍布世界各地。PCMV 可以水平传播, 最容易传播的途径是上呼吸道, 仔猪可能主要通过与母猪接触而感染, 1 月龄左右的猪经鼻感染, 病毒可由鼻、眼分泌物等排出, 也可经飞沫和吮乳途径在猪群中传播。PCMV 还可以垂直传播, 从初次感染 PCMV 的怀孕母猪的眼、鼻分泌液、尿液和子宫颈黏液中都可以分离出病毒, 怀孕母猪可以通过胎盘传播病毒, 感染胎儿, 并且可从公猪睾丸中检出 PCMV, 通过交配感染母猪。

**(3) 临诊症状**

猪巨细胞病毒感染多呈隐性感染状态, 一般情况下不表现明显的临床症状。在运输、受寒、分娩等应激时, PCMV 则有可能再次增殖或引起猪发病。

不同年龄、不同生长阶段的猪感染 PCMV 时表现的临床症状不一样。1～3 日龄的仔猪, 发病程度与初乳中获得母源性抗体多少有关。5～10 日龄仔猪感染后, 可呈现急性经过, 其主要症状是呼吸道症状, 如喷嚏、咳嗽、流泪、鼻分泌物增多, 继之出现鼻塞、吮乳困难, 体重很快减轻等症状。一些 3 周龄以内的猪只表现出轻度的呼吸道感染症状。3 周龄以上的仔猪感染时, 仅表现出轻微的呼吸道和发育不良等症状。如果无母源抗体的仔猪感染, 则可能发生鼻衄, 严重时还可见仔猪颤抖和呼吸困难等症状, 可导致一窝仔猪的死淘率升高。耐过的仔猪表现生长发育不良, 生长迟缓, 增重变慢。少数发病仔猪的鼻甲骨出现萎缩、扭曲, 颜面变形, 鼻腔弯曲, 偏向一侧, 情况严重时可引起仔猪死亡, 康复的猪发育不良, 或成为僵猪。

成年猪多呈隐性感染。没有 PCMV 抗体的成年猪经鼻途径感染 PCMV 14～21d 后, 可见食欲不振, 精神委顿等变化, 但体温正常。无抗体的妊娠母猪感染 PCMV 14～21d 后, 表现食欲不振, 精神沉郁, 有时产出死胎或仔猪出生后不久即无症状死亡等症状。

**(4) 病理变化**

解剖检查可发现的主要病理变化集中在上呼吸道, 表现为鼻黏膜表面有卡他性、脓性分泌物, 深部黏膜形成灰白色小病灶, 可视黏膜出现淤点, 尤其是在喉头、肺、胸腔及跗关节皮下部位可见大量的淤点和水肿; 肾外观呈斑点状或完全发紫、发黑, 全身淋巴结肿大并有淤点; 偶尔在小肠也可见有出血。胎儿感染时没有特征性肉眼可见解剖病变。

组织病理变化可见 PCMV 特征性病理变化, 即鼻黏膜固有层腺上皮细胞巨大化, 全身和网状内皮细胞系统及上皮细胞系统的细胞内可见嗜碱性核内包涵体, 或称其为核内"鹰眼形"包涵体。肾小管管腔变小, 有的甚至管腔不明显, 根据这些特征性病变, 可以作出初步诊断。

**(5) 诊断**

根据流行病学、临诊症状、病理变化等可作出初步诊断，但确诊 PCMV 感染需要进行实验室检查。

**病原学诊断** 采集病猪的血清、鼻汁或鼻腔、咽头、结膜等的拭子洗液以及肺、肾、淋巴结等病料样品，无菌条件下接种于肺泡巨噬细胞，进行病毒分离培养。观察细胞病变，看细胞是否变圆、膨胀，胞体及核巨大化，核内是否出现环绕周围的"晕"的大型包涵体。

**血清学诊断** PCMV 感染后可引起机体的体液免疫应答，产生特异性抗体。特异性抗体检测主要是检测 PCMV 感染后刺激机体产生的巨细胞病毒 IgM 和 IgG 抗体。常用的方法有血清中和试验、间接免疫荧光试验及 ELISA 等。

**分子生物学诊断** 可以通过 PCR 技术检查病猪的血清、鼻腔、肺、肾或淋巴结等器官组织中是否存在 PCMV 的 DNA 进行诊断。

**(6) 防制措施**

目前，对猪巨细胞病毒感染尚无疫苗预防和有效的治疗方法，在感染猪出现鼻炎症状时，为预防细菌继发感染可使用抗菌类药物。康复猪血清中虽产生相当水平的中和抗体，但不能清除体内的病毒。患病母猪的初乳内含有中和抗体，可为哺乳仔猪提供一定的保护力。猪场在平时的管理工作中，要加强饲养管理，改善环境条件，保证营养平衡，提高猪群的免疫力。

## 4.20 猪细环病毒感染

细环病毒于 1997 年由日本学者在一例输血后肝炎患者的血清中发现。随后，国内外学者利用巢式 PCR、ELISA、原位杂交等检测手段相继发现在非灵长类动物中也均存在细环病毒感染。目前，还没有研究证实该病毒能引发某种具体疾病，但有些学者认为细环病毒可能与人类肝炎和猪多系统衰竭综合征(PMWS)、猪皮炎肾病综合征(PDNS)、猪繁殖与呼吸综合征(PRRS)等疾病病原存在协同作用。因此，该病毒在猪群中的传播对人类的生活和健康存在一定的潜在威胁。

**(1) 病原**

猪源 TTV 即猪细环病毒(torque teno sus virus，TTSuV)于 1999 年由美国学者首次从猪血清中分离到，之后众多国家及地区相继进行了 TTSuV 病例报道。TTSuV 是一种单股负链的环形 DNA 病毒，正二十面体结构，病毒粒子直径 30~50nm，对 DNase I 和绿豆核酸酶敏感，但能抵抗 RNase A 和部分限制性内切酶。常用的化学消毒法对该病毒灭活效果一般，利用巴斯德消毒可有效地去除血制品中的病毒核酸，化学消毒法灭活效果不明显。TTSuV 有 2 个基因型，分别为 TTSuV1 和 TTSuV2。

**(2) 流行病学**

TTSuV 在猪群中广泛存在，且呈全球性分布。TTSuV 主要感染家猪与野猪，有研究表明 TTSuV 对长白、大约克夏、杜洛克、成华猪和荣城猪等 7 个品种家猪的易感性差异不显著。关于 TTSuV 的传播途径，研究认为重要的传播途径有胎盘垂直传播、精液传播、呼吸道传播、消化道传播等。还有学者认为细环病毒在猪群中的流行与注射被细环病毒污染的疫苗有关，或者是因为在进行疫苗或其他药物注射时没有更换被细环病毒污染的针头，从而导致细环病毒的传播。

(3)临诊症状

目前还没有猪细环病毒直接致病的相关报道。但是有研究表明，该病毒与已知病原的混合感染能够增加疾病的严重性，而且该病毒具有潜在的跨种传播给人的危害。研究认为，患断奶仔猪多系统衰竭综合征的猪群易感染 TTSuV2。TTSuV1 与猪圆环病毒Ⅱ型及猪繁殖与呼吸综合征病毒共同感染可导致仔猪断奶多系统衰竭综合征、猪皮炎肾病综合征发生。

(4)病理变化

一些学者研究发现 TTSuV1 不能导致感染猪出现肉眼可见的临床症状，但是剖解后对其进行组织病理学观察可见无菌猪发生轻微的间质性肺炎、膜性肾小球病、一过性胸腺萎缩、肝脏组织性淋巴细胞浸润等病变，未进行感染的无菌猪则没有上述病变。有研究认为 TTSuV2 能引起感染猪出现特征性的组织病理损伤，但在猪只的实质器官中并没有显著的病理组织学变化，尤其消化器官和免疫器官。

(5)诊断

目前对猪细环病毒的了解还非常有限，针对这种情况，在已有的基因组序列基础上，利用 PCR 方法来检测猪细环病毒成为猪细环病毒研究的重要手段。用于细环病毒检测的方法有常规 PCR、巢式 PCR 和多重引导滚环式扩增法(PCA)等。常规 PCR 和巢式 PCR 方法均根据目前已知的基因组序列的保守非编码区设计引物，对相关的病料组织进行检测。此外，ELISA 也常被用于检测该病毒，通过检测抗体的效价，推断猪只的感染程度。

(6)防制措施

临床上猪细环病毒感染与复杂的猪病存在一定联系。单独感染可能引起感染猪发病，也可能与其他病原协同作用。猪圆环病毒Ⅱ型感染和猪繁殖与呼吸综合征在部分猪群中的较为流行，而本病的存在极为可能加剧上述两种感染的更广泛流行。持续监控动物中猪细环病毒感染的动态变化，将有助于对本病的理解和掌握，从而为本病的有效防制提供技术帮助。

## 4.21 猪血凝性脑脊髓炎

猪血凝性脑脊髓炎(porcine hemagglutinating encephalomyelitis，PHE)是由猪血凝性脑脊髓炎病毒(porcine hemagglutinatingencephalomyelitis virus，PHEV)引起仔猪的一种急性、高度接触性传染病。PHEV 属冠状病毒属的成员，其主要侵害 1~3 周龄仔猪，临床上感染猪以呕吐、衰竭和明显的神经症状为主要特征，死亡率高达 20%~100%。

(1)病原

PHEV 为典型的不分节段的单股正链 RNA 病毒。病毒粒子一般呈圆球状，直径 120~150nm，该病毒粒子具有一层外层囊膜和内部包裹着致密核心的一层内囊膜的构造。

该病毒对乙醚、去氧胆酸钠和氯仿等脂溶剂极其敏感,特别是该病毒在乙醚处理之后,就能让病毒丧失原本的血凝性和感染性。该病毒对高热很敏感,放置在37℃条件下只能存活24h,存放在56℃条件下4~5min病毒的感染性几乎全部丧失。虽然该病毒有较强的敏感性,但是在低温、冻干等情况下却可以保持较强的活性,放置在4℃条件下病毒感染滴度几乎没有变化,能够适应并能稳定地存活于低温环境。在冻干状态下病毒活性可保持一年以上。PHEV感染引起的细胞病变主要是出现明显的合胞体现象。PHEV可以凝集鸡和鼠的红细胞,但是与猪、牛、马、兔和人的红细胞不发生作用。

(2) 流行病学

猪是PHEV在自然界当中的唯一易感动物,虽然大部分的冠状病毒宿主范围有限,但是通过实验性的人工接种方式,PHEV已经实验性地适应了小鼠和Wistar大鼠,而且小鼠有明显的PHEV嗜神经特性的临床特点。该病的传染源为带毒猪和病猪,病毒随呼吸道分泌物或消化道排泄物排出体外,污染饲料、饮水及周围环境,健康猪接触,经口、鼻感染发病,以3周龄内的仔猪最为易感。

(3) 临诊症状

根据临床表现观察,本病可分为脑脊髓炎型和呕吐消瘦型,这两种类型可同时存在于一个猪群中,也可发生在不同的猪群或不同地区。

**脑脊髓炎型** 主要发生在2周龄以下的仔猪,表现体温短暂升高,先是食欲废绝,随后出现嗜睡、呕吐、便秘。病猪常聚堆,背毛竖立,部分病猪打喷嚏、咳嗽、磨牙。1~3d后出现神经症状,对声音和触摸敏感,步态不稳、肌肉震颤或痉挛,后肢逐渐麻痹。病后期猪只出现侧卧,四肢做游泳动作,呼吸困难,眼球震颤、昏迷死亡。病程约10d,病死率较高。

**呕吐消瘦型** 又称厌食、呕吐性恶病质症。发生于出生后几天的仔猪。最初的表现为呕吐,呕吐物恶臭,停止哺乳,口渴,接着发生便秘。危重的病猪因咽喉肌肉麻痹而吞咽困难,导致其陷入饥饿和脱水状态。病猪失重快,有些猪在1~2周内死亡。大部分病猪转为慢性,可存活数周,但最后可因为饥饿或继发症死亡,病死率差异大,一般在20%~80%。

(4) 病理变化

病理剖检,临床上呈急性感染的发病猪,脑软膜表面出血和充血现象比较严重,同时脑实质和脑脊髓膜上可见有紫红色小点分布。而慢性感染的猪死亡后,胃充气膨胀,腹围增大,出现恶病质状态。肌肉间结缔组织出现轻度或中度水肿。偶有病例出现肝脏和肾脏实质变性,胃黏膜淤血、充血,肺泡壁毛细血管充血、淤血,表现为间质性肺炎,胃肠呈卡他性炎,尤以小肠最为明显。

病理组织学变化,临床上大多数病例呈现非化脓性脑炎的典型病变。神经细胞发生不同程度的变性,脑软膜和脑内小静脉充血,大脑实质可见有轻微的水肿,血管腔周围单核细胞和淋巴细胞浸润,形成"血管套"现象。疾病呈慢性经过时,镜下可以观察到神经胶质细胞增生,并且聚集在一起,形成胶质结节。此外,有些病例可见少突胶质细胞围绕在神经细胞周围增生,形成明显的"卫星"现象,有的神经细胞发生变性、坏死,出现"噬神经"现象。肾小管上皮细胞发生颗粒变性和坏死。

**(5)诊断**

猪血凝性脑脊髓炎的诊断在临床应注意与猪伪狂犬病、猪乙型脑炎、猪流行性腹泻、猪传染性胃肠炎、猪传染性脑脊髓炎以及猪轮状病毒等做好鉴别诊断。猪血凝性脑脊髓炎不能仅凭借临床症状进行确诊，还需要借助于血清学、病原分离或者分子生物学技术等多种手段。在猪血凝性脑脊髓炎诊断过程中，一方面可以利用血清学试验，如血清中和试验与血凝抑制试验；另一方面可以直接对病毒进行分离，借助于PCR、real-time PCR等多种方法才能够达到确诊的目的。

**(6)防制措施**

本病尚没有比较有效的治疗方法和有效的疫苗，主要依靠加强综合性防治措施，注重加强口岸检疫，防止引入病猪。一旦发生该病，要及时诊断，严格隔离消毒，防止疫情蔓延扩散，以免造成重大经济损失。

## 4.22 猪增生性肠炎

猪增生性肠炎（porcine proliferative enteritis，PPE）又称为回肠炎，是由胞内劳森氏菌（*Liawsonia intracellularis*，LI）感染引起的一种以保育猪或生长育肥猪出血性、顽固性或间歇性下痢为临床表现，以回肠和盲肠黏膜细胞腺瘤样增生和营养吸收功能障碍为特征的肠道综合征。猪增生性肠炎已经危害世界各主要养猪国家，对养猪业造成严重的经济损失。感染猪虽死亡率不高，但严重降低饲料报酬率，该病是一种具有重要经济意义的世界性疾病。

**(1)病原**

胞内劳森氏菌又称回肠共生胞内菌、细胞内劳索尼亚菌，归属于脱疏弧菌科。它是一种专性的胞内寄生菌，大小为(1.25～1.75)$\mu$m×(0.25～0.43)$\mu$m，呈弯曲状或者弧状，末端渐细或者钝圆形，是一种典型的三层外膜作为外壁的革兰阴性菌，抗酸染色阳性。胞内劳森氏菌培养条件严格，它既不适应于普通的培养基生长，也不适应鸡胚生长。胞内劳森氏菌代谢过程中，主要是利用细胞线粒体三磷酸盐或某种相似的物质作为能源，所以胞内劳森氏菌不能在没有细胞的环境中生长，所用的细胞系主要有大鼠肠细胞IEC-18、人胚肠细胞、豚鼠大肠癌细胞、豚鼠肠细胞407等。

胞内劳森氏菌主要寄生在病猪肠黏膜细胞的原生质中，也常见于病猪排出的粪便中。该菌有较强的环境适应力，能在5～15℃的环境中至少存活1～2周，但是细菌培养物对李铵盐类消毒剂和含碘消毒剂较敏感。

**(2)流行病学**

猪增生性肠炎的发病没有严格的季节性。主要传染源是患病猪及病原的携带者，此外携带该菌的动物或物品都能成为传播媒介，如工人的服装、鞋子、器械、老鼠等。胞内劳森氏菌可在猪只之间通过粪便进行水平传播。胞内劳森氏菌随着病猪和带菌猪的粪便被排到外界环境中，污染外界环境、饲料、饮水等，再经口通过消化道感染。胞内劳森氏菌的易感动物广泛，如杂食动物猪、仓鼠、大鼠、兔等；肉食动物雪貂、狐等；草食动物马、鹿等，及部分鸟类等均可受到感染。猪场内的鼠类极可能因为接触感染猪的粪便而被自然感染，被感染的鼠类也很有可能再去感染其他的健康猪群，使得猪群整体的感染率升高。除此之外，某些环境因素的改变也可诱发猪增生性肠炎的发生，主要包括各种应激反应，如转群、混群、过冷、过热、昼夜温差过大、湿度过大、密度过高等或者是因为频繁引进后备猪、过于频繁地接种疫苗、突然地更换抗生素使得菌群失调等。从1931年首次报道猪增生性肠炎以来，现在全世界的主要生猪生产国家都存在该病的感染。

(3) 临诊症状

猪增生性肠炎主要发生于生长育肥猪，2~20周龄的猪均易感染，临床上主要表现为急性出血型和慢性型，其中急性型占的比例小，慢性型占的比例大。

**急性型** 常发于4~12月龄的育肥猪或种猪。表现为突然发病，体温正常或升高，急性出血性贫血，粪便松软呈焦油样，甚至虚脱死亡；也有某些猪仅仅表现为皮肤显著苍白，不腹泻，但是可能突然死亡。发病猪的死亡率可以达到50%。妊娠母猪可能会出现流产，大部分流产发生于临床症状出现后的6d内。

**慢性型** 多发生于8~16周龄阶段的猪只，患病猪症状较轻微，表现为同一栏内不时地有几头猪出现腹泻，粪便稀软或者不成形，呈黑色、水泥样灰色或者黄色，内含未完全消化的饲料。如果发生轻微的增生性肠炎，腹泻症状往往表现不明显，或仅有少数猪出现腹泻，常常难以发现。虽然病猪采食量正常，但其生长速度受到较大影响，因此发病猪的体重与健康猪的体重在相同时期的差别很大。有些猪表现为食欲下降，采食量也会随之下降。患病严重的猪往往发生恶性的持续性腹泻，使用多种抗生素治疗效果均不理想。大部分慢性感染的患病猪可在发病4~10周后突然恢复正常，生长速度逐渐加快，但与健康猪相比，平均日增重及饲料转化率均降低。

(4) 病理变化

本病主要病理变化出现在小肠末端约50cm处和结肠前1/3处。回肠黏膜增厚，有时呈脑回样，水平或垂直增生。大肠黏膜的变化类似于息肉，整个肠壁增厚、变硬。有些病理变化仅表现在回盲瓣前的20cm处，但有些是整个回肠变粗、变硬，发展成为橡胶管样。在增生的同时，有些病猪回肠黏膜会出现不同程度的溃疡，黄色、灰白色纤维素渗出物覆盖在其表面，浆膜下层或肠系膜水肿。某些急性病例可见肠内有血凝块或尚未完全凝固的血液，外观像一条血肠。

组织病理学变化主要为感染组织肠腺窝内不成熟的上皮细胞显著增生，形成增生性腺瘤样黏膜。这些增生的细胞浆内都含有大量的细胞内劳森氏菌。病变肠腺窝一般有5层、10层或更多层肠腺窝细胞厚度。

(5) 诊断

根据该病的流行病学、临诊症状、病理变化等可作出初步诊断，但应注意与猪痢疾、猪沙门氏菌病及猪密螺旋体病等进行鉴别诊断。确诊该病应进行实验室诊断。

实验室诊断目前常用的检测方法包括抗体检测和病原检测两种方法。可采用ELISA、间接免疫荧光抗体试验、免疫过氧化物酶单层试验等方法检测血清中胞内劳森氏菌抗体水平，或者用PCR等方法直接检测粪便中病原。

(6) 防制措施

**加强饲养管理** 研究表明，全进全出的生产模式和舍内采用水泥地板可减少猪群感染胞内劳森氏菌。建立完善的消毒制度,采用严格的消毒措施,对空猪舍栏彻底冲洗和消毒都能有效地防治猪病的发生。尽量减少因转群、运输、环境改变及更换饲料等方面引起的应激。控制老鼠等啮齿动物可有效地减少猪增生性肠炎的感染和其他传染病在栏舍之间的传播。

**药物治疗** 猪增生性肠炎的常规治疗是使用抗菌类药,如氟苯尼考、泰乐菌素、庆大霉素、林可霉素、壮观霉素、大观霉素等。当猪场内的猪感染胞内劳森氏菌时,应立即用药。根据发病情况采用联合用药、脉冲给药等用药方案进行治疗或未发病猪只的预防。

**免疫接种** 减毒活疫苗也可以用于本病的预防,临床试验证明在注射疫苗后,2~19周可在粪便中检测到菌体,4~13周体内产生抗体。因此,仔猪注射疫苗后,可以有效地减少该病的感染率。目前,世界上已研制出猪增生性肠炎无毒活苗和灭活苗,具有很高的免疫保护率。

## 4.23 非洲猪瘟

非洲猪瘟(African swine fever,ASF)是由非洲猪瘟病毒(ASFV)引起的猪的一种急性、热性、高度接触性动物传染病,以高热、网状内皮系统出血和高死亡率为特征。OIE将其列为法定报告动物疫病,我国将其列为一类动物疫病。

**(1)病原**

ASFV是一种胞浆内复制的二十面体对称的双股DNA病毒,病毒直径为175~215nm,细胞外病毒粒子有一层囊膜。病毒基因组为一条线性的双链DNA分子,长度在170~190kb。该病毒为非洲猪瘟病毒科非洲猪瘟病毒属的唯一成员,且只有1个血清型。

ASFV对温度敏感,抵抗力不强。加热56℃ 30min或60℃ 20min,即可使病毒灭活;0.8%的氢氧化钠(30min)、含2.3%有效氯的次氯酸盐溶液(30min)、0.3%福尔马林(30min)、3%苯酚(30min)和碘化合物可灭活ASFV。

不同ASFV在死亡野猪尸体中可以存活长达1年;粪便中至少存活11d;在腌制干火腿中可存活5个月;在未经烧煮或高温烟熏的火腿和香肠中能存活3~6个月;4℃保存的带骨肉中至少存活5个月,冷冻肉中可存活数年;半熟肉以及泔水中也可长时间存活。

**(2)流行病学**

感染非洲猪瘟病毒的家猪、野猪(包括病猪、康复猪和隐性感染猪)和钝缘软蜱为主要传染源。主要通过接触非洲猪瘟病毒感染猪或非洲猪瘟病毒污染物(泔水、饲料、垫草、车辆等)传播,消化道和呼吸道是最主要的感染途径;也可经钝缘软蜱等媒介昆虫叮咬传播。家猪和欧亚野猪高度易感,无明显的品种、日龄和性别差异。疣猪和薮猪虽可感染,但不表现明显临诊症状。发病率和病死率因不同毒株致病性有所差异,强毒力毒株可导致猪在4~10d内100%死亡,中等毒力毒株造成的病死率一般为30%~50%,低毒力毒株仅引起少量猪死亡。该病季节性不明显。

**(3)临诊症状**

潜伏期因毒株、宿主和感染途径的不同而有所差异。OIE《陆生动物卫生法典》规定,家猪感染非洲猪瘟病毒的潜伏期为15d。

**最急性型** 无明显临诊症状突然死亡。

**急性型** 体温可高达42℃，沉郁，厌食，耳、四肢、腹部皮肤有出血点，可视黏膜潮红、发绀；眼、鼻有黏液脓性分泌物；呕吐；便秘，粪便表面有血液和黏液覆盖，或腹泻，粪便带血。共济失调或步态僵直，呼吸困难，病程延长则出现其他神经症状。妊娠母猪流产。病死率高达100%。病程4~10d。

**亚急性型** 症状与急性相同，但病情较轻，病死率较低。体温波动无规律，一般高于40.5℃。仔猪病死率较高。病程5~30d。

**慢性型** 出现波状热，呼吸困难，湿咳。消瘦或发育迟缓，体弱，毛色暗淡。关节肿胀，皮肤溃疡。死亡率低。病程2~15个月。

(4) 病理变化

病猪尸体解剖可见浆膜表面充血、出血，肾脏、肺脏表面有出血点，心内膜和心外膜有大量出血点，胃、肠道黏膜弥漫性出血；胆囊、膀胱出血；肺脏肿大，切面流出泡沫性液体，气管内有血性泡沫样黏液；脾脏肿大，易碎，呈暗红色至黑色，表面有出血点，边缘钝圆，有时出现边缘梗死；颌下淋巴结、腹腔淋巴结肿大，严重出血。

(5) 诊断

非洲猪瘟临诊症状与古典猪瘟、高致病性猪蓝耳病等疫病相似，必须开展实验室检测进行鉴别诊断。

抗体检测可采用间接酶联免疫吸附试验、阻断酶联免疫吸附试验和间接荧光抗体试验等方法；病原学快速检测可采用双抗体夹心酶联免疫吸附试验、PCR和实时荧光PCR等方法；病毒分离鉴定可采用细胞培养、动物回归试验等方法。

(6) 防制措施

本病目前尚无疫苗可用，且无特异性治疗方法，主要以预防为主。严禁从感染地区和国家进口猪及其产品，销毁或正确处理来自感染国家(地区)的船舶、飞机的废弃食物和泔水等，同时加强口岸检疫。此外，还应加强对边境地区，尤其是对与曾发生非洲猪瘟疫情国家交界地区的野猪和蜱进行流行病学调查，掌握非洲猪瘟疫病动态，防患于未然。

## 4.24 塞内卡病毒病

塞内卡病毒病是由A型塞内卡病毒(Seneca virus A，SVA)引起的一种主要感染猪的病毒性传染病，是近年来新发现的一种猪病。A型塞内卡病毒最早于2002年由美国遗传治疗公司的科研人员偶然分离得到，并以其为原型毒株命名为"塞内卡谷病毒(Seneca valley virus，SVV)"。2015年，国际病毒分类委员会(ICTV)将该病毒划分至新的病毒属——塞内卡病毒属，并将其更名为"A型塞内卡病毒"，目前SVA是该属唯一成员。早期的SVA分离株对猪无明显的致病性，多年以来它一直被认为是一种非致病性的病毒。但近年来越来越多的SVA分离株被证实与猪原发性水疱病和新生仔猪死亡率升高高度相关，SVA对养猪业的危害才逐渐引起人们的关注和重视。

(1) 病原

SVA属微RNA病毒科塞内卡病毒属。病毒粒子直径25~30nm，为无囊膜二十面体结构衣壳蛋白。基因组为线性、不分节段、单股正链RNA，全长约7.3kb。

鉴于 SVA 与口蹄疫病毒（FMDV）均属于微 RNA 病毒科，推测两者应具有相似的理化特性，可以采用相同的消毒剂（次氯酸钠、氢氧化钠、碳酸钠、0.2％柠檬酸等）和消毒方法对 SVA 污染的猪舍、环境、运输工具等进行消毒。近来有研究表明，过氧化氢可以有效杀灭 SVA、FMDV 和猪水疱病病毒（SVDV）；次氯酸盐类消毒剂（5.25％次氯酸钠）可以有效杀灭铝、不锈钢、橡胶、水泥和塑料表面污染的 SVA，其杀毒效果明显优于季铵盐类消毒剂（26％烷基二甲基苄基氯化铵和 7％戊二醛）和酚类消毒剂（12％邻苯基苯酚、10％邻苯基对氯苯酚和 4％对叔戊基苯酚）。

**(2) 流行病学**

感染带毒猪是主要传染源，可以较长时间通过呼吸道和消化道向外排毒，包括水疱、粪便等，易感动物直接接触或间接接触运输工具、污染物等方式进行水平传播。SVA 主要感染猪，不同性别、年龄阶段的猪均易感，国外有研究报道，牛、鼠、人的血清中都存在 SVA 抗体，揭示这些物种可能是 SVA 的自然宿主。SVA 的潜伏期一般 4~5d，发病率和死亡率受猪群年龄、来源和地理分布等因素影响存在一定的差异。SVA 一年四季均可发病，但春、秋季多发。

根据从具有临床症状的猪分离出来的 RNA 病毒的测序结果显示，20 世纪 80 年代后期，美国猪群中便存在 SVA。2007 年以后，该病在美国、加拿大、巴西等国家流行。据报告，该病已传入我国并在局部地区零星散发，2015 年以来，我国已从广东、湖北、福建、河南和黑龙江等省的患病猪群中陆续检出 SVA，该病呈现进一步扩散的趋势。

**(3) 临诊症状**

成年猪感染初期临床表现为采食量下降，出现厌食、嗜睡和发热等症状，随后鼻吻、蹄部冠状带水冠水疱病变，严重时蹄冠部的溃疡可蔓延至蹄底部，造成蹄壳松动甚至脱落，病猪出现跛行和站立困难。新生仔猪体态虚弱，嗜睡，不愿吸乳，并出现急性死亡。

**(4) 病理变化**

SVA 感染猪所致病理学变化的研究较少，特异性变化尚不清楚。有学者研究发现，感染母猪大脑组织出现"卫星"和"嗜神经"现象，肺气肿，心脏出血、充血，肝脏出现局灶性坏死，肾脏出现局灶性淋巴细胞、单核细胞浸润，小肠黏膜坏死、脱落。

**(5) 诊断**

SVA 所致临床症状与口蹄疫（FMDV）、猪水疱病（SVDV）、水疱性口炎（VSV）等疾病在临床上难以区分。可根据临床症状进行初步诊断，确诊还需要实验室的进一步检测诊断。目前，针对 SVA 实验室诊断方法主要有病原学诊断方法和血清学诊断方法，其中病原学诊断包括病毒分离鉴定、免疫杂交和荧光定量 RT-PCR 等。

**(6) 防制措施**

目前，针对该病尚无疫苗可用，也没有有效的治疗手段，可以采取如下措施予以应对：

**加强检疫工作** 目前，塞内卡病毒病尚未被 OIE 列入通报性疫病名录，也未被纳入《中华人民共和国进境动物检疫疫病名录》，该病随生猪及其产品国际贸易传播的风险较高。应加强对来自疫区的货物、携带物、邮寄物、运输工具的查验和防疫消毒工作。同时，应考虑对从疫区国家进口的生猪及其遗传物质进行检验检疫，必要时可以采取暂停进口的措施。

**做好疫情处置工作** 鉴于该病与口蹄疫、猪水疱病、水疱性口炎和猪水疱性疹具有非常相似的临床症状而难以区分，美国农业部规定，一旦发现具有水疱的病猪，官方认证兽医应立即向州或联邦动物卫生官员通报疫情，并采取预防措施防止疫情蔓延，在得到国家外来动物疫病诊断实验室确诊之前暂停生猪转运。由于我国尚未将该病列入官方动物疫病监控计划，缺乏相应的应急预案，发生SVA疫情时，建议参考口蹄疫的防控预案，实施严格的封锁捕杀策略，追溯疫情来源，防止疫情进一步扩散。

**开展疫情监测和检测技术储备工作** 虽然我国已经出现了SVA感染病例，但是目前该病主要集中在广东和湖北两省。因此，有必要在全国范围内开展SVA的流行病学调查，做到"早发现、早报告、早隔离、早诊断、早扑灭"，及时控制和扑灭疫情。此外，应尽快开展该病的检测技术研究，开发快速、灵敏、特异的病原学和血清学检测方法，增强对该病的检疫把关能力，从容应对塞内卡病毒病疫情，切实保护养猪业健康发展。

# 复习思考题

## 一、填空题

1. 猪丹毒是由_____菌引起的一种急性、热性传染病，主要侵害架子猪。其特征为急性病例表现_____；亚急性病例表现_____；慢性病例主要表现为_____、关节炎和皮肤坏死。

2. 猪痢疾是由_____引起猪的一种肠道传染病，其特征为大肠黏膜发生_____炎症，有的发展为_____炎症。

3. 猪链球菌病急性型表现_____和_____；慢性型表现关节炎、心内膜炎及_____为特征。

4. 猪支原体肺炎的主要症状为_____和_____，剖检变化在肺的心叶、尖叶、中间叶及膈叶前下缘出现"_____变"或"_____变"。

5. 猪传染性萎缩性鼻炎是由_____巴氏杆菌单独或与_____杆菌引起的猪的一种慢性接触性呼吸道传染病。其特征是_____萎缩。临床上主要表现为喷嚏、鼻塞等鼻炎症状和_____部变形或歪斜。

6. 猪梭菌性肠炎的特征是排_____色粪便、_____坏死、病程短、死亡率高，主要发生于_____日龄以内的仔猪。

7. 猪传染性胸膜肺炎是由_____杆菌引起猪的一种接触性呼吸道传染病。其特征是_____和_____的典型症状和剖检变化。

8. 剖检急性猪瘟淋巴结为_____，脾脏为_____；慢性型猪瘟回盲瓣周围、盲肠和结肠黏膜上有_____。

9. 猪传染性胃肠炎病猪无特效药物治疗，发病后只能采取对症疗法，目的在于_____、_____和_____。

10. 猪繁殖与呼吸综合征的临床特征为母猪发热、厌食、_____、_____、_____、_____等繁殖障碍，仔猪表现_____症状和高死亡率。

## 二、判断题

1. 亚急性疹块型猪丹毒在皮肤表面出现疹块，初期指压褪色，后期指压不褪色。
2. 慢性关节炎型猪丹毒为慢性、增生性、化脓性关节炎。
3. 猪链球菌为革兰染色阴性，对青霉素和磺胺类药物敏感。
4. 猪支原体肺炎剖检变化肺脏主要表现为融合性支气管肺炎。
5. 猪传染性萎缩性鼻炎的传播方式主要通过飞沫传播。
6. 猪梭菌性肠炎的病原体是 C 型产气荚膜梭菌，革兰阳性，有荚膜无芽孢。
7. 猪梭菌性肠炎剖检变化的主要病变位于小肠和肠系膜淋巴结，以空肠病变最明显。
8. 猪瘟病毒分布猪的各种组织、器官和体液中，其中以血液、淋巴结、脾脏最多。
9. 猪传染性胃肠炎病毒主要感染 30 日龄以内仔猪。
10. 猪传染性胃肠炎组织学变化为回肠、空肠绒毛萎缩变短，绒毛长度和深度比为 1∶1。
11. 猪细小病毒主要感染母猪，尤其是初产母猪。
12. 猪繁殖与呼吸综合征病毒主要侵害种公猪和繁殖母猪。
13. 猪水疱病仅发生于猪，无年龄、性别、品种的差异。

## 三、问答题

1. 简述亚急性疹块型猪丹毒有何临诊症状？如何治疗？
2. 猪痢疾有何临诊症状？如何扑灭？
3. 怎样预防猪链球菌病？
4. 如何预防猪气喘病？
5. 猪传染性萎缩性鼻炎有何流行特点？如何预防？
6. 猪接触传染性胸膜肺炎有何剖检变化？
7. 猪场如何预防猪瘟的发生？
8. 简述猪传染性胃肠炎的临诊症状。
9. 怎样预防猪细小病毒病的发生？
10. 猪场如何对猪繁殖与呼吸综合征进行免疫接种？

# 第 5 章 家禽传染病

## 5.1 新城疫

新城疫(ND)又名亚洲鸡瘟、伪鸡瘟，是由新城疫病毒引起的鸡和火鸡的急性高度接触性传染病，常为败血症经过。主要临诊特征为下痢、呼吸困难、产蛋下降和神经症状。病理剖检常见黏膜和浆膜红肿、出血和坏死性变化。

**(1) 病原**

新城疫病毒，属副黏病毒科腮腺炎病毒属，为单股 RNA 型，目前该病毒只有一个血清型。病毒表面有囊膜，在囊膜的表面覆有血凝素和神经氨酸酶，血凝素具有血凝性，能引起鸡、鸭、鹅等禽类及人、小鼠、豚鼠等哺乳类动物的红细胞凝集，且凝集红细胞的作用能被新城疫病毒抗体所抑制，因此可用血凝抑制试验鉴定分离出病毒，并用于诊断或进行免疫鸡的抗体水平监测。

病鸡所有组织器官、体液、分泌物和排泄物中都含有病毒，以脑、脾、肺的含毒量最高，以骨髓含病毒时间最长。病毒能在鸡胚中生长繁殖，通过尿囊腔内接种 9~10 日龄鸡胚，强毒株能在 36~72h 使鸡胚死亡，弱毒株约在 1 周致鸡胚死亡，在胚液内含有大量病毒。

鸡新城疫病毒对外界环境抵抗力较强，对热和光等物理因素的抵抗力较其他病毒稍强。但对消毒药的抵抗力较弱，如 2%~3% 的氢氧化钠溶液、4%~5% 甲醛及甲醛蒸气、1% 来苏儿、5% 漂白粉溶液、3%~5% 碘酊及 70% 酒精等均在数分钟内杀死病毒。

**(2) 流行病学**

鸡、火鸡、珍珠鸡、鹌鹑及野鸡对本病都有易感性，其中以鸡的易感性最高，其次是野鸡，鸽、鸵鸟及观赏鸟也可感染流行并造成大批死亡。水禽也可感染，但很少表现或不表现症状，近年有鹅发病死亡的报道。

人类感染新城疫病毒后，偶尔发生眼结膜炎、发热、头痛等不适症状。

鸡新城疫的主要传染源是病鸡和带毒鸡。野禽、鹦鹉类的鸟类常为远距离的传染媒介。

本病的传播途径主要是呼吸道，其次是消化道感染，但不发生垂直传播。非易感的野禽、外寄生虫、人、畜均可机械地传播本病毒。

本病一年四季均可发生，但春秋两季较多，在易感鸡群中迅速传播，呈毁灭性流行，发病率和病死率可高达90%。

非典型性新城疫多发生于免疫鸡群，以30~40日龄的雏鸡和产蛋高峰期的鸡发病较多，雏鸡或成鸡的发病率与病死率均不高。免疫鸡群发生新城疫的因素很多，主要包括：饲养环境被强毒严重污染；忽视局部免疫；首免时母源抗体水平过高；疫苗质量不佳和保存不当；免疫程序不合理；多种免疫抑制病的干扰等。

(3) 临诊症状

在临诊表现上可以将新城疫分为典型性和非典型性两种。

**典型新城疫** 最急性型往往头晚食欲、活动正常，次日清晨发现死于鸡舍内。急性型是新城疫常见的一种典型类型，体温升至43~44℃，精神沉郁，食欲减少或不食，饮欲增加。不愿走动，羽毛松乱，头颈蜷缩或下垂，或藏于翅下。嗜睡，翅膀和尾羽下垂，眼半闭或全闭，鸡冠和肉髯不同程度的发紫。呼吸困难，有时张口吸气，常发出"咯咯"的喘鸣声。口腔、嗉囊和鼻腔中蓄积大量黏液，如将病鸡两腿倒提，则从口腔流出稀薄液体，有酸臭味。病鸡常甩头和做吞咽动作。病鸡常排出混有血液或含有纤维蛋白及坏死组织的稀便。母鸡产蛋下降或产软壳蛋。在临死前常见症状有共际失调、震颤、体温降至常温以下、昏迷等。慢性型常见于成年鸡和流行末期。初期的病状与急性的大致相同，但较轻。神经症状明显，病鸡翅、腿瘫痪和麻痹，把头颈偏向一侧或后仰而嘴向上，站立不稳，失去平衡，共际失调，转圈运动或后退，伏地旋转，反复发作。

**非典型新城疫** 症状不典型，仅表现呼吸道症状和神经症状。雏鸡主要表现为明显的呼吸道症状：张口伸颈、气喘、呼吸困难、发出"呼噜"声、咳嗽，口中有黏液，有摇头和吞咽动作，并出现零星死亡。1周左右，大部分病鸡趋向好转，而少数鸡出现扭颈、歪头或头向后仰呈现观星状，共济失调，转圈运动，翅下垂或腿麻痹等神经症状，安静时恢复常态，但稍遇刺激或惊扰，神经症状又复发作。成年鸡发病轻微，主要表现为产蛋量急剧下降，一般为50%，同时软壳蛋和小蛋（鸽蛋）增多，褐壳蛋颜色变淡，有时伴有呼吸道症状，但不易见到神经症状，病死率很低。

(4) 病理变化

**典型新城疫** 本病的主要病理变化是败血症。全身黏膜和浆膜出血，以消化道最为严重。典型病变是腺胃乳头明显出血；腺胃与肌胃交界处点状出血；腺胃与肌胃内有大量酸臭稀薄液体。小肠浆膜、黏膜呈紫红色的出血和坏死，病灶表面有黄色和灰绿色纤维素性假膜覆盖，假膜脱落后即成溃疡；盲肠扁桃体常见肿大、出血，呈枣核形；直肠黏膜常呈点状出血；脑膜充血或出血；心冠脂肪点状出血；喉、气管黏膜充血、出血；肺可见淤血或水肿；产蛋鸡卵泡和输卵管显著充血，卵泡膜极易破裂以致引起卵黄性腹膜炎。

**非典型新城疫** 其病变不很明显，可见有的病鸡腺胃乳头有少数出血点，直肠黏膜和盲肠扁桃体出血的比例增多。

(5) 诊断

感染了新城疫的鸡，发病率和死亡率都很高，蔓延迅速，冬春两季流行最多。临诊上呈现严重下痢，呼吸困难，有"咯咯"声，病鸡有转圈等神经症状。病理剖检见有腺胃、肠道黏膜及扁桃体的弥漫性出血；腺胃与肌胃交界处点状出血；腺胃与肌胃内有大量酸臭稀薄液体；心冠脂肪点状出血等症状。根据以上综合特征即可作出初步诊断。但免疫鸡群或雏鸡群发病时，因缺乏典型病变，尚需进行实验室诊断。

**实验室检查** 采取病死鸡的脾、脑、肺等病料混合磨碎，加生理盐水制成5~10倍组织乳剂，每毫升加入青霉素、链霉素各1000IU，37℃作用2~4h，经离心沉淀，取上清液0.1mL接种于9~10日龄鸡胚的尿囊腔内。取24h后死亡的鸡胚收集尿囊液，用配制好的0.5%~1%红细胞液与之进行血凝试验和血凝抑制试验。对于耐过鸡可做血凝抑制试验，若抗体水平明显升高，超过9 lg2，即可确定本病。如果抗体水平参差不齐，且有高抗体的鸡出现，再结合发病情况，可以诊断为非典型性新城疫。

**鉴别诊断** 特别要与禽流感、禽霍乱相区别。根据我国近些年鸡新城疫发生的新动向，要特别重视非典型鸡新城疫的诊断，这已是我国鸡新城疫发生的主要方式。

(6)防制措施

目前对于新城疫尚无有效治疗方法，因其传播快、死亡率高，往往给养鸡业造成巨大损失，因此控制新城疫发生的根本措施是要贯彻预防为主和综合防制的措施。

**切实做好平时的防疫工作** 不要买进病鸡和带毒鸡，家禽屠宰单位要建立检疫制度，并切实落实，严禁出售病鸡及死禽肉。饲养场应采取全进全出的饲养方式。强化防疫部门的管理，保证疫苗正常供应。重视和加强环境和鸡舍的清洁卫生，定期进行消毒。

**定期进行预防注射，增强鸡群的特异免疫力** 坚持预防注射的制度是预防该疾病的重要措施之一，可以提高禽群的特异免疫力，减少强毒的传播，降低损失。各地预防经验反复证明，只要坚持科学的预防注射的鸡场，就可以不发病或少发病，忽视预防注射工作，就可能遭受很大损失。任何免疫程序都受母源抗体高低、感染毒力强弱、鸡群抗体消长和其他感染情况等多种因素影响，因此必须根据鸡群免疫监测结果，来确定免疫时间。

目前，预防接种的疫苗及特点如下：

鸡新城疫Ⅰ系疫苗：为中等毒力的疫苗，用于接种2月龄以上的鸡。使用的方法有4种：一是注射法，把疫苗用蒸馏水或冷开水做稀释，胸肌注射；二是刺种，将疫苗稀释，用清洁蘸水钢笔笔尖或刺种针蘸取疫苗，在鸡翅下无毛处避开血管刺种几下即可；三是滴眼1~2滴；四是做气雾免疫。接种疫苗后5~6d即产生免疫力。免疫期一般不低于6个月。接种Ⅰ系疫苗的鸡群，少数鸡只可能发生轻重不等的反应，如精神不好，食欲减退，产蛋减少或产软壳蛋等。故对产蛋母鸡最好在产蛋期前或休卵期接种，以免造成减产。疫苗必须在临用时稀释，稀释后必须在当天用完，用不完的疫苗要消毒处理，疫苗要冷冻保存。用于出口的鸡只，不得用Ⅰ系疫苗免疫，否则在海关检疫时，容易与野毒感染相混淆。

鸡新城疫Ⅱ系疫苗：其毒力比Ⅰ系疫苗弱，适用于初雏和不同日龄的鸡。一般采用滴鼻或点眼接种，临用时将疫苗用冷开水或蒸馏水稀释，对每只雏鸡鼻孔或眼内滴入2滴。接种后6~7d即产生免疫力。为避开母源抗体，雏鸡7~10日龄时接种，免疫比较确实。Ⅱ系疫苗对鸡的免疫期较短，免疫持续期因鸡本身的免疫状态和日龄有所不同。成鸡免疫，肌注即可。

鸡新城疫Ⅲ系(F系)弱毒疫苗：对各种日龄的鸡均可使用，一般用于7日龄以上的雏鸡，滴鼻、点眼、饮水均可。这种疫苗生产和应用较少。

鸡新城疫Ⅳ系(LaSota系)弱毒疫苗：这种疫苗比Ⅱ系苗毒力稍强，是国内普遍应用的一种疫苗，可以滴鼻、点眼、气雾、饮水等方式免疫，效果较好。克隆-30与此疫苗相似，也在较大范围内使用。

近些年，我国生产并使用新城疫油佐剂灭活苗，是用Ⅳ系苗毒株灭活制成的死苗，优点是安全、不散毒、免疫期长，它只能肌肉注射，可用于雏鸡和成年鸡的免疫。我国还生产有二联苗或三联苗，如新城疫-减蛋综合征(EDS-76)、新城疫-支气管炎灭活苗、新城疫-支气管炎-减蛋综合征(EDS-76)三联苗等。

免疫程序是预防鸡新城疫免疫十分重要的内容。由于我国幅员辽阔，情况复杂，不可能有一个适合我国不同地区、不同类型鸡场统一的免疫程序，因此应该因时、因地、因情况等制定适合本场的免疫程序，并要经常进行检查和调整。为了确定最适宜的免疫程序，必须利用监测技术予以保证，通过对该鸡群的监测，根据鸡群HI抗体水平决定免疫接种时间，通过监测结果适时免疫，才能使该鸡群始终处于有效的免疫水平。同时，通过监测，还可得知免疫效果，用于流行病学调查和诊断。

**发病后的控制措施** 一旦鸡群发生鸡新城疫后，无有效的治疗药物，要采取紧急措施，防止疫情扩大，及时控制。①发现可疑病鸡时，应立即进行确诊后、淘汰。高温处理，其内脏、羽毛、污水等高温处理后作肥料，或深埋、烧毁。所用工具应彻底消毒。多年经验证明，确诊后尽早采取果断的淘汰措施，常可阻止疫病蔓延，缩短疫情，减少损失。严禁病鸡及污染肉品出售。②对尚未出现临诊症状的鸡群，立即用Ⅰ系或Ⅳ系弱毒疫苗，进行紧急接种，接种后数天，就会停止出现新的病鸡，这是制止本病蔓延的一项积极可行的措施。在潜伏期的病鸡，注射后可能发病和死亡，应予注意。③发病场要进行封锁。凡病鸡污染的鸡舍、饲槽、饮水器、用具、栖架、运动场等，必须进行清扫和消毒。对垃圾、粪便、垫草及吃后剩余饲料等堆积发酵、深埋或烧掉。

## 5.2 传染性支气管炎

传染性支气管炎(IB)是由传染性支气管炎病毒引起鸡的一种急性、高度接触性呼吸道、消化道、泌尿系统传染病。在临床上以咳嗽、喷嚏、下痢和气管啰音为特征。

**(1)病原**

传染性支气管炎病毒，属于冠状病毒科冠状病毒属，基因组为单股正链RNA。具有多型性，但以球形为主，直径80～120nm，具有囊膜，囊膜表面有纤突，纤突呈松散、均匀的放射状排列。病毒主要存在于呼吸道渗出物中，肝、脾、肾、法氏囊中也能发现病毒。

病毒可在9～11日龄的鸡胚中生长繁殖，也可在15～18日龄的鸡胚的肾、肝、肺细胞培养上生长，还能在非洲绿猴细胞株中连续传代。

从鸡胚尿囊液中分离出来的传染性支气管炎病毒，无血凝特性，如果尿囊液经过1%的胰蛋白酶或卵磷脂酶处理后，就具有血凝特性。

对外界环境抵抗力较强，室温下可存活24h，冻干可存活24年之久。抗pH值的范围比较广，pH 2或pH 12条件下室温1h仍可存活。对各种消毒剂敏感。

**(2) 流行病学**

本病仅发生于鸡，各种年龄鸡均易感。其他家禽不感染。本病的传播方式是病鸡从呼吸道排出病毒，经空气飞沫传染给易感鸡；或通过饲料、饮水等，经消化道传染。病鸡康复后可带毒49d，在35d内具有传染性。本病无季节性，传播迅速，几乎在同一时间内有接触史的易感鸡都发病。常继发感染支原体病、大肠杆菌病、传染性鼻炎等。严重程度与环境因素，如寒冷、过热、拥挤、通风不良等有很大关系。不同类型的传染性支气管炎，流行过程长短不同。

**(3) 临诊症状**

**呼吸型** 潜伏期短，自然感染为2～4d，人工感染为18～36h。4周龄以下鸡常表现伸颈、张口呼吸、喷嚏、咳嗽、啰音，病鸡全身衰弱，精神不振，食欲减少，羽毛松乱，昏睡、翅下垂。个别鸡鼻窦肿胀，流黏性鼻汁，眼泪多，逐渐消瘦。康复鸡发育不良。

成年鸡出现轻微的呼吸道症状，产蛋鸡产蛋量下降，并产软壳蛋、畸形蛋或粗壳蛋。蛋的质量变差，如蛋白稀薄呈水样，蛋黄和蛋白分离以及蛋白黏着于壳膜表面等。

病程一般为1～2周，雏鸡的死亡率可达25%，6周龄以上的鸡死亡率很低。康复后的鸡具有免疫力，血清中的相应抗体至少一年内可被测出，但其高峰期是在感染3周前后。

**肾型** 呼吸道症状轻微或不出现，或呼吸症状消失后，病鸡沉郁、持续排白色或水样下痢，迅速消瘦，饮水量增加。雏鸡死亡率为10%～30%，6周龄以上鸡死亡率在1%左右。

**腺胃型** 各日龄均易感。多发于30～80日龄。消瘦，体重下降，白色下痢，流泪，眼肿胀。病程20～50d，多因衰竭而死，病死率10%～30%。

**(4) 病理变化**

**呼吸型** 主要病变是气管、支气管、鼻腔和窦内有浆液性、卡他性和干酪样渗出物。气囊有时混浊或含有黄色干酪样渗出物。病死鸡后段气管或支气管中有时可见干酪性的栓子。在大的支气管周围可见到小灶性肺炎。产蛋鸡的腹腔内可以发现液状卵黄物质，卵泡充血、出血、变形。18日龄以内幼雏，有的见输卵管发育异常，致使成熟期不能正常产蛋，形成"假母鸡"。

**肾型** 肾肿大、苍白，多数呈斑驳状的"花斑肾"，肾小管和输尿管因尿酸盐沉积而扩张。严重病例，白色尿酸盐沉积可见于其他组织器官表面。

**腺胃型** 腺胃肿大如肌胃，外呈球形，紫色。切开见腺胃乳头水肿、充血、出血、坏死溃烂，乳头流出乳白色脓性分泌物。鸡死后肌肉苍白、胸腺、法氏囊萎缩。卡他性肠炎，肠呈暗红色，十二指肠肿胀，肠道充满液体。气管出血且有白色结痂。

**(5) 诊断**

**现场诊断** 根据流行病学、临诊症状、剖检变化可作初步诊断。

**实验室诊断** 病毒的分离鉴定，采取病料，接种鸡胚，取尿囊液进行鉴定。血清学实验，主要有琼扩、荧光技术、中和试验。或将尿囊液经1%胰蛋白酶37℃作用4h，做血凝及血凝抑制试验进行确诊。

**(6) 防制措施**

注意种鸡和种蛋的来源，防止把鸡传染性支气管炎病毒带入鸡场。采取严格的饲养管理措施，搞好环境卫生，加强消毒，减少各种应激。

在受威胁的地区或鸡场要及早免疫接种。鸡传染性支气管炎疫苗分为弱毒苗和灭活苗。常用的呼吸型弱毒苗有 H120、H52。H120 毒力较弱，对雏鸡安全；H52 毒力较强，适用于 20 日龄以上的鸡。肾型弱毒苗有 Ma5、W 株等。呼吸型、肾型、腺胃型都有灭活苗，以油苗最常见，可作皮下或肌肉注射，灭活苗适用于各日龄的鸡只。由于各型间无交叉保护力，因此，可选用多价疫苗免疫，以提高免疫效果。

发病后可用高免卵黄液对全部鸡只进行紧急接种。可用鸡只专用干扰素，1 次/天，连用 3d。利巴韦林加入饮水中。大剂量给喂维生素 A。为防止继发感染可给予适量抗生素。

## 5.3 传染性喉气管炎

传染性喉气管炎（ILT）是由传染性喉气管炎病毒引起鸡的一种急性上呼吸道传染病。其特征是呼吸困难、咳嗽及咳出带血的黏液；剖检见喉头、气管黏膜充血、出血、水肿、糜烂，气管腔内含有柱状或管状干酪样纤维素性渗出物。

(1) 病原

传染性喉气管炎病毒，属疱疹病毒科。直径 195~250nm，具有囊膜，属于双股 DNA 病毒。该病毒只有一个血清型，但毒力具有强毒株和弱毒株之分。病毒主要存在于病鸡气管、组织及渗出物中，肝、脾、血液中少见。

病毒可在 9~11 日龄鸡胚绒毛尿囊膜上增殖，并在接种后，使鸡胚在 2~12d 死亡；鸡胚表现胚体发育不良，绒毛尿囊膜形成边缘不透明、中央凹陷的、直径 4~5mm 的蚀斑。可在鸡胚成纤维细胞、呼吸道上皮细胞、肺和肾细胞中增殖，并可产生多核巨细胞。

本病毒的抵抗力很弱，55℃只能存活 10~15min，37℃存活 22~24h，但在 13~23℃中能存活 10d。对一般消毒剂都敏感，如 3% 来苏儿或 1% 氢氧化钠溶液，1min 即可杀死。

(2) 流行病学

在自然条件下，主要侵害鸡，不同年龄的鸡均易感，但以成年鸡的症状最具特征。野鸡、孔雀、幼火鸡和鹌鹑也可感染。

病鸡和康复后的带毒鸡是主要传染源。病毒存在于气管和上呼吸道分泌液中，通过咳出的血液和黏液而经上呼吸道传播，污染的垫料、饲料和饮水也可成为传播媒介。易感鸡与接种活苗的鸡长时间接触，也可感染本病。

在易感鸡群中传播迅速，呈流行和地方流行，感染率高达 90%~100%，但死亡率为 5%~70%。部分康复鸡长期持续排毒，鸡群一旦发病就难以根除。鸡舍拥挤、通风不良、管理差、维生素 A 缺乏、寄生虫感染都可以促进发病。

(3) 临诊症状

潜伏期，自然感染时为 6~12d，人工气管内接种为 2~4d。

**喉气管型** 又称急性流行型，由毒力较强毒株引起，多见于中鸡尤其是成年鸡。发病急，传染迅速。其特征是：呼吸极度困难，每隔数分钟进行一次伸颈、张口呼吸，并发出"咯……呵……"的喘鸣声，频频摇头；痉挛性咳嗽，常咳出一些带有血液的分泌物；眼、鼻孔周围附着分泌物、眼睑水肿等；食欲降低、精神沉郁、消瘦、鸡冠发紫。多数重病鸡在病的后期因为气管堵塞而窒息死亡。病程5~6d，死亡率可达25%~70%。耐过鸡可获坚强的特异免疫力。

**眼结膜型** 又称轻微型，由弱毒株引起的，流行经过缓和，局限性流行，症状轻，多发生于4~6周龄的小鸡。主要表现结膜炎症状，有时伴发眶下窦肿胀和长期流鼻液，营养不良，产蛋减少。发病率低（不超过5%），死亡率更低，大部分鸡可以耐过。

(4)病理变化

**喉气管型** 口腔黏膜发绀，口腔内含或多或少的血性黏液或白色泡沫样蛋白性渗出物；喉头内外侧黏膜水肿、暗红、点状出血；气管黏膜严重出血或糜烂，气管腔内含红色或黄白色的、管状或柱状的纤维素性渗出凝固物；眼结膜点状出血；肺脏常有出血，导致其表面斑块状红染。

**眼结膜型** 多数病例只见鼻腔，尤其是喉头、气管有大量的纤维素性渗出物，黏膜充血甚至出血。极个别病例病变类型似于喉气管型的病变。

(5)诊断

**现场诊断** 根据流行特点、临诊症状、病理变化确诊。

**实验室检查** ①检查核内包涵体，取发病2~3d鸡的气管上皮细胞涂片，用姬姆萨染色，可检出核内嗜酸性包涵体。②动物接种，经气管、鼻腔接种易感鸡和免疫鸡，观察是否发病。③病毒分离与鉴定，接种鸡胚，观察病变，收集组织，进行中和试验。④血清学试验，包括荧光抗体试验、琼扩试验、中和试验等。

(6)防制措施

坚持严格的隔离、消毒等防疫措施，防止本病传入。搞好免疫接种，在疫区进行疫苗接种。疫苗有弱毒苗（滴鼻、点眼）和强毒苗（泄殖腔黏膜涂擦）。强毒苗免疫与野毒感染结果相同，因此笔者不建议使用。另外，免疫接种鸡与未接种鸡应隔离饲养，以避免感染。发病鸡只，对症治疗，采用抗病毒药或中药，以缓解呼吸困难，防止窒息。

# 5.4 马立克氏病

马立克氏病(MD)又名多发性神经炎、内脏型淋巴瘤、皮肤白血病，俗称鸡麻痹症、白眼病，是由马立克氏病毒引起鸡的一种多型性的、高度接触性的以淋巴组织细胞增生为特征的肿瘤性传染病，其特征是外周神经、性腺、虹膜、各个脏器、肌肉和皮肤发生淋巴样细胞浸润和形成肿瘤。

(1)病原

马立克氏病毒，属于疱疹病毒科B亚群疱疹病毒属。在鸡体内以细胞结合和游离于细胞外两种状态存在：一是裸体粒子，直径85~100nm，无囊膜，存在于肿瘤的病变中，与细胞的结合性最强（又叫细胞结合性病毒），一旦脱离细胞很快失去活力和致病力，在马立克氏病的传播中意义不大；二是完全病毒，外面有很厚的囊膜，直径273~400nm，存在于羽毛囊上皮细胞，可以脱离细胞而生存（又叫非细胞结合性病毒），对外界环境的抵抗力较强，在疾病的传播上有重要意义。病毒存在于病鸡的各个脏器及分泌物中，尤其是羽毛囊上皮细胞中。

病毒可以在鸡胚的绒毛尿囊膜上生长繁殖，并且形成特异性的痘疹（白色斑点状病灶）。在鸡的肾细胞或鸭胚成纤维细胞上生长，并可形成蚀斑。

MDV 由于存在的形式不一样，抵抗力也不一样。裸体粒子抵抗力弱；完全病毒抵抗力强，在干燥羽毛中，室温可存活 8 个月，在 4℃下，可存活 7 年，但常用的消毒剂可将其灭活。

(2) 流行病学

鸡是最重要的自然宿主，除鹌鹑外其他动物自然感染没有实际意义。致病力强的毒株可对火鸡造成严重损害。不同品种或品系的鸡均能感染 MDV，但对发生 MD（肿瘤）的抵抗力差异很大。感染时鸡的年龄对发病有很大影响，特别是出雏和育雏室的早期感染可导致很高的发病率和死亡率。年龄大的鸡发生感染，病毒可在体内复制，并随脱落的羽囊皮屑排出体外，但大多不发病。母鸡比公鸡对 MD 更易感。

病鸡和带毒鸡是主要的传染源，病毒通过直接或间接接触经气源传播。在羽囊上皮细胞中复制的病毒，随羽毛、皮屑排出，使鸡舍内的灰尘成年累月保持传染性。很多外表健康的鸡可长期持续带毒排毒，故在一般条件下 MDV 在鸡群中广泛传播，于性成熟时几乎全部感染。本病不发生垂直传播。

(3) 临诊症状

潜伏期长短不一，一般为 3 周。根据临诊表现可分为 4 种类型。

**神经型** 主要侵害外周神经。由于侵害的神经不同，表现也不一样。如果侵害坐骨神经，常引起一肢或两肢发生不完全麻痹，表现腿不能站立，或呈现"大劈叉"；如果臂神经受到损害，一侧或两侧翅膀下垂；如果侵害支配颈部肌肉的神经，头下垂或头颈歪斜；如果侵害迷走神经，表现失声或嗉囊扩张以及呼吸困难等；如果腹神经受到侵害，主要表现拉稀。

**内脏型** 多发生在 50～70 日龄的鸡，常无特殊的临床症状，主要表现精神沉郁，食欲废绝，下痢，往往突然死亡。剖开后才看到肿瘤。

**眼型** 侵害眼睛的虹膜，使虹膜色素消失呈灰白色，边缘不整齐，瞳孔变小，严重时可导致失明，俗称"灰眼病"。

**皮肤型** 往往缺乏明显的临床症状，在屠宰拔毛时，发现羽毛囊增大，形成小结节或瘤状物。

以上 4 种类型，有时单独发生，有时可在一只病鸡上同时出现。除以上症状外，病鸡还表现严重营养不良、渐进性消瘦、体重减轻、贫血、厌食、腹泻，最后由于饥饿、失水导致死亡或被同群健康鸡践踏而死。

(4) 病理变化

**神经型病变** 可见受侵害的神经，如坐骨神经、臂神经、腹神经等，呈灰色或淡黄色、水肿样，横纹消失，比正常粗 2～3 倍；或神经上有大小不等的结节，粗细不均匀；此病变常为单侧性，将两侧神经对比可以区别。

**内脏型病变** 可在卵巢、肝、脾、心、肾、肺、腺胃、肠、胰腺等内脏器官以及肌肉和皮肤上出现肿瘤。肝、脾肿瘤可能呈弥散性的肿大，也可是结节状或单一的肿瘤，肿瘤为灰白色、坚实、切面平滑；腺胃变得钝厚而坚实；心、肾的肿瘤为多个结节状或单个呈灰白色、凸出于表面；卵巢无正常的分叶状外表，被分叶的肿瘤所代替或呈菜花样；肌肉肿瘤在胸肌中较常见；法氏囊通常萎缩，极少数情况下发生弥漫性增厚的肿瘤变化。

**(5) 诊断**

根据流行病学、临床症状、病理变化进行综合分析作出诊断。在得不到明确结论时，可通过实验室检查进一步确诊。

**现场诊断** ①神经型、皮肤型和眼型，根据临诊症状和病理变化即可确诊。②内脏型，应注意与淋巴性白血病相区别。马立克氏病还常侵害外周神经、皮肤与肌肉、虹膜，法氏囊受侵害时常是萎缩性的，而淋巴性白血病则不是这样；马立克氏病的肿瘤组织是由小、中、大型淋巴细胞、成淋巴细胞、浆细胞等混合组成，而淋巴性白血病的肿瘤细胞常由成淋巴细胞(淋巴母细胞)组成。

**实验室检查** 包括病毒分离和鉴定、血清学检查(羽毛琼扩、荧光抗体、酶联免疫等)。

**(6) 防制措施**

目前还没有特效药物治疗，且雏鸡的易感性强，因而保护雏鸡是预防本病的关键，应采取以疫苗接种、防止出雏室和育雏室早期感染为中心的综合性防制措施。

**防止早期感染** 应加强对孵化室和种蛋的消毒工作；当出雏50%时，一定要用福尔马林10mL/m³熏蒸20min，以杀死绒毛上的病毒。育雏室及用具等应严格消毒，尽可能密闭饲养；工作人员进入育雏室应换鞋、更衣、洗手，禁止非工作人员进入；这种饲养应维持两周。大小鸡应隔离饲养。

**免疫接种** ①疫苗的种类。有三类：一是同源性疫苗，是由马立克氏病毒制成的，由于致病力不同，它又分为两种，一种是致弱疫苗；另一种是自然弱毒疫苗。二是异源性疫苗，即火鸡疱疹疫苗。三是多价苗，由火鸡疱疹疫苗和同源疫苗混合起来制成的Ⅱ价、Ⅲ价苗。②使用。雏鸡在1日龄注射马立克氏病弱毒疫苗，按瓶签说明，用专用的稀释液，随用随稀释，稀释后的疫苗应放在加冰块的保温瓶内，须在1～2h内用完，每只鸡接种剂量不少于1个头份，高2～3倍也无妨(提高疫苗浓度)。③影响马立克氏病疫苗免疫效果的因素。疫苗的质量低劣，生产疫苗使用的是非SPF鸡胚，污染白血病病毒，影响马立克氏病的免疫效果；蚀斑数不足，达不到免疫效果；母源抗体的干扰(避免的方法是种鸡和子代鸡不用同一种疫苗)；马立克氏病野毒或强毒的早期感染，即14日龄内感染，可导致免疫失败；早期感染了免疫抑制性疾病，如传染性法氏囊病毒、白血病病毒、网状内皮组织增生症病毒、传染性贫血病毒等；机体处于应激状态，发生了应激反应，导致细胞免疫功能下降；鸡的遗传易感性；饲养管理条件差；人为的因素；疫苗的保存、稀释、接种的部位、接种时间不正确。

**抗病育种** 即培育抗马立克氏病的品系。

## 5.5 传染性法氏囊病

鸡传染性法氏囊病(IBD)又称传染性法氏囊炎、传染性腔上囊炎、甘布罗病、传染性囊病，是由传染性法氏囊病病毒引起幼鸡的一种急性、高度接触性传染病。主要损伤法氏囊等淋巴组织，其特征是突然发病，病程短，死亡率迅速升高，并维持短时间的高死亡率又迅速降低，排水样粪便，腺胃和肌胃交界处条状出血，骨骼肌出血，肾肿大，法氏囊前期肿大、出血，后期萎缩。其危害是：直接引起病鸡死亡（一般为5%，有时高达20%～30%）；引起鸡的免疫抑制，导致对其他疾病的易感性增高。

**(1)病原**

传染性法氏囊病毒，属于呼肠孤病毒科双股RNA病毒属。病毒粒子呈球形，直径60～65nm，无囊膜。有2个抗原血清型：血清Ⅰ型，主要危害鸡，能引起免疫抑制，也可从鸭子体内分离到，但不引起症状；血清Ⅱ型，对鸡和火鸡均可感染，但都不能引起免疫抑制，也不致病。发病早期，病毒可存在于除脑以外的绝大多数组织器官中，但是以法氏囊和脾脏含毒量最高，其次是肾脏。

病毒可在9～11日龄无母源抗体的鸡胚上增殖，并能致死鸡胚；也可在鸡胚成纤维细胞、鸡胚肾细胞等上生长。

法氏囊病毒是一种非常稳定的病毒，在彻底清洗、消毒的鸡舍中仍然存在。在鸡舍内可存活2～4个月。耐酸不耐碱。耐阳光及紫外线。耐超声波。56℃ 3h病毒效价不受影响；56℃ 5h或60℃ 90min仍然可存活；70℃ 30min可被灭活。对甲醛、碘制剂、过氧化氢、氯胺等消毒药敏感。

**(2)流行病学**

自然感染仅发生于鸡，各种品种的鸡都能感染，3～6周龄的鸡最易感。成年鸡一般呈隐性经过。

病鸡是主要传染源，其粪便中含有大量病毒，污染饲料、饮水、垫料、用具、人员等，通过直接接触和间接传播。病毒可持续存在于鸡舍中，污染环境中的病毒可存活122d。小粉甲虫蚴是本病传播媒介。

本病往往突然发生，传播迅速，通常在感染后第3天开始死亡，5～7d达到高峰，以后很快停息，表现为高峰死亡和迅速康复的曲线。死亡率差异很大，有的仅为3%～5%，一般为15%～20%，严重发病群死亡率可达60%以上。据不少国家报道发现有IBD超强毒株存在，死亡率可高达70%。本病常与大肠杆菌病、新城疫、鸡毒支原体、鸡球虫病混合感染，死亡率也可提高。

**(3)临诊症状**

本病潜伏期2～3d，最初发现有些鸡互啄泄殖腔。病鸡羽毛蓬松，采食减少，畏寒，常聚堆，精神委顿，震颤，随即病鸡出现腹泻，排出水样稀粪。严重者病鸡头垂地，闭眼呈昏睡状态。在后期体温低于正常，严重脱水，极度虚弱，最后死亡。近几年来，发现由IBDV亚型毒株或变异株感染的鸡，表现为亚临诊症状，炎症反应弱，法氏囊萎缩，死亡率较低，但由于产生免疫抑制严重，而危害性更大。

**(4)病理变化**

死于IBD的鸡表现为脱水，腿部和胸部肌肉出现条纹状出血。法氏囊的病变具有特征性，可见法氏囊内黏液增多，法氏囊水肿和出血，体积增大，重量增加，比正常重2倍，5d后法氏囊开始萎缩，切开后黏膜皱褶多混浊不清，黏膜表面有点状出血或弥漫性出血。严重者法氏囊内有干酪样渗出物，肾脏有不同程度的肿胀，腺胃和肌胃交界处见有条状出血点。

**(5) 诊断**

根据本病的流行病学和病变的特征,如果出现以下症状,就可作出诊断。如突然发病,震颤,啄肛,水样便,传播迅速,发病率高,有明显的高峰死亡曲线和迅速康复的特点;法氏囊水肿和出血,体积增大,黏膜皱褶多混浊不清,严重者法氏囊内有干酪样分泌物;肾脏有不同程度的肿胀;腺胃和肌胃交界处见有条状出血点;腿部和胸部肌肉出现条纹状出血。由 IBDV 变异株感染的鸡,只有通过法氏囊的病理组织学观察和病毒分离才能作出诊断。

取发病鸡的法氏囊和脾,经磨碎后制成悬液,接种于 9～12 日龄 SPF 鸡胚绒毛尿囊膜上。死亡鸡胚可见到胚胎水肿、出血。再用中和试验来鉴定病毒。也可以取病死鸡的法氏囊,制成悬液,经鼻或口服感染 21～25 日龄易感鸡,在感染后 48～72h 出现症状,死亡剖检见法氏囊有特征性病变。还可用琼脂扩散试验和直接荧光抗体技术诊断本病。

**(6) 防制措施**

目前对本病尚无特效的治疗方法,必须采取综合防治措施。①平时应加强饲养管理、搞好环境卫生、严格消毒,防止早期感染。认真做好育雏前和育雏期饲养环境的消毒工作,严防病毒自饲料、饮水、生产工具、饲养人员带入鸡舍,防止雏鸡早期感染。酚类及福尔马林是该病毒最有效的消毒剂。②疫苗接种。一方面是免疫种鸡,使雏鸡获得母源抗体,预防雏鸡早期感染;另一方面是对雏鸡接种疫苗。一般采取的免疫程序为:10～14日龄、15～19日龄分别用法氏囊活疫苗点眼或饮水免疫一次,对于种鸡在18～20周龄和40～42周龄各接种一次法氏囊油佐剂灭活苗。③发病时应及时改善饲养管理,提高育雏舍的温度(尤其冬春季很重要),饮水中加5%的糖、0.1%的食盐或加肾肿解毒药,供应充足的饮水,减少各种应激因素的刺激。对鸡舍及养鸡环境进行严格的消毒。④对病鸡或发病鸡群进行紧急防治。对于刚发病的鸡群可注射法氏囊病高免血清或高免卵黄液,并辅以对症治疗;10d 后再用疫苗进行免疫。也可采用对法氏囊病有作用的中草药方剂治疗。

目前我国常用的疫苗有两大类:灭活疫苗和活毒疫苗。灭活疫苗大小鸡只都可应用。活毒疫苗有 3 种类型:一是弱毒苗,对法氏囊没有任何损伤,但免疫后抗体产生迟、效价低,保护率低;二是中等毒力苗,接种后对法氏囊有轻度损伤,这种反应在 10d 后消失,但抗体效价高,保护率高;三是中等偏强毒力苗,对法氏囊造成不可逆的严重损害,但免疫后可保证不得法氏囊病,其他免疫将受到抑制,并长期带毒。因此,中等毒力苗一直被广泛使用。

## 5.6 鸭瘟

鸭瘟(DP)又称鸭病毒性肠炎,俗称"大头瘟"。是由鸭瘟病毒引起的鸭和鹅的一种急性、热性、败血性传染病。其特征是:患禽头颈肿大,流泪,软脚,下痢,体温升高,肝脏表面形成伴随出血的灰白色坏死灶,消化道黏膜广泛性出血、坏死、溃疡,并有灰黄色假膜覆盖。

**(1)病原**

鸭瘟病毒，疱疹病毒科疱疹病毒属Ⅰ型鸭疱疹病毒。为双股DNA。本病毒无血凝性，只有一个血清型。病毒可在9~12日龄鸭胚和鹅胚绒毛尿囊腔内增殖。病毒存在于病鸭体内各器官组织及其分泌物、排泄物，尤其以肝、脾和脑组织中含毒量最高。本病毒对外界抵抗力弱，0.5%漂白粉、5%石灰乳均可在30min将其杀灭。

**(2)流行病学**

本病在一年四季都可发生。它对不同年龄和品种的鸭均可感染。在自然流行中，成年鸭发病和死亡较为严重，1个月以下雏鸭发病较少。

病鸭、鹅和带毒鸭、鹅是本病的主要传染源。本病传染迅速，主要是经消化道传播，也可以通过交配、眼结膜和呼吸道而感染；吸血昆虫也可成为本病的传播媒介。被病鸭、鹅和带毒鸭、鹅的排泄物污染的饲料、饮水、用具和运输工具等，都是造成鸭瘟传播的重要因素。

流行具有较明显的周期性，当疫病进入一个新的疫区，可能迅速造成严重的发病和死亡，死亡率高达80%以上。其后，流行逐步平缓，发病呈零星散在性出现，发病率、死亡率维持在较低水平。其原因主要是流行期间，疫区禽群被实施了广泛而密集的免疫接种，或感染禽的陆续排毒使易感禽陆续接触轻度感染并建立免疫。此外，还可发生远距离传播，其重要原因是野生水禽游牧与水流污染。

**(3)临诊症状**

潜伏期2~5d。患禽病情重，发病急，主要症状是：患禽头颈部皮下水肿，流泪，眼睑出血、水肿，眼结膜充血、水肿，眼圈羽毛湿润或有脓性分泌物黏着；两脚发软，患禽虚弱，双脚麻痹，不愿行走，或不能站立，甚至瘫痪在地；严重下痢，粪便黄绿色稀薄、恶臭，肛门周围污秽；体温升高至42.5~44℃，呼吸急促；鼻流浆液性至脓性黏液；精神高度沉郁，迅速衰竭、死亡。病程2~3d。

**(4)病理变化**

肝脏表面形成大小、形状不一的灰白色坏死灶，坏死灶常伴随出血，有的出血呈点状位于坏死灶中央，有的出血呈环带状，环绕于坏死灶周边，有的出血染红整个坏死灶。在口腔、食道黏膜面覆盖一层灰黄色或黄褐色假膜，这些假膜成片状或条纹状或斑点状，与黏膜粘连较牢固，假膜在自然脱落或强行剥落后，黏膜面留下深入至黏膜下层的出血溃疡病灶；鸭胸腺肿大并呈弥散性出血；腺胃和嗉囊之间能看到一条黄色或红色坏死带；直肠与泄殖腔黏膜面也有类似于食道黏膜面的假膜，但这些假膜常已发生钙化，以刀刮之，有"沙沙"声；肠道黏膜充血、出血、溃疡；肠道淋巴集合滤泡表面黏膜形成"纽扣状"坏死（固膜性炎）。其他病变还有：个别头部皮下组织胶样浸润，心冠沟脂肪出血，腺胃黏膜出血，母禽卵泡充血、出血、变形和形成坠卵性腹膜炎等。

**(5)诊断**

本病的临床症状与病理变化甚为典型，据此可作出正确诊断。必要时，可采集病禽的肝脾组织，制备成无菌上清液，经绒毛尿囊腔接种9~12日龄发育鸭胚，作鸭瘟病毒的分离与鉴定。应注意，鹅、鸭感染鸭瘟后，均易继发感染禽霍乱，诊断时需认真加以鉴别。

**(6)防制措施**

鸭瘟的防制，关键是要做好免疫接种。

**鸭的免疫接种程序** 采用鸭瘟鸡胚化弱毒疫苗,首免于 20 日龄,皮下注射 1 头份/只;二免于 25 日龄,皮下注射 1 头份/只;三免于产蛋前 20d,肌肉注射 1 头份/只,以后每年接种 2 次。如果鸭群暴发鸭瘟,可以用上述疫苗作紧急注射接种,2 头份/只,一般可在 5d 内控制疫情。

**鹅的免疫接种程序** 采用上述同种疫苗,首免于 20 日龄,皮下注射 2 头份/只;二免于产蛋前半个月注射 2 头份/只。以后种鹅每年于春秋季各接种一次,每次注射 2 头份/只。如果鹅群暴发鸭瘟,可以用上述疫苗作紧急注射接种 5 头份/只,一般可在 5d 内控制疫情。

应当注意,如果禽群感染较重时,作鸭瘟的紧急接种防制,往往在接种后 2~3d 内可能引致较多的患禽死亡。最好在饲养之前,预备一定量的卵黄抗体,以备不时之需。

## 5.7 小鹅瘟

小鹅瘟(GP)又名鹅细小病毒感染,是由小鹅瘟病毒引起雏鹅的一种急性败血性传染病。病雏严重下痢,流泪流涕,迅速消瘦,死亡。病雏小肠段形成纤维素性栓子,堵塞肠腔。

(1)病原

小鹅瘟病毒,属于细小病毒科细小病毒属。DNA 核酸型。无血凝活性。初次分离可在 12~14 日龄的不携带小鹅瘟母源抗体的鹅胚绒毛尿囊腔内增殖,鹅胚在接种后 5~7d 死亡。经过鹅胚传代毒株,可在 8~10 日龄鸭胚上增殖传代。只有一个血清型。本病毒对环境抵抗力强,65℃经 30min 对滴度无影响,56℃能存活 3h。对乙醚、氯仿等有机溶剂不敏感,对胰酶和 pH 3 稳定。

(2)流行病学

各种日龄、性别、品种的鹅均可感染本病毒,但只有 1~4 周龄雏鹅发病,死亡率在 30%~100%。成鹅感染不发病,但可垂直感染。另外,番鸭也可感染发病。

(3)临诊症状

病鹅初期精神沉郁、厌食,随后表现为流泪、流涕、废食,饮水增多,急剧下痢,粪便呈黄白色,混有气泡或纤维素性渗出物凝块,并迅速消瘦、衰竭、死亡,病程 1~2d。

(4)病理变化

主要病理变化在肠道。

**急性型** 可见明显的纤维素性肠炎。小肠中下段外观膨胀,指捏硬实,状如香肠。剪开该段肠管,可见肠壁黏膜脱落,露出光滑潮红的黏膜下层。肠内容物可有下列 3 种变化:淡褐色的肠内容物混有一些灰白色纤维素性絮片;淡褐色肠内容物表面断续被覆一层薄的灰白色纤维素性伪膜;肠内容物与纤维素性渗出物、肠黏膜脱落细胞混合形成一条柱状的灰白色栓子,此时该段肠壁可能已干酪样坏死,整段病变的肠管如腊肠样,故俗称"腊肠粪"样病变。

**亚急性型** 其肠道病变多为"腊肠粪"样病变。此外,病雏可发生心肌炎,心肌柔软、苍白,心房扩张;肝、脾、胰肿大,胆囊充盈等。

**(5)诊断**

**现场诊断** 根据流行病学、临诊症状和病理变化可作出初步诊断。

**实验室诊断** 包括病毒分离、鉴定和血清学试验(中和试验、琼扩试验、ELISA、免疫荧光技术等)。

**(6)防制措施**

小鹅瘟的防制,应抓好如下几个环节:①育雏期的严格消毒与隔离。②提高雏鹅的母源抗体水平。在母鹅春季开产前和秋季开产前进行小鹅瘟疫苗的免疫接种,其基本程序是:春季首免,母鹅产蛋前1个月,用弱毒疫苗2头份/只、油乳灭活苗0.5mL,分针同时肌注;春季二免,母鹅产蛋前25d,用弱毒疫苗4头份/只、油乳灭活苗1mL,分针同时肌注;秋季免疫,母鹅产蛋前15～20d,用油乳灭活苗1.5mL/只肌注。在免疫时,应将同群种公鹅同时作免疫接种,以免其成为免疫空白的隐性感染带毒个体。③雏鹅出生后进行人工被动免疫。其基本方法有:雏鹅于2～3日龄经皮下注射小鹅瘟高免血清或卵黄抗体0.5mL/只。如雏鹅发病,注射小鹅瘟高免血清或卵黄抗体1mL/只。一些地方采用为初生小鹅接种疫苗的方法防治本病,是没有作用的。

## 5.8 鸭病毒性肝炎

鸭病毒性肝炎(DVH)是由3种抗原性完全没有交叉关系的鸭肝炎病毒引起雏鸭的急性、高致死性传染病的总称。其中,鸭肝炎病毒Ⅲ型(属小RNA病毒科、肠道病毒属)引起的鸭肝炎仅见于美国;由鸭肝炎病毒Ⅱ型(属星状病毒科)引起的鸭肝炎仅见于英国;由鸭肝炎病毒Ⅰ型(分类同Ⅲ型)引起的鸭肝炎流行最为普遍,呈全球分布。我国目前仅见由鸭肝炎病毒Ⅰ型的鸭肝炎的流行,且危害甚为严重。其病状特征是:患雏中枢神经紊乱,临死前频频抽搐,角弓反张。其病理变化特征是:患鸭肝脏肿胀、脆弱,表面形成广泛性的斑点状或刷状出血。

**(1)病原**

鸭肝炎病毒Ⅰ型(DHV-1),属于小RNA病毒科肠道病毒属。能够抵抗pH 3、胰酶、脂溶剂(如氯仿),能够耐受56℃ 60min处理;以1%甲醛、2%氢氧化钠处理2h,或以2%次氯酸钠处理3h,氯胺处理5h,0.2%福尔马林处理2h及5%酚制剂、碘制剂短时处理均可使本病毒失活。病毒在患雏鸭的肝脏组织中含量最高,分离培养病毒可经绒毛尿囊腔接种10～14日龄的鸭胚或8～10日龄的鸡胚。

**(2)流行病学**

本病主要感染鸭,在自然条件下不感染鸡、火鸡和鹅。病鸭和带毒鸭是传染源,经呼吸道和消化道水平传播。本病具有极强的传染性。雏鸭的发病率与病死率均很高,1周龄内的雏鸭病死率可达95%,1～3周龄的雏鸭病死率为50%,4～5周龄的小鸭发病率与病死率较低,成鸭带毒不发病。

本病一年四季均可发生,饲养管理不当,鸭舍内湿度过高,密度过大,卫生条件差,缺乏维生素和矿物质等都能促使本病的发生。鼠类参与本病传播。野生水禽可成为带毒者。

**(3)临诊症状**

潜伏期，自然感染为1～2d，人工感染为24h。本病发病急，传染快，死亡迅速。其主要病状是：患病初期表现精神沉郁，厌动嗜睡；1d后，间歇出现明显的神经症状，如转圈、扭头、向一侧跌倒，或腹部朝天，双脚乱划，临死前频频痉挛、抽搐，双脚蹬直，头颈强迫性向背后屈曲，俗称"背勃病"。患雏一经出现神经症状后很快死亡，死后尸体仍常保持角弓反张状；另外，患雏在发病过程中发生下痢。

**(4)病理变化**

肝肿大，土黄色或淡褐色，质地脆弱易碎，尤其是肝脏表面形成斑点状或刷状的边缘清晰的出血灶；病程稍长者可能在肝表面有一些坏死点，或形成肝周炎。胆囊肿胀，胆汁充盈。此外，还可见脾脏肿大，表面是斑驳状；胰脏有时见局灶性坏死灶；肾脏肿大充血等。

**(5)诊断**

本病病状具有明显的神经症状，肝脏上有明显的斑点样出血，较易诊断。但应注意与鸭球虫病相鉴别，鸭球虫病也可使小鸭急性死亡，并可表现角弓反张，剖检患鸭可见的特点是肠道肿胀，黏膜出血与坏死，肝脏无出血变化。肠内容物镜检可见大量球虫的裂殖体和裂殖子。还应与鸭传染性浆膜炎区别，鸭传染性浆膜炎后期也表现神经症状，但具有较明显的纤维素性肝周炎、心包炎、气囊炎等，还有一定的鼻窦炎和关节炎。对于非典型的鸭病毒性肝炎需作实验诊断。

**(6)防制措施**

除一般防制措施外，防制本病还应特别抓好如下免疫接种工作：

**雏鸭的免疫接种** ①主动免疫接种，用鸭病毒性肝炎Ⅰ型弱毒疫苗，对雏鸭作接种，皮下注射1头份/只。如果雏鸭不携带母源抗体（即母鸭未经本疫苗接种），则接种日龄为0～1日龄；如果雏鸭携带母源抗体，则接种日龄为6～8日龄。②被动免疫接种，用鸭病毒性肝炎Ⅰ型高免血清或卵黄抗体，对雏鸭作皮下注射1mL/只，可于0～1日龄预防注射1次。以后如有发病，再及时注射1次。或0～1日龄不作预防注射，仅于发病时作注射治疗。

**母鸭的免疫接种** 用鸭病毒性肝炎Ⅰ型弱毒疫苗，于母鸭产蛋前20d注射1次，2头份/只；于产蛋前15d加强注射1次，2头份/只；于产蛋中期再加强注射1次，2～4头份/只。这样一般可使雏鸭在出生后14d内具有相应的免疫力。如仍有感染，可在发病时补注一针卵黄抗体或高免血清。另外，为提高母源抗体水平，也可在母鸭产蛋前15～20d和产蛋中期注射鸭病毒性肝炎Ⅰ型油乳剂灭活疫苗1mL/只。

如果采取了上述免疫措施，雏鸭仍有大批的发病，则应及时对病原作分离鉴定，以确定是否有合并感染或病毒抗原性变异。

## 5.9 鸭传染性浆膜炎

鸭传染性浆膜炎是由鸭疫里氏杆菌引起的一种急性或慢性传染病。主要病状特征是鼻窦部肿胀、软脚下痢和中枢神经紊乱，主要病理变化是纤维素性心包炎、气囊炎、肝周炎、鼻窦炎和关节炎。原称鸭疫巴氏杆菌病，是导致小鸭发病死亡的一种较常见的传染病。

**(1) 病原**

鸭疫里氏杆菌，革兰阴性小杆菌，无芽孢，不能运动，有荚膜。瑞氏染色呈两极浓染。对营养要求较高，在巧克力培养基、胰蛋白大豆琼脂培养基和马丁肉汤（含兔血清）培养基同时具有含 5%～10% 二氧化碳的环境中可以较旺盛生长。生化特征是缺乏对糖的发酵能力。对环境抵抗力弱，固体培养物在室温条件下每周应继代一次，否则易失活。对高温、干燥及常用消毒药敏感。本菌共分为 21 个血清型，在我国至今仅发现 13 个血清型。

**(2) 流行病学**

1～8 周龄的鸭均易感。1 周龄以下或 8 周龄以上的鸭极少发病。除鸭外，鹅及多种禽类均发病。本病在感染群中的污染率很高，有时可达 90% 以上，死亡率 5%～75%。

本病四季均可发生，主要经呼吸道或通过皮肤伤口（特别是脚部皮肤）感染而发病。恶劣的饲养环境，如育雏密度过大，空气不流通，潮湿，过冷、过热以及饲料中缺乏维生素或微量元素，蛋白水平过低等均易诱发本病。

**(3) 临诊症状**

潜伏期 1～3d，有时可长达 7～8d。患鸭主要表现精神沉郁，流泪，流涕，部分患鸭鼻窦部肿大；软脚，行走跛跄或不愿走动，不愿下水，附关节外观潮红、肿胀甚至发热；发病中后期，往往出现较明显的中枢神经紊乱，嗜睡，或偏头扭颈、转圈，间歇性抽搐，角弓反张，最后窒息死亡。病程 3～5d。

**(4) 病理变化**

全身多个器官发生纤维素性渗出性炎：纤维素性肝周炎，肝脏表面被覆一层质地均一、薄而灰白色透明的纤维素性伪膜；纤维素性心包炎和气囊炎，心包膜、气囊膜增厚，囊内有灰白色、絮状、片状的纤维素性渗出凝固物；鼻窦腔内有灰白色不透明的小块纤维素性渗出凝固物或大团块豆腐渣样甚至带脓血的积蓄物；关节腔有混浊的黏液或干酪样渗出物。此外，还可见肠道黏膜充血出血，腹腔积液，心冠脂肪出血，肺淤血水肿，喉头气管充血，脑膜充血、出血，纤维素性脑膜炎等病变。

**(5) 诊断**

**现场诊断** 根据流行病学、临诊症状和病理变化可作出初步诊断。

**实验室诊断** 必要时可进行细菌的分离鉴定或荧光抗体检查。

**鉴别诊断** 应与以下疾病相区别：①大肠杆菌病。雏鸭患人肠杆菌病后，其鼻窦炎、关节炎和中枢神经紊乱的症状较少见；其纤维素性肝周炎所见病变，肝脏表面形成的纤维素性伪膜较混浊、较厚，腹腔内散发出较浓的粪臭味。②雏鸭病毒性肝炎。病毒性肝炎患病雏鸭，其病状以中枢神经紊乱为主要特征，典型的重症病雏频繁转圈、痉挛，死前抽搐，死后保留明显的角弓反张。另外，病毒性肝炎患鸭发生出血性肝炎，肝脏体积肿大，质地脆弱，肝被膜下有或多或少的暗红色出血斑点。此外，还应与鸭副伤寒、禽出败等鉴别，并注意有无上述诸病混合感染。

**(6) 防制措施**

首先要改善育雏的卫生条件，特别注意通风、干燥、防寒以及降低饲养密度。另外还应加强检疫，防止引入病鸭，加强孵房和鸭场的环境卫生，避免环境过分潮湿不洁，加强饲养管理，减少应激均有利于防治本病。

免疫接种有油佐剂和氢氧化铝灭活疫苗。

本病原菌对氟苯尼考、庆大霉素、卡那霉素、林可霉素、磺胺-5-甲嘧啶和诺氟沙星等均有一定的敏感性，但极易产生耐药性，从而造成临床治疗效果不稳定，故应经常进行药敏试验。

## 5.10  番鸭细小病毒病

番鸭细小病毒病（MDP）是由番鸭细小病毒（MDPV）引起3周龄内雏番鸭的急性、高度接触性传染病，俗称"番鸭三周病"。其特征为气喘、腹泻及胰脏坏死和出血。发病率和死亡率可达40%~50%，是目前番鸭饲养业中危害最严重的传染病之一。

**(1)病原**

番鸭细小病毒，属细小病毒科细小病毒属，为单股DNA。MDPV的生物学特性与小鹅瘟病毒（GPV）相似。通过交叉中和试验可以把MDPV和GPV区分开来，有高效价抗GPV抗体的雏番鸭对MDPV仍然易感。病毒能在番鸭胚和鹅胚中繁殖，并引起胚胎死亡。病毒在番鸭胚成纤维细胞上繁殖并引起细胞病变，在细胞核内复制。该病毒对乙醚、氯仿、胰蛋白酶、酸和热等灭活因子作用有很强的抵抗力，但对紫外线照射很敏感。病毒不能凝集人、哺乳动物及禽类的红细胞。

**(2)流行病学**

雏番鸭是唯一自然感染发病的动物，发病率和死亡率与日龄关系密切，日龄越小，发病率和死亡率越高。40日龄以上的番鸭基本不发病。其他禽类不感染本病。

本病通过消化道感染。病番鸭通过排泄物排出大量病毒，污染饲料、饮水、用具、人员和周围环境造成传播。如果病鸭的排泄物污染种蛋外壳，则引起孵房内污染，使出壳的雏番鸭成批发病。

本病发生无明显季节性，但是由于冬春气温低，育雏室空气流通不畅，空气中氨和二氧化碳浓度较高，故易促发本病。

**(3)临诊症状**

本病的潜伏期4~9d，病程2~7d，病程长短与发病日龄密切相关。根据病程长短可分为急性和亚急性两种类型。

**急性型**  主要见于7~14日龄雏番鸭，主要表现为精神委顿，羽毛蓬松，两翅下垂，尾端向下弯曲，两脚无力，懒于走动，厌食，离群；有不同程度腹泻，排出灰白或淡绿色稀粪，并黏附于肛门周围；呼吸困难，喙端发绀，后期常蹲伏，张口呼吸。病程一般为2~4d，濒死前两肢麻痹，倒地，衰竭死亡。

**亚急性型**  多见于发病日龄较大的雏番鸭，主要表现为精神委顿，喜蹲伏，两脚无力，行走缓慢，排黄绿色或灰白色稀粪，并黏附于肛门周围。病程5~7d，病死率低，大部分病愈鸭颈部、尾部脱毛、生长发育受阻，成为僵鸭。

**(4)病理变化**

大部分病死番鸭肛门周围有稀粪黏附,泄殖器扩张、外翻;心脏变大,心壁松弛,尤以左心室病变明显;肝脏稍肿大,胆囊充盈,肾和脾稍肿大,胰腺肿大且表面散布针尖大灰白色坏死灶;肠道呈卡他性炎症或黏膜有不同程度的充血和点状出血,尤以十二指肠和直肠后段黏膜为甚,少数病例盲肠黏膜也有点状出血。

**(5)诊断**

根据流行病学、临诊症状和病理变化可以作出初步诊断。但是临诊上本病常与小鹅瘟、鸭病毒性肝炎和鸭传染性浆膜炎混合感染,故容易造成误诊和漏诊。确诊必须依靠病原学和血清学方法。

可进行病毒分离,但要把 MDPV 和 GPV 区分开来,必须通过血清学交叉中和试验,因为番鸭对 GPV 和 MDPV 都易感。由于 GPV 和 MDPV 存在共同抗原,对 MDPV 特异的单抗在对分离物的鉴定和对临诊样品的快速诊断上发挥很重要的作用。基于 MDPV 特异单抗的乳胶凝集试验和免疫荧光试验可用于临诊样品 MDPV 的检测,而乳胶凝集抑制试验则可用于血清流行病学调查和免疫番鸭群的抗体监测。

**(6)防制措施**

严格的生物安全措施对本病的防制具有重要意义,对种蛋、孵房和育雏室的严格消毒尤为重要,结合预防接种,可减少或防止本病的发生和流行。

国内已研制出 MDPV 弱毒活疫苗供雏番鸭和种番鸭免疫预防用。也可使用灭活疫苗。国外有供种番鸭用的 GPV 和 MDPV 二联灭活疫苗,而在雏番鸭则联合使用灭活的水剂 MDPV 疫苗和弱毒 GPV 活疫苗。

## 5.11 减蛋综合征

减蛋综合征(EDS-76)又叫产蛋下降综合征,是由腺病毒引起鸡产蛋率下降或产蛋率达不到生产性能指标的一种生殖系统传染病。主要表现为群发性产蛋率下降、蛋壳异常、蛋体畸形、蛋质低劣等症候。

1976 年 Van Eck 首先报道此病在荷兰发生,并命名为"产蛋下降综合征 1976",1977年分离到病原体。目前世界上许多国家都有发生。

**(1)病原**

减蛋综合征病毒,属于Ⅲ群腺病毒。无囊膜的双股 DNA 病毒,直径 76~80nm,呈球形,表面有纤突,其上有与细胞结合的位点和血凝素。

本病毒可在多种鸭源细胞、鹅源细胞及鸡胚肝细胞上生长,但以鸡胚肾细胞增殖良好。在哺乳动物的细胞中不能生长。接种于 10~12 日龄的鸭胚生长良好,并可使鸭胚致死,尿囊液 HA 可达 $2^{18}$;而接种在 5~7 日龄的鸡胚中,可使胚体萎缩,出壳率降低或延缓出壳,尿囊液的 HA 滴度很低或无。

EDS-76 病毒能凝集鸡、鸭、鹅、火鸡和鸽的红细胞,可用血凝抑制试验鉴定。其他动物腺病毒主要凝集哺乳动物的红细胞,而不凝集鸡、鸭、鹅的红细胞。

EDS-76 对外界环境的抵抗力比较强;对乙醚、氯仿不敏感;耐 pH 值的范围广

（pH 3～10）；对热有一定耐受性，加热56℃ 3h仍有存活，60℃ 30min失去致病力，舍温条件下可存活6个月；甲醛、强碱对其有较好的消毒效果。

**（2）流行病学**

鸡、鸭、鹅均可感染本病毒，其中鸭、鹅是自然宿主，一般感染后不发病，可成为病毒的长久宿主；本病只在产蛋鸡群中发病，其发生与鸡的品种年龄和性别有一定关系，褐壳蛋鸡比白壳蛋鸡易感，任何年龄的鸡均可感染，但发病多发生于26～35周龄的产蛋鸡，幼龄鸡和35周龄以上鸡感染后无症状。该病既可经卵垂直传播，也可水平传播。但排泄物、分泌物经口腔和结膜水平传播速度非常缓慢（通过一栋鸡舍大约11周），并且不连续（有时隔一铁丝网的鸡也不发生）。雏鸡感染不发病，性成熟后，由于产蛋应激，致使病毒活化而使产蛋鸡发病。

**（3）临诊症状**

潜伏期有两种情况：在易发病期感染，感染后4～6d开始产软壳蛋，7～8d开始产蛋率下降；在易发病期前感染，潜伏期视感染时到产蛋时的时间而定。26～35周龄产蛋鸡突然出现群发性产蛋下降，产蛋率比正常下降20%～30%、甚至50%，并持续28～70d，以后逐渐恢复，但大多数很难恢复到正常水平。产出薄壳蛋、软壳蛋、无壳蛋、小蛋；蛋体畸形；蛋壳表面粗糙，如白灰、灰黄粉样；褐色蛋则色素丧失，颜色变浅；蛋白水样，蛋黄色淡，或蛋白中混有血液、异物等。异常蛋可占15%以上，蛋的破损率增高。对鸡的生长无明显影响，病鸡所产蛋受精率一般正常，但孵化率下降，死胚率增至10%～12%。部分鸡可见精神差、羽毛蓬乱、贫血、厌食、下痢等。

**（4）病理变化**

剖检可见输卵管黏膜水肿、潮红、被覆炎性分泌物。卵巢萎缩、卵泡软化、出血等病理变化。具有诊断意义的病理组织学变化是：子宫、输卵管腺体水肿，单核细胞浸润，黏膜上皮细胞变性、坏死，子宫黏膜及输卵管固有层浆细胞、淋巴细胞和异嗜细胞浸润；肝、肺、肾及腺胃出血，淋巴细胞积聚。

**（5）诊断**

应综合分析进行诊断。

**现场诊断** 在饲养管理正常的条件下，鸡群在产蛋高峰期，突然发生不明原因的群发性产蛋下降，同时伴有蛋质下降，产软壳蛋，经剖检可见到上述器官病变，此时可怀疑本病。

**实验室诊断** 病毒的分离和鉴定，采取病料，接种鸭胚，收集胚液，测定HA及HI。血清学试验，包括血凝抑制试验、琼脂扩散试验、中和试验、荧光抗体和ELISA等。

**（6）防制措施**

**无EDS-76的地区或鸡场** 避免从疫区引入种蛋、种鸡，避免鸡群与鸭鹅群接触，避免因接种鸭胚源性疫苗和其他生物制品而引入潜在的EDS-76病毒。

**有EDS-76的地区或鸡场** ①防止水平传播。场内鸡群应隔离，按时进行淘汰，做好消毒，粪便合理处理，饲养用具不能混用，饲养人员不能互串鸡舍。②防止垂直传播。有过产蛋下降症状的种鸡和种蛋，坚决淘汰。③加强饲养管理。饲喂平衡的配合日粮，特别要保证必需氨基酸、维生素、微量元素的平衡。④免疫接种。是防制本病的最有效方法。对产蛋鸡群接种EDS-76疫苗，有助于保护其本身免受感染，避免产蛋下降，有助于阻止本病毒的经卵传播，有利于提高雏鸡的母源抗体水平，避免雏鸡早期感染本病。目前所使用的疫苗主要是"减蛋综合征油乳剂灭活疫苗"或二联苗（ND+EDS）、三联苗（ND+EDS+IB），基本免疫程序是：种鸡群，首免于16~18周龄，肌肉注射0.5~1mL/只；二免于35周龄，肌肉注射1mL/只；商品蛋鸡群，通常按上述种鸡群首免的方法免疫一次。如果鸡群已发生本病，应迅速于发病初期经肌肉注射接种疫苗，1mL/只，通常可以在2周内控制疫情。一般采用减蛋综合征油乳剂灭活疫苗接种鸡群，可使鸡群在接种14d后产生良好免疫力，21~28d后抗体达到高峰，84~112d后抗体开始下降，于228~350d抗体消失。

## 5.12 鸡传染性贫血

鸡传染性贫血（CIA）又称蓝翅病、出血性综合征或贫血性皮炎综合征，是由鸡传染性贫血病毒引起雏鸡的一种急性免疫抑制性传染病。其特征是患雏表现再生障碍性贫血，全身淋巴组织萎缩，皮下和肌肉出血及急性死亡。

**(1) 病原**

鸡传染性贫血病毒，属于圆环病毒科圆环病毒属。病毒可在5日龄鸡胚绒毛尿囊膜、尿囊腔和卵黄囊增殖，鸡传贫病毒只有一个血清型。

**(2) 流行病学**

鸡是本病毒唯一的宿主，所有年龄的鸡都可感染，自然发病多见于2~4周龄鸡，有混合感染时发病可超过6周龄。垂直传播是本病主要的传播方式，母鸡感染后3~14d内种蛋带毒，带毒的鸡胚出壳后发病和死亡。也可通过消化道及呼吸道水平传播。

本病毒诱导雏鸡免疫抑制，不仅增加对继发感染的易感性，而且降低疫苗的免疫力，从而使患病鸡只对病源微生物失去抵抗力，最终患病死亡。

**(3) 临诊症状**

潜伏期10~16d。患鸡表现为贫血、消瘦、冠、髯和可视黏膜苍白，精神沉郁；皮炎及皮肤点状出血，尤多发生于翅膀，使翅膀羽毛脱落，皮肤粗糙，暗红色或蓝紫色，并可继发坏疽性皮炎；通常于症状明显后2~6d开始死亡，经7d左右逐步平息。整个病程7~28d，发病率高达100%，死亡率50%~90%。

**(4) 病理变化**

骨髓萎缩被脂肪组织代替，呈淡黄色；胸腺、法氏囊萎缩；胸腿肌肉斑点出血；皮肤斑点状出血；肝脏斑点出血与点状坏死；腺胃黏膜出血，肌胃角质下层出血甚至糜烂；心肌出血；血液稀薄，凝固不良。血液学检查，患鸡血细胞容积下降到20%以下，红细胞数量降至100万/$mm^3$以下，白细胞数降至5000/$mm^3$以下。

**(5) 诊断**

**现场诊断** 根据流行病学、临床症状、病理变化作出初步诊断。

**实验室诊断** 包括病毒分离和血清学诊断（中和试验、荧光抗体试验、ELISA等）。

**鉴别诊断** 与包涵体性肝炎、法氏囊病等相区别。另外，本病常继发其他感染，容易混淆，需仔细甄别。

**(6)防制措施**

防止引入病鸡，坚持卫生消毒措施，及时清除潜在的病原污染。实施免疫接种，切断垂直传播途径。其方法是采用鸡传染性贫血弱毒疫苗，于种鸡群13～15周龄时免疫（不能晚于产蛋前3周）。鸡群经免疫35～42d后产生良好的免疫力，使其后代雏获得对本病的天然被动免疫力。但应当注意：目前市售的传染性贫血弱毒疫苗，对雏鸡是不安全的，故鸡群的接种日龄不能小于6周龄，也不可用于种鸡群开产前3周内或产蛋过程接种；未证明受本病威胁的鸡群不应接种传染性贫血弱毒疫苗。

目前尚无特异的治疗办法，发病即淘汰。

## 5.13 禽白血病

禽白血病（AL）是由禽白血病/肉瘤病毒群中的病毒引起的禽类多种肿瘤性疾病的统称。最为常见的是淋巴白血病（LL）。本病的特征是内脏器官形成肿瘤，但外周神经无肿瘤，肿瘤由均一的成淋巴细胞组成。

**(1)病原**

禽白血病/肉瘤病毒群中的病毒，属反转录病毒科甲型反转录病毒属禽C型反录病毒群。本群病毒粒子呈球形，单股RNA。病毒接种11日龄鸡胚绒尿膜，在8d后可产生痘斑；接种5～8日龄鸡胚卵黄囊则可产生肿瘤；接种1日龄雏鸡的翅蹼，经长短不等的潜伏期也可产生肿瘤。该病毒可在鸡胚成纤维细胞上复制，但不产生病变。该病毒对脂溶剂、去污剂和热敏感。

**(2)流行病学**

鸡是本群所有病毒的自然宿主。不同品种或品系的鸡对病毒感染和肿瘤发生的抵抗力差异很大。

外源性淋巴白血病病毒的传播方式有两种：通过种蛋的垂直传播和直接水平传播。大多数鸡通过与先天感染鸡的密切接触获得感染。通常感染鸡只有一小部分发生LL，但不发病的鸡可带毒并排毒。出生后最初几周感染病毒的鸡LL发病率高；随着感染时间的后移，则LL发病率迅速下降。

内源性白血病病毒通常通过公鸡和母鸡的生殖细胞遗传传递，多数有遗传缺陷，不产生传染性病毒粒子，少数无缺陷，在胚胎或幼雏也可产生传染性病毒，像外源病毒那样传递，但大多数鸡对它有遗传抵抗力。内源病毒无致瘤性或致瘤性很弱。

**(3)临诊症状**

LL的潜伏期长，自然病例可见于14周龄后的任何时间，但通常以性成熟时发病率最高。

LL无特异症状，可见鸡冠苍白、皱缩，间或发绀。食欲不振、消瘦和衰弱也很常见。腹部常增大。一旦显现临床症状，通常病程发展很快。无症状病毒感染的蛋鸡和种鸡产蛋性能可受到严重影响。产蛋减少20～30枚，性成熟迟，蛋小而壳薄，受精率和孵化率均下降。

**(4)病理变化**

肝、法氏囊和脾几乎都有眼观肿瘤，肾、肺、性腺、心、骨髓和肠系膜也可受害。肿瘤大小不一，可为结节性、粟粒性或弥漫性。肝脏肿大5～15倍；脾脏肿大1～2倍。肿瘤组织的显微变化呈灶性和多中心，即使弥漫性也是如此。

**(5)诊断**

临诊诊断主要根据流行病学和病理学检查。病毒分离鉴定和血清学检查在日常诊断中很少使用，但它们是建立无白血病种鸡群所不可缺少的。血浆、肿瘤、粪便、蛋清和10日龄的鸡胚病毒含量高。检测特异性抗体以血清和卵黄为好。

**(6)防制措施**

由于本病的垂直传播特性，水平传播仅占次要地位，所以疫苗免疫对防制的意义不大，目前也没有可用的疫苗。减少种鸡群的感染率和建立无白血病的种鸡群是防制本病最有效的措施。目前通常是通过ELISA检测并淘汰带毒母鸡以减少感染，彻底清洗和消毒孵化器、出雏器、育雏室，在多数情况下均能奏效。

## 5.14 网状内皮组织增殖症

网状内皮组织增殖症(RE)是由网状内皮组织增殖症病毒引起的禽类以淋巴网状细胞增生为特征的肿瘤性疾病。

**(1)病原**

网状内皮组织增殖症病毒(REV)，是由反录病毒科C型反录病毒群组成。病毒粒子直径约100nm，为单股RNA，其类核体具有链状或假螺旋状结构。病毒以出芽方式从感染细胞的胞膜上释放。

REV可以在鸡胚绒毛尿囊膜上产生痘样病变，并常导致鸡胚死亡。可在鸡胚、鸭胚、火鸡胚和鹌鹑胚等成纤维细胞培养物中增殖，一般不产生细胞病变。

**(2)流行病学**

本病的易感动物包括火鸡、鸭、鹅、鸡和鹌鹑，此外还有野鸡和珍珠鸡等，以火鸡发病最为常见。

病禽的泄殖腔排出物、眼和口腔分泌物常带有病毒。病毒可通过与感染鸡和火鸡的接触而发生水平传播。

**(3)临诊症状和病理变化**

**急性网状细胞瘤** 急性网状细胞瘤是由复制缺陷型REVT株引起的。人工接种后潜伏期最短为3d，但死亡常发生于接种后3周左右。由于临诊症状出现迅速，几乎见不到症状就已死亡，病死率可高达100%。病禽可见肝、脾肿大，伴有局灶性或弥散性浸润病变。病变还常见于胰、心、肾和性腺。

**矮小综合征** 矮小综合征是指由几种与非缺陷型REV毒株感染有关的非肿瘤病变，它包括生长抑制、胸腺和法氏囊萎缩、外周神经肿大、羽毛发育异常、肠炎和肝脾坏死等。临诊上鸡群表现为明显的发育迟缓和消瘦苍白，羽毛粗乱和稀少。

**慢性肿瘤** 由非缺陷型REV毒株引起的慢性肿瘤可分为两种类型。第一类包括鸡和火鸡经漫长的潜伏期后发生的淋巴瘤,这种肿瘤与淋巴细胞性白血病的主要区别在于前者是以淋巴网状细胞为主组成的。第二类是指那些具有较短潜伏期的肿瘤。

(4)诊断

应综合分析进行诊断。

根据典型的肉眼病变和组织学变化可以作出本病的初步诊断,但确诊还需进一步证明 REV 或抗 REV 抗体的存在。病原学检查可取病禽的组织悬液(最好采取脾或肿瘤组织,制备10%悬液)、全血、血浆等接种在易感的组织培养物中。组织培养物至少应坚持两次7d 的盲目继代,观察细胞致病作用,并用抗 REV 的特异性血清检查免疫荧光抗原。

(5)防制措施

至今尚无适用于本病的特异性防制办法,可参照禽白血病的综合性防疫措施进行防制。

## 5.15 禽曲霉菌病

禽曲霉菌病(avian aspergillosis)是由家禽经呼吸道吸入致病性曲霉菌孢子而发生的一种急性或慢性呼吸系统真菌病。

(1)病原

本病病原体有烟曲霉菌、构巢曲霉菌、黄曲霉菌、黑曲霉菌等。尤以烟曲霉菌致病力最强。均为需氧菌,室温即可生长。一般用马铃薯或糖类培养基进行培养,经24h后开始形成孢子。孢子抵抗力很强,煮沸5min 才能杀灭,消毒药要经1~3h 才能杀灭。常用消毒剂有5%甲醛、石炭酸、过氧乙酸和含氯消毒剂。本病菌对一般抗生素和化学药物不敏感,制霉菌素、两性霉素B、灰黄霉素、克霉唑及碘化钾有效。

(2)流行病学

易感动物包括各种家禽。日龄越小越易感染发病。本菌广泛存在于自然界,其分生孢子可随时随空气漂浮于每一外界环境中。在自然条件下,健康禽主要是通过呼吸道吸入大量霉菌孢子而感染。

(3)临诊症状

自然感染潜伏期2~7d,发病后按病程急缓可分为急性型和慢性型。

**急性型** 传染快,发病急,死亡率高。最多见于1~3周龄雏禽。患雏禽病状主要是呼吸困难,伸颈张口喘气,发出啰音或哨音;头部羽毛逆立,鸡冠和肉髯发绀,还常因有腹式呼吸而表现尾部上下摆动、两翼扇动等,最后多因窒息死亡。病程2~3d,死亡率可高达10%~50%。部分雏禽可见有霉菌性眼炎(结膜潮红、流泪、眼睑上形成灰白色霉菌性结节)。少数病例可能因神经系统受侵害而表现中枢神经紊乱,运动平衡失调或双腿麻痹。

**慢性型** 传染缓慢,只见零星发病。多数为中成禽(尤其是中成鹅)或雏禽急性感染耐过者。病状主要是持续性消瘦,沉郁,咳嗽,呼吸困难,呼吸有哨音等,死亡呈散在发生。

**(4) 病理变化**

**急性型** 病禽表现肺脏实质组织中、肺的脏面、气囊膜上形成粟粒大小黄白色较硬实的霉菌结节；胸、腹气囊及体腔浆膜面形成灰白色、轮状直径约为5～15mm霉菌斑。

**慢性型** 除上述病变外，还见有：肺、气囊等表面形成黄白或墨绿色绒毛状霉菌斑，菌斑下组织出血、变质；气囊内及体腔浆膜面形成豆腐皮样、黄褐色干酪蛋白渗出物凝块。

**(5) 诊断**

一般根据典型的症状与病理变化可确诊。或可镜检见菌丝和孢子。

**(6) 防制措施**

**预防措施** 对种蛋应及时收集，清除粪便污染。用乳酸熏蒸或使用3倍浓度的甲醛熏蒸(1倍浓度的甲醛熏蒸，每立方米空间采用福尔马林14mL，高锰酸钾7g)。对孵化室及其所有器械，在每次出雏后要彻底清洁，采用0.4%过氧乙酸或0.5%石炭酸喷雾并密封熏蒸3～5h。在进种蛋孵化第1天内，使用2倍浓度的甲醛熏蒸20min。对育雏室，在出雏后的清洁、消毒可参照孵化室出雏后的方法。在进雏前仍采用乳酸或3倍浓度甲醛熏蒸一次。另外，在育雏期要保持室内通风，空气湿度适宜，经常更换垫料，垫料在使用前后需经过阳光暴晒和3～5倍浓度的甲醛熏蒸。

**发病时的处理** ①迅速剔除病状明显的重病禽，降低饲养密度，改善舍内环境卫生和空气清新度。②对全群病禽用制霉菌素拌料治疗，药物剂量为雏禽2～3mL/只·天，连用3d停2d为一疗程，可按治疗情况，连用2～3个疗程，疗效良好。同时采用0.3%～0.5%硫酸铜溶液饮水，连用3～4d，或用0.5%～1%碘化钾溶液饮水，连用3～5d。另外对个别病禽，采用0.1%的煌绿或结晶紫作肌肉注射，幼禽0.2～0.5mL/只，成禽0.5～1mL/只，2次/天，连用2～3d，均有一定疗效。

## 5.16 鸡毒支原体病

鸡毒支原体病是一种鸡和火鸡的慢性接触性呼吸道传染病。特征是流鼻液、咳嗽、打喷嚏、呼吸出现啰音，严重时张口呼吸，火鸡常见窦炎，多为隐性感染，病程长，经过缓慢，从而在鸡群中长期蔓延，故称慢性呼吸道病(CRD)。感染该病的鸡抵抗力下降，免疫不确实，极易并发或继发其他传染病。

**(1) 病原**

鸡毒支原体(MG)，属于支原体科支原体属。无细胞壁，为最小原核生物。往往表现多型性，但以球型多见，直径0.2～0.5$\mu$m，姬姆萨染色良好，革兰染色为阴性。只有一个血清型。能凝集鸡和火鸡的红细胞，感染动物后可产生血凝抑制抗体。

为需氧和兼性厌氧菌。可在人工培养基上生长，但对营养要求严格；可在鸡胚上生长繁殖，有些菌株还可致死鸡胚，一般接种7日龄鸡胚卵黄囊，部分5～7d内死亡。

对外界环境的抵抗力不强，离开禽体即失去活力，在鸡粪中20℃可存活1～3d，在18～20℃室温下可存活6d。对温热敏感，在45℃时可存活15min，而在低温下能长期存活。对紫外线的抵抗力极差，在阳光直射下很快失去活力。一般消毒药都可将其杀死。对链霉素、四环素、氯霉素、红霉素、泰乐菌素、恩诺沙星、环丙沙星等敏感，对青霉素、新霉素、多黏菌素及磺胺类药物有抵抗力。

**(2) 流行病学**

易感动物主要是鸡和火鸡，各种日龄均具有易感性，4～8周龄的鸡易发病。成年鸡多呈隐性感染。少数鹌鹑、珠鸡、孔雀和鸽也能感染。传播途径包括两种：水平传播，经呼吸道、消化道、交配传播；垂直传播，带菌种鸡生殖道中的病原经卵黄传给子代。

该病一般情况下传播较慢，但新发病鸡群传播较快。能使鸡的抵抗力降低的因素都可促进本病的暴发或复发。容易与其他病原体混合感染，如与支气管炎病毒、喉气管炎病毒、鸡的嗜血杆菌、大肠杆菌、鸡痘病毒等混合感染。

**(3) 临诊症状**

人工感染潜伏期为4～21d，自然感染时随应激或继发感染而发病。

该病易使鸡胚在14～21d死亡，或孵化出一些不能自然脱壳的弱雏，孵出的弱雏带有病原体，成为传染源。

雏鸡症状明显，采食量减少，体重减轻。流鼻涕，开始是浆液性，以后变成黏脓性，常出现摇头或打喷嚏症状。如果炎症向下呼吸道蔓延就会表现咳嗽、气喘、有啰音。若炎症波及眼部，就会引起一侧的结膜炎，有浆液性、黏液性或脓性、干酪样的分泌物，干酪样的渗出物压迫眼球，使眼球发生萎缩、失明。有些病例可在口腔黏膜上出现大头针帽大的或高粱米粒大的伪膜，一般是黄色的，若伪膜脱落以后，堵塞气管，呼吸就更加困难，严重时窒息死亡。后期如果鼻腔和窦中大量蓄积渗出物时，则引起眼睑肿胀，眼部突出如肿瘤状。

产蛋鸡症状不明显，只表现产蛋率和蛋的孵化率降低或出现软壳蛋等。

火鸡症状与鸡相似，但常常表现窦炎，鼻侧窦部发生肿胀，严重时出现下呼吸道症状。

**(4) 病理变化**

病变主要在气管、气囊、窦及肺等呼吸系统。鼻腔、气管、支气管和气囊有混浊、黏稠的渗出物。黏膜表面外观呈念珠状。发生窦炎时，眶下窦黏膜水肿、充血、出血，窦腔内充满黏液或干酪样渗出物。严重的病例，气囊变化明显、气囊壁增厚、混浊，附着有黄色干酪样渗出物或黏液，并见有不同程度的肺炎。有关节炎时，关节周围组织肿胀，关节液增多，开始清亮而后混浊，拉丝较长，最后呈奶油状。

**(5) 诊断**

**现场诊断** 根据流行病学、临床症状、病理变化进行综合诊断。

**实验室诊断** 包括血清学检查（全血平板凝集试验、血凝抑制试验、ELISA等）、病原分离鉴定及PCR检测。

**鉴别诊断** 本病与IB、ILT、IC等呼吸道传染病症状相似，应注意鉴别。

**(6) 防制措施**

**预防措施** 尽可能做到自繁自养，杜绝传染源的引入，若引进种鸡和种蛋时，必须从无病的地区购买。加强饲养管理，减少应激，消除能使鸡抵抗力降低的因素。防止垂直传播，在孵化前将种蛋升温至35℃，然后迅速放入5℃，含有红霉素、泰乐菌素、氯霉素、链霉素等其中一种或几种药物的治疗浓度水溶液中，浸泡种蛋15min以上，取出入孵。雏鸡出壳后，用一些药物控制发病，用链霉素溶液喷雾或滴鼻，或在饮水时加上一些对支原体有杀灭作用的药物。

**治疗** 用一些对该病有效的药物，如链霉素、强力霉素、恩诺沙星、枝原净、北里霉素、林可霉素、红霉素、金霉素、土霉素、螺旋霉素、氯霉素、泰乐菌素等进行治疗。

## 5.17 鸡葡萄球菌病

鸡葡萄球菌病主要是由金黄色葡萄球菌引起鸡的一种急性或慢性细菌性传染病。本病是群养鸡中，特别是肉用仔鸡中广泛流行的一种局部感染性疾病。临诊表现为急性败血症、关节炎、雏鸡脐炎、皮肤坏死和骨膜炎。雏鸡感染后多为急性败血症经过，中雏为急性或慢性经过，成年鸡多为慢性经过。雏鸡和中雏死亡率较高，是养鸡业中危害严重的疾病之一。

**(1) 病原**

鸡葡萄球菌病的病原主要是金黄色葡萄球菌，在固体培养基上生长的细菌呈葡萄状，致病性菌株的菌体稍小，且各个菌体的排列和大小较为整齐。无芽孢、无鞭毛，大多数无荚膜，革兰染色阳性。在液体培养基中可呈短链状，培养超过24h，革兰氏染色可呈阴性。本菌对营养要求不高，在普通培养基上生长良好，需氧或兼性厌氧，最适生长温度为37℃，最适pH 7.4。普通琼脂平板上菌落厚、有光泽、圆形凸起，直径1～2mm。有些菌株在血平板中的菌落周围出现β溶血。在普通肉汤中生长迅速，初混浊，管底有少量沉淀。

葡萄球菌具有较强的抵抗力，在干燥的脓汁或血液中可存活数月，在10%～15%氯化钠肉汤中可生长。加热70℃ 21h、80℃ 30min才能杀死，煮沸可迅速使它死亡。反复冷冻30次仍能存活。一般消毒药，3%～5%石炭酸10～15min、70%乙醇数分钟、0.1%升汞10～15min可杀死本菌。0.3%过氧乙酸有较好的消毒效果。对青霉素、卡纳霉素、红霉素等高度敏感。十万分之一的龙胆紫液即可抑制其生长。

**(2) 流行病学**

葡萄球菌广泛分布在自然界的土壤、空气、水、饲料、物体表面以及健康鸡的羽毛、皮肤、黏膜、肠道和粪便中。该病菌可侵害各种禽，尤其是鸡和火鸡。任何年龄的鸡，甚至鸡胚都可感染。虽然4～6周龄的雏鸡极其敏感，但实际上发生在40～60日龄的中雏最多。成年鸡发生较少。地面平养、网上平养较笼养鸡发生的多。

本病一年四季均可发生，以雨季、潮湿时节发生较多。鸡的品种对本病发生有一定关系，虽然肉用鸡和蛋用鸡都可发生，肉种鸡及白羽产白壳蛋的轻型鸡种易发。而褐羽产褐壳蛋的中型鸡种则很少发生。

皮肤或黏膜表面的破损，常是葡萄球菌侵入的门户，由于抓鸡断喙、刺种、垫网锋利物或互相啄食等破损了鸡的皮肤或黏膜，致使伤口感染病菌而传播本病。同时也可直接接触和空气传播，雏鸡通过脐带也是常见的途径。此外，饲养管理不善、环境条件差、鸡舍通风不良、潮湿、拥挤等，都是本病的诱因。

**(3)临诊症状**

本病常见于鸡，鸭和鹅偶有感染。其临诊表现取决于侵入禽体血液中的细菌数量、毒力、环境状况、鸡只的日龄、免疫状态和感染途径等有关。主要表现为脐炎型、急性败血症和关节炎3种类型。

**脐炎型** 病鸡除一般病状外，可见腹部膨大，脐孔发炎肿大，局部呈黄红紫黑色，质稍硬，间有分泌物。俗称"大肚脐"。脐炎病鸡一般在出壳后2～5d死亡。

**急性败血型** 最常见的病型，多发生于40～60日龄的中雏，病鸡在2～5d死亡，严重1～2d呈急性死亡。一般可见病鸡精神、食欲不好，低头缩颈呆立。羽毛蓬松凌乱，无光泽。病鸡饮、食欲减退或废绝。少部分病鸡下痢，排出灰白色或黄绿色稀粪。病后1～2d死亡。当病鸡在濒死期或死后可见到鸡体的外部表现，在鸡胸腹部、翅膀内侧皮肤，有的在大腿内侧、头部、下颌部和趾部皮肤，可见皮肤湿润、肿胀，相应部位羽毛潮湿易掉。有的病鸡可见自然破溃，流出茶色或紫红色液体，与周围羽毛粘连，局部污秽。有部分病鸡在头颈、翅膀背侧及腹面、翅尖、尾、脸、背及腿等不同部位的皮肤出现大小不等的出血、炎性坏死，局部干燥结痂，暗紫色，无毛。

**关节炎型** 多发生在成年鸡和肉种鸡的育成阶段。多发生于跗关节，关节肿胀，有热痛感，呈紫红或紫黑色，有的见破溃，并结成污黑色痂。肉垂肿大出血，冠肿胀有溃疡结痂。有的出现趾瘤，脚底肿大，有的趾尖发生坏死，黑紫色，较干涩。病鸡站立困难，以胸骨着地，行走不便，跛行，喜卧，一般仍有饮、食欲，多因采食困难，饥饱不匀，病鸡逐渐消瘦，最后衰弱死亡，尤其在大群饲养时为明显。此型病程多为10余天。

**(4)病理变化**

**脐炎型** 脐部肿大，呈紫红或紫黑色，有暗红色或黄红色液体流出，时间稍久则为脓样干涸坏死物。肝有出血点。卵黄吸收不良，呈黄红或黑灰色，液体状或内混絮状物。

**急性败血症型** 病变部皮下有红黄色胶冻样水肿，病死鸡局部皮肤增厚、水肿。剪开皮肤可见整个胸、腹部皮下充血、溶血，呈弥漫性紫红色或黑红色，积有大量胶冻样粉红色或黄红色水肿液，水肿可延至两腿内侧、后腹部，前达嗉囊周围，但以胸部为多。有的病死鸡皮肤无明显变化，但局部羽毛用手一摸即可脱落。胸腹部甚至腿内侧见有散在出血斑点或条纹，病程久者还可见轻度坏死。肝脏肿大，淡紫红色，有花纹或驳斑样变化，小叶明显。肝脏、脾脏及肾脏可见大小不一的黄白色坏死点，腺胃黏膜有弥漫性出血和坏死。

**关节炎型** 可见关节炎和滑膜炎。关节肿胀处皮下水肿，滑膜增厚，充血或出血，关节囊内有或多或少的浆液，或有浆性纤维素渗出物。病程较长的慢性病例，后变成干酪样性坏死，甚至关节周围结缔组织增生及畸形。

**(5)诊断**

鸡葡萄球菌病主要根据流行病学特点、各型临诊症状及病理变化可作出初步诊断，确诊还需要实验室检查定性。

**直接镜检** 采取病变部位病料涂片，革兰染色，镜检，可见单个、成双或呈短链排列的蓝紫色球菌，可依此作出诊断。

**分离培养与鉴定** 以无菌操作法将病料划线于普通琼脂平板、血液琼脂平板和7.5%

氯化钠甘露醇琼脂平板培养基上，于37℃培养48h进行分离培养。挑取金黄色、β溶血或甘露醇阳性的菌落再做涂片、染色、镜检，可见球菌呈典型的葡萄串状排列。

**动物试验** 取24h培养物1mL，注入家兔皮下，可引起局部皮下坏死；静脉注射0.1~0.5mL，于24~48h死亡者为致病菌。剖检可见浆膜出血，肾、心肌及其他脏器出现大小不等的脓肿。将分离物鸡皮下接种，也可引起发病和死亡，与自然病例相同。也可将病料接种在肉汤培养基中，使之产生肠毒素，注射于幼猫或猴，可出现急性胃肠炎。

在实际工作中，应注意与某些败血性传染病、卡氏住白细胞原虫病、缺硒症等相区别。同时，要注意并发症。在病原分离过程中，除能分离到纯一的金黄色葡萄球菌外，有时部分病例还能从病料中同时分离到大肠埃希氏菌、普通变形杆菌和粪链球菌等。

**(6)防制措施**

葡萄球菌病是一种环境性疾病，为预防本病的发生，主要是做好经常性的预防工作。

**免疫预防** 国内用于鸡葡萄球菌病防治的疫苗有油乳剂苗和氢氧化铝菌苗。在20~25日龄接种，能保持免疫期达2个月左右，对该病可起到良好的预防效果。

**综合预防措施** 尽量避免和消除使鸡发生外伤的诸多因素，消除鸡笼、用具等一切尖锐物品，从而堵截葡萄球菌的侵入和感染门户。鸡在断喙、戴翅号、剪趾及免疫接种时，要做好消毒工作。加强饲养管理，供给必要的营养物质，特别是供给足够的维生素和矿物质。禽舍要适时通风，保持干燥。鸡群密度不宜过大，避免拥挤；鸡适时断喙，防止互啄现象。适时接种鸡痘疫苗，防止鸡痘发生，是防止鸡葡萄球菌病发生的重要措施。做好圈舍、用具和饲养环境的清洁、卫生及消毒工作。注意种蛋、孵化器及孵化过程和工作人员的清洁、卫生和消毒工作，防止污染葡萄球菌，引起鸡胚、雏鸡感染或发病。加强对发病鸡群的管理，发现病鸡要立即进行淘汰，对鸡舍要进行紧急消毒，防止疫病发生和蔓延。

**治疗** 本病原对药物极易产生抗药性，在治疗前应做药物敏感试验，选择敏感药物全群给药。治疗中首先选择口服易吸收的药物，当发病后立即全群投药，控制本病流行。选用痢特灵按0.04%拌料，连喂5d，可收到明显效果。通过饲料给药不能使血中药物浓度达到治疗标准时，可经肌肉注射给药。用庆大霉素按每只鸡每千克体重3000~5000单位或卡那霉素按每只鸡每千克体重1000~1500单位肌肉注射，每日2次，连用3d，当鸡群死亡明显减少，采食量增加时，可改用口服给药3d以巩固疗效。新霉素，每千克饲料或饮水加入0.5g，连用5d。对关节炎型病禽可用红霉素，每只每天40mg，或土霉素每只每天55mg，肌注或饮水，连用5d。

# 5.18 禽呼肠孤病毒感染

禽呼肠孤病毒感染可引起鸡多种疾病，包括病毒性关节炎/腱鞘炎、矮小综合征、呼吸道疾病、肠道疾病、吸收障碍综合征和骨质疏松征等。最重要和常见的疾病是病毒性关节炎/腱鞘炎和吸收障碍综合征。患禽生长受阻，发生心包炎、心肌炎、心包积水、肝炎、肠炎，腔上囊和胸腺萎缩，骨短粗或出现急慢性呼吸道病。疾病的表现很大程度上取决于鸡的年龄、病毒的致病型和感染途径。

**(1) 病原**

呼肠孤病毒无囊膜，呈正二十面体对称，有双层衣壳结构。病毒基因组为分节的双股 RNA。

不同的毒株在抗原性和致病性方面有差异，据此可将呼肠孤病毒分类。目前对血清型的划分，具有很大的随意性，不同血清型之间有相当大的交叉中和反应。研究发现呼肠孤病毒经常以抗原亚型，而不是以独特的血清型存在。

本病毒很容易从禽源细胞培养物中分离。常用禽原代细胞，包括鸡胚成纤维细胞、肝、肺、肾、巨噬细胞和睾丸细胞。最常用的是 2～6 周龄雏鸡肾细胞，分离火鸡株时可用火鸡肾细胞。病毒通过卵黄囊或绒毛尿囊膜接种易在鸡胚内繁殖。初次分离以卵黄囊接种为佳，一般 3～5d 后胚胎死亡，因大片皮下出血而使体表呈淡紫色。绒毛尿囊膜接种，通常鸡胚在 7～8d 后死亡，绒毛膜上有隆起的、分散的痘疮样病灶，未死胚胎生长滞缓，肝淡绿色，脾肿大，心脏有病损。

本病毒对环境抵抗力强，能耐受 60℃ 8～10h，－63℃ 10 年以上；对 pH 3 有抵抗力，室温下过氧化氢作用 1h 不能使其灭活；2％苯酚部分灭活病毒，2％甲醛在低温无效；对 2％来苏儿、3％福尔马林、放线菌素 D 等有抵抗力；对乙醚不敏感，对氯仿轻度敏感。70％酒精和 0.5％有机碘可灭活病毒。

**(2) 流行病学**

本病毒流行于鸡、火鸡、鸭、鹦鹉和其他禽类。鸡和火鸡是该病毒引起的关节炎/腱鞘炎的自然宿主。在没有母源抗体的 1 日龄鸡很容易复制本病，如感染年龄较大的鸡，则一般症状较轻且潜伏期较长。

病毒可水平传播也可经卵垂直传播。粪便污染是接触感染的主要来源。幼龄时感染，病毒在盲肠扁桃体和踝关节长时间潜伏，应激发病。

**(3) 临诊症状**

本病多呈隐性经过，死亡率一般低于 2％。急性感染时，可见跛行，有些鸡发育不良。慢性感染跛行显著。病鸡可在 1～3 周内由急性期恢复，也可专变为慢性。病鸡的肉眼病变主要是两腿的炎性水肿。跗关节和胫股关节内经常含有大量的柠檬黄色至棕色血染的液体，有时呈脓性。

1～3 周龄雏鸡吸收障碍的症状包括色素沉着不良、羽毛异常、骨质疏松、生长不匀、粪便中有未消化的饲料及腹泻、死亡率增加等。

病毒性关节炎/腱鞘炎多发生于 4～7 周龄肉鸡，也可发生于 14～16 周龄。主要症状为跗关节上方胫骨和腱束双侧肿大，腱移动受限，表现为不同程度的跛行。继而出现腓肠肌腱破裂，导致采食困难，逐渐消瘦，最后衰竭而死。偶有病鸡看不到关节炎/腱鞘炎的临诊症状，但在屠宰时可见趾屈肌腱区域肿大。这样的鸡群增重慢，饲料转换率低，总死亡率高，屠宰废弃率高，属于不明显感染。

**(4) 病理变化**

病变主要发生于滑膜、腱、关节和心脏。腱鞘明显水肿。

病毒性关节炎/腱鞘炎的自然感染鸡可见到趾屈肌和跖伸肌腱肿胀。踝关节常含有枯草色或带血色的渗出液，有些病例有多量脓性渗出物。踝上滑膜常有出血点。在慢性病例，腱鞘纤维化，肉芽组织包围或取代正常腱。吸收障碍综合征的主要病变是腺胃增大，并可能有出血或坏死，卡他性肠炎，还可能伴有股骨生长板有横向和纵向断裂以及软骨坏死和骨质表面的破碎。

**(5) 诊断**

根据症状和病变可作出病毒性关节炎的初步诊断。用免疫荧光法查到腱鞘有呼肠孤病毒，或用鸡胚或鸡胚肝细胞培养分离病毒阳性，可进一步确诊。病毒的致病性可通过接种1日龄易感雏鸡的足垫得到证实，致病株在接种后72h可诱发爪垫出现明显炎症反应。

该病毒引起的吸收障碍综合征比较难诊断，因为其病变和症状也可由其他致病因子引起。确诊往往需进行病毒分离和鉴定。在分离病原的基础上，利用理化方法或血清学试验进一步对呼肠孤病毒分离物进行鉴定；并用琼脂扩散和病毒中和等试验鉴定特异性病原。

**(6) 防制措施**

禽呼肠孤病毒在禽群中广泛分布，既可垂直传播又可水平传播，同时对环境抵抗力强，使得防制本病十分困难。健康鸡群特别警惕防止引进带毒鸡胚或污染病毒的疫苗。在将感染鸡群清理后，对鸡舍彻底清洗并采用碱溶液和0.5%有机碘液作彻底消毒，这样可防止病毒的水平传播。

因为1日龄雏鸡对呼肠孤病毒最易感，最早在2周龄才开始有年龄相关抵抗力，通常在7日龄左右接种S1133或UMO207株弱毒苗。用活疫苗或死疫苗免疫种鸡是防制本病的有效方法。若1日龄雏鸡接种活疫苗，应注意有些疫苗毒株（如S1133）对同时接种的MD疫苗有干扰作用。灭活疫苗主要用于母鸡，以保证雏鸡体内存有保护性母源免疫力。

## 5.19　禽传染性鼻炎

禽传染性鼻炎是由副鸡嗜血杆菌所引起鸡的一种急性上呼吸道传染病。其主要症状为鼻腔与窦发炎，流鼻涕，脸部肿胀，结膜炎和打喷嚏。可导致鸡产蛋率、孵化率下降，淘汰率增加，从而造成严重的经济损失。

**(1) 病原**

副鸡嗜血杆菌，呈多形性。在初分离时为一种革兰阴性的小球杆菌，两极染色，不形成芽孢，无荚膜，无鞭毛。24h的培养物，菌体为杆状或球杆状，并有成丝的倾向。培养48~60h后发生退化，出现碎片和不规则的形态，此时将其移到新鲜培养基上可恢复典型的杆状或球杆状状态。该病菌分为A、B和C 3个血清型，各血清型不存在交叉保护。

本菌为兼性厌氧，在含5%二氧化碳的大气条件下生长较好。对营养的需求较高，分离菌株需要V因子。在鲜血琼脂或巧克力琼脂上生长良好。培养24h后，形成细小、柔嫩、透明的针尖状小菌落，不溶血。本菌可在血琼脂平板每周继代移植保存，但一般继代移植30~40次后会失去毒力。

本菌的抵抗力很弱，对一般的消毒剂敏感。培养基上的细菌在4℃时能存活2周，在自然环境中数小时即死。对热及消毒药也很敏感，在45℃存活不过6min，但在真空冻干条件下可以保存10年。

**(2) 流行病学**

本病发生于各种年龄的鸡，以育成鸡和产蛋鸡最易感，但有个体的差异性。在较老的鸡中，潜伏期较短，而病程长。

慢性病鸡和康复后的带菌鸡是主要的传染来源，通过飞沫经呼吸道感染。也可通过被污染的饲料、饮水和饲养用具经消化道感染。病鸡及隐性带菌鸡是传染源，而慢性病鸡及隐性带菌鸡是鸡群中发生本病的重要原因。雉鸡、珠鸡、鹌鹑偶然也能发病，但病的性质与鸡不同，具有毒性反应。

本病的发生与一些能使机体抵抗力下降的诱因密切有关。如鸡群拥挤，不同年龄的鸡混群饲养，通风不良，鸡舍内闷热，氨气浓度大，鸡舍寒冷潮湿，缺乏维生素 A，受寄生虫侵袭等都能促使鸡群严重发病。鸡群接种禽痘疫苗引起的全身反应，也常常是传染性鼻炎的诱因。本病多发生于秋冬季，气候冷、潮湿、鸡群密度过大等都是促进本病发生的诱因。

**(3) 临诊症状**

本病发病率较高，病程一般为 2 周，死亡率较低，尤其是在流行的早、中期鸡群很少有鸡只死亡。但在鸡群恢复阶段，死淘率增加，但不见死亡高峰。

鸡群感染后 1~5d 开始出现症状，鼻青眼肿、痛苦流涕是本病的特征性症状。初期病鸡表现为发热、精神不振、食欲减退、有时下痢；稍后鼻腔与鼻窦发炎，喷嚏、流出稀薄水样鼻液；然后鼻液逐渐浓稠并带有难闻的臭味，干燥后在鼻孔周围凝固成黄色结痂，造成病鸡呼吸困难，张口伸颈，不断摇头；继而出现眼结膜炎和颜面部肿胀，严重者整个头部水肿，眼垢黏着眼睑，造成一时性失明；后期病鸡食欲减少或废绝，呼吸困难、消瘦、下痢、产蛋量下降。

病程一般为 4~8d，当缺乏营养或感染其他疾病时，则病程延长、病情加重、病死率也增高。该病导致仔鸡生长不良，成年母鸡产卵减少，公鸡肉髯常见肿大。

**(4) 病理变化**

由于本病常与鸡慢性呼吸道疾病、鸡大肠杆菌病、鸡白痢等混合感染，导致病理剖检变化比较复杂多样，有的死鸡具有一种疾病的主要病理变化，有的鸡则兼有 2~3 种疾病的病理变化特征。具体地说，在主要病变为鼻腔和窦黏膜呈急性卡他性炎，黏膜充血肿胀，表面覆有大量黏液，窦内有渗出物凝块，后成为干酪样坏死物。常见卡他性结膜炎，结膜充血肿胀。脸部及肉髯皮下水肿。严重时可见气管黏膜炎症，偶有肺炎及气囊炎。

**(5) 诊断**

根据本病流行特点、特征性症状和病理变化可以怀疑本病。定性需实验室诊断。

**涂片镜检**  取病鸡鼻窦分泌物抹片，经革兰染色后镜检，为革兰阴性的短杆菌，单个或成对排列，大小为 1~3μm。以美蓝染色时两极浓染。

**分离培养及生化试验**  无菌取病鸡鼻窦内分泌物，在鲜血琼脂平板上划线，然后用葡萄球菌与原先的划线做垂直交叉接种，将划种好的平皿置于 5% 的二氧化碳培养箱中 37℃ 培养 18~24h(或经 37℃ 烛缸培养 24~48h)。若鲜血琼脂培养基上出现"卫星样"生长的露滴状、针头大小的小菌落，即靠近产 NAD 表皮葡萄球菌线处菌落较大，直径可达 0.3mm，远离产 NAD 表皮葡萄球菌线菌落越小，过氧化氢酶阴性，结果判为阳性。

**动物接种试验** 取病鸡眼分泌物,分别注入正常小鸡眶下窦内和豚鼠腹腔内48h后观察接种的小鸡和豚鼠,结果是在小鸡面部出现肿胀、流鼻涕等症状。豚鼠无任何不良症状。

**血清学诊断** 感染1周以后可以采用血清平板凝集试验进行诊断,2周后可以采用琼脂扩散试验、间接酶联免疫吸附试验和阻断ELSIA进行诊断,3周后以上各种检查抗体的方法均可使用。

(6)防制措施

**加强饲养管理** 引种时要注意种鸡场有无传染性鼻炎病史,不购买传染性鼻炎康复种鸡的后代和疫区内的育成鸡。提倡全进全出的饲养模式。清除感染鸡或康复鸡,远离老鸡群进行隔离饲养是预防和控制本病的理想措施。禁止不同日龄的鸡混养。清舍之后要彻底进行消毒,空舍一定时间后方可让新鸡群进入。同时做好鸡舍的防寒保暖工作,合理调整饲养密度,饲喂全价配合饲料,保证维生素和微量元素的供给,以增强鸡体抗病力。

**免疫接种** 疫苗免疫接种是目前控制本病的主要措施。于25~50日龄A-C型二价油乳剂灭活苗,注射首免;于110~120日龄A-C型二价油乳剂灭活苗,注射二免。

**药物治疗** 多种磺胺和抗生素对本病均有疗效。常用的药物有复方新诺明、磺胺增效剂、链霉素、红霉素、卡那霉素、氯霉素、泰乐菌素等。对大群可采用饮水、拌料给药方法。对不吃不饮的病鸡应用注射给药法,一般选用链霉素治疗,并注意连续给药和交替用药,可提高疗效。

## 5.20 禽脑脊髓炎

禽脑脊髓炎又称流行性震颤,是主要侵害幼鸡的一种病毒性传染病,以运动失调和头颈部震颤为特征。产蛋鸡可出现一时性产蛋急剧下降。

(1)病原

该病毒为RNA病毒,属于肠道病毒属,无囊膜,无血凝性。只有一个血清型,但毒株的毒力及对器官的亲嗜性则有所不同,多数为嗜肠型,少数为嗜神经型。病毒可抵抗氯仿、酸、胰酶、胃蛋白酶和DNA酶。在二价镁离子保护下可抵抗热效应,56℃ 1h稳定,在外界环境中可存活4周。

该病毒能在无免疫性母鸡所产的卵,孵化的鸡胚脑部和卵黄囊中增殖,也可在神经胶质细胞、鸡胚肾细胞、鸡胚成纤维细胞和鸡胚胰细胞等细胞培养物上生长繁殖,一般见不到致细胞病变现象。通常野毒株可在易感鸡胚卵黄囊上发育,但对鸡胚是非致死性的,病毒在鸡胚上连续传代可适应鸡胚,多次传代后将失去其毒力,感染鸡胚脑中的病毒滴度最高,并产生少许细胞病变。

(2)流行病学

鸡、雉、野鸡、火鸡、鹌鹑和珍珠鸡等均可自然感染。鸡对本病最易感,各个日龄均可感染,主要侵害1~3周龄雏鸡,并引起发病,母鸡也可感染发病,但无明显的神经症状,而以产蛋率下降为主症。

病禽通过粪便排出病原，污染饲料、饮水、用具、人员，发生水平传播。产蛋鸡感染后，一般无明显临诊症状，但在感染急性期可将病毒排入蛋中，这些蛋虽然大都能孵化出雏鸡，但雏鸡在出壳时或出生后数日内呈现症状。这些被感染的雏鸡粪便中含有大量病毒，可通过接触感染其他雏鸡，造成重大经济损失。

本病一年四季均可发生，以冬春季节稍多。发病及死亡率与鸡群的易感鸡多少、病原的毒力高低，发病的日龄大小而有所不同。雏鸡发病率一般为40%~60%，死亡率10%~25%。成年鸡感染无明显的临诊症状，可出现短时间(1~2周)产蛋下降，下降幅度在5%~15%，其后可逐渐恢复。

(3) 临诊症状

经鸡胚感染的雏鸡潜伏期为1~7d，经接触感染的潜伏期为10~30d，通常是在1~3周龄发病，但有神经症状的病雏大多在发病后的1~2周后出现。

病雏最初表现为精神差，眼神呆钝不愿走动，继而出现共济失调，以跗关节或胫部行走。后见雏鸡精神沉郁，运动严重失调逐渐麻痹和衰竭。肌肉震颤大多在出现共济失调之后才发生，在腿、翼，尤其是头颈部可见明显的阵发性震颤。部分存活鸡可见一侧或两侧眼的晶状体蓝色混浊或褪色，视力减退或失明。最后因饮食不足而衰竭死亡。

(4) 病理变化

病鸡无特征性肉眼病理变化，腺胃的肌层有细小的灰白区，个别雏鸡可发现小脑水肿，有时可见患病雏鸡眼角膜有一定程度的蓝色混浊。

(5) 诊断

根据疾病仅发生于3周龄以下的雏鸡，无明显肉眼变化，偶见脑水肿，而以瘫痪和头颈震颤为主要症状，一般化学药物治疗无效，蛋鸡曾出现一过性产蛋下降等，即可作出初步诊断。确诊需进行实验室诊断。

**血清学诊断**　琼脂扩散试验及ELISA。

**鸡胚接种与孵化试验**　将自然发病雏鸡脑组织悬液以0.2mL，接种5~7日龄鸡胚，观察鸡胚发育及出壳后10d内雏鸡的病变情况。有症状时，取病鸡脑、胰腺和腺胃进行组织学检查或用荧光抗体法检查病原。

**鉴别诊断**　临诊上应与新城疫、维生素$B_1$、维生素$B_2$、维生素E缺乏症等相鉴别。倒提患新城疫的病鸡时从口中流出充满酸臭液体。患维生素$B_1$缺乏症的病禽表现出两脚发软、无力，步态不稳，共济失调，扭头、无目的的奔跑，阵发性的抽搐、痉挛或呈观星姿势。患维生素$B_2$缺乏症的病禽的症状为消化功能障碍，厌食、废食、下痢、羽毛缺乏光泽，趾爪向内卷曲，常以跗关节着地负重而行，严重病例双腿呈"劈叉状"张开，部分病禽急性死亡。患维生素E缺乏症的病鸡主要特征是发生脑软化症、渗出性素质和白肌病等。

(6) 防制措施

本病尚无有效的治疗方法，主要是做好预防工作。不到发病鸡场引进种蛋或种鸡。平时加强饲养管理，严格执行兽医卫生防疫措施。发病鸡群扑杀并作无害化处理。

禽脑脊髓炎的疫苗有两类，活疫苗和灭活疫苗。活疫苗又分为两种，一种活毒疫苗是与鸡痘弱毒疫苗制成二联苗，一般于10周龄以上至开产前4周之间进行翼膜刺种；另一种用 1143 毒株制成的活疫苗可饮水、滴鼻或点眼，在 8~10 周龄及产蛋前 4 周进行接种。灭活疫苗免疫开产前种鸡，产生的母源抗体可保护 2 周龄内仔鸡不发生感染。商品蛋鸡也可接种灭活疫苗，预防感染该病毒后引起的一过性产蛋下降。

## 5.21 鹅副黏病毒病

鹅副黏病毒病（APM）是由鹅副黏病毒（APMV）引起的一种急性、高度接触性传染病。该病以肠道糠麸样溃疡、胰腺肿胀且表面有灰白色坏死灶、脾脏肿大并有大小不等的灰白色坏死灶为主要特征。

**(1) 病原**

该病病原是副黏病毒科副黏病毒属的鹅副黏病毒。圆形有囊膜、大小不一，平均直径 120nm。表面有纤突结构，具有血凝素和神经氨酸酶。基因组为单股负链 RNA。病毒的抵抗力较弱，阳光照射、腐败、干燥环境、室温以上温度下均容易灭活。在低温、阴湿条件下生存较久。绒尿液中的病毒在冻结条件下可以存活 1 年以上。常用消毒药可在数分钟内灭活病毒。病毒存在于病鹅的肝脏、脾脏、肾脏、胰脏、脑以及消化道、气管的分泌物和排泄物中。

**(2) 流行病学**

各种品种、不同年龄的鹅都能发病，但雏鹅发病率和死亡率较高，雏鹅死亡率可达 100%，一般发病率在 30%，死亡率在 10%。鸡对该病原易感，鸭不易感。该病的发生、流行无明显的季节性，一年四季均可发生，但以农村养鹅高峰的春夏季多发，常引起地方性流行。从疫区引进带毒鹅是发病的重要原因，病鹅胴体、内脏、排泄物、分泌物以及污染的饲料、水源、草地和用具均能传播病原。可经消化道、呼吸道或者损伤的皮肤黏膜传播，该病也可垂直传播。

**(3) 临诊症状**

病鹅初期精神不振，采食、饮水减少，拉白色、水样稀便。部分病鹅时常甩头，并发出"咕咕"的咳嗽声。病情加重后，病鹅双腿无力，蹲伏地上或跛行。减食或拒食，体重减轻，漂浮水面。后期病鹅极度衰弱，浑身打战，眼睛流泪，眼眶及周围羽毛被泪水湿润，有时鼻孔流出清水样液体，最终病鹅相互拥挤在一起，远离其他尚能行动的鹅，并渐渐衰竭而死。后期部分幸存的病鹅有扭颈、仰头或转圈等神经症状。发病后 6~7d 好转，9~10d 康复。产蛋的鹅停产，经过疫苗注射可以恢复产蛋。重症病鹅及病死鹅泄殖腔周围羽毛常沾染大量白色粪便。

**(4) 病理变化**

剖检可见病鹅头部皮肤淤血，有胶冻样浸润；食道黏膜，尤其是下端有散在芝麻大小灰白色或淡黄色结痂；肝脏肿大、淤血、质地较硬、有大小不一白色坏死灶；胰腺出血并可见实质中有粟粒大小白色坏死点；脾脏肿大、淤血、有坏死灶；肾脏肿大，色淡；腺胃黏膜水肿增厚，黏膜下有白色坏死或溃疡，部分病鹅腺胃及肌胃充血、出血；盲肠扁桃体肿大，明显出血；十二指肠、空肠、回肠、结肠黏膜有淡黄色或灰白色芝麻大至豌豆大痂块，剥离后，呈出血面或溃疡面，部分病鹅肠道黏膜呈块状或广泛的针尖样出血，肠道病变以小肠下段的回肠部分最多见；脑表现非化脓性脑炎变化。

(5)诊断

根据流行病学、临诊症状和病理变化可作出初步诊断，确诊需要进行实验室检查。可采用鸡胚接种、雏鹅感染以及 HI 和 HA 等试验确诊本病。

**鸡胚接种试验**　取 11~12 日龄的 SPF 鸡胚或 12~14 日龄的非疫区鹅胚，于绒尿腔接种内脏或脑组织研磨病料 0.2mL，接种胚一般在接种后 36~48h 内死亡。之后无菌取胚胎病变典型的绒尿液，冷冻保存，用于病毒鉴定。

**雏鹅感染试验**　与自然感染的成年鹅或雏鹅一致。消化道病变突出，从食管到直肠，黏膜出血。实质器官的病变以脾脏较大的圆形白色坏死灶、胰腺较小的白色坏死灶等为特征。

**血凝和血凝抑制试验**　用 1% 健康鸡的红细胞悬液对收集的鸡胚或鹅胚尿囊液做血凝试验，用鹅副黏病毒阳性血清做血凝抑制试验，如果出现血凝抑制现象，说明该病为鹅副黏病毒病。

(6)防制措施

**预防措施**　①隔离饲养。鹅场、鹅舍要选择远离交通要道、畜禽交易场所、屠宰场等地方，同时鹅群与鸡群最好不要同时饲养，避免相互传染。实行全进全出制，避免不同日龄鹅混养，防止疫病传播。②严格检疫。不从疫区引进或购买雏鹅和种鹅。引进雏鹅或种鹅之后要进行免疫监测或立即接种疫苗，隔离饲养 15d 以上，证实无病后方可合群饲养。种蛋应来自健康无病的鹅群，且对购进的种蛋必须严格消毒后入孵，出孵的雏鹅立即接种疫苗，隔离饲养 1 周证实无病后再混养，要坚持自繁自养。③做好疫苗防疫。接种疫苗是预防鹅副黏病毒病的主要措施，可使用鹅副黏病毒油乳剂灭活疫苗或新城疫疫苗进行免疫接种。

**发病后的措施**　①封锁、隔离和消毒。一旦鹅群发病，首先采取封锁，要将未出现症状的鹅隔离于清洁无污染的场地饲养，及时隔离病鹅，死鹅焚烧深埋。可应用百毒杀、强力灭杀王(稳定性次氯酸钠溶液)、双季铵盐络合碘液等对鹅舍内、外环境及用具进行彻底消毒。加强饲养管理，及时清除粪便，做好无害化处理，保持鹅舍干燥通风和保暖。②紧急预防接种。当周围鹅群或同群发生鹅副黏病毒病时，对假定健康鹅群紧急接种鹅副黏病毒油佐剂灭活疫苗或新城疫疫苗。③治疗方法。本病目前治疗尚无特效药物。对发病鹅群使用鹅副黏病毒高免血清或高免卵黄抗体进行紧急治疗。

# 复习思考题

## 一、填空题

1. 鸭传染性浆膜炎的病原体是_____。
2. 鸭传染性浆膜炎的病变特征为纤维素_____、_____、_____。
3. 禽曲霉菌病的病变特征在组织器官中，尤其是_____和_____发生炎症和形成小结节。多发生于_____，常呈急性暴发。
4. 传染性支气管炎有_____个类型、_____型、_____型和_____型。

5. 鸡传染性贫血是由_____引起的鸡以_____和_____为特征的传染病。

6. 传染性法氏囊病主要病理变化是_____条纹状出血，法氏囊前期_____，后期_____，肾_____。

7. 鸡毒支原体病即可_____传播，也可_____传播。

8. EDS76主要侵害_____周龄的鸡，多是因_____应激而发病。

9. 鸭病毒性肝炎的病变特征是_____和_____。临诊特点为_____。

10. 小鹅瘟主要侵害_____日龄雏鹅，传播快，病死率高。在自然条件下成年鹅的感染无症状，但可_____。

11. 番鸭细小病毒只发生于_____，而小鹅瘟即可发生于鹅也可发生于_____。

12. 马立克氏病临床上一般可分为_____，_____，_____和_____共4个类型。

二、判断题

1. 鸡毒支原体病不能垂直传播。

2. 泰乐菌素治疗鸡慢性呼吸道病效果较好。

3. 鸡传染性支气管炎可经呼吸道或消化道感染。

4. 磺胺类药物对鸡传染性支气管炎治疗效果较好。

5. 新城疫中毒型毒株，仅在易感的幼龄鸡造成致死性感染。

6. 鸽可以感染新城疫，并造成大批死亡。

7. 雏鸡感染传染性法氏囊病后，可导致免疫抑制，使多种疫苗免疫失败。

8. 成年鸡感染传染性法氏囊病后可发生暂时性产蛋下降，但不出现其他症状。

9. 预防小鹅瘟的有效方法是免疫种鹅。

10. 新城疫病毒上有血凝素，因此有血凝性。

三、简答题

1. 怎样防治马立克氏病？

2. 试述禽曲霉病的防治要点。

3. 试述鸭传染性浆膜炎的临诊症状和病变的主要特征。

4. 试述新城疫的主要症状和病变特征。

5. 鸡群发生传染性喉气管炎后应采取哪些措施？

6. 试述传染性支气管炎诊断要点。

7. 试述发生鸭瘟后应采取的扑火措施。

8. 小鹅瘟的防制措施有哪些？

9. 小鹅瘟有哪些特征性的临诊症状和病理变化？

10. 传染性法氏囊病的防制措施有哪些？

# 第 6 章 牛羊传染病

## 6.1 牛副结核病

副结核病(paratuberculosis)，也称副结核性肠炎，是由副结核分枝杆菌(*Mycobacterium paratuberculosis*)引起牛的一种慢性传染病，偶见于羊、骆驼和鹿。患病动物的临诊特征表现为慢性卡他性肠炎、顽固性腹泻，致使机体极度消瘦；剖检可见肠黏膜增厚并形成皱襞。

**(1) 病原**

副结核分枝杆菌属分枝杆菌属，革兰染色阳性，长 0.5～1.5μm，宽 0.3～0.5μm，抗酸染色呈阳性。该菌主要存在于患病动物及隐性感染动物的肠壁黏膜、肠系膜淋巴结及粪便中，多成团或成丛排列。此菌初代分离比较困难，接种在含有结核分枝杆菌素的不同培养基上，通常在 5～14 周内能够观察到副结核分枝杆菌的菌落。在 Herrold 氏培养基的最初菌落直径 1mm、无色、透明，呈半球状，边缘圆而平，表面光滑；当继续培养时，菌落增大可达 4～5mm，颜色变暗，表面粗糙，外观呈乳头状。

此菌对热和消毒药的抵抗力较强，在污染的牧场、厩肥中可存活数月至 1 年，直射阳光下可存活 10 个月，但对湿热的抵抗力弱，60℃ 30min、80℃ 15min 即可将其杀灭。此外，3％～5％苯酚溶液、5％来苏儿溶液、4％福尔马林溶液 10min 可将其灭活，10％～20％漂白粉乳剂 20min，5％氢氧化钠溶液 2h 也可杀灭该菌。

**(2) 流行病学**

副结核分枝杆菌主要感染牛，特别幼年牛更易感染发病。除牛外，绵羊、山羊、骆驼、猪、马、驴、鹿等也有感染的报道。

病牛和隐性感染牛是传染源，它们可通过乳汁、粪便和尿排出大量的病原菌。由于该菌的抵抗力较强，可在外界环境中存活很长时间，污染用具、草原、饮水和草料等，通过消化道而侵入健康动物体内引起感染，也有材料证实通过皮下和静脉接种可感染本病；怀孕母牛可经胎盘传染给犊牛。多数牛在幼龄时感染，经过很长的潜伏期，到成年时才表现出临诊症状。饲料中缺乏矿物质能促进疾病的发展。

本病的流行特点是发展缓慢，发病率不高，病死率高，并且一旦在牛群中出现则很难根除。在污染牛群中病牛数目通常不多，各个病例的发生和死亡间隔较长，因此本病表面上看似呈散发性，实际上则为一种地方流行性疾病。感染牛群的死亡率可达2%～10%，偶尔可增高到25%。

**(3)临诊症状**

本病的潜伏期很长，可达6～12个月，甚至更长。有时幼年牛感染直到2～5岁时才表现出临诊症状，当牛怀孕、分娩、泌乳或营养缺乏等诱因存在时更容易发病。该病的病程很长，为典型的慢性传染病。发病初期往往没有明显的症状，以后症状逐渐明显，出现间歇性腹泻，逐渐变为经常性的顽固性腹泻。粪便稀薄、恶臭，可带有气泡、黏液，后期有血液凝块。早期食欲、精神都还正常，以后食欲减退，逐渐消瘦，眼窝下陷，经常躺卧，不愿走动。泌乳逐渐减少，最后完全停止。皮肤粗糙，被毛粗乱，下颌及垂皮水肿。体温常无明显变化。有时病情可能一度好转，腹泻停止，排泄物正常，体重也有所恢复，但随后可能再度发生腹泻。如给予多汁饲料可加重腹泻症状。如腹泻不止，一般经3～4个月因腹泻衰竭而死。

绵羊和山羊患本病时症状与牛相似，潜伏期也很长，达数月至数年。体温、食欲基本正常，但病羊体重逐渐减轻，出现间歇性或持续性腹泻，个别病羊的粪便只是变软。经数月后逐渐消瘦、脱毛、衰弱，病程末期可并发肺炎。羊群的发病率在1%～10%，多数以死亡为转归。

**(4)病理变化**

**剖检变化** 可见病牛尸体极度消瘦，主要的病理变化位于消化道和肠系膜淋巴结。空肠、回肠和结肠前段，尤其是回肠，其浆膜和肠系膜显著水肿，肠黏膜增厚达3～20倍，并形成明显的皱褶。黏膜呈黄色或灰黄色，皱褶突起处呈充血状，并附有黏稠而混浊的黏液，但通常无结节、坏死或溃疡病灶。有时从外表观察肠道并无明显变化，切开后则可见肠壁明显增厚。浆膜下淋巴管和肠系膜淋巴管肿大呈索状，淋巴结切面湿润，表面有黄白色病灶，有时则有干酪样病变。

**组织学变化** 主要是小肠黏膜固有层和黏膜肌层下方出现大量的增生细胞，其中以淋巴细胞、上皮样细胞、多核朗罕氏巨细胞为主。肠绒毛的固有层内细胞大量增殖，绒毛畸形伸展呈弯曲状态，并可见大量绒毛脱落。

病羊尸体的病理剖检变化与牛基本一致。

**(5)诊断**

根据该病的流行病学、临诊症状和病理变化，一般不难作出初步诊断。但顽固性腹泻和渐进性消瘦也可见于其他疾病，如冬痢、沙门菌病、内寄生虫病、肝脓肿、肾盂肾炎、创伤性网胃炎、铅中毒、营养不良等，因此必须进行实验室的鉴别诊断。

**病原学检查** 对出现临诊症状的病牛，最好直接取粪便中的黏液、直肠黏膜及其刮取物，或取病牛尸体回肠末端与附近肠系膜淋巴结或回盲瓣附近的肠黏膜制成涂片，经萋-尼氏抗酸染色法染色后镜检，如见有抗酸性着色的细小杆菌，成堆或丛状排列，则可诊断为本病。但应注意与肠道中非病原性抗酸菌区别，后者虽抗酸菌染成红色，但较粗大、不成团或成丛排列。如检查多个视野不见抗酸菌，也不能作出否定的诊断，必要时进行副结核分枝杆菌的分离培养。也可应用PCR方法扩增病料中副结核分枝杆菌的特异性序列进行诊断。

**变态反应诊断**　对于没有临诊表现或症状不明显的动物，可以用副结核菌素或禽型结核菌素作皮内变态反应检查。方法是取上述菌素 0.2mL 注射于待检动物颈侧皮内，48h 后检查结果，凡出现皮肤弥漫性肿胀、有热疼表现、皮肤增厚 1 倍以上者即可判为阳性。对于可疑动物和阴性动物，于同处再注射同剂量的变应原，经 24h 后检查判定。

**血清学试验**　补体结合反应是最早用于本病诊断的血清学方法。该方法与变态反应一样，可在病牛还没有出现临诊症状之前检出病牛，而且补体结合抗体消失的时间比变态反应慢，因而检出率更高，但有出现假阳性反应的缺点。此外，也可用 ELISA 方法进行诊断。

该病检疫时的具体操作程序和结果判定方法可参见动物检疫规程。

**(6) 防制措施**

本病尚无特效的治疗药物。预防应在加强饲养管理、搞好环境卫生和消毒的基础上，强化引进动物的检疫。无该病的地区或养殖场禁止从疫区引进种牛或种羊，必须引进时则应进行严格检疫，确认健康无本病时方可混群。该病污染的地区或养殖场，应在随时观察和定期临诊检查的基础上，每年定期进行 4 次（间隔 3 个月）变态反应或 ELISA 检疫，连续 3 次检疫不出现阳性反应时，可视为健康牛群。检疫阳性动物应根据不同情况采取不同方法处理，即有明显临诊症状的开放性病牛或细菌学检查阳性的病牛应及时捕杀处理，但对妊娠后期动物则可在严格隔离、保证不散播病菌的前提下于产犊后 3d 捕杀处理；对变态反应阳性牛，要采取集中隔离、分批淘汰的方法。隔离期内要加强临诊检查和细菌学检查，发现有临诊症状或细菌学检查阳性者，及时扑杀处理；变态反应疑似动物，应每隔 15～30d 检疫 1 次，连续 3 次检查的疑似牛按阳性处理。在检疫的基础上，应加强环境消毒，切断该病的传播途径。

病牛用过的圈舍、栏杆、饲槽、用具、绳索和运动场等，要用生石灰、来苏儿、氢氧化钠、漂白粉、石炭酸等消毒药进行喷雾、浸泡或冲洗消毒。粪便应堆积高温发酵后用作肥料。

关于副结核病的人工免疫，国内外学者都进行过很多研究，均未获得满意的成果。但也有弱毒菌苗和灭活油佐剂苗试验应用的报道。

## 6.2　羊梭菌性疾病

羊梭菌性疾病（clostridiosis of sheep）是由梭状芽孢杆菌属（*Clostridium*）中多种梭菌引起羊的一类传染病。本病包括羊快疫、羊肠毒血症、羊猝狙、羊黑疫（传染性坏死性肝炎）、羔羊痢疾等。临诊上以发病急速、病程短促和病死率高为特征。

### 6.2.1　羊快疫

羊快疫是由腐败梭菌引起羊的一种急性传染病。以发病突然，病程短促，多呈急性死亡，真胃黏膜呈出血性、坏死性炎症为特征。本病流行于世界各国。

**(1) 病原**

本病的病原菌为腐败梭菌，革兰染色阳性。菌体呈杆状，两端钝圆，大小（3.1～

4.1)μm×(1.1～1.6)μm。幼龄培养物中的菌体无荚膜，周身有鞭毛，能运动。在机体内外可形成芽孢，芽孢成卵圆形，膨大，略大于菌体，位于菌体中央或近端。培养物和病料中的菌体单在或二三个相连，有的呈无关节长丝状。此种无关节呈丝状的，在肝被膜触片易发现。

本菌为专性厌氧菌，在血液琼脂平皿中培养第 2 天长成菌落，稍隆起、灰白、边缘厚薄不齐，菌落外有溶血区。在深层马丁琼脂平板内形成致密的小绒球状菌落。在厌氧肉肝汤中培养 16～24h 后呈一致混浊生长、产气，48h 培养基透明，菌体下沉，堆积于肝块周围及管底形成多量絮状灰白色沉淀。能产生硫化氢。能还原硝酸盐、液化明胶。对葡萄糖、麦芽糖、乳糖、牛乳糖、果糖及水杨苷产酸、产气；对蔗糖、甘油、木糖、甘露醇、菊淀粉等都不产酸。

本菌能产生溶血性毒素和致死性毒素，主要是 4 种毒素，即 α、β、γ、δ。α 毒素是一种卵磷脂酶，具有坏死、溶血和致死作用；β 毒素是一种脱氧核酸酶，具有杀白细胞作用；γ 毒素是一种透明脂酸酶；δ 毒素是一种溶血素。

一般消毒药均能杀死腐败梭菌繁殖体，3％福尔马林溶液能在 10min 内将其杀死。可用 20％漂白粉、3％～5％氢氧化钠进行消毒，效果很好。

**(2)流行病学**

绵羊易感性最高，多见于 6～18 月龄，营养中等以上的绵羊发病较多。山羊和鹿也能感染，但发病少。

腐败梭菌主要存在于低洼潮湿草地、熟耕地、污水及人畜的粪便中，常以芽孢形式污染土壤、牧草、饲料和饮水成为传染源，消化道感染是主要的传播途径。芽孢经口进入并存在于消化道，但并不发病，当受到不良因素的影响时，如在秋冬和初春气候骤变、阴雨连续时，羊若感冒或采食不当，机体受到刺激，抵抗力下降，此时腐败梭菌则大量繁殖，并生产外毒素，其中的 α 毒素使消化道黏膜特别是真胃黏膜发生坏死和炎症，同时毒素随血液进入体内，刺激中枢神经系统，引起急性休克，使病羊急速死亡。该病具有明显的地方流行性特点。

**(3)临诊症状**

潜伏期 12～72h。根据临诊症状和病程可分为最急性型和急性型。

**最急性型** 常见于放牧时死于牧场或早晨羊圈中。病羊采食和反刍突然停止，磨牙，腹痛，呻吟。四肢分开，后躯摇摆，呼吸困难，口鼻流出带泡沫液体。痉挛倒地，四肢呈游泳状运动，一般出现症状 2～6h 死亡。

**急性型** 病羊初期精神沉郁，食欲减退，虚弱，运动失调，离群喜卧，排粪困难，相继出现卧地不起，腹部膨胀，呼吸迫促，眼结膜充血，呻吟流涎。排黑色软粪或稀粪，内混有黏液或脱落的黏膜，呈带血的黑绿色稀便。体温一般不高，心动过速，在濒死时呼吸困难，当体温上升到 40℃ 以上时，多数在 1d 内死亡。

**(4)病理变化**

尸体腹部膨胀，口、鼻流出白色泡沫，口内留有食物。新鲜尸体的主要病变为真胃出血性炎症变化显著，尤其是胃底部和幽门附近黏膜有大小不等的出血斑，表面坏死，黏膜下组织水肿甚至形成溃疡，具有一定的诊断意义。胸、腹腔和心包大量积液，暴露于空气中易于凝固。心内外膜和左心室有点状出血。胆囊多肿胀，胆汁充盈。肠道和肺浆膜下可见到出血。有的回肠及盲肠有块状出血，甚至有坏死和溃疡，少数病例的肠系膜充血和淋巴结充血肿大。如病羊死后未及时剖检，则尸体迅速腐败。

**(5)诊断**

本病的最急性型病例，在生前难以作出诊断。急性型根据临诊症状、病理变化特点等可初步作出诊断。但确诊应做实验室检查。

**细菌形态学检查** 采取尸体肝脏，做肝表面触片，用瑞氏或美蓝染色镜检时，除见有两端钝圆、单在或短链的粗大杆菌外，还可观察到无关节的长丝状菌。其他脏器涂片有时也可发现。但并非所有病例都能发现这种特征表现。

**分离培养** 从疑似病羊尸体采取病料接种于葡萄糖鲜血琼脂和肝片肉汤进行厌氧培养，分离鉴定腐败梭菌。

**动物接种试验** 在动物死后1h以内，采取死后羊的心血、肝、脾等样品进行细菌分离。将培养物对小鼠肌肉注射，最小致死量一般为1/50～1/400mL，对豚鼠为1/10～1/400mL。观察动物死亡情况。

也可采取尸体的心血或脏器制成悬浮液，离心取上清肌肉注射小鼠或豚鼠，于24h内引起死亡，及时取样进行细菌分离、鉴定，可获得比较好的结果。

**鉴别诊断** 参见表6-1。

表6-1 肠毒血症、快疫、猝狙、黑疫和炭疽的主要区别

| 病名 | 病理变化 | 病原菌 | | | | | | |
|------|---------|------|------|------|------|------|------|------|
| | | 菌名 | 对氧态度 | 菌形 | 运动性 | 菌落 | 溶血 | 牛奶 |
| 肠毒血症 | 软肾 | 产气荚膜梭菌D型 | 厌气 | 血液、内脏多无菌 | — | 圆形光滑 | 双环 | 爆烈发酵 |
| 快疫 | 皱胃出血性炎症 | 腐败梭菌 | 厌气 | 肝脏压片长丝状 | + | 弥散生长 | + | 缓慢凝固 |
| 猝狙 | 溃疡性肠炎 | 产气荚膜梭菌C型 | 厌气 | 血液、内脏多无菌 | — | 圆形光滑 | 双环 | 爆烈发酵 |
| 黑疫 | 坏死性肝炎 | 水肿梭菌B型 | 厌气 | 肝切面可见大杆菌 | + | 不整形 | + | 几天作用 |
| 炭疽 | 脾肿 | 炭疽杆菌 | 需气 | 血液片中见荚膜杆菌 | — | 粗糙 | — | 陈化 |

**(6)防制措施**

**预防措施** 因本病发病快、病程短，往往来不及治疗而死亡，预防时，必须采取加强饲养管理等综合防疫措施。在本病常发地区，每年可定期注射"羊快疫-猝狙-肠毒血症"三联苗或"羊快疫-猝狙-肠毒血症-羔羊痢疾-黑疫"五联苗，皮下或肌肉注射5mL，免疫期三联苗为1年，五联苗为半年。

**治疗** 发生本病后应及时隔离病羊，对病程长者用青霉素、磺胺类药物进行治疗。对未发病羊只，应转移到高燥地区放牧，加强饲养管理同时用菌苗紧急接种。

## 6.2.2 羊肠毒血症

羊肠毒血症又称类快疫或软肾病，是由D型产气荚膜梭菌在羊的肠道内大量繁殖产生毒素所致的一种急性毒血症。临床上以发病急，病程短，腹泻，惊厥，麻痹和突然死亡，死后肾脏多软化如泥为特征。

**(1) 病原**

病原体为D型产气荚膜梭菌，又称魏氏梭菌，属于梭菌属的成员。多存在于土壤及病羊的肠道和粪便中，在健康动物的肠道中也有发现。

本菌的形态为两端钝圆，呈方形或圆形，短粗大杆菌。长 $4\sim8\mu m$，宽 $1\sim1.5\mu m$，多为单个存在，有时成双排列。无鞭毛和运动性。在动物体内能形成荚膜，能产生与菌体直径相同的卵圆形芽孢，芽孢位于菌体的中央或近端。人工培养基中呈多形性，有似球形，还有丝状的，形成芽孢，位于菌体中心或偏端，使菌体膨胀。革兰染色阳性，但陈旧的培养物可能为阴性。

本菌为厌氧菌，但对厌氧要求并不严格。本菌在牛奶培养基中培养可凝固牛乳，产生气体，可使牛乳暴烈发酵。在蛋白胨肉肝汤内发育迅速，培养 $5\sim6h$ 呈一致混浊，并产生气体，$24h$ 后培养物开始下沉，$48h$ 液面形成清亮薄层，$72h$ 全沉于管底。在葡萄糖血液琼脂上形成中央隆起、表面有放射状条纹、边缘锯齿状、灰白的、半透明的大菌落，菌落周围有棕绿色溶血区，有时出现双层溶血环，内环透明为β-型溶血、外环为α型溶血能液化明胶。产生硫化氢，还原硝酸盐，分解葡萄糖、乳糖、麦芽糖、单乳糖产酸产气。

D型产气荚膜梭菌可产生A、B、C、D、E 5种外毒素，主要产C型毒素。

本菌的芽孢对热抵抗力较弱，在 $100℃$ 加热 $20min$，其繁殖体在 $60℃$ 加热 $15min$ 即可杀死。常用的消毒药能杀死产气荚膜梭菌的繁殖体，但芽孢抵抗力较强。消毒时常用 $0.1\%$ 升汞、$3\%$ 福尔马林液、$20\%$ 漂白粉、$3\%\sim5\%$ 氢氧化钠溶液等。

**(2) 流行病学**

绵羊易感性高，多发生于 $2\sim12$ 月龄膘情好的成年羊及羔羊。山羊、鹿也可感染，但发病率低。

病羊及带菌羊是传染源。本病原菌为土壤常在菌，也存在于动物的肠道及污水中，羊采食被污染的饲料与饮水，病原菌随之进入胃肠道内，当机体抵抗力降低时，病原菌便能迅速繁殖，产生大量毒素，而致羊发病。

流行具有明显的地方性。牧区以春夏之交、抢青时和秋季牧草结籽后的一段时间发病较多，农区则多见于收割抢茬季节或食入大量蛋白饲料时多发。多呈散发性，在一个疫区内的流行时间，多为 $30\sim50d$。开始时比较猛烈，连续死亡几天，停止几天，又连续发生，到后期病情逐渐缓和，最后自然停止发生。

**(3) 临诊症状**

本病潜伏期较短，为 $1d$ 以内，突然发生，很快死亡，很少能见到症状。临诊上可分为两种类型：

**以抽搐为特征** 在倒毙前四肢出现强烈的划动，肌肉抽搐，眼球转动，磨牙，口水过多，随后头颈显著抽搐，往往在 $2\sim4h$ 死亡。

**以昏迷和静静地死亡为特征**　病程不太急，早期症状为步态不稳，以后倒地，并有感觉过敏、流涎、上下颌"咯咯"作响，继而昏迷，角膜反射消失，有的病羊发生腹泻，通常在3～4h静静地死去。体温一般不高。血、尿常规检查常有血糖、尿糖升高现象。

**(4)病理变化**

尸体可见腹部膨大，口鼻流出泡沫性液体或黄绿色胃内溶物，肛门周围有稀便或黏液。胃内充满食物和气体，皱胃见黏膜炎。大小肠黏膜发生急性出血性炎症。重病例整个肠壁呈红色，黏膜脱落或有溃疡，小肠最严重。胸腔、腹腔、心包积液，易凝固。肾脏肿大，实质变软，重者软化如泥，稍加触压即碎烂。胆囊肿大1～3倍。心脏扩张，心肌松软，内外膜均有出血点。肺脏气肿，呈紫红色，气管积有泡沫性黏液。全身淋巴结肿大，呈急性淋巴结炎。硬脑膜有小点出血。

**(5)诊断**

由于本病病程短，多突然死亡，无明显症状，故生前诊断较难。但根据本病多发生于饱食之后，死亡快，剖检肾脏呈软泥状，胆囊肿大，胸腹腔及心包积液，呈出血性肠炎及溃疡等可作出初步诊断，确诊需进行实验室检查。

**细菌学检查**　取肠内容物或刮取病变部黏液涂片经革兰染色检查，可见到产气荚膜梭菌。

**动物接种**　肠内容物，如内容物稠厚可用生理盐水稀释1～3倍，用滤纸过滤或以3000r/min离心5min，取上清液给家兔静脉注射2～4mL或静注小白鼠0.2～0.5mL。如肠内毒素含量高，小剂量即可使实验动物于10min内死亡；如肠毒素含量低，动物于注射后0.5～1h卧下，呈轻度昏迷，呼吸加快，经1h左右可能恢复。

**毒素中和试验**　将细菌学检查的样品，再以C型和D型产气荚膜梭菌定型血清与之作中和试验。C型血清无中和作用，小鼠死亡，D型血清中和毒素，小鼠生存，则证明为D型菌产生的毒素。

**(6)防制措施**

**预防措施**　加强饲养管理，秋天避免吃过量结籽饲草，同时注意饲料的合理搭配。在常发地区，应定期注射"羊快疫-猝狙-肠毒血症"三联苗或"羊快疫-猝狙-肠毒血症-羔羊痢疾-黑疫"五联苗。

**治疗**　发病时应立即将羊群转移到高燥地区放牧，病羊隔离饲养，同时对未发病的羊用三联苗进行紧急预防接种，病程长者可用抗生素和磺胺类药物治疗，可救活部分羊只。

## 6.2.3　羊猝狙

羊猝狙是由C型产气荚膜梭菌引起羊的一种毒血症，特征为急性死亡，形成腹膜炎和溃疡性肠炎。

**(1)病原**

病原为C型产气荚膜梭菌，属于梭菌属的成员。本菌为两端略呈切状粗杆菌。菌体单个或2～3个相连或成短链状。本菌在动物体内有时带有荚膜，在加糖类、牛奶或血清的培养基中可形成荚膜。在培养基中呈多形性，在缺糖、镁、钾的培养基中出现丝状。无鞭毛，不运动。芽孢比菌体略大，为椭圆形，位于菌体中央或偏端。

本菌需求厌氧条件并不严格，但在厌氧环境中生长迅速。在马丁绵羊血液琼脂培养基上的菌落生长良好，其周围有透明的溶血环（由 δ 毒素所致），环外围绕有部分溶血宽环（由 α 毒素所致）。在厌氧肉肝汤中培养 2~3h 即可发育，呈均匀混浊并产生大量气体，几天之后菌体下沉，沉积密实。

本菌滤液中含有 C 型菌 β 毒素，可致死动物及引起组织坏死。其毒素毒力的强弱与培养基的种类、pH 值及培养条件有关。

芽孢在 100℃加热 5min 可失去活力。

**(2) 流行病学**

成年绵羊易感，以 1~2 岁的绵羊多发，不分品种、性别均可感染。山羊也可感染。

被 C 型荚膜梭菌污染的牧草、饲料和饮水是主要的传染源，主要经消化道感染。病菌随着动物采食和饮水经口进入消化道，在肠道中生长繁殖并产生毒素，致使动物形成毒血症而死亡。

本病呈地方流行性，常发生于低洼、沼泽地区。有一定季节性，多发生于冬春季节。吃带雪水的牧草以及寄生虫等都可诱发本病。

**(3) 临诊症状**

潜伏期为 1d 以内。病程很短，往往不见早期症状而死亡。有时可见病羊精神沉郁，离群或卧下，腹泻，剧烈痉挛，侧身卧地，咬牙，眼球突出，惊厥，在数小时内死亡。

**(4) 病理变化**

病变主要见于消化道和循环系统。十二指肠和空肠黏膜严重充血、糜烂，有的区段可见大小不等的溃疡。真胃发炎。胸腔、腹腔和心包大量积液，暴露于空气后，容易形成纤维素性絮块。浆膜上有小点出血。肾变性。黏膜上层坏死，坏死处下有白细胞浸润，若坏死处深，在溃疡周围可查到细菌。

病羊刚死时骨骼肌表现正常，但在死后 8h 内，细菌在骨骼肌内增殖，使骨骼肌间积聚血样液体，肌肉出血，同时出现气肿。骨骼肌的这种变化与黑腿病的病变十分相似。

**(5) 诊断**

根据临诊上病羊突然死亡，剖检时可见小肠溃疡及胸、腹腔和心包积液等可初步诊断为本病。确诊需从体腔渗出液、脾脏等取病料做细菌学检查和毒素试验。

**细菌学检查** 取肠内容物或黏膜坏死部分做涂片镜检，可见到大量 C 型产气荚膜梭菌。或取病料做细菌分离，并做细菌生化特性试验确定本菌。

**毒素试验** 取肠内容物，离心后取上清液静脉接种小鼠检测毒素。可用 C 型和 D 型产气荚膜梭菌定型血清进行中和试验，以确定 C 型菌产生的 β 毒素。

**(6) 防制措施**

**预防措施** 定期消毒羊舍，加强饲养管理，以提高机体抗病力。在常发地区，应定期注射"羊快疫-猝狙-肠毒血症"三联苗或"羊快疫-猝狙-肠毒血症-羔羊痢疾-黑疫"五联苗。

**治疗** 发病时，将病羊隔离饲养，同时对未发病的羊用三联苗进行紧急预防接种，病程长者可用抗生素和磺胺类药物治疗，可救活部分羊只。

### 6.2.4 羔羊痢疾

羔羊痢疾是由 B 型产气荚膜梭菌所致的初生羔羊的急性毒血症。其特征为剧烈腹泻和小肠发生溃疡。

**(1)病原**

B型产气荚膜梭菌，属梭菌属的成员。本菌呈短粗杆菌，大小(4～8)μm×(1.0～1.5)μm。两端平截或微突，单个或成对排列。无鞭毛，不运动。在动物体内形成荚膜，但在普通培养基中不形成荚膜，在脑培养基中培养黏膜可形成芽孢。

本菌对厌氧要求并不严格，以一般厌氧方法培养都可生长。在厌氧肉肝汤中培养3～6h可见生长和产气，使肉汤混浊。在14～17h产气最多。本菌在含有血液的葡萄糖琼脂平板上，在厌氧条件下培养，可长出圆形灰白色中央突起的菌落。菌落周围有溶血环，有的菌落可产生双环溶血，内层完全溶血，外层部分溶血。

本菌在培养基中生长17h左右产生毒素量最高，主要产生β毒素，毒素在60℃ 30min即可破坏。

本菌繁殖体对一般消毒药品均敏感，但其芽孢抵抗力强，能在土壤中存活4年之久。可用5%克辽林和6%～10%漂白粉消毒。

**(2)流行病学**

7日龄以内的羔羊易感，尤其是2～3日龄的发病率最多，4～5日龄的较少，7日龄以上的很少发病。纯种细毛羊的适应性差，发病率和死亡率最高，杂种羊则介于纯种与土种羊之间。

本病主要通过消化道感染，也可通过脐带或创伤感染。母羊怀孕期营养不良，产出羔羊体质衰弱；气候寒冷，特别遇到大风雪后，羔羊受冻；哺乳不当；羔羊饥饱不均等，可以诱发本病。另外，草质差、哺乳不良，特别是在气候变化较大的月份发病较重。本病呈地方性流行。

**(3)临诊症状**

自然感染的潜伏期为1～2d。临诊上常见有下痢型和神经型两种。

**下痢型** 病初精神沉郁，低头拱背，不吮乳。紧接着出现腹泻，粪便恶臭，有的稠如面糊，呈黄绿色、黄白色或灰白色糊状或水样。后期粪便中含有血液、黏液和气泡。病羔逐渐虚弱，卧地不起。若不及时治疗，常在1～2d死亡，只有少数病轻的可能自愈。

**神经型** 病羔腹胀而不下痢或排少量稀粪(也可能带血或呈血便)，其主要表现是神经症状，四肢瘫软，卧地不起，呼吸急促，口流白沫，最后昏迷，头向后仰，下体温降。病情严重，病程很短，若不抓紧救治，常在数小时到十几小时内死亡。

**(4)病理变化**

尸体严重脱水，肛门周围被稀粪污染。主要病理变化为真胃有未消化的凝乳块，小肠(尤其是回肠)黏膜充血发红，多见直径为1～2mm的溃疡面，其周围有一出血带环绕，肠内容物呈血色。小肠、结肠、十二指肠都有溃疡，周围有出血带环绕。肠道中充满血样物。肠系膜淋巴结肿胀充血，间有出血。心包积液，心内膜有出血点，肺有充血区和淤斑。

**(5)诊断**

根据生后1周龄内的羔羊排带血稀粪，腹痛，迅速死亡，剖检小肠有出血性炎症，肠黏膜坏死、溃疡，肠内有血样内容物，可初步诊断。确诊需实验室检查。

**细菌学检查** 采取肠内容物或病变部肠黏膜涂片染色镜检，可见到 B 型产气荚膜梭菌。也可取内容物接种厌氧肉肝汤中，在水浴中加热 80℃ 15～20min，然后在 37℃ 下培养 24h，再将生长的菌液涂于葡萄糖血液琼脂平板上，放在厌氧环境中培养 24h，挑选菌落做生化特性鉴定。

**毒素试验** 取肠内容物离心，取上清液 0.1～0.3mL 静脉注射小鼠，如小鼠迅速死亡，证明有毒素存在。再用 B 型、C 型、D 型产气荚膜梭菌定型血清做中和试验，如 B 型血清能中和毒素，则小鼠存活；而 C 型、D 型不能中和，小鼠死亡，可认定是 B 型菌所产生的毒素。

(6) 防制措施

**预防措施** 定期消毒羊舍，应加强饲养管理，增强怀孕母羊的体质；同时注意羔羊的保暖，合理哺乳，消毒、隔离、免疫接种和药物治疗等综合措施才是防治本病的有效办法。每年秋季注射羔羊痢疾菌苗或"羊快疫-猝狙-肠毒血症-羔羊痢疾-黑疫"五联苗，于产前 14～21d 再接种 1 次。

羔羊出生后 12h 内可灌服土霉素 0.15～0.2g，每日 1 次，连用 3d，有一定的预防效果。

**治疗** 发病时，将病羊隔离饲养。对未发病羔羊进行紧急预防接种。对已发病羔羊可用土霉素等抗生素和磺胺类药物进行治疗，有一定效果，同时注意对症治疗。

### 6.2.5 羊黑疫

羊黑疫又称传染性坏死性肝炎，是 B 型诺维氏梭菌引起羊的一种急性高度致死性毒血症。其特征是肝实质坏死。

(1) 病原

病原为 B 型诺维氏菌，又称水肿梭菌或巨大梭菌，为梭菌属成员。本菌为大型杆菌，大小为 $(0.8～1.5)\mu m \times (5～10)\mu m$，无荚膜，周身有鞭毛，能运动，较易形成芽孢。

厌氧条件严格。在葡萄糖鲜血琼脂平皿培养基中培养，其菌落浅薄透明、周边不整。在肉肝汤培养则有腐葱味臭气。

本菌的抵抗力与一般致病梭菌相似，100℃ 5min 能杀死芽孢。

(2) 流行病学

本病主要发生于 1 岁以上绵羊，以 2～4 岁膘情好的绵羊最多发。山羊也可感染发病，牛和猪偶有发生。实验动物中以豚鼠最敏感，家兔、小鼠的易感性较低。

诺维氏梭菌广泛存在于土壤中，感染途径主要是消化道，羊采食被污染的牧草、饲料或饮水而感染。常发生于有肝片吸虫流行的地区。这些地区有河流、湖泊或沼泽等，是肝片吸虫中间宿主钉螺常在地。而且健康羊的肝脏中常潜在 B 型诺维氏梭菌，在未成熟的肝片吸虫尾蚴穿入肝脏引起肝的炎症时，为本菌提供了适宜的环境。

本病多发生于夏末和秋季，冬季很少见。

(3) 发病机制

羊采食被此菌芽孢污染的饲料后，芽孢由胃肠壁经门脉进入肝脏。正常肝脏由于氧化-还原电位高，不利于其发芽变为繁殖体而仍以芽孢形式潜藏于肝脏中。当肝脏因受未成熟的游走肝片吸虫损害发生坏死以致其氧化-还原电位降低时，存在于该处的芽孢即可迅速生长繁殖并产生毒素，进入血液循环后可发生毒血症，损害神经元及其他与生命活动有关的细胞，导致急性休克而死亡。

(4) 临诊症状

多为发病急，病程短，绝大多数病例未见症状而突然发生死亡。少数病例病程稍长，可拖延1～2d，但一般不会超过3d。病羊体温升高，达41～42℃，精神不振，食欲减少，运动不协调，离群，虚弱，磨牙，呼吸困难，最后呈昏睡俯卧状态而死亡。病死率几乎100%。

(5) 病理变化

尸体脱水现象严重，尸体皮下静脉显著充血，皮肤呈暗黑色外观，故称黑疫。胸部皮下组织常水肿，皮下结缔组织中含清朗胶样液体，暴露空气中易凝固。胸腔、腹腔和心包积液，左心室内膜下出血。真胃幽门部和小肠充血、出血。肠淋巴结水肿。肝脏充血肿大，表面有针头大到鸡蛋大的灰黄色、不规则形的凝固坏死灶，病灶的界限不清晰，被一个出血性的带状物包围，坏死灶直径可达2～3cm，切面成半圆形。病变与未成熟肝片吸虫通过肝脏所造成的病变不同，后者为黄绿色、弯曲似虫样的带状病痕。

(6) 诊断

在肝片吸虫流行的地区发现急死或昏睡状态的病羊，剖检见特殊的肝脏坏死变化即可作出初步诊断。必要时可做细菌学检查和毒素检查。

**细菌学试验** ①抹片检查。取肝脏坏死病灶边缘的组织进行抹片染色镜检，可见到粗大两端钝圆的B型诺维氏梭菌。在心血和其他脏器中也可见到此菌。②分离培养细菌。本菌要求严格厌氧，在分离上较难。死后应及时取材，要严格无菌操作。可用葡萄糖鲜血琼脂平皿培养基划线培养，在严格厌氧条件下，37℃培养24～48h可观察到菌落呈浅薄透明，形状不规则，边缘呈细线状散开，易蔓延生长。③动物接种试验。肝脏病变组织做成悬液，取上清液肌肉注射豚鼠，豚鼠死后，可见到注射部位有出血和水肿，其腹部皮下组织呈胶样水肿，透明无色或呈玫瑰色，厚达1mm。

**毒素检查** 检查诺维氏梭菌毒素常用卵磷脂酶试验，此法检出率及特异性均较高。另外，可以应用免疫荧光抗体技术诊断，效果良好。

(7) 防制措施

**预防措施** 由于致病梭菌在自然界广泛存在，羊被感染的机会多，而且发病快、病程短，有的来不及诊断和治疗。多联疫苗(如三联苗和五联苗)预防注射是预防本病的有效措施。另外，应加强饲养管理，保持良好的环境卫生。尽可能避免诱发疾病的因素。放牧时应注意不到低洼地，尽可能选择高坡地。

**发生疫病后的措施** 首先应用联苗做紧急接种预防、抗毒素预防；急速转移牧地，从低洼地转移到高坡干燥地，少给青饲料，多给粗饲料，同时防止病原扩散，做好消毒隔离。对死羊要及时焚烧。

**治疗** 抗生素药物不能中和毒素，治疗效果多不满意。一般采用抗毒素血清进行治疗，在发病初期，有一定疗效，但一旦出现症状，很难奏效。

## 6.3 牛白血病

牛白血病(BL)又称牛淋巴肉瘤、牛白细胞增生病,是由牛白血病病毒引起牛的一种慢性肿瘤性传染病。该病的临诊特征是淋巴样细胞持续增生形成淋巴肉瘤以及进行性的恶病质和高度的致死率。

**(1)病原**

病原为牛白血病病毒(BLV),属于反录病毒科牛白血病及人嗜T细胞反录病毒属的成员,为单股RNA病毒。病毒颗粒呈二十面体球形,直径90~120nm,外包双层膜,外层膜是囊膜,膜上有纤突,内层包裹有直径为40~90nm高电子密度的核心,与外被膜之间界限清晰。成熟的病毒粒子在细胞膜上以出芽方式释放。

该病毒具有囊膜糖蛋白抗原和内部结构蛋白抗原,BLV与其他反转录病毒的囊膜糖蛋白抗原间无交叉免疫反应。

本病毒存在于感染动物的B淋巴细胞DNA中,具有凝集绵羊、鼠的红细胞的作用,可在多种动物来源的组织细胞中进行培养。将感染本病毒的细胞与牛、羊、犬、人、猴细胞共同培养时,可使后者形成合胞体。

病毒对外界环境的抵抗力很弱,本病毒对温度较敏感,在60℃以上很快失去感染力。紫外线照射和反复冻融有较强的灭活作用。常用消毒药能迅速杀死。

**(2)流行病学**

本病主要发生于成年牛,以4~8岁牛最常见,乳牛比肉牛易感。人工接种可使羊、黑猩猩、猪、兔、蝙蝠、野鹿、水豚和小鼠等发病。

病牛和带毒牛是主要传染源。病牛以水平传播的方式传染给健康牛,其中医源性传播对本病具有很重要的作用。病母牛也可以垂直传播的方式传染给胎儿,也可经初乳传染给新生犊牛,感染母牛所生的胎儿在摄食初乳前约10%抗体阳性,而在摄食初乳后24h则全部阳转,并且初乳在犊牛体内的维持时间也较长,故在诊断或检疫时应在犊牛6月龄以后进行。吸血昆虫在本病传播过程中具有重要作用。

**(3)临诊症状**

潜伏期很长,为1~5年。呈隐性期和显性期。

**隐性期** 感染牛无淋巴结增生肿大,主要是淋巴细胞增生,但无明显全身症状,可持续多年或终身不恶化,条件恶化可转入显性期。

**显性期** 病牛主要以体温正常,食欲不振,生长缓慢,体重减轻,肿瘤性淋巴细胞增生为特征。肿瘤常发生于动物的第四胃、心、脑、子宫、腹膜、淋巴结等部位,肿瘤块往往不连续形成或者弥漫地浸润到各种脏器及组织中。皱胃发生浸润时,形成溃疡、出血,排出黑色粪便。从体表触诊或经直肠检查,可触摸到某些淋巴结呈一侧或对称性增大,触诊无热无痛,能移动。颌下淋巴结、肩前淋巴结和股前淋巴结显著增大,触摸时可移动。如一侧肩前淋巴结增大,病牛的头颈可向对侧偏斜;眶后淋巴结增大可引起眼球突出。出现临诊症状的牛,通常取死亡转归。

**(4) 病理变化**

**剖检变化** 尸体异常消瘦、贫血，可视黏膜苍白。主要病变为全身或部分淋巴结肿大，尤其是体表的颌下淋巴结、肩前淋巴结、乳房上淋巴结、腰下淋巴结、股前淋巴结及体内的肾淋巴结、纵隔淋巴结和肠系膜淋巴结肿大3～5倍，被膜紧张，淋巴结质地坚实或呈面团样，外观灰白色或淡红色，切面外翻，呈鱼肉状，常伴有出血和坏死。血液循环障碍导致全身性被动充血和水肿。脾脏结节状肿大；心脏肌肉出现界限不明显的白色斑状病灶；肾脏表面布满大小不等的白色结节；膀胱黏膜出现肿瘤块，伴有出血、溃疡；瓣胃浆膜部出现白色实体肿瘤；空肠系膜脂肪部形成肿瘤块。脊髓被膜外壳里的肿瘤结节，使脊髓受压、变形和萎缩。皱胃壁由于肿瘤浸润而增厚变硬。

**组织学变化** 各器官的正常组织结构被破坏，被不成熟的肿瘤细胞代替。肿瘤组织的基质致密，内部主要含有淋巴细胞和成淋巴细胞。多种组织和器官内都出现肿瘤组织的浸润。肿瘤细胞呈多型性，细胞多偏于一端，胞浆较少，外围呈不规则圆形，细胞核占细胞的大半。强嗜酸性，染色质丰富。常见有核分裂现象，核仁常被染色质覆盖。

**(5) 诊断**

本病的隐性期除淋巴细胞增生外，没有其他明显的症状。本病的显性期为病的晚期，出现的临诊症状和剖检变化特征明显，但没有早期诊断价值。因此，必须进行实验室检验予以确诊。

**血液学检查** 是诊断本病的重要手段之一。病牛白细胞数明显增多，淋巴细胞增加，超过正常的75%以上，出现成淋巴细胞(即肿瘤细胞)。

**病原学鉴定** 病毒在感染动物中，以前病毒DNA的形式存在，应用PCR技术可从外周血液单核细胞中检测出病毒，以此掌握牛白血病毒感染动态。用杂交技术也可从淋巴细胞和肿瘤组织中测出病毒。

**血清学试验** 牛感染病毒后可引起持久性感染，可用抗体确定感染动物。常用的方法有琼脂免疫扩散试验、ELISA、间接免疫荧光试验、补体结合试验、放射免疫试验及中和试验等。目前多用琼脂扩散试验或ELISA。用PCR检测外周血液单核细胞中的病毒核酸，敏感性和特异性很强。

**(6) 防制措施**

本病病毒在牛群中传播较慢，不易发现，即使发现了一般已是晚期，对羊、牛也危害极大。无本病的牛场，要加强饲养管理，严格卫生措施，应防止本病的引入，引入种牛时应进行血清学检查，阴性牛也必须隔离3～6个月方能混群。

已感染本病的牛场，采取定期消毒、定期驱除吸血昆虫、定期严格检疫、分群隔离饲养、淘汰阳性牛、培养健康牛群和加强对饲养人员的管理等综合防治措施。本病无特效疗法，发病时应及时隔离和淘汰。

## 6.4 蓝舌病

蓝舌病(BT)是由蓝舌病病毒引起的反刍动物的一种急性传染病。其特征是高热，消瘦，白细胞减少，口腔、鼻腔、唇和胃黏膜发生糜烂性炎症，蹄叶炎及心肌炎等变化。由于舌、齿龈黏膜充血肿胀、淤血呈青紫色而得名。

(1)病原

蓝舌病病毒(BTV),为呼肠病毒科环状病毒属蓝舌病病毒亚群的成员。为双链RNA病毒。病毒颗粒呈圆形,二十面体对称,直径60~69nm,无囊膜。病毒在被感染的细胞浆内形成嗜酸性包涵体。该病毒具有血凝素,能凝集绵羊和人O型红细胞,血凝抑制试验具有型特异性。

BTV的血清型复杂。到目前有24个血清型,不同血清型的病毒不能交互免疫,且引起动物反应也不同。同一血清型的不同毒株之间也存在着差异。本病毒经常发生变异,主要原因是不同RNA片断的重新组合,形成不同的毒株。

病毒通过静脉接种10~11日龄鸡胚或卵黄囊接种8日龄鸡胚都易生长并可致死鸡胚,死亡鸡胚可见明显的出血变化;经鸡胚连续传代的病毒,其毒力能够迅速减低,但仍保持良好的抗原性。该病毒的初次分离株对细胞不敏感,但很容易适应在羊胚肾或肺、犊牛肾、兔肾、犬肾、仓鼠肾原代细胞或继代细胞(BHK-21)以及Vero细胞、L细胞、Hela细胞和鸡胚原代细胞等生长并产生蚀斑或细胞病变。也可以在牛淋巴结、羔羊睾丸和人的羊膜等原代细胞上生长。乳小鼠脑内接种也能繁殖。

BTV的抵抗力较强,对脂溶剂和脱氧胆酸钠比较稳定,对乙醚、氯仿有抵抗力。未提纯的病毒较耐热,在50℃加热1h不能灭活。在50%甘油中室温可以保存多年。在干燥的感染血清或血液中可长期存活,甚至可长达25年,血液中的病毒经60℃ 30min不能完全灭活。对酸敏感,在pH 3.0以下时,很快灭活。在3%的福尔马林溶液中48~72h才能灭活。对3%氢氧化钠溶液、2%过氧乙酸溶液很敏感。

(2)流行病学

所有反刍动物对该病都易感,但以绵羊最易感。绵羊不分品种、年龄和性别均易感,哺乳的羔羊有一定的抵抗力。地方性土种羊和杂交羊要比纯种羊及引进品种羊的抗病力强。牛和山羊的易感性较低,而鹿的易感性较高,并可致死。羚羊也有易感性。

本病的主要传染源是病畜和带毒动物,隐性感染羊和愈后4个月内的羊都带毒。病毒存在于病畜血液和各器官中,本病主要通过库蠓进行传播,病毒可在虫体内增殖,并始终感染易感动物。库蠓喜好叮咬牛,在绵羊和牛混群放牧时绵羊往往不会被感染,或呈不显症状。如果没有牛时,则库蠓叮咬绵羊,把病毒传给绵羊。虱蝇、羊蜱蝇、蚊、虻、螫蝇、蜱和其他叮咬昆虫也能机械传播本病。公牛感染后,其精液内带有病毒,可通过交配和人工授精传染给母牛。病毒也可通过胎盘感染胎儿。

本病发生有季节性,多发生于炎热的夏季和早秋,特别是池塘、河流较多的低洼地区。蓝舌病在新疫区绵羊群中的发病率为50%~70%,病死率为20%~50%。

(3)临诊症状

潜伏期5~12d。绵羊在临诊上多见急性型。病初体温升高到40.5~41.5℃,稽留2~4d。精神沉郁,离群,厌食,口流涎,上唇水肿,有时可波及整个面部。口腔黏膜和舌充血后发绀,呈青紫色。在发热几天后,口腔连同唇、齿龈、唇边缘、舌黏膜糜烂,致使吞咽困难。随着病程进展,在口腔的溃疡面渗出血液,唾液呈红色,口腔发臭。鼻腔有脓性分泌物,干后成痂,引起呼吸困难和鼾声。病羊被毛易折和脱落,脱毛多局限于下肢,有的在体躯两侧大片脱毛。皮肤可见针尖大小的出血点或出血斑，以尾根、肘、腹内侧等部最明显。有的病羊蹄冠和蹄叶发生炎症而跛行，甚则爬行或卧倒不起。病羊消瘦、衰弱，有的便秘或腹泻，有时下血痢，常因继发细菌型肺炎或胃肠炎而死亡。早期有白细胞减少症。孕羊流产。病程一般为6～14d，发病率30%～40%，病死率20%～30%。

山羊的症状与绵羊相似，但一般比较轻微。

牛一般无明显症状，约有5%的病牛表现轻微症状。病牛口唇轻度水肿，鼻镜或唇上皮褪色或苍白。口腔和鼻镜有轻度的糜烂，食欲下降，从鼻、口流出血样或黏脓性分泌物，有口臭。呼吸加快，咳嗽。腿僵硬、跛行，发生蹄叶炎，有的导致蹄匣脱落，同时体温升高。孕牛发生流产或产畸形胎。病程数日到数周。子宫内感染的犊牛，血中带毒时间可达5年左右，并可通过黏液排毒。

**(4) 病理变化**

剖检变化主要见于口腔、瘤胃、心、肌肉、皮肤和蹄部。口腔出现糜烂和深红色区，舌、齿龈、硬腭、颊黏膜和唇水肿，有些绵羊的舌发绀。瘤胃和食道沟常呈黑红色，表面有空泡变性和坏死，瘤胃黏膜乳头出血，尖端更为明显，食道及瓣胃黏膜坏死。呼吸道、消化道和泌尿道黏膜及心肌、心内外膜均有小点出血，心包积液。肌肉出血，肌纤维变性，有时肌间有浆液和胶冻样浸润。淋巴结轻度发炎水肿。真皮充血、出血和水肿。蹄冠部出现红点浅线深入蹄内，有时有出血或充血。

**(5) 诊断**

根据流行病学、典型症状的病理变化等可以作出初步诊断。本病的确诊须依靠实验室检验。

**病原鉴定** 采取病畜发热期的血液，病死动物的肝脏、脾脏、红骨髓、淋巴结或脑组织为检样。制成悬浮液接种于鸡胚原代细胞、幼仓鼠、哺乳小鼠、初产羔羊肾、犊牛肾原代细胞进行培养，病毒可生长并产生细胞病变。另外，可接种6～8日龄鸡胚卵黄囊或静脉接种10～11日龄鸡胚。获得病毒后，用已知标准阳性血清进行鉴定并区分血清型。多用中和试验进行病毒鉴定。

**血清学试验** 用于定性检验的方法有琼脂免疫扩散试验、免疫荧光抗体技术等。中和试验和蚀斑抑制试验具有型的特异试验，可用于区别蓝舌病病毒的血清型。此外，还可应用病毒基因探针鉴定病毒血清型和血清型基因差异；用PCR测定病毒粒子DNA序列对本病与类似疾病的鉴别。

**鉴别诊断** 临诊上应与口蹄疫、绵羊痘、羊传染性脓疱、牛病毒性腹泻/黏膜病、恶性卡他热、茨城病、羊光过敏症相鉴别。①口蹄疫，多发生于牛、猪，羊则少见。多暴发于秋末和冬季，主要特征是口腔黏膜、蹄部和乳房发生水疱和烂斑。少见唇、舌的炎性肿胀，成年羊多呈良性经过，很少死亡。哺乳羔羊发生出血性胃炎与心肌炎，致死率很高。②绵羊痘，流行于冬末春初。以无毛处和少毛部位的皮肤形成痘疹为特征。③羊传染性脓疱，本病发生无明显季节性。以口唇联合处及其附近发生丘疹、脓疱、结厚痂，剥离痂皮后可留下特征性"桑葚样"肉芽组织。脓疱的上皮细胞浆内有嗜酸性包涵体。主要发生于断奶前后的羔羊与育肥羔羊，主要为接触性传染，发病率高，但病死率低。④牛病毒性腹泻/黏膜病，牛常见，冬春季多发。以严重腹泻为特点。绵羊多呈隐性感染。⑤恶性卡他热,是牛的一种非接触传染性疾病,可常年发生,有明显散发特点。持续高热,有神经症状和严重的角膜炎是本病的特点。⑥茨城病,是牛致死性传染病,对羊不造成损害,呈区域性流行。发病牛几乎都有喉头麻痹症状。⑦羊光过敏症,主要发生于夏初放牧草场中的绵羊,以1岁左右羊多发,绵羊由于采食了含感光物质的牧草后发生,发病快,主要表现耳、唇部、眼睑等毛稀少部位的炎性水肿,针刺肿胀部位可流出大量淡黄色液体。口腔黏膜与蹄部一般无损伤。病羊转场或舍饲后可自行康复,很少死亡。

**(6)防制措施**

目前尚无特效治疗方法。免疫接种是预防本病的有效办法,每年在昆虫开始活动前1个月用弱毒疫苗或灭活疫苗对羊群进行免疫接种。

无本病发生的地区,设法阻止传染源和媒介昆虫的入侵,严禁从疫区购入易感动物。引入的种羊应进行严格的检疫。发现病羊及时扑杀,防止本病的扩散。在疫区及受威胁地区,在每年发病季节前1个月注射疫苗。在新发生的地区进行紧急预防接种,并淘汰病羊。

加强饲养管理,加强检疫,采取严格消毒和杀虫措施。对运输工具进行无害处理,控制精液使用。

## 6.5 牛黏膜病

牛黏膜病(MD)又名牛病毒性腹泻(BVD)或牛病毒性腹泻/黏膜病(BVD-MD),是由牛黏膜病病毒引起牛、羊和猪的一种急性、热性、接触性传染病。牛、羊发生本病时的临诊以消化道黏膜发炎、糜烂、坏死和腹泻为特征;猪则表现为怀孕母猪的不孕、产仔数下降和流产,以及仔猪的生长迟缓和先天性震颤等。

**(1)病原**

牛黏膜病病毒(MDV),属于黄病毒科瘟病毒属的成员。该病毒的基因组为单链正股RNA,病毒粒子大小为40~60nm的圆形颗粒,有囊膜。该病毒对氯仿、乙醚和胰酶等敏感。

MDV各分离株之间虽然没有明显的血清型差异,但血清型之间具有较大的抗原性差异,与猪瘟病毒、边界病病毒之间存在明显的免疫学关系,它们含有共同的可溶性抗原。

本病毒可在多种动物的组织培养物,如在胎牛肾、皮肤、肌肉、睾丸、胎羊睾丸、猪肾等细胞中生长繁殖,根据病毒对细胞的致病作用可分为致细胞病变型和非致细胞病变型。该病毒对组织培养物的适应范围广,在进行组织细胞培养时,应事先检测细胞和血清中的病毒污染情况。

该病毒对外界因素的抵抗力不强,pH 3.0以下或50℃很快被灭活,对一般消毒药敏感,但血液和组织中的病毒在低温状态下稳定,在冻干状态可存活多年。

**(2)流行病学**

本病可感染多种动物,特别是偶蹄动物,如黄牛、水牛、牦牛、羊、山羊、猪、鹿、及小袋鼠等,家兔也可人工实验感染。患病动物和带毒动物为传染源,动物感染可形成病毒血症,在急性期患病动物的分泌物、排泄物、血液和脾组织中均含有病毒,感染怀孕母羊的流产胎儿也可成为传染源。本病康复牛可带毒6个月,成为很重要的传染源。

本病可以通过直接接触或间接接触传播，主要传播途径是消化道和呼吸道，也可通过胎盘垂直传播。食用隐性感染动物的下脚料，通过病原体污染的饲料、饮水、工具等可以传播该病。猪群感染通常是通过接种被该病毒污染的猪瘟弱毒苗或伪狂犬病弱毒苗引起，也可以通过与牛接触或来往于猪场和牛场之间的交通工具传播而感染。

牛不论大小均可发病，在新疫区急性病例多，但通常不超过5%，病死率达90%~100%，发病牛多为6~18月龄。老疫区发病率和死亡率均很低，但隐性感染率在50%以上。猪感染后以怀孕母猪及其所产仔猪的临诊表现最明显，其他日龄猪只多为隐性感染。

本病发生通常无季节性，牛的自然病例常年均可发现，但以冬春季节多发。

**(3) 发病机制**

病毒通过多种途径侵入机体后，在消化道及呼吸道黏膜上皮细胞内增殖，随后进入血液形成病毒血症，当机体产生中和抗体时，病毒血症即告结束。用未吃初乳的犊牛进行实验感染证明，病毒增殖可使循环系统中的淋巴细胞坏死，继而损伤脾脏、集合淋巴结等淋巴组织。由于病毒增殖使上皮细胞变性、坏死及黏膜脱落则可以在局部形成黏膜糜烂。现已证明，本病毒还能通过胎盘感染，造成木乃伊胎、流产等。

**(4) 临诊症状**

人工感染的潜伏期为2~3d，自然感染的潜伏期为7~14d。根据临诊症状和病程分为急性和慢性过程，临诊上的感染牛群一般很少表现症状，多数表现为隐性感染。

**急性型** 常突然发病，最初的症状是厌食，鼻、眼流出浆液黏性鼻漏，咳嗽，呼吸急促，流涎，精神委顿，体温升高达40~42℃，持续4~7d，同时白细胞减少。在此阶段，本病与其他呼吸道传染病很难区分。此后体温再次升高，白细胞先减少，几天后有所增加，接着可能再次出现白细胞减少。进一步发展时，病牛鼻镜糜烂、表皮剥落，舌面上皮坏死，流涎增多，呼气恶臭。通常在口腔黏膜病变出现后，发生特征性的严重腹泻，持续3~4周或可间歇持续几个月之久。初时粪便稀薄如水，瓦灰色，有恶臭，混有大量黏液和无数小气泡，后期带有黏液和血液。有些病牛常有蹄叶炎及趾间皮肤糜烂、坏死，患肢跛行。

急性病例常见于犊牛，犊牛死亡率高于年龄较大的牛；成年奶牛的病状轻重不等，泌乳减少或停止。肉用牛群感染率为25%~35%，急性病例多于15~30d死亡。

**慢性型** 很少出现体温升高。病牛被毛粗乱、消瘦和间歇性腹泻。最常见的症状是鼻镜糜烂并在鼻镜上连成一片，眼有浆液性分泌物、门齿齿龈发红。跛行、球节部皮肤红肿、蹄冠部皮肤充血、蹄壳变长而弯曲，步态蹒跚。病程2~6个月，多数病例以死亡告终。

妊娠母牛感染本病时常发生流产，或产下有先天性缺陷的犊牛。最常见的缺陷是小脑发育不全。患犊表现轻度的共济失调，完全不协调或不能站立。有些患牛失明。

实验感染妊娠绵羊，可导致死胎、流产和早产。

**(5) 病理变化**

患病牛的主要病变位于消化道和淋巴组织。口腔黏膜、食道和整个胃肠道黏膜的充血、出血、水肿、糜烂和溃疡。鼻镜、口腔黏膜、齿龈、舌、软腭、硬腭以及咽部黏膜有小的、不规则形的浅表烂斑，尤其是食道的这种排列成纵行的糜烂斑最具有特征性。病牛偶尔可见瘤胃黏膜有出血和糜烂，真胃黏膜炎性水肿和糜烂，小肠黏膜弥漫性发红，盲肠、结肠和直肠黏膜水肿、充血和糜烂。集合淋巴结和整个消化道淋巴结出现水肿。运动失调的新生犊牛有严重的小脑发育不全及两侧脑室积水现象。蹄部皮肤出现糜烂、溃疡和坏死。

猪患病后通常缺乏特征性的变化，常见的病变是淋巴结、心外膜和肾脏出血，消化道黏膜出现卡他性、增生性或坏死性炎症，黏膜肥厚或有溃疡。有时可见坏死性扁桃体炎、黄疸、多发性浆膜炎、多发性关节炎和胸腺萎缩等变化。

**(6) 诊断**

在本病流行地区，可根据病史、临诊症状和病理变化，特别是口腔和食道的特征性病变获得初步诊断。确诊必须进行病毒鉴定以及血清学检查。

**病毒鉴定** 该方法为国际贸易指定的检测手段。对先天性感染并有持续性病毒血症的动物，可采取其血液或血清；对发病动物可取粪便、鼻液或眼分泌物，剖检时则可采取脾、骨髓或肠系膜淋巴结等，采集的病料经适当处理后接种细胞培养物。一般来说，不论病毒有无细胞致病作用，均能在胎牛肾、脾、睾丸和气管等细胞培养物中生长、繁殖，通常将病料盲传3代后用荧光抗体检测病毒的存在状况。

**血清学试验** 可用血清中和试验、ELISA或补体结合试验等进行诊断。取发病初期和后期的动物血清，前后间隔2～4周，分两次采取血样，检查血清中抗体效价。ELISA方法诊断本病除具有敏感、快速、特异等优点外，还可将该病毒与猪瘟病毒区别开，是猪群感染的最好诊断方法。

诊断本病时应注意与类似病症鉴别，如牛传染性鼻气管炎、恶性卡他热、蓝舌病、水疱性口炎、传染性溃疡性口炎、牛瘟、口蹄疫、副结核病等。猪群感染应注意与猪瘟、猪繁殖呼吸综合征、伪狂犬病等繁殖障碍性疾病鉴别诊断。

**(7) 防制措施**

本病尚无特效治疗方法。牛感染发病后，通过对症疗法和加强护理可以减轻症状，应用收敛剂和补液疗法可缩短恢复期。增强机体抵抗力，促使病牛康复，可减少损失。平时要加强检疫，防止引进病牛，一旦发病，立即对病牛进行隔离治疗或急宰，防止本病的扩大或蔓延。对受威胁的无病牛群可应用弱毒疫苗和灭活疫苗进行免疫接种。目前牛群应用的弱毒疫苗多为牛黏膜病、牛传染性鼻气管炎及钩端螺旋体病三联疫苗。

猪群感染的预防措施包括防止猪群与牛群的直接和间接接触，禁止牛奶或屠宰牛废弃物作为猪饲料添加剂使用，但更重要的预防措施是防止活疫苗中该病毒的污染。由于猪用活疫苗多使用细胞培养物生产，在生产过程中还大量使用牛血清，如果不进行检测和处理，细胞培养物和牛血清中污染的病毒便会造成接种该疫苗的猪发病。另外，近几年猪瘟牛体苗也在大量应用。因此，应在疫苗生产过程中加强该病毒的检测，防止疫苗污染造成的损失。

## 6.6 牛海绵状脑病

牛海绵状脑病（bovine spongiform encephalopathy，BSE），又名疯牛病，是由朊病毒（prion virus）引起成年牛的一种亚急性、渐进性、致死性中枢神经系统性传染病。临床特征以潜伏期长，突然发病，病程缓慢且呈进行性，精神失常，共济失调，后肢瘫痪，感觉过敏，病牛恐惧或狂暴为特征。病变特点主要有中枢神经系统灰质部的神经元细胞出现空泡变性以及大脑的淀粉样变性。

**(1) 病原**

病原体是一类亚病毒致病因子，是一种无核酸的具有侵染性的蛋白颗粒，是由宿主神经细胞表面正常的一种糖蛋白，在翻译后发生某些修饰而形成的异常蛋白，称为朊病毒或蛋白侵袭因子。与绵羊痒病相关的原纤维相似。朊病毒大小为50~200nm，核心部分为4~6nm的细小纤维状物质。

朊病毒与常规病毒具有许多共同特性，能通过25~100nm孔径的滤膜；用易感动物可滴定其感染滴度；感染宿主后先在脾脏和网状内皮系统内复制，然后侵入脑并在脑内复制达很高滴度（$10^8$~$10^{12}$/g）。朊病毒具有不同生物学特性的毒株。用有限稀释法可将其克隆纯化出不同的毒株。朊病毒能在细胞培养物内增殖，并能产生细胞融合作用。该病毒升值周期长，可引起组织变性，包括空泡变性、淀粉样变性和神经胶质增生等，但不形成炎性反应；不诱导干扰素形成，且对干扰素不敏感；DNA杂交或转染未证实有感染性核酸；免疫抑制方法或免疫增强剂都不能改变疾病的发生和发展过程；疾病过程不破坏宿主B细胞和T细胞的免疫功能，也不引起宿主细胞的免疫反应。

脑组织含量最高，其次是脊髓，再次是脾脏、淋巴结、肠管、唾液腺及视网膜等器官，而在肌肉和血液中较少，粪便和尿中几乎没有病毒。

朊病毒对物理、化学处理抵抗力强。对热有较强的耐性，病畜脑组织匀浆经134~138℃高温1h，对实验动物仍具有感染力；动物组织中的病原，经油脂提炼后仍有部分存活，该病原在土壤中可存活3年。可在pH 2.1~10.5范围内较稳定。紫外线、放射线、乙醇、福尔马林、过氧化氢、酚等均不能使病原体灭活。对强酸、强碱有很强的抵抗力。用2%~5%的次氯酸钠或90%的石炭酸经24h以上可将病毒灭活。

**(2) 流行病学**

本病的易感动物主要为牛科动物，包括家牛、野牛、大羚羊等，以3~5岁的成年牛多发，最早可使22月龄牛发病，最晚到17岁才发病，奶牛比肉牛易感，易感性与牛的品种、性别、遗传等因素无关。绵羊、山羊、水貂、鹿等都能感染发病，人也可感染。羚羊和猫也有发生本病的报道。给大鼠、小鼠长期饲喂感染本病的牛内脏和脑组织未发现感染。

患痒病的绵羊、种牛及带毒牛是本病的传染源。本病的发生是由于饲喂痒病患羊的动物蛋白饲料（痒病绵羊的酮体、加工的肉骨粉等）而引起的。本病的发生需要具备3个因素：第一，绵羊总数远比牛多，且具有足够水平的地方流行性绵羊痒病，该病被认为是BSE流行的来源，因为牛对痒病易感，用痒病病羊的大脑组织注入牛体内可使牛发病。此外，绵羊痒病的发病率升高可导致痒病病羊化制产品的增加。第二，牛、羊脏器的化制条件（动物性蛋白饲料加工）不能消除其中具有的传染性因子，可使该致病因子逐渐适应在牛体内生存。第三，在牛饲料中大量使用来自感染牛或羊的肉骨粉。消化道传染是主要的传播途径，目前尚未找到可以水平传播或垂直传播疯牛病的证据。

疯牛病多呈地方性散发，无明显季节性流行。

**(3) 临诊症状**

本病的潜伏期长,一般为 2~8 年,平均为 4~6 年。病程一般为 1~4 个月,少数可长达半年至一年,最终死亡。

病牛临诊表现多种多样,通常包括行为、姿势和运动异常,恐惧和感觉过敏。发病初期,症状轻微,多变,无特异性。发病中期病牛主要临诊表现为行为异常,感觉或反应过敏,运动失调等。病牛性情改变,磨牙,恐惧,异常震惊或沉郁,狂躁而呈现乱踢、乱蹬、攻击行为,神经质,似发疯状,故称"疯牛病"。不自主运动,如磨牙、肌肉抽搐、震颤和痉挛。对外界环境的刺激,敏感性增高,尤其触觉和听觉,对声音和触摸感觉过敏,用手触摸或用工具触压牛的颈部、肋部,病牛会异常紧张颤抖、吼叫。病牛步态呈"鹅步"状,共济失调,四肢伸展过度,有时倒地难以站起。有时可出现痒感,不断摩擦臀部,致使皮肤破损、脱毛。病牛食欲正常,粪便坚硬,体温偏高,心动缓慢,呼吸频率增加。后期病牛触觉和听觉减退,麻痹或瘫痪,不能站立,最后极度衰竭死亡。病程为 16d 至 6 个月。

**(4) 病理变化**

可见有的病尸有体表外伤,通常不见明显病变。但组织学变化具有明显的特征性,表现为:①在神经元的突起部和神经元胞体中形成空泡,前者在灰质神经纤维间形成小囊形空泡(即海绵状变化),后者则形成大的空泡并充满整个神经元的细胞核周围。②常规 HE 染色可见神经胶质增生,胶质细胞肥大。③神经元变性、消失。④大脑淀粉样变性,用偏振光观察可见稀疏的嗜刚果染料的空斑。空泡主要发现于延髓、中脑的中央灰质部分、下丘脑的室旁核区以及丘脑及其中隔区,而在小脑、海马回、大脑皮层和基底神经节等处通常很少发现。

**(5) 诊断**

病牛生前对本病不产生免疫应答,且没有体外分离致病因子的方法,因此,主要依靠临诊症状和病理组织学方法检查脑部病变进行死后确诊。大脑组织病理学检查结果是定性诊断的主要依据。另外,还可以进行免疫组织化学方法、细胞膜糖蛋白检测、酶检测法诊断。

组织学诊断方法通常在第四脑室尾侧,常规采取脑部横切面,包括延髓、脑桥和中脑进行切片检查,若发现神经纤维网的海绵状变化和胞浆内空泡变性可作出诊断。空泡变性在孤束核、三叉神经脊束核和中央灰质的发生概率最高。取延髓脑闩处脑髓做一张切片检查,与临诊诊断的符合率可达到 99.6%。

组织学检查时,应注意健康牛的神经元胞核周围,尤其是红核有时也能观察到空泡,可能会被误认为该病的病理损伤,但局部神经元没有变性损伤的变化。

**(6) 防制措施**

目前本病尚无有效的治疗药物。防制措施主要是:①尽早扑杀阳性牛及其感染牛的后代,对尸体一律销毁。②禁止饲料中使用可疑病兽的肉、骨粉及其他组织制成的添加剂喂牛。③加强动物检疫,加强对市场和屠宰场的肉食品卫生检验,做好内脏废弃物的处理,对畜舍和有关物品可用 2%漂白粉或氢氧化钠消毒。高压灭菌时需经 134℃消毒 30min。④非疫区应严防疫病侵入。由于本病可能威胁人的健康,各国都很重视对本病的防制。禁止从发病国进口牛、牛精液和胚胎；禁止从发病国进口肉粉及其牛、羊肉，并在与发病国政府签订的条款中增加了对本病的检疫防疫要求。

## 6.7 牛传染性胸膜肺炎

牛传染性胸膜肺炎(contagious bovine pleuropneumonia，CBP)，又称牛肺疫，是一种由牛肺疫丝状支原体(*Mycoplasma mycoides*)引起牛的一种高度接触性传染病，以纤维素性肺炎和胸膜炎为主要特征。

牛传染性胸膜肺炎最早于1713年发生在瑞典和德国，后来传播到世界各产牛国，1996年，我国宣布消灭了牛传染性胸膜肺炎，这是我国继牛瘟后宣布消灭的第二种动物传染病。

**(1)病原**

牛传染性胸膜肺炎的病原是丝状支原体丝状亚种SC型，由Nocard和Roux(1898)首次成功分离，是人类历史上分离的第一个支原体种，国际标准株为PG-1株。日光、干燥和热力均不利于牛肺疫丝状支原体的生存；对苯胺染料和青霉素具有抵抗力。常用的消毒药能在几分钟内将其杀死。

**(2)流行病学**

自然条件下，丝状支原体丝状亚种SC型主要侵害牛类，包括黄牛、牦牛、犏牛、奶牛等，其中3～7岁多发，犊牛少见。病牛和带菌牛是主要的传染源。病原主要通过呼吸道感染，也可经消化道或生殖道感染。本病多呈散发性流行，常年可发生，但以冬春两季多发。潜伏期为2～4周，短则8d，长可达4个月。

**(3)临诊症状**

根据病程长短可分为急性型和慢性型两种。

**急性型** 症状明显而有特征性，体温升高到40～42℃，呈稽留热，干咳，呼吸加快而有呻吟声，鼻孔扩张，前肢外展，呼吸极度困难。由于胸部疼痛不愿行动或下卧，呈腹式呼吸。咳嗽逐渐频繁，常是带疼痛短咳，咳声弱而无力，低沉而潮湿。有时流出浆液性或脓性鼻液，可视黏膜发绀。呼吸困难加重后，叩诊胸部，患侧肩胛骨后有浊音或实音区，上界为一水平线或微凸曲线。听诊患部，可听到湿性啰音，肺泡音减弱乃至消失，代之以支气管呼吸音，无病变部分则呼吸音增强，有胸膜炎发生时，则可听到摩擦音，叩诊可引起疼痛。病后期心脏常衰弱，脉搏细弱而快，为80～120次/min，有时因胸腔积液，只能听到微弱心音或不能听到。此外，还可见到胸下部及肉垂水肿，食欲丧失，泌乳停止，尿量减少而比重增加，便秘与腹泻交替出现。病畜体况迅速衰弱，眼球下陷，眼无神，呼吸更加困难，常因窒息而死。急性病程一般在症状明显后经过5～8d，约半数取死亡转归，有些患畜病势趋于静止，全身状态改善，体温下降，逐渐痊愈。有些患畜则转为慢性，整个急性病程为15～60d。

**慢性型** 多数由急性转来，也有开始即取慢性经过者。除体况消瘦，多数无明显症状。偶发干性短咳，叩诊胸部可能有实音区。消化机能紊乱，食欲反复无常，此种患畜在良好护理及妥善治疗下，可以逐渐恢复，但常成为带菌者。病程2～4周，也有延续至半年以上者。

**(4) 病理变化**

特征性病变主要在胸腔。典型病例是大理石样肺和浆液纤维素性胸膜炎。病初以小叶性支气管炎为特征,肺的损害常限于一侧,肺炎灶充血、水肿,呈鲜红色或紫红色。中期呈浆液性纤维素性胸膜肺炎,病肺肿大、增重、灰白色,多为一侧性,以右侧较多,各肺叶中又以膈叶最显著,肺实质发生不同时期肝变区,切面呈大理石样外观。肺间质水肿变宽,呈灰白色,淋巴管高度扩张。胸膜增厚,表面有纤维素性附着物,多数病例的胸腔内积有数量不等淡黄色透明或混浊液体,内混有纤维素凝块或血凝片,胸膜出血、肥厚,与肺部粘连,肺膜表面有纤维素性附着物,心包内有同样变化。后期,肺部病灶坏死、液化,并形成脓腔、空洞或瘢痕化。此外,还可见肺门淋巴结和纵隔淋巴结肿大、出血、腹膜炎及浆液性纤维素性关节炎。

**(5) 诊断**

可根据牛传染性胸膜肺炎的临诊症状、病理变化和流行病学对其进行初步诊断,确诊本病须进行实验室诊断。实验室诊断方法有:分离培养鉴定、血清学方法和分子生物学方法。

分离培养鉴定方法是最为直接的传统诊断方法,同时也是最终诊断所必须进行的技术手段。丝状支原体丝状亚种 SC 型比较容易在现有的人工培养基上生长,繁殖速度也相对较快,分离的成功率也比较高,常用于牛传染性胸膜肺炎的诊断,但比其他两种检测方法的速度慢、效率低。牛传染性胸膜肺炎诊断的常用血清学方法主要包括玻片凝集试验、琼脂扩散试验、被动血凝试验、微量凝集试验和 ELISA 等。分子生物学方法主要包括 PCR 和核酸探针。PCR 具有检测速度快、操作方便、灵敏度高等优点,是一种常用的实验室诊断方法。

**(6) 防制措施**

治疗本病可用新胂凡纳明(914)静脉注射。有人用土霉素盐酸盐实验性治疗本病,效果较好。红霉素、卡那霉素、泰乐菌素等也曾使用过。但临床治愈的牛,可长期带菌,成为危险的传染源,从长远利益考虑,应尽早扑杀病牛。

预防本病的关键是防止传染源的侵入,坚持自繁自养,不从疫区引进牛只。进口牛要进行严格检疫,可做 ELISA 2 次,2 次都为阴性者,接种疫苗,4 周后才能启运,到达后隔离观察 3 个月,确认无病时,才能入群。流行期间,扑杀病牛和与病牛接触过的牛只,做好隔离、消毒、封锁和紧急接种。

控制牛传染性胸膜肺炎最主要的方法是免疫预防。目前有的牛传染性胸膜肺炎疫苗主要是弱毒活疫苗,包括 V5、T1、KH3J 株以及我国研制的兔化弱毒疫苗及其绵羊、藏羊适应系列疫苗等。

# 6.8 牛恶性卡他热

牛恶性卡他热(malignant catarrhal fever,MCF),又称恶性头卡他或坏疽性鼻卡他,是由狷羚疱疹病毒Ⅰ型(Antelope herpesvirus-1)病毒引起的急性、热性、高度致死性传染病。其特征是持续高热，呼吸道和消化道黏膜发生卡他性纤维素性炎症，角膜混浊，神经症状，淋巴结肿大。呈散发性，但具有很高的致死率。

**(1) 病原**

恶性卡他热是由狷羚疱疹病毒Ⅰ型引起的，该病毒属疱疹病毒科疱疹病毒丙亚科猴病毒属。其病原为两种γ-疱疹病毒中的任何一种：狷羚属疱疹病毒Ⅰ型，其自然宿主为角马；另一种是作为亚临诊感染的，在绵羊中流行绵羊疱疹病毒Ⅱ型。病毒不易通过滤器，在血液中附着于白细胞不易洗脱。病毒可在牛、羊甲状腺和牛肾上腺、睾丸、肾等的细胞培养物中生长，引起细胞病变。病毒对外界环境的抵抗力不强，不能抵抗冷冻和干燥。含病毒的血液在室温下24h则失去活力，温度在冰点以下可使病毒失去活性。常用消毒药能迅速杀死病毒。

**(2) 流行病学**

易感动物主要是黄牛，4岁以下幼牛最易感染发病。狷羚和绵羊是该病的传染源，欧洲绵羊是该病的自然宿主和传播媒介。绵羊产羔期最易传播该病。发病牛都有与绵羊接触史。传染途径主要是通过呼吸道传染，绵羊感染后，本身无症状，可从分泌物和排泄物中排出病毒，还可通过胎盘感染使羔羊带毒。在非洲主要通过角马和狷羚传播，吸血昆虫可传染本病，病牛的分泌物和排泄物虽然含有病毒，但与健康牛接触并不发生传染。该病多为散发，一年四季都可发生，但以冬季和早春发生较多。自然感染的潜伏期差异很大，一般4～20周或更长，人工感染平均是22d。

**(3) 临诊症状**

本病可分最急型、头眼型、肠型及皮肤型，这些型可能混合出现。

**最急型** 突然发病，体温高达41～42℃，稽留热，精神沉郁，食欲和反刍减少或停止，但饮欲增加，眼结膜潮红，呼吸及心跳加快，有时出现急性胃肠炎症状，多数在1～2d内死亡。

**头眼型** 该型多见，其症状为本病的典型症状。体温高达41～42℃；双眼羞明流泪，流出黄褐色脓性及纤维素性分泌物，结膜充血潮红，继而发展为角膜炎和角膜混浊，甚至溃疡穿孔；口腔和鼻腔黏膜充血、坏死和糜烂，口腔流出带有臭味的黏液，鼻腔流出的分泌物为黏稠脓样，有时形成黄色长线状物质垂于地面，如分泌物凝固阻塞鼻孔则引起呼吸困难；个别牛兴奋不安，冲撞，肌肉震颤；体表淋巴结肿大。病程1～2周，多以死亡而告终。

**肠型** 高热稽留，严重腹泻，粪便恶臭内含坏死组织和血液，呈纤维素性坏死性肠炎的特征。口腔和鼻腔黏膜充血，有的发生糜烂和溃疡，流泪流涎，淋巴结肿大。一般4～9d死亡。

**皮肤型** 体温升高，在颈部、肩胛部、背部、乳房、阴囊等处皮肤出现丘疹、水泡，结痂后脱落，有时形成脓肿。关节显著肿胀，淋巴结肿大。

**(4) 病理变化**

主要是口腔和鼻腔黏膜充血出血、溃疡和糜烂，并有脓性纤维素性分泌物；全身淋巴结肿大充血或出血；胃肠黏膜充血、出血；脑膜充血，有时见出血。

**(5) 诊断**

根据流行特点，无接触传染，呈散发。临诊症状如病牛高热40℃以上，连续应用抗生素也无效,典型的头和眼型变化以及病理变化,可以作出初步诊断。最后确诊还应通过实验室诊断,可对病牛采血进行病毒的分离培养鉴定或采用血清学试验。本病应注意与牛瘟、牛病毒性腹泻/黏膜病、口蹄疫等的鉴别。

**(6)防制措施**

本病目前尚无特效治疗药物和免疫预防的生物制品,预防主要是加强饲养管理,增强动物抵抗力,注意栏舍卫生。牛、羊分开饲养,分群放牧。发现病畜后,按《中华人民共和国动物防疫法》及有关规定,采取严格控制、扑灭措施,防止扩散。病畜应隔离扑杀,污染场所及用具等要实施严格消毒。

## 6.9 牛传染性鼻气管炎

牛传染性鼻气管炎(infectious bovine rhinotracheitis,IBR),又称红鼻病、坏死性鼻炎、牛媾疫、牛传染性脓疱性外阴-阴道炎,是由牛传染性鼻气管炎病毒(bovine infectious rhinotracheitis virus,IBRV)引起牛的一种接触性传染病,表现为上呼吸道及气管黏膜发炎、呼吸困难、流鼻汁等症状,还可引起生殖道感染、结膜炎、脑膜脑炎、流产、乳房炎等多种病型。

本病自1955年美国首次报道以来,其后世界许多国家和地区都相继发生和流行。我国于1980年从新西兰进口牛中发现本病,其后从我国的奶牛、水牛、黄牛、牦牛等病牛体内也都分离到牛传染性鼻气管炎病毒。病毒侵入牛体后,可潜伏于一定部位,导致持续性感染,病牛长期乃至终生带毒,给控制和消除本病带来极大困难。

**(1)病原**

牛传染性鼻气管炎病毒又名牛疱疹病毒Ⅰ型,属疱疹病毒科甲疱疹病毒亚科水痘病毒属。是球形双股DNA病毒。直径150~220nm。牛传染性鼻气管炎病毒在多种牛源细胞(如肾、胚胎、皮肤、肾上腺等细胞)培养生长良好,1~2d即可产生明显的细胞病变,并有嗜酸性核内包涵体。病毒抵抗力较强,在4℃以下保存30d感染滴度几乎无变化,56℃条件下经21min可将其灭活,-70℃时病毒可存活数年。病毒对氯仿、丙酮、乙醇和紫外线敏感。该病毒只有1个血清型。常用消毒药能迅速将其杀死。

**(2)流行病学**

本病主要感染牛,尤以肉用牛较为多见,其次是奶牛。肉用牛群的发病有时高达75%,其中尤以20~60日龄犊牛最为易感,病死率也较高。鹿、山羊、猪也可感染发病。病牛和带毒牛为主要传染源。传播途径主要为呼吸道、生殖道,也可通过胎盘垂直传播。吸血昆虫也可传播本病。本病多发于秋季和寒冷的冬季,在过分拥挤、密切接触时更易快速传播。当存在应激因素时,潜伏于三叉神经内的病毒就会被激活,并出现于鼻液、泪液和阴道分泌物中,因此隐性带毒牛是最危险的传染源。

**(3)临诊症状**

潜伏期一般为4~6d,人工滴鼻或气管内接种可缩短到18~72h。

牛传染性鼻气管炎病毒能够侵染体内的多种组织和器官,因此感染牛常表现出多种多样的临床症状。最常见的为呼吸道型,病牛高热达40℃以上,咳嗽、呼吸困难,流泪,流水样鼻液，后期转为黏脓性鼻液，鼻内可见溃疡灶；此外还有结膜炎型，主要表现为结膜充血，眼睑水肿，大量流泪或结膜表面出现灰色假膜；生殖道型，主要表现为母牛传染性脓疱性外阴阴道炎和公牛传染性脓疱性包皮龟头炎；流产不孕型，主要表现为妊娠牛流产和非妊娠牛不孕；脑膜脑炎型，仅见于犊牛，在出现呼吸道症状的同时，伴有神经症状，病死率>50%；肠炎型，见于2~3周龄犊牛，主要表现为咳嗽、呼吸困难等呼吸道症状，同时出现腹泻和排血便等消化道症状，病死率可达20%~80%。

**(4) 病理变化**

呼吸型病例的病变局限于口、鼻腔、咽、喉、气管，终止于大支气管，肺脏大多正常，上呼吸道有不同程度的发炎。轻病例黏膜充血、肿胀，并有卡他性渗出物。重症病例可见黏膜下组织发炎，并有出血点和坏死灶。组织学检查在发病后36h，器官上皮细胞内可发现典型的嗜酸性包涵体。死于脑膜脑炎的犊牛脑膜呈现轻度出血。流产胎儿出现坏死性肝炎和脾脏局部坏死。

**(5) 诊断**

可根据牛传染性鼻气管炎的临诊症状、病理变化和流行病学对其进行初步诊断，通过实验室检测技术可对该病进行确诊。

**病毒的分离与检测** ①病毒的分离。最常用于病毒分离的是牛胎肾或睾丸的单层细胞培养物。其次是猪肾细胞。牛肾继代细胞和牛气管继代细胞也可用作病毒分离。②包涵体检查。因牛传染性鼻气管炎病毒可在细胞中生长并形成核内包涵体，故可用感染的单层细胞涂片，用 Lendrum 染色法染色，镜检细胞核内包涵体。也可采取病牛病变部的上皮组织(上呼吸道、眼结膜、角膜等组织)制作切片后染色、镜检。③病毒的鉴定。分离得到的病毒通过已知标准免疫血清进行中和试验就能作出鉴定。此外，应用电子显微镜方法对病毒进行形态学鉴定，并结合生物学和血清学特征也可作出初步判定。

**血清学诊断技术** 目前采用的血清学检测方法主要有血清中和试验、琼脂扩散试验、间接血凝试验、ELISA 等。

**分子生物学诊断技术** 可借助于 PCR、核酸探针等分子生物学诊断技术来进行本病的诊断。

本病应与牛流行热、牛病毒性腹泻/黏膜病、牛蓝舌病和茨城病等相区别。

**(6) 防制措施**

对于牛传染性鼻气管炎的控制主要采取两种方法，即扑杀和疫苗接种。目前所使用的预防牛传染性鼻气管炎的疫苗主要有传统疫苗和新型疫苗。传统疫苗包括弱毒活疫苗和灭活疫苗；新型疫苗主要包括亚单位疫苗和基因缺失标记疫苗。研究表明，免疫接种过的牛并不能阻止野毒感染，也不能阻止潜伏期病毒的持续性感染，只能起到防御临床发病的效果。因此，采用敏感的检测方法(如 PCR)检出阳性牛并予以扑杀是目前根除本病的唯一有效途径。

## 6.10 梅迪-维斯纳病

梅迪-维斯纳病(Maedi-Visna，MV)是由梅迪-维斯纳病病毒(Maedi-Visna virus，MVV)引起绵羊的一种慢性增生性、接触性传染病。特征为潜伏期长，表现为间质性肺炎或脑膜炎，病羊衰弱、消瘦，最后死亡。

梅迪-维斯纳病是1954年由冰岛科学家Sigard-sson首次发现。梅迪和维斯纳原来是用来描述绵羊的两种不同临诊症状的慢性增生性传染病。梅迪的意思是费力地呼吸，描述了一种增进性间质性肺炎；维斯纳的意思是抽搐或消耗，病状为麻痹性脑膜炎。许多年以后，梅迪和维斯纳被分别分离出来，经鉴定为同一类病，现在命名为梅迪-维斯纳病。

(1)病原

梅迪-维斯纳病病毒是两种在多方面具有相同特性的病毒，在分类上被列入反转录病毒科慢病毒属。含有单股RNA，成熟的病毒粒子直径90~120nm。呈球形或六角形，有囊膜。对外界环境的抵抗力较弱，50℃经15min灭活，常用消毒药能迅速将其杀死。

(2)流行病学

梅迪-维斯纳病主要是绵羊的一种疾病，山羊也可感染。发生于所有品种的绵羊，无性别的区别。本病多见于2岁以上的成年绵羊。一年四季都可发生。自然感染是吸食了病羊所排出的含病毒的飞沫和病羊与健康羊直接接触传染，也可能经过胎盘和乳汁而垂直传染。吸血昆虫也可成为传播者。易感羊经肺内注射病羊肺细胞的分泌物(或血液)，也能实验性感染。本病多呈散发。发病率因地域而异。潜伏期1~3年或更长。

(3)临诊症状

**梅迪(呼吸道型)** 病羊呈现进行性肺部损伤，然后出现逐渐加重的呼吸道症状。症状发展缓慢，经过数月或数年。在病的早期，如驱赶羊群，特别是上坡时，病羊就落于群后。当病情恶化时，每分钟呼吸次数在活动时可达80~120次，在休息时也表现呼吸频数。病羊鼻孔扩张，头高仰，有时张口呼吸。病羊仍有食欲，但体重不断下降，表现消瘦和衰弱。病羊多表现站立姿势。叩诊时在肺的腹侧发现实音。体温一般正常。血常规检查，发现轻度的低血红素性贫血，持续性的白细胞增多症。死亡是由于缺氧和并发急性细菌性肺炎。发病率因地区而异，死亡率可高达100%。

**维斯纳(神经型)** 病初可见病羊后肢跛行，腿发软，腕、跗关节不能伸直，休息时经常用跖骨后段着地。后肢行走困难，后肢麻痹或瘫痪。有时唇和眼睑震颤。头偏向一侧，然后出现偏瘫或完全麻痹。

自然和人工感染病例的病程均很长，通常为数月，有时可达数年。病程的发展有时呈波浪式，中间出现轻度缓解，但终归死亡。

(4)病理变化

梅迪病病羊尸体消瘦，肺脏明显肿大，肺脏的体积和重量是正常肺脏的2~4倍，肺与胸壁之间发生粘连，胸膜和肺脏质地变硬呈棕色或暗红色，触诊有橡皮样感。肺小叶间质明显增厚，切面干燥，常可透过浆膜见到大量针尖大小的灰色小点。纵隔淋巴结和支气管淋巴结肿大和水肿。

维斯纳病病羊一般无眼观病变，病程长的后肢骨骼肌显著萎缩，部分病羊可见脑膜轻度充血，或脑、脊髓切面有小的黄色斑点。腕、跗关节为纤维素性关节炎。

(5)诊断

对于呼吸道型，可根据流行病学、症状和病变可作出初步诊断，但应注意与肺丝虫病、副结核病和支原体性胸膜肺炎等的区别。神经型,可根据病羊的神经症状、头部运动和部态异常等怀疑本病,但应注意与山羊关节炎-脑炎、痒病和脑多头蚴的区别。

确诊本病必须进行实验室检查,如病理组织学检查、病毒分离鉴定、琼脂扩散试验、ELISA 等。

**(6)防制措施**

本病目前尚无疫苗和有效的治疗方法,因此预防本病的关键是防止健康羊与病羊的接触,加强对引入种羊的血清学检查。发现病羊及时扑杀,尸体及污染物进行无害化处理。圈舍和饲养用具可用 2% 氢氧化钠或 4% 碳酸钠消毒。

## 6.11 山羊病毒性关节炎-脑炎

山羊病毒性关节炎-脑炎(caprine arthritis-encephalitis,CAE)是由山羊病毒性关节炎-脑炎病毒(caprine arthritis-encephalitis virus,CAV)引起的一种病毒性传染病。临诊特征是成年羊为慢性多发性关节炎,间或伴发间质性肺炎或间质性乳腺炎;羔羊常呈现脑脊髓炎症状。

**(1)病原**

山羊关节炎-脑炎病毒属于反转病毒科慢病毒属的成员。病毒的形态结构和生物学特性与梅迪-维斯纳病毒相似,含有单股 RNA,病毒粒子直径 80~100nm。

鸡胚、小鼠、豚鼠、地鼠和家兔等实验动物感染不发病。无菌采取病羊关节滑膜组织制备单细胞进行体外培养,经 2~4 周细胞出现合胞体。山羊胎儿滑膜细胞常用于病毒的分离鉴定。接种材料包括滑液、乳汁和血液白细胞,其中以前二者的病毒分离率最高。用驯化病毒接种山羊胎儿滑膜细胞经 15~20h,病毒开始增殖,96h 达高峰,接种 24h 细胞开始融合,5~6d 细胞层上布满大小不一的多核巨细胞。实验证明,合胞体的形成是病毒复制的象征。因此,可用于感染性的滴定。

**(2)流行病学**

发病山羊和隐性感染羊只是本病的主要传染源,山羊易感。本病的主要传播方式为水平传播,偶发垂直传播。感染途径以消化道为主。病毒经乳汁感染羔羊,被污染的饲草、料、饮水等可成为传播媒介。在自然条件下,只在山羊间互相传染发病,绵羊不感染。无年龄、性别、品系间的差异,但以成年羊感染居多。感染率为 15%~81%,感染母羊所产的羔羊当年发病率为 16%~19%,病死率高达 100%。水平传播至少同居放牧 12 个月以上;带毒公羊和健康母羊接触 1~5d 不引起感染。不排除呼吸道感染和医疗器械接种传播本病的可能性。感染本病的羊只,在良好的饲养管理条件下,常不出现症状或症状不明显。只有通过血清学检查,才能发现。一旦改变饲养管理条件、环境或长途运输等应激因素的刺激,则会出现临诊症状。

**(3)临诊症状**

依据临诊表现分为三型:脑脊髓炎型、关节型和间质性肺炎型。多为独立发生,少数有所交叉。但在剖检时,多数病例具有其中两型或三型的病理变化。

**脑脊髓炎型** 潜伏期 53~131d。主要发生于 2~4 月龄羔羊。有明显的季节性,80%

以上的病例发生于3～8月间，显然与晚冬和春季羔有关。病初病羊精神沉郁、跛行，进而四肢强直或共济失调。一肢或数肢麻痹、横卧不起、四肢划动，有的病例眼球震颤、惊恐、角弓反张，头颈歪斜或做圆圈运动。有时面神经麻痹，吞咽困难或双目失明。病程半月至1年。个别耐过病例留有后遗症。少数病例兼有肺炎或关节炎症状。

**关节炎型** 发生于1岁以上的成年山羊，病程1～3年。典型症状是腕关节肿大或跛行。膝关节和附关节也有罹患。病情逐渐加重或突然发生。一开始，关节周围的软组织水肿、湿热、波动、疼痛，有轻重不一的跛行，进而关节肿大如拳，活动不便，常见前膝跪地膝行。有时病羊肩前淋巴结肿大。透视检查，轻型病例关节周围软组织水肿；重症病例组织坏死，纤维化或钙化，关节液呈黄色或粉红色。

**间质性肺炎型** 较少见。无年龄限制，病程3～6个月，患羊进行性消瘦，咳嗽，呼吸困难，胸部叩诊有浊音，听诊有浊啰音。

除上述3种病型外，哺乳母羊有时发生间质性乳房炎。

(4)病理变化

主要病变见于中枢神经系统、四肢关节及肺脏，其次是乳腺。

**脑脊髓炎型** 主要发生于小脑和脊髓的灰质，左前庭核部位将小脑与延髓横断，可见一侧脑白质有一棕色区。

**肺炎型** 肺脏轻度肿大，质地硬，呈灰色，表面散在灰白色小点，切面有大叶性或斑块状实变区。支气管淋巴结和纵隔淋巴结肿大，支气管空虚或充满浆液和黏液。

**关节炎型** 关节周围软组织肿胀波动，皮下浆液渗出。关节囊肥厚，滑膜常与关节软骨粘连。关节腔扩张，充满黄色粉红色液体，其中悬浮纤维蛋白条索或血凝块。滑膜表面光滑，或有结节状增生物。透过滑膜可见到组织中的钙化斑。

**乳腺型** 发生乳腺炎的病例，镜检见血管、乳导管周围及腺叶间有大量淋巴细胞、单核细胞和巨细胞渗出，继而出现大量浆细胞，间质常发生灶状坏死。

**肾炎型** 少数病例肾表面有1～2mm的灰白小点。镜检见广泛性的肾小球肾炎。

(5)诊断

依据流行病学、临诊症状和病理变化可作出本病的初步诊断。确诊需进行病毒的分离鉴定和血清学试验。常用的血清学试验有琼脂扩散试验、ELISA和免疫印迹试验。

(6)防制措施

本病目前尚无有效的疫苗和有效的治疗方法。主要以加强饲养管理和防疫卫生工作为主。执行定期检疫，及时淘汰血清学反应阳性羊。引入羊只实行严格检疫，特别是引进国外品种，除执行严格的检疫制度外，入境后还要单独隔离观察，定期复查，确认健康后，才能转入正常饲养繁殖或投入使用。在无病地区还应提倡自繁自养，严防本病由外地带入。

# 6.12 新生犊牛腹泻

新生犊牛腹泻(neonatal calf diarrhea，NCD)是由冠状病毒所致的一种犊牛腹泻性传染病。其主要特征为病程急剧、散播迅速、严重腹泻、小肠绒毛萎缩。本病为牛奶和肉牛新生犊牛最常见的急性腹泻复合征的一个组成部分。世界许多国家都有报道，我国各大型奶牛场也屡有发生。冠状病毒感染是引起犊牛死亡的重要病因之一。2/3 的肉用犊牛发病与本病毒有关。1/3 的 1 月龄以内的乳用犊牛发病还与本病毒有关。

**(1) 病原**

牛肠炎冠状病毒属冠状病毒科，含单股 RNA，近似球形，直径 60～160nm，有特征性的囊膜，对乙醚敏感。能在胎牛肾细胞培养物中复制，连续继代 24 代时，引起肾细胞形成合胞体。也适应于乳鼠脑中生长。

**(2) 流行病学**

病牛和带毒牛是主要传染源。本病在 1～3 周龄犊牛中发生自然感染引起腹泻，在成年牛腹泻的粪便中也可检出冠状病毒。本病垂直感染或哺乳感染，阴性母牛在受污染区产子数小时内，犊牛即可感染本病。消化道是主要感染途径。新生犊牛经口感染本病毒后，经 20h 潜伏期，便开始排出淡黄色水样便，在大、小肠黏膜上皮细胞中即可检出病毒粒子。

**(3) 临诊症状**

病犊牛精神沉郁，病初即排出淡黄色水样稀便，病犊腹泻 2～3d 后，出现不食、衰弱、开始脱水。严重时便中含有黏液和凝乳块，有时带有血液。犊牛血液浓缩。病程 5～6d，多因脱水衰竭死亡。

新生犊牛发病与病原的存在情况、感染时间、带毒母牛的年龄和胎次、犊牛生后体质以及天气等因素密切相关。

**(4) 病理变化**

最重要的病理组织学变化见于小肠。有诊断意义的是除十二指肠外，所有肠段的切片上均可见到肠绒毛的萎缩和减少。

**(5) 诊断**

引起犊牛腹泻的原因很多，如轮状病毒感染、犊牛大肠杆菌等，其发病后的症状也与本病相似。因此根据临诊症状是难以作出确切的病原学诊断的。确切的诊断是由粪便中找到病原，细胞培养物中分离出病毒。或用免疫荧光法和中和试验等方法确诊。

为此，对本病诊断采集的标本应是：病中的新鲜粪便和病尸的小肠、肠黏膜及肠系膜淋巴结作为标本，供实验室检验。

对本病的诊断工作，要与各种引起犊牛腹泻的病原和病因进行鉴别诊断。

**(6) 防制措施**

**预防措施** 预防的关键在于加强饲养管理。及时的饲喂初乳，是极为重要的。将新生犊牛隔离在犊牛栏内单独饲喂，精心护理。犊牛栏(舍)要保持干燥、温暖和卫生。

**治疗** 对本病目前尚无特效疗法，只能在发病早期进行对症治疗。

对有脱水和酸中毒者，可应用含葡萄糖的电解质溶液，如葡萄糖生理盐水及 5% 碳酸氢钠溶液。口服补液盐(ORS)对腹泻脱水纠正有效，但尚不能减少腹泻粪便排出量、腹泻次数或腹泻持续时间。因此，可改进 ORS 配方，可用煮熟谷粉代替葡萄糖，或与甘氨酸合用，以使 ORS 的效果更好。为防止继发感染可使用抗生素。

## 6.13 小反刍兽疫

小反刍兽疫(peste des petits ruminants，PPR)是由小反刍兽疫病毒引起的小反刍动物的一种急性接触性传染病。俗称羊瘟，又名小反刍兽假性牛瘟(pseudorinderpest)、肺肠炎(pneumoenteritis)、口炎肺肠炎复合症(stomatitis-pneumoenteritis complex)，主要感染小反刍动物，以发热、口炎、腹泻、肺炎为特征。

**(1)病原**

小反刍兽疫病毒属副黏病毒科麻疹病毒属。与牛瘟病毒有相似的物理化学及免疫学特性。病毒呈多形性，通常为粗糙的球形。病毒颗粒较牛瘟病毒大，核衣壳为螺旋中空杆状并有特征性的亚单位，有囊膜。病毒可在胎绵羊肾、胎羊及新生羊的睾丸细胞、Vero细胞上增殖，并产生细胞病变(CPE)，形成合胞体。

**(2)流行病学**

本病主要感染山羊、绵羊、美国白尾鹿等小反刍动物，流行于非洲西部、中部和亚洲的部分地区。在疫区，本病为零星发生，当易感动物增加时，即可发生流行。本病主要通过直接接触传染，病畜的分泌物和排泄物是传染源，处于亚临诊型的病羊尤为危险。人工感染猪，不出现临诊症状，也不能引起疾病的传播，故猪在本病的流行病学中无意义。

**(3)临诊症状**

小反刍兽疫潜伏期为4～5d，最长21d。自然发病仅见于山羊和绵羊。山羊发病严重，绵羊也偶有严重病例发生。一些康复山羊的唇部形成口疮样病变。感染动物临诊症状与牛瘟病牛相似。急性型体温可上升至41℃，并持续3～5d。感染动物烦躁不安，背毛无光，口鼻干燥，食欲减退。流黏液脓性鼻漏，呼出恶臭气体。在发热的前4d，口腔黏膜充血，颊黏膜进行性广泛性损害，导致多涎，随后出现坏死性病灶，开始口腔黏膜出现小的粗糙的红色浅表坏死病灶，以后变成粉红色，感染部位包括下唇、下齿龈等处。严重病例可见坏死病灶波及齿垫、腭、颊部及其乳头、舌头等处。后期出现带血水样腹泻，严重脱水，消瘦，随之体温下降。出现咳嗽、呼吸异常。发病率高达100%，在严重暴发时，死亡率为100%，在轻度发生时，死亡率不超过50%。幼年动物发病严重，发病率和死亡都很高，该病被我国划定为一类疾病。

**(4)病理变化**

尸体剖检病变与牛瘟病牛相似。病变从口腔直到瘤-网胃口，出现糜烂、出血。患畜可见结膜炎、坏死性口炎等肉眼病变，严重病例可蔓延到硬腭及咽喉部。皱胃常出现病变，而瘤胃、网胃、瓣胃很少出现病变，病变部常出现有规则、有轮廓的糜烂，创面红色、出血。肠可见糜烂或出血，特征性条纹状出血或斑马条纹常见于大肠，特别在结肠直肠结合处。淋巴结肿大，脾有坏死性病变。在鼻甲、喉、气管等处有出血斑。还可见支气管肺炎的典型病变。

因本病毒对胃肠道淋巴细胞及上皮细胞具有特殊的亲和力，故能引起特征性病变。一般在感染细胞中出现嗜酸性胞浆包涵体及多核巨细胞。在淋巴组织中，小反刍兽疫病毒可引起淋巴细胞坏死。脾脏、扁桃体、淋巴结细胞被破坏。含嗜酸性胞浆包涵体的多核巨细胞出现，极少有核内包涵体。在消化系统，病毒引起马尔基氏层深部的上皮细胞发生坏死，感染细胞产生核固缩和核破裂，在表皮生发层形成含有嗜酸性胞浆包涵体的多核巨细胞。

(5) 诊断

绵羊、山羊发病，牛不发病。高热、呼吸困难、口鼻大量脓性分泌物、腹泻、死亡。口腔糜烂、肺炎、肠道条纹状出血。根据以上临诊症状和病理变化可作出初步诊断。确诊可做实验室血清学诊断，如中和试验、ELISA、琼脂扩散试验等。

(6) 防制措施

本病我国规定为一类动物疫病。OIE规定为A类动物疫病。发现病例，应严密封锁，扑杀同群羊，并全部进行无害化处理，疫源地要进行反复彻底消毒。

对本病的防控主要靠疫苗免疫：

**牛瘟弱毒疫苗** 因为本病毒与牛瘟病毒的抗原具有相关性，可用牛瘟病毒弱毒疫苗来免疫绵羊和山羊进行小反刍兽疫病的预防。牛瘟弱毒疫苗免疫后产生的抗牛瘟病毒抗体能够抵抗小反刍兽疫病毒的攻击，具有良好的免疫保护效果。

**小反刍兽疫病毒弱毒疫苗** 目前小反刍兽疫病毒常见的弱毒疫苗为Nigeria7511弱毒疫苗和Sungri/96弱毒疫苗。该疫苗无任何副作用，能交叉保护其各个群毒株的攻击感染，但其热稳定性差。

**小反刍兽疫病毒灭活疫苗** 本疫苗系采用感染山羊的病理组织制备，一般采用甲醛或氯仿灭活。实践证明甲醛灭活的疫苗效果不理想，而用氯仿灭活制备的疫苗效果较好。

**重组亚单位疫苗** 麻疹病毒属的表面糖蛋白具有良好的免疫原性，无论是使用H蛋白或N蛋白都可作为亚单位疫苗，均能刺激机体产生体液和细胞介导的免疫应答，产生的抗体能中和小反刍兽疫病毒和牛瘟病毒。

**嵌合体疫苗** 嵌合体疫苗是用小反刍兽疫病毒的糖蛋白基因替代牛瘟病毒表面相应的糖蛋白基因，这种疫苗对小反刍兽疫病毒具有良好的免疫原性，但在免疫动物血清中不产生牛瘟病毒糖蛋白抗体。

**活载体疫苗** 将小反刍兽疫病毒的F基因插入羊痘病毒的TK基因编码区，构建了重组羊痘病毒疫苗。重组疫苗既可抵抗小反刍兽疫病毒强毒的攻击，又能预防羊痘病毒的感染。

## 6.14 牛流行热

牛流行热(bovine epizootic fever，BEF)又称牛暂时热或三日热，是由牛流行热病毒引起的牛的一种急性、热性传染病。其临诊特征是体温突然升高(40℃以上)，呼吸迫促，全身虚弱，伴随消化机能和运动器官的机能障碍。感染该病的大部分病牛经2～3d即恢复正常，故又称三日热或暂时热。该病病势迅猛，但多为良性经过。

本病广泛流行于非洲、亚洲及大洋洲。日本称本病为流行热，南非、澳大利亚称本病为暂时热或三日热。我国也有本病发生和流行，而且分布面较广。本病对乳牛的产乳量有明显的影响，且部分病牛常因瘫痪而被淘汰，常给养牛业带来相当大的经济损失。

**(1)病原**

牛流行热病毒(bovine epizootic fever virus,BEFV),又名牛暂时热病毒(Bovine ephemeral virus),属于弹状病毒科暂时热病毒属。该病毒为单股不分节段的 RNA 病毒,基因组为 14.8kb,有囊膜,呈子弹形或圆锥形。成熟的病毒粒子长 130~220nm、宽 60~70nm。病毒粒子表面有纤突,中央由紧密盘绕的核衣壳组成,在宿主的细胞浆内装配,以出芽方式释放到空泡内或细胞间隙中,出芽的形态为弹状或锥形。

病毒存在于病牛血液中,病牛退热后 2 周内血液中仍有病毒。用高热期病牛血液 1~5mL 静脉接种易感牛后,经 3~7d 即可发病。用高热期血液中的白细胞及血小板层脑内接种新生小鼠可使其发病,发病乳鼠表现神经临诊症状,易兴奋,步态不稳,常倒向一侧,皮肤痉挛性收缩,多数经 1~2d 死亡。

病毒在抗凝血中于 2~4℃贮存 8d 后仍有感染性。感染鼠脑悬液(加有 10%犊牛血清)于 4℃保存 1 个月,毒力无明显下降。反复冻融对病毒无明显影响。于-20℃以下低温保存,可长期保持毒力。本病毒对热敏感,56℃ 10min、37℃ 18h 灭活。pH 2.5 以下或 pH 9 以上于数十分钟内可使之灭活。对乙醚、氯仿和去氧胆酸盐等溶液及胰蛋白酶均较敏感。

**(2)流行病学**

病牛是本病的主要传染源。通过吸血昆虫(蚊、蠓、蝇)叮咬病牛后再叮咬易感健康牛而传播,故疫情的存在与吸血昆虫的出没相一致,多在蚊蝇滋生的 8~10 月发生。病毒能在蚊子和库蠓体内繁殖,因此这些吸血昆虫是重要的传播媒介。

本病主要侵害奶牛和黄牛,水牛较少感染。以 3~5 岁牛多发,1~2 岁牛及 6~8 岁牛次之,犊牛及 9 岁以上牛少发。6 月龄以下的犊牛不显临诊症状,肥胖的牛病情严重,母牛尤以怀孕牛发病率高于公牛,产奶量高的母牛发病率高。野生动物中南非大羚羊、猁羚可感染,并产生中和抗体,但无临诊症状。在自然条件下,绵羊、山羊、骆驼、鹿等均不感染。绵羊可人工感染并产生病毒血症,继而产生中和抗体。

本病呈周期性流行,近来流行周期为 6~8 年或 3~5 年,有的地区 2 年一次小流行,4 年一次大流行,而我国广东地区 1~2 年流行一次。本病具有季节性,夏末秋初、多雨潮湿、高温季节多发,其他季节发病率较低。流行方式为跳跃式蔓延,即以疫区和非疫区相间的形式流行。本病传染力强,传播迅速,短期内可使很多牛发病,呈流行或大流行。本病发病率高而死亡率低。

**(3)临诊症状**

潜伏期 3~7d。按临诊表现可分为三型。

**呼吸型** 分为最急性型和急性型两种。

最急性型:病初高热,体温达 41℃以上。病牛眼结膜潮红、流泪,其他无异常表现。然后突然不食,呆立,呼吸急促。不久即大量流涎,口角出现多量泡沫状黏液,头颈伸直,张口伸舌,呼吸极度困难,喘气声如拉风箱。病牛常于发病后 2~5h 死亡,少数于发病后 12~36h 死亡。

急性型:病牛食欲减少或废绝,体温升至 40~41℃,皮温不整,流泪、畏光,结膜充血,眼睑水肿,呼吸急促,张口呼吸,口腔发炎,流线状鼻液和口水。精神不振,发出

"吭吭"呻吟声。病程3~4d。此型牛如及时治疗可治愈。

**胃肠型** 病牛眼结膜潮红、流泪，口腔流涎，鼻流浆液性鼻液，呈腹式呼吸，肌肉颤抖，不食，精神萎靡，体温40℃左右。粪便干硬，呈黄褐色，有时混有黏液，胃、肠蠕动减弱，瘤胃停滞，反刍停止。还有少数病牛表现腹泻、腹痛等临诊症状，病程3~4d。此型牛如及时治疗则预后良好。

**瘫痪型** 多数体温不高，四肢关节肿胀、疼痛，卧地不起，食欲减退，肌肉颤抖，皮温不整，精神萎靡，站立则四肢特别是后躯表现僵硬，不愿移动。

本病死亡率一般不超过1%，但有些牛因跛行、瘫痪而被淘汰。

**(4)病理变化**

急性死亡的自然病例，咽、喉黏膜点状或弥漫性出血。有明显的肺间质性气肿，多在尖叶、心叶及膈叶前缘。肺高度膨隆，间质增宽，内有气泡，指压肺呈捻发音。还有些牛可有肺充血与肺水肿。肺水肿病例胸腔积有大量暗紫红色液体，两侧肺肿胀，间质宽，内有胶冻样浸润，肺切面流出大量暗紫红色液体，气管内积有多量的泡沫状黏液。心内膜、心肌乳头部呈条状或点状出血，心肌质地柔软、色淡，肝轻度肿大，脆弱，肾轻度肿胀，脾髓呈粥样变化。肩、肘、膕、跗关节肿大，关节液增多，呈浆液性。关节液中混有块状纤维素，全身巴结充血、肿胀和出血，特别是肩前淋巴结、膕淋巴结、肝淋巴结等肿大，切面多汁呈急性淋巴结炎变化，有的淋巴结呈点状或边缘出血，皮质部有小灶状坏死，髓质区小动脉内皮细胞肿大、增生。实质器官混浊肿胀。真胃、小肠和盲肠呈卡他性炎症和渗出性出血。

**(5)诊断**

本病的特点是大群发生，传播快速，有明显的季节性，发病率高、病死率低，结合病畜临诊症状特点，不难作出初步诊断。但确诊本病需进行实验室检验，必要时采取病牛全血，用易感牛做交叉保护试验。

**病原分离** 取病牛发热期的血液白细胞悬液，接种于乳仓鼠肾细胞或肺细胞，或者猴肾细胞，37℃培养，2~3d可见细胞病理变化。

**血清学诊断** 用中和试验、琼脂扩散试验、免疫荧光抗体技术、补体结合试验及ELISA等，都能取得良好的检测结果。

**动物接种试验** 采取病牛发热初期血液(收集血小板层和白细胞做成悬液)接种于出生后24h以内的乳鼠、乳仓鼠等脑内，每日观察2次。一般接种后5~6d发病，不久死亡。取死鼠脑做成乳剂传代，传3代后可导致仓鼠100%死亡，然后进行中和试验。

本病要注意与茨城病、牛病毒性腹泻/黏膜病、牛传染性鼻气管炎、牛副流感等相区别。

**(6)防制措施**

治疗本病尚无特效药物，多采取对症治疗，减轻病情，提高机体抗病力。病初可根据具体情况进行退热、强心、利尿、整肠健胃、镇静等措施，停食时间长时可适当补充生理盐水及葡萄糖溶液，使用抗菌药物预防并发症和继发感染。呼吸困难者应及时输氧，也可用中药辨证施治。治疗时，切忌灌药，因病牛咽肌麻痹，药物易流入气管和肺里，引起异物性肺炎。经验证明，早发现、早隔离、早治疗，合理用药，大量输液，护理得当，是治疗本病的重要原则。

自然病例康复后可获得 2 年以上的坚强免疫力，而人工免疫还达不到如此效果。由于本病发生有明显的季节性，因此在流行季节到来之前及时进行免疫接种，可取得一定预防效果。国外曾研制出弱毒疫苗和灭活疫苗，国内曾研制出鼠脑弱毒疫苗、结晶紫灭活苗、甲醛氢氧化铝灭活苗、β-丙内酯灭活苗及亚单位疫苗。近年来研制出病毒裂解疫苗，在我国部分地区使用，取得一定效果。

根据本病的流行规律，应做好疫情监测和预防工作。在本病的常发区，除做好人工免疫接种外，还必须注意保持环境卫生，清理牛舍周围的杂草污物，加强消毒，扑灭蚊、蠓等吸血昆虫，每个星期用杀虫剂喷洒 1 次，切断本病的传播途径。注意牛舍的通风，对牛群要防晒防暑，饲喂适口饲料，减少外界各种应激因素。发生本病时，要对病牛及时隔离、治疗，对假定健康牛及受威胁牛群可采用高免血清进行紧急预防接种。

## 复习思考题

1. 简述牛副结核病的诊断要点及治疗措施。
2. 牛海绵状脑病有哪些病理变化？如何预防？
3. 怎样预防羊梭菌性疾病？如何进行免疫接种？
4. 牛白血病的主要临床症状有哪些？
5. 如何建立一个健康无蓝舌病的牛群？
6. 如何着手预防新生犊牛腹泻？
7. 从流行病学角度出发，如何减少牛病毒性腹泻的传播？
8. 牛恶性卡他热在临诊上分为哪几型？恶性卡他热的传播媒介是何种动物？头眼型的主要症状是什么？
9. 牛流行热在流行病学上有哪些特点？
10. 牛病毒性腹泻/黏膜病其主要特征是什么？
11. 对根据临床症状和剖检变化初诊为牛肺疫的牛群，应采用哪些实验诊断方法予以确诊？其主要防治措施为何？
12. 试述牛传染性鼻气管炎的各种临诊类型的主要表现及其确诊方法。
13. 试述蓝舌病的病原、传播媒介，主要的临诊表现，及其实验室诊断方法。
14. 何谓梅迪-维斯纳病？其临诊表现和病理学变化是什么？

# 第 7 章
# 其他动物传染病

## 7.1 兔病毒性出血症

兔病毒性出血症又称"兔瘟",是兔出血症病毒引起家兔的一种以呼吸系统出血、肝脏坏死、实质脏器水肿、淤血、出血和高死亡率为特征的急性、高度接触性传染病。本病1984年春季首次发现于我国,之后亚洲、美洲及欧洲的一些国家均有发生。本病常呈暴发流行,发病率及死亡率极高,是养兔业第一杀手。因此,OIE将其列为B类传染病。

**(1)病原**

兔出血症病毒(RHDV),属杯状病毒科兔病毒属。病毒颗粒无囊膜,直径25～40nm,表面有短的纤突。本病毒仅凝集人的红细胞,这种凝集特性比较稳定,在一定范围内不受温度、pH值、有机溶剂及某些无机离子的影响,但可以被RHDV抗血清特异性抑制。该病毒各毒株均为同一血清型。病毒在病兔所有的组织器官、体液、分泌物和排泄物中存在,以肝、脾、肾、肺及血液中含量最高,主要通过粪、尿排毒,并在恢复后的3～4周仍然向外界排出病毒。RHDV可以在乳鼠体内生长繁殖引起规律性的发病和死亡,且可以回归家兔发病死亡。因此,可以应用乳鼠进行种毒保存、病毒特性测定及血清中和试验。目前该病毒尚未发现能在各种原代或传代细胞中繁殖。本病毒对乙醚、氯仿等有机溶剂抵抗力强,在感染家兔血液中4℃保存9个月,或感染脏器组织中20℃ 3个月仍保持活性,肝脏含毒病料—20～—8℃ 560d和室内污染环境下经135d仍然具有致病性,能耐pH 3和50℃ 40min处理,对紫外线及干燥等不良环境抵抗力较强。1%氢氧化钠溶液4h、1%～2%甲醛溶液或1%漂白粉悬液3h、2%农乐溶液1h才灭活,0.5%次氯酸钠质溶液是常用的消毒药物。

**(2)流行病学**

本病只发生于家兔和野兔。各种品种和不同性别的兔均可感染发病,长毛兔易感性高于肉用兔,2月龄以上的青年兔和成年兔易感性高于2月龄以内的仔兔,而哺乳兔则极少发病死亡。病兔和带毒兔(本病康复的家兔和隐性感染兔)为本病的传染源。病兔的血液和肝脏组织内存在高浓度的病毒。病兔通过粪尿、鼻汁、泪液、皮肤及生殖道分泌物向外排毒。健康兔与病兔直接接触或接触上述分泌物和排泄物乃至血液而传染,同时也可以被污染的饲料、饮水、灰尘、用具、兔毛、环境及饲养管理人员、皮毛商人和兽医工作人员的手、衣服和鞋子而间接接触传播。RHDV可在冷冻的兔肉或脏器组织内长期存活，故可以通过国际贸易而长距离传播。此外，购进带毒的繁殖母兔及从疫区购入病兔毛皮等均可以引起本病的传播。本病的主要传播途径是消化道，皮下、肌肉、静脉注射、滴鼻和口服等途径人工接种均感染成功。本病在新疫区多呈暴发流行，成年兔发病率与病死率可达90%～100%；一般疫区病死率为78%～85%。本病传播迅速，流行期短，无明显的季节性，但在寒冷冬季，兔抵抗力低下时多发。

(3) 临诊症状

本病的潜伏期1～3d，人工接种则为38～72h。新疫区的成年兔多呈最急性或急性型，2月龄内幼兔发病症状轻微且多可恢复，哺乳兔多为隐性感染。

**最急性型** 多发生于流行的初期。突然发病，在感染后10～12h体温升高达41℃，6～8h后猝死。

**急性型** 多在流行中期出现。感染后1～2d体温升高达41℃以上，精神沉郁，食欲不振，渴欲增加，衰弱或横卧。末期出现兴奋、痉挛、运动失调、后躯麻痹、挣扎、狂暴、倒地、四肢划动。呼吸困难，发出悲鸣。有的病例死亡时鼻孔流出泡沫样的血液，也有的眼部流出眼泪和血液。另外，黏膜和眼、耳部皮肤发绀，少数病死兔阴道流出血液或有血尿，多于1～2d死亡。死前病兔腹部胀大，肛门松弛并排出黄色黏液或附着有黏液的粪球。恢复兔有时黏膜严重苍白和黄疸。少数产死胎。

**慢性型** 多见于老疫区或流行后期。病兔体温高达41℃左右，精神沉郁食欲不振，被毛粗乱，最后消瘦、衰弱而死亡。有些可以耐过生长迟缓，发育不良，可从粪尿排毒1个月以上。

(4) 病理变化

**剖检变化** 最多见脏器的出血和坏死。肝门脉部出现坏死，肝脏的一部分因坏死而呈黄色或灰白色的条纹，有的整个肝脏呈茶褐色或灰白色，切面粗糙，流出多量暗红色血液。胆囊肿大，胆汁稀薄。肺脏有大量的粟粒大到绿豆大小的出血斑，整个肺脏呈不同程度的充血，切开肺脏流出大量泡沫状液体。气管环状出血，形成大红气管。支气管黏膜及胸腺有大量的出血斑。肾脏皮质出血而形成大红肾。脾脏肿大呈黑红色，有的肿大2～3倍。胃肠充盈，胃黏膜脱落，小肠黏膜充血、出血。膀胱积尿。孕母兔子宫充血、淤血和出血。多数雄性睾丸淤血。肠系膜淋巴结水肿。脑和脑膜血管淤血，松果体和下垂体常有血肿。

**组织学变化** 表现为非化脓性脑炎。脑膜和皮层毛细血管充血及血栓形成。肺、肾出血，间质发炎，毛细血管形成微血栓。肝细胞及心肌纤维变性、坏死。

(5) 诊断

根据流行病学特点，2月龄以上家兔发病快、死亡率高并出现典型的临诊症状，结合剖检的典型病理变化能初步诊断。确诊需要进行实验室检查。

**病毒检查** 感染兔血液和肝脏等脏器中病毒的含量极高，可取肝脏等病料处理提纯病毒，负染后电镜检查病毒形态结构。

**血凝和血凝抑制试验** RHDV可凝集人O型红细胞，血凝试验可检出病死兔体内的病毒，可在血清板或玻板上进行。取病死兔的肝脏或脾脏研磨，加生理盐水制成1∶5或

1∶10的悬液,后滴加1%人O型红细胞悬液,室温放置30～50min后判定。玻片法定性时使用2%人O型红细胞悬液,可以用于现场检疫,快速简便。血凝试验的结果应通过特异性血清的血凝抑制试验确证。血凝抑制试验时用4个单位抗原,抗原为人工感染病兔的肝脏匀浆上清液,其可用于流行病学调查和疫苗免疫效果监测。

**酶标抗体及免疫荧光抗体技术** 双抗体夹心ELISA可用于本病的诊断,另外,采用酶标抗体或荧光素标记抗体染色可以直接检查病死兔肝脏、脾脏触片或冰冻切片中的病毒抗原。

**反转录-聚合酶链反应** 根据病毒特异性核酸序列设计的RT-PCR技术可检出病料组织中的病毒核酸,其敏感度甚至比ELISA高10 000倍。

**(6)防制措施**

**做好防疫工作** 不能从发生该病的国家和地区引进感染的家兔和野兔及其未经处理过的皮毛、肉品和精液,特别是康复兔及接种疫苗后感染的兔,因为存在长时间排毒的可能。一旦发生本病,应将与感染群接触者全部捕杀,尸体经焚毁处理,同时进行封锁消毒达到净化的目的。

**定期预防注射** 接种灭活疫苗可控制本病,在本病的常发地区和国家应选用感染家兔的肝脏制成灭活疫苗接种免疫。灭活苗的制造在不同国家方法不一,免疫期短,为6～12个月。目前广泛应用的是脏器组织甲醛灭活疫苗,安全有效。在注射后3～4d即可产生免疫力,适用紧急接种,免疫期半年以上。

## 7.2 犬瘟热

犬瘟热(CD)是由犬瘟热病毒(CDV)感染肉食兽中犬科、鼬科及一部分浣熊科动物的高度接触传染性、致死性传染病。病早期表现双相热型、急性鼻卡他性炎,随后以支气管炎、卡他性肺炎、严重胃炎和神经症状为特征。少数病例出现鼻部和脚垫的高度角质化。

犬瘟热是犬的一种最古老、临诊意义最大的传染病。该病几乎分布于全世界,所有养犬国家均有本病发生。据报道从20世纪60年代开始,国内部分省区的毛皮动物饲养场不断暴发本病并逐步在全国范围内流行。

**(1)病原**

CDV在分类上属副黏病毒科麻疹病毒属。核酸型为单链RNA,病毒粒子呈圆形或不整形,有时呈长丝状。粒子中心含有直径15～17nm的螺旋形核衣壳,外面被覆一近似双层轮廓的膜,膜上排列有长约1.3nm的杆状纤突。

CDV与麻疹病毒和牛瘟病毒在抗原性上密切相关,但各自具有完全不同的宿主特异性。来源于不同地区、不同动物和不同临诊病型的CDV毒株属同一个血清型。CDV经各种途径实验接种均可使雪貂、犬和水貂发病。脑内接种乳小鼠、乳仓鼠和猫可产生神经症状,猪感染CDV强毒可产生支气管肺炎,兔和大鼠对非肠道接种具有抵抗力,猴和人类非肠道接种可产生不明显的感染。

病毒能在犬、雪貂和犊牛肾原代细胞和鸡胚成纤维细胞上增殖,也可在犬和雪貂的脾、肺、睾丸等原代细胞生长,在乳仓鼠和乳小鼠脑内也可继代,也可在Vero细胞、犬肺巨噬细胞培养。在犬肾原代细胞形成巨细胞和包涵体（胞浆内和胞核内），在鸡胚成纤维细胞产生病变和形成蚀斑。病毒在哺乳动物细胞培养的毒价要比在鸡胚细胞培养的高。病毒在接种6～7日龄鸡胚绒毛尿囊膜后18h左右即产生绒毛膜水肿，72h出现灰色或粉红色斑点，96h肥厚，至第7天病毒量达高峰。病毒经鸡胚或鸡胚细胞培养传代可使其对犬和雪貂的毒力减低，但仍保有免疫原性，应于鸡胚80～100代的CDV可以用作犬和貂弱毒疫苗。

病毒对热和干燥敏感，50～60℃ 30min即可灭活，在炎热季节CDV在犬群中不能长期存活，这是犬瘟热多流行于冬春寒冷季节的原因。在较冷的温度下，CDV可存活较长时间，在2～4℃可存活数周，在-60℃可存活7年以上，冻干是保存CDV的最好方法。临诊上常用3%的氢氧化钠溶液作为消毒剂，效果很好。

**（2）流行病学**

CDV的自然宿主为犬科动物和鼬科动物。在浣熊科中曾在浣熊、密熊、白鼻熊和小熊猫中发现。一些灵猫科动物，如熊狸、小熊猫、鬣狗、刺猬等都易感。

病犬是本病最重要的传染源，病毒大量存在于鼻汁、唾液中，也见于泪液、血液、脑脊髓液、淋巴结、肝、脾、心包液、胸、腹水中，并能通过尿液长期排毒污染周围环境。有人报道从有消化道症状的病犬粪便中观察到CDV。

主要传播途径是病犬与健康犬直接接触，通过空气飞沫经呼吸道感染。CDV在犬体内可通过胎盘垂直传播，造成流产和死胎。

**（3）发病机制**

自然状态下病毒通过气溶胶传播。之后24h内在组织巨噬细胞中增殖并扩散至整个细胞，经局部淋巴管到达扁桃体和支气管淋巴结。2d后病毒在扁桃体、咽后和支气管淋巴结中的数量急剧增加，在骨髓、胸腺和脾脏中可见少量感染有CDV的单核细胞。4～6d后病毒在脾脏淋巴滤泡、胃及小肠固有层、肠系膜淋巴结和肝枯否氏细胞内增殖，导致体温升高和白细胞减少，主要表现为淋巴细胞减少。8～9d后病毒进一步扩散至上皮细胞和神经组织，导致血源性病毒血症。4～9d具有中等水平的细胞介导免疫应答和特异性抗体，犬体内病毒扩散至上皮组织。临诊症状最终因抗体滴度的增加而消失。病毒因抗体滴度增加而从大多数组织中被清除，但仍可存留于神经元和皮肤，如鼻部和脚垫。病毒在这些组织中的扩散和存在可使某些犬发生中枢神经系统症状和趾部皮肤角化病（硬掌垫）。

免疫状态低下的犬9～14d后病毒扩散至许多组织器官，包括皮肤、分泌腺、胃肠道、呼吸道和泌尿生殖道的上皮细胞，此时临诊症状严重，病毒在上述脏器中持续存在直至动物死亡。CDV在脑组织中主要表现为对血管壁细胞的激活过程，继而引起神经胶质细胞反应，其中大部分犬在感染21～28d后出现神经症状而死亡。

**（4）临诊症状**

犬瘟热的潜伏期随传染来源的不同长短差异较大。来源于同种动物的潜伏期3～6d；来源于异种动物时因需要经过一段时间的适应，潜伏期可长期达30～90d。症状表现多种多样，与病毒的毒力、环境条件、宿主的年龄及免疫状态有关。50%～70%的CDV感染表现倦怠、厌食、发热和上呼吸道感染、呼出恶臭的气体。重症犬瘟热感染多见于未接种疫苗、年龄在84～112日龄的幼犬。自然感染呈双相热或复相热，早期发热常不被注意，表现结膜炎、干咳，继而转为湿咳，鼻镜干燥或有龟裂，呼吸困难，呕吐，腹泻，里急后重，肠套叠，最终因严重脱水和衰弱而导致死亡。此种情况下适当采取对症治疗可以降低死亡率。

犬瘟热的神经症状通常在全身症状恢复后7～21d出现，也有一开始发热就表现出神经症状者。通常依据全身症状的某些特征表现预测出现神经症状的可能性，幼犬的化脓性皮炎通常不会发展为神经症状，但鼻部和脚垫的表皮角化可引起不同类型的神经症状。犬瘟热的神经症状是影响预后和感染恢复的最重要因素。由于CDV侵害中枢神经系统的部位不同，临诊症状有所差异。大脑受损表现为癫痫、好动、转圈和精神异常；中脑、小脑、前庭和延髓受损表现为步态及站立姿势异常；脊髓受损表现为共济失调和反射异常；脑膜受损表现为感觉过敏和颈部强直。咀嚼肌群反复出现阵发性颤抖是犬瘟热的常见症状。

幼犬经胎盘感染可在28～42d时产生神经症状。母犬可以表现为轻微或不显症状。妊娠期间感染CDV可出现流产、死胎和仔犬成活率下降等症状。新生幼犬在永久齿长出之前感染CDV可造成牙釉质的严重损伤，牙齿生长不规则，此乃病毒直接损伤了处于生长期的牙齿釉质层所致。小于7日龄的幼犬实验感染CDV还可表现心肌炎。临诊症状包括呼吸困难、抑郁、厌食、虚脱和衰竭。

犬瘟热的眼睛损伤是由于CDV侵害眼神经和视网膜所致。眼神经炎以眼睛突然失明、胀大、瞳孔反射消失为特征。

**(5) 病理变化**

病理变化以心肌变性、坏死为特征，并伴有炎性细胞浸润。CDV为泛嗜性病毒，对上皮细胞有特殊的亲和力，因此病变分布非常广泛。新生幼犬感染CDV通常表现胸腺萎缩。成年犬多表现结膜炎、鼻炎、气管支气管炎和卡他性肠炎。具有神经症状的犬通常可见鼻和脚垫的皮肤角化病。中枢神经系统的大体病变包括脑膜充血、脑室扩张和因脑水肿所致的脑脊液增加。

**病理剖检变化** 初期病变仅限于淋巴结，特别是肠系膜淋巴结和肠黏膜内的淋巴网状组织的髓样肿胀，伴有脾髓增生和扁桃体红肿。上部呼吸道和眼结膜发生卡他性炎或化脓性炎，有浆性、黏性或脓性分泌物，引起初发性增生性肺炎、肺水肿。消化道同样出现卡他性炎症变化，最常见的是卡他性肠炎或出血性肠炎变化，有的病例发生出血性胃溃疡病灶。肝脏淤血，胆囊膨满、壁肥厚。急性病例脾肿大，慢性呈萎缩。淋巴结肿胀多汁。脑出血、水肿。肾上腺皮质变性。原发性病例的胸腺明显萎缩、呈胶冻样，具有特征性。

**病理组织学变化** 中枢神经和外周神经起初呈现血管内膜和外膜细胞增生性与退行性变化。后期在大脑和小脑呈现浆液性或淋巴细胞性、局限性或散在性脑脊髓炎变化，并伴有神经原吞噬现象的退行性神经节细胞变化。在各器官的上皮细胞可见到胞浆、胞核内的嗜酸性包涵体。

**(6) 诊断**

该病病型复杂多样，又常易与多杀性巴氏杆菌、支气管败血波氏杆菌、沙门氏菌以及传染性犬肝炎病毒、犬细小病毒等病原混合感染或继发感染，所以诊断较为困难。根据临诊症状、病理剖检和流行病学资料仅可作出初步诊断，确诊需通过实验室检查。

**病毒分离与鉴定** 从自然感染病例分离病毒较为困难。组织培养分离CDV可用犬肾细胞、犬肺巨噬细胞和鸡胚成纤维细胞等。据报道，剖检时直接培养病犬肺巨噬细胞，容易分离到病毒。另外，取肝、脾、粪便等病料，用电子显微镜可直接观察到病毒粒子，或采用免疫荧光试验从血液白细胞、结膜、瞬膜以及肝、脾涂片中检查出CDV抗原，也可在肺和膀胱黏膜切片或印片中检出包涵体。

**动物接种** 将含毒悬液脑内接种雪貂，或腹腔接种1~2周龄易感仔犬，都可发病死亡。也可接种6~7日龄鸡胚绒毛尿囊膜，出现水肿、增厚和灰色斑等病变。

**胶体金技术** 用胶体金诊断试剂盒检查诊断该病，快速、准确。

**血清学诊断** 包括中和试验、补体结合试验、ELISA等方法。①中和试验。中和抗体出现于感染后6~9d，30~40d达到高峰，适用于病的早期诊断。一般通过抑制鸡胚绒毛尿囊膜或细胞培养病变，或对易感实验动物的保护以检测中和抗体。②补体结合试验。补体结合抗体在感染后3~4周出现。抗原为感染细胞培养物，感染鸡胚绒毛尿囊膜乳剂也可作为抗原。③荧光抗体法。本法与综合诊断及生物学试验的阳性符合率为100%。被检材料为结膜、瞬膜、膀胱或生殖道黏膜和剖检材料（淋巴结、脾、肾、肝等）的抹片或切片，用荧光抗体染色后镜检，可观察到细胞内发苹果绿荧光的病毒抗原，而肠系膜淋巴结和脾脏的检出率最高。

**(7) 防制措施**

**预防措施** 预防本病的合理措施是免疫接种。新生幼犬可以从母体获得保护性母源抗体，其中大部分母源抗体来源于初乳，因此幼犬在出生后几小时吸吮初乳可获得高水平母源抗体，并使大部分幼犬在断乳前获得保护。但应注意，母源抗体水平会逐渐消退，在8~14周龄时下降到保护水平之下。另外，母源抗体对疫苗免疫有一定的干扰作用，尤其是活疫苗，因此在断奶以后进行免疫为好。

CDV弱毒疫苗的免疫保护效果比较理想。对于能够从初乳中获得母源抗体的幼犬，建议在断奶后马上进行首次免疫，之后隔1周免疫1次即可。而对无母源抗体的幼犬，可以在4周龄时进行首次免疫，1周后进行二免。犬瘟热疫苗的免疫效果比较确实，持续时间也比较长，但并不产生终生免疫，因此每年需要进行1次加强免疫。具体实施时可参照疫苗生产厂商提供的免疫程序。

以前国内广泛使用的疫苗是犬瘟热-犬细小病毒-犬肝炎-犬腺病毒Ⅱ型-犬副流感弱毒苗以及灭活的犬钩端螺旋体组成的六联苗和犬瘟热-犬细小病毒-犬肝炎-犬副流感-狂犬病五联苗。这些疫苗对我国警犬、军犬、实验用犬、宠物犬等病毒性疾病的预防起到了积极的作用。

对于养犬者来说，应注意将犬隔离饲养，特别是要避免与患病犬接触。新引进的犬至少应隔离饲养1周，然后才能混群饲养。

**治疗** 感染CDV后出现临诊症状之前的最初发热期间可注射大剂量高免血清，这种情况仅限于已知感染后刚刚开始发热的青年犬。当出现神经症状时使用高免血清治疗效果不佳。近年来，应用具有很高中和活性的犬瘟热病毒单克隆抗体治疗犬瘟热病犬，取得了良好的治疗效果。犬感染CDV后常继发细菌感染，因此发病后配合使用抗生素或磺胺类药物，可以减少死亡，缓解病情。根据病犬的病型和病症表现采取支持和对症疗法，加强饲养管理和注意饮食，结合采用强心、补液、解毒、退热、收敛、止痛、镇痛等措施具有一定的治疗作用。

一旦发生犬瘟热，为防止疫情蔓延必须迅速将病犬严格隔离，用氢氧化钠、漂白粉或来苏儿彻底消毒，停止动物调动和无关人员来往，尚未发病的假定健康动物和受疫情威胁的其他动物，可考虑用犬瘟热高免血清或小儿麻疹疫苗做紧急预防注射，待疫情稳定后再注射犬瘟热疫苗。

## 7.3 犬细小病毒肠炎

犬细小病毒（CPV）肠炎是由犬细小病毒引起的一种急性接触性传染病。临诊表现以呕吐、急性出血性肠炎和心肌炎为特征。

**(1)病原**

CPV 在分类上属细小病毒科细小病毒属。病毒粒子呈圆形，直径 21～24nm，呈二十面体立体对称，无囊膜，病毒核衣壳由 32 个长 3～4nm 的壳粒组成。病毒基因组为单链线状 DNA。

CPV 在抗原性上与猫泛白细胞减少症病毒（FPV）和水貂肠炎病毒（MEV）密切相关。CPV 在 4℃ 条件下可凝集猪和恒河猴的红细胞。与多数细小病毒不同，CPV 可在多种细胞培养物中生长，如原代猫胎肾、肺，原代犬胎肠细胞、MDCK 细胞、CRFK 细胞以及 FK81 细胞等。

CPV 对多种理化因素和常用消毒剂具有较强的抵抗力。在 4～10℃ 存活 180d，37℃ 存活 14d，56℃ 存活 24h，80℃ 存活 15min。在室温下保存 90d 感染性仅轻度下降，在粪便中可存活数月至数年。甲醛、次氯酸钠、β-丙内酯、羟胺、氧化剂和紫外线均可将其灭活。

**(2)流行病学**

犬是主要的自然宿主，其他犬科动物，如郊狼、丛林狼、食蟹狐和鬣狗等也可感染。豚鼠、仓鼠、小鼠等实验动物不感染。犬感染 CPV 发病急，死亡率高，常呈暴发性流行。不同年龄、性别、品种的犬均可感染，但以刚断乳至 90 日龄的犬较多发，病情也较严重，尤其是新生幼犬，有时呈现非化脓性心肌炎而突然死亡。纯种犬比杂种犬和土种犬易感性高。

病犬是主要的传染来源。感染后 7～14d 粪便可向外排毒。发病急性期，呕吐物和唾液中也含有病毒。

感染途径主要是由于病犬和健康犬直接接触或经污染的饲料和饮水通过消化道感染。无症状的带毒犬也是重要的传染源。人、苍蝇和蟑螂等也可成为 CPV 的机械携带者。

本病一年四季均可发生，但以冬春季多发。天气寒冷，气温骤变，饲养密度过高，拥挤，并发感染等可加重病情和提高死亡率。

**(3)临诊症状**

CPV 感染在临诊上表现各异，但主要可见肠炎和心肌炎两种病型。有时某些肠炎型病例也伴有心肌炎变化。

**肠炎型** 自然感染潜伏期 7～14d，人工感染 3～4d。病初 48h，病犬抑郁、厌食、发热（40～41℃）和呕吐，呕吐物清亮、胆汁样或带血。随后 6～12h 开始腹泻。起初粪便呈灰色或黄色，随后呈血色或含有血块。胃肠道症状出现后 24～48h 表现脱水和体重减轻等症状。粪便中含血量较少则表明病情较轻，恢复的可能性较大。在呕吐和腹泻后数日，由于胃酸倒流入鼻腔，导致黏液性鼻漏。

**心肌炎型** 多见 28～42 日龄幼犬，常无先兆性症候，或仅表现轻度腹泻，继而突然衰弱，呼吸困难，脉搏快而弱，心脏听诊出现杂音，心电图发生病理性改变，短时间内死亡。

**(4) 病理变化**

**肠炎型** 自然死亡犬极度脱水、消瘦，腹部卷缩，眼球下陷，可视黏膜苍白。肛门周围附有血样稀便或从肛门流出血便。有的病犬从口、鼻流出乳白色水样黏液。血液黏稠呈暗紫色。小肠以空肠和回肠病变最为严重，内含酱油色恶臭分泌物，肠壁增厚，黏膜下水肿。黏膜弥漫性或局灶性充血，有的呈斑点状或弥漫性出血。大肠内容物稀软，酱油色，恶臭。黏膜肿胀，表面散在针尖大出血点。结肠肠系膜淋巴结肿胀、充血。肝肿大，色泽红紫，散在淡黄色病灶，切面流出多量暗紫色不凝血液。胆囊高度扩张充盈大量黄绿色胆汁，黏膜光滑。肾多不肿大，呈灰黄色。脾有的肿大，被膜下有黑紫色出血性梗死灶。心包积液，心肌呈黄红色变性状态。肺呈局灶性肺水肿。咽背、下颌和纵隔淋巴结肿胀、充血。胸腺实质缩小，周围脂肪组织胶样萎缩。膈肌呈现斑点状出血。

**心肌炎型** 肺脏水肿，局部充血、出血，呈斑驳状。心脏扩张，左侧房室松弛，心肌和心内膜可见非化脓性坏死灶，心肌纤维严重损伤，可见出血性斑纹，称之为虎斑心。

**(5) 诊断**

根据流行特点，结合临诊症状和病理变化可以作出初步诊断。

**病毒分离与鉴定** 将病犬粪便材料处理后接种猫肾、犬肾等易感细胞。CPV 属自主性细小病毒，复制时需要细胞分裂期产生的一种或多种因子。因此，必须将含毒样品加入胰蛋白酶消化的新鲜细胞悬液中同步培养。通常可采用免疫荧光试验或血凝试验鉴定新分离病毒。

**电镜和免疫电镜观察** 病初粪便中即含有大量 CPV 粒子，因此可用电镜负染 CPV 粒子。为与非致病性犬微小病毒（MVC）和犬腺联病毒（CAAV）相区别，可于粪液中加适量 CPV 阳性血清进行免疫电镜观察。

**血凝和血凝抑制试验** 由于 CPV 对猪和恒河猴红细胞具有良好的凝集作用，应用血凝试验可很快测出粪液中的 CPV。

**胶体金技术** 用胶体金诊断试剂盒检查诊断该病，快速、准确。

**免疫酶诊断技术** 国内已研制成功的犬细小病毒酶标诊断试剂盒，可在 30min 内检出病犬粪便中的 CPV，达到了国外同类产品的水平。

**血清学诊断方法** 目前已建立多种，其中包括血凝和血凝抑制试验、乳胶凝集试验、ELISA、免疫荧光试验、对流免疫电泳、中和试验等，可依据各自的实验室条件建立相应的检测方法。

**(6) 防制措施**

本病发病迅猛，一般采取注射高免血清、对症和支持疗法。例如大量补液，葡萄糖、生理盐水、安纳咖、樟脑磺酸钠、碳酸氢钠、止血敏、安洛血、维生素 $K_3$ 等。及时隔离病犬，对犬舍及用具等用 2%～4% 的氢氧化钠溶液或 10%～20% 漂白粉液反复消毒。

目前多使用联苗预防本病，如美国生产的犬瘟热-犬细小病毒-犬肝炎-犬腺病毒Ⅱ型-犬副流感弱毒苗和犬钩端螺旋体六联苗以及国内研制的犬瘟热-犬细小病毒-犬肝炎-犬副流感-狂犬病五联苗。

CPV 感染发病快，病程短，临诊上多采用血清治疗和对症治疗，效果良好。近年来，国内已研制成功治疗 CPV 感染的犬细小病毒单克隆抗体，在发病早期胃肠道症状较轻时，免疫治疗效果显著，结合对症治疗措施可大大提高治愈率，目前已在临诊上广泛应用。

## 7.4 犬传染性肝炎

犬传染性肝炎是由犬腺病毒Ⅰ型(CAV-1)引起的一种急性、败血性传染病。主要发生于犬，也可见于其他犬科动物。在犬主要表现为肝炎和眼睛疾患，在狐狸则表现为脑炎。犬腺病毒Ⅱ型(CAV-2)主要引起犬的呼吸道疾病和幼犬肠炎。该病呈世界范围性分布，从流行情况来看，在我国存在也为时已久。

**(1) 病原**

CAV 在分类上属腺病毒科哺乳动物腺病毒属。形态特征与其他哺乳动物腺病毒相似，呈二十面体立体对称，直径 70~90nm，有衣壳，无囊膜。衣壳内由双链 DNA 组成的病毒核心，直径 40~50nm。CAV 包括 CAV-1 和 CAV-2 两型。两型具有共同的补体结合抗原，但其生化特性和核酸同源性不同。应用血凝抑制试验和中和试验可以将其加以区别。

CAV 能凝集人 O 型红细胞、豚鼠和鸡的红细胞。CAV 可在原代犬、猪、雪貂、豚鼠、浣熊的肾和睾丸细胞以及 MDCK 细胞上增殖，产生包涵体，易形成空斑。病变细胞为增大变圆、变亮、聚集成葡萄串状。但在细胞上传代，能导致毒力减弱。

CAV 对乙醚、氯仿有抵抗力。在 pH 3~9 条件下可存活，最适 pH 6.0~8.5。在 4℃可存活 270d，室温下存活 70~91d，37℃存活 29d，56℃ 30min 及在土壤中经 10~14d 仍具有感染性，冻存 9 个月后仍有活力，在 50% 甘油中于 4℃下可保存数年。病犬肝、血清和尿液中的病毒于 20℃可存活 3d。碘酚和氢氧化钠可用于消毒。

**(2) 流行病学**

CAV 主要感染犬和狐狸，山狗、狼、浣熊、黑熊等也有感染的报道。犬不分年龄、性别、品种均可发病，但 1 岁以内的幼犬多发。幼犬死亡率高达 25%~40%，成年大多数呈隐性，很少出现临诊症状。

传染来源主要是病犬和康复犬。康复犬尿中排毒可达 180~270d，是造成其他犬感染的重要疫源。传播途径主要是通过直接接触病犬(唾液、呼吸道分泌物、尿、粪)和接触污染的用具而传播，也可发生胎内感染造成新生幼犬死亡。

母源初乳抗体及常乳抗体至少能使哺乳仔犬获得数周不同程度的抵抗力。因此，未吃过初乳的 2~15 日龄仔犬或仔狐仍然是最适宜的实验感染动物。

**(3) 发病机制**

自然感染主要经消化道感染。病毒通过扁桃体和小肠上皮经由淋巴和血液而广泛散播。肝实质细胞和多种组织器官的血管内皮细胞是病毒侵害的主要靶细胞。肝脏是受损害的首要部位，常发生变性、坏死等退行性变化或慢性肝炎变化。病毒可在肾脏长期存在，开始局限于肾小球血管内皮导致蛋白尿，随后出现在肾小管上皮引起局灶性间质性肾炎。在疾病的急性发热期，病毒可侵入眼而引起虹膜睫状体炎和角膜水肿。

**(4) 临诊症状**

自然感染潜伏期6~9d。

**最急性型** 多发生于断奶前后至1岁的仔幼犬。突然发病，精神高度沉郁，伴发剧烈呕吐、腹痛和腹泻等症状，通常在发病后数小时内死亡。

**急性型及亚急型** 多见于1岁以上的育成犬。急性型病例表现为患犬怕冷，体温升高（39.4~41.1℃），精神抑郁，食欲废绝，渴欲增加，呕吐，腹泻，粪中带血；亚急型病例症状较轻微，咽炎、喉炎可致扁桃体肿大，颈淋巴结发炎可致头颈部水肿。特征性症状是角膜水肿，眼睛发蓝，即"蓝眼"病，病犬表现眼睑痉挛、羞明和浆液性眼分泌物。角膜混浊通常由边缘向中心扩展。眼疼痛反射通常在角膜完全混浊后逐渐减弱，但若发展为青光眼或角膜穿孔则重新加剧。

**慢性型** 多发于老疫区或疫病流行后期，多数病犬不死亡可以自愈。

**(5) 病理变化**

CAV感染主要表现为全身性败血症变化。实质器官、浆膜、黏膜上可见大小数量不等的出血斑点。浅表淋巴结和颈部皮下组织水肿、出血。腹腔内充满清亮、浅红色液体。肝肿大，呈斑驳状，表面有纤维素附着。胆囊壁水肿增厚，灰白色，半透明，胆囊浆膜被覆纤维素性渗出物，胆囊的变化具有诊断意义。脾肿大、充血。肾出血，皮质区坏死。肺实变。肠系膜淋巴结肿大，充血。中脑和脑干后部可见出血，常呈两侧对称性。

血液学变化是血液凝固时间延长，多数病例血糖量降低，血液白细胞减少，尤以中性粒细胞和淋巴细胞的减少更为明显。

**(6) 诊断**

由于其早期症状与犬瘟热等疾病相似，有时还与这些疾病混合发生，因此根据流行病学、临诊症状和病理变化仅可作出初步诊断。特异性诊断必须进行病毒分离鉴定和血清学诊断。

**病毒分离与鉴定** 可采取病犬血液、扁桃体或肝、脾等材料处理后接种犬肾原代细胞或传代细胞，随后可用血凝抑制试验或免疫荧光试验检测细胞培养物中的病毒抗原。

**胶体金技术** 用胶体金诊断试剂盒检查诊断该病，快速、准确。

**血凝和血凝抑制试验** 急性或亚急性病犬肝脏中含有大量病毒粒子。根据CAV-1可凝集人O型红细胞，且此种凝集作用既可被CAV-1血清所抑制，也可被CAV-2血清所增强的原理，建立了该病的血清学诊断方法。本法既可检测病料中血凝抗原用于急性病例的临诊诊断，也可检查血清中血凝抑制抗体，用于免疫力测定和流行病学调查。

其他诊断方法包括免疫荧光试验、琼脂扩散试验、补体结合试验、中和试验和ELISA等。可依据各自的实验条件建立上述诊断方法。

**(7) 防制措施**

**一般性防制措施** 首先应加强饲养管理和环境卫生消毒，防止病毒传入。坚持自繁自养，如需从外地购入动物，必须隔离检疫，合格后方可混群。一旦发病需立即控制疫情发展。应特别注意康复期病犬仍可向外排毒，不能与健康犬合群。

**定期预防接种** 国外已成功地应用甲醛灭活疫苗和弱毒疫苗进行免疫接种。国内多使用六联苗或五联苗进行预防接种。目前使用较广的是一种经细胞传代致弱的弱毒疫苗，免疫期达1年左右，但在接种后易出现轻度角膜混浊，经1～2d自然消退。此外，如犬传染性肝炎-犬瘟热二联苗，犬传染性肝炎-犬瘟热-钩端螺旋体三联苗等联苗也已普遍推广应用。

病初发热期用高免血清进行治疗可以抑制病毒扩散。然而，一旦出现明显的临诊症状，由于已经产生广泛的组织病变，即使应用大剂量高免血清也很少有效。对于轻型病例，采取静脉补液等支持疗法或对症疗法有助于病犬康复。可用抗生素或磺胺类药物防止细菌继发感染。

# 7.5　兔波氏杆菌病

兔波氏杆菌病是由支气管败血波氏杆菌引起的一种家兔常见的慢性呼吸道传染病。其特征是发生慢性鼻炎和支气管肺炎，成年兔发病较少，幼兔发病率及死亡率较高。

**(1) 病原**

本病病原为支气管败血波氏杆菌。革兰阴性球杆菌，偶尔有呈长杆状和丝状者，有鞭毛，能运动，不形成芽孢，大小为$(0.5～1.0)\mu m \times (1.5～4)\mu m$，常呈两极染色。在普通培养基上生长良好，形成圆形隆起光滑闪光的小菌落。麦康凯培养基上生长良好，菌落大而圆整、光滑、不透明，呈乳白色。在鲜血培养基上一般不溶血，但有的菌株具有溶血能力。不发酵糖类，不形成吲哚，不产生硫化氢，能分解尿素，V-P试验阳性。本菌具有菌相变异特性，在动物体内或培养基上常发生光滑型(S)至粗糙型(R)的变异。将S型苗称为Ⅰ相苗，具有荚膜抗原和不耐热的坏死毒素，在实验动物感染中具有高度致病性和免疫原性；R型苗为Ⅲ相苗，荚膜和毒力几乎完全丧失；Ⅱ相苗为过渡型，介于Ⅰ相与Ⅲ相苗之间，毒力较弱。

用本菌纯培养物滴入健康家兔和豚鼠的鼻黏膜能引起典型的病变。给豚鼠、小鼠静脉、胸腔和气管注射本菌纯培养物时，经过数小时即可发病。用同样方法给家兔注射则不如豚鼠和小鼠易感，但能引起支气管肺炎。本菌抵抗力不强，58℃加热15min可杀死，常用消毒药物均能将其杀死。

**(2) 流行病学**

豚鼠、家兔、犬、猫等均可感染本菌。主要通过飞沫传染，病兔和带菌兔经接触通过呼吸道把病原菌传给健康兔，任何年龄的兔都能感染，仔兔和青年兔较成年兔易感性高。当机体受到各种不良应激，如气候骤变、营养不良、寄生虫病等抵抗力下降，或者由于带有尘土的饲料和兔舍内刺激性气体的刺激时，可引起上呼吸道黏膜感染而发病。鼻炎型经常呈地方流行性，支气管肺炎型呈散发性，以春秋两季多发。本病常与巴氏杆菌病、李斯特菌病并发，而且在秋末、冬季、初春时易发和流行。

**(3) 临诊症状**

兔在感染后多呈隐性经过。幼兔感染时，1周左右出现临诊症状，10d左右形成支气管肺炎，血中凝集抗体于12～13d开始上升，感染后15～20d病情明显恶化而死亡。耐过兔进入恢复期后病变症状随之减轻，病原菌也随之由肺脏、气管下部、气管上部依次消失，2个月后大部分动物体内检不出病原菌，但是有一部分感染兔的鼻腔或气管仍有病原菌残存，至感染后5个月消失。

幼兔断乳后感染几乎见不到肺部病变，但是鼻汁分泌增加而出现鼻炎症状，成为长期持续保菌兔。根据临诊表现分为鼻炎型和支气管肺炎型。

**鼻炎型** 此型在家兔中经常发生，鼻腔流出少量浆液性或黏液性分泌物，后期变为脓性；当诱因消除或经过治疗后，病兔可在较短时间内恢复正常。

**支气管肺炎型** 此型多见于成年兔，其特征是鼻炎长期不愈，鼻腔流出黏液性甚至脓性分泌物，呼吸加快，食欲不振，精神委顿，逐渐消瘦，病程较长，一般经过7~60d死亡。有的病兔虽然经数月不死，宰后可见肺部有病变。

(4) 病理变化

**病理剖检变化** 鼻炎型病兔鼻黏膜充血，有多量浆液性或黏液性分泌物。支气管肺炎型病变主要在肺部，有时气管出血。肺表面光滑水肿，有暗红色实变区，切开后有少量液体流出，有的肺脏上有芝麻粒至鸽蛋大的脓疱，其数量不等，多者占肺体积的90%以上，脓疱内有黏稠的乳白色脓汁，也有少数病例可在肝脏上形成脓疱。

**病理组织学检查** 发生卡他性鼻炎时上皮细胞增生和脱落，上皮层中混有异质细胞浸润、上皮细胞核萎缩形成空泡，固有层异质细胞和淋巴细胞浸润。发生卡他性气管炎时上皮细胞和异质细胞轻度变性，固有层充血，慢性病例见固有层淋巴细胞和浆细胞浸润。肺炎病灶的肺泡内有多核白细胞和少量脱落上皮细胞及少量渗出液，随后渗出物减少，肺泡壁肥厚，支气管、血管周围有多量淋巴细胞簇集。一部分气管上皮增生肥大，造成末梢支气管狭窄。

(5) 诊断

根据流行特点、临诊症状、病理变化可作出初诊。要确诊本病必须做细菌分离和鉴定，也可用血清学方法确诊。

**细菌分离和鉴定** 从脓疱或鼻腔直接进行分离，将病料划线于麦康凯琼脂上37℃培养24~48h，菌落光滑、圆整、凸起、半透明、奶油样，直径1mm左右，制备纯培养物后镜检或生化鉴定，必要时做血清型鉴定。

**血清学诊断** 应用血清学方法进行检疫是防制本病的重要措施。①凝集试验。动物感染后，早的1周、晚的在1~2个月即产生凝集素。抗原为甲醛灭活的Ⅰ相菌体。试管或平板凝集反应均适用，凝集价在1∶20以上者判为阳性。凝集试验特异性高，却灵敏性低，检出率不高，而且，仔兔的母源抗体、疫苗接种后的免疫抗体均可显示阳性，所以应特别注意。②琼脂扩散试验。琼扩抗体在感染后3~4周可检测出。琼脂板为0.7%~1.0%琼脂糖Tris缓冲液制备。

(6) 防制措施

经常检疫，捕杀或淘汰阳性兔，建立无支气管败血波氏杆菌的兔群。注意加强饲养管理，改善饲养环境，做好防疫工作。对发病的家兔进行药物治疗，分离的支气管败血波氏杆菌应进行药敏试验，选择敏感药物对病兔进行治疗；用分离的支气管败血波氏杆菌制成灭活菌苗可进行预防注射，每年免疫2次，可以控制本病的发生。

## 7.6 兔梭菌性下痢

兔梭菌性下痢是由 A 型产气荚膜梭菌及其所产生的外毒素引起的兔的一种高致死性传染病，其特征是剧烈水样腹泻和脱水死亡。本病是危害养兔业的重要疾病之一。

**(1) 病原**

A 型产气荚膜梭菌，属厌氧芽孢杆菌属。在自然界分布极广，可见于土壤、污水、饲料、食物、粪便以及人畜肠道和劣质面粉中等，在一定条件下引起发病。革兰阳性，大小为 $(1\sim1.5)\mu m\times(4\sim8)\mu m$，无鞭毛，不运动。菌体两端较平，有荚膜，可形成芽孢，一般为单个或成双存在。多数菌株可形成荚膜。此菌生长非常迅速，在适宜条件下增代时间仅为 8min。本菌为厌氧菌，在绵羊鲜血琼脂平板上，厌氧培养 18～24h，菌落灰白色，边缘整齐，表面光滑隆起，直径约 2mm，四周为双溶血，内圈为透明的 β 溶血，外圈为较暗的 α 溶血。

**(2) 流行病学**

除哺乳仔兔外，不同年龄、品种、性别的家兔均有易感性。但毛用兔高于皮肉用兔，尤其以纯种长毛兔和獭兔高于杂交毛兔。各种年龄的兔均可感染发病，但 1～3 月龄的仔兔发病率最高。本病一年四季均可发生，但冬春季节更多见。可经消化道和伤口进入机体。在长途运输、饲养管理不当、青饲料短缺、粗纤维含量低、突然更换饲料、饲喂高蛋白的精料、饲喂劣质鱼粉、长期饲喂抗生素或磺胺类药物和气候骤变等应激因素作用下，极易导致本病的暴发。消化道是本病主要的传染途径。

**(3) 临诊症状**

潜伏期 1～3d。开始个别病兔突然发病死亡，无任何临诊症状，属最急性型。急性型多见，以剧烈腹泻为特征。病初常排出胶冻样带血或褐色、黑色稀粪，有恶臭味，以后出现水样腹泻，此时精神极度沉郁，食欲废绝，迅速消瘦，脱水衰竭。有的头颈颤抖，偏向一侧，软而无力，惯称斜颈症或软颈症。后期抽搐、昏迷、痉挛而死。病程 1～2d，病死率几乎 100%。少数病情轻缓的成年兔病程可达数天至 1 周死亡。

**(4) 病理变化**

尸体肛门附近和后肢跗关节下端被毛染粪。剖开腹腔有特殊腥臭味。胃多充满食物，胃底黏膜脱落，有大小不等的溃疡灶；肠黏膜呈弥漫性充血或出血，小肠充满胶冻样液体并混有大量气体，使肠壁变薄而透明；大肠内有多量气体和黑色水样粪便；肝脏质脆，胆囊肿大、充满胆汁；脾呈深褐色；膀胱积有茶色尿液。

**(5) 诊断**

根据流行病学、临诊症状和病变可作出本病的初步诊断。确诊本病需借助实验室诊断技术，可取空肠内容物或其黏膜刮下物做涂片，或取肝、脾、肾等抹片，染色镜检；必要时进行细菌的分离培养、生化试验。还可借助于血清学诊断技术、分子生物学诊断技术进行确诊。检查毒素可取大肠内容物用生理盐水 1∶3 稀释，3000r/min 离心 10min，上清液经除菌滤器过滤。滤液腹腔注射体重 16～20g 的小鼠数只，剂量 0.1～0.5mL，均在 24h 内死亡。证明肠内容物中有外毒素存在。进一步做毒素中和试验，确定毒素的类型。

鉴别诊断上应注意与兔球虫病、巴氏杆菌病、沙门氏菌和兔大肠杆菌病等的鉴别。

**(6)防制措施**

平时做好免疫接种，用A型产气荚膜梭菌灭活苗，对断乳兔首免，每只皮下注射1mL，间隔6d后二免，每只皮下注射2mL，免疫期6个月。在消除发病诱因的同时，应控制精料的供给量，粗纤维含量不低于14%。经常供给青饲料，可有效减少本病的发生。一旦发病，可肌肉或静脉注射抗A型产气荚膜梭菌高免血清或多价高免血清，按每千克体重2~3mL，并配合抗菌药物、收敛药和补液治疗。如不及时使用抗血清，单纯用抗菌药物结合补液进行治疗，效果不佳。

## 7.7 兔葡萄球菌病

兔葡萄球菌病是由金黄色葡萄球菌引起兔发生的一种常见传染病，其特征是致死性脓毒败血症和多器官、多部位的化脓性炎症。

**(1)病原**

金黄色葡萄球菌呈圆形或卵圆形，排列成葡萄串状，无鞭毛、芽孢，有些菌株有荚膜，革兰阳性。具有溶血性。对外界环境因素的抵抗力较强，在干燥的脓痂和血痂中能存活2~3个月，环境温度越低存活时间越长。对龙胆紫、青霉素、红霉素、庆大霉素敏感，但易产生耐药性。常用有效浓度的消毒净、新洁尔灭等均可在几分钟内将其杀死。

**(2)流行病学**

人和多种动物都有易感性，家兔对葡萄球菌最为易感。金黄色葡萄球菌在自然界分布很广，存在于空气、水、尘土和多种物体以及人、畜皮肤和黏膜上，在卫生不良的地方更多。通过多种途径都可感染发病，如经损伤的皮肤黏膜、仔兔脐带的伤口等进入体内感染；饲养条件差，潮湿、通风、光照不足，可由飞沫、尘埃经呼吸道感染；仔兔吸吮病母兔的乳汁也可感染发病。

**(3)临诊症状**

根据感染途径和部位的不同，以及病菌在体内的扩散情况，所表现的症状主要有以下几种。

**脓肿型** 多见于成年兔，常于局部(头、颈、胸、腹、背、四肢)皮下形成数量不等，大小不一的脓肿，由蚕豆至核桃大，初硬、痛，后软无痛，经1~2个月可自行破溃，流出黄白色脓汁，破口经久不愈。此时，病兔消瘦，被毛无光泽，食欲、精神不佳，重症病兔可导致转移性脓毒败血症死亡。

**脚皮炎型** 多发生在跖趾区侧面皮肤上。病初感染局部充血、肿胀、脱毛，继而出现一个乃至多个脓肿。病程稍长，则脓肿连接在一起，形成溃疡面，经常出血，不易愈合。病兔不愿走动，食欲减退，逐渐消瘦。有的病兔发生全身感染，呈败血症而死亡。

**乳房炎型** 多见于母兔分娩后的前几天。病兔体温升高，患病乳房局部红肿，有热痛。脓肿表面呈紫红色或蓝红色，乳汁带有脓血。慢性病兔乳房局部发硬，逐步增大，于深层形成脓肿，脓汁呈乳白色或淡黄色脂状。治疗不及时常导致新旧脓肿反复发生。

**呼吸道感染型** 病兔打喷嚏，用爪抓挠鼻部。鼻孔周围被流出的浆液或黏液脓性分泌物污染。有的形成干痂，被毛脱落。后期易发生肺炎、肺脓肿和胸膜炎。

**急性肠炎和脓毒败血症型** 常见于出生 2~5d 的仔兔，由于吸吮患乳房炎母兔的乳汁而引起。发病急，死亡率高，多波及全窝。病兔肛门松弛，排黄色水样便，有仔兔"黄尿病"之称。有的仔兔在皮肤上出现粟粒大的脓肿，多在发病后 2~5d 因脓毒败血症死亡。

**(4) 病理变化**

尸体剖检除可看到局部皮下脓肿和炎症外，死于脓毒败血症的还可看到在心、肝、脾、肺、肾等器官常有粟粒至豆粒甚至更大的化脓灶。个别兔还可见心包炎、腹膜炎甚至胸腹腔积脓。因急性肠炎而死亡的初生仔兔常见膀胱充满黄色尿液。

**(5) 诊断**

根据流行病学、临诊症状和病变可作出本病的初步诊断。但最后确诊或是为了选择最敏感的药物，还需要进行实验室检查。确诊可采取化脓灶的脓汁或败血症病历的血液、肝、脾等涂片，革兰染色后镜检，依据细菌的形态、排列和染色特性可作出诊断，必要时进行细菌分离培养。对无污染的病料(如血液等)可接种于血琼脂平板，对已污染的病料应同时接种于 7.5% 氯化钠甘露醇琼脂平板，置 37℃ 48h 后，再室温下 48h，挑取金黄色、溶血或甘露醇阳性菌落，革兰染色镜检。致病性金黄色葡萄球菌的主要特点是产生金黄色素，有溶血性，发酵甘露醇，产生血浆凝固酶，皮肤坏死和动物致死试验阳性等。还可采取血清学诊断技术或分子生物学诊断技术的方法进行本病的确诊。

**(6) 防制措施**

保持兔笼、产箱、运动场的清洁卫生，清除一切锋利物品如钉子、铁丝头、竹、木屑、尖刺等，避免兔体创伤。一旦发现创伤，及时进行外科处理。加强饲养管理，注重隔离分群，防止拥挤，把喜咬斗的兔分开饲养。母兔笼内要用柔软、清洁、干燥的垫草，以免擦伤新生仔兔的皮肤。做好对新生仔兔的脐带消毒。

做好患病兔的治疗工作。氨苄西林钠、青霉素、红霉素、磺胺嘧啶等药物有时有一定的治疗效果，但最好对患病兔分离的菌株进行药敏试验，找出较为敏感性的药物进行治疗。对于局部脓肿与溃疡的应进行常规的外科处理。

## 7.8 兔密螺旋体病

兔密螺旋体病又称兔梅毒病，是由兔类梅毒密螺旋体引起兔的一种慢性传染病。特征为外生殖器、肛门和颜面(口腔周围和鼻端)等部位的皮肤和黏膜发生炎症，出现水肿、结节和溃疡。本病在世界各地兔群中都有发生。

**(1) 病原**

兔类梅毒密螺旋体，属螺旋体科密螺旋体属成员，在形态上和人梅毒苍白密螺旋体相似，很难区别。大小 $0.25\mu m \times (10\sim30)\mu m$。用暗视野显微镜可见其旋转运动。病原主要存在于家兔的外生殖器官中，不能在人工培养基、鸡胚和组织培养中培养。对小鼠和豚鼠等实验动物人工接种均不感染。本菌染色常用姬姆萨、印度墨汁或镀银染色。本菌抵抗力不强，3% 来苏儿、1%~2% 氢氧化钠和 1%~2% 甲醛都可使之在短时间内失去感染性。在厌氧条件下，于 4℃ 可存活 4~7d，-20℃ 可存活 24d。

### (2) 流行病学

本病只发生于家兔和野兔。病兔和痊愈带菌兔是主要传染源。交配是主要的传染途径，因此发病的绝大多数是成年兔。间或也可由污染的垫料、笼架和饲料传播，所以也有少数6月龄以内未配过种的兔发病。兔群中流行本病时，发病率较高，但几乎无死亡。

### (3) 临诊症状

潜伏期较长，2～10周。病兔多是成年有生殖能力的兔。发病初期，在阴茎包皮、阴囊皮肤以及阴户边缘和肛门四周红肿，流出黏液性和脓性分泌物，伴有粟粒大小结节或水泡，严重的可扩展到鼻、眼睑、唇、颊、耳及其他部位，出现丘疹和疣状物。接着肿胀部因渐有渗出物而变湿润，结成红紫色、棕色的痂皮。当把痂皮轻轻剥下来时，可露出一溃疡面，创面湿润，稍凹下，边缘不整齐，易于出血。病灶可长期存在，持续几个月不消失。兔全身没有明显影响，精神、食欲、排粪、精神、体温等均在正常范围。但间或可以见到病原扩散侵入脊髓而引发麻痹。种公兔患病时，对性欲影响不大，患病母兔受胎率大大下降。本病可自行康复，但免疫力弱，康复后可再度感染。

### (4) 病理变化

病变部的黏膜水肿，有粟粒大的结节，在肿胀部有渗出物。慢性病例表皮糠麸样，干裂，呈鳞片状稍隆起。组织学变化见病灶深至真皮层，表皮棘皮症、角化症，真皮上层有淋巴细胞、浆细胞，有时还有多型核白细胞，在表皮溃疡的近真皮部有多型核白细胞。

### (5) 诊断

对本病根据流行病学、临床症状和病理变化可以作出初步诊断。确诊需做实验室的检验。可采取病变部黏液或溃疡面的渗出液，用暗视野显微镜检查，或做涂片用姬姆萨染色后镜检密螺旋体。另外，免疫荧光试验、玻片沉淀试验、快速血浆反应素凝集试验等均可诊断本病。

### (6) 防制措施

**预防措施** 本病目前尚无有效的疫苗。在引进种兔时，应隔离饲养加强检疫，只有健康兔方可混群。配种时应严格检查外生殖器，病兔不得配种，应及时隔离治疗或淘汰。彻底清除污染物、消毒场地和用具。

**治疗** 病兔可用新胂凡钠明(914)治疗，40～60mg/kg，静脉注射，必要时间隔2周再注射1次。同时可配合青霉素治疗，每日50万IU，分2次肌注，连用5d。

## 复习思考题

1. 犬瘟热临诊上表现哪几个型？如何预防该病的发生？
2. 试述急性兔病毒性出血症的临诊表现。怎样预防兔病毒性出血症？
3. 如何诊断犬细小病毒肠炎？
4. 犬传染性肝炎具有哪些临诊特征及特征性病理变化？
5. 兔波氏杆菌病的流行病学特点及临诊特点有哪些？
6. 请分别叙述兔梭菌性下痢、兔葡萄球菌病、兔密螺旋体病的防制措施。
7. 请分别叙述犬细小病毒感染和犬传染性肝炎的防制措施。

# 第 8 章
# 动物寄生虫病概述

## 8.1 寄 生

在自然界中，随着漫长的生物进化，生物界的相互关系更为复杂。根据生物间的利害关系，一般来说有 3 种情况。

**(1)互利共生**

结合双方互有裨益。互利共生常常是专性的，共生一方没有另一方则不能生存。例如寄居于反刍动物瘤胃中的和寄居于马属动物大结肠中的若干种纤毛虫，它们帮助宿主消化植物纤维；而瘤胃和大结肠则为其提供了生存、繁殖需要的环境条件和营养。

**(2)偏利共生**

寄生物从结合体得到好处，但宿主既不受益也不受害，通常把此种情况称为共栖。例如印鱼，其背鳍演化成吸附器官，可以吸附于大鱼体表到处觅食，但它们两者互不影响。

**(3)寄生**

两种生物在一起生活，其中一方受益，另一方受害，后者给前者提供营养物质和居住场所，这种生活关系称为寄生。受益的一方称为寄生物，受损害的一方称为宿主。例如，病毒、立克次氏体、胞内寄生菌、寄生虫等永久或长期或暂时地寄生于植物、动物和人的体表或体内以获取营养，赖以生存，并损害对方，这类营寄生生活的生物统称为寄生物；而营寄生生活的动物则称寄生虫。

## 8.2 寄生虫与宿主

### 8.2.1 寄生虫的类型

由于寄生虫-宿主关系的历史过程的长短和相互间适应程度的不同，以及特定的生态环境的差别等因素，使这种关系呈现多样性，从而也使寄生虫显示为不同的类型。

**(1)专一宿主寄生虫与非专一宿主寄生虫**

这是从寄生虫寄生的宿主范围来分的。有些寄生虫只寄生于一种特定的宿主，对宿主有严格的选择性，称为专一宿主寄生虫。例如，马的尖尾线虫只寄生于马属动物等。

有些寄生虫能够寄生于许多种宿主，缺乏一定的选择性，称为非专一宿主寄生虫。如肝片形吸虫可以寄生于绵羊、山羊、牛等多种动物和人。对宿主最缺乏选择性的寄生虫，是最富有流动性的，其危害性也最为广泛。其防治难度也大为增加。

**(2) 永久性寄生虫和暂时性寄生虫**

这是从寄生虫的寄生时间来分的。某些寄生虫的一生均不能离开宿主，否则难以存活，称为永久性寄生虫。而只有在采食的时候才与宿主接触的寄生虫称为暂时性寄生虫。例如蚊子和臭虫，仅吸血时在宿主身上，随即离开。

**(3) 内寄生虫和外寄生虫**

这是从寄生虫寄生的部位来分的。凡是寄生在宿主体外或体表(如皮肤、毛发)的寄生虫称为外寄生虫，如虱和螨都属于外寄生虫。寄生于宿主体内(如体液、组织和内脏等)的寄生虫称为内寄生虫，如吸虫、绦虫、线虫等。

**(4) 专性寄生虫和兼性寄生虫**

这是从寄生虫对宿主的依赖性来分的。整个发育过程的各个阶段都营寄生生活或某个阶段必须营寄生生活的寄生虫称为专性寄生虫，如吸虫、绦虫等；既可以自立生活，又能营寄生生活的寄生虫称为兼性寄生虫，如类圆线虫、丽蝇等。

**(5) 单宿主寄生虫和多宿主寄生虫**

按发育过程需要寄生的宿主数量可以把寄生虫分为单宿主寄生虫(土源性寄生虫)和多宿主寄生虫(生物源性寄生虫)。发育过程中仅需要一个宿主的寄生虫称为单宿主寄生虫，如蛔虫、球虫等。发育过程中需要多个宿主的寄生虫称为多宿主寄生虫，如肝片吸虫、绦虫等。

**(6) 机会致病寄生虫及偶然寄生虫**

有些寄生虫在宿主体内通常处于隐性感染状态，但当宿主免疫功能受损时，虫体出现大量的繁殖和强致病力，称为机会致病寄生虫，如隐孢子虫。有些寄生虫进入一个不是其正常宿主的体内或黏附于其体表，这样的寄生虫称为偶然寄生虫，如啮齿动物的虱偶然叮咬犬或人。

## 8.2.2 宿主

有些寄生虫的发育过程很复杂，不同的发育阶段寄生于不同的宿主，例如，幼虫和成虫阶段(指性成熟阶段的虫体，也就是能产生虫卵或幼虫的虫体)分别寄生于不同的宿主；有的甚至需要3个宿主，并且都是固定不变的，这样就出现了不同类型的宿主。因此，按照宿主在寄生虫生活史中所起的作用可以将宿主区分为不同的类型。

**(1) 终末宿主**

寄生虫的成虫或有性繁殖阶段寄生的宿主称为终末宿主。例如，猪带绦虫的成虫寄生于人的小肠，所产虫卵随粪便排出并被猪吞咽之后，在猪的肌肉中发育为幼虫，人吃猪肉时，吃进了有生命力的幼虫，它们便在人的小肠中发育成熟。所以，人是猪带绦虫的终末宿主。弓形虫的有性繁殖阶段(配子生殖)在猫体内完成，无性繁殖阶段在哺乳类、鸟类动物和人体有核细胞内完成，因此猫为弓形虫的终末宿主。

**(2) 中间宿主**

寄生虫幼虫或无性生殖阶段寄生的宿主称为中间宿主。如前述的猪带绦虫,幼虫寄生在猪的肌肉中,猪是猪带绦虫的中间宿主;弓形虫的无性繁殖阶段在哺乳类、鸟类动物和人体有核细胞内完成,因此,哺乳类、鸟类动物和人都是弓形虫的中间宿主。

**(3) 补充宿主**

某些寄生虫在发育阶段需要两个中间宿主,通常把第二中间宿主称为补充宿主,如华支睾吸虫的补充宿主是淡水鱼和虾。

**(4) 贮藏宿主**

贮藏宿主也称转运宿主,寄生虫在其体内不进行任何发育,但是仍保留活性和感染性。贮藏宿主是终末宿主和中间宿主之间生态缺口的桥梁,在流行病学上具有重要意义。

**(5) 保虫宿主**

某些经常寄生于某种宿主的寄生虫,有时也可以寄生于其他一些宿主,但不普遍且无明显危害,通常把这种不经常寄生的宿主称为保虫宿主。例如肝片吸虫可寄生于多种家畜和野生动物体内,那些野生动物就是肝片吸虫的保虫宿主。这种宿主在流行病学上有一定作用。

**(6) 超寄生宿主**

许多寄生虫是其他寄生虫的宿主,此种情况称为超寄生。例如蚊子,是疟原虫的超寄生宿主。

**(7) 带虫宿主**

有时一种寄生虫病在自行康复或治愈以后,或处于隐性感染之时,宿主对寄生虫保持着一定的免疫力,但也保留着一定量的虫体感染,这时我们称之为带虫宿主,又称带虫者,称这种状态为带虫现象。带虫者最容易被忽略,常把它们视为健康动物。在寄生虫病的防治措施中,对待带虫者是个极为重要的问题。带虫动物的健康状态下降时,可导致疾病复发。

**(8) 媒介**

媒介通常是指在脊椎动物宿主间传播寄生虫病的一种低等动物,更常指传播血液原虫的吸血节肢动物。其传播疾病的方式可分为生物性传播和机械性传播,前者是指虫体需要在媒介体内发育,如蚊子在人与人之间传播疟原虫;后者是指虫体不在昆虫体内发育,媒介昆虫仅起搬运作用,如虻、螫蝇传播伊氏锥虫等。

寄生虫与宿主的类型是人为的划分,各类型之间有交叉和重叠,有时并无严格的界限。

## 8.2.3 寄生虫对宿主的作用

寄生虫侵入宿主、移行、定居、发育、繁殖等过程,对宿主细胞、组织、器官甚至系统造成结构、形态和功能等的严重损害。

**(1) 掠夺宿主的营养**

营养关系是寄生虫与宿主最本质的关系,寄生虫在宿主体内生长、发育及大量繁殖,所需营养物质绝大部分来自宿主,寄生虫数量越多,所需营养也就越多。因此,从宿主肠道内容物摄取营养的寄生虫,并不完全把宿主的食物作为它们所需物质的唯一来源。可能存在选择性和竞争性摄取营养物质。

**(2) 消化、吞食或破坏宿主的组织细胞**

某些吸虫可以分泌消化酶溶解宿主的组织为营养液；虫体也可直接吞食组织碎片；细胞内的寄生虫，如球虫、梨行虫、住白细胞虫等可以直接破坏宿主组织细胞。

**(3) 毒素和免疫损伤**

寄生虫排泄物、分泌物、虫体、虫卵死亡崩解物对宿主是有害的，这些物质可能引起组织损害、组织改变或免疫病理反应。例如，血吸虫卵分泌的可溶性抗原与宿主抗体结合形成抗原抗体复合物引起肾小球基底膜损伤；所形成的虫卵肉芽肿则是血吸虫病的病理基础。犬患恶丝虫病时，常发生肾小球基底膜增厚和部分内皮细胞的增生，临床症状为蛋白尿。

**(4) 机械性损伤**

寄生虫侵入、移行、定居、占位或不停运动使所累及组织损伤或破坏。例如，多量蛔虫积聚在小肠所造成的肠堵塞，个别蛔虫误入人或猪胆管中所造成的胆管堵塞等；有时许多虫体团集在肠管的局部，引起肠蠕动的不平衡，导致肠扭转或套叠。钩虫幼虫侵入皮肤时引起钩蚴性皮炎；细粒棘球绦虫在肝脏中形棘球蚴压迫肝脏。这些都会造成严重的后果。

**(5) 引入其他病原体**

许多种寄生虫在宿主的皮肤或黏膜等处造成损伤，给其他病原体的侵入创造条件。还有一些寄生虫，其自身就是另一些微生物或寄生虫的固定的或生物学的传播者。例如，某些蚊虫传播人和猪、马等家畜的日本乙型脑炎，某些蚤传播鼠疫杆菌，蜱传播梨形虫病等。

## 8.3 寄生虫的生活史

寄生虫的生活史是指寄生虫完成一代的生长、发育与繁殖的全过程，故又称发育史。寄生虫的种类繁多，生活史也形式多样。根据寄生虫生活史中有无中间宿主，可分为两种类型。

**(1) 直接发育型**

寄生虫完成生活史不需要中间宿主，虫卵或幼虫在外界发育到感染期直接感染动物和人，此类寄生虫称为土源性寄生虫，如蛔虫等。

**(2) 间接发育型**

寄生虫完成生活史需要中间宿主，幼虫在中间宿主体内发育到感染期后直接感染动物或人，此类寄生虫称为生物源性寄生虫，如猪旋毛虫、猪带绦虫等。

## 8.4 寄生虫的分类和命名

### 8.4.1 分类

寄生虫分类的最基本的单位是种，是指具有一定形态学特征和遗传学特性的生物类群。近缘的种集合成属，近缘的属集合成科，以此类推为目、纲、门、界。为了更加准确表达动物的相近程度,在上述分类阶元之间还有一些"中间"元,如亚门、亚纲、亚目与超科、亚科、亚属、亚种或变种等。寄生虫也按此类原则分类。

与动物医学相关的寄生虫主要隶属扁形动物门吸虫纲、绦虫纲;线形动物门线虫纲;棘头动物门的棘头虫纲;节肢动物门蛛形纲、昆虫纲;环节动物门蛭纲;还有原生动物亚界的原生动物门等。

为了表述方便,习惯上将吸虫纲、绦虫纲、线虫纲的寄生虫统称为蠕虫;昆虫纲的寄生虫称为昆虫;原生动物门的寄生虫称为原虫。由其所致的寄生虫病则分别称为动物蠕虫病、动物昆虫病、动物原虫病。蛛形纲的寄生虫主要为蜱、螨。

### 8.4.2 命名

**(1)寄生虫的命名**

采用双命名制法,用此方法为寄生虫规定的名称称为寄生虫的学名,即科学名。学名由两个不同的拉丁文或拉丁文化文字单词组成,属名在前,种加名在后。如 *Schistosoma japonicum*,中译名全名为日本分体吸虫,其中 Schistosoma 是分体属,属名第一个字母应大写;*japonicum* 是种加词,即日本的,种名的第一个字母小写。

**(2)寄生虫病的命名**

原则上以引起疾病的寄生虫属名定为病名,如阔盘吸虫属的吸虫所引起的寄生虫病称为阔盘吸虫病。在某属寄生虫只引起一种动物发病时,通常在病名前冠以动物种名,如鸭鸟蛇线虫病。但在习惯上也有突破这一原则的情况,如牛、羊消化道线虫病,就是若干个属的线虫所引起寄生虫病的统称。

# 8.5 寄生虫免疫

### 8.5.1 寄生虫免疫的特点

寄生虫免疫具有与微生物免疫所不同的特点,主要体现在免疫复杂性和带虫免疫两个方面。由于绝大多数寄生虫是多细胞动物,因而组织结构复杂;虫体发生过程存在遗传差异,有些为适应环境变化而产生变异;寄生虫生活史十分复杂,不同的发育阶段具有不同的组织结构。这些因素决定了寄生虫抗原的复杂性,因而其免疫反应也十分复杂。带虫免疫是指寄生虫感染后,虽然可以诱导宿主对再感染产生一定的抵抗力,但对体内原有的寄生虫则不能完全清除,维持较低的感染状态,使宿主免疫力维持在一定的水平,如果残留的寄生虫被清除,宿主的免疫力也随之消失。带虫免疫虽然可以在一定的程度上抵抗感染,但是这种抵抗力并不十分强大和持久。

### 8.5.2 寄生虫免疫逃避

寄生虫可以侵入免疫功能正常的宿主体内,有些能逃避宿主的免疫效应,而在宿主体内发育、繁殖、生存,这种现象称为免疫逃避(immune evasion)。其主要原因为:

**(1)组织学隔离**

寄生虫一般都具有较固定的寄生部位。有些寄生在组织中、细胞中和腔道中，特殊的生理屏障使之与免疫系统隔离，如寄生在眼部或脑部的囊尾蚴。有些寄生虫在宿主体内形成保护层（如囊壁或包囊），如棘球蚴。另外，还有一些寄生虫寄居在宿主细胞内而逃避宿主的免疫清除。如果寄生虫的抗原不被呈递到感染细胞的外表面，宿主的细胞介导效应系统不能识别感染细胞。有些细胞内的寄生虫，宿主的抗体难以对其发挥中和作用和调理作用。

**(2)表面抗原的改变**

**抗原变异** 寄生虫的不同发育阶段，一般都有其特异性抗原。即使在同一发育阶段，有些虫种抗原也可产生变化。所以，当宿主对一种抗原的抗体反应刚达到一定程度时，另一种型的抗原又出现了，总是与宿主特异抗体合成形成时间差，如锥虫。

**分子模拟与伪装** 有些寄生虫体表能表达与宿主组织抗原相似的成分，称为分子模拟。有些寄生虫能将宿主的抗原分子镶嵌在虫体体表，或用宿主抗原包被，称为抗原伪装。如分体吸虫吸收许多宿主抗原，所以宿主免疫系统不能把虫体作为侵入者识别出来。曼氏血吸虫童虫，在皮肤内的早期童虫表面不含有宿主抗原，但肺期童虫表面被宿主血型抗原（A、B和H）和组织相容性抗原（MHC）包被，抗体不能与之结合。

**表膜脱落与更新** 蠕虫虫体表膜不断脱落与更新，与表膜结合的抗体随之脱落，从而出现免疫逃避。

**(3)抑制宿主的免疫应答**

寄生虫抗原有些可直接诱导宿主的免疫抑制，表现为：使B细胞不能分泌抗体，甚至出现继发性免疫缺陷；抑制性T细胞Ts的激活，可抑制免疫活性细胞的分化和增殖，出现免疫抑制；有些寄生虫的分泌物和排泄物中的某些成分具有直接的淋巴细胞毒性作用，或可以抑制淋巴细胞的激活等；有些寄生虫抗原诱导的抗体可结合在虫体表面，不仅对宿主不产生保护作用，反而阻断保护性抗体与之结合，这类抗体称为封闭抗体，其结果是宿主虽抗体滴度较高，但对再感染无抵抗力。

## 8.6 寄生虫病的流行病学

寄生虫病流行病学是研究动物群体的某种寄生虫病的发病原因和条件，传播途径，发生发展规律，流行过程及其转归等方面的特征。流行病学当然也包括对某些个体的寄生虫病之上述诸方面的研究，因为个体的疾病，有可能在条件具备时，发展为群体的疾病。

### 8.6.1 寄生虫病流行的基本环节

**(1)感染来源**

动物寄生虫病的感染来源是指体内外有寄生虫寄生的宿主（包括病畜、带虫动物、中间宿主和保虫宿主等）以及有寄生虫分布的土壤、水和饲料等外界环境。作为感染来源，其体内的寄生虫在生活史的某一发育阶段可以主动或被动、直接或间接进入另一宿主体内继续发育。例如，带有囊尾蚴的猪，其体内的囊尾蚴可以通过屠宰后的猪肉，在不洁的卫生条件和不良的饮食习惯情况下感染人；感染鸡球虫的鸡，可以散布很多卵囊，这些卵囊孢子化后，可以再感染其他的鸡。

**(2) 传播途径**

传播途径指感染来源内的寄生虫，借助于某些传播因素，侵入另一宿主的全过程。家畜感染寄生虫的途径主要有以下几种：

**经口感染** 寄生虫主要通过动物的采食、饮水，经口腔进入宿主体内的方式。它是动物感染寄生虫的主要途径。

**经皮肤感染** 有些寄生虫的感染性幼虫自动钻入宿主的皮肤（在鱼类还有鳍和鳃）而引起感染。例如，日本血吸虫的尾蚴可穿透皮肤而感染宿主。

**接触感染** 寄生虫通过宿主相互间皮肤或黏膜的直接接触，或通过褥草、玩具、饲槽等用具的间接接触而感染。一些外寄生虫的感染多属此种感染方式。

**胎盘感染** 寄生虫由母体通过胎盘进入胎儿体内使其发生感染，如弓形虫、犊弓首蛔虫和日本血吸虫等可经此途径感染。

**经节肢动物感染** 寄生虫通过节肢动物的叮咬、吸血而传播给易感动物方式，主要是一些血液原虫和丝虫通过此方式感染。

**自身感染** 有些寄生虫产生的虫卵或幼虫不需要排出体外即可在宿主体内引起自体内重复感染，如在小肠内寄生的猪带绦虫，其脱落的孕节由于呕吐而逆流至胃内被消化，虫卵由胃到达小肠后，孵出六钩蚴，钻入肠壁随血循环到达身体各部位，引起囊尾蚴的自身感染。

**医源感染** 由于污染病原体的医疗器械消毒不彻底，而引起寄生虫的感染。在临床上较为常见的是采血用的注射器污染所造成的，如锥虫、弓形虫等都能因此而感染。

在上述感染途径中，有的寄生虫仅有一种感染方式，有的则有一种以上的感染方式。

**(3) 易感动物**

易感动物是指对某种寄生虫缺乏免疫力或免疫力低下而处于易感状态的家畜、家禽或野生动物。寄生虫感染的免疫力多属带虫免疫，未经感染的动物因缺乏特异性免疫力而成为易感者。具有免疫力的动物，当寄生虫从体内清除后，这种免疫力也会逐渐消失，重新处于易感状态。易感性还与年龄有关，在流行区，幼龄动物的免疫力一般低于成年动物，外来动物，尤其引进的品种家畜进入流行区后也会成为易感者。

## 8.6.2 影响寄生虫病流行的因素

某种寄生虫病之所以能在某一地区流行，除了必须具备3个基本环节之外，还受许多其他因素的影响，主要是自然因素、生物学因素和社会因素。

**(1) 自然因素**

自然因素包括地理条件和气候条件，如温度、湿度、降水量、光照、土壤的理化性状等。地理条件可以直接影响寄生虫的分布，如球虫、蛔虫、钩虫等一些土源性寄生虫，常呈世界性分布。地理条件也可以通过影响生物种群的分布及其活动而影响寄生虫病的流行。如血吸虫主要在南方流行，不在我国的北方流行，其主要原因是血吸虫的中间宿主钉螺在我国的分布不超过北纬 33.7°，因此我国北方地区无血吸虫病流行。

**(2) 生物因素**

寄生虫本身的生物学特性、宿主或媒介性的节肢动物的生物学特性也对寄生虫病的传播和流行产生重要的影响。

**宿主因素** 宿主的年龄、体质、营养状况、遗传因素及免疫机能强弱等都会影响许多寄生虫病的发生和流行。宿主的年龄不同，对同种寄生虫易感性不同。一般来讲，幼龄动物较易感染，且发病较重。

**寄生虫的生物学特性** 寄生虫的种类、致病力、寿命、寄生虫虫卵或幼虫对外界的抵抗力、感染宿主到它们成熟排卵所需的时间等都直接影响某种寄生虫病的流行。如猪蛔虫虫卵在外界可保持活力达 5 年之久，因此对于污染严重、卫生状况不良的猪场，蛔虫病具有顽固、难以消除的特点。

**中间宿主和传播媒介** 许多种寄生虫在其发育过程中需要中间宿主和传播媒介的参与，因此中间宿主和传播媒介的分布、密度、习性、栖息场所、出没时间、越冬地点和有无自然天敌均可影响到寄生虫病的流行程度。

**(3) 社会因素**

社会因素包括社会制度、经济状况、生活方式、风俗习惯、科学水平、文化教育、法律法规的制定和执行、防疫保健措施以及人的行为等都会对寄生虫病的流行产生影响。例如，有些地区有食半生猪肉的习惯，导致旋毛虫病在人群中得以流行。

社会因素、自然因素和生物学因素常常相互作用，共同影响寄生虫病的流行。由于自然因素和生物学因素是相对稳定的，而社会因素往往是可变的。因此，社会因素对寄生虫病流行的影响往往起决定性作用。

## 8.6.3 寄生虫病的流行特点

**(1) 地方性**

某种疾病在某一地区经常发生，无需自外地输入，这种情况称为地方性。寄生虫病的流行常有明显的地方性，这种特点与当地的气候条件、中间宿主或传播媒介的地理分布、人群的生活习惯和生产方式有关，如旋毛虫病的流行，棘球蚴病的发生等。

**(2) 季节性**

由于温度、湿度、雨量、光照等气候条件会对寄生虫及其中间宿主和媒介节肢动物种群数量的消长产生影响，寄生虫病的流行往往呈现出明显的季节性。例如，鸡住白细胞虫病多在夏末秋初流行，这与节肢动物的出现有关，伊氏锥虫病的流行也与吸血昆虫的出现时间相关。

**(3) 自然疫源性**

自然疫源性指某些疾病的病原体在一定地区的自然条件下，由于存在某种特有的传染源、传播媒介和易感动物而长期生存，当人或动物进入这一生态环境也可能被感染的特性，而驯养动物或人的感染和流行对这类病原体在自然界的生存并不必要。具有自然疫源性的疾病，称为自然疫源性疾病。伴随着经济的发展，人类进入未适应的生态系统，在这些地区常常存在自然疫源地，已发现以这种方式感染的巴贝斯虫、锥虫、猴疟原虫、利什曼原虫、旋毛虫、弓形虫和蝇蛆病等病例。

**(4) 慢性和隐性感染**

寄生虫的繁殖并不像细菌、病毒等迅速繁殖，同时，寄生虫病的发生和流行受很多因素制约，因此不少寄生虫病都属于慢性感染或隐性感染，缓慢的传播和流行成为许多寄生虫病的重要特点之一。慢性感染是指多次低水平感染或在急性感染之后治疗不彻底，使机体持续带有病原体的状态，这与动物机体对绝大多数寄生虫未能产生完全免疫力有关。隐性感染是指动物感染寄生虫后，没有出现明显的临床表现，也不能用常规方法检测出病原体的一种状态，只有当动物机体抵抗力下降时寄生虫才大量繁殖，导致发病，甚至造成患畜死亡。大多数寄生虫病没有特异性临床症状，在临床上动物主要表现为渐进性的消瘦、贫血、发育不良、生产性能降低，导致畜（水）产品的质量和数量下降，严重影响了畜牧业的经济效益。

## 8.7　寄生虫病诊断

寄生虫病应采取综合诊断，应根据流行病学、临床症状、病理变化、病原体检查等综合进行。

### 8.7.1　流行病学调查

流行病学调查可为寄生虫病的诊断提供重要依据。调查内容也是流行病学包含的各项内容，如感染来源、感染途径、当地自然条件、中间宿主和传播媒介的存在和分布、动物种群的背景及现状资料、防制措施及效果等。通过分析得出规律性结果。人畜共患寄生虫病，还要调查当地居民的卫生、饮食习惯、健康状况和发病情况等。

### 8.7.2　临诊诊断

临诊诊断主要是检查动物的营养状况、临诊表现和疾病的危害程度。对于具有典型病状的疾病基本可以确诊，如球虫病、螨病、多头蚴等；对于某些外寄生虫可以发现病原体而建立诊断，如伤口蛆、各类虱病等；对于非典型性疾病，获得有关临床资料，为下一步采取其他诊断提供依据。临诊检查应以群体为单位进行大批动物的逐头检查。

### 8.7.3　病理学诊断

病理学诊断包括病理剖检及组织病理学检查。

**(1) 病理剖检**

病理剖检可用自然死亡、急宰的患病动物或屠宰的动物。病理剖检要按照寄生虫学剖检的程序做系统的观察和检查，详细记录病变特征和检获的虫体，并找出具有特征性的病理变化，经综合分析后作出初步诊断。通过剖检可以确定寄生虫种类、感染强度，还可以明确寄生虫对宿主危害的严重程度，尤其适合于群体寄生虫病的诊断。对某种寄生虫病的诊断，如果在流行病学和临床症状方面已经掌握了一些线索，那么可根据初诊的印象做局部的解剖学检查。例如，如果在临床症状和流行病学方面怀疑为肝片吸虫病时，可在肝脏胆管、胆囊内找出成虫或童虫，或在其他器官内找出童虫，进行确诊。

此法最易获得蠕虫病正确诊断结果，通常用全身性蠕虫检查法以确定寄生虫的种类和数量作为确定诊断的依据。寄生虫学剖检除用于诊断外，还用于寄生虫的区系调查和动物驱虫效果评定。一般是对全身各器官组织进行全面系统的检查，有时也根据需要检查一个或若干个器官，如专门为了解某器官的寄生虫感染状况，仅需对该器官寄生的寄生虫进行检查。

(2) 组织病理学检查

组织病理学检查常常是寄生虫病诊断的辅助手段，但对于某些组织的寄生虫病来说，特别要结合病理组织学检查，在相关组织中发现典型病变或各发育阶段的虫体即可确诊，如诊断旋毛虫病和肉孢子虫病时，可根据在肌肉组织中发现的包囊而确诊。

### 8.7.4 病原学诊断

病原检查是从病料中查出病原体(如虫卵、幼虫、成虫等)，是诊断寄生虫病的重要手段，也是确诊的主要依据。其主要是对动物的粪便、尿液、血液、组织液及体表刮取物进行检查，查出各种寄生虫的虫卵、幼虫、成虫或其碎片等即可得出正确的诊断。不同寄生虫病采取不同的检验方法，主要有：粪便检查(虫体检查法、虫卵检查法、毛蚴孵化法、幼虫检查法)，皮肤及其刮下物检查，血液检查，尿液检查，生殖器官分泌物检查，肛门周围刮取物检查等。必要时进行实验动物接种，多用于上述实验室检查法不易检出病原体的某些原虫病。

### 8.7.5 免疫学诊断方法

同其他病原体一样，寄生虫感染动物后，在其整个寄生过程中从生长、发育、繁殖到死亡，有分泌、有排泄、有死后虫体的崩解。这些代谢物和虫体崩解的产物在宿主体内均起着抗原的作用，诱导动物机体产生免疫应答。因此，我们可以利用抗原抗体反应或是其他免疫反应来诊断寄生虫病。已报道的寄生虫免疫学诊断方法很多，包括变态反应、沉淀反应、凝集反应、补体结合试验，免疫荧光抗体技术、免疫酶技术、放射免疫分析技术、免疫印迹技术等。

### 8.7.6 分子生物学诊断方法

已在寄生虫上得到应用的分子生物学技术很多，如核型分析、DNA 限制性内切酶酶切图谱分析、限制性 DNA 片段长度多态性分析、DNA 探针技术、DNA 指纹分析、PCR、随机扩增多态性 DNA(RAPD)、核酸序列分析等。这些技术的应用，极大地推动了寄生虫诊断及寄生虫分类的研究。

### 8.7.7 诊断性治疗

有些患病动物的粪、尿及其他病料中无虫体，或虫卵数量少，难以用现行的检查方法查出，或利用流行病学材料及临床症状不能确诊，或由于诊断条件的限制等原因不能进行确诊时，可根据初诊印象采用针对某些寄生虫的特效驱虫药对疑似病畜进行治疗，然后观察症状是否好转或者患病动物是否排出虫体从而进行确诊。治疗效果以死亡停止、症状缓解、全身状态好转以至于痊愈等表现来评定。多用于原虫病、螨病以及组织器官内蠕虫病的诊断。例如，梨形虫病可注射贝尼尔作为诊断性治疗；弓形虫病可用磺胺类药物作为诊断性治疗。

## 8.8 寄生虫病的防制

影响寄生虫病发生和流行的因素很多，预防和控制应根据掌握的寄生虫生活史、生态学和流行病学等资料，采取各种预防、控制和治疗方法及手段，达到预防和控制寄生虫病发生和流行的目的。

### 8.8.1 控制和消除感染源

**(1)动物驱虫**

驱虫是动物寄生虫病综合性防制措施的重要环节，它具有双重意义：一方面是治疗患病动物；另一方面是减少患病动物和带虫者向外界散播病原体，并可对健康动物产生预防作用。

在防治寄生虫病中，通常是实施预防性驱虫，即按照寄生虫病的流行规律定时投药，而不论其发病与否。如北方地区防治绵羊螨虫病，多采取每年两次驱虫的措施：春季驱虫在放牧前进行，目的在于防止污染牧场；秋季驱虫在转入舍饲后进行，目的在于将动物已经感染的寄生虫驱除，防止发生寄生虫病及散播病原体。预防性驱虫尽可能实施成虫期前驱虫，因为这时寄生虫尚未产生虫卵或幼虫，可以最大限度地防止散播病原体。在驱虫中尤其要注意寄生虫易产生抗药性，应有计划地更换驱虫药物。对动物要集中管理，驱虫后3d内排出的粪便应进行无害化处理。

**(2)重视保虫宿主**

某些寄生虫病的流行，与犬、猫、野生动物和鼠类等保虫宿主关系密切，特别是利什曼原虫病、住肉孢子虫病、弓形虫病、贝诺孢子虫病、华支睾吸虫病、裂头蚴病、棘球蚴病、细颈囊尾蚴病、豆状囊尾蚴病、旋毛虫病和刚棘颚口线虫病等，其中许多还是重要的人兽共患病。因此，应对犬和猫严加管理和控制饲养，对患寄生虫病和带虫的犬和猫要及时治疗和驱虫，粪便深埋或烧毁。应设法对野生动物驱虫，最好的方法是在它们活动的场所放置驱虫食饵。鼠在自然疫源地中起到感染来源的作用，应搞好灭鼠工作。

**(3)加强卫生检验**

某些寄生虫病可以通过被感染的动物性食品(肉、鱼、淡水虾和蟹)传播给人类和动物，如猪带绦虫病、肥胖带绦虫病、裂头绦虫病、华支睾吸虫病、并殖吸虫病、旋毛虫病、颚口线虫病、弓形虫病、住肉孢子虫病和舌形虫病等；某些寄生虫病可通过吃入患病动物的肉和脏器在动物之间循环，如旋毛虫病、棘球蚴病、多头蚴病、细颈囊尾蚴病和豆状囊尾蚴病等。因此，要加强卫生检验工作，对患病胴体和脏器以及含有寄生虫的鱼、虾、蟹等，按有关规定销毁或无害化处理，杜绝病原体的扩散。加强卫生检验在公共卫生上意义重大。

**(4) 外界环境除虫**

寄生在消化道、呼吸道、肝脏、胰腺及肠系膜血管中的寄生虫，在繁殖过程中随粪便把大量的虫卵、幼虫或卵囊排到外界环境并发育到感染期。因此，外界环境除虫的主要内容是粪便处理，有效的办法是粪便生物热发酵。随时把粪便集中在固定场所，经 10~20d 发酵后，粪堆内温度可达到 60~70℃，几乎完全可以杀死其中的虫卵、幼虫或卵囊。另外，尽可能减少宿主接触感染源的机会，如及时清除粪便、打扫圈舍和定期消毒等，避免粪便对饲料和饮水的污染。

## 8.8.2 阻断传播途径

任何消除感染源的措施均含有阻断传播途径的意义，另外还有以下两个方面。

**(1) 轮牧**

利用寄生虫的某些生物学特性可以设计轮牧方案。放牧时动物粪便污染草地，在它们还未发育到感染期时，即把动物转移到新的草地，可有效地避免动物感染。在草原上的感染期虫卵和幼虫，经过一段时期未能感染动物则自行死亡，草地得到净化。不同种寄生虫在外界发育到感染期的时间不同，转换草地的时间也应不同。不同地区和季节对寄生虫发育到感染期的时间影响很大，在制订轮牧计划时均应予以考虑，如某些绵羊线虫的幼虫在某地区夏季牧场上，需要 7d 发育到感染阶段，便可让羊群在 6d 时离开；如果那些绵羊线虫在当时的温度和湿度条件下，只能保持 1.5 个月的感染力，即可在 1.5 个月后，让羊群返回原牧场。

**(2) 消灭中间宿主和传播媒介**

对生物源性寄生虫病，消灭中间宿主和传播媒介可以阻止寄生虫的发育，起到消灭感染源和阻断感染途径的双重作用。应消灭的中间宿主和传播媒介，是指那些经济意义较小的螺、蝲蛄、剑水蚤、蚂蚁、甲虫、蚯蚓、蝇、蜱及吸血昆虫等无脊椎动物。主要措施有：

**物理方法** 主要是改造生态环境，使中间宿主和传播媒介失去必需的栖息场所，如排水、交替升降水位、疏通沟渠增加水的流速、清除隐蔽物等。

**化学方法** 使用化学药物杀死中间宿主和传播媒介，在动物圈舍、河流、溪流、池塘、草地等喷洒杀虫剂。但要注意环境污染和对有益生物的危害，必须在严格控制下实施。

**生物方法** 养殖捕食中间宿主和传播媒介的动物对其进行捕食，养鸭及食螺鱼灭螺，养殖捕食孑孓的柳条鱼、花鳉等；还可以利用它们的习性，设法回避或加以控制，如羊莫尼茨绦虫的中间宿主是地螨，地螨惧强光、怕干燥，潮湿和草高而密的地带数量多，黎明和日暮时活跃，据此可采取避螨措施以减少绦虫的感染。

**生物工程方法** 培育雄性不育节肢动物，使其与同种雌虫交配，产出不发育的卵，导致该种群数量减少。国外用该法成功地防治丽蝇、按蚊等。

## 8.8.3 增强动物抗病力

**(1) 全价饲养**

在全价饲养的条件下，能保证动物机体营养状态良好，以获得较强的抵抗力，可防止寄生虫的侵入或阻止侵入后继续发育，甚至将其包埋或致死，使感染维持在最低水平，机体与寄生虫之间处于暂时的相对平衡状态，制止寄生虫病的发生。

**(2) 饲养卫生**

被寄生虫的虫体、幼虫、虫卵、卵囊等污染的饲料、饮水和圈舍，常是动物感染的重要原因。禁止从低洼地、水池旁、潮湿地带刈割饲草，或将其存放 3～6 个月后再利用。禁止饮用不流动的浅水。圈舍要建在地势较高和干燥的地方，保持舍内干燥、光线充足和通风良好，动物密度适宜，及时清除粪便和垃圾。

**(3) 保护幼年动物**

幼龄动物由于抵抗力弱而容易感染，而且发病严重，死亡率较高。因此，哺乳动物断奶后应立即分群，安置在经过除虫处理的圈舍。放牧时先放幼年动物，转移后再放成年动物。

**(4) 免疫预防**

寄生虫的免疫预防尚不普遍。目前，国内外比较成功地研制了牛羊肺线虫、血矛线虫、毛圆线虫、泰勒虫、旋毛虫、犬钩虫、禽气管比翼线虫、弓形虫和鸡球虫的虫苗，正在研究猪蛔虫、牛巴贝斯虫、牛囊尾蚴、猪囊尾蚴、牛皮蝇蛆、伊氏锥虫和分体吸虫的虫苗。

## 复习思考题

1. 寄生的 3 种情况是什么？
2. 寄生虫生活史中直接发育型和间接发育型有什么区别？

# 第 9 章 动物吸虫病

## 9.1 吸虫概述

吸虫是扁形动物门吸虫纲的动物,包括单殖吸虫、盾殖吸虫和复殖吸虫三大类。寄生于畜禽的吸虫以复殖吸虫为主,可寄生于畜禽肠道、结膜囊、肠系膜静脉、肾和输尿管、输卵管及皮下部位。兽医临床上常见的吸虫主要有肝片吸虫、姜片吸虫、日本分体吸虫、华支睾吸虫、并殖吸虫、阔盘吸虫、前殖吸虫、前后盘吸虫、棘口吸虫等。

### 9.1.1 吸虫形态和构造

**(1) 外部形态**

虫体多背腹扁平,呈叶状、舌状;有的似圆形或圆柱状,只有血吸虫为线状。虫体随种类不同,大小在 0.3～75mm 之间。体表常由具皮棘的外皮层所覆盖,体色一般为乳白色、淡红色或棕色。通常具有两个肌肉质杯状吸盘,一个为环绕口的口吸盘,另一个为位于虫体腹部某处的腹吸盘。腹吸盘的位置前后不定或缺失。

**(2) 体壁**

吸虫无表皮,体壁由皮层和肌层构成皮肌囊。无体腔,囊内含有大量的网状组织,各系统的器官位居其中。皮层从外向内包括 3 层:外质膜、基质和基质膜。外质膜成分为酸性黏多糖或糖蛋白,具有抗宿主消化酶及保护虫体的作用。皮层可以进行气体交换,也可以吸收营养物质。肌层是虫体伸缩活动的组织。

**(3) 消化系统**

消化系统一般包括口、前咽、咽、食道及肠管。口位于虫体的前端,口吸盘的中央。前咽短小或缺,无前咽时,口后即为咽。咽后接食道,下分两条肠管,位于虫体的两侧,向后延伸至虫体后部,末端封闭为盲肠,没有肛门,废物可经口排出体外。

**(4) 排泄系统**

排泄系统由焰细胞、毛细管、集合管、排泄总管、排泄囊和排泄孔等部分组成。焰细胞布满虫体的各部分,位于毛细管的末端,为凹形细胞,在凹入处有一束纤毛,纤毛颤动时很像火焰跳动,因而得名。焰细胞收集的排泄物经毛细管、集合管集中到排泄囊，最后由末端的排泄孔排出体外。焰细胞的数目与排列，在分类上具有重要意义。

**(5) 神经系统**

在咽两侧各有一个神经节，相当于神经中枢。从两个神经节各发出前后3对神经干，分布于背、腹和侧面。向后延伸的神经干，在几个不同的水平上皆有神经环相连。由前后神经干发出的神经末梢分布于口吸盘、咽及腹吸盘等器官。

**(6) 生殖系统**

生殖系统发达，除分体吸虫外，皆雌雄同体（图9-1）。

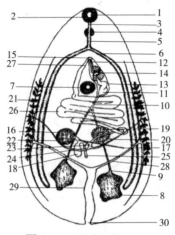

图9-1　吸虫构造模式图

1. 口　2. 口吸盘　3. 前咽　4. 咽　5. 食道　6. 盲肠　7. 腹吸盘　8. 睾丸　9. 输出管　10. 输精管　11. 储精管　12. 雄茎　13. 雄茎囊　14. 前列腺　15. 生殖孔　16. 卵巢　17. 输卵管　18. 受精囊　19. 梅氏腺　20. 卵模　21. 卵黄腺　22. 卵黄管　23. 卵黄囊　24. 卵黄总管　25. 劳氏管　26. 子宫　27. 子宫颈　28. 排泄管　29. 排泄囊　30. 排泄孔

雄性生殖系统包括睾丸、输出管、输精管、储精囊、射精管、前列腺、雄茎、雄茎囊和生殖孔等。通常有两个睾丸，圆形、椭圆形或分叶，左右排列或前后排列在腹吸盘下方或虫体的后半部。睾丸发出的输出管汇合为输精管，其远端可以膨大及弯曲成为储精囊。储精囊接射精管，其末端为雄茎，开口于生殖孔。储精囊、射精管、前列腺和雄茎可以一起被包围在雄茎囊内。储精囊被包在雄茎囊内时，称为内储精囊，在雄茎囊外时称为外储精囊，交配时，雄茎可以伸出生殖孔外，与雌性生殖器官相交接。

雌性生殖系统包括卵巢、输卵管、卵模、受精囊、梅氏腺、卵黄腺、子宫及生殖孔等。卵巢的位置常偏于虫体的一侧。卵巢发出输卵管，管的远端与受精囊及卵黄总管相接。劳氏管一端接着受精囊或输卵管，另一端向背面开口或成为盲管。卵黄腺一般多在虫体两侧，由许多卵黄滤泡组成。卵黄总管与输卵管汇合处的囊腔即卵模，其周围由梅氏腺包围着。

成熟的卵细胞由于卵巢的收缩作用而移向输卵管，与受精囊中的精子相遇受精，受精卵向前移入卵模。卵黄腺分泌的卵黄颗粒进入卵模与梅氏腺的分泌物相结合形成卵壳。子宫起始处以子宫瓣膜为标志。子宫的长短与盘旋情况随虫种而异，接近生殖孔处多形成阴道，阴道与阴茎多数开口于一个共同的生殖窦或生殖腔，再经生殖孔通向体外。

### 9.1.2 吸虫生活史

吸虫生活史为需宿主交替的较为复杂的间接发育型，中间宿主的种类和数目因不同吸虫种类而异。其主要特征是需要更换一个或两个中间宿主。第一中间宿主为淡水螺或陆地螺，第二中间宿主多为鱼、蛙、螺或昆虫等。发育过程经虫卵、毛蚴、胞蚴、雷蚴、尾蚴、囊蚴、成虫各期。

**虫卵** 多呈椭圆形或卵圆形，除分体吸虫外都有卵盖，颜色为灰白、淡黄至棕色。卵在子宫成熟后排出体外。有的虫卵在产出时，仅含胚细胞和卵黄细胞；有的已有毛蚴；有的在子宫内已孵化；有的必须被中间宿主吞食后才孵化；但多数虫卵需在宿主体外孵化。

**毛蚴** 体形近似等边三角形，多被纤毛，运动活泼。前部宽，有头腺，后端狭小。体内有简单的消化道和胚细胞及神经与排泄系统。当卵在水中完成发育，则成熟的毛蚴即破盖而出，游于水中；无卵盖的虫卵，毛蚴则破壳而出。游于水中的毛蚴，在1~2d内遇到适宜的中间宿主，即利用其头腺，钻入螺体内，脱去被有的纤毛，移行至淋巴腔内，发育为胞蚴。

**胞蚴** 呈包囊状，营无性繁殖，内含胚细胞、胚团及简单的排泄器。逐渐发育，在体内生成雷蚴。

**雷蚴** 呈包囊状，营无性繁殖，有咽和盲肠，还有胚细胞和排泄器，有的吸虫仅有一代雷蚴，有的则存在母雷蚴和子雷蚴两期。雷蚴逐渐发育为尾蚴，成熟后即逸出螺体，游于水中。

**尾蚴** 由体部和尾部构成。不同种类吸虫尾蚴形态不完全一致。尾蚴能在水中活跃地运动。体表具棘，有1~2个吸盘。尾蚴可在某些物体上形成囊蚴而感染终末宿主；或直接经皮肤钻入终末宿主体内，脱去尾部，移行到寄生部位，发育为成虫。但有些吸虫尾蚴需进入第二中间宿主体内发育为囊蚴，才能感染终末宿主。

**囊蚴** 系尾蚴脱去尾部，形成包囊后发育而成，体呈圆形或卵圆形。囊蚴通过其附着物或第二中间宿主进入终末宿主的消化道内，囊壁被胃肠的消化液溶解，幼虫即破囊而出，经移行，到达寄生部位，发育为成虫。

## 9.2 片形吸虫病

片形吸虫病是牛、羊的主要寄生虫病之一，它的病原体为片形科片形属的肝片吸虫（图9-2）和大片吸虫。前者存在于全国各地，尤以我国北方较为普遍，后者在华南、华中和西南地区较常见。虫体寄生于各种反刍动物的肝脏胆管中，猪、马属动物、兔及一些野生动物也可感染，人也有被感染的报道。该病常呈地方性流行，能引起急性或慢性肝炎和胆管炎，并伴发全身性中毒现象和营养障碍，危害相当严重，特别对幼畜和绵羊，可以引起大批死亡。在其慢性病程中，使牛、羊消瘦、发育障碍，生产力下降，病肝成为废弃物。肝片吸虫病往往给畜牧业经济带来巨大损失。

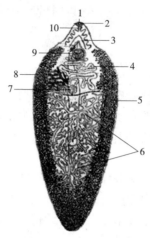

图 9-2　肝片吸虫成虫
1. 口　2. 口吸盘　3. 肠管　4. 子宫　5. 卵黄腺　6. 睾丸　7. 卵模　8. 卵巢　9. 腹吸盘　10. 咽

**(1)流行病学**

片形吸虫的终末宿主主要为反刍动物。中间宿主为椎实螺科的淡水螺,在我国最常见的为小土窝螺,此外还有截口土窝螺、斯氏萝卜螺、耳萝卜螺和青海萝卜螺。成虫寄生于终末宿主的胆管内,虫卵在适宜的温度(25～26℃)、氧气和水分及光线条件下,经10～20d,孵化出毛蚴在水中游动,遇到适宜的中间宿主即钻入其体内。毛蚴在外界环境中,通常只能生存6～36h,如遇不到适宜的中间宿主则渐次死亡。毛蚴在螺体内,经无性繁殖,发育为胞蚴、母雷蚴、子雷蚴和尾蚴几个阶段,最后尾蚴逸出螺体,这一过程约需35～50d。侵入螺体内的一个毛蚴经无性繁殖可以发育形成数百个甚至上千个尾蚴。尾蚴在水中游动,在水中或附着在水生植物上脱掉尾部,形成囊蚴。终末宿主饮水或吃草时,连同囊蚴一起吞食而遭感染。囊蚴在十二指肠脱囊,一部分童虫穿过肠壁,到达腹腔,由肝包膜钻入肝脏,经移行到达胆管;另一部分童虫钻入肠黏膜,经肠系膜静脉进入肝脏。牛、羊自吞食囊蚴到发育为成虫(粪便内查到虫卵)需2～3个月,成虫的寄生期限为3～5年。

片形吸虫病呈世界性分布,是我国分布最广泛、危害最严重的寄生虫病之一。其宿主范围广泛。患畜和带虫者不断地向外界排出大量虫卵,污染环境,成为本病的感染源。

片形吸虫病呈地方性流行,多发生在低洼、潮湿和多沼泽的放牧地区。牛、羊最易感染,绵羊是最主要的终末宿主。舍饲的牛、羊也可因采食从低洼、潮湿地割来的牧草而受感染。多雨年份,能促进本病的流行。

该病的流行与外界自然条件关系密切。虫卵在低于12℃时便停止发育,但对高温和干燥敏感。40～50℃时,几分钟死亡,在干燥的环境中迅速死亡。虫卵在潮湿的环境中可生存8个月以上。虫卵对低温的抵抗力较强,在冰箱中(2～4℃)放置水里17个月仍有60%以上的孵化率,但结冰后很快死亡。虫卵在结冰的冬季是不能越冬的。囊幼蚴对外界环境的抵抗力较强,在潮湿的环境中可生存3～5个月,但其对干燥和阳光直射敏感。椎实螺类在气候温和、雨量充足的季节进行繁殖,晚春、夏、秋季繁殖旺盛,这时的条件对虫卵的孵化、毛蚴的发育和在螺体内的增殖及尾蚴在牧草上的发育也很适宜。因此，该病主要流行于春末、夏、秋季节。南方的温暖季节较长，感染季节也长，有时冬季也可发生感染。

**(2) 临诊症状与病理变化**

片形吸虫病临床症状的表现取决于虫体寄生的数量、毒素作用的强弱以及动物机体的状况。一般来说，牛体寄生有250条成虫、羊体内有50条成虫时，就会表现出明显的临床症状，但幼畜即使轻度感染，也可能表现出症状。家畜中以绵羊对片形吸虫最敏感，山羊和牛次之，对幼畜的危害特别严重，可以引起大批死亡。

片形吸虫病的症状可分为急性和慢性两种类型。

**急性型** 主要发生在夏末和秋季，多发于绵羊，是由于短时间内随草吃进大量囊蚴（2000个以上）所致。童虫在体内移行时，造成"虫道"，引起移行路线上各组织器官的严重损伤和出血，尤其肝脏受损严重，引起急性肝炎。患羊食欲大减或废绝，精神沉郁，可视黏膜苍白，红细胞数和血红蛋白显著降低，体温升高，偶尔有腹泻，通常在出现症状后3～5d内死亡。

**慢性型** 多发于冬、春季，是由于吞食200～500个囊蚴后4～5个月时发病，即成虫引起的症状。片形吸虫以宿主的血液、胆汁和细胞为食，每条成虫可使宿主每天失血0.5mL，加之其毒素具有溶血作用。因此，患羊表现渐进性消瘦、贫血，食欲不振，被毛粗乱，眼睑、颌下水肿，有时也发生胸、腹下水肿。叩诊肝脏的浊音界扩大。后期，可能卧地不起，终因恶病质而死亡。

牛的症状多取慢性经过。成年牛的症状一般不明显，犊牛的症状明显。除了上述羊的症状以外，往往表现前胃弛缓，腹泻，周期性瘤胃臌胀。严重感染者也可引起死亡。

片形吸虫病的急性病理变化包括肠壁和肝组织的严重损伤、出血，出现肝肿大。其他器官也因幼虫移行出现浆膜和组织损伤、出血，"虫道"内有童虫。黏膜苍白，血液稀薄，血中嗜酸性细胞大增。慢性感染，由于虫体的刺激和代谢物的毒素作用，引起慢性胆管炎、慢性肝炎和贫血现象。肝脏肿大，胆管如绳索一样增粗，常凸出于肝脏表面，胆管壁发炎、粗糙，常在粗大变硬的胆管内发现有磷酸钙、磷酸镁等的沉积，肝实质变硬。

**(3) 诊断**

片形吸虫病的诊断要根据临床症状、流行病学资料、粪便检查及死后剖检等进行综合判定。粪便检查多采用反复水洗沉淀法和尼龙筛兜集卵法来检查虫卵，片形吸虫的虫卵较大，易于识别。急性病例时，可在腹腔和肝实质等处发现童虫，慢性病例可在胆管内检获多量成虫。

此外，免疫诊断法，如ELISA、间接血凝试验（IHA）等近年来均有使用，不仅能诊断急性、慢性片形吸虫病，而且还能诊断轻微感染的患者，可用于成群牛羊片形吸虫病的普查。也可用血浆酶含量检测法作为诊断该病的一个指标。在急性病例时，由于童虫损伤实质细胞，使谷氨酸脱氢酶（GDH）升高；慢性病理时，成虫损伤胆管上皮细胞，使γ-谷氨酰转肽酶（γ-GT）升高，持续时间可长达9个月之久。

#### (4) 治疗

治疗片形吸虫病，应在早期诊断的基础上及时治疗患病牛、羊，方能取得较好的效果。驱除片形吸虫病的药物较多，早期药物（如四氯化碳、六氯乙烷等）因其毒性大已被淘汰，六氯对二甲苯、硫双二氯酚等因其用量过大，推广应用也受到限制。目前常用的药物如下，各地可根据药源和具体情况加以选用。

**硝氯酚（拜尔 9015）** 只对成虫有效。粉剂：牛 3～4mg/kg，羊 4～5mg/kg，一次口服。针剂：牛 0.5～1.0mg/kg，羊 0.75～1.0mg/kg，深部肌肉注射。

**丙硫咪唑（抗蠕敏）** 牛 10mg/kg，羊 15mg/kg，一次口服，对成虫有良效，但对童虫效果较差。该药为广谱驱虫药，也可用于驱除胃肠道线虫、肺线虫和绦虫。

**溴酚磷（蛭得净）** 牛 12mg/kg，羊 16mg/kg，一次口服，对成虫和童虫均有良好的驱杀效果，因此，可用于治疗急性病例。

**三氯苯唑（肝蛭净）** 牛用 10% 的混悬液或含 900mg 的丸剂，按 10mg/kg，经口投服，羊用 5% 的混悬液或含 250mg 的丸剂，按 12mg/kg，经口投服。该药对成虫、幼虫和童虫均有高效驱杀作用，也可用于治疗急性病例。患畜治疗后 14d 肉才能食用，乳 10d 后才能食用。

**硝碘酚腈** 牛 10mg/kg，羊 15mg/kg，皮下注射；或牛 20mg/kg，羊 30mg/kg，一次口服。该药对成虫和童虫均有较好的驱杀作用，但在畜体内残留时间较长，用药 1 个月后肉、乳才能食用。

#### (5) 预防措施

应根据该病的流行病学特点，制定出适合于本地区的行之有效的综合性预防措施。

首先是预防性的定期驱虫。驱虫的时间和次数可根据流行区的具体情况而定。针对急性病例，可在夏、秋季选用肝蛭净等对童虫效果好的药物。针对慢性病例，北方全年可进行两次驱虫，第一次在冬末初春，由舍饲转为放牧之前进行，第二次在秋末冬初，由放牧转为舍饲之前进行。大面积的预防驱虫，应统一时间和地点，对于驱虫后的家畜粪便可应用堆积发酵法杀死其中的病原，以免污染环境。利用这种方法在 1～2 周内，不仅可以杀死片形吸虫卵，而且对其他寄生蠕虫卵和幼虫也可杀灭。南方终年放牧，每年可进行 3 次驱虫。

其次应采取措施消灭中间宿主椎实螺。利用兴修水利，改造低洼地，使螺无适宜的生存环境；大量养殖水禽，用以消灭螺类（但应注意防止禽吸虫病的流行，因为禽的许多吸虫中间宿主也是螺类）；也可采用化学灭螺法，如从每年的 3～5 月，气候转暖，螺类开始活动起，利用 1∶50 000 的硫酸铜或氨水，2.5mg/L 的血防 67，或在草地上小范围的死水内用生石灰等。

最后是采取有效措施防止牛、羊感染囊蚴。不要在低洼、潮湿、多囊蚴的地方放牧；在牧区有条件的地方，实行划地轮牧，可将牧地划分为 4 块，每月 1 块（从 3～11 月），这样间隔 3 月方能轮牧一次（从片形吸虫卵发育到囊蚴一般需 55～75d），就可以大大降低牛、羊感染的机会；保持牛、羊的饮水和饲草水生，不要饮用停滞不流的沟渠、池塘有椎实螺及囊蚴滋生的水（应灭螺后饮用），最好饮用井水或质量好的流水，将低洼潮湿地的牧草割后晒干再喂牛、羊等。

## 9.3 阔盘吸虫病

阔盘吸虫病是由双腔科阔盘属（*Eurytrema*）的多种吸虫（图9-3）寄生于牛、羊反刍兽的胰管，少见于胆管及十二指肠引起的。兔、猪及人也可感染。本病在我国各地均有报道，东北某些地区的牛、羊感染率可达60%～70%，江南水牛的感染率也在60%～80%。本病以营养障碍、腹泻、消瘦、贫血、水肿为特征，严重的可引起大批死亡。

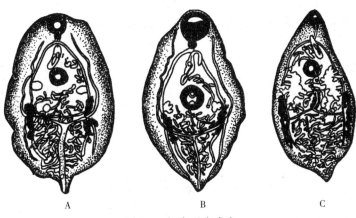

图9-3 阔盘吸虫成虫
A. 腔阔盘吸虫  B. 胰阔盘吸虫  C. 枝睾阔盘吸虫

**(1) 流行病学**

阔盘吸虫在我国分布很广，以胰阔盘吸虫和腔阔盘吸虫流行最广。阔盘吸虫的生活史中有两个中间宿主，第一中间宿主为陆地螺，第二中间宿主为草螽。生活史中都要经过虫卵、毛蚴、母胞蚴、子胞蚴、尾蚴、囊蚴、童虫及成虫等发育阶段。我国各地所报道的中间宿主种类有所不同。这里以胰阔盘吸虫的发育为例叙述如下。

成虫寄生于终末宿主的胰管等处，虫卵随粪便排出体外，被陆地螺吞食后，虫卵内的毛蚴孵出，进而发育为母胞蚴、子胞蚴和尾蚴，许多尾蚴位于成熟子胞蚴内。子胞蚴黏团逸出螺体，被草螽吞食后，尾蚴经发育形成囊蚴，牛、羊等终末宿主吞食含有成熟囊蚴的草螽而感染。囊蚴在其十二指肠内脱囊，并顺胰管口进入胰脏。从陆地螺吞食虫卵到发育为成熟的子胞蚴排出螺体，约需5～6个月（有报道认为，夏末以后感染的螺，这一时间可延长至1年），从草螽吞食子胞蚴到发育为囊蚴需要23～30d，牛、羊自吞食囊蚴至发育为成虫需要80～100d。胰阔盘吸虫完成整个生活史需要10～16个月。

本病的流行与其中间宿主陆地螺、草螽等的分布密切相关。从各地报道看，牛、羊感染囊蚴多在7～10月。此时，被感染的草螽活动性降低，很容易被牛、羊随草吞食而受感染。牛、羊发病多在冬春季。

**(2) 临诊症状与病理变化**

阔盘吸虫病的症状取决于虫体寄生的数量和动物的体质。寄生数量少时，不表现临床症状。严重感染的牛、羊，常发生代谢失调和营养障碍，表现为消化不良、精神沉郁、消瘦、贫血、颌下水肿、胸前水肿、腹泻、粪便中带有黏液，最终可因恶病质而死亡。

剖检可见胰脏肿大，粉红色胰脏内有紫色斑块或条索，切开胰脏，可见多量红色虫体。胰管增厚，呈现增生性炎症，管腔黏膜有乳头状小结节，有时管腔闭塞。有弥漫性或局限性的淋巴细胞、嗜酸性细胞和巨噬细胞浸润。

**(3) 诊断**

患阔盘吸虫病的牛、羊，临床上虽有症状，但缺乏特异性。应用水洗沉淀法检查粪便中的虫卵，或剖检时发现大量虫体可以确诊。

**(4) 治疗**

可用吡喹酮，羊 60～70mg/kg，牛 35～45mg/kg，一次口服，或按 30～50mg/kg，用液体石蜡或植物油配成灭菌油剂，腹腔注射，均有较好的疗效。该药也可用于驱双腔吸虫。

**(5) 预防措施**

应根据当地情况采取综合措施。定期驱虫，消灭病原体；消灭中间宿主，切断其生活史；有条件的地方，实行划地轮牧，以净化草场；加强饲养管理，防止牛、羊感染等。如此坚持数年，就能控制本病的发生和流行。

## 9.4 前后盘吸虫病

前后盘吸虫病是由前后盘科的各属虫体所引起的吸虫病的总称。前后盘吸虫(图 9-4)主要的属有前后盘属、殖盘属、腹袋属、菲策属、卡妙属及平腹属等。除平腹属的成虫寄生于牛、羊等反刍动物的盲肠、结肠外，其余各属成虫均寄生于瘤胃。成虫的感染强度往往较大，但危害一般较轻。如果大量童虫在移行过程中寄生在皱胃、小肠、胆管和胆囊时，可引起严重的疾病，甚至导致死亡。

**(1) 流行病学**

前后盘吸虫种类繁多，有的生活史已被阐明，有的尚待进一步研究。兹以鹿前后盘吸虫为例将其生活史简述如下。成虫寄生于反刍动物的瘤胃，虫卵随粪便排至外界，虫卵在适宜的条件下约经 2 周孵出毛蚴。毛蚴在水中游动，遇到适宜的中间宿主淡水螺类(如扁卷螺)，即钻入其体内，发育为胞蚴、雷蚴和尾蚴。尾蚴大约在螺感染后 43d 开始

图 9-4 鹿前后盘吸虫成虫

逸出螺体，附着在水草上形成囊蚴。牛、羊等反刍动物吞食含有囊蚴的水草而感染。囊蚴在肠道脱囊，童虫在小肠、皱胃和其黏膜下组织及其胆管、胆囊和腹腔等处移行寄生，经数十天到达瘤胃，在瘤胃内需要 3 个月发育为成虫。

前后盘吸虫在我国各地广泛流行，不仅感染率高，而且感染强度大，常见成千上万的虫体寄生，而且几属多种虫体混合感染。流行季节主要取决于当地气温和中间宿主的繁殖发育季节以及牛、羊等放牧情况。南方可常年感染，北方主要在 5～10 月感染。多雨年份易造成本病的流行。

**(2) 临诊症状与病理变化**

童虫的移行和寄生往往引起急性、严重的临床症状，如精神委顿，顽固性下痢，粪便带血、恶臭，有时可见幼虫。严重的贫血、消瘦，有时食欲废绝，体温升高。中性粒细胞增多并且核左移，嗜酸性细胞和淋巴细胞增多，最后卧地不起，衰竭死亡。大量成虫寄生时，往往表现为慢性消耗性的症状，如食欲减退、消瘦、贫血、颌下水肿、腹泻，但体温一般正常。急性病例以犊牛常见。

剖检可见瘤胃壁上有大量成虫寄生，瘤胃黏膜肿胀、损伤。童虫移行时可造成"虫道"，使胃肠黏膜和其他脏器受损，有多量出血点，肝脏淤血，胆汁稀薄，颜色变淡，病变各处均有多量童虫。

**(3) 诊断**

根据上述临床症状，检查粪便中的虫卵。死后剖检，在瘤胃等处发现大量成虫、幼虫和相应的病理变化，可以确诊。

**(4) 治疗**

可用氯硝柳胺（Niclosamide），牛 50~60mg/kg，羊 70~80mg/kg，一次口服；也可用硫双二氯酚，牛 40~50mg/kg，羊 80~100mg/kg，一次口服。两种药物对成虫都有很好的杀灭作用，对童虫和幼虫也有较好的作用。

**(5) 预防措施**

前后盘吸虫的预防应根据当地情况来进行，可采取以下措施：如改良土壤，使潮湿或沼泽地区干燥，造成不利于淡水螺类生存的环境；不在低洼、潮湿之地放牧、饮水，以避免牛、羊感染；利用水禽或化学药物灭螺；舍饲期间进行预防性驱虫等。

## 9.5 日本分体吸虫病

日本分体吸虫病也称日本血吸虫病，是由日本血吸虫（也称日本分体吸虫）（图 9-5）寄生于人和牛、羊、猪等动物的门静脉系统的小血管内引起的一种危害严重的人畜共患吸虫病。该病以急性或慢性肠炎、肝硬化、严重的腹泻、贫血、消瘦为特征。

**(1) 流行病学**

日本血吸虫分布于中国、日本、菲律宾及印度尼西亚等东南亚国家。我国血吸虫病在长江流域及以南的 13 个省（贵州省除外）、自治区、直辖市流行。

日本血吸虫病终末宿主包括人和多种家畜及野生动物，其中，病人和病牛是最重要的感染来源。中国台湾的日本血吸虫系一动物株，主要感染犬，尾蚴侵入人体后不能发育为成虫。在我国，日本血吸虫的中间宿主为湖北钉螺，螺壳上有 6~8 个螺旋（右旋），以 7 个为典型。

人和动物的感染与接触含有尾蚴的疫水有关。感染多在夏秋季节。感染的途径主要为经皮肤感染，也可经吞食含有尾蚴的水、草经口腔和消化道黏膜感染，还可经胎盘感染。一般钉螺阳性率高的地区，人、畜的感染率也高；凡有病人及阳性钉螺的地区，就一定有病牛。钉螺的分布与当地水系的分布是一致的，病人、病畜的分布与当地钉螺的分布是一致的，具有地区性特点。

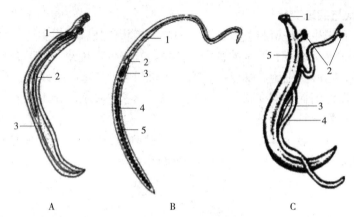

图 9-5 日本血吸虫
A. 雄虫 1. 睾丸 2. 抱雌沟 3. 肠支
B. 雌虫 1. 子宫 2. 卵模 3. 卵巢 4. 卵黄腺 5. 肠
C. 雌雄虫合抱状态 1. 口吸盘 2. 腹吸盘 3. 抱雌沟 4. 雌虫 5. 雄虫

**(2)临诊症状**

该病以犊牛和犬的症状较重，羊和猪较轻，马几乎没有症状。黄牛症状比水牛明显，成年水牛很少有临床症状而成为带虫者。

犊牛大量感染时，症状明显，往往呈急性经过。主要表现为食欲不振，精神沉郁，体温升高达40~41℃，可视黏膜苍白，水肿，行动迟缓，日渐消瘦，因衰竭而死亡。慢性病例表现消化不良，发育迟缓，食欲不振，下痢，粪便含黏液和血液，甚至块状黏膜。患病母牛发生不孕、流产等。

人感染后，初期表现为畏寒、发热、多汗、淋巴结及肝肿大，常伴有肝区压痛。食欲减退，恶心、呕吐，腹痛、腹泻，黏液血便或脓血便等。后期肝、脾肿大而致肝硬化，腹水增多(俗称大肚子病)，逐渐消瘦、贫血，常因衰竭而死亡。幸存者体质极度衰弱，成人丧失劳动能力，妇女不孕或流产，儿童发育不良。

**(3)病理变化**

剖检可见尸体消瘦、贫血、腹水增多。该病引起的病理变化主要是由于虫卵沉积于组织中所产生的虫卵结节(虫卵肉芽肿)。病变主要在肝脏和肠壁。肝脏表面凹凸不平，表面或切面上有粟粒大到高粱米大灰白色的虫卵结节，初期肝脏肿大，日久后肝萎缩、硬化。严重感染时，肠壁肥厚，表面粗糙不平，肠道各段均可找到虫卵结节，尤以直肠部分的病变最为严重。肠黏膜有溃疡斑，肠系膜淋巴结和脾脏肿大，门静脉血管肥厚。在肠系膜静脉和门静脉内可找到多量雌雄合抱的虫体。此外，在心、肾、脾、胰、胃等器官有时也可发现虫卵结节。

**(4)诊断**

病原检查最常用的方法是粪便尼龙筛淘洗法和虫卵毛蚴孵化法，且两种方法常结合使用。有时也刮取耕牛的直肠黏膜做压片镜检，以查找虫卵。死后剖检病畜，发现虫体、虫卵结节等也可确诊。

毛蚴孵化法是诊断日本血吸虫的常用方法之一。目前用于生产实践的免疫学诊断法包括

IHA、ELISA、环卵沉淀试验等。其检出率均在95%以上,假阳性率在5%以下。另外,金标免疫渗滤和三联斑点酶标诊断技术也可用于动物血吸虫病的诊断、检疫和流行病学调查。

**(5) 治疗**

**吡喹酮** 为治疗牛、羊血吸虫病的首选药。按每千克体重30mg,一次口服,最大用药量黄牛以300kg、水牛350kg体重为限,超过部分不计算药量。

**硝硫氰胺** 按每千克体重60mg,一次口服,最大用药量黄牛以300kg、水牛400kg体重为限。也可配成1.5%~2.0%的混悬液,黄牛按每千克体重2mg、水牛按每千克体重1.5mg,一次静脉注射。

**硝硫氰醚** 按每千克体重5~15mg,牛经第三胃给药,口服剂量加大4倍。

**六氯对二甲苯(血防-846)** 该药有两种制剂。新血防846片(含量0.25g)应用于急性期病牛,口服剂量,黄牛按每千克体重120mg,水牛按每千克体重90mg,1次/天(每日剂量:黄牛28g,水牛36g),连用10d;血防-846油溶液(20%),按每千克体重40mg,肌内注射,1次/天,5d为一疗程,半月后可重复治疗。

**(6) 预防措施**

日本血吸虫病的防治是一个复杂的过程,单一的防治措施很难奏效。目前我国防治日本血吸虫病的基本方针是"积极防治、综合措施、因时因地制宜"。

**控制感染来源** 疾病难以控制的湖沼地区和大山区,选用吡喹酮对病人、病畜同步进行药物治疗,驱除体内虫体,减少粪便虫卵对环境的污染,是阻断血吸虫病的有效途径之一。

**消灭中间宿主钉螺** 消灭钉螺是切断血吸虫病传播的关键环节。主要措施是结合农田水利建设,改变钉螺滋生地的环境和局部地区配合使用氯硝柳胺等化学灭螺药。

**加强水、粪便管理** 在疫区挖水井或安装自来水,避免人、畜接触或饮用含血吸虫尾蚴的疫水。加强终末宿主粪便管理,对粪便进行发酵处理,严防粪便污染水源。

**加强宣传教育** 加强健康教育,引导人们改变自己的行为和生产、生活方式,提高农民、渔民的血防常识和自我保护意识,对预防血吸虫感染具有十分重要的作用。

## 9.6 华支睾吸虫病

华支睾吸虫病又称肝吸虫病,是由华支睾吸虫(图9-6)寄生于人、犬、猫、猪及其他一些野生动物的肝脏胆管和胆囊内所引起的一种重要的人兽共患寄生虫病。

**(1) 流行病学**

华支睾吸虫病流行区广泛分布于东亚地区,包括中国、朝鲜、印度、越南、菲律宾等地,在我国大部分省市都有病例报道。人、猫、犬、猪和鼠类以及野生哺乳动物对该病易感。本病的流行与感染来源的多少、河流、池塘的分布,饲养环境,第一、第二中间宿主的分布和养殖情况、饲养管理方式,当地居民的饮食习惯等诸多因素密切相关。在流行地区,粪便污染水源是影响淡水螺感染率高低的重要因素,如广东地区,厕所多建在鱼塘上,用人畜粪在农田上施肥或将猪舍建在塘边,含大量虫卵的人畜粪便直接进入池塘内,使螺、鱼受到感染,更加促成本病的流行。

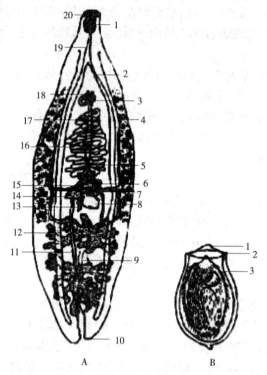

图 9-6 华支睾吸虫成虫和虫卵

A. 华支睾吸虫成虫构造模式图 1. 咽 2. 肠 3. 腹吸盘 4. 卵黄腺 5. 输精管 6. 梅氏腺 7. 卵黄腺管 8. 受精囊 9. 排泄囊 10. 排泄孔 11. 输出管 12. 睾丸 13. 劳氏管 14. 卵巢 15. 卵模 16. 子宫 17. 储精囊 18. 生殖孔 19. 食道 20. 口吸盘

B. 华支睾吸虫虫卵模式图 1. 卵盖 2. 肩峰 3. 毛蚴

**(2) 临诊症状**

多数动物为隐性感染，临床症状不明显。严重感染时，主要表现为消化不良，食欲减退，下痢，贫血，水肿，消瘦，甚至腹水，肝区叩诊有痛感。病程多为慢性经过，往往因并发其他疾病而死亡。

**(3) 病理变化**

猪的病变主要在肝脏和胆囊。胆管扩张，胆囊肿大，胆管变粗，胆汁浓稠，呈草绿色。肝表面及胆管周围有结缔组织增生。胆管和胆囊内可以见到大量虫体。寄生的虫体多时，可阻塞胆管和胆囊，甚至移行至胰腺，引起胆囊炎和胰腺炎。

**(4) 诊断**

在流行区域，动物有生食或半生食淡水鱼史，临床表现符合本病症状，在粪便中检出虫卵即可确诊。

**病原学检查法** 粪检找到华支睾吸虫卵是确诊的依据，常用的方法有直接涂片法和漂浮法。但应注意：华支睾吸虫虫卵与异形吸虫和横川后殖吸虫虫卵大小相似，但后两种虫卵无肩峰，卵盖对侧的突起不明显或缺失。

另外，尸体剖检发现虫体也可确诊。

**免疫学方法** 该病的血清学免疫诊断的研究虽然开展较早，但进展较慢。近年来在临床上应用间接血凝试验和 ELISA，作为辅助诊断。

**(5)治疗**

**吡喹酮** 为治疗该病的首选药物，按每千克体重 20～50mg 混入饲料喂服，1 次/天，连用 2d。

**丙酸哌嗪** 按每千克体重 50～60mg 混入饲料喂服，1 次/天，5d 为一疗程。

**丙硫苯咪唑** 按每千克体重 30～50mg，一次口服。

**六氯对二甲苯(血防-846)** 按每千克体重 50mg，口服，1 次/天，连用 10d；或按每千克体重 200mg，1 次/天，连用 5d。

**(6)预防措施**

禁止犬、猫进入猪舍，流行区人畜定期全面检查和驱虫。

加强粪便管理，防止粪便污染水塘。鱼塘边禁盖猪舍和厕所；不用未处理的粪便喂鱼。

在疫区禁止用生鱼、虾或未煮熟的鱼、虾喂犬、猫、猪。

消灭第一中间宿主淡水螺。

## 9.7 姜片吸虫病

姜片吸虫病是由姜片吸虫(图 9-7)寄生于猪的小肠所引起的一种吸虫病。在我国主要流行于长江流域及其以南各省，是严重危害儿童健康及仔猪生长发育的人畜共患病。

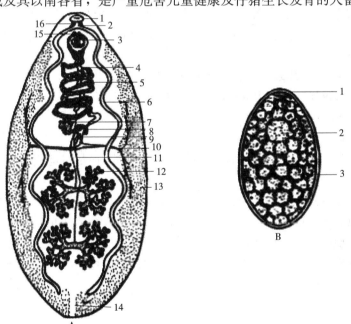

图 9-7 姜片吸虫成虫和虫卵

A. 姜片吸虫成虫 1. 口吸盘 2. 食道 3. 腹吸盘 4. 阴茎囊 5. 子宫 6. 肠支 7. 卵巢 8. 梅氏腺 9. 劳氏管 10. 卵黄管 11. 输出管 12. 睾丸 13. 卵黄腺 14. 排泄腔 15. 生殖孔 16. 咽

B. 姜片吸虫虫卵 1. 卵盖 2. 卵细胞 3. 卵黄细胞

**(1) 流行病学**

虫体的囊蚴附着在水浮莲、水葫芦、菱角、荸荠、茨菇一类的水生植物上。被猪食入时，囊蚴中的幼虫在小肠内游离出来，吸着在肠黏膜上发育为成虫。在猪小肠内，由幼虫发育为成虫。虫卵随粪便排出后，在水中孵出毛蚴，遇到其中间宿主——扁卷螺，在其中经过胞蚴、母雷蚴、子雷蚴、尾蚴。尾蚴离开螺体进入水中，附着在水生植物上发育为囊蚴，再被猪采食而感染。整个发育过程一般需 90～103d，生存时间为 9～13 个月。本病一般秋季发病多，有的绵延至冬季。习惯用水生植物喂猪的猪场，大多有本病发生。幼猪断奶后 1～2 个月就会受到感染。

**(2) 临诊症状与病理变化**

一般对猪危害较轻，寄生少量时不显症状。虫体大多寄生于小肠上段。病猪表现消瘦、发育不良和肠炎等症状。吸盘吸着之处由于机械刺激和毒素的作用而引起肠黏膜发炎，腹胀、腹痛、下痢，或腹泻与便秘交替发生。虫体寄生过多（可多至数百条）时，往往发生肠堵塞，如不及时治疗，可能发生死亡。

**(3) 诊断**

取粪便用水洗沉淀法检查，如发现虫卵，或剖检时发现虫体即可确诊。新鲜虫体为肉红色，大而肥厚，(20～75)mm×(8～20)mm，形似姜片。口吸盘位于虫体前端，腹吸盘与口吸盘相距很近。两条肠管弯曲但不分枝，直至虫体后端。虫体后部有两个分枝睾丸。虫卵呈淡黄褐色，色较灰暗，大小为(130～150)$\mu m$×(85～97)$\mu m$。

**(4) 治疗**

**敌百虫** 按 100mg/kg 内服，或拌入饲料中喂服（总量不超过 8g）。

**硫双二氯酚** 100mg/kg，用于体重 50～100kg 以下的猪；体重 100～150kg 以上的猪，用 50～60mg/kg。

**硝硫氰胺** 3～6mg/kg，一次拌入饲料喂服。

**硝硫氰醚 3%油剂** 20～30mg/kg，一次喂服。

**吡喹酮** 50mg/kg，内服。

**(5) 预防措施**

**猪粪管理** 病猪的粪便是姜片吸虫散播的主要来源，应尽可能把粪便堆积发酵后再作肥料。

**定期驱虫** 这是最主要的预防措施。因为每年在当地的气温达到 29～32℃两个月左右之后为感染季节，再过两个多月，病猪体内的童虫开始发育为成虫产卵，此时为秋末，驱虫最为适宜。一般依感染情况而定，驱虫 1～2 次，最好选 2～3 种药交替使用。

**灭螺** 扁卷螺是姜片吸虫的中间宿主，在习惯用水生植物喂猪的地方，灭螺具有十分重要的预防作用。

## 9.8 棘口吸虫病

棘口吸虫病是由棘口科的多种吸虫引起的疾病。寄生的主要虫种包括卷棘口吸虫、宫川棘口吸虫、日本棘隙吸虫、似锥低颈吸虫等。其主要寄生于家禽和野禽的大小肠中，有些种也寄生于哺乳动物体内，对畜禽有一定的危害。

**(1) 流行病学**

棘口科的多种吸虫是人畜共患寄生虫，除寄生于家禽和鸟类外，多种哺乳动物(如猪、犬、猫以及人等)都可以遭受感染。虫体寄生于肠道内，我国南方各省普遍发生。一般棘口科吸虫都需要两个中间宿主，第一中间宿主是多种淡水螺，第二中间宿主是多种淡水螺、淡水鱼或蛙类。当浮萍或水草等作为饲料饲喂家禽时，含有囊蚴的螺等第二中间宿主与其一起被家禽食入而遭受感染。

**(2) 临诊症状与病理变化**

棘口吸虫寄生于肠道刺激肠黏膜，引起黏膜发炎、出血和下痢，主要危害雏禽。少量寄生时不显症状，严重感染时可引起食欲不振，消化不良，下痢，粪便中混有黏液。禽体消瘦，贫血，可因衰竭而死亡。剖检可见肠壁发炎，点状出血，肠内容物充满黏液，黏膜上附有虫体。

**(3) 诊断**

粪便中检获虫卵或死后剖检发现虫体即可确诊。

**(4) 治疗**

治疗可选用下列药物：

**二氯酚** 剂量为150～200mg/kg，拌于饲料内喂服。

**氯硝柳胺** 剂量为50～60mg/kg，拌于饲料内喂服。

**(5) 预防措施**

对流行区内的家禽进行计划性驱虫，减少病原扩散；对禽粪进行堆积发酵，杀灭虫卵；勿以生鱼或蝌蚪以及贝类等饲喂家禽，以防感染；应用药物或土壤改良法消灭中间宿主。

## 9.9 前殖吸虫病

前殖吸虫病的病原为前殖科前殖属的多种前殖吸虫(图9-8)，寄生于家鸡、鸭、鹅、野鸭及其他鸟类的输卵管、法氏囊、泄殖腔及直肠，偶见于蛋内。常引起输卵管炎，病禽产畸形蛋，有的因继发腹膜炎而死亡。主要寄生虫种有卵圆前殖吸虫、透明前殖吸虫、楔形前殖吸虫和鲁氏前殖吸虫，呈世界性分布，我国主要分布在华东和华南地区。

**(1) 流行病学**

前殖吸虫是家禽常见寄生虫病，其流行区域广泛，世界各地均有报道。在我国主要流行于南方各省。

前殖吸虫发育过程需要两个中间宿主，第一中间宿主是淡水螺，第二中间宿主是蜻蜓的幼虫、稚虫和成虫。家禽由于啄食了含有前殖吸虫囊蚴的各期蜻蜓而遭受感染，在流行地区蜻蜓的种类多、数量大，而且前殖吸虫的感染率和感染强度都很高，给家禽感染前殖吸虫提供了方便，尤其是农村放养和散养家禽更易遭受感染。此外，前殖吸虫还可感染多种野禽，因此本病在野禽之间流行，构成自然疫源地，给前殖吸虫的防治带来了更大的困难。

**(2) 临诊症状与病理变化**

前殖吸虫主要危害鸡，特别是产蛋鸡；对鸭的致病性不明显。初期患鸡症状不明显，

图 9-8 前殖吸虫成虫
A. 卵圆前殖吸虫　B. 透明前殖吸虫

有时产薄壳蛋,易破。病情进一步发展可造成产蛋率下降,产畸形蛋或排出石灰样液体。食欲减退,消瘦,羽毛蓬乱、脱落。腹部膨大、下垂、压痛。泄殖腔突出,肛门潮红。后期体温上升,严重者可致死。

前殖吸虫寄生于输卵管中,虫体本身的机械刺激以及代谢产物的作用,使局部黏膜充血、发炎或出血,并破坏腺体的正常功能,引起蛋白分泌增多,加剧了输卵管的炎症,严重时导致输卵管破裂,引起腹膜炎,腹腔内有大量渗出物,腹腔器官粘连。剖检可见:主要病变是输卵管炎,黏膜充血,增厚,可在黏膜上找到虫体,其次是腹膜炎,腹腔内含大量黄色浑浊的液体,脏器被干酪样物黏着在一起。

(3)诊断

根据临床症状和剖检所见病变,发现虫体或粪便中发现虫卵,即可确诊。

(4)治疗

可选用下列药物:

**丙硫咪唑**　120mg/kg,口服。

**四氯化碳**　2~3mL 加等量石蜡油混合,嗉囊注射。

(5)预防措施

定期驱虫,在流行区进行有计划的驱虫。

利用药物或土壤改良灭螺,消灭第一中间宿主。

防止鸡群啄食蜻蜓,勿在蜻蜓出现的时间(早晨、傍晚和雨后)到其栖息的池塘岸边放牧。

## 9.10　并殖吸虫病

并殖吸虫病主要是由并殖科卫氏并殖吸虫(图 9-9)寄生在肺脏而引起的,又称肺吸虫病,是一种重要的人兽共患寄生虫病。广泛分布于西部非洲、南美和亚洲。我国主要流行于浙江、台湾和东北地区。

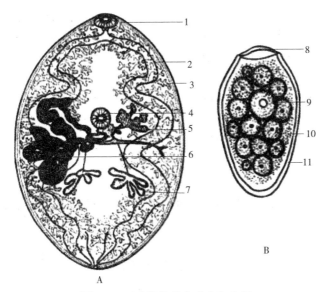

图 9-9 卫氏并殖吸虫成虫和虫卵
A. 成虫模式图　B. 虫卵模式图
1. 口吸盘　2. 肠支　3. 卵黄腺　4. 腹吸盘　5. 卵巢　6. 子宫
7. 睾丸　8. 卵盖　9. 卵细胞　10. 卵黄细胞　11. 卵壳

**(1)流行病学**

卫氏并殖吸虫虫卵从终宿主呼吸道咳出或被宿主吞咽后经由粪便排出，在水中孵化。发育需两个中间宿主：第一中间宿主为淡水螺类，第二中间宿主为甲壳类动物。哺乳动物在生食带囊蚴的甲壳类动物时而感染。

犬、猫、食蟹猕猴、野生兽、家畜、人均可感染。实验动物犬感染普遍。食蟹猕猴喜生活河边，游水和捕食鱼虾而感染。人和其他动物感染多因生食蟹和蝲蛄所致。

囊蚴对外界的抵抗力较强，经盐、酒腌浸大部分不死，被浸在酱油，10%～20%的盐水或醋中部分囊蚴可存活24h以上，但加热到70℃，3min则100%死亡。

**(2)临诊症状与病理变化**

童虫和成虫在动物体内移行和寄生期间可造成机械性损伤，虫体的代谢产物等抗原物质可导致免疫病理反应，移行的童虫可引起嗜酸性粒细胞性腹膜炎、胸膜炎、肌炎及多病灶性的胸膜出血。在肺部寄生时可引起慢性小支气管炎、小支气管上皮细胞增生和慢性嗜酸性粒细胞肉芽肿性肺炎，这与在肺泡组织中变性的虫卵有关。进入血流中的虫卵还会引起虫卵性栓塞。成虫主要寄生在肺，但有时会发生异位寄生。当虫体异位寄生在脑或脊髓时，往往导致神经症状，其他的肺外异位寄生见于皮肤、肌肉、睾丸、膀胱、小肠等。

临床症状因感染部位不同而有不同表现。发生在肺泡部：咳嗽，气喘，湿啰音，胸痛，血痰；在脑部：头痛，癫痫，瘫痪等；在脊髓：运动障碍，下肢瘫痪等；在腹部：腹痛，腹泻，便血，肝肿大等；在皮肤：皮下出现游走性结节，有痒感或痛感。

**(3)诊断**

检查患病动物的唾液、痰液及粪便中有虫卵可确诊。虫卵金黄色，呈椭圆形，大多有卵盖，卵壳厚薄不匀，卵内含10余个卵黄细胞及1个卵细胞。卵细胞常被卵黄细胞遮住，大小为$(80\sim118)\mu m\times(48\sim60)\mu m$。

也可做皮下包块活组织检查，发现虫体即可确诊。皮内试验及间接血凝试验和ELISA均有助于诊断本病，X光检查可作为辅助诊断。

**(4)治疗**

**硫双二氯酚** $50\sim100mg/kg$，每日或隔日给药，$10\sim20$个治疗日为一疗程。

**硝氯酚** $3\sim4mg/kg$，一次口服。

**丙硫咪唑** $50\sim100mg/kg$，连服$14\sim21d$。

**吡喹酮** $50mg/kg$，一次口服。

**(5)预防措施**

在本病流行地区，应禁止和杜绝以新鲜的蟹或蝲蛄作为实验动物及其他家畜饲料。有条件的地区也可配合灭螺。

## 复习思考题

1. 试述吸虫的形态构造和生活史。
2. 试比较当地流行主要吸虫病的病原形态特点以及生活史的异同。
3. 列举当地比较重要吸虫病的诊断、治疗和预防措施。

# 第10章 动物绦虫病

## 10.1 绦虫概述

寄生于畜禽的绦虫种类多、数量大，隶属于扁形动物门绦虫纲，其中只有圆叶目和假叶目绦虫对畜禽和人具有感染性。绦虫的分布极其广泛，成虫和其中绦期虫体——绦虫蚴都能对人、畜造成严重的危害。

### 10.1.1 绦虫形态和构造

**(1) 形态**

绦虫呈背腹扁平的带状，白色或淡黄色。虫体大小随种类不同，小的仅有数毫米，如寄生于鸡小肠的少睾变带绦虫；大的可达10m以上，如寄生在人小肠的牛带吻绦虫，最长可达25m以上。一条完整的绦虫由头节、颈节和体节3部分组成。

**头节** 位于虫体的最前端，为吸附和固着器官，种类不同，形态构造差别很大(图10-1)。圆叶目绦虫的头节膨大呈球形，其上有4个圆形或椭圆形的吸盘，位于头节前端的侧面，呈均匀排列，如莫尼茨绦虫等。有的种类在头节顶端的中央有一个顶突，其上有一圈或数圈角质化的小钩，如寄生于人小肠的猪带绦虫、寄生于犬小肠的细粒棘球绦虫等。顶突的有无、顶突上钩的形态、排列和数目在分类定种上有重要的意义。假叶目绦虫的头节一般为指形，在其背腹面各具一沟样的吸槽。

**颈节** 是头节后的纤细部位，和头节、体节的分界不甚明显，其功能是不断生长出体节。但也有缺颈节者，其生长带则位于头节后缘。

 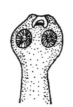  

曼氏迭宫绦虫　　微小膜壳绦虫　　肥胖带吻绦虫　　链状带绦虫

图10-1　各种绦虫头节

**体节** 由节片组成。节片数目因种类差别很大，少者仅有几个，多者可达数千个。绦虫的节片之间大多有明显的界线。节片按其前后位置和生殖器官发育程度的不同，可分为未成熟节片、成熟节片和孕卵节片。

未成熟节片又称"幼节"，紧接在颈节之后，生殖器官尚未发育成熟。成熟节片简称"成节"，在幼节之后，节片内的生殖器官逐渐发育成具有生殖能力的雄性和雌性两性生殖器官。孕卵节片简称"孕节"，随着成节的继续发育，节片的子宫内充满虫卵，而其他的生殖器官逐渐退化、消失。

因为绦虫的生长发育总是由前向后逐渐进行，因此，居于后部的节片依次比前部的节片成熟度高，越老的节片距离头端越远，达到孕节时，孕节最后的节片逐节或逐段脱落，而前部新的节片从颈节后部不断地生成。这样就使绦虫经常保持着各自固有的长度范围和相应的节片数目。

**(2) 体壁**

绦虫体壁的最外层是皮层，皮层覆盖着链体各个节片，其下为肌肉系统，由皮下肌层和实质肌层组成。皮下肌层的外层为环肌，内层为纵肌。纵肌贯穿整个链体，唯在节片成熟后逐渐萎缩退化，越往后端退化越为显著，于是最后端孕节能自动从链体脱落。

**(3) 实质**

绦虫无体腔，由体壁围成一个囊状结构，称为皮肤肌肉囊。囊内充满着海绵样的实质，也叫髓质区，各器官均埋藏在此区内。在发育过程中，形成的实质细胞膨胀产生空泡，空泡的泡壁互相连系而产生细胞内的网状结构；各细胞间也有空隙。通常节片内层实质细胞会失去细胞核，而每当生殖器官发育膨胀，便压迫这些无核的细胞，它们退化后可变为生殖器官的被膜。另外，在实质内常散在有许多球形的或椭圆形的石灰小体，具有调节酸度的作用。

**(4) 排泄系统**

链体两侧有纵排泄管，每侧有背、腹两条，位于腹侧的较大，纵排泄管在头节内形成蹄系状联合；通常腹纵排泄管在每个节片中的后缘处有横管相连。一个总排泄孔开口于最早分化出现的节片的游离边缘中部。当此头一个节片（成熟虫体的最早一个孕节）脱落后，就失去总排泄孔，而由排泄管各自向外开口。排泄系统起始于焰细胞，由焰细胞发出来的细管汇集成为较大的排泄管，再和纵管相连。

**(5) 生殖系统**

除个别虫种外，绦虫均为雌雄同体。即每个节片都具有雄性和雌性生殖系统各一套或两套，故其生殖器官特别发达。

生殖器官的发育是从紧接颈节的幼节开始分化的，最初节片尚未出现雌、雄的性别特征，继后逐渐发育，开始先见到节片中出现雄性生殖系统，接着出现雌性生殖系统的发育，后形成成节。在圆叶目绦虫节片受精后，雄性生殖系统渐趋萎缩而后消失，雌性生殖系统至子宫扩大充满虫卵时，其他部分也逐渐萎缩消失，至此即成为孕节，充满虫卵的子宫占有了整个节片。而在假叶目，由于虫卵成熟后可由子宫孔排出，子宫不如圆叶目绦虫发达（图 10-2）。

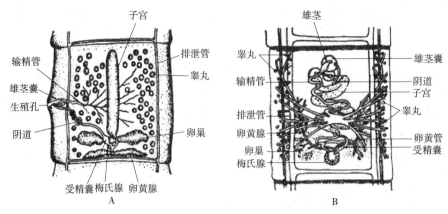

图 10-2　绦虫生殖系统构造模式图
A. 圆叶目　B. 假叶目

**雄性生殖器官**　有睾丸一个至数百个，呈圆形或椭圆形，连接着输出管。睾丸多时，输出管互相连接成网状，至节片中部附近会合成输精管，输精管曲折蜿蜒向边缘推进，并有两个膨大部，一个在未进入雄茎囊之前，称为外储精囊，一个在进入雄茎囊之后，称为内储精囊，与输精管末端相接的部分为射精管及雄茎。雄茎可自生殖腔向边缘伸出。雄茎囊多为圆囊状物，储精囊、射精管、前列腺及雄茎的大部分都包含在雄茎囊内。雄茎与阴道分别在上下位置向生殖腔开口，生殖腔在节片边缘开口，称为生殖孔。

**雌性生殖器官**　卵模在雌性生殖器官的中心区域，卵巢、卵黄腺、子宫、阴道等均有管道（如输卵管、卵黄管）与之相连。卵巢位于节片的后半部，一般呈两瓣状，由许多细胞组成。各细胞有小管，最后汇合成一支输卵管，与卵模相通。阴道（包括受精囊——阴道的膨大部分）末端开口于生殖腔，近端通卵模。卵黄腺分为两叶或为一叶，在卵巢附近（圆叶目），或成泡状散布在髓质中（假叶目），由卵黄管通往卵模。子宫一般为盲囊状，并且有袋状分枝，由于没有开口，虫卵不能自动排出，须孕卵节片脱落破裂时才散出虫卵。虫卵内含具有 3 对小钩的胚胎，称为六钩蚴。有些绦虫包围六钩蚴的内胚膜形成突起，似梨籽形状而称为梨形器。有些绦虫的子宫退化消失，若干个虫卵被包围在称为副子宫或子宫周器官的袋状腔内。

**(6) 神经系统**

神经中枢在头节中，由几个神经节和神经联合构成；自中枢部分通出两条大的和几条小的纵神经干，贯穿各个体节，直达虫体后端。

## 10.1.2　绦虫生活史

绦虫的发育比较复杂，绝大多数在其生活史中都需要一个或两个中间宿主。寄生于家畜体内的绦虫都需要中间宿主，才能完成其整个生活史。绦虫在终末宿主体内的受精方式大多为自体受精，但也有异体受精或异体节受精的。

**圆叶目绦虫的发育**　圆叶目绦虫寄生于终末宿主的小肠内，孕卵节片（或孕卵节片先已破裂释放虫卵）随粪便排出体外，被中间宿主吞食后，卵内六钩蚴逸出，在寄生部位发育为绦虫蚴期，此期成为中绦期。如果以哺乳动物作为中间宿主，在其体内发育为囊尾蚴、多头蚴或棘球蚴等类型的幼虫；如果以节肢动物和软体动物等无脊椎动物作为中间宿主，则发育为似囊尾蚴。

当终末宿主吞食了含有似囊尾蚴的中间宿主或含有囊尾蚴的中间宿主组织后，在胃肠内经消化液作用，蚴体逸出，头节外翻，吸附在肠壁上，逐渐发育为成虫。

**假叶目绦虫的发育** 假叶目绦虫的子宫向外开口，虫卵可从子宫排出孕节，随终末宿主粪便排出外界。在水中适宜条件下孵化为钩毛蚴（钩球蚴），被中间宿主（甲壳纲昆虫）吞食后发育为原尾蚴，含有原尾蚴的中间宿主被补充宿主（鱼、蛙类或其他脊椎动物）吞食后发育为实尾蚴（裂头蚴），终末宿主吞食带有实尾蚴的补充宿主而感染，在其消化道内经消化液的作用，蚴体吸附在肠壁上发育为成虫。

## 10.2 猪囊尾蚴病

猪囊尾蚴病（Cysticercus cellulosae）是猪囊尾蚴（图10-3）寄生于猪的肌肉和其他器官中引起的一种寄生虫病，俗称猪囊虫病，是一种严重的人兽共患寄生虫病。猪囊尾蚴是猪带绦虫的幼虫。

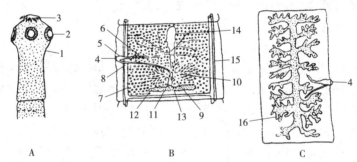

图 10-3 猪带绦虫头节、成节和孕节构造
A. 头节 B. 成节 C. 孕节
1. 头节 2. 吸盘 3. 顶突 4. 生殖孔 5. 雄茎囊 6. 输精管 7. 睾丸 8. 阴道 9. 受精囊 10. 卵巢 11. 输卵管 12. 卵黄腺 13. 卵模与梅氏腺 14. 子宫 15. 纵排泄管 16. 孕节子宫分枝

**(1) 流行病学**

我国是猪囊虫病的高发区，以华北、东北、西南等地区发生较多。人有钩绦虫病的感染源为猪囊虫，猪囊虫的感染源是人肠内寄生的有钩绦虫排出的虫卵。这种由猪到人、由人到猪的往复循环，构成了流行的要素。更重要的是，人也可以因摄入有钩绦虫卵而患囊虫病。猪囊尾蚴病的发生和流行与人的粪便管理及猪的饲养管理方式密切相关。

**(2) 临诊症状与病理变化**

猪囊尾蚴在猪的肌肉、特别是活动性较大的横纹肌寄生。虫体为一个长约0.5cm的圆形无色半透明包囊，内含囊液，囊壁内侧面有一个乳白色的结节，为内翻的头节。通常在咬肌、心肌、舌肌和肋间肌、腰肌、臂三头肌及股四头肌等处最为多见。感染猪可呈肩部及臀部宽阔的"哑铃"形。严重时还可见于眼球和脑内。囊虫包埋在肌纤维间，如散在的豆粒，故常称猪囊虫寄生的肉为"豆猪肉"或"米猪肉"。囊尾蚴在猪肉中的数量，可由数个到上万个不等。

猪感染少量的猪囊尾蚴时，无明显的症状表现。其致病作用很大程度上取决于寄生部位。寄生在脑时，可能引起神经机能障碍；肌肉中寄生数量较多时，常引起寄生部位的肌肉发生短时间的疼痛，表现跛行和食欲不振等，但不久即消失。在肉品检验过程中，常在体阔腰肥的猪只中发现严重感染的病例。幼猪被大量寄生时，可造成生长迟缓，发育不良。寄生于眼结膜下组织或舌部表层时，可见寄生处呈现豆状肿胀。

**(3) 诊断**

生前检查眼睑和舌部，查看有无因猪囊尾蚴引起的豆状肿胀。触摸到舌部有稍硬的豆状结节时，可作为生前诊断的依据。一般只有在宰后检验时才能确诊。宰后检验嚼肌、腰肌、心肌、骨骼肌看是否有乳白色椭圆形或圆形猪囊虫。镜检时可见猪囊虫头节上有4个吸盘，头节顶部有两排小钩。钙化后的囊虫，包囊中呈现大小不同的黄白色颗粒。

**(4) 防制措施**

防制猪囊尾蚴病是一项非常重要的工作，因为有钩绦虫和猪囊尾蚴对人的危害都很大。预防可采用如下措施：

① 人患绦虫病时，必须驱虫。可选用南瓜籽、槟榔合剂，或者氯硝柳胺（灭绦灵）驱虫，驱虫后排出的虫体和粪便必须严格处理。

② 做到"人有厕所，猪有圈"。在北方主要是改造连茅圈，防止猪食人粪而感染囊虫。彻底杜绝猪和人粪的接触机会。人粪需经无害化处理后方可利用。

③ 对有猪囊虫的肉要严格按国家规定的检验条例处理。对猪囊尾蚴病的治疗，可选用吡喹酮治疗。

## 10.3 棘球蚴病

棘球蚴病，又名包虫病，是由寄生于犬、狼、狐狸等动物小肠的棘球绦虫中绦期——棘球蚴（图10-4）感染中间宿主而引起的一种严重的人兽共患病。棘球蚴寄生于牛、羊、猪、马、骆驼等家畜及多种野生动物和人的肝、肺及其他器官内。由于蚴体生长力强，体积大，不仅压迫周围组织使之萎缩和功能障碍，还易造成继发感染，如果蚴体包囊破裂，可引起过敏反应。该病往往给人畜造成严重的病症，甚至死亡。在各种动物中，该病对羊，尤其绵羊的危害最为严重。该病呈世界性分布，导致全球性的公共卫生和经济问题，受到人们的普遍关注。

**(1) 流行病学**

棘球绦虫有4种。细粒棘球绦虫和多房棘球绦虫在国内有分布，少节棘球绦虫和福氏棘球绦虫主要分布在南美洲，国内未见报道。

细粒棘球绦虫寄生于犬、狼、狐狸的小肠，虫卵和孕节随终末宿主的粪便排出体外，中间宿主随污染的草、料和饮水吞食虫卵后而受到感染，虫卵内的六钩蚴在消化道孵出，钻入肠壁，随血流或淋巴散布到体内各处，以肝、肺最常见。经6～12个月的生长可成为具有感染性的棘球蚴。犬等终末宿主吞食了含有棘球蚴的脏器即得到感染，经40～50d发

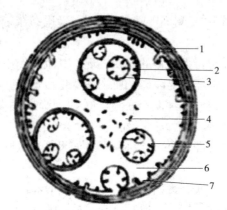

图 10-4 棘球蚴构造模式图
1. 角皮层  2. 子囊  3. 孙囊  4. 原头蚴  5. 生发囊  6. 囊液  7. 生发层

育为细粒棘球绦虫。成虫在犬等体内的寿命为 5～6 个月。

多房棘球蚴寄生于啮齿类动物的肝脏，在肝脏中发育快而凶猛。狐狸、犬等吞食含有棘球蚴的肝脏后经 30～33d 发育为成虫，成虫的寿命为 3～3.5 个月。

两种棘球蚴都可感染人，人的感染多因直接接触犬、狐狸，致使虫卵粘在手上而经口感染，或因吞食被虫卵污染的水、蔬菜等而感染，猎人在处理和加工狐狸、狼等的皮毛过程中，易遭受感染。

虫卵对外界环境的抵抗力较强，可以耐低温和高温，对化学物质也有相当的抵抗力，但直射阳光易使之致死。

**(2) 临诊症状与病理变化**

棘球蚴对人和动物的致病作用为机械性压迫、毒素作用及过敏反应等。症状的轻重取决于棘球蚴的大小、寄生的部位及数量。棘球蚴多寄生于动物的肝脏，其次为肺脏，机械性压迫可使寄生部位周围组织发生萎缩和功能严重障碍，代谢产物被吸收后，使周围组织发生炎症和全身过敏反应，严重者可致死。对人的危害尤为明显，多房棘球蚴比细粒棘球蚴对人的危害更大。人体棘球蚴病以慢性消耗为主，往往使患者丧失劳动能力，仅新疆县级以上医院有记载的年棘球蚴病手术病例为 1000～2000 例。因此，棘球蚴病对人的危害表现为疾苦和贫困的恶性循环。绵羊对细粒棘球蚴敏感，死亡率较高，严重者表现为消瘦、被毛逆立、脱毛、咳嗽、倒地不起。牛严重感染时，常见消瘦、衰弱、呼吸困难或轻度咳嗽，剧烈运动时症状加重，产奶量下降。各种动物都可因囊泡破裂而产生严重的过敏反应，突然死亡。剖检可见，受感染的肝、肺等器官有粟粒大到足球大，甚至更大的棘球蚴寄生。成虫对犬等的致病作用不明显，一般无明显的临床表现。

**(3) 诊断**

动物棘球蚴病的生前诊断比较困难。根据流行病学资料和临诊症状，采用皮内变态反应、IHA 和 ELISA 等方法对动物和人的棘球蚴病有较高的检出率。对动物尸体剖检时，在肝、肺等处发现棘球蚴可以确诊。对人和动物也可用 X 射线和超声波诊断本病。

**(4) 治疗**

要在早期诊断的基础上尽早用药，方可取得较好的效果。对绵羊棘球蚴病可用丙硫咪唑治疗，剂量为 90mg/kg，连服 2 次，对原头蚴的杀虫率为 82%～100%，吡喹酮也有较好的疗效，剂量为 25～30mg/kg（总剂量为 125～150mg/kg），每日服 1 次，连用 5d。对人的棘球蚴病可用外科手术摘除，也可用吡喹酮和丙硫咪唑等治疗。

**(5) 预防措施**

关键是禁止用感染棘球蚴的动物肝、肺等组织器官喂犬；消灭牧场上的野犬、狼、狐狸，对犬应定期驱虫，可用吡喹酮 5mg/kg、甲苯咪唑 8mg/kg 或氢溴酸槟榔碱 2mg/kg，一次口服，以根除感染源，驱虫后的犬粪，要进行无害化处理，杀灭其中的虫卵；保持畜舍、饲草、料和饮水卫生，防止犬粪污染；人与犬等动物接触或加工狼、狐狸等毛皮时，应做好个人防护，严防感染。

## 10.4 脑多头蚴病

脑多头蚴又叫脑包虫（图 10-5），是多头带绦虫（图 10-6），又称多头绦虫的中绦期，寄生于牛、羊、骆驼等动物的大脑内，有时也能在延脑或脊髓中发现；人也能偶尔感染。它是危害绵羊和犊牛的严重的寄生虫病。成虫寄生于犬、狼、狐狸的小肠。

**(1) 流行病学**

成虫寄生于终末宿主小肠，其孕节和虫卵随宿主粪便排出体外，牛、羊等中间宿主随

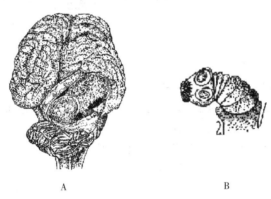

图 10-5 脑多头蚴

A. 在脑部的多头蚴　B. 多头蚴的头节

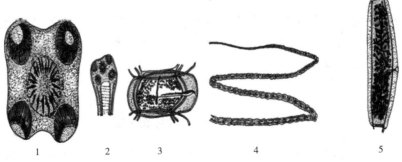

图 10-6 多头绦虫

1. 头节顶面　2. 头节　3. 成熟节片　4. 虫体　5. 孕卵节片

饲草、饮水等吞食虫卵后，六钩蚴在消化道逸出，并钻入肠黏膜血管内，被血流带到脑脊髓中，经2~3个月发育为大小不等的脑多头蚴。终末宿主吞食了含有脑多头蚴的病畜脑脊髓时，原头蚴即附着在肠黏膜上，经41~73d发育为成虫。成虫在犬的小肠中可生存数年之久。

(2)临诊症状与病理变化

当脑多头蚴寄生于牛、羊等动物时，有典型的神经症状和视力障碍，全过程可分为前期与后期两个阶段。

前期为急性期。由于感染初期六钩蚴移行到脑组织，引起脑部的炎性反应。动物（尤其羔羊）出现体温升高，脉搏、呼吸加快，甚至有的强烈兴奋，患畜做回旋、前冲或后退运动。有些羔羊可在5~7d因急性脑炎死亡。

后期为慢性期。患畜耐过急性期后即转入慢性期。在一定时间内，动物不表现临床症状。随着脑多头蚴的发育增大，逐渐产生明显的症状。由于虫体寄生在大脑半球表面的概率最高，其典型症状为"转圈运动"。因此，通常又将脑多头蚴病称为"回旋病"。其转圈运动的方向与寄生部位是一致的，即头偏向病侧，并且向病侧做转圈运动。脑多头蚴包囊越小，转圈越大，包囊越大，圈转得越小。囊体大时，可发现局部头骨变薄、变软和皮肤隆起的现象。另外，被虫体压迫的大脑对侧视神经乳突常有充血与萎缩，造成视力障碍以至失明。病畜精神沉郁，对声音的刺激反应弱，常出现强迫性运动（驱赶时才走）。严重时食欲废绝，卧地不起，终于死亡。

(3)诊断

根据其典型的症状和病史可作出初步诊断。寄生部位与患畜头颈歪斜的方向和转圈运动的方向是一致的；寄生部位与视力障碍和蹄冠反射迟钝的方位是相反的；如果转圈方向不定，双目失明，两前趾的蹄冠反射均迟钝，可能是虫体寄生数量多，两侧都有寄生，或者包囊过大而跨区域寄生。也可用X光或超声波进行诊断，尸体剖检时发现虫体即确诊。近年来有采用ELISA和变态反应（眼睑内注射多头蚴囊液）诊断本病的报道。

(4)治疗

施行外科手术摘除对头部前方大脑表面寄生的虫体有一定效果。在脑深部和后部寄生的虫体则难以摘除。近年来用吡喹酮和丙硫咪唑进行治疗，获得了较好的效果。

(5)预防措施

防止犬吃到含脑多头蚴的牛、羊等动物的脑及脊髓；对野犬、狼等终末宿主应予以捕杀；对牧羊犬进行定期驱虫，排出的粪便应深埋、烧毁或利用堆积发酵等方法杀死其中的虫卵，避免虫卵污染环境。

## 10.5　细颈囊尾蚴病

该病是由带科带属的泡状带绦虫的幼虫寄生于猪、绵羊、山羊等多种动物的肝脏实质内及其他腹腔器官所引起的疾病。主要特征为幼虫移行时引起出血性肝炎、腹痛。该病流行广，对仔猪危害严重。其成虫泡状带绦虫寄生于犬、猫的小肠。

**(1) 流行病学**

该病呈世界性分布，我国各地普遍流行，凡养犬的地方，一般都会有牲畜感染细颈囊尾蚴。家畜感染细颈囊尾蚴一般以猪最普遍，感染率为50%左右，个别地区高达70%，是猪的一种常见病。绵羊则以牧区感染较重，黄牛、水牛受感染的较少见，在四川有牦牛感染的记录。

流行原因主要是由于感染泡状带绦虫的犬、狼等动物的粪便中排出绦虫的节片或虫卵，污染了牧场、饲料和饮水而使猪等中间宿主遭受感染。

**(2) 临诊症状**

该病多呈慢性经过，一般不表现症状。对仔猪、羔羊危害较严重。仔猪可能出现急性出血性肝炎和腹膜炎症状，体温升高，腹部因腹水或腹腔内出血而增大，可由于肝炎及腹膜炎，突然大叫后倒地死亡。多数幼畜表现为虚弱、流涎、不食、消瘦、腹痛和腹泻，偶见黄疸。

**(3) 病理变化**

死于急性细颈囊尾蚴病时，肝脏肿大，肝表面有很多小结节和小出血点，肝叶往往变为黑红色或灰褐色，实质中能找到虫体移行的虫道。有时腹水混大量带血色的渗出液和幼虫。严重病例可在肺组织和胸腔等处见到囊体。慢性病程中可致肝脏局部组织褪色，呈萎缩现象，肝浆膜层发生纤维素性炎症，形成所谓"绒毛肝"。肠系膜和肝脏表面有大小不等的被包裹着的虫体，肝实质中或可找到虫体，有时可见腹腔脏器粘连。

**(4) 诊断**

生前诊断比较困难，可用血清学方法诊断；目前仍以死后剖检或宰后检查时发现虫体才能确诊。细颈囊尾蚴，又称"水铃铛"，呈乳白色，囊泡状，囊内充满液体。大小如鸡蛋或更大，肉眼可见囊壁上有一个向内生长具细长颈部的乳白色头节，故名细颈囊尾蚴。在肝、肺等脏器中的囊体，由宿主组织反应产生的厚膜包裹，故不透明，极易与棘球蚴混淆，应注意区分，前者只有一个头节，壁薄而且透明，而后者壁厚而不透明。

**(5) 治疗**

吡喹酮，按每千克体重50mg，与液体石蜡按1∶6比例混合研磨均匀，分两次间隔1h深部肌内注射，可全部杀死虫体；或用硫双二氯酚，按每千克体重0.1g喂服。

**(6) 预防措施**

严禁犬类进入屠宰场，禁止将屠宰动物的带有细颈囊尾蚴脏器随地抛弃，或未经处理喂犬；可用吡喹酮和氯硝柳胺对犬定期驱虫；禁止犬入猪舍、羊舍，避免饲料、饮水被犬粪污染。

## 10.6 裂头蚴病

本病是由假叶目双叶槽科迭宫属的曼氏迭宫绦虫（*Spirometro mansoni*）的幼虫——曼氏裂头蚴（*Sparganum mansoni*）寄生于哺乳动物及人的肌肉、皮下组织和胸、腹腔等处引起的疾病。主要特征为轻度感染时症状不明显。成虫曼氏迭宫绦虫寄生于犬、猫和一些肉食动物的小肠。

**(1) 流行病学**

裂头蚴的中间宿主是剑水蚤；补充宿主为蝌蚪；蛙、蛇、鸟类和猪等一些哺乳动物及人可以成为其储藏宿主；终末宿主是犬、猫、狐狸、虎、狼、豹等肉食动物，人也可感染。猪等哺乳动物主要是食入含有裂头蚴的蝌蚪。人作为储藏宿主时主要是误食蝌蚪，作为终末宿主时主要是食用生的或不熟的蛙、蛇、猪肉而感染。有的地区民间用蛙皮、肉敷贴治疗疮疖和眼病，裂头蚴进入人体而感染。本病多见于南方。

**(2) 临诊症状**

猪感染裂头蚴多寄生在肌肉、肠系膜、网膜及其他组织。动物轻度感染不出现症状，严重感染时表现为营养不良、食欲不振、嗜睡等。

**(3) 诊断**

剖检发现虫体确诊。曼氏裂头蚴呈乳白色，长带状，长 0.3～105cm，头节呈指状，背、腹面各有一个纵行的吸槽，体不分节，但具有横皱纹。

曼氏迭宫绦虫病的诊断还可以通过粪便检查，发现虫卵或虫体而确诊。曼氏迭宫绦虫，长 40～60cm，头节指状，背、腹各有一个纵行的吸槽。体节的宽度大于长度。子宫有 3～5 个盘旋。虫卵呈卵圆形，两端稍尖，呈浅灰褐色，卵壳薄，有卵盖，内有胚细胞和卵黄细胞。虫卵大小为 (52～68)μm×(32～43)μm。

**(4) 防制措施**

本病治疗较为困难。在流行区，猫、犬等定期驱虫；避免易感动物喝含有蝌蚪的生水；人应消除各种感染原因。

## 10.7 牛羊绦虫病

本病是由裸头科裸头属、副裸头属、莫尼茨属、曲子宫属、无卵黄腺属的多种绦虫寄生于牛、羊小肠引起疾病的总称。主要特征为消瘦、贫血、腹泻，尤其对犊牛和羔羊危害严重。

**(1) 流行病学**

莫尼茨绦虫和曲子宫绦虫的中间宿主为甲螨（地螨、土壤螨）（图 10-7）。甲螨近似圆形，大小约 1.2mm，暗红色，被覆坚硬的外壳，腹面有 4 对足，每足有 5 节组成，无眼，

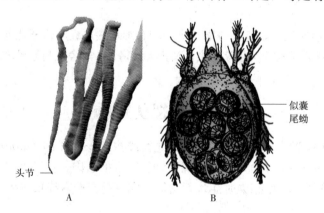

图 10-7 莫尼茨绦虫成虫和中间宿主
A. 莫尼茨绦虫成虫　B. 中间宿主——地螨

口器为咀嚼型。无卵黄腺绦虫的中间宿主尚有争议，有人认为是弹尾目昆虫长角跳虫，也有人认为是甲螨。终末宿主是牛、羊、骆驼等反刍动物。

孕卵节片或其破裂释放的虫卵随粪便排出体外，被中间宿吞食，虫卵内六钩蚴逸出发育为似囊尾蚴，牛、羊吃草时吞食含有似囊尾蚴的甲螨而感染。似囊尾蚴以头节附着于小肠壁发育为成虫。成虫在牛、羊体内可寄生2~6个月，一般为3个月。

甲螨种类多、分布广，主要分布在潮湿、肥沃的土地里。在雨后的牧场上，甲螨的数量显著增加。甲螨耐寒冷，可以越冬，但对干燥和热敏感。气温30℃以上，地面干燥或日光照射时钻入地面下，因此，甲螨在早晨、黄昏及阴天较活跃。

莫尼茨绦虫和曲子宫绦虫病的流行具有明显的季节性，这与甲螨的分布和习性密切相关。北方地区5~8月为感染高峰期，南方4~6月为感染高峰期。

莫尼茨绦虫和曲子宫绦虫分布广泛，尤以北方和牧区流行严重。无卵黄腺绦虫主要分布在较寒冷和干燥地区。

(2) 临诊症状与病理变化

常混合感染。轻度感染或成年动物感染时一般症状不明显。犊牛和羔羊感染后症状明显，表现为消化紊乱，经常腹泻、肠臌气，粪便中常混有孕卵节片。逐渐消瘦、贫血。寄生数量多时可造成肠阻塞，甚至肠破裂。虫体的毒素作用，可引起幼畜出现回旋运动、痉挛、抽搐、空口咀嚼等神经症状。严重者死亡。

病理变化主要有尸体消瘦，肠黏膜有出血，有时可见肠阻塞或扭转。

(3) 诊断

根据流行病学、临诊症状、粪便检查、剖检发现虫体进行综合诊断。流行病学因素主要注意是否为放牧牛、羊，尤以幼龄多发，是否为甲螨活跃时期。患病牛、羊粪便中有孕卵节片，不见节片时用漂浮法检查虫卵。未发现节片或虫卵时，可能为绦虫未发育成熟，因此可考虑应用药物进行诊断性驱虫。剖检发现虫体即可确诊。

莫尼茨绦虫头节小，呈球形，有4个吸盘，无顶突和小钩，体节宽度大于长度(图10-8)。每个成熟节片内有2组生殖器官，生殖孔开口于节片两侧。睾丸数百个，呈颗粒状，分布于两条纵排泄管之间。卵巢呈扇形分叶状，与块状的卵黄腺共同组成花环状，卵模在其中间，分布在节片两侧。子宫呈网状。虫卵内含梨形器。扩展莫尼茨绦虫，长可达10m，宽可达16mm。节间腺呈环状分布于节片整个后缘。虫卵近似三角形。贝氏莫尼茨绦虫，长可达4m，宽可达26mm。节间腺为小点状，聚集为条带状分布于节片后缘的中央部。虫卵近似方形(图10-9)。

盖氏曲子宫绦虫，虫体长可达4.3m。主要特征是每个成熟节片内有1组生殖器官，左右不规则地交替排列；由于雄茎囊向节片外侧突出，使虫体两侧不整齐而呈锯齿状。睾丸呈颗粒状，分布于两侧纵排泄管的外侧。子宫呈波浪状弯曲，横列于两个纵排泄管之间。虫卵近似圆形，直径为18~27μm，无梨形器，每一个副子宫器包围5~15个虫卵。

中点无卵黄腺绦虫，虫体长2~3m，宽2~3mm。因虫体窄细，所以外观分节不明显。每个成熟节片内有1组生殖器官，左右不规则交替排列。睾丸呈颗粒状，分布于两条

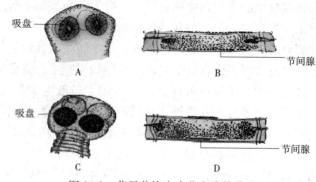

图10-8 莫尼茨绦虫头节和成熟节片
A. 扩展莫尼茨绦虫头节　B. 扩展莫尼茨绦虫成熟节片
C. 贝氏莫尼茨绦虫头节　D. 贝氏莫尼茨绦虫成熟节片

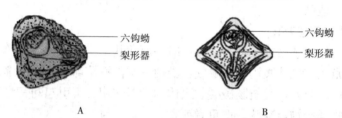

图10-9 莫尼茨绦虫虫卵
A. 扩展莫尼茨绦虫虫卵　B. 贝氏莫尼茨绦虫虫卵

纵排泄管的两侧。子宫呈囊状,位于节片中央,外观虫体在中央构成1条纵向白线。卵巢呈圆形,位于生殖孔与子宫之间。无卵黄腺。虫卵近圆形,直径为21～38$\mu$m,内含六钩蚴,无梨形器,被包围在副子宫器内。

**(4)治疗**

硫双二氯酚,牛每千克体重50mg,羊每千克体重75～100mg,1次口服。用药后可能会出现短暂性腹泻,但可在2d内自愈。

氯硝柳胺,牛每千克体重50mg,羊每千克体重60～75mg,配成水悬液1次口服。给药前隔夜禁食。休药期为28d。

丙硫咪唑,牛每千克体重10mg,羊每千克体重15mg,配成水悬液1次口服。有致畸形作用,妊娠动物禁用。休药期,牛为14d、羊10d。

吡喹酮,牛每千克体重5～10mg,羊每千克体重10～15mg,1次口服。休药期为28d。

**(5)预防措施**

**预防性驱虫** 对羔羊和犊牛在春季放牧后4～5周进行成虫期前驱虫,2～3周后再驱虫1次。成年牛、羊每年可进行2～3次驱虫。驱虫后的粪便无害化处理。

**科学放牧** 感染季节避免在低湿地放牧,并尽量不在清晨、黄昏和阴雨天放牧,以减少感染。有条件的地方可进行轮牧。

**消灭甲螨** 对地螨滋生场所,采取深耕土地、种植牧草、开垦荒地等措施,以减少甲螨的数量。

## 10.8 犬猫绦虫病

犬猫绦虫病是由多种绦虫寄生于犬、猫小肠而引起的一种慢性寄生虫病。寄生于犬、猫肠道的绦虫主要有以下几种(或属):带状带绦虫、豆状带绦虫、连续多头绦虫、犬复孔绦虫、细粒棘球绦虫、阔节双槽头绦虫、曼氏迭宫绦虫和中绦属绦虫等。

**(1) 流行病学**

犬、猫绦虫对犬、猫本身并没有太大的危害,主要危害在于其中绦期阶段寄生于家畜和人的内脏,引起严重的疾病。犬、猫通过食入中间宿主或其脏器而感染。在家畜和犬、猫之间形成传播链,同时也危害人的健康(具体见其他有关章节)。犬复孔绦虫的中间宿主是跳蚤和虱;宽节双叶槽绦虫和曼氏迭宫绦虫的中间宿主是鱼。

**(2) 临诊症状**

常不致病,临床症状不明显;寄生量较多时,引起慢性腹泻和肠炎,腹部不适,呕吐,体重下降,生长缓慢,有些出现神经症状。有时便秘与腹泻交替出现,肛门瘙痒。往往在犬、猫粪便中发现绦虫节片。

**(3) 诊断**

①根据临床症状,作出初步判断。

②检出虫体或节片:在肛门周围观察到节片;粪便中发现节片;在动物活动的地方发现节片。绝大多数绦虫长扁如带,虫体分头节、颈节和体节,体节数目不等。虫体短的仅有一个体节;长者有多个体节,可达数米。所有绦虫均为雌雄同体。

③粪便漂浮法检查虫卵:虫卵近圆形,在外界发育形成六钩蚴,六钩蚴包在卵壳内。曼氏迭宫绦虫和宽节双叶槽绦虫虫卵均为黄棕色,有卵盖。

④考虑犬、猫与中间宿主接触的历史。

**(4) 治疗**

①对犬复孔绦虫、带状带绦虫、豆状带绦虫和连续多头绦虫的驱除:

**盐酸丁萘脒** 25~50mg/kg,禁食3~4h后给药。可能有呕吐或轻微腹泻的副作用。禁忌症:禁用于有心脏病、肝功不良和严重消瘦的动物。

**双氯酚** 犬按0.3g/kg;猫按0.1~0.2g/kg。

**芬苯哒唑** 犬:50mg/kg,每日1次,连用3d。用于驱带绦虫和多头绦虫。

**吡喹酮** 2.5mg/kg,一次口服,幼小动物可给更高一点的剂量。喂药前后不用禁食,4周龄以下的犬和6月龄以下的猫忌用。

**甲苯咪唑** 22mg/kg,每日1次,连用3d。此药仅用于驱除带绦虫和多头绦虫。

**氯硝柳胺** 71.4mg/kg,禁食一夜后1次口服。

②对细粒棘球绦虫的驱除:

**乙酰胂胺槟碱合剂** 5mg/kg,主餐后3h混入奶中给药。用药后可能出现的副作用有呕吐、流涎、不安、运动失调及喘气;在猫可能出现过量的唾液分泌。解药可用阿托品。

**氢溴酸槟榔素** 犬按1~2mg/kg,一次口服。

**吡喹酮** 犬按5~10mg/kg，猫按2mg/kg，1次口服。

**氢溴酸槟榔酯** 0.4~1.0mg/kg，禁食后一次给药。2倍推荐剂量可以引起呕吐、不安、失去知觉和突然倒地的副作用。解药可用阿托品。

③对中殖孔绦虫、阔节双槽头绦虫和旋宫绦虫的驱除：槟榔碱化合物；盐酸丁萘咪、氯硝柳胺和吡喹酮可能有效。

**(5)预防措施**

①尽量避免和中间宿主接触。不要让犬、猫吃没有煮熟的动物内脏，以免传播带绦虫、多头绦虫和细粒棘球绦虫；消灭跳蚤和虱，减少犬复孔绦虫的传播；不能让犬、猫吃生鱼和未煮透的鱼，以免传播曼氏迭宫绦虫和宽节双叶槽绦虫。

②对犬、猫定期驱虫，防止排出的绦虫卵感染家畜和人。

③不让动物出去漫游和狩猎。

## 10.9 鸡绦虫病

鸡绦虫病主要由戴文科的戴文属和赖利属的绦虫寄生于禽类引起。主要致病虫种有四角赖利绦虫、棘沟赖利绦虫、有轮赖利绦虫(图10-10)和节片戴文绦虫，其中前三种寄生于鸡和火鸡的小肠中，节片戴文绦虫寄生于鸡、鸽、鹌鹑的十二指肠内。呈世界性分布，对鸡危害严重。

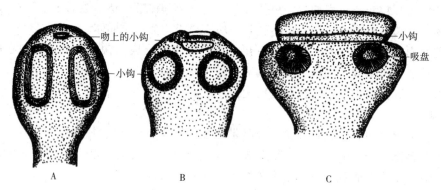

图10-10 鸡赖利绦虫头节

A. 四角赖利绦虫　B. 棘沟赖利绦虫　C. 有轮赖利绦虫

**(1)流行病学**

戴文绦虫分布广泛，其发育过程分别需要蚂蚁、甲虫和陆地螺作为中间宿主，而这些中间宿主在鸡舍内普遍存在，加大了本病的防治难度。鸡通过啄食了中间宿主而遭受感染，常为几种绦虫混合感染。

**(2)临诊症状与病理变化**

戴文绦虫是对幼禽致病性最强的一类绦虫。虫体头节钻入肠黏膜深层，引起肠炎，病禽食欲减退，贫血，消瘦，羽毛蓬乱，呼吸困难，行动迟缓，严重者可死亡。剖检可见肠道黏膜增厚，出血，内容物中含有大量脱落的黏膜和虫体。

赖利绦虫为大型虫体，大量感染时虫体积聚成团，导致肠阻塞，甚至肠破裂而引起腹膜炎；虫体以小钩和吸盘固着肠黏膜，引起损伤，出血发炎，影响消化机能。虫体吸收大量营养并产生代谢产物，患鸡营养不良，有时出现神经中毒症状。剖检可见肠道黏膜增厚，出血，黏膜上附着虫体。

临床常见粪便稀且有黏液，食欲下降，饮水增多，行动迟缓，羽毛蓬乱，头颈扭曲，蛋鸡产蛋量下降或停产，最后衰竭死亡。

(3)诊断

根据鸡群的临床表现，粪便查获虫卵或节片，剖检病鸡发现虫体便可确诊。

(4)治疗

**丙硫咪唑** 10～20mg/kg，口服。

**硫双二氯酚** 80～100mg/kg，口服。

**氯硝柳胺** 80～100mg/kg，口服。

(5)预防措施

①灭中间宿主。根据中间宿主的生活习性，对鸡舍内外中间宿主进行扑杀，以减少中间宿主的滋生。

②对雏鸡进行定期驱虫，及时清除鸡粪并做无害化处理。

③定期检查鸡群，治疗病禽；新购入的鸡应驱虫后再合群。

## 10.10 水禽绦虫病

水禽绦虫病是由膜壳科的多种绦虫寄生于禽类（主要是水禽）消化道引起的。主要种、属有矛形剑带绦虫、片形皱褶绦虫以及膜壳属的多种绦虫。

(1)流行病学

①膜壳绦虫呈世界性分布，病原普遍存在。众多的调查显示，多种水禽膜壳绦虫的感染率均较高。

②终末宿主种类繁多。有70余种雁形目的鸟类可作为终末宿主。而且宿主特异性不强，一种绦虫可寄生于多种鸟类。

③中间宿主种类繁多。许多甲壳类动物、多种蚯蚓以及昆虫等都可作为膜壳绦虫的中间宿主，而且水禽活动范围较大，难以阻断绦虫的传播途径。

(2)致病作用和症状

膜壳科绦虫以其吸盘和小钩固着肠壁，造成肠黏膜的机械性损伤，发生炎症。当大型虫体寄生时，会阻塞肠道，使消化功能发生障碍；虫体夺取宿主营养，造成机体营养不良；同时宿主吸收虫体代谢产物，对神经和血液系统具有中毒作用，而出现神经症状。

临床常表现为下痢，排绿色粪便，有时带有绦虫节片。患禽食欲废绝，消瘦，行动迟缓。当出现中毒症状时，运动发生障碍，机体失去平衡，常常突然倒地，若病势持续发展，最终死亡。

(3)诊断

根据水禽的临床表现，粪便查获虫卵或节片，剖检病鸡发现虫体便可确诊。

**(4)治疗**

丙硫咪唑 10~15mg/kg，一次性口服。

吡喹酮 10~20mg/kg，一次性口服。

氯硝柳胺 50~60mg/kg，一次性口服。

**(5)预防措施**

①定期驱虫，消灭病原。在流行区，每年分别在春季放牧开始前和秋季放牧结束后进行有计划的两次驱虫。

②清洁禽舍，处理粪便。将禽舍和运动场上的粪便堆积发酵以便杀死虫卵。

③幼禽与成禽分开饲养。以防止成禽排出的虫卵感染幼禽。

④选择牧场以减少感染。不在剑水蚤活动的季节和地区放牧。

## 10.11 兔豆状囊尾蚴病

兔豆状囊尾蚴病是豆状带绦虫的中绦期——豆状囊尾蚴寄生于兔的肝脏、肠系膜和腹腔内引起。其他啮齿类动物也可寄生。因其囊泡形如豌豆而得名。呈世界性分布。感染量大可引起死亡，慢性型表现为消化紊乱和减重。

**(1)流行病学**

成虫寄生于犬科动物小肠内。孕节或虫卵随犬粪排至体外，兔吞食被虫卵污染的饲料或饮水后，虫卵进入兔的消化道，在肝脏和腹腔处发育，约1个月形成囊泡，即为豆状囊尾蚴。犬吞食含这类囊泡的内脏而感染。在犬小肠内35d，在狐狸小肠内70d发育为成虫。

本病呈世界性分布，我国吉林、山东、陕西、浙江、江西、江苏、贵州、福建等省市均有本病发生。随养兔业的发展，形成了家养动物犬和家兔之间循环流行。城乡犬感染成虫是豆状囊尾蚴病的感染源。大量感染豆状囊尾蚴的家兔内脏未处理被抛弃，又成为城乡犬感染本虫的主要因素。

**(2)临诊症状与病理变化**

病兔食欲下降，精神沉郁，喜卧，腹围增大，眼结膜苍白。大量感染时，可因急性肝炎死亡。剖检病变主要是肝脏的损伤。初期肝脏肿大，表面有大量小的虫体结节。后期虫体在肝表面出现，并游离于腹腔中，常见严重的腹膜炎，腹腔网膜、肝脏、胃肠等器官粘连。

**(3)诊断**

结合临床症状和流行病学进行综合诊断，可采用间接血凝反应。剖检肝脏及腹腔中发现豆状囊尾蚴确诊。豆状囊尾蚴为豌豆大小，透明囊泡，卵圆形，其囊内含有透明液体和一个小头节，大小为(6~12)mm×(4~6)mm。

**(4)治疗**

尚无有效措施。可试用丙硫咪唑或甲苯咪唑等药物。

**(5)预防措施**

对犬进行定期驱虫，防止犬粪污染饲料和饮水；勿用病兔内脏喂犬，加强管理。

## 10.12　马裸头绦虫病

本病是由裸头科裸头属的多种绦虫寄生于马属动物小肠引起的疾病的总称。主要特征为消化不良、间歇性疝痛和下痢。

(1)流行病学

中间宿主为甲螨；终末宿主是马、驴、骡等马属动物。孕卵节片或虫卵随粪便排出体外，被甲螨吞食后，六钩蚴在其体内发育为似囊尾蚴，终末宿主吞入甲螨后，似囊尾蚴在其小肠内逸出蚴体，头节外翻，吸附在肠壁上发育为成虫。

本病多在夏末秋初感染，冬季和次年春季出现症状。以2岁以下的幼驹感染率最高。

(2)临诊症状

幼驹感染严重时，生长发育受阻，主要表现为食欲不振，精神沉郁，腹部膨大，被毛粗糙逆立，下痢，粪便常混有带血的黏液，心跳加速，呼吸加快，常重复发生癫痫症状。有时疝痛发作，躺卧不起，常回顾腹部或扑向地面，呻吟。病程可持续1个月以上。有的由于严重贫血，最后因极度衰竭而死亡。

(3)病理变化

尸体消瘦，小肠或结肠有卡他性炎症或溃疡，病灶区含多量黏液和虫体。常见肝充血，心内、外膜有溢血点，肠系膜淋巴结肿大、多汁且有溢血点。有时出现腹膜炎。

(4)诊断

根据流行病学、临床症状、粪便检查进行综合诊断。粪便检查用漂浮法。如在粪便中发现如下特征的虫体、孕卵节片或虫卵即可确诊。

①叶状裸头绦虫虫体短而厚，似叶状，长2.5~5.2cm，宽0.8~1.4cm。头节较小，4个吸盘呈杯状向前突出，每个吸盘后方各有1个特征性的耳垂状附属物。节片短而宽，成熟节片有1组生殖器官，睾丸约200个。虫卵近圆形，有梨形器，内含六钩蚴。虫卵直径为65~80μm，梨形器约等于虫卵半径。

②大裸头绦虫虫体可长达1m以上，最宽处可达2.8cm。头节宽大，吸盘在顶部，发达，颈节短。节片短宽，有缘膜，前节缘膜覆盖后节约1/3。成节有1组雌雄生殖器官，生殖孔开口于一侧。子宫横列，呈袋状而有分枝。睾丸400~500个，位于节片中部，重叠排成4~5层。虫卵直径为50~60μm，梨形器小于虫卵半径。

③侏儒副裸头绦虫虫体短小，长6~50mm，宽4~6mm，关节小，吸盘呈裂隙样。虫卵大小为51μm×37μm，梨形器大于虫卵半径。

(5)防制措施

治疗可用氯硝柳胺，每千克体重88~100mg，1次投服。流行区要定期驱虫，粪便发酵处理；避免在低湿草地放牧，避免放露水草，幼驹应优先放牧；消灭甲螨。

## 复习思考题

1. 牛羊莫尼茨绦虫病的中间宿主是什么？
2. 绦虫的形态是什么？
3. 绦虫的生活史是什么？
4. 棘球绦虫的生活史是什么？

# 第11章 动物线虫病

## 11.1 线虫概述

线虫数量大,种类多,分布广,已报道有50万种;自立生活者有海洋线虫、淡水线虫、土壤线虫,寄生者有植物线虫和动物线虫。后者只占线虫中的一小部分,且多数是土源性线虫,只需一个宿主,一般是混合寄生。据统计,牛、羊、马、猪、犬和猫的重要线虫寄生种数合计达300多种。

### 11.1.1 线虫形态和构造

**(1) 外部形态**

线虫通常为细长的圆柱形或纺锤形,有的呈线状或毛发状。通常前端钝圆、后端较细。整个虫体可分为头端、尾端、腹面、背面和侧面。活体通常为乳白色或淡黄色,吸血的虫体常呈淡红色。虫体大小随种类不同差别很大,如旋毛虫雄虫仅1mm长,而麦地那龙线虫雌虫长达1m以上。家畜寄生线虫均为雌雄异体。雄虫一般较小,雌虫稍粗大。

**(2) 体壁**

体壁由无色透明的角皮即角质层、皮下组织和肌层构成。角皮光滑或有横纹、纵线。某些线虫虫体外表还常有一些由角皮参与形成的特殊构造,如头泡、唇片、叶冠、颈翼、侧翼、尾翼、乳突、交合伞等,有附着、感觉和辅助交配等功能,其位置、形状和排列是分类的依据。皮下组织在虫体背面、腹面和两侧中央部的皮下组织增厚,形成4条纵索。这些排泄管和侧神经干穿行于侧索中,主神经干穿行于背、腹索中(图11-1)。

**(3) 体腔**

体壁包围着一个充满液体的腔,此腔没有源于内胚层的浆膜作衬里,所以称为假体腔,内有液体和各种组织、器官、系统。假体腔液液压很高,维持着线虫的形态和强度。

**(4) 消化系统**

消化系统包括口孔、口腔、食道、肠、直肠、肛门(图11-2)。口孔位于头部顶端,常有唇片围绕。无唇片的寄生虫,有的在该部分发育为叶冠、角质环。有些线虫在口腔内形

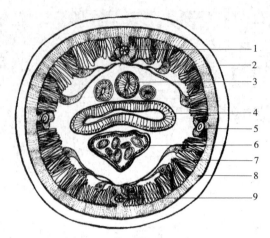

图 11-1　线虫横切面示意图
1.背神经　2.角皮　3.卵巢　4.肠道　5.排泄管　6.子宫　7.肌肉　8.皮下组织　9.腹神经

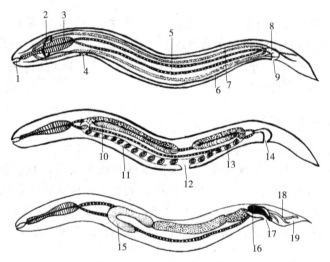

图 11-2　线虫纵切面示意图
1~9　消化系统、分泌系统、神经系统：1.口腔　2.神经环　3.食道　4.排泄孔　5.肠　6.腹神经索　7.神经索　8.直肠　9.肛门
10~14　雌性生殖系统：10.卵巢　11.子宫　12.阴门　13.虫卵　14.肛门
15~19　雄性生殖系统：15.睾丸　16.交合刺　17.泄殖腔　18.肋　19.交合伞

成硬质构造，称为口囊，有些在口腔中有齿和切板等。食道多为圆柱状、棒状或漏斗状。有些线虫食道后膨大为食道球（图11-3）。食道的形状在分类上具有重要意义。食道后为管状的肠、直肠，末端为肛门。雌虫肛门单独开口于尾部腹面；雄虫的直肠与射精管汇合成泄殖腔，开口尾部腹面为泄殖孔。开口处附近常有乳突，其数目、形状和排列有分类意义。

**(5) 排泄系统**

排泄系统有腺型和管型两类。在无尾感器纲，系腺型，常见一个大的腺细胞位于体腔内；在有尾感器纲，系管型；排泄孔通常位于食道部腹面正中线上，同种类线虫位置固定，具分类意义（图11-2）。

**(6)神经系统**

位于食道部的神经环相当于中枢,自该处向前后各发出若干神经干,分布于虫体各部位。线虫体表有许多乳突,如头乳突、唇乳突、尾乳突或生殖乳突等,都是神经感觉器官(图 11-2)。

**(7)生殖系统**

家畜寄生线虫均为雌雄异体,雌虫尾部较直,雄虫尾部弯曲或卷曲。雌雄内部生殖器官都是简单弯曲的连续管状构造,形态上区别不大。

**雌性生殖器官** 通常为双管型(双子宫型),少数单管型(单子宫型)。由卵巢、输卵管、子宫、受精囊(贮存精液,无此构造的线虫其子宫末端行此功能)、阴道(有些线虫无阴道)和阴门(有些虫种尚有阴门盖)组成。阴门是阴道的开口,可能位于虫体腹面的前部、中部或后部,但均在肛门之前,其位置及其形态常具分类意义。双管型是指有两组生殖器,最后由两条子宫汇合成一条阴道(图 11-2)。

**雄性生殖器官** 通常为单管型,由睾丸、输精管、储精囊和射精管组成。睾丸产生的精子经输精管进入储精囊,交配时,精液从射精管入泄殖腔,经泄殖孔射入雌虫阴门。雄性器官的末端部分常有交合刺、引器、副引器等辅助交配器官,其形态具分类意义。交合刺 2 根者多见包藏在位于泄殖腔背壁的交合刺鞘内,有肌肉牵引,故能伸缩,在交配时有掀开雌虫生殖孔的功能(图 11-3)。交合刺、引器、副引器和交合伞有多种多样的形态,在分类上非常重要。

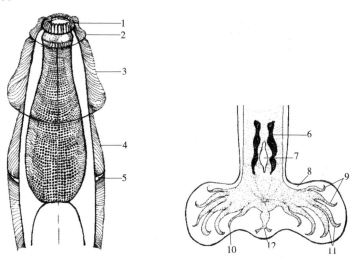

图 11-3 线虫角皮的分化构造

1. 叶冠 2. 头泡 3. 颈泡 4. 颈翼 5. 颈乳突 6. 交合刺 7. 引器 8. 背叶
9. 腹肋 10. 外背肋 11. 侧肋 12. 背肋

## 11.1.2 基本发育过程

雌虫和雄虫交配受精。大部分为卵生,有的为卵胎生或胎生。在蛔虫类和毛首线虫类,雌虫产出的卵尚未卵裂,处于单细胞期;在圆线虫类,雌虫产出的卵处于桑葚期;此两种情况称为卵生。在后圆线虫类、类圆线虫类和多数旋尾线虫类,雌虫产出的卵内已处于蝌蚪期阶段，即已形成胚胎，称为卵胎生。在旋毛虫类和恶丝虫类，雌虫产出的是早期幼虫，称为胎生。

线虫的发育要经过5个幼虫期，其间经过4次蜕皮。其中前两次蜕皮在外界环境中完成，后两次在宿主体内完成。蜕皮时幼虫不生长，处休眠状态，即不采食、不活动。第三期幼虫是感染性幼虫，对外界环境变化抵抗力强。如果感染性幼虫在卵壳内不孵出，该虫卵称为感染性虫卵。

从诊断、治疗和控制的角度出发，可将线虫生活史划为4个期间，即成虫期、感染前期、感染期和成虫前期，各期间之阶段分别称为污染、发育、感染和成熟。成虫前期系指线虫从进入终末宿主至其性器官成熟所经历的所有幼虫期，完成这一阶段的时间称为成熟；感染前期系指线虫由虫卵或初期幼虫转化为感染期的所有幼虫阶段，完成这一阶段的时间称为发育。从侵入终末宿主至成虫排出虫卵或幼虫于宿主体外的时间称为潜在期。

根据线虫在发育过程中需不需要中间宿主，可分为无中间宿主的线虫和有中间宿主的线虫。前者系幼虫在外界环境中（如粪便和土壤中）直接发育到感染阶段，故又称直接发育型或土源性线虫；后者的幼虫需在中间宿主（如昆虫和软体动物等）的体内方能发育到感染阶段，故又称间接发育型或生物源性线虫。

## 11.2 旋毛虫病

旋毛虫病是有毛形科毛形属的旋毛虫寄生于多种动物和人引起的疾病。成虫寄生在肠道，称为肠旋毛虫（图11-4）；寄生在肌肉，称为肌旋毛虫（图11-4、图11-5）。它是一种重要的人兽共患病，是肉品卫生检疫重点项目之一，在公共卫生上具有重要意义。下面以猪的旋毛虫病为例介绍这一疾病。

**(1) 流行病学**

旋毛虫分布于世界各地，宿主范围广，猪是重要的宿主之一。旋毛虫实际上存在着广大的自然疫源。由于动物间互相捕食或新感染旋毛虫的宿主排出的粪便污染了食物，便可能成为其他动物的感染源。屠宰厂的排出物或洗肉水被猪直接或间接采食可能是猪的重要感染来源之一。

**(2) 临诊症状与病理变化**

猪对旋毛虫具有较大的耐受力。肠型旋毛虫对胃肠的影响极小，常常不显症状。肌旋毛虫病的主要变化在肌肉，如肌细胞横纹消失、萎缩、肌纤维膜增厚等。

**(3) 诊断**

生前诊断困难，猪旋毛虫常在宰后可检出。方法为肉眼和镜检相结合检查膈肌。用消化法检查幼虫更为准确。目前国内用ELISA方法作为猪的生前诊断手段之一。

**(4) 防制措施**

动物旋毛虫病由于生前诊断困难，治疗方法研究的甚少。但已有的研究表明，大剂量的丙硫苯咪唑、甲苯咪唑等苯并咪唑类药物疗效可靠。预防可加强卫生检疫，控制或消灭饲养场周围的鼠类，农村的猪应避免摄食啮齿动物，不用生的废肉屑和泔水喂猪，提倡熟食等。

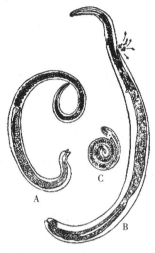

图 11-4 旋毛虫形态构造模式图
A. 雄虫  B. 雌虫  C. 幼虫

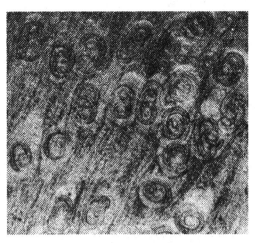

图 11-5 肌组织中的旋毛虫包囊幼虫

## 11.3 蛔虫病

### 11.3.1 猪蛔虫病

猪蛔虫病是猪蛔虫(图 11-6)寄生于猪小肠引起的一种寄生虫病,是猪最常见的寄生虫病,集约化饲养猪和散养猪均广泛发生。主要引起仔猪生长发育不良,生长速度下降。严重时生长发育停滞,形成"僵猪",甚至死亡,对养猪业的危害非常严重,是造成养猪业损失最大的寄生虫病之一。

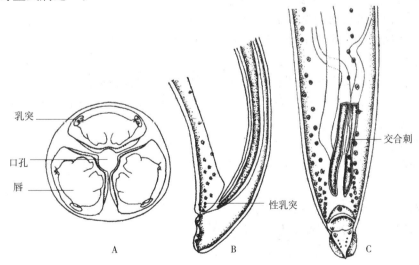

图 11-6 猪蛔虫
A. 头部顶面  B. 雄虫的尾部侧面  C. 雄虫尾部腹面

**(1) 流行病学**

在饲养管理不良和卫生条件差的猪场,蛔虫病的发病率较高。以 3~5 月龄的仔猪最易感,症状也最严重。寄生在猪小肠中的雌虫产卵,每条雌虫每天平均可产卵 10 万~20 万个。虫卵随粪便排出,发育成含有感染性幼虫的卵。感染性虫卵污染饲料和饮水,并随同饲料或饮水被猪吞食。感染性虫卵在小肠中孵出幼虫,并进入肠壁的血管,随血流被带到肝脏,再继续经心脏而移行至肺脏。幼虫由肺毛细血管进入肺泡,此后再沿呼吸道上行,后随黏液进入会厌,经食道而至小肠。从感染开始再到小肠发育为成虫,共需 40d 至 2.5 个月。

猪蛔虫病的流行十分广泛,不论是规模化方式饲养的猪,还是散养的猪都有发生,这与猪蛔虫产卵量大、虫卵对外界抵抗力强及饲养管理条件较差有关。

**(2) 临诊症状与病理变化**

表现为咳嗽,呼吸增快,体温升高,食欲减退和精神沉郁,异嗜,腹泻,呕吐,病猪伏卧在地,不愿走动。幼虫在体内移行可造成器官和组织损伤,主要是对肝脏和肺脏的危害较大。幼虫移行至肝脏时,引起肝组织出血、变性和坏死,形成云雾状的蛔虫斑(或称乳斑),直径约 1cm。移行至肺时,造成肺脏的小出血点和水肿,引起蛔虫性肺炎。幼虫移行时还可导致荨麻疹和某些神经症状之类的反应。

成虫寄生在小肠时可机械性地刺激肠黏膜,引起腹痛。蛔虫数量多时常聚集成团,堵塞肠道,严重时因肠破裂而致死。有时蛔虫可进入胆管,造成胆管堵塞,导致黄疸、贫血等症状。

成虫夺取宿主大量的营养,影响猪的发育和饲料转化。大量寄生时,猪被毛粗乱,有异食癖,常是形成"僵猪"的一个重要原因。

**(3) 诊断**

尽管蛔虫感染会出现上述一些病症,但确诊需做实验室检查。对 2 个月以上的仔猪,可用漂浮法检查虫卵。正常的受精卵为短椭圆形,大小(50~75)cm×(40~80)cm,黄褐色,卵壳内有一个受精卵细胞,两端有半月形空隙,卵壳表面有较厚的、凸凹不平的蛋白质膜。有时粪便中可见到未受精卵,偏长,蛋白质膜较薄,卵壳内充满卵黄颗粒,两端无空隙。由于猪感染蛔虫现象非常普遍,只有在 1g 粪便中虫卵数达 1000 个以上时,方可诊断为猪蛔虫病。

在粪便中或剖检时发现虫体也可确诊。猪蛔虫是一种大型线虫,雄虫长 15~25cm,尾端向腹面弯曲,形似鱼钩;泄殖腔开口在尾端附近,有一对交合刺。雌虫比雄虫粗大,长 20~40cm,尾直,无钩。

幼虫寄生期可用血清学方法或剖检的方法诊断。目前已研制出特异性较强的 ELISA 检测法。肝脏和肺脏的病变有助于诊断,用贝尔曼法或凝胶法分离肝、肺或小肠内的幼虫可确诊。

**(4) 治疗**

左咪唑  10mg/kg,喂服或肌注。

甲苯咪唑  10~20mg/kg,混在饲料内喂服。

氟苯咪唑  30mg/kg 混饲,连用 5d,或 5mg/kg 一次口服。

丙硫苯咪唑  10mg/kg,口服。

硫苯咪唑(芬苯哒唑)  3mg/kg,连用 3d。

伊维菌素　针剂：0.3mg/kg，一次皮下注射；预混剂：每天 0.1mg/kg，连用 7d。
爱比菌素　用法同伊维菌素。
多拉菌素　针剂：0.3mg/kg，一次肌肉注射。

(5) 预防措施

预防要定期按计划驱虫，如我国某些地区对散养育肥猪，在 3 月龄和 5 月龄各驱虫一次。国外对于断奶仔猪驱虫，选用抗蠕虫药进行一次驱虫，并且在 4～6 周后再驱虫一次。怀孕母猪在其怀孕前和产仔前 1～2 周进行驱虫。对引进的种猪进行驱虫。虫卵在轮牧和土地轮番耕种的情况下，污染可降至最低。

规模化饲养场，首先要对全场猪全部驱虫，以后公猪每年至少驱虫两次，母猪产前 1～2 周驱虫一次。仔猪转入新圈群时驱虫一次。后备猪在配种前驱虫一次。新进的猪驱虫后再和其他猪并群。注意猪舍的清洁卫生，产房和猪舍在进猪前都需进行彻底清洗和消毒。母猪转入产房前要用温水加肥皂清洗全身。

为减少蛔虫卵对环境的污染，尽量将猪的粪便和垫草在固定地点堆积发酵。日本已有报道证实猪蛔虫幼虫能引起人的内脏幼虫移行症，因此杀灭虫卵不仅能减少猪的感染压力，而且对公共卫生也有裨益。

## 11.3.2　犊新蛔虫病

本病是由弓首科新蛔属的牛新蛔虫寄生于犊牛小肠引起的疾病。主要特征为肠炎、腹泻、腹部膨大和腹痛。初生牛犊大量感染时可引起死亡。

(1) 流行病学

在外界的虫卵发育为感染性虫卵需 20～30d(27℃)；侵入犊牛体内的幼虫发育为成虫约需 1 个月。犊牛经胎盘或经口感染，母牛经口感染。

母牛吞食后，虫卵在小肠内孵出幼虫，穿过肠黏膜移行至母牛的生殖系统组织中。母牛怀孕后，幼虫通过胎盘进入胎儿体内。犊牛出生后，幼虫在小肠发育为成虫。幼虫在母牛体内移行时，有一部分可经血液循环到达乳腺，使哺乳犊牛吸吮乳汁而感染，在小肠内发育为成虫。成虫寄生于 5 月龄以下的犊牛小肠内，雌虫产出的虫卵随粪便排出体外，在适宜的条件下发育为感染性虫卵。

犊牛在外界吞食感染性虫卵后，幼虫可随血液循环在肝、肺等移行后经支气管、气管、口腔、咽入消化道后随粪便排出体外，但不能在小肠内发育。成虫在犊牛小肠内可寄生 2～5 个月，以后逐渐从体内排出。

虫卵对消毒药抵抗力强，2% 福尔马林中仍可正常发育，29℃ 时在 2% 来苏儿中可存活约 20h。对直射阳光抵抗力差，地表面阳光直射下 4h 全部死亡，干燥环境中 48～72h 死亡。感染期虫卵需 80% 的相对湿度才能存活。

本病主要发生于 5 月龄以内的犊牛，成年牛只在内部器官组织中有移行阶段的幼虫，而无成虫寄生。本病以温暖的南方多见，北方少见，但也有发生。

(2) 临诊症状

被感染的犊牛一般在出生 2 周后症状明显，表现精神沉郁，食欲不振，吮乳无力，贫血。虫体损伤引起小肠黏膜出血和溃疡，继发细菌感染而导致肠炎，出现腹泻、腹痛、便中带血或黏液，腹部膨胀，站立不稳。虫体毒素作用可引起过敏、振发性痉挛等。成虫寄生数量多时，可致肠阻塞或肠破裂引起死亡。出生后犊牛吞食感染性虫卵，由于幼虫移行损伤肺脏，因而出现咳嗽、呼吸困难等，但可自愈。

(3) 病理变化

小肠黏膜出血、溃疡。大量寄生时可引起肠阻塞或肠穿孔。出生后犊牛感染，可见肠壁、肝脏、肺脏等组织损伤，有点状出血、炎症。血液中嗜酸性粒细胞明显增多。

(4) 诊断

根据 5 月龄以下犊牛多发等流行病学资料和临诊症状初诊。通过粪便检查和剖检发现虫体确诊。粪便检查用漂浮法。牛新蛔虫，又称牛弓首蛔虫（*Toxocara vitulorum*）。虫体粗大，活体呈淡黄色，固定后为灰白色。头端有 3 片唇。食道呈圆柱形，后端有 1 个小胃与肠管相接。雄虫长 11～26cm，尾部有一个小锥突，弯向腹面，交合刺 1 对，等长或稍不等长。雌虫长 14～30cm，尾直。

虫卵近似圆形，淡黄色，卵壳厚，外层呈蜂窝状，内含 1 个胚细胞。虫卵大小为 $(70\sim80)\mu m \times (60\sim66)\mu m$。

(5) 防制措施

对 15～30 日龄的犊牛进行驱虫，不仅可以及时治愈病牛，还能减少虫卵对外界环境的污染。其他参考猪蛔虫病的防制。

### 11.3.3 禽蛔虫病

禽蛔虫病是由蛔虫寄生于小肠引起的，鸡、鹅和鸽子等多种禽类可发生蛔虫病。但其病原各不相同，鸡蛔虫主要引起鸡及吐绶鸡、珠鸡等其他野禽的蛔虫病，鹅蛔虫仅寄生于鹅的小肠，而鸽蛔虫主要寄生于鸽、孔雀等的肠道。其中以鸡的蛔虫病较为严重，遍及世界各地。主要危害雏鸡，影响生长发育，甚至大批死亡。

(1) 流行病学

禽蛔虫卵和其他蛔虫卵同样对消毒药具有较强的抵抗力，但对干燥和高温（50℃以上）敏感。在阴凉潮湿的地方，可生存很长时间。虫卵对直射阳光敏感，

禽的各种蛔虫发育过程都不需要中间宿主，禽吞食了感染性虫卵遭受感染，蚯蚓可作为保虫宿主传播禽蛔虫。虫卵在肠道内孵出幼虫，幼虫在体内不经过移行，直接在肠道内发育成熟。雏鸡易遭受侵害，病情较重。成年鸡多为带虫者。饲养管理不当或营养不良的鸡群易感性较强。

(2) 临诊症状

成虫和幼虫对宿主都有危害作用。幼虫侵入肠黏膜时，破坏肠黏膜，造成出血及发炎，肠壁上常有颗粒状化脓灶或结节形成。成虫大量寄生时，相互缠结，可能发生肠阻塞，甚至引起肠破裂和腹膜炎。其代谢产物被宿主吸收，造成雏鸡发育迟缓，成鸡产蛋量下降。临床常表现为雏鸡生长发育不良，精神萎靡，羽毛松乱，鸡冠苍白，贫血，消化不良，最后可衰竭而死。

(3) 诊断

粪便检查发现大量虫卵或剖检见小肠内的虫体即可确诊。鸡蛔虫呈黄白色，头端有 3

个唇片。雄虫长 26~70mm，尾端有明显的尾翼和尾乳突，有 1 个圆形或椭圆形的肛前吸盘，交合刺近于等长。雌虫长 65~110mm，生殖孔开口于虫体中部。虫卵椭圆形，壳厚而光滑，深灰色，内含单个胚细胞。虫卵大小为 $(70\sim90)\mu m \times (47\sim51)\mu m$。

(4) 治疗

可用左咪唑、噻苯唑、伊维菌素等药物驱虫。

(5) 预防

①在蛔虫病流行的禽场，每年进行 2 次定期驱虫。

②雏禽和成年家禽分开饲养，防止成年家禽排出的虫卵传给雏禽。

③禽舍和运动场的粪便应经常清除，堆积发酵。

④加强饲养管理。给予富含蛋白质、维生素 A 和维生素 B 的饲料，增强雏鸡抵抗力；饲槽和用具定期消毒。

## 11.3.4 犬猫蛔虫病

蛔虫病是幼年犬、猫常见寄生虫病，其病原主要为犬弓首蛔虫、猫弓首蛔虫和狮弓蛔虫。寄生于小肠内，其中犬弓首蛔虫最为重要，能够引起幼犬死亡。分布于世界各地。常引起幼犬和幼猫发育不良，生长缓慢，严重时可引起死亡。

(1) 流行病学

犬弓首蛔虫需在体内经过复杂的移行过程。虫卵随粪便排出体外，在适宜条件下发育为感染性虫卵。3 个月龄内的幼犬吞食感染性虫卵后，在消化道内孵出幼虫，幼虫通过血液循环系统经肝脏和肺脏移行，然后经咽又回到小肠发育为成虫。在宿主体内的发育约需 4~5 周。成年母犬感染后，幼虫随血流到达体内各器官组织中，形成包囊，但不进一步发育。当母犬怀孕后，幼虫可经胎盘感染胎儿或产后经母乳感染幼犬。幼犬出生后 23~40d 小肠内即有成虫。

猫弓首蛔虫的发育过程与猪蛔虫类似。狮弓蛔虫发育史简单，在体内不经移行，幼虫孵出后进入肠壁发育，然后返回肠腔，发育成熟。犬、猫蛔虫的感染性虫卵可被转运宿主摄入，在转运宿主体内形成含有第三期幼虫的包囊，在动物捕食转运宿主后发生感染。狮弓蛔虫的转运宿主多为啮齿类动物、食虫目动物和小的肉食兽，犬弓首蛔虫的转运宿主为啮齿类动物，猫弓首蛔虫的转运宿主多为蚯蚓、蟑螂、一些鸟类和啮齿类动物。

犬猫蛔虫病主要发生于 6 月龄以下幼犬，感染率在 5%~80%，成年犬很少感染。其形成原因主要是：首先，犬弓首蛔虫繁殖力很强，每条雌虫每天可随每克粪便中排出 700 个虫卵；其次，虫卵对外界环境的抵抗力非常强，可在土壤中存活数年；再者，怀孕母犬的体组织中隐匿着一些幼虫，可抵抗抗蠕虫药的作用，而成为幼犬感染的一个重要来源。

(2) 临诊症状与病理变化

幼虫移行引起腹膜炎、败血症、肝脏的损害和蠕虫性肺炎，严重者可见咳嗽、呼吸频率加快和泡沫状鼻漏，多出现在肺脏移行期，重度病例可在出生后数天内死亡；猫狮弓蛔虫无气管移行。成虫寄生于小肠，可引起胃肠功能紊乱、生长缓慢、被毛粗乱、呕吐、腹泻、腹泻便秘交替出现、贫血、神经症状、腹部膨胀，有时可在呕吐物和粪便中见完整虫体。大量感染时可引起肠阻塞，进而引起肠破裂、腹膜炎。成虫异常移行而致胆管阻塞、胆囊炎。

**(3)诊断**

根据临诊症状、病史调查和病原检查作出综合诊断：①2周龄幼犬若出现肺炎症状可考虑为幼虫移行期症状；②结合犬舍或猫舍的饲养管理状况；③粪便中排出虫体或吐出虫体，虫体白色线状，长20～180mm；④漂浮法检查粪便，检出亚球形棕色虫卵，卵壳厚，表面具点状凹陷。

**(4)治疗**

常用的驱线虫药均可驱除犬猫蛔虫。

**芬苯哒唑** 犬、猫均按每天50mg/kg的剂量，连喂3d。用药后少数病例可能出现呕吐。

**甲苯咪唑** 犬的总剂量为22mg/kg，分3d喂服。此药常引起呕吐、腹泻或软便，偶尔引起肝功能障碍(有时是致命的)。

**哌嗪盐** 犬、猫的剂量均按40～65mg/kg，口服。注意计算剂量时要按含哌嗪的量而不按其药物量。

**双羟萘酸噻嘧啶** 犬5.0mg/kg，喂服。

**(5)预防措施**

地面上的虫卵和母犬体内的幼虫是主要感染源，因此预防主要做到以下几点：

①要注意环境、食具、食物的清洁卫生，及时清除粪便，并进行生物热处理。

②对犬、猫进行定期驱虫。

③母犬在怀孕后第40天至产后14d驱虫，以减少围产期感染。

④幼犬应在2周龄进行首次驱虫，2周后再次驱虫，2月龄时进一步给药以驱除出生后感染的虫体；哺乳期母犬应与幼犬一起驱虫。

⑤阻止犬、猫摄食转运宿主。

## 11.3.5 马副蛔虫病

本病是由蛔科副蛔属的马副蛔虫寄生于马属动物的小肠引起的疾病。主要特征为蛔虫性肺炎，幼驹生长发育停滞。

**(1)流行病学**

在适宜的外界环境中，虫卵发育为感染性卵需10～15d；进入马体内的感染性卵发育为成虫需2～2.5个月，成虫寿命约为1年。在体内的发育过程与猪蛔虫类似。感染多发生于秋冬季。幼驹感染性强，老龄马多为带虫者。

**(2)临诊症状**

虫体对宿主的致病性主要表现为机械作用，夺取营养，毒素作用，继发感染等。幼驹发病初期的幼虫移行时，呈现肠炎症状，持续约3d后，呈现支气管肺炎症状，表现为咳嗽，短期发热，流浆液性或黏液性鼻汁，食欲不振，症状持续1～2周。后期成虫寄生时，消化紊乱，有时呈现肠炎、腹泻与便秘交替、消瘦、贫血。严重感染时发生肠阻塞或穿孔。幼驹生长发育停滞。

**(3)病理变化**

幼虫在体内移行可造成器官和组织损伤，移行到肝脏时引起出血、变性和坏死。移行到肺时，肺脏有小点出血和水肿，严重时可继发细菌或病毒感染。成虫寄生时可引起肠阻塞，严重时导致肠破裂。

**(4)诊断**

根据流行病学、临诊症状、粪便检查综合诊断。粪便检查可用直接涂片法或漂浮法。可进行诊断性驱虫。有时可见自然排出的蛔虫。马副蛔虫近似圆柱形，两端较细，黄白色。口孔周围有3片唇，其中背唇较大，唇基部有明显的间唇，每个唇的中前部内侧面有1个横沟，将唇片分为前后两部分，唇片与体部之间有明显的横沟。雄虫长15～28cm，尾部向腹面弯曲。雌虫长18～37cm，尾部直，阴门开口于虫体前1/4部分的腹面。虫卵近于圆形，直径90～100$\mu$m，呈黄色或黄褐色。新排出时内含1个亚圆形尚未分裂的胚细胞。卵壳表面蛋白膜凹凸不平，但很整齐。

**(5)治疗和预防措施**

参照猪蛔虫病。

## 11.4 猪食道口线虫病

由食道口线虫寄生在猪的结肠内所引起的一种线虫病。本虫能在宿主肠壁上形成结节，又称结节虫，故本病也称结节虫病。在猪体内寄生的食道口线虫有3种，分别为有齿食道口线虫(图11-7)、四刺食道口线虫和短尾食道口线虫。

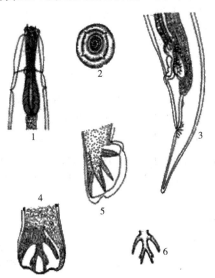

图11-7　有齿食道口线虫

1. 前端　2. 头顶端　3. 雌虫尾端　4. 交合伞背面　5. 交合伞侧面　6. 背肋

**(1)流行病学**

虫卵随猪的粪便排出后，在外界发育为披鞘的感染性幼虫。感染性幼虫可在外界越冬，猪在采食或饮水时吞进感染性幼虫而发生感染。幼虫经在大肠壁上发育后，在肠腔发育为成虫。本病在集约化方式饲养的猪和散养猪群都有发生，是目前我国规模化猪场流行的主要线虫病之一。

**(2)临诊症状与病理变化**

幼虫对大肠壁的机械刺激和毒素作用，可使肠壁上形成粟粒状的结节。初次感染很少发生结节，但经3～4次感染后，由于宿主产生了组织抵抗力，肠壁上可产生大量结节。结节破裂后形成溃疡，引起顽固性肠炎。如结节在浆膜面破裂，可引起腹膜炎；在黏膜面破裂则可形成溃疡，继发细菌感染时可导致弥漫性大肠炎。患猪表现腹部疼痛，不食，拉稀，日见消瘦和贫血。

成虫的寄生会影响增重和饲料转化。其致病作用只有在高度感染时才会出现，由于虫体对肠壁的机械损伤和毒素作用，引起渐进性贫血和虚弱，严重时可引起死亡。

**(3)诊断**

用漂浮法，检查有无虫卵。虫卵呈椭圆形，卵壳薄，内有胚细胞，在某些地区应注意与红色猪圆线虫卵相区别。

**(4)治疗与预防措施**

参见猪蛔虫病。

## 11.5 后圆线虫病

后圆线虫病是由后圆科后圆属的多种线虫寄生于猪支气管、细支气管和肺泡所引起的疾病，又称肺线虫病。常见的种为野猪后圆线虫（又称长刺后圆线虫）和复阴后圆线虫，萨氏后圆线虫很少见。主要特征为危害仔猪，引起支气管炎和支气管肺炎，严重时造成大批死亡。

**(1)流行病学**

后圆线虫的发育是间接的，需以蚯蚓作为中间宿主。故本病多在夏秋季节发生。雌虫在气管和支气管中产卵，卵在外界孵出第1期幼虫，第1期幼虫或虫卵被蚯蚓吞食后，在其体内发育至感染性幼虫，猪吞食了带有感染性幼虫的蚯蚓或由蚯蚓体内释出的感染性幼虫遭受感染。感染性幼虫在小肠内被释放出来，钻入肠淋巴结中，随血流进入肺脏，再到支气管和气管发育为成虫。从幼虫感染到成虫排卵约为23d。感染后5～9周产卵最多。

**(2)临诊症状与病理变化**

轻度感染时症状不明显，但影响生长发育。严重感染时，表现强有力的阵咳，呼吸困难，特别在运动或采食后更加剧烈；病猪贫血，食欲丧失。即使病愈，生长仍缓慢。剖检时，肉眼病变常不甚显著。膈叶腹面边缘有楔状肺气肿区，支气管增厚、扩张，靠近气肿区有坚实的灰色小结。支气管内有虫体和黏液。幼虫移行对肠壁及淋巴结的损害是轻微的，主要损害肺，呈支气管肺炎的病理变化。肺线虫感染还可为其他细菌或病毒侵入创造有利条件，从而加重病情。

**(3)诊断**

对有上述临诊表现的猪，可进行粪便检查，因虫卵比重较大，用饱和硫酸镁溶液浮集为佳。虫卵$(51\sim63)\mu m \times (33\sim42)\mu m$大小，卵壳厚，表面有细小的乳突状突起，稍带暗灰色，内含幼虫。剖检病尸发现虫体即可确诊。

**(4)治疗**

可以用丙硫咪唑、苯硫咪唑或伊维菌素等药物驱虫，对出现肺炎的猪，应采用抗生素治疗，防止继发感染。

**(5)预防措施**

在流行地区，春、秋季各进行1次驱虫；猪实行圈养，防止采食蚯蚓；及时清除粪便，进行生物热发酵。

## 11.6 牛羊消化道线虫病

### 11.6.1 毛圆线虫病

寄生于牛、羊和其他反刍兽胃和小肠的毛圆科线虫种类很多，往往呈混合感染，分布遍及全国各地，引起的反刍兽毛圆线虫病危害十分严重。反刍兽毛圆科的线虫主要有血矛属、长刺属、奥斯特属、马歇尔属、古柏属、毛圆属、细颈属和似细颈属的许多种线虫，其中以血矛属的捻转血矛线虫（图11-8）致病力最强，而且本科线虫所引起疾病的流行病学、症状与病理变化、诊断与防治等方面有许多共同点。因此，下面将以血矛线虫病为重点，做综合介绍。

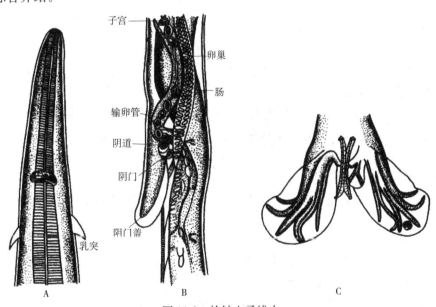

图11-8 捻转血矛线虫
A. 头部  B. 雌虫生殖部  C. 雄虫交合伞

**(1)流行病学**

反刍兽毛圆线虫病的病原种类繁多。血矛属最常见为捻转血矛线虫，还有柏氏血矛线虫和似血矛线虫，寄生于反刍兽四胃，偶见于小肠；长刺属的指形长刺线虫寄生于黄牛、水牛和绵羊的四胃；奥斯特属的种类较多，常见的有环纹奥斯特线虫、三叉奥斯特线虫、吴兴奥斯特线虫、斯氏奥斯特线虫、奥氏奥斯特线虫等，寄生于牛、羊等反刍兽的四胃，少见于小肠；马歇尔属的蒙古马歇尔线虫寄生于双峰驼、牛、羊等反刍兽的四胃，马氏马歇尔线虫寄生于绵羊、山羊及羚羊的四胃，偶见于十二指肠；古柏属常见的有等侧古柏线虫和叶氏古柏线虫，寄生于牛、羊等反刍兽的小肠、胰脏，很少见于四胃；毛圆属常见的有蛇形毛圆线虫，寄生于牛、羊等反刍兽的小肠前部，偶见于四胃，也可寄生于猪、犬、兔及人的胃中，艾氏毛圆线虫寄生于牛、羊、鹿等的四胃，偶见于小肠，也见于马、驴及人的胃中，突尾毛圆线虫，寄生于绵羊、山羊、骆驼、兔及人的小肠中；细颈属常见的有奥拉奇细颈线虫、畸形细颈线虫、尖刺细颈线虫等，寄生于牛、羊等反刍兽的小肠；似细颈属常见的有长刺似细颈线虫和骆驼似细颈线虫，寄生于反刍兽的小肠。

毛圆科线虫寄生于牛、羊等反刍兽的四胃和小肠，虫卵随粪便排到外界，在适宜的条件下大约经1周发育为第3期感染性幼虫。感染性幼虫可移行至牧草的茎叶上，牛、羊等反刍兽吃草时经口感染。幼虫在四胃或小肠黏膜内发育蜕皮，第4期幼虫返回四胃或小肠，并附在黏膜上，最后一次蜕皮，逐渐发育为成虫。

捻转血矛线虫比其他毛圆科线虫产卵多。毛圆科各属虫体第3期幼虫对外界因素的抵抗力较强。捻转血矛线虫第3期幼虫在干燥环境中可生存一年半。毛圆属线虫的第3期幼虫在潮湿的土壤中可存活3～4个月，且耐低温，可在牧地上越冬，越冬的数量足以使动物春季感染发病，但对高温、干燥比较敏感。奥斯特线虫的第3期幼虫比捻转血矛线虫的第3期幼虫耐寒，高寒地区，奥斯特线虫病发生较多。

牛、羊粪和土是幼虫的隐蔽场所。感染性幼虫有背地性和向光性反应，在温度、湿度和光照适宜时，幼虫就从牛、羊粪或土壤中爬到草上，环境不利时，又回到土壤中隐蔽，幼虫受土壤的庇护，得以延长其生活时间，故牧草受幼虫污染，土壤为其来源。

**(2)临诊症状与病理变化**

毛圆科线虫种类较多，大多都吸食宿主的血液，而且和仰口线虫、食道口线虫、夏伯特线虫、毛首线虫等往往呈混合感染。据实验，2000条捻转血矛线虫在四胃黏膜寄生时，每天可吸血达30mL，尚未将虫体刺破局部黏膜流失的血液计算在内。虫体吸血时或幼虫在胃肠黏膜内寄生时，都可使胃肠组织的完整性受到损害，引发局部炎症，使胃肠的消化、吸收功能降低。寄生虫的毒素作用也可干扰宿主的造血功能，使贫血更加严重。

因此，临床可见牛、羊等反刍兽高度营养不良，渐进性消瘦、贫血、可视黏膜苍白、下颌和下腹部水肿，腹泻与便秘交替。患畜精神沉郁、食欲不振，最后可因衰竭死亡。死亡多发生在春季，与"春季高潮"和"春乏"有关。

剖检可在四胃和小肠发现大量虫体和相应的病理变化。

**(3)诊断**

结合上述临诊症状和当地的流行病学资料（如发病季节、发病牛羊的多少、本地的优势种等），作出初步诊断。确诊要进行粪便虫卵的检查，并结合尸体剖检。粪便中虫卵的检查常用饱和盐水漂浮法，可以发现大量毛圆科线虫卵。剖检可在牛、羊的四胃、小肠发现大量毛圆科线虫的成虫或幼虫。

**(4) 治疗**

应结合对症、支持疗法，可以选用如下驱虫药物：左咪唑，牛、羊按 6~10mg/kg，一次口服，奶牛、奶羊的休药期不得少于 3d；丙硫咪唑，10~15mg/kg，一次口服；甲苯咪唑，10~15mg/kg，一次口服；伊维菌素，0.2mg/kg，一次口服或皮下注射。

**(5) 预防**

要根据当地的流行病学情况制订切实可行的措施。第一，要加强饲养管理，提高营养水平，尤其在冬春季节应合理地补充精料和矿物质，提高畜体自身的抵抗力。注意饲料、饮水的清洁卫生，放牧牛、羊应尽可能避开潮湿地带，尽量避开幼虫活跃的时间，以减少感染机会。第二，应进行计划性驱虫。给全群牛、羊计划性驱虫，传统的方法是在春、秋各进行一次。但针对北方牧区的冬季幼虫高潮，在每年的春节前后驱虫一次，可以有效地防止"春季高潮"（成虫高潮）的到来，避免春乏的大批死亡，减少重大的经济损失。第三，在流行区的流行季节，通过粪便检查，经常检测牛、羊群的荷虫情况，防治结合，减少感染源，同时应对计划性或治疗性驱虫后的粪便集中管理，采用生物热发酵的方法杀死其中的病原，以免污染环境。第四，有条件的地方，可以实行划地轮牧或不同种畜间进行轮牧等，以减少牛、羊感染机会。第五，可以进行免疫预防，利用 X 射线或紫外线等，将幼虫致弱后接种牛、羊，在国外已获成功。

### 11.6.2 仰口线虫病

仰口线虫病又称钩虫病，是由钩口科仰口属的牛仰口线虫和羊仰口线虫引起的以贫血为主要特征的寄生虫病。前者寄生于牛的小肠，主要是十二指肠，后者寄生于羊的小肠。该病广泛流行于我国各地，对牛、羊的危害很大，并可以引起死亡。

**(1) 流行病学**

成虫寄生于牛或羊的小肠，虫卵随粪便排出体外。在适宜的温度和湿度条件下，经 4~8d 形成幼虫；幼虫从卵内逸出，经 2 次蜕化，变为感染性幼虫。感染性幼虫可经两种途径进入牛、羊体内。一是感染性幼虫随污染的饲草、饮水等经口感染，在小肠内直接发育为成虫，此过程约需 25d。二是感染性幼虫经皮肤钻入感染，进入血液循环，随血流到达肺脏，再由肺毛细血管进入肺泡，在此进行第 3 次蜕化发育为第 4 期幼虫，然后幼虫上行到支气管、气管、咽，返回小肠，进行第 4 次蜕化，发育为第 5 期幼虫，再逐渐发育为成虫，此过程约需 50~60d。实验表明，经口感染时，幼虫的发育率比经皮肤感染时要少得多。经皮肤感染时，可以有 85% 的幼虫得到发育；而经口感染时，只有 12%~14% 的幼虫得到发育。

仰口线虫病分布于全国各地，在比较潮湿的草场放牧的牛、羊流行更严重。虫卵和幼虫在外界环境中的发育与温、湿度有密切的关系。最适宜的是潮湿的环境和 14~31℃ 的温度，温度低于 8℃，幼虫不能发育，35~38℃ 时，仅能发育成 1 期幼虫，感染性幼虫在夏季牧场上可以存活 2~3 个月，在春、秋季生活时间较长，严寒的冬季气候对幼虫有杀灭作用。

牛、羊可以对仰口线虫产生一定的免疫力，产生免疫后，粪便中的虫卵数减少，即使放牧于严重污染的牧场，虫卵数也不增高。

**(2) 临诊症状与病理变化**

仰口线虫的致病作用主要有吸食血液、血液流失、毒素作用及移行引起的损伤。仰口线虫以其强大的口囊吸附在小肠壁上，用切板和齿刺破黏膜，大量吸血。100 条虫体每天可吸食血液 8mL。成虫在吸血时频繁移位，同时分泌抗凝血酶，使损伤局部血液流失。其毒素作用可以抑制红细胞的生成，使牛、羊出现再生不良性贫血。

因此，临诊可见患病牛、羊进行性贫血，严重消瘦，下颌水肿，顽固性下痢，粪便带血。幼畜发育受阻，有时出现神经症状，如后躯无力或麻痹，最后陷入恶病质而死亡。据试验，羊体内有 1000 条虫体时，即可引起死亡。

剖检可见尸体消瘦、贫血、水肿，皮下有浆液性浸润。血凝不全。肺脏有因幼虫移行引起的淤血性出血和小点出血。心肌软化，肝脏呈淡灰色，质脆。十二指肠和空肠有大量虫体，游离于肠腔内容物中或附着在黏膜上。肠黏膜发炎，有出血点，肠壁组织有嗜酸性细胞浸润。肠内容物呈褐色或血红色。

**(3) 诊断**

根据上述临诊症状进行粪便检查，可以发现大量的仰口线虫卵，该虫卵形态特殊，容易辨认；剖检可以在十二指肠和空肠找到多量虫体和相应的病理变化，即可确诊。

**(4) 治疗**

参照毛圆线虫病。

**(5) 预防措施**

措施包括定期驱虫，舍饲时应保持厩舍清洁干燥，严防粪便污染饲料和饮水，避免牛、羊在低湿地放牧或休息等。

## 11.6.3 食道口线虫病

食道口线虫病是由盅口科食道口属的几种线虫（图 11-9）寄生于牛、羊等反刍兽的大肠所引起的。由于食道口线虫的幼虫可在寄生部位的肠壁上形成结节，故该病又称结节虫病。该病在我国各地的牛、羊中普遍存在，可使有病变的肠管因不能制作肠衣而降低其经济价值，严重感染时，可降低牛、羊的生产力，给畜牧业经济造成较大的损失。

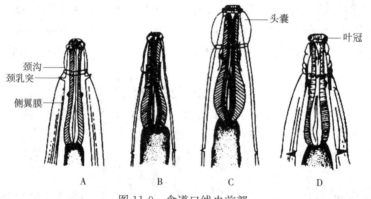

图 11-9 食道口线虫前部

A. 哥伦比亚食道口线虫　B. 微管食道口线虫　C. 粗纹食道口线虫　D. 甘肃食道口线虫

**(1)流行病学**

寄生于牛、羊的食道口线虫主要有以下几种：粗纹食道口线虫主要寄生于羊的结肠；哥伦比亚食道口线虫主要寄生于羊，也寄生于牛和野羊的结肠；微管食道口线虫主要寄生于羊，也寄生于牛和骆驼的结肠；辐射食道口线虫寄生于牛的结肠；甘肃食道口线虫寄生于绵羊的结肠。

虫卵随粪便排出体外，在外界适宜的条件下，经10~17h孵出第1期幼虫，经7~8d蜕化2次变为第3期幼虫，即感染性幼虫。牛、羊摄入被感染性幼虫污染的青草和饮水而遭感染。感染后36h，大部分幼虫已钻入小结肠和大结肠固有层的深处，以后幼虫形成卵圆形结节，并在结节内进行第3次蜕化后，变为第4期幼虫。幼虫在结节内停留的时间，常因家畜的年龄和抵抗力（免疫力）而不同，短的经过6~8d，长的需1~3个月或更长，甚至不能完成其发育。幼虫从结节内返回肠腔后，经第4次蜕化发育为第5期幼虫，进而发育为成虫。哥伦比亚食道口线虫和辐射食道口线虫可在肠壁的任何部位形成结节。

虫卵在相对湿度48%~50%，平均温度为11~12℃时，可生存60d以上，在低于9℃时，虫卵不能发育。第1、2期幼虫对干燥敏感，极易死亡。第3期幼虫有鞘，抵抗力较强，在适宜条件下可存活几个月，但冰冻可使之致死。温度在35℃以上时，所有的幼虫均迅速死亡。

感染性幼虫适宜于潮湿的环境，尤其是在有露水或小雨时，幼虫便爬到青草上。因此，牛、羊的感染主要发生在春、秋季，且主要侵害羔羊和犊牛。

**(2)临诊症状与病理变化**

临诊症状的有无及严重程度与感染虫体的数量和机体的抵抗力有关。如1岁以内的羊寄生80~90条，年龄较大的羊寄生200~300条虫体时，即为严重感染。患畜初期表现为持续性腹泻，粪便呈暗绿色，有很多黏液，有时带血。慢性病例患畜则表现为便秘和腹泻交替发生，渐进性消瘦，下颌水肿，最后可因机体衰竭而死亡。

病理变化主要表现为肠的结节病变。哥伦比亚食道口线虫和辐射食道口线虫危害较大，幼虫可在小肠和大肠壁中形成结节，其余食道口线虫可在结肠壁中形成结节。结节在肠的浆膜面破溃时，可引发腹膜炎；有时可发现坏死性病变。在新形成的小结节中，常可发现幼虫，有时可发现结节钙化。

**(3)诊断**

根据临诊症状，生前进行粪便检查，可检出大量虫卵，结合剖检在肠壁发现多量结节，在肠腔内找到多量虫体，即可确诊。

**(4)治疗**

参照毛圆线虫病。

**(5)预防措施**

预防措施包括定期驱虫、加强营养、保持饲草和饮水卫生、改善牧场环境、提高放牧技术，避免牛、羊大量摄入感染性幼虫等。

## 11.6.4 毛尾线虫病

毛尾线虫病是由毛尾科（或称毛首科）毛尾属或称毛首属的绵羊毛尾线虫、球鞘毛尾线虫等几种线虫寄生于牛、羊等反刍动物的盲肠引起的。虫体前部细长，后部短粗，整个外形像个鞭子,故又称鞭虫(图11-10)。该病遍布全国各地,对羔羊和犊牛的危害比较严重,可引起盲肠黏膜卡他性或出血性炎症。

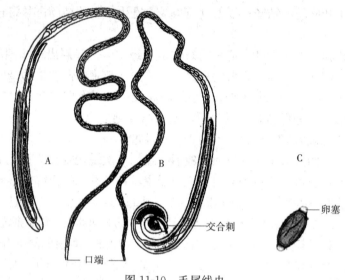

图 11-10 毛尾线虫
A. 雌虫 　B. 雄虫 　C. 虫卵

**(1)流行病学**

毛尾线虫的生活史为直接发育型。虫卵随粪便排到外界后,以外界环境的不同,经2周或数月发育为感染性虫卵。牛、羊经口感染,幼虫在肠道孵出,以细长的头部固着在肠壁内,约经12周发育为成虫。

毛尾线虫病遍布全国各地,夏、秋季感染较多。虫卵卵壳厚,对外界的抵抗力很强,自然状态下可存活5年。虫卵在20%的石灰水中1h死亡,在3%石炭酸溶液中经3h死亡。羔羊、犊牛寄生较多,发病较严重。

**(2)临诊症状与病理变化**

牛、羊轻度感染时,无明显临诊症状。严重感染时,可出现食欲不振、消瘦、贫血、腹泻、生长发育受阻等临诊症状,有时可见下痢、粪便带血和黏液,羔羊、犊牛可因衰竭而死亡。

病变局限于盲肠。虫体细长的头部深埋在肠黏膜内,引起盲肠慢性卡他性炎症。严重感染时,盲肠黏膜有出血性坏死、水肿和溃疡。组织学检查,可见局部淋巴细胞、浆细胞、嗜酸性细胞浸润。盲肠黏膜上有多量虫体。

**(3)诊断**

根据临诊症状,进行粪便检查,可发现大量金黄色、腰鼓状,两端有卵塞的虫卵可以确诊(图11-10)。剖检时发现多量虫体和相应的病变,也可确诊。

**(4)防制措施**

治疗参照毛圆线虫病。预防措施包括定期驱虫、加强粪便管理、保持饲草和饮水卫生等。

### 11.6.5 钩虫病

钩虫病是由钩口属线虫和弯口属线虫的一些虫种感染犬、猫而引起的，是犬、猫较为常见的重要线虫之一。

有些虫种也寄生于狐狸。主要寄生虫种为犬钩口线虫、巴西钩口线虫和狭首弯口线虫，虫体均寄生于小肠内，以十二指肠为多。钩虫病发病甚广，多发生于热带和亚热带地区，在我国华东、中南、西北和华北等温暖地区广泛流行。

**(1) 流行病学**

虫卵随粪便排出体外，在适宜温度和湿度下，一周内发育为感染性幼虫。本病一般危害一岁以内的幼犬和幼猫，成年动物多由于年龄免疫而不发病。其感染途径有三：其一，感染性幼虫经皮肤侵入，进入血液，经心脏、肺脏、呼吸道、喉头、咽部、食道和胃而进入小肠内定居，此途径较为常见；其二，经口感染，犬、猫食入感染性幼虫，幼虫侵入食道等处黏膜进入血循环（哺乳幼犬的一个重要感染方式是吮乳感染，源于隐匿在母犬体组织内虫体）；其三，经胎盘感染，幼虫移行至肺静脉，经体循环进入胎盘，从而使胎狗感染，此途径少见。弯口属线虫多以经口感染为主，幼虫移行一般不经肺。潮湿、阴暗的畜舍有利于本病的流行。

**(2) 临诊症状和病理变化**

幼虫侵入、移行和成虫寄生均可引起临床症状。幼虫钻入皮肤时可引起瘙痒、皮炎、也可继发细菌感染，其病变常发生在趾间和腹下被毛较少处；幼虫移行阶段：一般不出现临诊症状，有时大量幼虫移至肺引起肺炎。

成虫寄生阶段：虫体吸着于小肠黏膜上，不停地吸血，同时不停地从肛门排血，而且虫体分泌抗凝素，延长凝血时间，并且虫体不断变换吸血部位，造成动物大量失血，因此急性感染病例，主要表现为贫血、倦怠、呼吸困难，哺乳期幼犬更为严重，常伴有血性或黏液性腹泻，粪便呈柏油状。血液检查可见白细胞总数增多，嗜酸性粒细胞比例增大，血色素下降，病畜营养不良，严重感染者可引起死亡。尸体剖检可见黏膜苍白，血液稀薄，小肠黏膜肿胀，黏膜上有出血点，肠内容物混有血液，小肠内可见许多虫体。

**(3) 诊断**

根据流行病学资料、临诊症状和病原学检查来进行综合诊断。临诊症状主要有：贫血，黑色柏油状粪便，肠炎和有低蛋白血症病史。病原检查方法主要有：粪便漂浮法检查虫卵和贝尔曼法分离犬猫栖息地土壤或垫草内的幼虫。剖检发现虫体。雄虫长 9~12mm，交合伞各叶及腹肋排列整齐对称，交合刺二根等长。雌虫长 10~21mm，阴门开口于虫体后 1/3 前部，尾端尖锐呈细刺状。虫卵钝椭圆形，大小 60μm×40μm，无色，内含数个卵细胞。

**(4) 治疗**

常见的驱线虫药均可用于犬猫钩虫病的治疗。详见蛔虫病。

**(5) 预防措施**

① 及时清理粪便，并进行生物热处理。

②注意清洁卫生，保持犬猫舍的干燥。
③日光直射、干燥或加热杀死幼虫。
④用硼酸盐处理动物经常活动的路面。
⑤用火焰或蒸汽杀死动物经常活动地方的幼虫。
⑥尽量保护怀孕和哺乳动物，使其不接触幼虫。
⑦定期驱虫。

## 11.7　犬肾膨结线虫病

犬肾膨结线虫病是由膨结目膨结科的肾膨结线虫寄生于犬的肾脏或腹腔引起的。其也可寄生于狐狸和水貂。本病又称肾虫病，分布于欧洲、美洲和亚洲。

**(1) 流行病学**

肾膨结线虫的发育需要两个中间宿主，第一中间宿主是环节动物，第二中间宿主是淡水鱼。除犬外，多种野生肉食动物也可以被感染，虫体在终末宿主体内发育成熟，向外界排出虫卵，作为感染源污染环境。因此，野生动物的感染在本病的流行上有重要意义。

**(2) 临诊症状与病理变化**

本病的主要症状是排尿困难，尿尾段带血；少数病例腰痛。但大多数病例不表现临床症状。病变主要在肾脏，肾实质受到破坏，留下一个膨大的膀胱状包囊，内含一至数条虫体和带血的液体，往往右肾比左肾受侵害的程度高。个别病例，虫体可能出现于腹腔皮下结缔组织。

**(3) 诊断**

生前诊断：尿液中检出虫卵即可确诊，肾膨结线虫的虫卵呈卵圆形，棕色，表面有许多小凹陷，大小为$(72\sim80)\mu m \times (40\sim48)\mu m$。

死后剖检：可在肾脏中找到虫体及相应病变。

**(4) 防制措施**

本病需要手术进行治疗。预防主要是不让犬吃生的或未煮熟的生鱼。

## 11.8　丝虫病

丝虫病是由线形动物门丝虫科和丝状科的各种虫体（通常称为丝虫）寄生于牛、马、羊、猪、犬等动物及人体的淋巴系统、皮下组织、体腔和心血管等引起的寄生性线虫病的统称。常见的丝虫病主要有以下几种：

①犬心丝虫病：本病是由双瓣科恶丝属中的犬心丝虫，寄生于犬的右心室和肺动脉（少见于胸腔、支气管、皮下结缔组织）而引起循环障碍、呼吸困难及贫血等症状的一种丝虫病，在我国分布很广。免疫力低的人偶被感染，三期幼虫导致患者肺部和皮下出现结节，胸痛与咳嗽。

②牛羊丝虫病：本病是由腹腔丝虫科丝状属的线虫寄生于牛、羊等反刍动物腹腔引起的疾病，又称腹腔丝虫病。寄生于腹腔的成虫一般数量较少，致病性不强，症状不明显，但某些种类的幼虫（微丝蚴）可寄生于马和羊体内，引起马、羊脑脊髓丝虫病和马浑睛虫病，危害比较严重。

③猪浆膜丝虫病：本病是由蟠尾丝虫科的猪浆膜丝虫寄生于家猪的心脏、肝、胆囊、膈肌、子宫及肺动脉基部的浆膜淋巴管内引起的寄生虫病。猪患该病主要表现为精神委顿，眼结膜严重充血，有黏性分泌物，汗液分泌多，黏膜发绀，呼吸极度困难，鼻翼牵动快等症状。改善养殖卫生和加强运输管理是预防该病的主要措施。

④马副丝虫病：本病是由丝虫科副丝虫属的多乳突副丝虫寄生于马的皮下和肌间结缔组织引起的疾病，又称血汗症或皮下丝虫病。主要特征为形成皮下结节，多于短时间内出现，迅速破裂出血，在皮肤形成似汗滴状，出血后可自愈。

**(1) 流行病学**

**犬心丝虫病（恶丝虫病）** 在我国分布较广，各地犬的感染率很高。除犬外，猫和其他野生肉食动物也可作为终末宿主。人偶被感染，在肺部及皮下形成结节，病人出现胸痛和咳嗽。患犬是重要的感染来源，中华按蚊、白纹伊蚊、淡色库蚊等蚊子均可作为传播媒介。感染季节一般为蚊最活跃的6~10月，感染高峰期为7~9月。犬的感染率与年龄成正比，年龄越大则感染率越高。

**牛羊丝虫病** 在日本、以色列、印度、斯里兰卡和美国等国家都相继有过报道。在我国多发生于长江流域和华东沿海地区，东北和华北等地也有病例发生。马、牛、羊等患病的草食动物为主要的感染来源，各种年龄均可发病。蚊等吸血昆虫作为传播媒介。本病有明显的季节性，多发于夏末秋初。其发病时间约比蚊虫出现时间晚1个月，一般为7~9月，而以8月中旬发病率最高。凡低湿、沼泽、水网和稻田地区等适于蚊虫滋生的地区多发。

**猪浆膜丝虫病** 在我国江西、山东、安徽、北京、河南、湖北、四川、福建、江苏等省市均有发现。该病主要危害猪。病猪是主要的感染来源，库蚊作为传播媒介，多发生于夏末秋初蚊虫活动频繁的季节。

**马副丝虫病** 流行见于东北、内蒙古、华北以及云南、青藏高原、新疆地区等。具有明显的季节性，一般从4月开始感染，7、8月达到高潮，以后逐渐减少，冬季消失，翌年重新发生。

**(2) 诊断**

检查外周血液中的微丝蚴。方法是采取体外周血液1mL加7%乙酸溶液或1%盐水溶液5mL，混合均匀，离心2~3min后，倾去上清液，取沉渣1滴加0.1%美蓝液1滴于载玻片上混匀，置显微镜下观察，见到做蛇行或环形运动并经常与血细胞相碰撞的微丝蚴即可确诊。

有条件的可进行血清学诊断，ELISA试剂盒已经用于临床诊断。

**(3) 防制措施**

本病治疗可用伊维菌素、阿维菌素、海群生等药物治疗。预防措施以杀灭吸血昆虫，防止叮咬宿主，在发病季节每月用1次海群生预防为主。

## 11.9 鸡异刺线虫病

鸡异刺线虫病是由鸡异刺线虫(图11-11)寄生于鸡的盲肠内引起的疾病,在鸡群中普遍存在,分布于世界各地。其他禽、鸟类也有异刺线虫寄生,但病原各不相同。

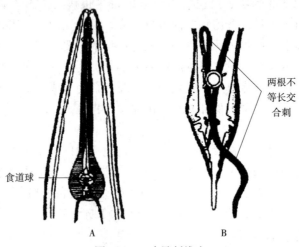

图11-11　鸡异刺线虫
A. 虫体前端　B. 雄虫尾部腹面

**(1)致病作用和临诊症状**

异刺线虫寄生在肠黏膜上,能机械性地损伤盲肠组织,引起盲肠炎和下痢,盲肠肿大,肠壁增厚和形成结节。同时,虫体分泌毒素和代谢产物使宿主中毒。患鸡食欲减退,营养不良,发育停滞,严重者可引起死亡。

异刺线虫是火鸡组织滴虫的传播者,当鸡体内同时寄生有这两种虫体时,组织滴虫可侵入异刺线虫的卵内,并随卵排出体外,鸡在啄食这种虫卵时,可同时感染两种寄生虫。

**(2)诊断**

粪便中发现虫卵,或剖检时在盲肠发现虫体即可确诊。

**(3)防制措施**

参照禽蛔虫病的防制措施。

## 11.10 马尖尾线虫病

马尖尾线虫病又称马蛲虫病,是由马尖尾线虫(图11-12)寄生于马属动物的盲肠和结肠内所引起,分布世界各地。

**(1)流行病学**

马摄食被感染性虫卵污染的饲料或饮水等而受感染。幼虫在大肠内孵化后经6周发育为成虫。马蛲虫在马大肠内交配后,雄虫死亡,雌虫到肛门或会阴部产出成堆的虫卵和黄白色胶样物质,黏附在皮肤上。本病多见于1岁以下的幼驹和老龄马。虫卵在适宜环境中

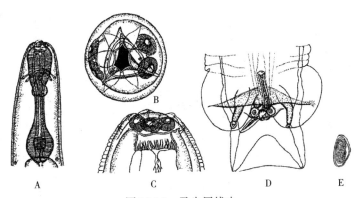

图 11-12 马尖尾线虫
A. 虫体前端　B. 成虫头顶顶面观　C. 虫体头顶　D. 雄虫尾端　E. 虫卵

可存活数周,干燥时不超过 12h,冰冻时不超过 20h。

**(2)临诊症状与病理变化**

患马肛门部剧痒,常以臀部抵于其他物体上擦痒,引起尾根部和坐骨部脱毛,剧烈肛痒,会阴部发炎,进而发生湿疹。如果虫体过多,可引起肠黏膜损伤,有时发生溃疡,或大肠发炎。

**(3)诊断**

利用牛角勺蘸甘油水溶液,刮肛周与会阴部皮肤,将刮取物涂片检查,发现尖尾线虫卵,便可确诊。有时产卵后的雌虫仍露出肛门外,也有助于确诊。雄虫体形小,长 9～13mm,淡白色,尾端直而钝,尾部有两对巨大的乳突,最末端一对伸向后侧方,支撑着一个横跨两侧的翼膜。还有一些小乳突,一根交合刺,状如钉。雌虫可长达 150mm,幼年雌虫白色,体微弯,尾短而尖,成熟后变灰褐色,尾部伸长达体部 3 倍。

虫卵呈长形,一端有卵塞。虫卵大小为 $(90\sim100)\mu m\times(40\sim50)\mu m$,椭圆形,两边不对称,一侧平,另侧隆凸(图 11-12)。

**(4)治疗**

丙硫苯咪唑、噻苯唑等药物可以驱虫。但是驱虫的同时应用消毒液洗拭肛门周围皮肤,消除卵块,以防止再感染。

**(5)预防措施**

搞好厩舍、饲养工具、饲料、饮水及马体等卫生;发现病马应迅速隔离治疗。

## 复习思考题

1. 试述线虫的形态构造特征。
2. 试述线虫的生活史及其类型。
3. 试述畜禽蛔虫病病原体形态特征、发育特性、治疗和预防措施。
4. 所讲授的哪些属于土源性线虫和生物源性线虫?说明宿主及其寄生部位。

# 第12章 动物棘头虫病

## 12.1 棘头虫概述

### 12.1.1 棘头虫形态和构造

**(1) 外形和体壁**

虫体一般呈椭圆形、纺锤形或圆柱形等不同形态。大小为 1～65cm，多数在 25cm 左右。虫体由细短的前体和较粗长的躯干组成。体表常由于吸收宿主的营养，特别是脂类物质而呈现红、橙、褐、黄或乳白色。

体壁由 5 层固有体壁和 2 层肌肉组成。体壁分别由上角皮、角皮、条纹层、覆盖层、辐射层组成，各层之间均由结缔组织支持和粘连。角皮中密集的小孔具有从宿主肠腔吸收营养的功能。条纹层的小管作为运送营养物质的导管，将营养物质运送到覆盖层的腔隙系统。条纹层和覆盖层的基质可能具有支架作用。辐射层和其中的许多线粒体，具有深皱襞的原浆膜及其皱襞盲端的脂肪滴，是体壁之最有活力的部分，被吸收的化合物在那里进行代谢，原浆膜皱襞具有运送水和离子的功能。肌层里面是假体腔，无体腔膜。

**(2) 排泄器官**

由一对位于生殖系统两侧的原肾组成，包含有许多焰细胞和收集管，收集管通过左右原肾管汇合成一个单管通入排泄囊，再连接于雄虫的输精管或雌虫的子宫而与外界相通。

**(3) 神经系统**

中枢部分是位于吻鞘内收缩肌上的中央神经节，从这里发出能至各器官组织的神经。在颈部两侧有一对感觉器官，即颈乳突。雄虫的一对性神经节和由它们发出的神经分布在雄茎和交合伞内。雌虫没有性神经节。

**(4) 生殖系统**

**雄性生殖系统** 雄虫含两个前后排列的圆形或椭圆形睾丸，包裹在韧带囊中，附着于韧带索上。每个睾丸连接一条输出管，两条输出管汇合成一条输精管。睾丸的后方有黏液腺、黏液囊和黏液管；黏液管与射精管相连。再下为位于虫体后端的一肌质囊状交配器官，其中包括一个雄茎和一个可以伸缩的交合伞。

**雌性生殖系统** 雌虫的生殖器官由卵巢、子宫钟、子宫、阴道和阴门组成。卵巢在背韧带囊壁上发育,以后逐渐崩解为卵球或浮游卵巢。子宫钟呈倒置的钟形,前端为一大的开口,后端的窄口与子宫相连;在子宫钟的后端有侧孔开口于背韧带囊或假体腔。子宫后接阴道;末端为阴门。

### 12.1.2 基本发育过程

棘头虫为雌雄异体,雌雄虫交配受精。交配时,雄虫以交合伞附着于雌虫后端,雄虫向阴门内射精后,黏液腺的分泌物在雌虫生殖孔部形成黏液栓,封住雌虫后部,以防止精子逸出。卵细胞从卵球破裂出来以后,进行受精;受精卵在韧带囊或假体腔内发育。虫卵被吸入子宫钟内,未成熟的虫卵,通过子宫钟的侧孔流回假体腔或韧带囊中;成熟的虫卵由子宫钟入子宫,经阴道,自阴门排出体外。成熟的卵中含有幼虫,称为棘头蚴,其一端有一圈小钩,体表有小刺,中央部为有小核的团块。棘头虫的发育需要中间宿主,中间宿主为甲壳类动物和昆虫。排到自然界的虫卵被中间宿主吞咽后,在肠内孵化,其后幼虫钻出肠壁,固着于体腔内发育,先变为棘头体,而后变为感染性幼虫——棘头囊。终末宿主因摄食含有棘头囊的节肢动物而受感染。在某些情况下,棘头虫的生活史中可能有搬运宿主或储藏宿主,它们往往是蛙、蛇或蜥蜴等脊椎动物。

## 12.2 猪大棘头虫病

猪大棘头虫病是由蛭形巨吻棘头虫(图 12-1)寄生于猪的小肠引起的。也可寄生于野猪、猫和犬,偶见于人。我国各地普遍流行。

**(1)流行病学**

棘头虫雌虫在猪小肠内产卵,一条雌虫每天可排卵 25 000 个以上,卵随粪便排出体外,虫卵对外界环境的抵抗力很强,在高温、低温以及干燥或潮湿的气候下均可长时间存

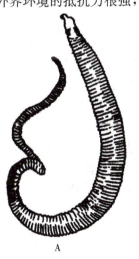

图 12-1 蛭形巨吻棘头虫
A. 雌虫全形 B. 吻突

活。卵被中间宿主金龟子等甲虫吞食后,在其体内发育至感染期,猪吞食金龟子后,虫体脱囊,以吻突固着于肠壁上,经3~4个月发育为成虫。

本病呈地方性流行,主要感染8~10月龄猪,流行严重的地区感染率可高达60%~80%。感染季节与金龟子的活动季节一致。金龟子一般出现在早春至6、7月,因此每年春夏为猪感染棘头虫的感染季节,放牧猪比舍饲猪感染率高。后备猪比仔猪感染率高。

**(2)临诊症状与病理变化**

棘头虫的吻突固着于肠壁上,造成肠壁损伤、发炎和坏死。临诊可见患猪食欲减退,下痢,粪便带血,腹痛。若虫体固着部位发生脓肿或肠壁穿孔时,症状更为严重,出现全身症状。体温升高,腹痛,食欲废绝,卧地,多以死亡而告终。一般感染时,多因虫体吸收大量养料和虫体的排泄毒物,使患猪贫血、消瘦和发育迟缓。

剖检时,病变集中在小肠。在空肠和回肠的浆膜面可见灰黄色或暗红色的小结节。肠黏膜发炎,肠壁增厚,有溃疡病灶。肠腔内可见虫体。严重感染时可能出现肠壁穿孔,引起腹膜炎。

**(3)诊断**

根据流行病学资料、临诊症状和粪便中检出虫卵即可确诊。虫体外形似猪蛔虫。呈乳白色或淡红色,长圆柱形,前部较粗,后部较细。体表有横纹。雄虫长70~150mm,呈长逗点状。雌虫长300~680mm。卵呈长椭圆形,深褐色,两端稍尖,大小为(89~100)$\mu m \times (42~56)\mu m$。

**(4)防制措施**

治疗可用左咪唑和丙硫苯咪唑,用量参见猪蛔虫病。预防措施包括:定期驱虫,消灭感染源;对粪便进行生物热处理,切断感染源;改放牧为舍饲,消灭环境中的金龟子。

## 12.3　鸭棘头虫病

**(1)病原**

鸭棘头虫病是由多形属和细颈属的虫体寄生于鸭的小肠引起,鹅、天鹅、游禽和鸡也可成为其宿主。主要虫种有大多形棘头虫、小多形棘头虫、腊肠形棘头虫和鸭细颈棘头虫。不同种寄生虫的地理分布不同,多为地域性分布,于春夏季流行。

**(2)临诊症状与病理变化**

棘头虫以吻突牢固地附着在肠黏膜上,引起卡他性肠炎;有时吻突深入黏膜下层,甚至穿透肠壁,造成出血、溃疡,严重者可穿孔。临诊上主要表现为肠炎,当继发细菌感染时,出现化脓性肠炎。严重感染者可引起死亡,幼禽死亡率较高。

剖检可见:肠壁浆膜面上可看到肉芽组织增生的小结节;黏膜面上可见虫体和不同程度的创伤。

**(3)诊断**

粪便检查发现虫卵或死后剖检见到虫体,即可确诊。

**(4)治疗**

可用四氯化碳,按0.5mL/kg,灌服。

**(5)预防措施**

①对流行区的鸭厂进行预防性驱虫。

②雏鸭与成年鸭分开饲养。

③选择未受污染或没有中间宿主的水域进行放牧。

④加强饲养管理,饲喂全价饲料。

## 复习思考题

1. 试述猪大棘头虫的形态特点和生活史。
2. 如何诊断及预防猪大棘头虫病?

# 第13章 动物蜘蛛昆虫病

## 13.1 蜘蛛昆虫概述

动物蜘蛛昆虫所涉及的是动物医学有关的节肢动物。节肢动物是脊椎动物,是动物界中种类最多的一门,占已知120多万种动物的87%左右,大多数营自由生活,只有少数危害动物和植物而营寄生生活。主要是蛛形纲和昆虫纲的节肢动物。

### 13.1.1 节肢动物的形态特征

虫体左右对称,躯体和附肢(如足、触角、触须等)既分支,又是对称结构;体表由几丁质及其他无机盐沉着而成,称为外骨骼,具有保护内部器官和防止水分蒸发的功能,与内壁所附肌肉共同完成动作,当虫体发育中体形变大时则必须蜕去旧表皮而产生新的表皮,这一过程称为蜕皮。

**(1) 蛛形纲**

躯体呈椭圆形或圆形,分头胸和腹两部,或者头、胸、腹融合。假头突出在躯体前或位于躯体前端腹面,由口器和假头基组成,口器由1对螯肢、1对须肢、1个口下板组成。成虫有足4对。有的有单眼。在体表一定部位有几丁质硬化而形成的板或颗粒样结节。以气门或书肺呼吸。

**(2) 昆虫纲**

昆虫纲主要特征是身体分为头、胸、腹三部,头上有触角1对,胸部有足3对,腹部无附肢。

**头部** 有眼、触角和口器。绝大多数为是1对复眼,有许多六角形小眼组成,为主要的视觉器官。有的也为单眼。触角着生于头部前面的两侧。口器是昆虫的摄食器官,由于昆虫的采食方式不同,其口器的形态和构造也不相同。兽医昆虫主要有咀嚼式、刺吸式、刮舐式、舐吸式及刮吸式5种口器。

**胸部** 胸部分前胸、中胸和后胸,各胸节的腹面均有足一对,分别称为前足、中足和后足。多数昆虫的中胸和后胸的背侧各有翅1对,分别称为前翅和后翅。双翅目昆虫仅有前翅,后翅退化为平衡棒。有些昆虫翅完全退化,如虱、蚤等。

**腹部** 腹部由8节组成,但有些昆虫的腹节互相愈合,通常可见的节数没有那么多,如蝇类只有5~6节。腹部最后数节变为雌雄外生殖器。

**内部** 体腔为混合体腔，因其充满血液，所以又称血腔。多数利用鳃、气门或书肺进行气体交换。具有触、味、嗅、听觉及平衡器官，具有消化和排泄系统。雌雄异体，有的为雌雄异形。

### 13.1.2 基本发育过程

蛛形纲的虫体为卵生，从卵孵出的幼虫，经过若干次蜕皮变为若虫，在经过蜕皮变为成虫，其间在形态和生活习性上基本相似。若虫和成虫在形态上相同，只是体形小和性器官尚未成熟。

昆虫纲的昆虫多为卵生，极少数为卵胎生。发育具有卵、幼虫、蛹、成虫4个形态与生活习性都不同的阶段，这一类称为完全变态；另一类无蛹期，称为不完全变态。发育过程中都有变态和蜕皮现象。

## 13.2 硬蜱病

**(1)病原**

硬蜱是指硬蜱科的蜱，又称为扁虱、牛虱、草爬子等。硬蜱分布广泛，种类繁多，已知有800余种，我国记载有104种。与动物医学关系最大的有硬蜱属、璃眼蜱属、血蜱属、革蜱属、肩头蜱属和牛蜱属6个属。硬蜱呈长椭圆形，红褐色，背腹扁平，背面有几丁质的盾板，眼1对或缺，气门板1对。头、胸、腹融合，不易分辨。按其外部附器的功能与位置，可分为假头和躯体两部分(图13-1)。吸饱血后的硬蜱，雌雄虫体的大小差异很大，雌蜱吸饱血后形如赤豆或花生米般大小，明显大于雄蜱。

硬蜱除寄生于各种动物体表直接损伤和吸血外，还常常成为多种重要的传染病和寄生虫病的传播者。

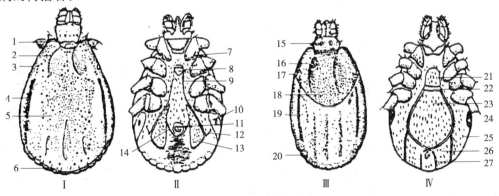

图13-1 硬蜱的外部结构

Ⅰ.雄扇头蜱(背面观) Ⅱ.雄扇头蜱(腹面观) Ⅲ.雌扇头蜱(背面观) Ⅳ.雌扇头蜱(腹面观)

1.头基背角 2,16.颈沟 3,17.眼 4,19.侧沟 5,18.盾板 6,20.缘垛 7.基节外侧 8,22.生殖孔 9.生殖沟 10,24.气门板 11.肛门 12.副肛侧板 13,26.肛侧板 14.肛后沟 15.多孔区 21.生殖前板 23.中央板 25.侧板 27.肛前沟

### (2)生活史

硬蜱发育要经过变态，包括卵、幼蜱、若蜱和成蜱 4 个阶段。雌蜱吸饱血后离开宿主产卵，虫卵呈卵圆形，黄褐色，胶着成团，经 2～4 周孵出幼蜱。几天后幼蜱侵袭宿主吸血，蛰伏一定时间后蜕皮变为若蜱，若蜱再吸血后蜕皮变成成蜱。在硬蜱整个发育过程中，需要 2 次蜕皮和 3 次吸血期。根据硬蜱各发育阶段吸血是否更换宿主分为 3 种类型：

**一宿主蜱** 蜱在一个宿主体内完成幼虫至成虫的发育，如微小牛蜱。

**二宿主蜱** 蜱的幼虫和若虫在一个宿主体上吸血，而成虫在另一个宿主体上吸血，如残缘璃眼蜱。

**三宿主蜱** 蜱的幼虫、若虫和成虫分别在 3 个宿主体上吸血，饱血后都需要离开宿主落地蜕皮或产卵，如硬蜱属、血蜱等。

蜱类在各发育阶段不仅对温度、湿度等气候变化有不同程度的适应能力，而且有强的耐饥能力。

### (3)流行病学

在我国硬蜱科蜱的分布随各地的气候、地理、地貌等自然条件不同而不同，有的蜱分布于深山草坡及丘陵地带，有的分布于森林及草原，也有的栖息于家畜圈舍及家畜停留处。一般成蜱在石块下或地面缝隙内越冬，各蜱的活动季节也随蜱科的不同而不同，一般 2 月末至 11 月中旬都有蜱活动在畜体上。羊被蜱侵袭，多发生于放牧采食过程中，寄生部位主要在被毛短少部位。

### (4)主要危害

硬蜱侵袭羊体后，由于吸血时口器刺入皮肤可造成局部损伤，组织水肿，出血，皮肤肥厚。有的还可继发细菌感染引起化脓、肿胀和蜂窝组织炎等。当幼羊被大量硬蜱侵袭时，由于过量吸血，加之硬蜱的唾液内的毒素进入机体后破坏造血器官，溶解红细胞，形成恶性贫血，使血液有形成分急剧下降。此外，由于硬蜱唾液内的毒素作用，有时还可出现神经症状及麻痹，造成"蜱瘫痪"。

蜱是细菌、病毒、立克氏体、原虫病蠕虫幼虫等病原体的传播者（或媒介），在动物流行病学上具有重要意义。例如，软蜱可传播鸡螺旋体病和绵羊隐藏泰勒焦虫病；硬蜱可传播双芽巴贝斯虫病、环形泰勒虫病和边虫病等；此外，尚能传播马脊髓炎、森林脑炎、炭疽、布氏杆菌病、土拉伦斯菌病及立克氏体病等。可造成大批家畜死亡。

### (5)治疗

皮下注射阿维菌素，剂量 0.2mL/kg；可选用 0.05% 的双甲脒、0.1% 的马拉硫磷、0.1% 的新硫磷、0.05% 的毒死蜱、0.05% 的地亚农、1% 的西维因、0.0015% 的溴氰菊酯、0.003% 氟苯醚菊酯；药液喷涂可使用 1% 的马拉硫磷、0.2% 辛硫酸、0.25% 倍硫磷等乳剂喷涂畜体，羊每次 200mL，每隔 3 周处理 1 次。

### (6)预防措施

人工捕捉或用器械清除羊体表寄生的蜱。消灭圈舍内的蜱，有些蜱可在圈舍的墙壁、缝隙、洞穴中栖息，可选用药物喷洒或粉刷后，再用水泥、石灰等堵塞。消灭大自然中的蜱，根据具体情况可采取轮牧，相隔 1～2 年时间，牧地上的成虫即可灭亡。

## 13.3 软蜱病

**(1)病原及生活史**

软蜱是指软蜱科的蜱,与动物医学有关的有锐缘蜱属和钝缘蜱属。虫体扁平,卵圆形或长卵圆形,前端较窄。与硬蜱的主要区别是假头在前部腹面头窝内,从背面不易见到。幼蜱和若蜱的形态与成蜱相似,但未形成生殖孔。幼蜱有3对足。

生活史包括卵、幼蜱、若蜱和成蜱4个阶段。多数软蜱属于多宿主蜱。卵孵化出幼蜱,吸血后蜕皮变为若蜱,若蜱阶段有1～8期,由最后若蜱期变为成蜱。整个发育过程需要1～2个月。寿命5～7年,甚至可达15～25年。软蜱一生多次产卵,每次产50～300个,一生可产1000余个。

软蜱在温暖季节活动和产卵。寒冷季节雌蜱卵巢内的卵细胞不能成熟。若蜱变态期的次数和各期发育时间,主要取决于宿主的种类、吸血时间和饱血程度。幼蜱和若蜱各期必须吸食足够量的血液后才能蜕皮,然后进行下一次变态。成蜱必须吸血后才能产卵。软蜱吸血时间较短,只在吸血时才到动物体上。吸血多在夜间,白天隐伏在圈舍隐蔽处。

**(2)主要危害**

软蜱吸血后可使宿主消瘦,贫血,生产能力下降,软蜱性麻痹,甚至死亡。波斯锐缘蜱是鸡埃及立克次体和鸡螺旋体的传播媒介,也可传播羊泰勒虫病、无浆体病、马脑脊髓炎、布鲁氏菌病和野兔热等。

**(3)治疗与预防措施**

参见硬蜱病。

## 13.4 疥螨病

本病是由疥螨科疥螨属的疥螨寄生于动物皮肤内所引起的皮肤病。又称"癞"。主要特征为巨痒、脱毛、皮炎、高度传染性等。

**(1)病原与发育史**

认为只有人疥螨1个种,但可分为不同的亚种(变种),形态极其相似,只在生物学和致病性上有差异。各亚种的命名以宿主名称命名,主要有马疥螨、牛疥螨、猪疥螨、山羊疥螨、绵羊疥螨、兔疥螨、犬疥螨、驼疥螨等,宿主特异性并不十分严格。

疥螨,虫体微黄色,大小为0.2～0.5mm。呈龟形,背面隆起,腹面扁平。口器呈蹄铁形,为咀嚼式。肢粗而短,第3、4对不突出体缘。雄虫第1、2、4对肢末端有吸盘,第3对肢末端有刚毛。雌虫第1、2对肢端有吸盘,第3、4对肢有刚毛。吸盘柄长,不分节(图13-2)。

疥螨属于不完全变态类,其发育过程包括卵、幼虫、若虫和成虫4个阶段。疥螨的幼虫、稚虫(若虫)和成虫均寄生于皮肤内,生活史都是在皮肤内完成的。从卵发育为成虫约8～15d。雌虫的寿命为4～5周。

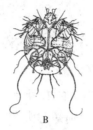

图 13-2 疥 螨
A. 雌虫  B. 雄虫  C. 虫卵

**(2)流行病学**

多种哺乳动物，如羊、猪、牛、骆驼、马、犬、猫、兔等，尤以山羊和猪多发。通过动物直接接触或通过被污染的物品及工作人员间接接触传播。动物舍潮湿、饲养密度过大、皮肤卫生状况不良时容易发病。尤其在秋末以后，毛长而密，阳光直射动物时间减少，皮温恒定，湿度增高，有利于螨的生长繁殖。在夏季，天气干燥，空气流通，阳光充足，病势即随之减轻，但感染者仍为带虫者。秋冬季节，尤其是阴雨天气，蔓延最快，发病强烈。幼龄动物易患螨病且病情较重，成年动物有一定的抵抗力，但往往成为感染来源。

**(3)临诊症状与病理变化**

疥螨多寄生于皮肤薄、被毛短而稀少的部位。各种动物的寄生部位有所不同，山羊主要发生于口周围、眼圈、鼻梁和耳根部，可蔓延到全身；绵羊主要在头部，也可扩大到全身；猪一般起始于头部，以后蔓延到背部、躯干两侧及后肢内侧；牛主要在面部、颈部、背部、尾根，严重时可扩大至全身；兔多在头部和脚爪部；马可遍及全身。

螨直接刺激动物体，以及分泌有毒物质刺激神经末梢，使皮肤发生剧痒。当动物进入温暖圈舍或运动后皮温增高时，痒觉更加剧烈。动物擦痒或啃咬患处，使局部损伤、发炎，形成水泡和结节，局部皮肤增厚和脱毛。局部损伤感染后成为脓疱，水泡和脓疱破溃，流出渗出液和脓汁，干涸后形成黄色痂皮。病情继续发展，破坏毛囊和汗腺，表皮角质化，结缔组织增生，皮肤变厚，失去弹性，形成皱褶和龟裂。脱毛处不利于螨的生长发育，便逐渐向四周扩散，使病变不断扩大，甚至蔓延全身。动物表现烦躁不安，影响采食、休息和消化机能。冬季发生脱毛，体温放散，使脂肪大量消耗，逐渐消瘦，甚至衰竭死亡。潜伏期2~4周，病程可持续2~4个月。

**(4)诊断**

对有临床症状表现的动物，刮取病变交界处的新鲜痂皮直接检查。或放入培养皿中，置于灯光下照射后检查。虫体较少时，可将刮取的皮屑放入试管中，加入10%氢氧化钠(或氢氧化钾)溶液，浸泡2h，或煮沸数分钟，然后离心沉淀，取沉渣镜检虫体。

**(5)治疗**

牛、羊可选用以下药物：

双甲脒(特敌克)，每千克体重500mg，涂擦、药浴或喷淋。

溴氰菊酯(倍特)，每千克体重500mg，喷淋或药浴。

二嗪哝(螨净)，每千克体重250mg，喷淋或药浴。

巴胺磷，每千克体重200mg，药浴。

辛硫磷，每千克体重500mg，药浴。

3%敌百虫溶液患部涂擦。

伊维菌素或阿维菌素，每千克体重0.2mg，皮下注射。

猪除用上述外用药外，还可选用伊维菌素或爱比菌素注射液，按每千克体重0.3mg，1次皮下注射；多拉菌素注射液，按每千克体重0.3mg，1次肌肉注射。对猪要反复用药才能治愈。

患病动物较多时，应先进行少数动物试验，然后再大批使用。涂擦给药时，每次涂药面积不应超过体表面积的1/3，以免中毒。多数杀螨药对卵的作用较差，故应间隔5～7d重复用药。

**(6)预防措施**

螨病的预防尤为重要，发病后再治疗，往往损失很大。定期进行动物体检查和灭螨，流行区的群养动物，无论是否发病，均要定期用药；圈舍保持干燥，光线充足，通风良好，动物群密度适宜；引进动物要进行严格检查，疑似动物应及早确诊并隔离治疗；被污染的圈舍及用具用杀螨剂处理；患螨病的羊毛妥善放置和处理，以防止病原扩散；防止通过饲养人员或用具间接传播。

## 13.5 痒螨病

本病是由痒螨科痒螨属的痒螨寄生于动物皮肤表面引起的疾病，又称"癞"。主要特征为巨痒和高度传染性。

**(1)病原**

认为只有马痒螨1个种，寄生其他动物的为其变种，主要有牛痒螨、水牛痒螨、绵羊痒螨、山羊痒螨、兔痒螨等。痒螨大小为0.5～0.8mm。椭圆形，口器呈长圆锥状，为刺吸式；4对肢均突出虫体边缘。雌虫第1、2、4对肢末端有吸盘。雄虫第1、2、3对肢的末端有吸盘，腹面后部有1对交合吸盘，尾端有2个尾突，其上各有5根刚毛(图13-3)。

**(2)生活史**

痒螨以患部渗出物和淋巴液为营养。发育过程与疥螨相似。雌螨采食1～2d后开始产卵，一生约产卵40个。条件适宜时，整个发育需10～12d，条件不利时可转入5～6个月的休眠期，以增加对外界的抵抗力。寿命约42d。

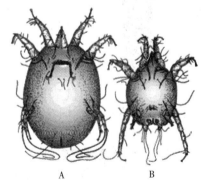

图13-3 痒螨
A. 雌虫腹面 B. 雄虫腹面

**(3)流行病学**

与疥螨病相似。

**(4)临诊症状**

痒螨寄生于动物体表被毛长而稠密处。多发于绵羊和牛、水牛，其他哺乳动物均可发生。症状与疥螨病相似，但患部渗出物多，脱毛更加明显。

绵羊多发生于背部、臀部，以后蔓延体侧至全身，严重时全身被毛脱光。可引起大批死亡。

牛先发生于颈部、肩和垂肉，重者波及全身。

水牛多发生于角根、背部、腹侧及臀部，严重时可波及其他部位。体表痂皮薄、干燥，表面平整，一端微翘，另一端紧贴皮肤，揭开后可见痒螨。

兔主要发生于外耳道，引起外耳道炎，表现耳分泌物增多，干涸结痂，耳变形下垂，剧痒，经常频频摇头。

**(5)诊断、治疗和预防措施**

同疥螨病。

## 13.6 蠕形螨病

本病是由蠕形螨科蠕形螨属的各种蠕形螨寄生于动物及人的毛囊和皮脂腺引起的疾病。又称为"脂螨"或"毛囊虫"。各种蠕形螨均有其专一宿主，互不交叉感染。主要特征为脱毛、皮炎、皮脂腺炎和毛囊炎等。

**(1)病原**

图13-4 犬蠕形螨

蠕形螨(Demodex)，呈半透明乳白色，体长0.25～0.3mm，宽约0.04mm。身体细长，外形上可分为头、胸、腹3个部分。胸部有4对很短的足；腹部长，有横纹；口器由1对须肢、1对螯肢和1个口下板组成。主要有犬蠕形螨(图13-4)、牛蠕形螨、山羊蠕形螨、绵羊蠕形螨、猪蠕形螨、马蠕形螨、人毛囊蠕形螨、皮脂蠕形螨等。

**(2)流行病学**

蠕形螨多寄生在皮肤的毛囊和皮脂腺内，并在此完成生活史，整个生活史共需24d。多寄生于犬、羊、牛、猪、马等动物及人。以犬最多，一般正常的犬、猫体表有少量蠕形螨存在，当机体应激或抵抗力下降时，大量繁殖，引发疾病。其传播方式不完全清楚，动物之间的直接接触可能是传播方式之一。通过动物直接接触或通过饲养人员和用具间接接触传播。皮肤卫生差，环境潮湿，通风不良，应激状态，免疫力低下等原因，可诱发本病发生。

**(3)临诊症状及病理变化**

犬主要多发生在眼、唇、耳和前腿内侧的无毛处，局部有1～5个小的和周围界限分明的红斑状的病变，痒感不强烈。开始为鳞屑型，患部脱毛，皮肤肥厚，发红并复有糠皮状鳞屑，随后皮肤变红铜色。后期伴有化脓菌侵入，患部脱毛，形成皱褶，生脓疱，流出的淋巴液干涸成为痂皮，重者因贫血及中毒而死亡。

山羊多发生于肩胛、四肢、颈、腹等处。皮下有结节，有时可挤压出干酪样内容物。成年羊较幼年羊症状明显。

牛多发生于头、颈、肩、背、臀等处。形成粟粒至核桃大疖疮，内含淀粉状或脓样物，皮肤变硬、脱毛。

猪多发生于眼周围、鼻和耳，逐渐蔓延。痛痒轻微，病变部皮肤增厚、结节或脓疱。

**(4)诊断**

根据临诊症状及皮肤结节和镜检脓疱内容物发现虫体确诊。方法与疥螨病诊断部分相同；成虫蠕形，长为200~400μm，有4对短粗的足，口器小，体表无毛。吻突小而钝，有针状的螯肢和被压缩的须肢节。雄虫的阴茎在背面的前部；雌虫的生殖孔位于第4对足之间。

**(5)治疗**

局部治疗或药浴时，患部剪毛，清洗痂皮，然后涂擦杀螨药或药浴。

犬局部病变时，可应用鱼藤酮、苯甲酸苄酯或过氧化苯甲酰凝胶等杀螨剂处理。全身病变时，可用9%双甲脒，按每千克体重50~1000mg，每周1次，8~16次为一个疗程。此药有短时的镇静作用，用药后1d内避免惊吓动物。1%伊维菌素，按每千克体重0.2mg，1次皮下注射，10d后再注射1次。有深部化脓时，配合用抗生素。

羊可用伊维菌素，按每千克体重0.2mg，1次皮下注射；或用双甲脒，按每千克体重250mg，患部涂擦，7~10d后再用1次。

**(6)预防措施**

对患病动物进行隔离治疗；圈舍用二嗪哝、双甲脒等喷洒处理，保持干燥和通风；犬患全身性蠕形螨病时不宜繁殖后代。

## 13.7　鸡蜱螨病

**(1)病原**

鸡螨病的病原主要为皮刺螨科的鸡皮刺螨而多发性的一种体外寄生虫病。主要有以下5种病原：

**波斯锐缘蜱**　体扁平，卵圆形，前部钝窄，后部宽圆，吸血后虫体呈红色乃至青黑色，饥饿时为黄褐色。

**鸡皮刺螨**　虫体呈黄色，吸血后变为红色或褐色。体椭圆形，后部稍宽，体表密布细毛，假头和附肢细长，螯肢呈细针状(图13-5)。

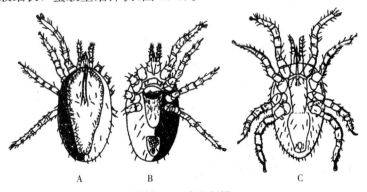

图13-5　鸡皮刺螨
A. 雌虫背面　B. 雌虫腹面　C. 雄虫腹面

**突变膝螨** 虫体灰白色，近圆形，虫体背面的褶襞呈鳞片状，尾端有1对长毛。

**鸡膝螨** 虫体与突变膝螨相似，但较小(图13-6)。

**双梳羽管螨** 虫体柔软而狭长，两侧几乎平行，乳白色。

 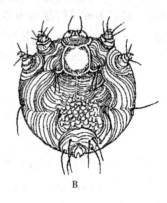

图13-6 膝螨成虫
A. 膝螨雄虫腹面观  B. 膝螨雌虫背面观

**(2)流行病学**

鸡蜱螨的生活史均包括卵、幼螨、若螨和成螨4个阶段。鸡皮刺螨完成一个生活史过程所需时间随温度不同而异，在夏季最快为1周，较寒冷天气要2~3周。

**(3)临诊症状**

**波斯锐缘蜱** 幼蜱、若蜱及成蜱群居于鸡舍的墙、地板等缝隙中，夜间活动，吮吸鸡血液，影响鸡休息，感染严重时可引起鸡消瘦、贫血及生产性能下降。

**鸡皮刺螨** 白天隐藏在鸡舍地板、墙壁、天花板等裂缝内，夜晚则成群爬行于鸡体上，吮吸血液，影响鸡休息，出现贫血、消瘦，生长发育缓慢，成年鸡产蛋量下降。在密集型的笼养鸡群，极易发生本病。

**突变膝螨** 通常寄生于鸡腿上的无毛处及脚趾部，引起足部炎症，皮肤增生，变粗糙，有渗出液溢出，干燥后形成灰白色痂皮，因此本病又称"石灰脚"病。

**鸡膝螨** 寄生于羽毛根部，可引起皮肤发炎及羽毛脱落。

**双梳羽管螨** 寄生于鸡飞羽羽管中，可损伤羽毛。

**(4)治疗**

发生蜱螨病的鸡群，可用拟除虫菊酯类药喷洒鸡体、垫料、鸡舍、槽架等，如溴氰菊酯或杀灭菊酯(戊酸氰醚酯、速灭杀丁)。治疗鸡群林禽刺螨需间隔5~7d连续2次，要确保药物喷至皮肤。

在鸡体患部涂擦70%酒精、碘酊或5%硫黄软膏，效果良好。涂擦1次即可杀死虫体，病灶逐渐消失，数日后痊愈。

**(5)预防措施**

应治疗鸡体和处理鸡舍同时进行，处理鸡舍时应将鸡撤出。认真检查进出场人员、车辆等，防止携带虫体；不同鸡舍之间应禁止人员和器具的流动；防止鸟类进入鸡舍；经常更换垫草并烧毁；避免在潮湿的草地上放鸡。

## 13.8 虱 病

### 13.8.1 禽羽虱

寄生于家禽体表的羽虱分别属于长角羽虱科和短角羽虱科的虫体。主要特征为禽体搔痒，羽毛脱落，食欲下降，生产力降低。

(1)病原

羽虱体长 0.5～1mm，体型扁而宽或细长形。头端钝圆，头部宽度大于胸部。咀嚼式口器。触角分节。雄性尾端钝圆，雌性尾端分两叉。

鸡羽虱主要有长羽虱属广幅长羽虱、鸡翅长羽虱；圆羽虱属鸡圆羽虱；角羽虱属鸡角羽虱；鸡虱属鸡羽虱；体虱属鸡体虱。

鸭鹅羽虱主要有鹅鸭虱属细鹅虱、细鸭虱；鸭虱属鹅巨毛虱、鸭巨毛虱。

(2)生活史

禽羽虱的全部发育过程都在宿主体上完成，包括卵、若虫、成虫3个阶段，其中若虫有3期。虱卵成簇附着于羽毛上，需4～7d孵化出若虫，每期若虫间隔约3d。完成整个发育过程约需3周。

(3)生活习性

大多数羽虱主要是啮食宿主的羽毛和皮屑。鸡体虱可刺破柔软羽毛根部吸血，并嚼咬表皮下层组织。每种羽虱均有其一定的宿主，但一种宿主常被数种羽虱寄生。各种羽虱在同一宿主体表常有一定的寄生部位，鸡圆羽虱多寄生于鸡的背部、臀部的绒毛上；广幅长羽虱多寄生于鸡的头、颈部等羽毛较少的部位；鸡翅长羽虱寄生于翅膀下面。秋冬季绒毛浓密，体表温度较高，适宜羽虱的发育和繁殖。虱的正常寿命为几个月，一旦离开宿主则只能活5～6d。

(4)主要危害

虱采食过程中造成禽体搔痒，并伤及羽毛或皮肉，表现不安，食欲下降，消瘦，生产力降低。严重者可造成雏鸡生长发育停滞，体质日衰，导致死亡。

(5)治疗与预防措施

参照禽螨病。

### 13.8.2 猪血虱

寄生于猪体表的血虱是血虱科血虱属的猪血虱。主要特征为猪体瘙痒。

(1)病原

猪血虱，扁平而宽，灰黄色。雌虱长4～6mm，雄虱长3.5～4mm。身体由头、胸、腹三部分组成。头部狭长，前端是刺吸式口器。有触角1对，分5节。胸部稍宽，分为3节，无明显界限。每一胸节的腹面，有1对足，末端有坚强的爪。腹部卵圆形，比胸部宽，分为9节。虫体胸、腹每节两侧各有1个气孔。

### (2) 生活史

虱的发育为不完全变态，其发育过程包括卵、若虫和成虫。雌、雄虫交配后，雌虱吸饱血后产卵，用分泌的黏液附着在被毛上。虫卵孵化出若虫，若虫与成虫相似，只是体形较小，颜色较光亮，无生殖器官。若虫采食力强，生长迅速，经3次蜕化发育为成虫。虫卵孵出若虫需12～15d；若虫蜕化1次需4～6d；若虫发育为成虫需10～14d。雌虫每次产卵3～4个，产卵持续期2～3周，一生共产卵50～80个。雌虫产完卵后即死亡，雄虫生活期更短。血虱离开猪体仅能生存5～7d。

### (3) 流行病学

直接接触或通过饲养人员和用具间接接触传播。以寒冷季节感染严重，与冬季舍饲、拥挤、运动少、褥草长期不换、空气湿度增加等因素有关。在温暖季节，由于日晒、干燥或洗澡而减少。

### (4) 主要危害

血虱以吸食猪血液为生，耳根、颈下、体侧及后肢内侧最多见。猪经常擦痒，烦躁不安，导致饮食减少，营养不良和消瘦。仔猪尤为明显。当毛囊、汗腺、皮肤腺遭受破坏时，导致皮肤粗糙落屑，机能损害，甚至形成皲裂。

### (5) 诊断

在猪体表发现虫体即可诊断。

### (6) 防制措施

可用敌百虫、双甲脒、螨净、伊维菌素等进行治疗。平时对猪体应经常检查，发现猪血虱，应全群用药物杀灭虫体。

## 13.8.3 犬猫虱病

犬的虱病是由犬啮毛虱（图13-7）引起。此虱为世界分布，也是犬复孔绦虫的传播者。猫虱病是由近喙状猫毛虱引起的，此虱一般只引起一些老猫、病猫和野猫发病。

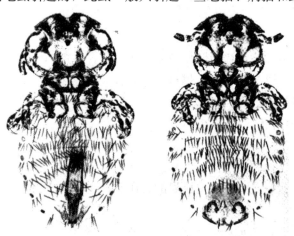

图13-7 犬啮毛虱雄（左）、雌（右）虫

### (1) 流行病学

虱的传染性强。通过直接接触或间接接触（如用具，人的携带）传播。

**犬啮毛虱** 外形短宽，长约 2.0mm，黄色并带有黑斑。雌虱一生约生活 309d，每天产几枚卵。卵粘在被毛基部。1～2 周后孵化，幼虫蜕 3 次皮，经 2 周后发育为成虱。整个生活史需 3～4 周。成虱以组织碎片为食，如离开宿主，3～7d 就会死亡。

**近状猫毛虱** 颜色为黄色到棕褐色，长 1.0～1.5mm。卵产在被毛上，经 10～20d 孵化，2～3 周后发育为成虫。整个生活史需 3～6 周，虱以皮肤碎屑为食。成虫可存活 2～3 周，但离开宿主后只能存活几天。

**(2) 临诊症状**

发病通常和不注意管理、动物衰弱和卫生条件差有关；最初可在肩颈部发现病变。病畜不安，瘙痒，皮肤发炎，脱毛。并可在体表发现病原。

**(3) 诊断**

根据临床症状、特点及在被毛或皮肤上查到虱或虱卵即可确诊。

**(4) 防制**

① 隔离病犬、病猫。
② 所有杀虫剂对虱均有杀灭效果。每周用药 1 次，共用 4 周，用药方法可参阅蚤病。
③ 对同群的所有动物进行灭虱处理。
④ 加强饲养管理，改善卫生条件，提供全价营养，减少发病因素。

## 13.9 犬猫蚤病

**(1) 病原**

犬、猫的常见蚤有犬栉首蚤(图 13-8)和猫栉首蚤(图 13-9)，这两种蚤常引起犬、猫的皮炎，也是犬绦虫的传播者。猫栉首蚤主要寄生于犬、猫，有时也见于其他多种温血动物；犬栉首蚤只限于犬及野生犬科动物。两者均为世界分布。

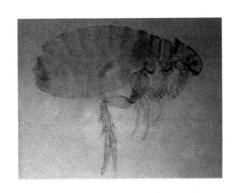

图 13-8 犬栉首蚤成虫

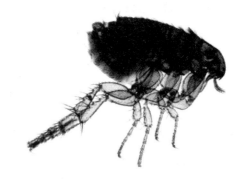

图 13-9 猫栉首蚤成虫

**(2) 流行病学**

成蚤在宿主被毛上产卵，卵很快从被毛上掉下，在适宜的条件下经 2～4d 孵化。有 3 种幼虫，一龄幼虫和二龄幼虫以植物性物质和动物性物质(包括成蚤的排泄物)为食；三龄幼虫不吃食，作茧。茧为卵圆形，肉眼不太容易发现，一般都附着在犬、猫垫料上，经几天后化蛹，后变为成虫。3个幼虫期大约需2周。在适宜的温度和湿度下，从卵发育到成虫需18~21d，但在自然条件下所需时间可能更长，其长短取决于温度、湿度和适宜宿主的存在。成蚤在低温、高湿度的条件下，不吃食也能存活一年或更长时间，但在高温低湿的条件下，几天后死亡。犬、猫通过直接接触或进入有成蚤的地方而发生感染。

**(3) 临诊症状及病理变化**

刺激皮肤，引起瘙痒，犬、猫蹭痒引起皮肤擦伤，贫血，引发过敏性皮炎。一般可见脱毛，被毛上有跳蚤的排泄物，皮肤破溃，下背部和脊柱部位有粟粒大小的结痂。

**(4) 诊断**

①根据临床症状初步判断。

②体表发现跳蚤和跳蚤排泄物：猫栉首蚤和犬栉首蚤的大小变化范围很大，雌蚤长，有时可超过2.5mm，而雄蚤则不足1.0mm；两性之间的大小可相差1倍。蚤的颜色为深褐色；其卵为白色，小，呈球形。

③体内感染犬复孔绦虫，粪便中检出绦虫节片的犬体表一般有蚤寄生。因为犬的复孔绦虫是由蚤传播的。

**(5) 治疗**

许多杀虫剂都可杀死犬、猫的跳蚤，但杀虫剂都有一定的毒性，猫对杀虫剂比犬敏感，用时更加小心。

**有机磷酸盐**　这类化合物中，有些是非常有效的杀虫剂，毒性较大。但已发现对此药产生耐药性蚤群。

**氨基甲酸酯**　比有机磷类杀虫剂毒性略小。

**除虫菊酯类**　毒性较小，但接触毒性表现得快而强烈，可用于幼犬和幼猫。

**伊维菌素类药物**　毒性较小，是目前较好的杀跳蚤药。

**(6) 预防措施**

①对同群犬、猫进行驱虫。

②对周围环境进行药物喷雾或应用商品杀虫剂，清扫地毯和犬、猫床铺或垫料。

③注意环境卫生，保持环境干燥。

④目前已有药物性除虫项圈可用于蚤病的预防。

## 13.10　羊鼻蝇蛆病

羊鼻蝇蛆病是由羊狂蝇的幼虫寄生于羊的鼻腔及其附近的腔窦中引起的，呈现慢性鼻炎症状。羊狂蝇也称羊鼻蝇(图13-10)。该病在我国北方广大地区较为常见，流行严重的地区感染率可高达80%。

**(1) 流行病学**

成蝇不采食不营寄生生活。出现于每年的5~9月间，尤以7~9月间较多。雌雄交配后，雄蝇即死亡。雌蝇生活至体内幼虫形成后，在炎热晴朗无风的白天活动，遇羊时即突然冲向羊鼻，将幼虫产于羊的鼻孔内或鼻孔周围，一次能产下20~40个幼虫。每只雌蝇在数日内可产幼虫 500~600 个，产完幼虫后死亡。刚产下的一期幼虫以口前钩固着于鼻黏膜上，爬入鼻腔，并渐向深部移行，在鼻腔、额窦或鼻窦内经两次蜕化变为三期幼虫。幼虫在鼻腔和额窦等处寄生 9~10 个月。到翌年春天，发育成熟的三期幼虫由深部向浅部移行，当患羊打喷嚏时，幼虫被喷落地面，钻入土内化蛹。蛹期 1~2 个月，其后羽化为成蝇。成蝇寿命 2~3 周。本病主要分布于北方养羊地区。本虫在北方较冷地方每年仅繁殖一代；而在温暖地区，每年可繁殖两代。绵羊的感染率比山羊高。

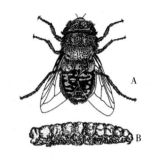

图 13-10　羊鼻蝇不同时期虫体
A. 羊鼻蝇成虫　B. 羊鼻蝇第 3 期幼虫

**(2) 临诊症状与病理变化**

成虫在侵袭羊群产幼虫时，羊只不安，互相拥挤，频频摇头、喷鼻，或以鼻孔抵于地面，或以头部埋于另一羊的腹下或腿间，严重扰乱羊的正常生活和采食，使羊生长发育不良且消瘦。当幼虫在羊鼻腔内固着或移动时，以口前钩和体表小刺机械地刺激和损伤鼻黏膜，引起黏膜发炎和肿胀，有浆液性分泌，后转为黏液脓性，间或出血，鼻腔流出浆液性或脓性鼻液，鼻液在鼻孔周围干涸，形成鼻痂，并使鼻孔堵塞，呼吸困难。患羊表现为打喷嚏，摇头，甩鼻子，磨牙，磨鼻，眼睑水肿，流泪，食欲减退，日益消瘦。数月后症状逐步减轻，但到发育为第 3 期幼虫，虫体变硬、增大，并逐步向鼻孔移行，症状又有所加剧。少数第 1 期幼虫可能进入鼻窦，虫体在鼻窦中长大后，不能返回鼻腔，而致鼻窦发炎，甚或病害累及脑膜，此时可出现神经症状。其中以转圈运动较多见，因此本病又称"假回旋病"，应与脑多头蚴病加以区别。最终可导致死亡。

**(3) 诊断**

根据症状、流行病学和尸体剖检，可作出诊断。为了早期诊断，可用药液喷入鼻腔，收集用药后的鼻腔喷出物，发现死亡幼虫，加以确诊。出现神经症状时，应与羊多头蚴症和莫尼茨绦虫病相区别。

**(4) 治疗**

伊维菌素或阿维菌素，每千克体重 0.2mg，皮下注射或口服，连用 2~3 次。可杀灭各期幼虫。

氯氰碘柳胺钠，5% 注射液按每千克体重 5~10mg，皮下或肌肉注射；5% 混悬液，按每千克体重 10mg，1 次口服。可杀灭各期幼虫。

敌百虫，配成 3% 的水溶液，向两侧鼻腔内喷射，可杀灭鼻腔中幼虫，效果很好，剂量为每侧 7~10mL；或按每千克体重 75mg，配成水溶液口服；或以 5% 溶液肌肉注射。对第 1 期幼虫效果较好。

**(5) 预防措施**

北方地区可在 11 月进行 1~2 次治疗，可杀灭第 1、第 2 期幼虫，同时避免发育为第 3 期幼虫，以减少危害。

## 13.11 牛皮蝇蛆病

本病是由皮蝇科皮蝇属的幼虫寄生于牛的背部皮下组织引起的疾病。又称牛皮蝇蚴病。有时也可感染马、驴及野生动物，人也有被感染的报道。主要特征为引起患牛消瘦，生产能力下降，幼畜发育不良，尤其是引起皮革质量下降。

**(1)病原**

主要有以下两种：

**牛皮蝇** 外形似蜂，全身被有绒毛，成蝇长约15mm，口器退化，不能采食，也不叮咬牛。虫卵为橙黄色，长圆形，大小为0.8mm×0.3mm。第1期幼虫长约0.5mm。第2期幼虫长3～13mm。第3期幼虫体粗壮，颜色随虫体的成熟程度而呈现淡黄、黄褐及棕褐色，长可达28mm，最后两节背、腹均无刺，背面较平，腹面凸而且有很多结节，有两个后气孔，气门板呈漏斗状(图13-11)。

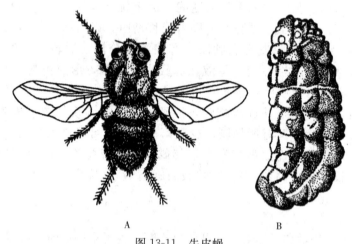

图13-11 牛皮蝇
A. 成蝇 B. 第3期幼虫

**纹皮蝇** 成蝇、虫卵及各个时期幼虫的形态与牛皮蝇基本相似。第3期幼虫体长约26mm，最后一节无刺。

**(2)生活史**

两种皮蝇的发育相似，均属完全变态，经卵、幼虫、蛹和成蝇4个阶段。牛皮蝇成蝇多在夏季出现，雌、雄蝇交配后，雄蝇死亡。雌蝇在牛体产卵，产卵后死亡。虫卵很快孵出第1期幼虫，经毛囊钻入皮下，沿外周神经膜组织移行至椎管硬膜的脂肪组织中，蜕皮变成第2期幼虫，然后从椎间孔钻出移行至背部皮下组织蜕皮发育为第3期幼虫，在背部皮下形成指头大瘤状突起，皮肤有小孔与外界相通，成熟后落地化蛹，最后羽化为成蝇。

纹皮蝇主要产卵于牛的四肢被毛上。第1期幼虫经毛囊钻入皮下后，沿疏松结缔组织向胸腹腔移行，在食道壁停留，蜕皮变成第2期幼虫，再移行至背部皮下蜕皮发育为第3期幼虫。

成蝇在外界只存活5~6d。虫卵孵出第1期幼虫需4~7d；第1期幼虫到达椎管或食道的移行期约2.5个月，在此停留期约5个月；在背部皮下寄生2~3个月，一般在第2年春天离开牛体；蛹期为1~2个月。幼虫在牛体内全部寄生时间为10~12个月。

(3)流行病学

本病经皮肤感染，主要流行于我国西北、东北及内蒙古地区。多在夏季发生感染，与成蝇的出现相关，牛皮蝇一般出现于6~8月，纹皮蝇出现于4~6月。

(4)临诊症状

成蝇虽然不叮咬牛，但在夏季繁殖季节，成群围绕牛飞翔，尤其是雌蝇产卵时引起牛惊恐不安、奔跑，影响采食和休息，引起消瘦，易造成外伤和流产，生产能力下降等。幼虫钻进皮肤时，引起局部痛痒，牛表现不安。有时因幼虫移行伤及延脑或大脑可引起神经症状，严重者可引起死亡。

(5)病理变化

幼虫在体内移行时，造成移行各处组织损伤，在背部皮下寄生时，引起局部结缔组织增生和发炎，背部两侧皮肤上有多个结节隆起。当继发细菌感染时，可形成化脓性瘘管，幼虫钻出后，瘘管逐渐愈合并形成瘢痕，严重影响皮革质量。幼虫分泌的毒素损害血液和血管，引起贫血。

(6)诊断

根据流行病学、临诊症状及病理变化进行综合确诊。当幼虫寄生于背部皮下时容易确诊。初期用手触摸可触诊到皮下结节，后期眼观可见隆起，用手挤压可挤出幼虫，但注意勿将虫体挤破，以免发生变态反应。夏季在牛被毛上发现单个或成排的虫卵可为诊断提供参考。

(7)治疗

伊维菌素或阿维菌素，每千克体重0.2mg皮下注射。蝇毒灵，每千克体重10mg，肌肉注射。2%敌百虫水溶液300mL，在牛背部皮肤上涂擦。还可以选用倍硫磷、皮蝇磷等。

当幼虫成熟而且皮肤隆起处出现小孔时，可用手挤压小孔周围，把幼虫挤出。除注意不要挤破虫体外，要将挤出的虫体集中焚烧。

(8)预防措施

消灭牛体内幼虫，既可治疗，又可防止幼虫化蛹，具有预防作用。在流行区感染季节可用敌百虫、蝇毒灵等喷洒牛体，每隔10d用药1次，防止成蝇产卵或杀死第1期幼虫。其他药物治疗方法均可用于预防。

## 13.12 马胃蝇蛆病

该病是由双翅目胃蝇科胃蝇属幼虫(图13-12)寄生于马属动物胃肠道内所引起的一种慢性寄生虫病。宿主高度贫血、消瘦、中毒、使役力下降，严重时衰竭死亡。我国各地普遍存在，主要流行于西北、东北、内蒙古等地。除马属动物外，偶尔寄生于兔、犬、猪和人胃内。

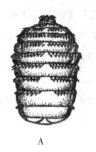

图 13-12 马胃蝇第 3 期幼虫
A. 肠胃蝇 B. 红尾胃蝇 C. 兽胃蝇 D. 鼻胃蝇

**(1)流行病学**

马胃蝇属完全变态，每年完成一个生活周期。以肠胃蝇为例：雌虫产卵在马的肩部、胸、腹及腿部被毛上，一生产卵 700 枚左右。卵多粘在毛的上半部，每根毛上附卵 1 枚，约经 5d 形成幼虫；幼虫在外力作用下（摩擦、啃咬等）逸出，在皮肤上爬行，马啃咬时食入第 1 期幼虫，在口腔黏膜下或舌的表层组织内寄生 1 个月左右，蜕化为 2 期幼虫并移入胃内，发育为 3 期幼虫。到翌年春季幼虫发育成熟，随粪便排至外界落入土中化蛹，蛹期 1~2 月，后羽化为成蝇。成蝇活动季节多在 5~9 月，以 8~9 月最盛。干旱、炎热的气候和管理不良以及马匹消瘦等有利于本病流行。多雨、阴天不利于马胃蝇发育。

各种胃蝇产卵部位不同。肠胃蝇产卵于前肢球节及前肢上部、肩等处，鼻胃蝇产卵于下颌间隙；红尾胃蝇产卵于口唇周围和颊部；兽胃蝇产卵于地面草上。

本病在我国各地普遍存在，尤其是东北、西北、内蒙古等地感染率最高。

**(2)致病性与临诊症状**

成虫产卵时，骚扰马匹休息和采食，马胃蝇幼虫在整个寄生期间均有致病作用。病情轻重与马匹体质和幼虫数量及虫体寄生部位有关。发病初期，幼虫引起口腔、舌部和咽喉部水肿、炎症甚至溃疡。病马表现咀嚼、吞咽困难、咳嗽、流涎、打喷嚏，有时饮水从鼻孔流出。

幼虫移行至胃及十二指肠后，引起慢性胃肠炎、出血性胃肠炎等。幼虫吸血，加之虫体毒素作用，使动物出现营养障碍为主的症状，如食欲减退、消化不良、贫血、消瘦、腹痛等，甚至逐渐衰竭死亡。

幼虫叮着部位呈火山口状，伴以组织的慢性炎症和嗜酸性细胞浸润，甚至胃穿孔和较大血管损伤及继发细菌感染。有时幼虫阻塞幽门部和十二指肠。如寄生于直肠时可引起充血、发炎，表现排粪频繁或努责。幼虫刺激肛门，病马摩擦尾部，引起尾根和肛门部擦伤和炎症。

**(3)诊断**

本病无特殊症状，主要以消化扰乱和消瘦为主，与其他消化系统疾病症状相似，因此应结合流行特点分析辨别，包括了解既往病史，马是否从流行地区引进；夏季可检查马体被毛上有无胃蝇卵，蝇卵呈浅黄色或黑色，前端有一斜的卵盖。检查口腔、咽部有无虫体寄生；春季注意观察马粪中有无幼虫，发现尾毛逆立、频频排粪的马匹，详细检查肛门和直肠上有无幼虫寄生，必要时进行诊断性驱虫；尸体剖检可在胃、十二指肠或喉头找到幼虫。3 期幼虫呈红色或黄色，粗大，长 13～20mm，有口前钩，虫体由 11 节构成，每节前缘有刺 1～2 列。虫体末端齐平，有 1 对后气门。

**(4)治疗**

兽用精制敌百虫：每千克体重 30～40mg，配成 10%～20% 水溶液，一次投服，用药后 4h 内禁饮。

伊维菌素：按每千克体重 0.2mg，皮下注射，也有一定效果。

敌敌畏：按每千克体重 40mg，一次投服。

二硫化碳：成马 20mL，2 岁内幼驹 9mL，分早、中、晚 3 次给药，每次 1/3，用胶囊或胃管投服。投药前 2h 停喂，投药后不必投泻药。但最好停止使役 3d。本药能驱除全部幼虫。孕马、胃肠病马、虚弱马忌用。

被毛上的虫卵可重复用热蜡洗刷，也可用点着的酒精棉球烧撩。

杀灭体表第一期幼虫，可用 1%～2% 敌百虫水溶液喷洒或涂擦马体，每 6～10d 重复一次，但药物对卵内的幼虫效果很差。

对口腔内幼虫，可涂擦 5% 敌百虫豆油（敌百虫加于豆油内加温溶解），涂 1～3 次即可。也可用镊子摘除虫体。

**(5)预防措施**

流行地区每年秋冬两季进行预防性驱虫，这样既能保证马匹的健康安全过冬春，又能消灭幼虫，达到消灭病原的目的。

## 复习思考题

1. 简述硬蜱主要形态特点，对动物的主要危害、防制措施。
2. 简述疥螨和痒螨的主要形态特征，对动物的主要危害、防制措施。
3. 简述蠕形螨主要侵害的动物及寄生部位。如何治疗？

# 第14章 动物原虫病

## 14.1 原虫概述

原虫是单细胞动物，整个虫体由一个细胞构成。在长期的进化过程中，原虫获得了高度发达的细胞器，具有与高等动物器官相类似的功能。

### 14.1.1 原虫形态和构造

**(1) 基本形态构造**

原虫微小，多数在 $1\sim30\mu m$，有圆形、卵圆形、柳叶形或不规则等形状，其不同的发育阶段可有不同的形态。原虫的基本构造包括胞膜、胞质和胞核3部分。

**胞膜** 是由3层结构的单位膜组成，能不断更新，胞膜可保持原虫的完整性，参与摄食、营养、排泄、运动和感觉等生理活动。有些寄生性原虫的胞膜带有很多受体、抗原、酶类、甚至毒素。

**胞质** 细胞中央区的细胞质称为内质，周围区的称为外质。内质呈溶胶状态，承载着细胞核、线粒体、高尔基体等。外质呈凝胶状，起着维持虫体结构刚性的作用。鞭毛、纤毛的基部及其相关纤维结构均包埋于外质中。原虫外膜和直接位于其下方的结构常称作表膜。表膜微管或纤丝位于单位膜的紧下方，对维持虫体完整性有作用。

**胞核** 除纤毛虫外，大多数均为囊泡状，其特征为染色质分布不均匀，在核液中出现明显的清亮区，染色质浓缩于核的周围区域或中央区域。有一个或多个核仁。

**(2) 运动器官**

原虫的运动器官有4种，分别是鞭毛、纤毛、伪足和波动嵴。

**鞭毛** 由中央的轴丝和外鞘组成。鞭毛可以做多种形式的运动，快与慢，前进与后退，侧向或螺旋形。轴丝起始于细胞质中的一个小颗粒，称为基体。

**纤毛** 结构与鞭毛相似。纤毛与鞭毛唯一不同的地方是运动时的波动方式。

**伪足** 是肉足鞭毛亚门虫体的临时性器官，它们可以引起虫体运动以捕获食物。

**波动嵴** 是孢子虫定位的器官，只有在电镜下才能观察到。

**(3) 特殊细胞器**

一些原生动物还有一些特殊细胞器，即动基体和顶复体。

**动基体** 为动基体目原虫所有。动基体是一个重要的生命活动器官。
**顶复体** 是顶复门虫体在生活史的某些阶段所具有的特殊结构,只有在电镜下才能观察到。顶复体与虫体侵入宿主细胞有着密切的关系。

### 14.1.2 原虫的生殖

原虫的生殖方式有无性和有性生殖两种(图14-1)。

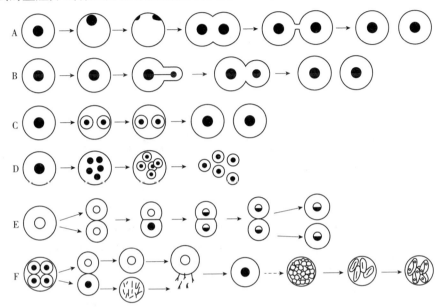

图 14-1 原虫生殖示意图
A. 二分裂  B. 外出芽生殖  C. 内出芽生殖  D. 裂殖生殖  E. 接合生殖  F. 配子生殖和孢子生殖

**(1)无性生殖**

**二分裂**  即一个虫体分裂为两个。分裂顺序是先从基体开始,而后动基体、核,再细胞。鞭毛虫常为纵二分裂,纤毛虫为横二分裂。

**裂殖生殖**  也称复分裂。细胞核和其基本细胞器先分裂数次,而后细胞质分裂,同时产生大量子代细胞。裂殖生殖中的虫体称为裂殖体,后代称为裂殖子。一个裂殖体内可包含数十个裂殖子。球虫常以此方式生殖。

**孢子生殖**  是在有性生殖配子生殖阶段形成合子后,合子所进行的复分裂。经孢子生殖,孢子体可以形成多个子孢子。

**出芽生殖**  即先从母细胞边缘分裂出一个小的子个体,逐渐变大。梨形虫常以这种方法生殖。

**内出芽生殖**  又称内生殖,即先在母细胞内形成两个子细胞,子细胞成熟后,母细胞被破坏。如经内出芽生殖法在母体内形成2个以上的子细胞,称为多元内生殖。

**(2)有性生殖**

有性生殖首先进行减数分裂,由双倍体转变为单倍体,然后两性融合,再恢复双倍体。有两种基本类型:

**接合生殖**  多见于纤毛虫。两个虫体并排结合,进行核质的交换,核重建后分离,成为两个含有新核的虫体。

**配子生殖** 虫体在裂殖生殖过程中，出现性的分化，一部分裂殖体形成大配子体（雌性），一部分形成小配子体（雄性）。大小配子体发育成熟后，形成大、小配子。一个小配子体可以产生许多个小配子，一个大配子体只产生一个大配子。小配子进入大配子内，结合形成合子。合子可以再进行孢子生殖。

## 14.2 球虫病

### 14.2.1 鸡球虫病

鸡球虫病是一种全球性的原虫病，它是集约化养鸡业最为多发、危害严重且防治困难的疾病之一，是对鸡危害最严重的寄生虫病，也是所有动物疾病中经济损失最严重的疾病之一。目前已被美国农业部列为对禽类危害最严重的五大疾病之一。该病是由孢子虫纲艾美耳科艾美耳属的多种球虫（图14-2、图14-3）寄生于鸡的肠道引起的，分布很广，世界各地普遍发生，多危害15~50日龄的雏鸡，发病率高达50%~70%，死亡率为20%~30%，严重者高达80%。成年鸡多为带虫者，但对增重和产蛋有一定的影响。一些感染鸡群不产生明显的临床型球虫病，而以生产能力下降为主要表现的亚临床型球虫病，造成的隐性损失可能更大，而应用药物防治及研制新药等造成的间接损失更是难以估量。

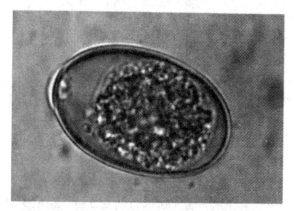

图14-2 艾美尔球虫未孢子化卵囊

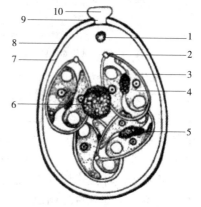

图14-3 艾美耳球虫孢子化卵囊构造
1.极粒 2.斯氏体 3.孢子囊 4.子孢子
5.孢子囊残体 6.卵囊残体 7.卵囊内壁
8.卵囊外壁 9.卵膜孔 10.极帽

**(1)流行病学**

鸡球虫是宿主特异性和寄生部位特异性都很强的原虫，鸡是各种鸡球虫的唯一宿主。各国已经记载的鸡球虫种类共有13种之多，我国已发现9个种，但目前世界公认的有7种，它们是柔嫩艾美耳球虫、毒害艾美耳球虫、堆形艾美耳球虫、布氏艾美耳球虫、巨型艾美耳球虫、和缓艾美耳球虫和早熟艾美耳球虫。各种球虫的致病性不同，以柔嫩艾美耳球虫的致病性最强，其次为毒害艾美耳球虫，但生产中多是一个以上种球虫混合感染。所有日龄和品种的鸡都有易感性，但其免疫力发展很快，并能限制其再感染。球虫病一般暴发于3~6周龄的雏鸡，2周龄以内的雏鸡很少发病，毒害艾美耳球虫常危害8~18周龄的鸡。

鸡球虫与其他各种动物球虫的发育过程一样，均包括孢子生殖、裂殖生殖和配子生殖3个阶段。卵囊随粪便排出体外，在合适的温度和湿度条件下，经一定时间发育为成熟的孢子化卵囊，每个孢子化卵囊内含4个孢子囊，每个孢子囊内含2个子孢子。孢子化卵囊随饲料、饮水等进入鸡的消化道内，在胃肠消化液的作用下卵囊壁破裂，子孢子释出，侵入其寄生部位的肠上皮细胞，进行裂殖生殖；各种球虫的裂殖生殖代次不同，经数代裂殖生殖后，最后一代裂殖子侵入上皮细胞进行配子生殖，形成大配子体和小配子体，进一步发育形成大配子和小配子，大、小配子结合生成合子，合子进一步成熟形成卵囊排出体外。卵囊在外界合适的温度和湿度条件下，进行孢子发育，卵囊内形成4个孢子囊，每个孢子囊内再形成2个子孢子，这时的卵囊称为孢子化卵囊，这种孢子化卵囊具有再次侵入宿主的能力。球虫发育过程中的裂殖生殖阶段和配子生殖阶段在宿主上皮细胞内进行，因此又称为内生发育，而孢子发育在宿主体外进行，又称为外生发育。

病鸡排出卵囊达数月之久，因而是主要传染源。鸡通过摄入有活力的孢子化卵囊遭受感染，被粪便污染过的饲料、饮水、土壤或器具等都有卵囊的存在；其他动物、尘埃和管理人员，都可成为球虫病的机械传播者。

卵囊对恶劣的外界环境条件和消毒剂具有很强的抵抗力。在土壤中可以存活4~9个月。温暖潮湿的地区有利于卵囊的发育，在合适的温度、湿度和氧气条件下，经过18~30h发育为孢子化卵囊，但低温、高温和干燥均会延迟卵囊的孢子化过程，有时会杀死卵囊。

饲养管理条件不良和营养缺乏能促使本病的发生。拥挤、潮湿或卫生条件恶劣的鸡舍最易发病。本病多在温暖潮湿的季节流行。在我国北方，4~9月为流行季节，以7~8月最为严重。而舍饲的鸡场中，一年四季均可发病。

**(2) 病原形态特征、寄生部位、症状和病理变化**

鸡球虫是宿主特异性和寄生部位特异性都很强的原虫，鸡是其唯一天然宿主。鸡7种球虫的寄生部位和致病性各不相同，现分述如下：

① 柔嫩艾美耳球虫：

**形态** 多为宽卵圆形，少数为椭圆形，大小为$(19.5\sim26.0)\mu m \times (16.5\sim22.8)\mu m$，平均为$22.0\mu m \times 19.0\mu m$；卵形指数为1.16；原生质呈淡褐色，卵囊壁为淡黄绿色；最短孢子化时间是18h。最短潜隐期是115h。

**寄生部位** 主要寄生于盲肠及其附近区域，是致病力最强的一种球虫。常在感染后第5天及第6天引起盲肠严重出血和高度肿胀，后期出现干酪样肠芯，因此柔嫩艾美耳球虫又称盲肠球虫。

**症状** 对3~6周龄的雏鸡致病性最强。病初食欲不振，随着盲肠损伤的加重，出现下痢，血便，甚至排出鲜血。病鸡战栗，拥挤成堆，体温下降；食欲废绝，最终由于肠道炎症、肠细胞崩解等原因造成的有毒物质被机体吸收，导致自体中毒死亡。严重感染时，死亡率高达80%。

**病理变化** 病变主要在盲肠。病理变化与虫体在体内的发育过程一致。严重感染病例，感染后第4天末和第5天，裂殖生殖逐渐加剧，盲肠高度肿大，肠腔中充满血凝块和脱落的黏膜碎片。到感染后6~7d，盲肠中的血液和脱落黏膜逐渐变硬，形成红色或红白相间的肠芯，在感染后第8天从黏膜上脱落下来。轻度感染时，病变较轻，无明显出血，黏膜肿胀，从浆膜面可见脑回样结构，在感染后第10天左右黏膜再生恢复。而严重感染者，黏膜的损伤难以完全恢复。

②毒害艾美耳球虫：

**形态** 卵囊为卵圆形，大小为(13.2~22.7)μm×(11.3~18.3)μm，平均为20.4μm×17.2μm；卵形指数为1.19；卵囊壁光滑、无色；最短孢子化时间为18h。

**寄生部位** 其裂殖生殖阶段主要寄生于小肠中1/3段，尤以卵黄蒂前后最为常见，严重时可扩展到整个小肠，是小肠球虫中致病性最强的，其致病性仅次于盲肠球虫。第2代裂殖子向小肠后部移动，在盲肠的上皮细胞内进行配子生殖。

**症状和病理变化** 致病性较强。通常发生于2月龄以上的中雏鸡，患鸡精神不振，翅下垂，弓腰，下痢和脱水。小肠中部高度肿胀或气胀，有时可达正常时的2倍以上，这是本病的重要特征。肠壁充血、出血和坏死，黏膜肿胀增厚，肠内容物中含有多量的血液、血凝块和坏死脱落的上皮组织。感染后第5天出现死亡，第7天达高峰，死亡率仅次于盲肠球虫。病程可延续到第12天。

③堆型艾美耳球虫：

**形态** 卵囊卵圆形，大小为(17.7~20.2)μm×(13.7~16.3)μm，平均为18.3μm×14.6μm；卵囊壁淡黄绿色；最短孢子化时间为17h。

**寄生部位** 主要寄生于十二指肠和空肠，偶尔延及小肠后段。

**症状和病理变化** 有较强的致病性，病变主要集中于十二指肠。轻度感染时，病变局限于十二指肠袢，呈散在局灶性灰白色病灶，横向排列呈梯状。严重感染时可引起肠壁增厚和病灶融合成片。病变可从浆膜面观察到，病初黏膜变薄，覆以横纹状白斑，外观呈梯状；肠道苍白，含水样液体。

④布氏艾美耳球虫：

**形态** 卵囊大小为(20.7~30.3)μm×(18.1~24.2)μm，平均大小为18.8μm×24.6μm；卵形指数为1.31；最短孢子化时间为18h。

**寄生部位** 寄生于小肠后部、盲肠近端和直肠。第1和第2代裂殖生殖主要在十二指肠后段、空肠和回肠中进行，其中以空肠和回肠居多。第2代裂殖子出现后，移行至小肠后1/5处。第3代裂殖生殖、配子生殖和卵囊形成主要在空肠、回肠和盲肠近端进行，其中以回肠和盲肠居多。

**症状和病理变化** 具有较强的致病性。每只鸡感染0.5万个卵囊即可明显影响鸡只增重，感染10万~20万卵囊/只可导致10%~20%的死亡率。病变主要发生于小肠至直肠部位，浆膜面可见肠系膜血管和肠壁血管充血，肠道变细，肠壁变薄，呈粉红色至暗红色，肠黏膜出血，肠内容物以黏液和少量血液为主。感染后5~7d，整个小肠呈现干酪样的侵蚀，粪便中有凝固的血液和黏膜碎片。

⑤巨型艾美耳球虫：

**形态** 卵囊大，是鸡球虫中最大的。卵圆形，一端圆钝，一端较窄；大小为(21.75~40.5)$\mu m$×(17.5~33.0)$\mu m$，平均为30.76$\mu m$×23.9$\mu m$；卵形指数为1.47；卵囊黄褐色，囊壁浅黄色；最短孢子化时间为30h。

**寄生部位** 寄生于小肠，以中段为主。

**症状** 该虫种具有中等程度的致病力。临诊常见严重的消瘦、苍白、羽毛蓬松、食欲不振和下痢。感染20万个卵囊可引起死亡。

**病理变化** 剖检可见肠腔胀气、肠壁增厚，肠道内有黄色至橙色的黏液和血液。无性繁殖阶段虫体寄生于小肠上皮细胞的浅层，对组织的损伤较轻微；在感染后5~8d，有性繁殖阶段在肠壁深部进行，引起肠壁充血、水肿，形成淤斑，严重者肠黏膜大量崩解。

⑥和缓艾美耳球虫：

**形态** 小型卵囊，近球形。卵囊大小为(11.7~18.7)$\mu m$×(11.0~18.0)$\mu m$，平均大小为15.6$\mu m$×14.2$\mu m$；卵形指数为1.09；卵囊壁为淡黄绿色，初排出时的卵囊；原生质团呈球形，几乎充满卵囊；最短孢子化时间是15h。

**寄生部位** 寄生于小肠前半段，病变一般不明显，但现已证明，该虫种对增重具有潜在的致病作用。

**症状和病理变化** 有较轻的致病性，可引起增重不良和失去色素，近年来的研究表明，本种所引起的亚临床型球虫病对增重和饲料转化率有较大的影响。但缺乏特征性病变，故往往被忽略或误诊。剖检病鸡时，可见小肠下段苍白。做黏膜涂片，在显微镜下可见大量小型卵囊，根据其卵囊的形态特点即可与其他球虫相区别。

⑦早熟艾美耳球虫：

**形态** 卵囊呈卵圆形或椭圆形，大小为(19.8~24.7)$\mu m$×(15.7~19.8)$\mu m$，平均为21.3$\mu m$×17.1$\mu m$；卵囊指数为1.24；原生质无色，囊壁呈淡绿色；最短潜隐期为83h。

**寄生部位** 寄生于小肠前1/3部位。致病性不强，病变不明显，但严重感染时可引起饲料转化率的降低。

(3)诊断

①粪便检查：用饱和盐水漂浮法和直接涂片法检查粪便中的卵囊。

②由于鸡的带虫现象非常普遍，所以，仅在粪便和肠壁刮取物中检获卵囊不足以作为鸡球虫病的诊断依据。正确的诊断，必须根据粪便检查、临诊症状、流行病学调查和病理变化等多方面因素加以综合判断。根据病变位置、特征和卵囊的大小、形状等可初步鉴定虫种。一般情况下多为两个以上虫种混合感染。

(4)治疗

鸡场一旦暴发球虫病，应立即进行治疗。常用的治疗药如下：

**磺胺类** 如磺胺二甲基嘧啶($SM_2$)、磺胺喹恶啉(SQ)等，按一定比例混入饲料或饮水给药。

**氨丙啉** 按0.012%~0.024%混入饮水，连用3d。

**百球清** 2.5%溶液，按0.0025%混入饮水，连用3d。

**（5）预防措施**

目前所有集约化养鸡场都必须对球虫病进行预防。传统的方法主要是药物预防，即从雏鸡出壳后第1天即开始使用抗球虫药，但由于抗药性和药物残留问题的困扰，近年来人们愈加重视免疫预防。下面分别介绍药物预防和免疫预防。

**药物预防** 预防用的抗球虫药有数十种，以下是几种主要药物：

氨丙啉，按0.0125%混入饲料，鸡的整个生长期都用药。

尼卡巴嗪(Nicarbazinum)，按0.0125%混入饲料，休药5d。

氯苯胍(Robenidine)，按0.0003%混入饲料，休药5d。

马杜拉霉素(Maduramycin)，按0.005%~0.007%混入饲料，无休药期。

拉沙里菌素(Lasalocid)，按0.0075%~0.0125%混入饲料，休药3d。

莫能菌素(Monensin)，按0.0001%混入饲料，无休药期。

盐霉素(Salinomycin)，按0.005%~0.006%混入饲料，无休药期。

常山酮(Halofuginone)，按0.0003%混入饲料，休药5d。

氯氰苯乙嗪(Diclazuril)，按0.0001%混入饲料，无休药期。

各种抗球虫药连续使用一定时间后，都会产生不同程度的抗药性。通过合理使用抗球虫药，可以减缓抗药性的产生，延长抗球虫药的使用寿命，而且可以提高防治效果。对肉鸡常采用下列两种用药方案来防止抗药性的产生：

穿梭用药：即在开始时使用一种药物，至生长期时使用另一种药物。常常是将化药和离子载体类药物穿梭应用。

轮换用药：合理地变换使用抗球虫药，在不同的季节使用不同的抗球虫药，或不同批次的鸡应用不同的抗球虫药。

**免疫预防** 药物预防球虫病在20世纪20年代至今，为养鸡业的发展作出了很大贡献，但随之而来的问题是：球虫抗药性的不断产生和肉蛋产品中的药物残留问题，进而造成预防失败以及危害人们的身体健康，许多发达国家更是对药物的残留有苛刻的规定，使得药物预防越来越受到限制。为了避免药物残留对环境和食品的污染以及抗药虫株的产生，免疫预防越来越受到重视。目前已有数种球虫疫苗，主要分为两类：活毒虫苗和早熟弱毒虫苗。其中国际上已有4种商品化疫苗大量使用，它们是：Coccicox（美国）、Immucox（加拿大）、Paracox（英国）、Livacox（捷克），前两种是由少量未致弱的活卵囊制成的活虫苗，第三种是由早熟虫株制成的弱毒虫苗，第四种是活卵囊和弱毒卵囊混合制成的虫苗。目前已在生产中得到较好的预防效果。国内也有几家教学和科研单位研制球虫苗，其效果与进口球虫苗相当。

### 14.2.2 鸭球虫病

寄生于鸭的球虫包括艾美耳属、泰泽属、温扬属和等孢属的多种球虫，目前已报道的有18种寄生于鸭肠道上皮细胞，根据中国农业大学家畜寄生虫学教研组的调查，寄生于我国京津地区北京鸭主要致病种是毁灭泰泽球虫和菲莱氏温扬球虫，寄生于鸭的小肠上皮细胞，尤以前者最为严重。临诊上多为混合感染，其发病率为30%~90%，死亡率为29%~70%，耐过病鸭生长发育受阻，增重缓慢，对养鸭业造成巨大经济损失。

**(1) 病原**

**毁灭泰泽球虫** 卵囊椭圆形,浅绿色;无卵膜孔,大小为$(9.2\sim13.2)\mu m\times(7.2\sim9.9)\mu m$,平均为$11\mu m\times8.8\mu m$;卵囊指数为1.2;孢子化卵囊内无孢子囊,8个裸露的子孢子游离于卵囊内。

**菲莱氏温扬球虫** 卵囊大,卵圆形,浅蓝绿色;卵囊大小为$(13.3\sim22)\mu m\times(10\sim12)\mu m$,平均为$17.2\mu m\times11.4\mu m$;卵囊指数为1.5;孢子化卵囊内含4个孢子囊,每个孢子囊内含4个子孢子。

**(2) 临诊症状与病理变化**

毁灭泰泽球虫和菲莱氏温扬球虫均寄生于小肠上皮细胞内,发育过程与鸡球虫类似。前者致病性较强,后者发病轻微,临诊上多为两种球虫混合感染,对雏鸭危害较大。人工感染后4d,病鸭出现精神委顿、缩脖、食欲下降、渴欲增加等症状,拉稀,随后排血便,粪便呈暗红色、腥臭。多于感染后4~5d死亡。临诊上发病当日或2~3d后出现死亡,死亡率一般为20%~30%,严重感染时可达80%,耐过病鸭生长发育受阻。成年鸭很少发病,但常常成为球虫的携带者和传染源。

毁灭泰泽球虫常引起严重的病变,小肠呈泛发性出血性肠炎,尤以小肠中段最为严重。肠壁肿胀出血,黏膜上密布针尖大小的出血点,或上覆一层麸糠样或奶酪样黏液,或者是红色胶冻样黏液。菲莱氏温扬球虫的致病性较弱,仅见回肠后部和直肠轻度出血,上有散在出血点,严重者直肠黏膜弥漫性出血。

**(3) 诊断**

与鸡球虫病的类似。成年鸭和雏鸭的带虫现象极为普遍,所以不能根据粪便中卵囊存在与否来作出诊断,应根据临诊症状、流行病学资料和肠道病理变化综合判断。

**(4) 防制措施**

下列药物可用于预防。当发生球虫病时,用预防量的2倍进行治疗,连用7d,停3d,再用7d。

磺胺六甲氧嘧啶(SMM),按0.1%混入饲料,连喂5d,停3d,再喂5d。

复方磺胺六甲氧嘧啶[SMM+甲氧苄氨嘧啶(TMP),二者比例为5:1],按0.02%比例混入饲料中,连喂5d,停3d,再喂5d。

磺胺甲基异恶唑(SMZ),以0.1%混入饲料,或用SMZ+TMP(二者比例为5:1)按0.02%混入饲料,连喂5d,停3d,再喂5d。

加强饲养管理和环境卫生,保持鸭舍干燥和清洁,定期清除鸭粪,防止饲料和饮水及其用具被鸭粪污染。

## 14.2.3 鹅球虫病

已报道的鹅球虫有16种之多,分别属于艾美耳属、等孢属和泰泽属,其中以寄生于肾小管的截形艾美耳球虫致病性最强,主要危害3周至3月龄幼鹅,死亡率甚高。其他15种均寄生于肠道上皮细胞,以鹅艾美耳球虫和柯氏艾美耳球虫致病性较强,出现消化道症状,其余种无显著致病性。

**(1) 临诊症状与病理变化**

截型艾美耳球虫寄生于肾脏，幼鹅感染后常呈急性经过，临诊表现为精神不振，食欲下降，腹泻，粪便白色，消瘦，衰弱，严重者死亡，幼鹅死亡率高达87%。肠道球虫可引起鹅出血性肠炎，症状和病理变化类似鸡球虫病。

鹅患肾球虫病时，可见肾体积肿大，呈灰黑色或红色，上有出血斑或灰白色条纹。病灶内含尿酸盐沉积物和大量的卵囊。

鹅肠道球虫常混合感染，当鹅患病时，临诊上出现类似鸡球虫的症状，主要是消化紊乱，表现为食欲下降、腹泻。剖检可见小肠充满稀薄的红褐色液体。小肠中段和下段的卡他性出血性炎症最严重，也可能出现大的白色结节或纤维素类白喉坏死性肠炎，假膜下有大量的卵囊和内生发育阶段虫体。

**(2) 防制措施**

主要应用磺胺类药治疗鹅球虫病，尤以磺胺间甲氧嘧啶和磺胺喹恶啉值得推荐，其他药物如氨丙啉、克球粉、尼卡巴嗪、盐霉素等控制人工感染鹅球虫病也有较好的效果。参照鸭球虫病防治。

幼鹅与成鹅分开饲养，放牧时避开高度污染地区。在流行地区的发病季节，可用药物控制球虫病。

### 14.2.4 猪球虫病

球虫寄生于猪肠道上皮细胞内引起的寄生虫病。猪等孢球虫是其中一个重要的致病种，引起仔猪下痢和增重降低。成年猪常为隐性感染或带虫者。艾美耳属有12个种可感染猪，我国北京地区发现有7个种。一般认为，蒂氏艾美耳球虫、粗糙艾美耳球虫和有刺艾美耳球虫致病力较强。

**(1) 病原**

猪等孢球虫的卵囊一般为球形或亚球形，囊壁光滑、无色、无卵膜孔，孢子化卵囊中有两个孢子囊，每个孢子囊内含4个子孢子，大小为$(18.7\sim23.9)\mu m\times(16.9\sim20.1)\mu m$。而艾美耳球虫的孢子化卵囊中有4个孢子囊，每个孢子囊中有2个子孢子。

**(2) 流行病学**

除猪等孢球虫外，一般多为数种混合感染。受球虫感染的猪从粪便中排出卵囊，在适宜条件下发育为孢子化卵囊，经口感染猪。仔猪感染后是否发病，取决于摄入的卵囊的数量和虫种。仔猪群过于拥挤和卫生条件恶劣时更增加了发病的危险性。孢子化卵囊在胃肠消化液作用下释放出子孢子，子孢子侵入肠壁进行裂殖生殖及配子生殖，大、小配子在肠腔结合为合子，再形成卵囊随粪便排出体外。猪球虫病不论是规模化方式饲养的猪，还是散养的猪都有发生。猪等孢球虫流行于初生仔猪，5～10日龄猪最为易感，并可伴有传染性胃肠炎、大肠杆菌和轮状病毒的感染。被列为仔猪腹泻的重要病因之一。

**(3) 临诊症状与病理变化**

猪等孢球虫的感染以水样或脂样的腹泻为特征，排泄物从淡黄到白色，恶臭。病猪表现衰弱、脱水、发育迟缓，时有死亡。组织学检查，病灶局限在空肠和回肠，以绒毛萎缩与变钝、局灶性溃疡、纤维素坏死性肠炎为特征，并在上皮细胞内见有发育阶段的虫体。

艾美耳属球虫通常很少有临诊表现,但可发现于1~3月龄腹泻的仔猪。该病可在弱猪中持续7~10d。主要症状有食欲不振,腹泻,有时下痢与便秘交替。一般能自行耐过,逐渐恢复。

(4)诊断

用漂浮法检查随粪便排出的卵囊,根据它们的形态、大小和经培养后的孢子化特征来鉴别种类。对于急性感染或死亡猪,诊断必须依据小肠涂片或组织切片,发现球虫的发育阶段虫体即可确诊。

(5)防制措施

本病可通过控制幼猪食入孢子化卵囊的数量进行预防,目的是使其建立的感染能产生免疫力而又不致引起临诊症状。这在饲养管理条件较好时尤为有效。新生仔猪应吃到初乳,保持幼龄猪舍环境清洁、干燥。饲槽和饮水器应定期消毒,防止粪便污染。尽量减少因断奶、突然改变饲料和运输产生的应激因素。在母猪产前2周和整个哺乳期的饲料内添加250mg/kg的氨丙啉,对等孢球虫病可达到良好的预防效果。

发生球虫病时,就应使用抗球虫药进行治疗。磺胺类药物、莫能菌素、氨丙啉等对猪球虫有效。

## 14.2.5　兔球虫病

兔球虫病是家兔最常见且危害严重的一种原虫病。4~5月龄内的幼兔感染率达100%,死亡率高达70%。耐过兔生长发育受到严重影响,减重12%~27%。

(1)病原

孢子化卵囊一般呈椭圆形,淡黄色,含4个孢子囊,每个孢子囊内含2个橘瓣形子孢子。兔球虫包括艾美耳属的16种球虫。除斯氏艾美耳球虫寄生于胆管上皮细胞内之外,其余各种均寄生于肠黏膜上皮细胞内。

(2)流行病学

发育经过3个阶段:裂殖生殖、配子生殖和孢子生殖。其中,除斯氏艾美耳球虫前二个阶段在胆管上皮细胞内发育外,其余种类均在肠上皮细胞内发育。孢子生殖阶段在外界环境中进行。生活史与鸡球虫相似。家兔在摄食或饮水时吞下孢子化卵囊,孢子化卵囊在肠道内胆汁和胰酶作用下,子孢子逸出,主动钻入肠或胆管上皮细胞内,变为圆形的滋养体。最后发育为裂殖体,内含大量香蕉形裂殖子。如此几代裂体生殖后,大部分裂殖子变为大配子体,之后形成大配子,小部分变为小配子体并形成小配子。大、小配子结合形成合子。合子周围形成卵囊壁即为卵囊。卵囊随粪便排到外界,在适宜温度和湿度下进行孢子生殖,发育为具感染性的孢子化卵囊。

兔球虫病流行于世界各地。全国各地均有发生。其流行与卫生状况密切相关。发病季节多在春暖多雨时期,如兔舍内经常保持在10℃以上,随时可能发病。各品种家兔均易感,断奶后至3月龄的幼兔感染最为严重;成年兔多为带虫者,成为重要传染源。本病感染途径是经口食入含有孢子化卵囊的水或饲料。饲养员、工具、苍蝇等也可机械搬运球虫卵囊而传播本病。营养不良、兔舍卫生条件恶劣是促成本病传播的重要环节。

**(3) 致病性与症状**

按球虫种类和寄生部位不同分为肠型、肝型和混合型，临诊多为混合型。轻的一般不显症状。重者则表现为：食欲减退或废绝，精神沉郁，动作迟缓，伏卧不动，眼鼻分泌物增多，唾液分泌增多，口腔周围被毛潮湿，腹泻或腹泻和便秘交替出现。病兔尿频或常做排尿姿势，后肢和肛门周围为粪便所污染。腹围增大，肝区触诊有痛感。后期出现神经症状，极度衰弱而死亡。病程10d至数周。病愈后生长发育不良。

剖检可见肝表面和实质有粟粒至豌豆大白色或黄白色结节，沿小胆管分布，结节内为不同发育阶段的虫体。慢性肝球虫病，胆管周围和小叶间部分结缔组织增生，使肝萎缩，胆囊黏膜卡他性炎症，胆汁浓稠。肠球虫病变主要在肠道，肠血管充血，十二指肠扩张、肥厚、黏膜充血并有溢血点；慢性病例肠黏膜淡灰色，其上有许多白色小结节，并有散在脓性、坏死性病灶。

**(4) 诊断**

根据流行病学资料、临诊症状及剖检结果可作初步诊断。在粪便中发现大量卵囊或病灶中检出大量不同发育阶段的球虫即可确诊。

**(5) 治疗**

可用下列药物进行治疗：

磺胺六甲氧嘧啶（SMM），按0.1%混入饲料中，连用3～5d，隔1周再用一个疗程。

磺胺二甲基嘧啶（SM2）与三甲氧苄氨嘧啶（TMP），按5：1混合后，0.02%混入饲料中，连用3～5d，停1周后，再用一个疗程。

100mg/kg球粉和8.35mg/kg苄喹硫酯合剂，混饲效果好。

氯苯胍，按30mg/kg混合，连用5d，隔3d再用1次。

杀球灵，按1mg/L混入饲料，连用1～2个月，可预防兔球虫病。

莫能菌素，按40mg/L混入饲料，连用1～2个月，可预防兔球虫病。

盐霉素，按50mg/L混入饲料，连用1～2个月，可预防兔球虫病。

**(6) 预防措施**

应采取综合措施。发现病兔应立即隔离治疗；引进兔先隔离，幼兔与成兔分笼饲养，兔舍保持清洁、干燥；兔笼等用具可用开水、蒸汽或火焰消毒，也可在阳光下暴晒杀死卵囊；注意饲料及饮水卫生，及时清扫兔粪；合理安排母兔繁殖季节，使幼兔断奶不在梅雨季节；兔舍建在干燥、通风、向阳处；注意工作人员卫生，消灭兔场内鼠类及蝇类；流行季节断奶仔兔可在饲料中拌药预防。

## 14.2.6 犬猫球虫病

犬猫等孢球虫病是由孢子虫纲（Sporozoasida）真球虫目（Eucoccidiorida）艾美耳科（Eimeridae）等孢属（*Isospora*）的多种球虫引起的，寄生于犬、猫的等孢球虫主要有犬等孢球虫、俄亥俄等孢球虫、猫等孢球虫、芮氏等孢球虫等（图14-4），它们寄生于犬、猫的小肠和大肠黏膜上皮细胞内，临诊上以出血性肠炎为特征。

**(1) 流行病学**

各种品种的犬、猫对等孢球虫都有易感性。但成年动物主要是带虫者，它们是主要的

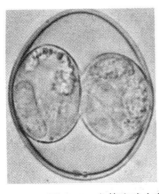  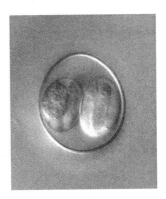

图 14-4　犬等孢球虫卵囊(左)、猫等孢球虫卵囊(中)及芮氏等孢球虫卵囊(右)

传染源。犬猫等孢球虫病主要发生于幼龄动物。

本病的感染途径主要是食物和饮水。仔犬和幼猫主要是在哺乳时吃入母体乳房上孢子化卵囊而感染。

**(2) 致病作用与病理变化**

等孢球虫的致病作用主要表现在虫体在肠道繁殖时对肠上皮细胞的破坏，从而使肠道出血，出现卡他性肠炎或出血性肠炎，导致肠黏膜增厚，黏膜上皮脱落。

**(3) 临诊症状**

严重感染时，幼犬和幼猫于感染后 3～6d，出现水泻或排出泥状粪便，有时排带黏液的血便。病畜轻度发热，生长停滞，精神沉郁，食欲不振，消化不良，渐进性消瘦，贫血。感染 3 周以后，临诊症状逐渐消失，大多数可自然康复。

**(4) 诊断**

诊断要结合临诊症状、流行病学及实验室检查结果综合判断。卵囊检查可采用直接涂片法和饱和盐水漂浮法。等孢属球虫的卵囊呈圆形或椭圆形，囊壁光滑，无卵膜孔。孢子化卵囊内含 2 个孢子囊，每个孢子囊内含 4 个子孢子。犬等孢球虫卵囊大小为 (32～42)μm×(27～33)μm；俄亥俄等孢球虫卵囊大小为 (20～27)μm×(15～24)μm，囊壁光滑，无卵膜孔；猫等孢球虫卵囊大小为 (38～51)μm×(27～39)μm，新排出的卵囊内有残体，囊壁光滑，无卵膜孔；芮氏等孢球虫卵囊大小为 (21～28)μm×(18～23)μm，囊壁光滑，无卵膜孔。

**(5) 治疗**

磺胺六甲氧嘧啶，每天每千克体重 50mg，连用 7d。

氨丙啉，按每千克体重 110～220mg 混入食物，连用 7～12d。当出现呕吐等副作用时，应停止使用。

磺胺二甲基嘧啶＋甲氧苄氨嘧啶，前者按每千克体重 55mg，后者按每千克体重 10mg，每日 2 次，口服。连用 5～7d。服用该药有时会引起食欲下降。

临诊上对脱水严重的犬、猫要及时补液。贫血严重的病例也要进行输血治疗。

**(6) 预防措施**

为预防本病的发生，平时应保持犬、猫房舍的干燥，做好其食具和饮水器具的清洁卫生。药物预防可让母犬产前 10d 饮用 900mg/L 的氨丙啉饮水，初产仔犬也可饮用 7～10d。

## 14.3 猪弓形虫病

弓形虫病又称弓形体病、弓浆虫病，是由龚地弓形虫（图14-5）寄生于动物和人的有核细胞引起的一种人畜共患原虫病。弓形虫病对人畜的危害极大，孕妇感染后导致早产、流产、胎儿发育畸形。动物普遍感染，多数呈隐性，但猪可大批发病，出现高热、呼吸困难、流产、神经症状、实质器官灶性坏死、间质性肺炎等特征，死亡率较高。

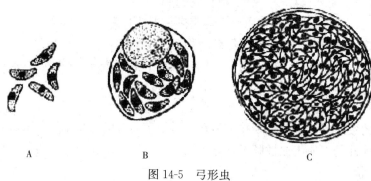

图14-5 弓形虫
A. 速殖子　B. 假包囊　C. 包囊

**(1) 流行病学**

本病呈世界性分布。虫体的不同阶段，如卵囊、速殖子和包囊均可引起感染。猪通过摄入污染的食物或饮水中的卵囊或食入其他动物组织中的包囊而感染。猫及其他猫科动物是唯一的终末宿主，在弓形体传播中起重要作用。如果母猪在怀孕期间被感染，仔猪也可能发生生前感染，母体血液中的速殖子可通过胎盘进入胎儿。临诊期患畜的唾液、痰、粪、尿、乳汁、腹腔液、眼分泌物、肉、内脏、淋巴结及急性病例的血液中都可能含有速殖子，如外界条件有利其存在，猪就可以受到传染。病原体也可通过眼、鼻、呼吸道、肠道、皮肤等途径侵入猪体。

**(2) 临诊症状与病理变化**

许多猪对弓形虫都有一定的耐受力，故感染后多不表现临诊症状，在组织内形成包囊后转为隐性感染。包囊是弓形虫在中间宿主体内的最终形式，可存在数月，甚至终生。故某些猪场弓形虫感染的阳性率虽然很高，但急性发病却很少。

弓形虫病主要引起神经、呼吸及消化系统的症状。急性猪弓形虫病的潜伏期为3～7d，病初体温升高，可达42℃以上，呈稽留热，一般维持3～7d，精神迟钝，食欲减少，甚至废绝。便秘或拉稀，有时带有黏液和血液。呼吸急促，每分钟可达60～80次，咳嗽。视网膜、脉络膜炎，甚至失明。皮肤有紫斑，体表淋巴结肿胀。怀孕母猪还可发生流产或死胎。耐过急性期后，病猪体温下降，食欲逐渐恢复，但生长缓慢，成为僵猪，并长期带虫。

剖检可见肝有针尖大至绿豆大不等的小坏死点，呈米黄色。肠系膜淋巴结呈绳索状肿胀，切面外翻，有坏死点。肺间质水肿，并有出血点。脾脏有粟粒大丘状出血。

**(3) 诊断**

**直接镜检** 取肺、肝、淋巴结做涂片,用姬姆萨氏液染色后检查;或取患畜的体液、脑脊液做涂片染色检查;也可取淋巴结研碎后加生理盐水过滤,经离心沉淀后,取沉渣做涂片染色镜检。此法简单,但有假阴性,必须对阴性猪作进一步诊断。

**动物接种** 取肺、肝、淋巴结研碎后加10倍生理盐水,加入双抗后,室温放置1h。接种前摇匀,待较大组织沉淀后,取上清液接种小鼠腹腔,每只接种0.5~1.0mL。约经1~3周,小鼠发病时,可在腹腔中查到虫体。或取小鼠肝、脾、脑做组织切片检查,如为阴性,可按上述方式盲传2~3代,可能从病鼠腹腔液中发现虫体。

**血清学诊断** 国内外已研究出许多种血清学诊断法供流行病学调查和生前诊断用。目前国内常用的有IHA法和ELISA法。间隔2~3周采血,IgG抗体滴度升高4倍以上表明感染处于活动期;IgG抗体滴度不高表明有包囊型虫体存在或过去有感染。

**(4) 防制措施**

急性病例使用磺胺类药物有一定的疗效,如磺胺嘧啶、磺胺六甲氧嘧啶、磺胺氯吡嗪等。磺胺药与乙胺嘧啶合用有协同作用。也可试用氯林可霉素。

预防要防止饮水、饲料被猫粪直接或间接污染;控制或消灭鼠类;不用生肉喂猫,注意猫粪的消毒处理等。

## 14.4 猪结肠小袋虫病

猪结肠小袋虫病是由结肠小袋虫寄生于猪的大肠引起的。结肠小袋虫除感染猪以外,还可感染人,是一种人畜共患寄生虫病。

**(1) 流行病学**

结肠小袋虫是单细胞寄生虫。在其发育过程中有滋养体和包囊两种形态。猪吞食小袋虫的包囊而感染,囊壁被消化后,滋养体逸出进入大肠,以二分裂法进行繁殖。当环境条件不适宜时,滋养体即形成包囊。滋养体和包囊均可随粪便排出体外。本病呈世界性分布,以热带和亚热带地区多发。我国南方地区多发,主要危害仔猪。

**(2) 临诊症状**

结肠小袋虫侵害的主要部位是结肠,其次是直肠和盲肠。一般情况下,本病不表现临诊症状;但当宿主消化功能紊乱、抵抗力下降,特别是并发细菌感染时,可造成溃疡性肠炎,患猪表现精神沉郁,食欲减退,喜卧,有些病猪体温升高;最常见的症状是腹泻,粪便恶臭,多带黏液和血。仔猪发病较严重,可在2~3d内死亡。成年猪多为带虫者。

**(3) 诊断**

生前可根据临诊症状和在粪便中检出滋养体和包囊而确诊。滋养体能运动,呈卵圆形或梨形,大小为$(30\sim150)\mu m \times (25\sim120)\mu m$。包囊不能运动,呈球形或卵圆形,直径约$40\mu m$,外被两层囊膜,内含一个虫体(图14-6)。

急性病例的粪便中常有大量能运动的滋养体,慢性病例以包囊为多。用温热的生理盐水5~10倍稀释粪便,过滤后吸取少量粪液涂片镜检。也可滴加0.1%碘液,使虫体着色而便于观察。死后剖检可在肠黏膜涂片上查找虫体,观察直肠和结肠黏膜上有无溃疡,并

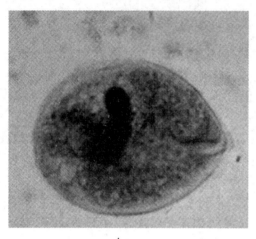 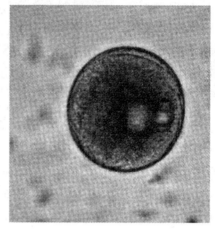

图 14-6　粪便中滋养体和包囊
A. 滋养体　B. 包囊

刮取肠黏膜做涂片检查。

**(4) 防制措施**

氯苯胍，按每千克体重 15mg 拌料饲喂，连用 1 周。土霉素、四环素、金霉素等药物治疗，均有良好的效果。预防应以搞好猪场内的环境卫生和粪便的发酵处理为重点。饲养人员注意个人卫生和饮食清洁，以防感染。

## 14.5　牛羊巴贝斯虫病

牛羊巴贝斯虫病是由巴贝斯科巴贝斯属的多种虫体寄生于牛、羊的血液引起的严重的寄生原虫病。我国已报道的牛羊巴贝斯虫有 4 种，其中牛的有 3 种：双芽巴贝斯虫（图 14-7）、牛巴贝斯虫（图 14-8）和卵形巴贝斯虫，前两者在我国流行广泛，危害较大，后者只在河南局部地区发现，为大型虫体，传播媒介为长角血蜱，危害较小。寄生于羊的一种为莫氏巴贝斯虫，只在四川甘孜州等地发现，为大型虫体，传播媒介有待进一步研究确定。各种巴贝斯虫病的症状、病理变化、诊断与防治基本相似，以下重点介绍牛的巴贝斯虫病。

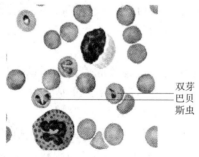 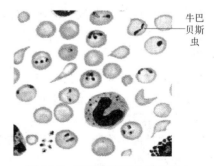

图 14-7　红细胞中的双芽巴贝斯虫　　图 14-8　红细胞中的牛巴贝斯虫

牛的巴贝斯虫病是由巴贝斯属的双芽巴贝斯虫和牛巴贝斯虫等寄生于牛的红细胞内所引起的呈急性发作的血液原虫病。该病在热带和亚热带地区常呈地方性流行。临诊上常出现血红蛋白尿，故又称红尿热，又因最早出现于美国的得克萨斯州，故又称得克萨斯热，该病由蜱传播，故又称蜱热。该病对牛的危害很大，各种牛均易感染，尤其是从非疫区引入的易感牛，如果得不到及时治疗，死亡率很高。

**(1) 流行病学**

各种梨形虫，包括巴贝斯虫均需要通过两个宿主的转换才能完成其生活史，蜱是巴贝斯虫的传播者，且在蜱体内可以经卵传递。有人认为在蜱体内有有性繁殖（配子生殖）阶段，在牛的红细胞内进行无性繁殖。

牛巴贝斯虫的传播者有硬蜱、扇头蜱等。我国已证实微小牛蜱可以传播牛巴贝斯虫，以经卵传递方式，由次代幼虫传播，次代若虫和成虫阶段无传播能力。牛巴贝斯虫的发育与双芽巴贝斯虫基本相似，但有人认为，虫体在侵入牛体后，子孢子首先侵入血管上皮细胞发育为裂殖体，裂殖子逸出后，有的再侵入血管上皮细胞，有的则进入红细胞内。牛巴贝斯虫也可经胎盘感染胎儿。

巴贝斯虫病的流行与传播媒介蜱的消长、活动相一致，蜱活动季节主要为春末、夏、秋，而且蜱的分布有一定的地区性。因此，该病具有明显的地方性和季节性。由于微小牛蜱在野外发育繁殖，因此，该病多发生在放牧时期，舍饲牛发病较少。不同年龄和不同品种牛的易感性有差别，两岁内的犊牛发病率高，但症状较经，死亡率低；成牛牛发病率低，但症状严重，死亡率高，尤其是老、弱及劳役过疫的牛，病情更为严重；纯种牛和从外地引入的牛易感性高，容易发病，且死亡率高，当地牛对该病有抵抗力。

**(2) 临诊症状与病理变化**

由于虫体的出芽生殖，大量破坏红细胞，以及虫体的毒素作用，使牛产生较为严重的症状。双芽巴贝斯虫由于虫体较大，其症状往往比牛巴贝斯虫引起的症状要严重一些。

潜伏期 1~2 周。病牛最初的表现为高热稽留，体温可升高到 40~42℃，脉搏和呼吸加快，精神沉郁，喜卧地。食欲大减或废绝，反刍迟缓或停止，便秘或腹泻，有的病牛还排出黑褐色、恶臭带有黏液的粪便。乳牛泌乳减少或停止，怀孕母牛常可发生流产。病牛迅速消瘦、贫血，黏膜苍白和黄染。最明显的症状是由于红细胞大量破坏，血红蛋白从肾脏排出而出现血红蛋白尿，尿的颜色由淡红变为棕红色及至黑红色。血液稀薄，红细胞数降至 100 万~200 万/mm³，血红蛋白量减少到 25% 左右，血沉加快 10 余倍。红细胞大小不均，着色淡，有时还可见到幼稚型红细胞。白细胞在病初正常或减少，以后增到正常的 3~4 倍；淋巴细胞增加 15%~25%；嗜中性粒细胞减少；嗜酸性粒细胞降至 1% 以下或消失。重症时如不治疗可在 4~8d 内死亡，死亡率可达 50%~80%。慢性病例，体温波动于 40℃ 上下持续数周，食欲减退，渐进性贫血和消瘦，需经数周或数月才能康复。幼年病牛，中度发热仅数日，心跳略快，略显虚弱，黏膜苍白或微黄。热退后迅速康复。

剖检可见尸体消瘦，血液稀薄如水，血凝不全。皮下组织、肌间结缔组织和脂肪均呈黄色胶样水肿状。各内脏器官被膜均黄染。皱胃和肠黏膜潮红并有点状出血。脾脏肿大，脾髓软化呈暗红色，白髓肿大呈颗粒状突出于切面。肝脏肿大，黄褐色，切面呈豆蔻状花纹。胆囊扩张，充满浓稠胆汁。肾脏肿大，淡红黄色，有点状出血。膀胱膨大，存有多量红色尿液，黏膜有出血点。肺淤血、水肿。心肌柔软，黄红色；心内外膜有出血斑。

**(3)诊断**

巴贝斯虫病的诊断要根据当地流行病学因素、临诊症状与病理变化的特点以及实验室检查等综合进行。

流行病学因素主要应考虑该病的地区性和季节性，有无传播该病的蜱，病牛是否为纯种牛或从非疫区引入的等。临诊症状包括高热稽留，严重的贫血、黄疸和血红蛋白尿等。病理变化包括血液稀薄，血凝不全，皮下组织、脂肪和内脏被膜黄染，膀胱积有红色尿液等。确诊有赖于实验室检查。体温升高后1~2d，耳尖采血涂片检查，可发现少量圆形和变形虫样虫体；有血红蛋白尿出现时，在血涂片中可发现多量的梨籽形虫体。在病牛体上采集到蜱时，应对其鉴定，确定是否为该病的传播媒介，在传播媒介体内可以发现病原。也有应用免疫学方法诊断该病的报道，如ELISA、IHA、补体结合反应(CF)、间接荧光抗体试验(IFAT)等。其中，ELISA和IFAT可供常规使用，主要用于染虫率较低的带虫牛的检出和疫区的流行病学调查。

**(4)治疗**

要及时确诊，尽早治疗，方能取得良好的效果。同时，还应结合对症、支持疗法，如强心、健胃、补液等。常用的特效药有以下各种：

咪唑苯脲，对各种巴贝斯虫均有较好的治疗效果。治疗剂量为1~3mg/kg，配成10%溶液，肌肉注射。

三氮咪(贝尼尔)，剂量为3.5~3.8mg/kg，配成5%~7%溶液，深部肌肉注射。

锥黄素(吖啶黄)，剂量为3~4mg/kg，配成0.5%~1%溶液，静脉注射，症状未减轻时，24h后再注射一次，病牛在治疗后的数日内，避免烈日照射。

喹啉脲，剂量为0.6~1mg/kg，配成5%溶液，皮下注射。有时注射后数分钟出现起卧不安，肌肉震颤，流涎，出汗，呼吸困难等副作用(妊娠牛可能流产)，一般于1~4h后自行消失，严重者可皮下注射阿托品，剂量为10mg/kg。

**(5)预防措施**

预防关键在于灭蜱。因此要了解当地蜱的活动规律，有计划地采取一些有效措施，消灭牛体上及牛舍内的蜱。巴贝氏虫病的传播媒介多为野外蜱，牛群应避免到大量滋生蜱的草场放牧，必要时可改为舍饲。也应杜绝随饲草和用具将蜱带入牛舍。牛只的调动最好选择无蜱活动的季节进行，调动前应用药物灭蜱。当牛群中出现个别病例或向疫区引入敏感牛时，可应用咪唑苯脲进行药物预防，对双芽巴贝斯虫和牛巴贝斯虫可分别产生60d和21d的保护作用。

国外有应用抗巴贝斯虫弱毒虫苗和分泌抗原虫苗免疫易感牛预防该病的报道。

## 14.6　牛羊泰勒虫病

泰勒虫病是由泰勒科泰勒属的各种原虫寄生于牛、羊和其他野生动物巨噬细胞、淋巴细胞和红细胞内所引起的疾病的总称。我国已报道的牛、羊泰勒虫主要有3种。寄生于牛的有环形泰勒虫(图14-9、图14-10)和瑟氏泰勒虫，前者在我国，尤其北方广泛流行，危

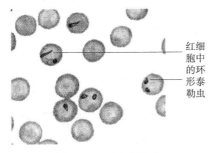
图 14-9 环形泰勒虫

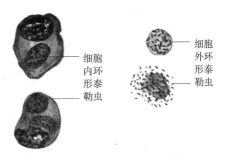
图 14-10 环形泰勒虫裂殖体

害较大,后者的传播媒介是血蜱属的蜱。

环形泰勒虫病是一种季节性很强的地方性流行病,主要流行于我国西北、华北和东北地区。该病多呈急性经过,以高热稽留、贫血和体表淋巴结肿大为特征,发病率高,死亡率较高,对养牛业的危害很大。

**(1) 流行病学**

该病的传播媒介是璃眼蜱属的蜱,在我国主要为残缘璃眼蜱。感染泰勒虫的蜱在牛体吸血时,子孢子随蜱的唾液进入牛体,首先侵入局部单核巨噬系统的细胞(如巨噬细胞、淋巴细胞等)内进行裂体生殖,形成大裂殖体。大裂殖体发育形成后,破裂为许多大裂殖子,又侵入其他巨噬细胞和淋巴细胞内,重复上述的裂体生殖过程。在这一过程中,虫体随淋巴和血液循环向全身扩散,并侵入其他脏器的巨噬细胞和淋巴细胞再进行裂体生殖。裂体生殖进行数代后,可形成小裂殖体,小裂殖体发育成熟后破裂,释放出许多小裂殖子,进入红细胞内发育为配子体。

幼蜱或若蜱在病牛身上吸血时,把带有配子体的红细胞吸入胃内,配子体由红细胞逸出并变为大小配子,二者结合形成合子,进而发育成为杆状的能动的动合子。当蜱完成其蜕化时,动合子进入蜱唾腺的腺泡细胞内变圆为合孢体(母孢子,sporont),开始孢子增殖,分裂产生许多子孢子。在蜱吸血时,子孢子被接种到牛体内,重新开始其在牛体内的发育和繁殖。

璃眼蜱是一种二宿主蜱,主要寄生在牛,它以期间传播方式传播泰勒虫,即幼虫或若虫吸食了带虫的血液后,泰勒虫在蜱体内发育繁殖,当蜱的下一个发育阶段(成虫)吸血时即可传播本病。泰勒虫不能经卵传递。璃眼蜱在各地的活动时间有差异,因此,各地环形泰勒虫病的发病时间也有所不同。在内蒙古及西北地区,本病主要流行在 5~8 月。陕西关中地区在 4 月初就有病例发现,以 6 月下旬到 7 月中旬发病最多。璃眼蜱是一种圈舍蜱,因此,该病主要在舍饲条件下发生。

在流行区,该病多发于 1~3 岁的牛,患过本病的牛可获得很强的免疫力,一般很少发病,免疫力可持续 2.5~6 年。从非疫区引入的牛,不论年龄、体质,都易发病,而且病情严重。纯种牛和改良杂种牛,即使红细胞的染虫率很低(2%),也可出现明显的临诊症状。

**(2) 临诊症状与病理变化**

由于虫体在单核巨噬系统细胞内的反复裂体生殖和虫体的毒素作用,病牛出现较为严重的症状和病理变化。

该病多呈急性经过。潜伏期 14~20d。初期病牛的第一个表现为高热稽留,体温上升到 40～42℃，精神沉郁。接着出现体表淋巴结(肩前和腹股沟浅淋巴结)肿大，有痛感。淋巴结穿刺涂片镜检，可在淋巴细胞和巨噬细胞内发现裂殖体，即柯赫氏蓝体(Koch's blue bodies)，或称石榴体。呼吸加快(80～110 次/min)，咳嗽，脉搏弱而频(80～120 次/min)。食欲大减或废绝，可视黏膜、肛门周围、尾根、阴囊等皮肤薄处出现出血点或溢血斑。有的在颌下、胸前或腹下发生水肿。病牛迅速消瘦，严重贫血，红细胞减少至 100 万～200 万/mm³，血红蛋白降至 20%～30%，血沉加快，红细胞染虫率随病程发展而增高，红细胞大小不均，出现异形红细胞。可视黏膜轻微黄染。病牛磨牙、流涎，排少量干黑的粪便，常带有黏液或血丝。最后卧地不起，多在发病后 1～2 周死亡，耐过的牛成为带虫者。

剖检可见，全身皮下、肌间、黏膜和浆膜上均有大量的出血点和出血斑。全身淋巴结肿大，切面多汁，有暗红色和灰白色大小不一的结节。四胃黏膜肿胀，有许多针头至黄豆大、暗红色或黄白色的结节，结节部上皮细胞坏死后形成中央凹陷、边缘不整稍隆起的溃疡病灶，是该病的特征性病理变化，具有诊断意义。三胃内容物十分干固，黏膜脱落。小肠和膀胱黏膜有时也可见到结节和溃疡。脾脏明显肿大，被膜上有出血点，脾髓质软呈黑色泥糊状。肾脏肿大、质软，有粟粒大的暗红色病灶，外膜易剥离。肝脏肿大，质脆，色泽灰红，被膜有多量出血点或出血斑，肝门淋巴结肿大。肺脏有水肿和气肿，被膜上有多量出血点，肺门淋巴结肿大。

(3) 诊断

该病的诊断与牛的巴贝斯虫病的诊断相似，在分析流行病学资料(发病季节和传播媒介)、考虑临床症状与病理变化(高热稽留、贫血、消瘦、全身性出血、全身性淋巴结肿大、四胃黏膜有溃疡斑等)的基础上，早期进行淋巴结穿刺涂片镜检，以发现石榴体，而后耳静脉采血涂片镜检，可在红细胞内找到虫体以确诊。

另外，红细胞染虫率的计算对该病的发展和转归很有诊断意义。如染虫率不断上升，临诊症状日益加剧，则预后不良；如染虫率不断下降，食欲恢复，则预示治疗效果好，转归良好。

(4) 治疗

在治疗病牛的同时，如输血或注射时，防止人为传播病原。治疗可用磷酸伯氨喹，0.75～1.5mg/kg，每日口服 1 次，连用 3d。该药对环形泰勒虫的配子体有较好的杀灭作用，在疗程结束后 2～3d，可使红细胞染虫率明显下降。

三氮咪，7mg/kg，配成 7% 的溶液肌肉注射，每日 1 次，连用 3d，如红细胞染虫率不降，还可再用药 2 次。

新鲜黄花青蒿，每日每牛用 2～3kg，分 2 次口服。用法：将青蒿切碎，用冷水浸泡 1～2h，然后连渣灌服。2～3d 后，染虫率可明显下降。

对症治疗和支持疗法包括强心、补液、止血、健胃、缓泻等，还应考虑应用抗菌素以防继发感染，对严重贫血的病例可进行输血。由于目前尚无治疗该病的特效药，因此，精心护理，对症治疗和支持疗法就显得比较重要。

(5) 预防措施

该病和其他梨形虫病一样，关键在灭蜱。残缘璃眼蜱是一种圈舍蜱，在每年的 9～11

月和3~4月向圈舍内的墙缝喷撒药液，或用水泥等将圈舍内离地面1m高范围内的缝隙堵死，将蜱闭在洞穴内；采取措施，在蜱的活动季节，消灭牛体上的蜱，如人工捉蜱或在牛体上喷撒药液灭蜱。

还应采取措施防止蜱接触牛体。如在有条件的地方，可定期离圈放牧（4~10月），以各地蜱活动的情况而定，就可避免蜱侵袭牛。在引入牛时，防止将蜱带入无蜱的非疫区，以免传播病原。

在该病的流行区，可应用环形泰勒虫裂殖体胶冻细胞苗对牛进行预防接种。接种后20d即可产生免疫力，免疫持续时间为1年以上。

## 14.7 禽组织滴虫病

组织滴虫病是由火鸡组织滴虫寄生于禽类的盲肠和肝脏引起的疾病，又称盲肠肝炎或黑头病。多发于火鸡和雏鸡，也可感染珠鸡、孔雀、鹌鹑等野禽。

**(1)流行病学**

火鸡组织滴虫以二分裂法繁殖。自然感染情况下，火鸡最易感，尤其是3~12周龄的雏火鸡。鸡和火鸡的易感性随年龄而变化，鸡在4~6周龄易感性最强，火鸡3~12周龄的易感性最强。许多鹑鸡类都是火鸡组织滴虫的宿主。

火鸡组织滴虫感染禽类后，多与肠道细菌协同作用而致病，单一感染时，多不显致病性。死亡率常在感染后第17天达高峰，第4周末下降。火鸡饲养在高污染区的发病率较高，人工感染的死亡率可达90%。鸡的组织滴虫死亡率较低，也有死亡率超过30%的报道。鸡常常作为组织滴虫的隐性宿主，可以散播组织滴虫给其他更易感的禽类（如火鸡），引起发病。

寄生于盲肠的火鸡组织滴虫被鸡异刺线虫吞食，进入异刺线虫卵内，当异刺线虫排出时，组织滴虫存在其中，得到虫卵的保护，能在虫卵及其幼虫中存活很长时间。当鸡感染异刺线虫时，同时感染组织滴虫。

**(2)临诊症状与病理变化**

本病是由组织滴虫侵入盲肠壁繁殖后进入血流和寄生于肝脏引起的。潜伏期7~12d，最短5d，常发生于第11天。以雏火鸡易感性最强。病禽呆立，翅下垂，步态蹒跚，眼半闭，头下垂，畏寒，下痢，食欲缺乏。疾病末期，有些病禽因血液循环障碍，鸡冠、肉髯发绀，呈暗黑色，因而有"黑头病"之称。病程1~3周，病愈鸡的体内仍有组织滴虫，带虫者可长达数周或数月。成年鸡很少出现症状。

病变主要在盲肠和肝脏，引起盲肠炎和肝炎。剖检见一侧或两侧盲肠肿胀，肠壁肥厚，内腔充满浆液性或出血性渗出物，渗出物常发生干酪化，形成干酪状的盲肠肠芯，间或盲肠穿孔，引起腹膜炎。肝脏肿大，紫褐色，表面出现黄绿色圆形、下陷的坏死灶，直径可达1cm，单独存在或融合成片状。

**(3)诊断**

根据流行病学和病理变化，发现本病的典型病变，可作出初步诊断。刮取盲肠黏膜或肝脏组织检查，发现虫体即可确诊。火鸡组织滴虫为多形性虫体，大小不一，近圆形或变形虫形。盲肠腔中虫体的直径为5~16μm，常见一根鞭毛；虫体内有一小盾和一个短的轴柱。在肠和肝脏组织中的虫体无鞭毛，初侵入者8~17μm，生长后可达12~21μm(图14-11)。

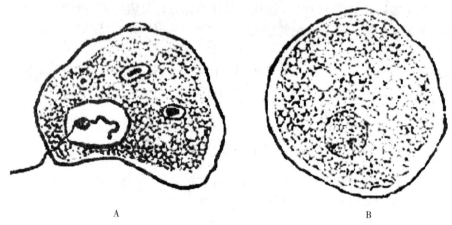

图14-11　火鸡组织滴虫
A. 有鞭毛型　B. 无鞭毛型(组织型)

当并发有球虫病、沙门氏菌病、曲霉菌病或上消化道毛滴虫时，需进行鉴别诊断，找出病原。

**(4)防制措施**

由于鸡异刺线虫在传播组织滴虫中起重要作用，因此，减少和杀灭异刺线虫虫卵是有效的预防组织滴虫病的措施。利用阳光照射和干燥可最大限度地杀灭异刺线虫卵。成禽应定期驱除异刺线虫。

鸡和火鸡隔离饲养；成年禽和幼禽单独饲养。

对鸡组织滴虫病可选用洛硝哒唑按500mg/kg的比例混于饲料中进行防治，休药5d。

## 14.8　鸡住白细胞原虫病

住白细胞原虫病是由疟原虫科住白细胞虫属的原虫寄生于鸡的血液细胞和内脏器官的组织细胞内所引起的一种原虫病。对蛋鸡和育成鸡危害严重，影响生长发育及产蛋性能，严重时可引起大批死亡。对雏鸡危害也十分严重，症状明显，发病率高，能引起大批死亡。已知的病原主要有两种，即卡氏住白细胞虫和沙氏住白细胞虫。

**(1)流行病学**

住白细胞虫的传播媒介为蠓和蚋。本病发生有一定的季节性，这与库蠓和蚋活动的季节性相一致。当气温在20℃以上时，库蠓和蚋繁殖快，活力强，而分别由它们传播的卡氏住白细胞原虫和沙氏住白细胞原虫的发生和流行也就日益严重。热带和亚热带地区全年都可发生该病。鸡年龄与鸡住白细胞虫的感染率成正比，而与发病率成反比。一般童鸡(2~4月龄)和中鸡(5~7月龄)的感染率和发病率都较严重，而8~12月龄的成鸡或一年以上的种鸡，虽感染率高，但发病率不高，血液中虫数较少，大多数呈无病的带虫者。

**(2) 临诊症状与病理变化**

自然感染的潜隐期为 6~10d。由于虫体的寄生破坏了各器官组织微血管内皮细胞，引起机体广泛性出血。雏鸡和仔鸡的临诊症状明显，死亡率高。感染 12~14d 后，突然因咯血、呼吸困难而死亡，有的呈现鸡冠苍白，食欲不振，羽毛松乱，伏地不动，1~2d 后因出血而死亡。轻症病鸡，发烧，卧地不动，食欲下降，下痢，精神不振，1~2d 内死亡或康复。本病的特征性症状是死前口流鲜血，贫血，鸡冠和肉垂苍白，常因呼吸困难而死亡。中鸡和大鸡感染后一般死亡率不高。病鸡呈现鸡冠苍白、消瘦、拉水样的白色或绿色稀粪。中鸡和成年鸡病情较轻，死亡率较低，主要表现是中鸡发育受阻，成鸡产蛋率下降，甚至停止。

剖检见到的特征是：全身性出血，肝脾肿大，血液稀薄，尸体消瘦。白冠；全身皮下出血，肌肉尤其是胸肌、腿肌、心肌有大小不等的出血点，各内脏器官肿大出血，尤其是肾、肺出血最严重；胸肌、腿肌、心肌及肝脾等器官上有灰白色或稍带黄色的、针尖至粟粒大与周围组织有明显分界的小结节。将这些小结节挑出涂片、染色，可见许多裂殖子散出。

**(3) 诊断**

根据流行病学、临诊症状和剖检病变作出初步诊断。病原检查需要对血液涂片或脏器涂片进行姬姆萨染色，在显微镜下发现虫体(图 14-12)，即可确诊。

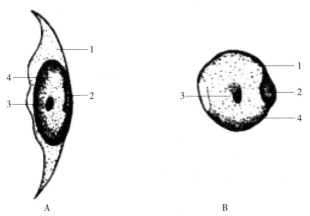

图 14-12　住白细胞虫
A. 沙氏住白细胞虫　B. 卡氏住白细胞虫
1. 宿主细胞质　2. 宿主细胞核　3. 核　4. 配子体

**(4) 治疗**

本病尚无有效的治疗药物，防制的重点在于预防。目前认为较有效的药物是：

**泰灭净**　为目前普遍认为治疗住白细胞虫病的特效药，其成分为磺胺间甲氧嘧啶，预防时用 0.0025%~0.0075% 拌料，连用 5d 停 2d 为一疗程。治疗时可按 0.01% 拌料连用 2 周或 0.5% 连用 3d 再 0.05% 连用 2 周，视病情选用。

**磺胺二甲氧嘧啶(SDM)**　又名制菌磺，预防用 0.0025%~0.0075%。混于饲料或饮水。治疗用0.05%饮水两天,然后再用0.03%饮水两天。

**磺胺喹恶啉(SQ)** 预防用0.005%,混于饲料或饮水。

**乙胺嘧啶** 预防用0.0001%,混于饲料。治疗时用乙胺嘧啶0.0004%,配合磺胺二甲氧嘧啶0.004%,混于饲料连续服用1周后改用预防剂量。

**克球粉** 预防用0.0125%~0.025%混于饲料。治疗用0.025%混于饲料连续服用。

(5)预防措施

可采取如下综合措施：

①防止库蠓进入鸡舍：鸡舍建筑应在高燥、向阳、通风的地方,远离垃圾场、污水沟、荒草坡等库蠓滋生、繁殖的场所。在流行季节,鸡舍的门、窗、风机口、通风口等要用100目以上的纱布封起来,以防库蠓进入鸡舍。库蠓出现的季节,鸡舍周围堆放艾叶、蒿枝、烟杆等闷烟,以使库蠓不能栖息。

②消灭库蠓：净化鸡舍周围环境,清除垃圾、杂草,填平废水沟,雨后及时排除积水。流行季节,对鸡舍环境用0.1%敌杀死、0.05%辛硫磷或0.01%的速灭杀丁定期喷雾,可每3~5d一次。在每日库蠓出现的时间(早晨6:00~7:00,黄昏18:00~20:00),对鸡舍内部墙壁、门窗及笼具等用0.005%敌杀死喷雾带鸡消毒,也可在黄昏时用黑光灯诱杀库蠓。

③淘汰病鸡：住白细胞虫需要在鸡体组织中以裂殖体的形式越冬,故可在冬季对当年患病鸡群予以彻底淘汰,以免来年再次发病,扩散病原。

④药物预防：采用治疗中所涉及的几种药物,在流行季节到来之前预防使用,注意药物要轮换使用,以防耐药性产生。

## 14.9 肉孢子虫病

肉孢子虫病是由肉孢子虫属的多种原虫寄生于各种家畜的横纹肌引起的。除了各种家畜外,兔、鼠类、鸟类、爬行类和鱼类也可感染,人偶尔也可感染。牛、羊感染肉孢子虫时,通常不表现临诊症状,即使严重感染时,病情也甚轻微,但胴体则因大量包囊的寄生,致使局部肌肉变性变色而不能食用,引起巨大的经济损失。

(1)流行病学

肉孢子虫病流行于世界各地。肉孢子虫广泛寄生于各种家畜、兔、鼠类、鸟类、爬行类和鱼类,人也可被感染。因此,肉孢子虫病属人兽共患的寄生原虫病。各种年龄和品种的牛、羊均可感染肉孢子虫,而且随着年龄的增长,感染率增高。终末宿主粪便中的孢子囊可以通过鸟类、蝇和食粪甲虫等而散播。孢子囊对外界环境的抵抗力强,在适宜的温度下,可存活1个月以上。但对高温和冷冻敏感,60~70℃ 10min,冷冻1周或-20℃存放3d均可灭活。

(2)临诊症状与病理变化

一般认为肉孢子虫的致病性较低。但近年来研究发现,犊牛、羔羊经口感染犬粪中的肉孢子虫包囊,可出现一定的症状。如用枯氏肉孢子虫的包囊感染犊牛,会引起食欲不振、贫血、发热、消瘦、水肿、淋巴结肿大、尾端脱毛坏死等症状。少数还表现有角弓反张，四肢伸直，肌肉僵硬；孕牛可发生流产，严重者发生死亡。羊严重感染时，可引起食欲不振、呼吸困难、虚弱以至死亡；孕羊可出现高热、共济失调和流产等症状。

病理变化在牛、羊等被屠宰后容易观察到。在全身横纹肌，尤其是后肢、腰部、腹侧、食道、心脏、横隔等部位肌肉上可以发现大量白色的梭形包囊，显微镜检查时可见到肌肉中有完整的包囊而不伴有炎性反应；但也可见到包囊破裂，释放出的缓殖子导致严重的心肌炎或肌炎，其病理特征是淋巴细胞、嗜酸性细胞和巨噬细胞的浸润和钙化。

(3)诊断

生前诊断比较困难，主要借助于免疫学诊断，其方法有ELISA、IHA和琼脂扩散试验等。死后诊断比较容易，可根据在肌肉组织中发现的包囊而确诊。肉眼可见与肌纤维平行的白色梭形包囊；制作涂片时可取病变肌肉压碎，在显微镜下检查香蕉形的缓殖子，也可用姬姆萨染色法染色后观察；做组织切片时，可见到包囊壁上有辐射状棘突，包囊中有中隔(图14-13)。

图 14-13　猪肉孢子虫包囊

(4)防制措施

对肉孢子虫病的治疗仍处于探索阶段。有报道认为，应用抗球虫药(如盐霉素、莫能菌素、氨丙啉、常山酮等)预防牛、羊的肉孢子虫病可收到一定的效果。

由于目前尚无特效的治疗药物，该病的预防就显得尤为重要。首先要加强肉品检验工作，做好带虫肉品的无害化处理，严禁用生肉喂犬、猫等终末宿主。人也是牛的肉孢子虫的终末宿主，应注意个人的饮食卫生，不吃生的或未煮熟的肉食。其次应采取措施防止牛羊等中间宿主感染。对接触牛、羊的人、犬、猫应定期进行粪便检查，发现有肉孢子虫孢子囊的终末宿主时，应及时进行治疗，严禁其接触牛、羊活动场所。对犬、猫或人等终末宿主的粪便要进行无害化处理。严禁包括人在内的终末宿主粪便污染牛、羊的饲草、饮水和养殖场地，以切断粪—口传播途径。

# 14.10　隐孢子虫病

隐孢子虫病是一种全世界性的人兽共患病。隐孢子虫可造成哺乳动物(尤其是牛、羊和人)的严重腹泻，该病已被列入世界最常见的6种腹泻病之一。该病是一个严重的公共卫生问题，同时也给畜牧业造成巨大的经济损失，所以成为世界性的研究热点。寄生于哺乳动物(主要是牛、羊和人)的隐孢子虫有两种：小鼠隐孢子虫，寄生于胃黏膜上皮细胞；小隐孢子虫，寄生于小肠黏膜上皮细胞。

(1)流行病学

隐孢子虫病的感染源是人和家畜排出的卵囊。隐孢子虫卵囊对外界环境的抵抗力很强，在潮湿环境中能存活数月；卵囊对大多数消毒剂有明显的抵抗力，只有50％以上的氨水和30％以上的福尔马林作用30min才能杀死隐孢子虫卵囊。人和畜禽的主要感染方式是粪便中的卵囊污染食物和饮水，经消化道而发生感染。

隐孢子虫的宿主范围广泛。上述两种隐孢子虫除可感染人、牛（黄牛、水牛、奶牛）、羊（山羊、绵羊）外，还可感染马、猪、犬、猫、鹿、猴、兔、大鼠、小鼠、豚鼠等哺乳动物，而且，血清学调查表明其阳性率很高。

(2) 临诊症状与病理变化

隐孢子虫常作为起始性的条件致病因子，往往与其他病原（传染病或寄生虫病等）同时存在。该病对幼龄动物危害较大，其中以犊牛、羔羊和仔猪的发病较为严重。本病主要是由小隐孢子虫引起的。潜伏期3～7d。主要临诊症状为精神沉郁，厌食，腹泻，粪便带有大量的纤维素，有时含有血液。患畜生长发育停滞，极度消瘦，有时体温升高。羊的病程为1～2周，死亡率可达40％；牛的死亡率可达16％～40％，尤以4～30日龄的犊牛和3～14日龄的羔羊死亡率更高。病理剖检的主要特征为空肠绒毛层萎缩和损伤，肠黏膜固有层中的淋巴细胞、浆细胞、嗜酸性粒细胞和巨噬细胞增多，肠黏膜的酶活性较正常黏膜的低，呈现出典型的肠炎病变，在这些病变部位可发现大量的隐孢子虫内生发育阶段的各期虫体。

(3) 诊断

由于隐孢子虫感染多呈隐性经过，感染者可以只向外界排出卵囊，而不表现出任何临诊症状。即使有明显的症状，也常常属于非特异性的，故不能用以确诊。另外，由于动物在发病时有许多条件性病原体的感染，因此，确切的诊断只能依靠实验室诊断。

生前诊断：第一种方法是采取粪便，用饱和蔗糖溶液漂浮法收集粪便中的卵囊，再用显微镜检查，往往需用放大至1000倍的油镜观察。在显微镜下可见到圆形或椭圆形的卵囊，内含4个裸露的、香蕉形的子孢子和1个较大的残体。但由于隐孢子虫卵囊很小，往往容易被忽视，此种方法要求操作者要有丰富的经验，检出率低。第二种方法是把粪样涂片，用改良酸性染色法染色镜检，隐孢子虫卵囊被染成红色，此法较简单，检出率较高。第三种方法是采用荧光抗体染色法，用荧光显微镜检查，隐孢子虫卵囊显示苹果绿的荧光，容易辨认，敏感性高达100％，特异性97％，能检测出卵囊极少的样本，但需要一定的设备和试剂，此法目前已成为国外诊断隐孢子虫病最常用的方法之一。

死后诊断：刮取病变部位的消化道黏膜涂片染色，或采用病理切片，姬姆萨染色，或制成电镜样本，鉴定虫体以确诊。

(4) 防制措施

目前尚未发现特效药物。对免疫功能正常的牛、羊采用对症治疗和支持疗法（止泻、补液、营养）可以达到治愈目的。但对免疫功能低下的犊牛、羔羊或免疫缺陷的病人，感染隐孢子虫后常可发生危及生命的腹泻。

由于目前还没有特效药物，尚无可值得推荐的预防方案，因此只能从加强饲养管理和卫生措施、提高动物免疫力来控制本病的发生。对患病牛、羊要隔离治疗，严防其排泄物污染饲料和饮水，以切断粪口传播途径。

## 14.11 马伊氏锥虫病

伊氏锥虫病又称苏拉病，是由吸血昆虫传播的一种原虫病，病原体是锥虫科、锥虫属的伊氏锥虫。本病的临诊特征为进行性消瘦、贫血、黏膜出血、黄疸、高热、心机能衰退、伴发水肿和神经症状等。马属动物常呈急性经过，病程一般1~2个月，死亡率高，牛及骆驼多数为慢性感染，少数呈带虫状态。

**(1) 流行病学**

伊氏锥虫寄生在动物的血液(包括淋巴液)和造血器官中，以纵二裂法进行繁殖。由虻及吸血蝇类(厩螯蝇和血蝇)在吸血时进行传播。这种传播纯粹是机械性的，即虻等在吸食病畜血液后，锥虫进入其体内并不进行任何发育(生存时间也较短暂)，当虻等再吸其他易感动物血时，即将虫体传入后者体内。

本病的传染来源是各种带虫动物，包括隐性感染和临床治愈的病畜。在我国南方主要的带虫动物是黄牛和水牛。此外，如狗、猪、某些野兽和啮齿动物等都可以作为保虫者。

伊氏锥虫主要由虻类和吸血蝇类机械性地传播。除经吸血昆虫传播外，消毒不完全的手术器械及注射用具也可传播本病，还可经胎盘感染或经过消化道的伤口感染。人工抽取病畜的带虫血液，注射入健畜体内，能成功地将本病传给健畜。

伊氏锥虫病宿主范围广，其中以马、驴、骡、犬易感性最强。骆驼、牛则易感性较弱，少数急性发作而死亡，但多数呈带虫状态。

本病流行于热带和亚热带地区，发病季节和流行地区与吸血昆虫的出现时间和活动范围是一致的。我国南方气候温暖，吸血昆虫几乎四季都有，但以7~9月最多。因此本病主要在7~9月流行。

**(2) 临诊症状与病理变化**

临诊症状和病变因各种家畜的易感性不同而表现各异。

马属动物常呈急性发作，潜伏期5~11d，体温变化是本病的重要标志，病马体温呈间歇热型，体温突然升高到40℃以上，稽留数日后短时间间歇，再度发热，如此反复。发热期间，食欲减退，精神不振，呼吸急促，脉搏频数，间歇期则以上症状缓解或消失。反复数次后，病马逐渐消瘦，被毛粗乱，眼结膜初充血，后变为黄染，最后苍白，在结膜、瞬膜上可见米粒大至黄豆大的出血斑，眼内常附有浆液性到脓性分泌物。

体表水肿为本病常见症状之一。发病后6~7d，水肿多见于腋下、胸前。疾病后期病马精神沉郁，昏睡状，行走摇摆，步样强拘，尿量减少，尿色深黄黏稠。体表淋巴结轻度肿胀。末期出现神经症状至死亡。

血液检查红细胞数急剧下降。锥虫的出现似有周期性，且与体温的变化有一定关系，在体温升高时较易检出虫体。

**(3) 诊断**

根据流行病学、症状、病变、血液学检查、病原学检查和血清学检查进行综合判断。在流行地区的多发季节，首先注意体温变化，如同时出现长期瘦弱、贫血、黄疸，瞬膜上常可见出血斑，体下垂部水肿，可疑为本病。

以在血液中查出病原为确诊依据。注意虫体在末梢血液中周期性出现，体温升高时易检出，因此须多次检查。

**压滴标本检查**　耳静脉或其他部位采血1滴，加等量生理盐水镜检，注意用较暗视野，如发现血浆内有活动的虫体则为阳性。

**涂片标本检查**　制成血液涂片后，以姬姆萨或瑞氏染色法检查。

**集虫法**　利用锥虫比重与白细胞相似的特点，离心后虫体位于红细胞沉淀的表面，此法可提高虫体检出率。

**动物接种试验**　接种用血液、穿刺液或集虫后病料给小白鼠腹腔接种，2~3d后每日检查，观察半个月，此法检出率极高。

**血清学诊断**　早期推广使用补体结合反应；近年来用间接血凝反应，该法敏感性高，操作简单，在人工接种后1周左右，即呈现阳性，并可维持4~8个月，此外尚有ELISA和PCR诊断方法。

(4) 治疗

治疗本病的要点是：治疗要早；药量要足；观察时间要长；病马在临床治愈后4~14周方可使役。

**萘磺苯酰脲**　商品名为纳加诺、拜尔205、苏拉明。以生理盐水配成10%溶液，静脉注射，用量为每千克体重用7~10mg（极量为4g），1个月后再治疗1次。用药后个别病畜有体表水肿、口炎、肛门及蹄冠糜烂、跛行、荨麻疹等副作用，可静脉注射下列药物缓解：氯化钙10.0g、苯甲酸钠咖啡因5.0g、葡萄糖30.0g、生理盐水1000.0mL混合，静脉注射，每日1次，连用3d。

**喹嘧胺**　商品名为安锥赛。有两种盐类，即硫酸甲基喹嘧胺和氯化喹嘧胺。前者易溶于水，易吸收，用药后很快收到治疗效果；后者微溶于水，吸收缓慢，但可在体内维持较长时间，达到预防目的。一般治疗多用前者，按5mg/kg，溶于注射用水内，皮下或肌肉注射。预防时可用喹嘧胺预防盐，国外生产有两种不同比例的产品，由硫酸甲基喹嘧胺与氯化喹嘧胺混合而成，其混合比例为3∶2或3∶4，使用时应以其中硫酸甲基喹嘧胺含量计算用量，可同时收到治疗及预防效果。

**三氮脒**　商品名为贝尼尔、血虫净，以注射用水配成7%溶液，深部肌肉注射，按3.5mg/kg，每日1次，连用2~3d。

**氯化氮胺菲啶盐酸盐**　商品名为沙莫林。是近年来非洲家畜锥虫病常用治疗药，按1mg/kg用生理盐水配成2%溶液，深部肌肉注射。当药液总量超过15mL时应分两点注射。

锥虫易产生抗药虫株，因此对治疗后复发的病例，建议改用其他药物。除使用特效药物治疗外，应根据病情，进行强心、补液、健胃缓泻等对症治疗。尤其重要的是加强护理，改善饲养条件。治疗后要注意观察疗效，如果临诊症状和血液指标恢复很慢或未见恢复，血清反应一直保持阳性，常有复发的可能，应及时进行再次治疗。

(5) 预防措施

必须认真贯彻预防为主的方针，着重抓好消灭病原，扑灭虻蝇和防护畜体等。要做到及早发现病畜，及时治疗；长期外出及由疫区调入的家畜要先隔离；搞好环境和畜舍卫生，消灭虻、蝇等吸血昆虫；临床上较实用的是药物预防，喹嘧胺的预防最长，注射一次有 3~5 个月的预防效果；萘磺苯酰脲用药一次有 1.5~2 个月的预防效果；沙莫林预防期可达 4 个月。

## 复习思考题

1. 基本概念：裂殖生殖、二分裂、出芽生殖、配子生殖。
2. 原虫的有性生殖和无性生殖包括哪些？
3. 简述肉孢子虫的形态构造。
4. 简述鸡球虫病的流行病学特点、症状、病理变化、诊断和防制措施。

# 第15章 技能实训

## 技能实训1　动物生物制品的使用和预防接种

【实训目标】　通过讲授与现场操作,掌握常用疫苗的稀释、接种方法及注意事项。

【设备材料】　煮沸消毒器、金属注射器(5mL、10mL、20mL等规格)、玻璃注射器(1mL、2mL、5mL等规格)、金属皮内注射器、镊子、毛剪、体温计、脸盆、出诊箱、注射针、气雾免疫器、毛巾、纱布、脱脂棉、搪瓷盘、工作服、登记卡、保定动物用具、5%碘酒、70%酒精、来苏儿或新洁尔灭等消毒剂、疫苗、免疫血清,牛、猪、犬、羊、家禽等实习动物。

【内容及方法】

**1. 动物生物制品的使用**

**(1)生物制品的保存**　生物制品厂必须设置冷库,防疫部门也应设置冷库或低温冷柜、冰箱、冷藏箱。一般生物制品怕热,特别是活苗,必须低温保藏。冷冻真空干燥的疫苗,多数要求放在-15℃下保存,温度越低,保存时间越长。如猪瘟兔化弱毒冻干苗,在-15℃可保存1年以上,在0~8℃只能保存6个月,若放在25℃左右,至多10d即失去了效力。实践证明,一些冻干苗在27℃条件下保存1周后有20%不合格,保存2周后有60%不合格。需要说明的是,冻干苗的保存温度与冻干保护剂的性质有密切关系。一些国家的冻干苗可以在4~6℃保存,因为用的是耐热保护剂。多数活湿苗只能现制现用,在0~8℃下仅可短时期保存。灭活苗、血清、诊断液等保存在2~11℃,不能过热,也不能低于0℃。

工作中必须坚持按规定温度条件保存,不能任意放置,防止高温存放或温度忽高忽低损害疫苗的质量。

**(2)生物制品的运送**　不论使用何种运输工具运送生物制品,都应注意防止高温、暴晒和冻融。运送时,药品要逐瓶包装,衬以厚纸或软草然后装箱。如果是活苗需要低温保存的,可先将药品装入盛有冰块的保温瓶或保温箱内运送,携带灭活铝胶苗或油乳苗时,冬季要防止冻结。在运送过程中,要避免高温(如直射阳光)。寒冷时要避免液体制品冻结,尤其要避免由于温度高低不定而引起的反复冻融。切忌把药品放入衣袋内,以免由于体温较高而降低药品的效力。大批量运输的生物制品应放在冷藏箱内,用冷藏车以最快速度运送生物制品。

**(3) 生物制品使用前的检查** 各种生物制品用前均需仔细检查,有下列情况之一者不得使用:

① 没有瓶签或瓶签模糊不清,没有经过合格检查者。

② 过期失效者。

③ 生物制品的质量与说明书不符者,如色泽、沉淀、制品内有异物、发霉和臭味者。

④ 瓶盖不紧或玻璃瓶破裂者。

⑤ 没有按规定方法保存者,如加氢氧化铝的菌苗经过冻结后,其免疫力可降低。

**(4) 生物制品的稀释** 各种疫苗使用的稀释液、稀释倍数和稀释方法都有明确规定,必须严格地按生产厂家的使用说明书进行。稀释疫苗用的器械必须是无菌的,否则,不但影响疫苗的效果,而且会造成人为的污染。

① 注射用疫苗的稀释:用70%酒精棉球擦拭消毒疫苗和稀释液的瓶盖,然后用带有针头的灭菌注射器吸取少量稀释液注入疫苗瓶中,充分振荡溶解后,再加入全量的稀释液。

② 饮水用疫苗的稀释:饮水免疫时,疫苗最好用蒸馏水或去离子水稀释,也可用洁净的深井水或泉水稀释,不能用自来水,因为自来水中的消毒剂会把疫苗中活的微生物杀死,使疫苗失效。稀释前先用酒精棉球消毒疫苗的瓶盖,然后用灭菌注射器吸取少量的蒸馏水注入疫苗瓶中,充分振荡溶解后,抽取溶解的疫苗放入干净的容器中,再用蒸馏水把疫苗瓶冲洗几次,使全部疫苗所含病毒(或细菌)都被冲洗下来。然后按一定剂量加入蒸馏水。

**2. 预防接种方法**

**(1) 皮下注射法** 皮下注射宜选择皮薄、被毛少、皮肤松弛、皮下血管少的部位。大家畜宜在颈侧中1/3部位,猪宜在耳根后或股内侧,犬、羊宜在股内侧,家禽宜在翼下或胸部。

注射部位消毒后,注射者右手持注射器,左手食指与拇指将皮肤提起呈三角形,沿三角形基部刺入皮下约注射针头的2/3,将左手放开后,再推动注射器活塞将疫苗徐徐注入。然后用酒精棉球按住注射部位,将针头拔出。

大部分疫苗及免疫血清均采用皮下注射法。凡引起全身性广泛损害的疾病如猪瘟、仔猪副伤寒等,以此途径免疫效果好,此法优点是免疫确实,效果佳,吸收较快;缺点是用药量较大,副作用较皮内注射法稍大。

**(2) 皮内注射法** 皮内注射宜选择皮肤致密、皮毛少的部位。大家畜宜在颈侧、尾根、眼睑,猪宜在耳根后方或股内侧,羊宜在颈侧或股内侧,鸡宜在翼下或肉髯部位。

接种时,用左手将皮肤夹起一皱褶或以左手绷紧固定皮肤,右手持注射器,将针头在皱褶上或皮肤上斜着使针口几乎与皮面平行轻轻刺入皮内0.5cm左右,放松左手,左手在针头和针筒交接处固定针头,右手持注射器,徐徐注入药液。如针头确在皮内,则注射时感觉有较大的阻力,同时注射处形成一个圆丘,突出于皮肤表面。

皮内接种目前只适用于羊痘苗和某些诊断液等,皮内接种的优点是使用药液少,注射局部副作用小,产生的免疫力比相同剂量的皮下接种高;缺点是操作需要一定的技术与经验。

(3) 肌肉接种法　肌肉注射，应选择肌肉丰满、血管少、远离神经的部位。大家畜宜在臀部或颈部，猪宜在耳后、臀部、颈部，羊宜在颈部，鸡宜在翅膀基部或胸部肌肉。

接种部位要严格消毒，大、中动物消毒方法是首先剪毛，再用2%~5%碘酊棉球螺旋式由内向外消毒接种部位，最后用75%的酒精棉球消毒。

肌肉注射方法有两种。一种方法是，左手固定注射部位的皮肤，右手持注射器垂直刺入肌肉后，改用左手夹住注射器和针头尾部，右手回抽一下活塞，如无回血，即可慢慢注入药液。另一种方法是，把注射器针头取下，以右手拇指、食指、中指紧持针尾，对准注射部位垂直刺入肌肉，然后接上注射器，注入药液。

根据畜禽大小和肥瘦程度掌握刺入深度，以免刺入太深(常见于小畜禽)刺伤骨骼、血管、神经，或因刺入太浅(常见于大猪)将疫苗注入皮下脂肪而不能吸收。注射的剂量应严格按照规定的剂量注入，同时避免药液外漏。此法优点是操作简便，吸收快；缺点是有些疫苗会损伤肌肉组织，如注射部位不当，可能引起跛行。常用此法的有猪瘟弱毒疫苗、猪链球菌疫苗、鸡新城疫Ⅰ系苗等。

(4) 滴鼻点眼接种法　滴鼻与点眼是禽类有效的免疫途径，鼻腔黏膜下有丰富的淋巴样组织，能产生良好的局部免疫。点眼与滴鼻的免疫效果相同，比较方便、快速。据报道，眼部的哈德尔氏腺呈现局部应答效应，不受血清抗体的干扰，因而抗体产生迅速。

接种时按疫苗说明书注明的羽分和稀释方法，用蒸馏水或生理盐水进行稀释后，用干净无菌的吸管吸取疫苗，滴入鸡的鼻内或眼内。要求滴鼻或点眼后等疫苗吸入后再释放家禽。

(5) 口服接种法　口服接种法有饮水法、饲喂法和口腔灌服法。根据口服免疫接种畜禽头(只)数计算所需疫苗数量和饲料、饮水数量，按规定将疫苗加入饲料和水中，让畜禽自由采食、饮水或用容器直接灌入动物口腔。

(6) 气雾接种法　根据鸡只多少计算所需疫苗数量、稀释液数量，根据鸡只的日龄选择雾滴的大小。无菌稀释后用气雾发生器在鸡头上方约50cm喷雾。在鸡群周围形成一个良好的雾化区。通过口腔、呼吸道黏膜等部位以达到免疫作用。本方法优点是省力、省工、省苗。缺点是容易激发潜在的慢性呼吸道病，这种激发作用与粒子大小成反相关，粒子越小，激发的危险性越大。所以有慢性呼吸道病潜在危险的鸡群，不应采用气雾免疫法。气雾接种时要求关闭风机，暗光下操作。

(7) 刺种接种法　按疫苗说明书注明的稀释方法稀释疫苗，充分摇匀，然后用接种针或蘸水笔尖蘸取疫苗，刺种于鸡翅膀内侧无血管处皮下。要求每针均蘸取疫苗1次，刺种时最好选择同一侧翅膀，便于检查效果时操作简单。

**3. 预防接种的注意事项**

①工作人员需穿工作服及胶鞋，必要时戴口罩。工作前后均应洗手消毒，工作中不应吸烟和吃食物。

②接种时严格执行消毒及无菌操作。注射器、针头、镊子应高压或煮沸消毒。注射时最好每注射一头动物更换一个针头。在针头不足时可每吸液一次更换一个针头，但每注射一头后，应用酒精棉球将针头拭净消毒后再用。注射部位皮肤用5%的碘酊消毒，皮内注

射及皮肤刺种用70%酒精消毒，被毛较长的剪毛后再消毒。

③吸取疫苗时，先除去封口上的火漆或石蜡，用酒精棉球消毒瓶塞。瓶塞上固定一个消毒的针头专供吸取药液，吸液后不拔出，用酒精棉包好，以便再次吸取。给动物注射用过的针头不能吸液，以免污染疫苗。

④疫苗使用前，必须充分振荡，使其均匀混合后才能使用。需经稀释后才能使用的疫苗，应按说明书的要求进行稀释。已经打开瓶塞或稀释过的疫苗，必须当天用完，未用完的处理后弃去。

⑤针筒排气溢出的药液，应吸集于酒精棉球上，并将其收集于专用的瓶内。用过的酒精棉球、碘酊棉球和吸入注射器内未用完的药液都放入专用瓶内，集中烧毁。

⑥实训前，教师必须作好实训准备和安排，学生应事先预习。在实训中应注意安全。

## 技能实训2　病料的采取、包装和送检

**【实训目标】**　通过讲授、示范和实际操作，掌握病料的采集、保存和送检方法，具备临诊实际应用的能力。

**【设备材料】**　煮沸消毒器、外科刀、外科剪、镊子、试管、注射器、采血针头、平皿、广口瓶、包装容器、脱脂棉、载玻片、酒精灯、火柴、药品、保存液、来苏儿、新鲜动物尸体等。

**【内容及方法】**

**1. 病料的采取**

(1)**淋巴结及内脏**　将淋巴结、肺、肝、脾及肾等有病变的部位各采取1～2cm的小方块，分别置于灭菌试管或平皿中。

(2)**血液**　心血通常在右心房采取，先用烧红的铁片或刀片烙烫心肌表面。然后用灭菌的注射器自烙烫处扎入吸出血液，盛于灭菌试管；血清的采取，以无菌操作采取血液10mL，置于灭菌的试管中，待血液凝固析出血清后，以灭菌滴管吸出血清置于另一灭菌试管内。如供血清学反应时，可于每毫升血清中加入3%～5%石炭酸溶液1～2滴。全血的采取，以无菌操作采取全血10mL，立即放入盛有3.8%柠檬酸钠1mL的灭菌试管中，搓转混合片刻即可。

(3)**脓汁及渗出液**　用灭菌注射器或吸管抽取，置于灭菌试管中。若为开口化脓病灶或鼻腔等，可用无菌棉签浸醮后放在试管中。

(4)**乳汁**　乳房和挤乳者的手用新洁尔灭等消毒，同时把乳房附近的毛刷湿，最初所挤的3～4股乳汁应弃去，然后再采集10mL左右的乳汁于灭菌试管中。若仅供镜检，则可于其中加入0.5%的福尔马林溶液。

(5)**胆汁**　采取方法同心血烧烙采取法。

(6)**肠**　用线扎紧一段肠道(长5～10cm)两端，然后将两端切断，置于灭菌器皿中。也可用烧烙采取法采取肠管黏膜或其内容物。

(7)**皮肤**　取大小约10cm×10cm的皮肤一块，保存于30%甘油缓冲溶液中，或10%饱和盐水溶液，或10%福尔马林溶液中。

**(8)胎儿、禽和小动物** 将整个尸体包入不透水的塑料薄膜、油布或数层油纸中,装入箱内送检。

**(9)脑、脊髓** 可将脑、脊髓浸入50%甘油盐水中,或将整个头割下,浸过0.1%升汞溶液的纱布或油布中,装入木箱送检。

### 2. 病料的保存

病料采取后,如不能立即检验,或需送往有关单位检验,应当加入适量的保存剂,使病料尽量保存在新鲜状态,以免病料送达实验室时已失去原来状态,影响正确诊断。病料保存剂因送检材料的不同也各异。

**(1)病毒检验材料** 一般用灭菌的50%甘油缓冲盐水,或鸡蛋生理盐水。

**(2)细菌检验材料** 一般用灭菌的液体石蜡,或30%甘油缓冲盐水,或饱和氯化钠溶液。

**(3)血清学检验材料** 固体材料(小块肠、耳、脾、肝、肾及皮肤等),可用硼酸或食盐处理。液体材料如血清等可在每毫升中加入3%~5%石炭酸溶液1~2滴。

**(4)病理组织材料** 用10%福尔马林液或95%~100%酒精等。

### 3. 病料的送检

供显微镜检查用的脓汁、血液及黏液,可用载玻片制成抹片,组织块可制成触片,每份病料制片不少于2~4张。制成后的涂片自然干燥,彼此中间垫以火柴棍或纸片,重叠后用线缠住,用纸包好。每片应注明号码,并附加说明。装病料的容器详细标号,详细记录在案,并附有病料送检单,见表15-1。

病料包装容器要牢固,做到安全稳妥,对于危险材料、怕热或怕冻的材料要分别采取措施。一般病原学检验材料怕热,应放入有冰块的保温瓶或冷藏箱内送检,包装好的病料要尽快运送,长途以空运为好。

表 15-1 动物病料送检单

| 送检单位 | | 地 址 | | 检验单位 | | 材料收到日期 | 年 月 日 |
|---|---|---|---|---|---|---|---|
| 病畜种类 | | 发病日期 | | 检验人 | | 结果通知日期 | 年 月 日 |
| 死亡时间 | 年 月 日 时 | 送检日期 | | 检验名称 | 微生物学检查 | 血清学检查 | 病理组织学检查 |
| 取材时间 | 年 月 日 时 | 取材人 | | | | | |
| 疫病流行情况 | | | | | | | |
| 主要临诊症状 | | | | | | | |
| 主要剖检变化 | | | | 检验结果 | | | |
| 曾经何种治疗 | | | | | | | |
| 病料序号名称 | | 病料处理方法 | | 诊断和处理意见 | | | |
| 送检目的 | | | | | | | |

**4. 注意事项**

①采取微生物检验材料时，要严格按照无菌操作手续进行，并严防散布病原。

②要有秩序地进行工作，注意消毒，严防本身感染及造成他人感染。

③正确地保存和包装病料，正确填写送检单；通过对流行病学、临诊症状、剖检材料的综合分析，慎重提出送检目的。

④病料的采集前需做尸体检查，当怀疑是炭疽时，不可随意解剖，应先由末梢血管采血涂片镜检，检查是否有炭疽杆菌存在。操作时应特别注意，勿使血液污染他处。只有在确定不是炭疽时方可进行剖检，采取有病变的组织器官。

⑤采取病料的最佳时间是死亡后立即采取，最多不超过6h，否则时间过长，由肠内侵入其他细菌，易使尸体腐败，影响病原体的检出。

⑥采取病料所用器械的消毒刀、剪、镊子、针头等可煮沸消毒30min；玻璃器皿等可高压灭菌或干热灭菌，或于0.5%~1%碳酸氢钠水中煮沸30min；软木塞和橡皮塞于0.5%石炭酸水溶液中煮沸10~15min。

⑦载玻片在1%~2%碳酸氢钠水中煮沸10~15min。水洗后用清洁纱布擦干，将其保存于酒精与乙醚等份液中备用。一套器械与容器，只能采取或容装一种病料，不可用其再采其他病料或容纳其他脏器材料。

⑧采取病料应无菌操作，采取病料的种类，应根据不同的传染病，相应地采取该病常侵害的脏器或内容物。在无法估计是某种传染病时，应进行全面采取。

# 技能实训3　巴氏杆菌的实验室诊断

【实训目标】　初步掌握巴氏杆菌病的微生物学诊断步骤和方法。

【设备材料】　显微镜、外科刀、剪刀、镊子、玻片、注射器、组织研磨器、消毒的平皿及试管、美蓝染色液、革兰氏染色液、瑞氏染色液、姬姆萨染色液、鲜血琼脂、普通肉汤培养基、糖微量发酵管、小鼠等。

【内容及方法】

**1. 微生物学检查**

(1) 病料采集　取病畜禽的组织、肺、肝、脾等，或取体液、分泌物及局部病灶的渗出液。

(2) 镜检　对原始病料涂片用瑞氏或碱性美蓝染色，同时进行革兰染色，镜检，应为革兰阴性，瑞氏染色两极浓染的短小杆菌或球杆菌，大小不一，用印度墨汁等染料染色，可见清晰的荚膜。

(3) 培养　将病料同时接种于鲜血琼脂和麦康凯培养基，37℃培养24h，观察细菌的生长情况、菌落特征、溶血性，检查折光下的荧光性，并染色镜检。

**2. 动物试验(致病力测定)**

常用的实验动物有小鼠和家兔，若用家兔，需在接种病料或培养菌液前数天，每只兔用0.2%~0.5%煌绿液2~3滴滴鼻，取滴鼻后18~24h未出现化脓性鼻炎者供试验用。

将病料用无菌生理盐水制成1∶10悬液或用分离物制成生理盐水菌液，也可用4％血清肉汤培养液，皮下或腹腔接种小鼠或家兔2～4只，小鼠每只注射0.1～0.3mL，家兔为0.3～0.5mL，强毒株多杀性巴氏杆菌一般在接种后24～72h死亡，而牛出败病标本死亡时间延长至1周左右。实验动物死亡后立即剖检并取心血和实质脏器分离和涂片染色镜检，见大量两极浓染的细菌即可确诊。

## 技能实训4　布鲁氏菌病的检疫

【实训目标】　初步掌握布鲁氏菌病的血清学诊断方法。
【设备材料】
(1)器材　清洁灭菌小试管(试管口径为1cm)、试管架、0.5mL吸管、1mL吸管、10mL吸管、凝集板。
(2)诊断液　布鲁氏菌试管凝集抗原、虎红平板凝集抗原、布鲁氏菌水解素、标准阳性血清和阴性血清。
【内容及方法】
(一)试管凝集反应

**1. 试验材料**

(1)抗原　由动物生物药品厂生产，我国所使用的抗原由国际标准血清标定制造，使用时做1/20稀释，对国际标准阳性血清的凝集价为1∶1000(50％凝集)。该抗原由0.5％石炭酸生理盐水悬浮布氏杆菌死菌体制备而成。

(2)试验用稀释液　灭菌的0.5％石炭酸生理盐水。

(3)试管　13mm×100mm规格试管。

(4)被检血清　牛、羊由颈静脉，猪于耳静脉或剪断尾端采血。局部剪毛消毒后，以无菌操作采取血液5～8mL，盛于灭菌试管中，并立即摆成斜面使之凝固(冬季置于温暖处，夏季置于阴凉处)，凝固后即可送实验室，或等10～12h血清析出后，用毛细吸管吸取血清于灭菌的小瓶内。封存置冰箱中备用，并记录畜号。

**2. 操作方法**

(1)稀释血清　用0.5％石炭酸生理盐水稀释血清。

被检血清一般做4个稀释度：牛、马和骆驼做1∶50、1∶100、1∶200、1∶400稀释；猪、羊、犬做1∶25、1∶50、1∶100、1∶200稀释。可取5个试管，在第1管中加2.3mL稀释液，第3～5管中各加0.5mL稀释液，加0.2mL血清于第1管中做1∶12.5稀释，混匀，从第1管中取0.5mL加到第2管，混匀，依次做倍比稀释，从第5管中弃去0.5mL，从第2管起即为1∶25、1∶50、1∶100、1∶200稀释，第1管废弃不用。

阳性对照血清的稀释，从1∶25起，做2倍系列稀释，最高稀释度应超过其最终效价(表15-2)。阴性对照血清的稀释同被检血清。

表 15-2　布氏杆菌试管凝聚实验

| 试管号 | 1 | 2 | 3 | 4 | 5 | 阳性对照 | 阴性对照 | 抗原对照 |
|---|---|---|---|---|---|---|---|---|
| 血清稀释倍数 | 1:12.5 | 1:25 | 1:50 | 1:100 | 1:200 | 1:25 | 1:25 | |
| 0.5%石炭酸生理盐水（mL） | 2.3 | — | 0.5 | 0.5 | 0.5 | — | — | 0.5 |
| 被检血清（mL） | 0.2 | 0.5 | 0.5 | 0.5 | 0.5 | 0.5弃0.5 | 0.5 | — |
| 抗原（1:20）（mL） | — | 0.5 | 0.5 | 0.5 | 0.5 | 0.5 | 0.5 | 0.5 |
| 判定 | | | | | | | | |

**(2)稀释抗原**　用0.5%石炭酸生理盐水将抗原做1:20稀释。

每个血清管（包括被检血清和阴、阳性对照血清）中各加0.5mL抗原，混匀，血清最终稀释度依次变为1:50、1:100、1:200和1:400。

建立抗原对照，在0.5mL抗原中加0.5mL稀释液。

将所有试管充分震荡后置37℃温箱中22~24h，然后判定并记录试验结果。

**(3)结果判定**　根据各试验管中上层液体的清亮度记录凝集程度：

"++++"：表示100%凝集，上清液完全清亮。

"+++"：表示75%凝集，上清液较清亮。

"++"：表示50%凝集，上清液呈乳白色混浊。

"+"：表示25%凝集，上层液体混浊。

"—"：表示不凝集，上层液体混浊，与阴性对照相同。

被检血清出现50%凝集时，血清的最高稀释度为该血清的效价。

牛、马和骆驼血清凝集价为1:100以上，猪、羊和犬1:50以上，判为阳性。牛、马和骆驼血清凝集价为1:50，猪、羊和犬为1:25者判为可疑。可疑反应的家畜经3~4周重检，牛、羊重检时仍为可疑，判为阳性。猪和马重检时仍为可疑，但该场中未出现阳性反应及无临诊症状的家畜，判为阴性。

(二)虎红平板凝集反应

这种试验是快速玻片凝集反应，抗原是布鲁氏菌加虎红制成，它可与试管凝集及补体结合反应效果相比，且在犊牛菌苗接种后不久，以此抗原做试验呈现阴性反应，对区别菌苗接种与动物感染有帮助。

**1. 操作方法**

被检血清和布鲁氏菌虎红平板凝集抗原各0.03mL滴于玻璃板的方格内，每份血清各用一支火柴棒混合均匀。在室温（20℃）4~10min内记录反应结果。同时以阳性、阴性血清做对照。

**2. 结果判定**

在阳性血清及阴性血清试验结果正确的对照下，被检血清出现任何程度的凝集现象均判为阳性，完全不凝集的判为阴性。

### (三)变态反应

由于动物感染布鲁氏菌后变态反应出现较晚,不适用于早期的诊断。作为诊断试验其应用在国际上虽然不广泛,但其特异性高,用于流行病学调查非常有效。

本试验是用不同类型的抗原进行布鲁氏菌病诊断的方法之一。布鲁氏菌水解素即变态反应试验的一种抗原,这种抗原专供绵羊和山羊检查布鲁氏菌病之用。按《羊布鲁氏菌病变态反应技术操作规程及判定》进行。

**1. 操作方法**

使用细针头,将水解素注射于绵羊或山羊的尾褶襞部或肘关节无毛处的皮内,注射剂量0.2mL。注射前应将注射部位用酒精棉消毒。如注射正确,在注射部形成绿豆大小的硬包。注射一只羊后,针头应用酒精棉消毒,然后再注射另一只。

**2. 结果判定**

注射后24h和48h各观察反应一次(肉眼观察和触诊检查)。若两次观察反应结果不符时,以反应最强的一次作为判定的依据。判定标准是:

阳性反应(+):注射部位有明显不同程度肿胀和发红(硬肿或水肿),不用触诊,凭肉眼即可察觉者。

疑似反应(±):肿胀程度不明显,而触诊注射部位,常需与另一侧皱褶相比较才能察觉者。

阴性反应(一):注射部位无任何变化。

阳性家畜,应立即移入阳性畜群进行隔离,可疑牲畜必须于注射后30d进行第二次复检,如仍为疑似反应,则按阳性牲畜处理,如为阴性反应则视为健畜。

## 技能实训5 猪丹毒的实验室诊断

**【实训目标】** 通过猪丹毒病料的触片、染色、镜检,认识猪丹毒杆菌的形态特征,掌握猪丹毒的细菌学诊断方法。

**【设备材料】** 可疑为猪丹毒的病猪及病料(或以猪丹毒杆菌人工感染的实验动物尸体)、实验动物(小鼠、鸽子等)、普通琼脂、普通肉汤、血液琼脂、明胶高层等培养基、剪刀、镊子、手术刀、接种环、酒精灯、酒精棉球、消毒的平皿及试管、研钵、载玻片、显微镜、香柏油、美蓝、瑞氏及革兰染色液等。

**【内容及方法】**

**1. 病料采取**

病猪:急性败血型病猪可以从耳静脉采血,亚急性型可以采取皮肤疹块的渗出液,慢性病例采取患病关节滑囊液。

尸体:病猪死亡后,应采取心血、脾、肝、淋巴结、肾等组织做病料。

如果以病料通过实验动物再做细菌学诊断,则应待实验动物死亡后,从尸体采取心血、脾、肝、肾等器官进行检查。

## 2. 涂片染色镜检

取病料涂片，干燥，用美蓝或瑞氏染色、镜检。病料中猪丹毒杆菌呈细小杆菌、散在、成对散布于细胞之间，有时在白细胞内成丛状排列。

## 3. 分离培养

取病猪的血液、脾、肝、淋巴结等分别接种于血液琼脂、普通琼脂、肉汤作分离培养。对死亡过久的尸体，可取骨髓作分离培养。接种后置37℃培养24h，在鲜血琼脂上可见针尖样细小的菌落，菌落周围可形成透明狭窄的溶血环；在普通琼脂培养基上生长贫瘠；肉汤中呈轻度浑浊，有少量灰白色黏稠沉淀。挑取菌落，经涂片染色镜检，为革兰阳性细小杆菌。再挑选典型菌落培养后，做明胶穿刺培养，3~4d后呈试管刷状生长，不液化明胶。这点与其他细菌（如李氏杆菌等）鉴别上有重要意义。也可在培养基中加入叠氮钠和结晶紫各万分之一，制成选择培养基，只有猪丹毒杆菌能在这种培养基上正常生长繁殖，其他杂菌受到抑制。

## 4. 动物接种

当被检病料中含菌量少，或已被污染，做细菌分离培养时有困难，可以进一步做动物接种试验。

取病料（心血、脾、肝、淋巴结、疹块）或纯培养物接种鸽或小鼠。先将病料磨碎，用灭菌生理盐水做1∶5或1∶10稀释。鸽胸肌注射0.5~1mL。小鼠皮下注射0.2mL。如为固体培养基上的菌落，则用灭菌生理盐水洗下，制成菌液进行接种。如果是猪丹毒，小鼠可在2~3d内，最多3~5d内患败血症死亡。死前出现精神委顿、眼结膜发炎、畏光、背拱、毛乱、停食。死后剖检脾肿大、肺和肝充血，肝有时可见小点坏死，并可从内脏分离出猪丹毒杆菌；鸽子一般在接种后3~4d内死亡，病鸽腿翅麻痹、精神委顿、头缩羽乱、不吃而死亡。其剖检变化与小鼠死亡相似。

【注意事项】

①严格地按照操作顺序进行，对用过的器材及其他一切物品，要放在指定地点，消毒后处理，以防病原体散播。

②严防本身感染或感染他人。

# 技能实训6 猪瘟的诊断

【实训目标】 掌握猪瘟的临诊诊断要点，学会猪瘟兔体交互免疫试验的诊断方法，基本掌握猪瘟荧光抗体诊断的操作技术并能正确进行结果判定，为今后从事动物临床工作打下基础。

【设备材料】 荧光显微镜、冰冻切片机、煮沸消毒锅、注射器(1mL、5~10mL)、肛门体温计、染色缸、灭菌乳钵、剪刀、镊子、注射针头、兔笼、0.01mol pH 7.2 PBS液、伊文思蓝溶液、丙酮、青霉素、链霉素、生理盐水、猪瘟荧光抗体、猪瘟兔化弱毒苗、1.5kg以上健康家兔、疑似猪瘟病料等。

【内容及方法】

1. 临诊诊断要点

猪瘟对各种年龄的猪，不分品种、性别都能感染发病。一年四季均能发病，春秋季节更多发生。一旦发生多呈流行性，发病率和死亡率均高。临诊上主要表现体温升高，多呈稽留热。多见脓性结膜炎，先便秘后腹泻，皮肤和可视黏膜有出血点、出血斑，公猪包皮积白色浆状分泌物。小猪可见神经症状。病理剖检可见全身淋巴结，特别是内脏所属淋巴结呈周边出血，切面呈大理石样变。肾脏变性色淡呈"贫血肾"，表面及皮质部有小出血点。脾脏边缘有出血性梗死灶。扁桃体稍肿，有出血点或坏死灶。同时咽喉、胆囊、膀胱及直肠黏膜出血。亚急性和慢性型病猪多在大肠黏膜，特别回盲口周围形成特征性轮层状溃疡——扣状肿。

2. 兔体交互免疫试验

(1)操作方法 选择体重1.5kg以上大小基本相等的健康家兔4只，分成2组，试验前连续测温3d，每日3次，间隔8h，体温正常者才可用。采可疑病猪的淋巴结及脾脏做成1∶10悬液（每毫升悬液加青霉素、链霉素各1000IU处理），给试验组家兔每只5mL肌注。如用血液须加抗凝剂，每只接种2mL。对照组不注射。注射后对实验组和对照组兔测温，每8h测一次，连续3d。7d以后，用1∶20稀释的猪瘟兔化弱素毒疫苗同时给试验组与对照组家兔耳静脉各注射1mL，24h后，每隔6h测温一次，连续测温96h。

(2)判定标准 如试验组接种病料后无热反应，后来接种猪瘟兔化弱毒也不发生热反应，对照组有热反应，则诊断为猪瘟；如试验组接种病料后有定型热反应，后来接种猪瘟兔化弱毒不发生热反应，而对照组接种猪瘟兔化弱毒发生定型热反应，则表明病料中含有猪瘟兔化弱毒；如试验组接种病料后无热反应，后来接种猪瘟兔化弱毒发生热反应，或接种病料后有热反应，后来对接种猪瘟兔化弱毒又有热反应，而对照组接种猪瘟兔化弱毒后发生定型热反应，则不是猪瘟。

3. 荧光抗体诊断法

(1)扁桃体冰冻切片或组织压片的制备 采取活体或急性高温期病猪的扁桃体，按常规方法用冰冻切片机制成4μm切片，吹干；制作压片时，首先切取病猪的扁桃体、淋巴结、脾或其他组织一小块，用滤纸吸去外面的液体，取干净载玻片一块，稍为烘热，用组织小块的切面触压玻片，略加转动，做成压印片，置室温干燥。滴加冷的纯丙酮数滴，于4℃固定15min，取出风干。

(2)染色 用1/40 000伊文思蓝溶液将荧光抗体做8倍稀释，将稀释的荧光抗体滴加到标本上，于37℃温箱内感作30～40min。再用0.01mol pH 7.2 PBS漂洗3次，分别于2min、5min、8min更换PBS，最后蒸馏水漂洗2次，风扇吹干，滴加缓冲甘油数滴，加盖玻片封片，用荧光显微镜检查。

(3)镜检 如细胞浆内有弥漫性、絮状或点状的亮黄绿色荧光，为猪瘟；如仅见暗绿色或灰蓝色，则不是。

# 技能实训 7 鸡新城疫抗体监测

**【实训目标】** 鸡新城疫抗体监测技术是制订鸡新城疫免疫程序的重要依据，要求学生必须掌握鸡新城疫抗体监测的操作方法，为今后从事鸡场疫病预防工作奠定基础。

**【设备材料】** 微量振荡器、离心机、微量加样器（配滴头）、96 孔 V 型反应板、1mL 和 5mL 注射器、针头、试管、吸管、pH7.2、0.01mol/L 磷酸盐缓冲溶液（PBS）、1%鸡红细胞悬液、阿氏液、灭菌生理盐水、青霉素、链霉素、鸡新城疫病毒悬液、鸡新城疫阳性血清、被检鸡血清等。

**【内容及方法】**

**1. 试验准备**

(1) **阿氏液配制** 葡萄糖 2.05g、枸橼酸钠 0.8g、枸橼酸 0.055g、氯化钠 0.42g，蒸馏水加至 100mL，微热溶解后，过滤，用 10%枸橼酸调至 pH 6.1，分装，在 69kPa 下高压灭菌 15min，4℃保存备用。

(2) **制备 1%鸡红细胞悬液** 采集至少 3 只 SPF 公鸡或无新城疫抗体的健康公鸡的血液与等体积阿氏液混合，用 pH 7.2、0.01mol/L PBS 洗涤 3 次，每次以 1000r/min 离心 10min，洗涤后配成体积分数为 1%鸡红细胞悬液，4℃保存备用。

(3) **制备** pH7.2、0.01mol/L PBS。

①配制 25×PB：称重 2.74g 磷酸氢二钠和 0.79g 磷酸二氢钠加蒸馏水至 100mL。

②配制 1×PBS：量取 40mL 25×PB，加入 8.5g 氯化钠，加蒸馏水至 1000mL。

③用氢氧化钠或盐酸调 pH 7.2。

④灭菌或过滤。

⑤pH 7.2、0.01mol/L PBS 一经使用，于 4℃保存不超过 3 周。

(4) **被检血清** 从新城疫免疫过鸡的翅静脉采血装入 2mL 的离心管中，凝固后离心，析出的液体为被检血清。也可用消毒过的干燥注射器采血，装于小试管内，使凝固成一斜面。放于室温中，待血清析出后，倒出保存于 4℃。

**2. 操作方法**

最常用的方法是采血清做微量血凝抑制（HI）试验。

(1) **微量血凝（HA）试验** 在进行 HI 试验之前必须先进行 HA 试验，测定病毒抗原的血凝价，以确定 HI 试验 4 个血凝单位所用病毒抗原的稀释倍数。

①用微量加样器向反应板上每个孔中分别加 PBS 缓冲液 25μL，共滴 4 排，换滴头。

②吸取 25μL 病毒液，加于第一孔中，用该加样器挤压 5～6 次使病毒混合均匀，然后向第 2 孔移入 25μL，挤压 5～6 次后再向第 3 孔移入 25μL，依次倍比稀释到第 11 孔，使第 11 孔中液体混合后从中吸出 25μL 弃去，换滴头。第 12 孔不加病毒抗原，只做对照。

③每孔再加 PBS 缓冲液 25μL。

④每孔均加 1％鸡红细胞悬液(将鸡红细胞悬液充分摇匀后加入)25μL。

⑤加样完毕,将反应板置于微型振荡器上振荡 1min,或手持血凝板摇动混匀,并放室温(20～30℃)下作用 40min,观察并判定结果,试验操作术式见表 15-3。

表 15-3 鸡新城疫血凝试验操作术式 μL

| 孔 号 | 1 | 2 | 3 | 4 | 5 | 6 | 7 | 8 | 9 | 10 | 11 | 12 |
|---|---|---|---|---|---|---|---|---|---|---|---|---|
| 抗原稀释倍数 | $2^1$ | $2^2$ | $2^3$ | $2^4$ | $2^5$ | $2^6$ | $2^7$ | $2^8$ | $2^9$ | $2^{10}$ | $2^{11}$ | 对照 |
| PBS 缓冲液 | 25 | 25 | 25 | 25 | 25 | 25 | 25 | 25 | 25 | 25 | 25 | 25 |
| 抗原 | 25 | 25 | 25 | 25 | 25 | 25 | 25 | 25 | 25 | 25 | 25 | — |
| PBS 缓冲液 | 25 | 25 | 25 | 25 | 25 | 25 | 25 | 25 | 25 | 25 | 25 | 25 |
| 1％鸡红细胞 | 25 | 25 | 25 | 25 | 25 | 25 | 25 | 25 | 25 | 25 | 25 | 25 |
| | | | | 振荡 1min 或(20～30℃)下作用 40min 判定 | | | | | | | 弃去 25 | |
| 例 如 | ♯ | ♯ | ♯ | ♯ | ♯ | ♯ | ♯ | ♯ | ♯ | ♯ | ＋＋ | — |

结果判定时,应将反应板倾斜,观察红细胞有无泪珠样流淌。完全凝集时不流淌。"♯"表示红细胞完全凝集,"＋＋"为不完全凝集,"—"为不凝集。

新城疫病毒液能凝集鸡的红细胞,但随着病毒液被稀释,其凝集红细胞的作用逐渐变弱。稀释到一定倍数时,就不能使红细胞出现完全的凝集,从而出现可疑或不凝集结果。能使全部红细胞发生凝集(♯)的反应孔中病毒液的最大稀释倍数为该病毒的血凝滴度或称血凝价。表 15-3 抗原血凝价为 1∶512。

**(2)微量血凝抑制(HI)试验**

①4 个血凝单位的病毒抗原配制及验证。血凝价除以 4,如上表 512÷4＝128,即 1mL(抗原)＋127mL(PBS)即成。配制好后和每天应用前都必须对 4 个血凝单位的病毒抗原进行测试验证。

②采用同样的血凝板,每排孔可检查一份血清样品。检查另一份血清时,必须更换吸取血清的滴头。

③用微量加样器向 1～11 号孔中分别加入 25μL PBS 缓冲液,第 12 号孔加 50μL PBS 缓冲液。

④用另一微量加样器取一份待检血清 25μL 置于第 1 孔中,挤压 6～7 次混匀。然后依次倍比稀释至第 10 孔,并将其弃去 25μL。第 11 孔为病毒血凝对照,第 12 孔为 PBS 对照,不加待检血清。

⑤用微量加样器吸取稀释好的 4 个血凝单位的病毒抗原,分别向 1～11 孔中各加 25μL。然后,将反应板置 20～30℃下作用至少 30min。

⑥取出血凝板,用微量加样器向每孔中各加入 1％红细胞悬液 25μL,轻轻混匀 1min,静置 40min。应在第 11 孔完全凝集,第 12 孔红细胞呈纽扣状沉于孔底时观察。

⑦结果判定。以完全抑制 4 个血凝单位的病毒抗原的最高血清稀释倍数为血凝抑制价(HI 效价)。如表 15-4 血凝抑制试验操作术式,其血凝抑制价为 1∶128。

表 15-4　鸡新城疫血凝抑制试验操作术式　　　　　　　　　　　　　　　　　　　　　μL

| 孔号 | 1 | 2 | 3 | 4 | 5 | 6 | 7 | 8 | 9 | 10 | 11 | 12 |
|---|---|---|---|---|---|---|---|---|---|---|---|---|
| 血清稀释倍数 | $2^1$ | $2^2$ | $2^3$ | $2^4$ | $2^5$ | $2^6$ | $2^7$ | $2^8$ | $2^9$ | $2^{10}$ | 抗原对照 | PBS对照 |
| PBS缓冲液 | 25 | 25 | 25 | 25 | 25 | 25 | 25 | 25 | 25 | 25 | 25 | 50 |
| 血清 | 25 | 25 | 25 | 25 | 25 | 25 | 25 | 25 | 25 | 25 | — | — |
| 4单位抗原 | 25 | 25 | 25 | 25 | 25 | 25 | 25 | 25 | 25 | 25 | 25 | — |
|  | (20～30℃)作用至少30min　弃去25 | | | | | | | | | | | |
| 1%鸡红细胞 | 25 | 25 | 25 | 25 | 25 | 25 | 25 | 25 | 25 | 25 | 25 | 25 |
|  | 轻轻混匀1min，静置40min判定 | | | | | | | | | | | |
| 例如 | — | — | — | — | — | — | — | ++ | # | # | # | — |

### 3. 应用

雏鸡最适首次免疫时间的确定主要根据其血清母源抗体的水平。雏鸡在3日龄时母源抗体滴度最高，以后逐渐下降，其半衰期约为4.5d，一般认为，当母源抗体滴度下降至3log2(1∶8)以下进行首次免疫可获得理想免疫效果。

检验免疫效果：鸡群免疫后10～14d，抽样采血测定HI效价，若HI抗体滴度增加2个以上，如免疫前1∶8，免疫后1∶32，则为合格；若免疫后抗体滴度很低仅有1∶(4～8)，则应进行重新免疫。监测时要随机抽样采血，血样数根据鸡群的大小而定。1000只以下的鸡群，取10～15只鸡的血样；1000～5000只时，取25～30只鸡的血样；5000～10 000只的鸡群，取40～50只鸡的血样。

## 技能实训8　鸡法氏囊病的诊断

【实训目标】　熟悉和掌握鸡法氏囊病的临诊诊断要点，能利用琼脂扩散试验诊断鸡法氏囊病。

【设备材料】　剪刀、镊子、疑似鸡法氏囊病病鸡、玻片、组织搅拌器、离心机及离心管、90mm平皿、吸管(1mL、10mL)、带胶乳头滴管、精制琼脂粉、打孔器(直径6mm)、氯化钠、苯酚、酒精棉、来苏儿、鸡法氏囊病阳性血清、标准抗原、待检血清等。

【内容及方法】

### 1. 临诊诊断

鸡法氏囊病多见于雏鸡和幼龄鸡，以3～6周龄鸡最易感染。往往是突然发病，前3d死亡不多，第5～7天达到高峰，第7天后死亡减少或停止。临诊症状表现为精神委顿、畏寒、消瘦、羽毛无光泽、食欲减退、出现下痢，有的鸡啄肛门和羽毛现象，病鸡脱水虚弱而死亡。死亡率一般在5%～25%，如毒力强的毒抹侵害，其死亡率可达60%以上。剖检时可见胸肌、腿肌肌肉出血，腺胃和肌胃交界处有片状出血。法氏囊水肿，比正常大2～3倍，明显出血，黏膜皱褶上有出血点，黏液较多，出血严重者法氏囊像紫葡萄样。病程长的法氏囊内有干酪样物质，有的病鸡法氏囊萎缩。肾肿大。

**2. 琼脂扩散试验**

(1) **琼脂平板制备** 琼脂1g、氯化钠8g、苯酚0.1mg、蒸馏水100mL，水浴加温使充分溶化，吸15mL倒入90mm平皿内，制成厚约3mm的琼脂平板，冷却凝固。

(2) **打孔** 事先制好打孔的图案（中央1个孔和外周6个孔），放在琼脂板下面，用打孔器打孔，并剔去孔内琼脂。孔径为6mm，孔距为3mm。

(3) **加样** 现以检测抗体为例进行加样。中央孔加抗原，1、4孔加入阳性血清，2、3、5、6孔加入被检血清，加满而不溢出为度，待孔内液体被吸干后将平皿倒置放在湿盒内，置37℃温箱内经24~48h观察结果。

(4) **结果判定** 外周孔与中央孔之间出现明显沉淀线者判为阳性，相反，如果不出现沉淀者判为阴性。标准阳性血清和已知抗原孔之间一定要出现明显沉淀线者，本试验方可确认。

## 技能实训 9　兔病毒性出血症的诊断

【**实训目标**】 掌握兔病毒性出血症的临诊诊断方法，学会通过血凝及血凝抑制试验和快速血凝试验诊断兔病毒性出血症的方法。

【**设备材料**】 微量振荡器、离心机、微量加样器（配带滴头）、96孔V型反应板、试管、pH7.2、0.01mol/L磷酸盐缓冲溶液（PBS）、1%人O型红细胞、灭菌生理盐水、灭菌研钵、载玻片、兔剖检器材、兔病毒性出血症血清、可疑病兔或死兔等。

【**内容及方法**】

**1. 临诊诊断要点**

兔病毒性出血症主要发生于3月龄以上的成年兔，3~4月龄最多发，不满2月龄的兔一般很少发生，纯种和杂交兔较土种兔易感。多发生在10月到次年5~6月，呈流行性，发病率和死亡率高。临诊上表现体温升高，呼吸加快，阵发兴奋时，运动失调，时而盲目狂奔、蹦跳、时而惊厥、挣扎，惨叫时声颤凄凉。濒死前，严重腹泻，迅速衰竭，抽搐死亡后，多有角弓反张，口、鼻和二阴有出血现象。剖检可见全身败血症变化。以多器官的出血、淤血、水肿、变性坏死为特征。常见口、鼻、肛门、阴门等天然孔有血液流出，气管黏膜广泛充血、出血严重时，外观呈弥漫性鲜红或暗红或黑红，惯称"红气管"或"血气管"。肺表面常有淤血、出血斑点，外观呈"花斑状"。心包积液，心内外膜有出血。肝脏淤血肿大，呈暗红，有的肝变性，色如土黄，有条纹状出血。肾肿大，呈暗红，惯称"大红肾"。脾肿大，出血，暗褐色。胃肠浆膜、黏膜有出血点，内容物稀薄带血丝。肠系膜淋巴结肿大出血，切面流出血样液体。

**2. 微量血凝和血凝抑制试验**

(1) **可凝病毒悬液的制备** 取被检兔肝组织剪碎，以1:10加入PBS液，研磨后，以3000r/min离心30min，吸取上清液备用。同法制备健康兔肝悬液待用。

(2) **微量血凝试验** 在96孔V型反应板上，从第2孔到12孔各加入生理盐水25μL，再在第1孔、2孔各加入被检病料悬液25μL，从第2孔开始做等量倍比稀释至第10孔，第10孔弃掉25μL。每孔加生理盐水25μL，第11孔是生理盐水对照，第12孔是正常兔肝悬液对照(加 1:10 正常兔肝悬液 25μL)。各孔分别加入 1% 人 O 型红细胞 25μL,立即在微型振荡器上摇匀,置 37℃温箱中作用 45min,待对照孔血球完全沉淀后观察结果。

血凝程度的判定:红细胞均匀铺于孔底者为"＋＋＋＋";基本同前,但边缘不整齐为"＋＋＋";红细胞于孔底形成环状,周围有小凝集块者为"＋＋";红细胞于孔底形成团,边缘不光滑,四周有小凝块者为"＋";红细胞于孔底形成一个小团,边缘整齐、光滑者为"－"。"＋＋"以上的最高稀释度为兔病毒性出血症病毒的血凝价。该病毒血凝价在 1:10 以上。

(3)微量血凝抑制试验　在 96 孔 V 型微量反应板上,从第 1~11 孔加入生理盐水 25μL,第 12 孔加 50μL。再在第 1 孔和 11 各加待检血清 25μL,从第 1 孔开始做等量倍比稀释至第 9 孔,第 9 孔弃掉 25μL。第 1~10 孔加 4 单位病毒(病毒血凝价除 4 后的稀释倍数)25μL,摇匀,置 37℃温箱中作用 10min。第 10 孔是 4 单位病毒对照,第 11 孔是 1:20 被检血清对照,第 12 孔是生理盐水对照。各孔分别加入 1% 人 O 型红细胞 25μL,立即在微型振荡器上摇匀,置 37℃温箱中作用 45min,待对照孔红细胞完全沉淀后观察结果。

结果判定:以完全抑制血凝的血清最高稀释度为终点血凝抑制价。多在 1:10~1:320 之间。

**3. 快速玻片血凝法**

剪取病兔肝组织小块,分别涂两张载玻片,在第一载玻片病料上加已知兔病毒性出血症血清一滴,然后在两张载玻片上同时分别滴加 1% 的人 O 型红细胞各 2 滴,分别搅匀,经 2min 观察,若第一张不凝集而第二张凝集,则是兔病毒性出血症,若两张都不凝集则不是本病。

【注意事项】　兔病毒性出血症病毒对人 O 型红细胞的凝集价,可高达千倍以上,就目前所知,其他兔病无这种明显的高血凝现象,所以对本病有特殊诊断意义。实验所用红细胞必须新鲜。

# 技能实训 10　寄生虫病流行病学调查与临诊检查

【实训目标】　掌握流行病学资料的调查、搜集和分析方法;掌握临诊检查和寄生虫学实验室材料的采取,为确立诊断奠定基础。

【设备材料】
(1)表格　流行病学调查表、临诊检查记录表(由学生自己设计)。
(2)器材　听诊器、体温计、试管、镊子、外科刀、粪盒(塑料袋)、纱布等。

【内容及方法】　老师讲解流行病学调查、临诊检查、病料采集的方法和要求,学生可以按照下列程序模拟训练,在实地调查。

**1. 流行病学调查**

①拟定调查提纲。
②设计流行病学调查表、临诊检查记录表。
③按照调查提纲,采取询问、查阅各种记录资料和实地考察等方式进行,尽可能全面

收集相关资料。

④对于获得的资料,应进行数据统计和情况分析,提炼出规律性的资料。

**2. 临诊检查与病料采集**

(1)**检查范围** 以群体为单位进行检查。动物群体较小时,应逐头检查;数量较多时,可以随机检查。

(2)**检查程序和方法**

①群体观察:从中发现异常或病态动物。

②一般检查:营养状况,体表有无肿瘤、脱毛、出血、皮肤异常变化和淋巴结肿胀,有无体表寄生虫,如有则收集虫体并计数。如怀疑是螨病时应该刮皮屑备检。

③系统检查:按临诊诊断的方法进行。查体温、脉搏、呼吸数;检查呼吸、循环、消化、泌尿、神经等系统,收集病状。根据怀疑寄生虫的种类,可以采取粪、尿、血样及制血片备检。

④病状分析:将收集的病状分类,统计各种病状比例,提出可疑寄生虫病的范围。

【训练报告】 写出流行病学调查及临诊检查报告,并提出进一步确诊的建议。

## 技能实训 11 吸虫及其中间宿主形态的观察

【实训目标】 通过对胰阔盘吸虫或华支睾吸虫的详细观察,能描述吸虫构造的共同特征,并绘制出形态构造图;通过对比的方法,能指出主要吸虫的形态构造特征;认识主要吸虫的中间宿主。

【设备材料】

(1)**形态构造图** 吸虫构造模式图;肝片吸虫、华支睾吸虫、歧腔吸虫、阔盘吸虫、同盘吸虫以及其他主要吸虫的形态构造图;中间宿主形态图。

(2)**标本** 上述吸虫以及其他主要吸虫的浸渍标本和染色标本,两种标本编成对应一致的号码;各种吸虫中间宿主的标本,如椎实螺、扁卷螺、陆地蜗牛等;严重感染肝片吸虫的动物肝脏,以及其他吸虫的病理标本。

(3)**器材** 多媒体投影仪、显示投影仪、显微镜、实体显微镜、放大镜、毛笔、培养皿、尺子。

【内容及方法】

①老师用投影仪带领学生观察胰阔盘吸虫或华支睾吸虫的图片和染色标本,描述形态和内部器官的形状和位置;再观察其他吸虫,说明各种吸虫的形态构造特点。

②学生分组实验。首先用毛笔挑出胰阔盘吸虫或华支睾吸虫的浸渍标本(注意不要用镊子夹取虫体,以免破坏内部结构),置于培养皿中,在放大镜下观察其一般形态,用尺测量大小。然后取染色标本在显微镜下观察,注意观察口、腹吸盘的位置和大小;口、卵黄腺和子宫的形态和位置;生殖孔的位置等。

③取各种吸虫的浸渍标本和制片标本,按上述方法观察,并找出形态构造上的特征。

④取各种中间宿主,在培养皿中观察其形态特征,测量其大小。

⑤观察病理标本,认识主要病理变化。

【训练报告】

①绘制胰阔盘吸虫或华支睾吸虫形态构造图,并标出各个器官名称。

②将各种标号标本所见特征填入主要吸虫鉴别表(表15-5),作出鉴定,并绘制该吸虫最具特征部分的简图。

表 15-5 主要吸虫鉴别表

| 标本号码 | 形态 | 大小 | 吸盘大小 | 肠管形态 | 睾丸形状位置 | 卵巢形态位置 | 卵黄腺位置 | 子宫形状位置 | 生殖孔位置 | 其他特征 | 鉴定结果 |
|---|---|---|---|---|---|---|---|---|---|---|---|
| | | | | | | | | | | | |

# 技能实训 12  绦虫及其中间宿主形态观察

【实训目标】 通过对曲子宫绦虫或莫尼茨绦虫的详细观察,能描述绦虫结构的共同特征,并绘制出形态构造图;通过对比的方法,能指出主要绦虫的形态构造特点;认识裸头科绦虫的中间宿主。

【设备材料】

(1)形态构造图  绦虫构造模式图;莫尼茨绦虫、曲子宫绦虫、无卵黄腺绦虫、复孔绦虫、中殖孔绦虫、节片戴文绦虫、赖利绦虫、矛形剑带绦虫、冠状双盔绦虫的形态构造图;中间宿主(甲螨)的形态构造图。

(2)标本  上述绦虫的浸渍标本、头节和体节的染色标本,两种标本编号一致;甲螨的浸渍标本和制片标本。

(3)器材  多媒体投影仪、显示投影仪、显微镜、实体显微镜、放大镜、毛笔、培养皿、尺子等。

【内容及方法】

①教师带领学生用投影仪观察曲子宫绦虫或莫尼茨绦虫的浸渍绦虫的头节、成熟节片和孕节片的图片和染色标本;然后再用同样的方法观察其他绦虫,明确指出各种形态构造特点。

②学生分组观察。首先挑取曲子宫绦虫或莫尼茨绦虫的浸渍标本,置于瓷盘中观察其一般形态,用尺测量虫体全长及最宽处、测量成熟节片的长度及宽度。然后用同样的方法观察其他绦虫的浸渍标本。

③取曲子宫绦虫或莫尼茨绦虫的节片、成熟节片、孕卵节片的染色标本,在显微镜或实体显微镜下,观察节片的构造,成熟节片的睾丸分布、卵巢形状、卵黄腺及节间腺的位置、生殖孔的开口,孕节片内子宫的形态和位置。然后观察其他绦虫。观察时注意成熟节片内生殖器官的组数、生殖孔开口位置和睾丸的位置;孕卵节片内子宫形态和位置等。

④取甲螨标本,在显微镜下观察。

【训练报告】
①绘出曲子宫绦虫或莫尼茨绦虫的头节及成熟节片的形态构造图,并标出各器官名称。
②将各种观察的编号标本所见特征填入表 15-6 中,并作出鉴定结果。

表 15-6 主要绦虫鉴别表

| 编号 | 大小 | | 头节 | | 成熟节片 | | | | | 孕卵节片 | 鉴定结果 |
|---|---|---|---|---|---|---|---|---|---|---|---|
| | 大 | 小 | 大小 | 吸盘附属物 | 生殖孔位置 | 生殖器组数 | 卵黄腺有无 | 节间腺有无 | 睾丸位置 | | |
| | | | | | | | | | | | |

## 技能实训 13　线虫的解剖及观察

【实训目标】　通过猪蛔虫的解剖,了解线虫的一般解剖构造特点。

【设备材料】

(1) **形态构造图**　蛔虫构造模式图;猪蛔虫、牛弓首蛔虫、犬弓首蛔虫、鸡蛔虫形态构造图。

(2) **标本**　上述蛔虫的浸渍标本及猪蛔虫解剖标本。

(3) **器材**　多媒体投影仪、显示投影仪、显微镜、实体显微镜、放大镜、毛笔、培养皿、尺子、蜡盘、解剖针、大头针、尖头镊子、刀片和乳酸-石炭酸。

【内容及方法】　教师示范猪蛔虫的解剖,利用蛔虫的解剖标本带领学生共同观察线虫的一般解剖构造,并明确指出各种常见蛔虫的基本特点。然后学生分组独立进行猪蛔虫的解剖。最后分别将各种蛔虫的浸渍标本置于培养皿中观察其一般形态,用尺测量大小。然后在实体显微镜或放大镜下详细观察。

解剖猪蛔虫时,使虫体背侧向上。置于蜡盘内,加水少许,再用大头针将虫体的两端固定。然后用解剖针沿背线剥开。体壁剖开以后,用大头针固定剥离的边缘,用解剖针细心的分离其内部器官。

切取蛔虫的唇部时,可以将虫体的前部放置载玻片上,用刀片沿与虫体垂直的方向,自唇基部稍后方切下,放在载玻片上,滴加乳酸-石炭酸或甘油 1～2 滴,加盖玻片,放于显微镜下或实体显微镜下观察。

【训练报告】　绘出雌、雄猪蛔虫解剖简图,标出各器官名称。

## 技能实训 14　蠕虫病的粪便检查法

【实训目标】　掌握粪便采集的方法;掌握粪便检查操作技术。

【设备材料】

(1) **器材**　粗天平、粪便合(或塑料袋)、粪筛、$4.03 \times 10^5$ 孔/$m^2$ 尼龙筛、玻璃棒、镊子、塑料杯、100mL 烧杯、离心管、漏斗、离心机、平口试管、试管架、青霉素瓶、带胶乳头移液管、载片、盖片、污物桶、纱布等。

(2) **粪检材料** 动物粪便。

(3) **药品** 饱和盐水。

【**内容及方法**】 粪便的采集、保存与寄送办法：被检粪便应该是新鲜而未被污染，最好从直肠采集。大动物按照直肠检查的方法采集。小动物可将食指套在塑料指套，伸入直肠钩取粪便。采取自然排出的粪便，要采取粪堆上部未被污染的部分。将采取的粪便装入清洁的容器中。采集的粪便最好一次性使用，如无条件时每次都要清洗，相互不能有污染。采取的粪便应尽快检查，否则，应放在冷暗处或冰箱中保存。当地不能检查而需要送出时，或保存较长时间时，可将粪便浸入加温至 50～60℃ 的 5%～10% 的福尔马林液中，使粪便中的虫卵失去生活能力，起固定作用，又不改变形态，还可以预防微生物繁殖。

此项实践技能训练分以下 3 次完成。

**1. 虫体及虫卵简易检查法**

(1) **虫体肉眼检查** 该法多用于绦虫病的诊断，也可用于某些胃肠道寄生虫病的驱虫诊断，即用药物驱虫之后检查随粪便排出体外的虫体。

为了发现大型虫体和较大绦虫节片，先检查粪便的表面，然后将粪便仔细捣碎，认真进行观察。

为了发现较小的虫体或节片，将粪便置于较大的容器中，加入 5～10 倍的水(或生理盐水)，彻底搅拌后静置 10min，然后倾去上面粪液，再重新加入清水搅拌，如此反复数次，直至上层液体透明为止。最后倾去上层透明液，将少量沉淀物放在黑色浅盘中检查，必要时可用放大镜或实体显微镜检查，发现的虫体和节片用针或毛笔取出，以便进行鉴定。

(2) **尼龙筛淘洗法** 该法操作迅速、简便，适用于较大虫卵(如片形吸虫卵)的检查。需要特制的尼龙网兜，其制法是将 $4.03\times10^5$ 孔/$m^2$ 尼龙筛绢剪成直径 30cm 的圆片，沿圆周用尼龙线将其缝在 8 号粗的铁丝弯成带柄的圆圈(直径 10cm)上即可。其操作方法如下：取 5～10g 粪便置于烧杯中，加 10 倍量水后用金属筛($6.2\times10^5$ 孔/$m^2$)滤入另一烧杯中，将粪液全部倒入尼龙筛网依次浸入盛水的器皿内。并反复用光滑的圆头玻璃棒轻轻搅拌网内的粪渣，直至粪渣中杂质全部洗净为止。最后用少量清水清洗筛壁四周与玻璃棒，使粪渣集中于网底，用吸管吸取粪渣，滴于载玻片上，加盖玻片镜检。

**2. 沉淀检查法**

用普通清水处理被检粪便，使虫卵沉淀集中，便于检查。本法适用于检查各种虫卵，而比重较大的虫卵，如吸虫卵、棘头虫卵等尤宜采用此法。本法根据需要和条件又可分为自然沉淀法和离心沉淀法。

(1) **自然沉淀法** 取粪便 5～10g，放在干净的烧杯内，加水搅拌，充分混匀成悬浮液，然后用 40 目铜丝筛过滤至另一干净量杯中，滤液静止 10～15min 后，将上清液倒掉，再加水沉淀，再静止 10～15min，倒掉上清液，如此反复多次，直至上清液澄清为止，把上清液倒掉，取沉渣做成涂片镜检。

**(2)离心沉淀法** 取粪便1~2g,放在干净的小烧杯中,约加10倍量的水,充分混匀成悬浮液,再用40目钢丝筛过滤至另一干净的离心管中,放入离心机内,也可以用上法处理过的滤液倒入离心管中,放入离心机内,以1500r/min的速度离心2~3min,此时,因虫卵比重大,经离心后沉于管底,然后倒去上清液,取沉渣进行镜检。

**3. 漂浮检查法**

本法基本原理是采用比重比虫卵大的溶液,使虫卵浮集于液体的表面,形成一层虫卵液膜,然后蘸取此液膜,进行镜检。最常用的就是饱和盐水漂浮法。

方法:先配制饱和盐水溶液,配制时先将水煮开,然后加入食盐搅拌,使之溶解,边搅拌边加食盐,直加至食盐不再溶解而生成沉淀为止(1000mL沸水中约加食盐380g),再以双层纱布或棉花过滤至另一干净的容器内,待凉后即可使用。(溶液凉后如出现食盐结晶,则说明该溶液是饱和的,合乎要求,其比重为1.18,此溶液应保存于温度不低于13℃的情况下,才能保持较高的比重)。

取粪便5~10g,置于100~200mL的烧杯中,先加入少量饱和盐水,把粪便调匀,然后加入约为粪便12倍量的饱和盐水,并搅拌均匀,用纱布或40目的铜丝筛过滤于另一干净的烧杯内,滤液静置30~40min,此时比饱和盐水比重轻的虫卵,大多浮于液体表面,再用铂耳或直径0.5~1cm的铁丝圈蘸取此液膜,并抖落在载玻片上,进行镜检,或者将此滤液直接倒入试管内,补加饱和盐水使试管充满,盖上载玻片(盖玻片应与液面完全接触,不能留有气泡),静置30~40min,取下盖玻片,贴在载玻片上进行镜检,可以收到同样效果。

本法检出率高,在实际工作中广泛应用,可以检查大多数的线虫卵和绦虫卵,为了提高漂浮效果,可用其他饱和溶液代替饱和盐水。如在检查比重较大的后圆线虫时,可先将猪粪便按沉淀法操作,取得沉渣后,在沉渣中加入饱和硫酸镁溶液,进行漂浮,收集虫卵。

## 技能实训15 蠕虫卵形态的观察

【实训目标】 识别主要吸虫、绦虫、线虫和棘头虫卵,并指出主要形态构造特点。

【设备材料】

(1)**形态构造图** 牛、羊常见蠕虫卵形态图;猪常见蠕虫卵形态图;肉食动物常见蠕虫卵形态图;禽常见蠕虫卵形态图;粪便中易于虫卵混淆的物质图。

(2)**标本** 含有牛、羊、猪、犬、鸡等常见吸虫、线虫、绦虫和棘头虫的浸渍标本或标本片。

(3)**器材** 显微镜、显微投影仪、载玻片、盖玻片、玻璃棒、纱布、污物桶等。

【内容及方法】

①老师带领用投影仪观察所备标本,指出蠕虫卵鉴别要领。

②学生分组观察。用玻璃棒蘸取所备虫卵浸渍标本于载玻片上,加上盖玻片后镜检;也可以直接用已备好的虫卵标本片观察。观察时注意先用低倍镜找到虫卵,然后再转换高倍镜详细观察其形态构造。尤其要注意用玻璃棒蘸取一种虫卵标本后,一定要冲洗干净,用纱布擦拭后再蘸取另外一种标本,以免混淆虫卵。

【训练报告】 将观察的各种虫卵的特征，填入表 15-7，并绘制简图。

表 15-7 主要虫卵鉴别表

| 虫名 | 大小 | 形态 | 颜色 | 卵壳特征 | 卵内容物 |
|---|---|---|---|---|---|
|  |  |  |  |  |  |

【参考资料】 鉴别虫卵主要依据虫卵的大小、形状、颜色、卵壳和内容物的典型特征来加以鉴别。因此，首先应了解各纲虫卵的基本特征；其次应注意区分那些易于虫卵混淆的物质。

**1. 各纲蠕虫的基本特征**

吸虫卵：多为卵圆形。卵壳数层，多数吸虫卵一端有小盖，被一个明显的沟围绕着，有的吸虫卵还有结节、小刺、丝等突出物。卵内含有卵黄细胞所围绕的卵细胞或发育成形的毛蚴。

线虫卵：多为椭圆形。卵壳多为 4 层，完整的包围虫卵，但有的一端有缺口，被另一个增长的卵膜封盖着。卵壳光滑，或有结节、凹陷等。卵内含有未分割的胚细胞，或分割着多数细胞，或为一个虫卵。

绦虫卵：假叶目虫卵椭圆形，有卵盖，内含卵细胞及卵黄细胞。圆叶目虫卵形状不一，卵壳的厚度和构造也不同，内含一个具有 3 对胚钩的六钩蚴，六钩蚴被覆两层膜，内层膜紧贴六钩蚴，外层膜与内层膜有一定距离，有的虫卵六钩蚴被包围在梨形器里，有的几个虫卵被包在卵带中。

棘头虫卵：多为椭圆形。卵壳 3 层，内层薄，中间层厚，多数有压痕，外层变化较大，并有蜂窝状构造。内含长圆形棘头蚴，其一端有 3 对胚钩。

**2. 易于虫卵混淆的物质**

气泡：圆形无色、大小不一，折光性强，内部无胚胎结构。

花粉颗粒：无卵壳构造，表面常呈网状，内部无胚胎结构。

植物细胞：有的为螺旋形，有的小型双层环状物。有的为铺石状上皮，均有明显的细胞壁。

豆类淀粉粒：形状不一。外被粗糙的植物纤维，颇似绦虫卵。可滴加卢戈尔氏碘液（碘液配方为碘 0.1，碘化钾 2.0，水 100.0）染色加以区分，未消化前显蓝色，经过消化后呈红色。

霉孢子：折光性强，内部无明显的胚胎结构。

# 技能实训 16  螨病实验室诊断

【实训目标】 掌握用于螨病诊断的皮肤病料的采集方法，明确采取病料的注意事项；掌握检查螨病的主要方法；进一步掌握疥螨和痒螨的形态特征。

【设备材料】

(1)形态构造图 疥螨和痒螨的形态构造图。

(2) **器材** 显微镜、实体显微镜、手持放大镜、平皿、试管、试管夹、手术刀、镊子、载玻片、盖玻片、温度计、带胶乳头移液管、离心机、污物缸、纱布、5%氢氧化钠溶液、60%硫代硫酸钠、煤油。

(3) **动物或皮肤病料** 患螨病的动物(猪、牛、羊、马或兔)或含螨病料。

【内容及方法】 教师讲述皮肤刮取物的采集方法和注意事项,学生按操作要求进行病料采集,同时进行患病动物的临诊检查,观察皮肤变化及全身状态。病料采集后,教师概述病料的各种检查方法并简要示教,然后学生分组进行检查操作。如利用从动物采取病料,用哪种方法进行均可;如用保存的含螨病料,只能进行皮屑溶解法和漂浮法的操作。

**1. 病料的采集**

在螨的检查中,病料采集的正确与否是检查螨准确性的关键。其采集部位在动物健康皮肤和病变皮肤的交界处。采集时剪去该部位的被毛,用经过火焰消毒的外科刀,使刀刃和皮肤垂直用力刮取病料,一直刮到微微出血为止。刮取的病料置于消毒的小瓶或带塞的试管中。刮取病料处用碘酒消毒。

**2. 检查方法**

(1) **加热检查法** 将病料置于培养皿中,在酒精灯上加热至37~40℃后,将玻璃皿放于黑色衬景上,用扩大镜检查,或将玻璃皿置于低倍镜下,或实体显微镜下检查,发现移动的虫体即可确诊。

(2) **温水检查法** 将病料浸于盛有45~60℃温水的玻璃皿中,或将病料浸于温水后放在37~40℃的恒温箱内15~20min。然后置于显微镜或实体显微镜下观察,若看见虫体从痂皮中爬出,浮于水面或沉于皿底可确诊。

(3) **煤油浸泡法** 将病料置于载玻片上,滴数滴煤油,加盖另一块载玻片,用手搓动两片,使皮屑粉碎,然后置于显微镜或实体显微镜下检查。由于煤油的作用,皮屑透明,螨体特别明显。

(4) **皮屑溶解法** 将病料浸入盛有5%~10%氢氧化钠溶液的试管中,经过1~2min痂皮软化溶解,弃去上层液后,用吸管吸取沉淀物,滴于载玻片上加盖玻片检查。为加速皮屑溶解,可将病料浸入10%氢氧化钠溶液的试管中,在酒精灯上加热煮沸数分钟,痂皮全部溶解后将其倒入离心管中,用离心机分离1~2min后倒去上层液,吸取沉淀制片检查。

(5) **漂浮法** 在上法的基础上,在沉淀物中加入60%硫代硫酸钠溶液,然后进行离心分离,最后用金属圈蘸取液面薄膜,抖落于载玻片上,加盖玻片镜检。

【训练报告】 根据训练结果,写出一份关于螨病的诊断和防治报告。

# 技能实训 17 球虫病的实验室诊断

【实训目标】 掌握粪便涂片法和漂浮法的生前诊断球虫病技术;进一步认识兔、鸡及其他动物的球虫卵囊。

【设备材料】
(1)形态构造图　鸡、兔、牛、羊、猪球虫形态图。
(2)器材　显微镜、粪盒、粪筛、玻璃棒、铁丝圈、镊子、塑料杯、漏斗、载玻片、盖玻片、培养皿、试管、移液管、污物桶、大手术刀、剪刀、解剖刀、剥皮刀、肠剪子等。
(3)药品　饱和盐水、50%甘油水溶液。
(4)检查材料　球虫病动物(畜种根据各地情况确定)粪便材料。
【内容及方法】　教师概述粪便涂片法和漂浮法后，学生分组进行粪样涂片法和漂浮法的操作。

**1. 涂片法**

在载玻片上滴1滴50%甘油水溶液(或生理盐水、普通水)，取少量粪便与甘油水溶液混合，然后除去粪便中的粗渣，加上盖玻片，先用低倍镜检查，发现卵囊后，换取高倍镜检查。

**2. 漂浮法**

详见蠕虫病的粪便检查。
【训练报告】　根据检查结果写出一份球虫病的诊断报告。

# 技能实训18　血液原虫病的实验室诊断

【实训目标】　掌握血液活锥虫检查方法，血片的制作及染色技术，梨形虫集虫检查法以及泰勒虫病淋巴结穿刺及穿刺物的检查方法，进一步认识伊氏锥虫及各种梨形虫。
【设备材料】
(1)形态构造图　伊氏锥虫形态图、各种梨形虫形态图。
(2)器材　显微镜、载玻片、盖玻片、离心机、离心管、移液管、平皿、采血用针头、1000mL三角烧杯、1000mL三角烧瓶、染色缸、污物缸、剪毛剪子、酒精棉盒等。
(3)药品　生理盐水、3.8%枸橼酸钠溶液、凡士林、姬姆萨染色液、瑞氏染色液、甲醇、磷酸盐缓冲液、2%枸橼酸钠溶液。
(4)动物　疑似梨形虫病的动物、疑似伊氏锥虫病牛、预先接种伊氏锥虫的白鼠。
【内容及方法】

**1. 伊氏锥虫病的诊断**

教师带领学生在现场进行牛的静脉采血，血放入加有3.8%枸橼酸钠溶液的三角烧瓶内(按抗凝剂的4倍量加入血液)。进行血液压滴法和锥虫集虫法的示教后，学生分组进行两种方法的操作。如用感染锥虫白鼠进行训练时，用剪子剪断鼠尾端，采用鼠尾静脉血制作压滴标本效果更好。

(1)血液的采集　供压滴标本片的血液在耳尖采取。在耳尖剪毛后用酒精棉球消毒，再用干棉花擦干，然后剪开耳尖皮肤，使血液流出供涂片用；供集虫检查法的血液，直接在静脉采取，按检查法的要求加入抗凝剂。

**(2) 压滴标本检查法** 取耳尖血 1 滴滴于载玻片上，加等量生理盐水后再加盖玻片镜检，若发现有运动性活泼虫体可确诊。检查时室温不宜过低，否则影响检查的效果。

**(3) 锥虫集虫法** 采静脉血按 4∶1 比例与 3.8%枸橼酸钠溶液混合，于试管中静置 30～60min（或用离心机以 1500～2000r/min 速度分离 2～3min），然后除去上层液，吸取白细胞层的沉淀物涂片、干燥、固定后。用姬姆萨染色液进行染色（染色方法详见梨形虫病诊断）。

**2. 梨形虫病诊断**

教师带领学生在现场进行疑似梨形虫病的动物采血。首先在耳尖采血涂制血片，然后在静脉采血按 1∶1 比例将静脉血放于盛有 2%枸橼酸钠溶液 1000mL 三角烧瓶内。老师讲解梨形虫病诊断的血片染色法，示教梨形虫的集虫检查法后，学生分组进行血片的姬姆萨染色法、瑞氏染色法以及梨形虫集虫检查的操作。

**(1) 血片的涂制** 涂片用的载玻片必须彻底洗净，表现无油脂、酸、碱等痕迹，也无灰尘和污物。载玻片表现光滑、无刻纹、边缘磨平。通常把彻底洗净的载玻片浸于酒精或乙醚中，临用前取出晾干。涂片采用耳静脉血，耳尖剪毛，用 70%的酒精消毒，待皮肤干燥后用消毒过的针头刺出第一滴血液（因其中虫体较多），滴在载玻片一端距端线约 1cm 处的中央。然后迅速取第二载玻片（其一端的角已切去），或用盖玻片放在血滴的内缘，使血液均匀地散布在该片与第一片接触处，将第二片在第一片上以 30°～45°角，平稳地向另一端推进，推力要均匀，使血液在载玻片上成一薄层，再将载玻片放平晾干。

**(2) 血片的染色** 血片立即染色，以保证获得满意的结果。常用染色法有瑞氏染色法和姬姆萨染色液法。

①瑞氏染色法：滴加瑞氏染色液 1～2 滴于干燥的血片上，1min 后加等量的蒸馏水与染色液混合，经 5min 用蒸馏水冲洗，干燥后镜检。

②姬姆萨染色法：血片干燥后，滴加数滴无水甲醇后 2～3min，置于稀释的姬姆萨染色液（用蒸馏水 10～20 倍稀释）中染色 30～60min。最后用蒸馏水冲洗后晾干，在油镜下检查。

**(3) 集虫检查法** 采静脉血液按 1∶1 比例与 2%枸橼酸钠溶液混合，然后以 500～700r/min 速度离心分离 3～5min，用吸管吸取上层液体移向另一离心管中，再以 1500～2000r/min 速度分离 15～20min，除去上层液。吸取沉淀物涂片、干燥、甲醇固定后用姬姆萨染色液染色，或干燥后直接用瑞氏染色液染色，最后再进行镜检。

**(4) 泰勒虫病淋巴结穿刺物的检查** 在肩前或股前淋巴结进行穿刺，穿刺时皮肤剪毛，酒精消毒后用右手将淋巴结推到皮肤表层，用左手固定淋巴结，再用右手将灭菌针头刺入，接上注射器后吸取穿刺物。穿刺物涂于载玻片上，干燥、甲醇固定后用姬姆萨染色液染色，或干燥后直接用瑞氏染色液染色，镜检后发现石榴体后确诊。

**【训练报告】** 根据训练结果，写出一份关于锥虫病或梨形虫病的诊断报告。

## 技能实训 19 肌旋毛虫检查技术

**【实训目标】** 掌握压片法检查肌旋毛虫的技术；熟悉集样消化法检查肌旋毛虫的技术；进一步认识肌旋毛虫。

【设备材料】
(1)形态构造图　肌旋毛虫形态构造图。
(2)标本　肌旋毛虫玻片标本。
(3)器材与药品　载玻片、剪刀、镊子、托盘、80目铜网、漏斗、分液漏斗、凹面皿、组织捣碎机、温度计、加热磁力搅拌器、污物桶、数码相机、手提电脑、多媒体投影仪、污物桶等。
(4)检查材料　旋毛虫病肉或旋毛虫人工感染大白鼠。

【内容及方法】
**1. 肌肉压片法**
(1)采样　取新鲜胴体两侧的横膈膜肌脚部各采样一块，记为一份肉样，其质量不少于50~100g，与胴体编成相同号码。如果是部分胴体，可从肋间肌、腰肌、咬肌、舌肌等处采样。
(2)目检　撕去膈肌的肌膜，将膈肌肉缠在检验者左手食指第二指节上，使肌纤维垂直于手指伸展方向，再将左手握成半握拳式，借助于拇指的第一节和中指的第二节将肉块固定在食指上面，随即使左手掌心转向检验者，右手拇指拨动肌纤维，在充足的光线下，仔细视检肉样的表面有无针尖大小、半透明、乳白色或灰白色隆起的小点。检查完一面后再将膈肌翻转，用同样方法检验膈肌的另一面。凡发现上述小点可怀疑为虫体。
(3)压片　先将旋毛虫夹压玻片放在检验台的边沿，靠近检验者；然后用剪刀顺肌纤维方向，自两块检样上的不同部位，分别剪取麦粒大小的肉样各12粒，共24粒，特别注意剪取呈露滴状或呈乳白色、脂肪样外观的小病灶，依次使肉粒均匀地贴附于旋毛虫夹压玻片上(或用厚玻片，每片12粒)；再将另一夹压片重叠在放有肉粒的夹压片上，并旋动螺丝，使肉粒压成薄片，使透过压片可以看到书上的字迹为宜。
(4)镜检　将制好的压片放在低倍显微镜下，逐个检查24个肉粒压片。
(5)判定标准
①没有形成包囊期的旋毛虫：在肌纤维之间呈直杆状或逐渐蜷曲状态，或虫体被挤于压出的肌浆中。
②包囊形成期的旋毛虫：在淡蔷薇色背景上，可看到发光透明的圆形或椭圆形物，囊中央是蜷曲的虫体。成熟的包囊位于相邻肌细胞所形成的梭形肌腔内。
③钙化的旋毛虫：在包囊内可见数量不等、浓淡不均的黑色钙化物，或可见到模糊不清的虫体，此时启开压玻片，向肉片稍加10%的盐酸溶液，待1~2min后，再行观察。
④机化的旋毛虫：此时压玻片启开平放桌上，滴加数滴甘油透明液于肉片上，待肉片变得透明时，再覆盖夹压玻片，置低倍镜下观察，虫体被肉芽组织包围、变大，形成纺锤形、椭圆形或圆形的肉芽肿。被包围的虫体结构完整或破碎，乃至完全消失。

如果是冻肉的检验，可用美蓝染色法或盐酸透明法，制片方法同上。只是要在肉片上滴加1~2滴美蓝或盐酸水溶液，浸渍1min，盖上夹压玻片，然后镜检。用美蓝染色法染色后，可看到肌纤维呈淡青色，脂肪组织不着染或周围具淡，而旋毛虫包囊呈淡紫色、蔷薇色或蓝色。虫体完全不着染。用盐酸透明法处理后，肌纤维呈淡灰色且透明，包囊膨大具有明显轮廓，虫体清楚。

**2. 集样消化法**

取 100g 肉样，搅碎或剪碎，放入 3000mL 烧瓶内。将 10g 胃蛋白酶溶于 2000mL 蒸馏水中后，倒入烧瓶内，再加入 25%盐酸 16mL，放入磁力搅拌棒。将烧瓶置于磁力搅拌器上，设温度于 44～46℃，搅拌 30min 后，将消化液用 180μm 的滤筛滤入 2000mL 的分离漏斗中，静置 30min 后，放出 40mL 于 50mL 量筒内，静置 10min，吸去上清液 30mL，再加水 30mL，摇匀后静置 10min，再吸去上清液 30mL。剩下的液体倒入带有格线的平皿内，用低倍镜观察。

【训练报告】 根据检查结果，写出一份关于旋毛虫病诊断的报告。

# 技能实训 20　蠕虫学剖检技术

【实训目标】 掌握蠕虫学剖检的操作技术；进一步认识蠕虫；熟悉虫体的保存方法。

【设备材料】

(1)器材　实体显微镜、解剖刀、剥皮刀、解剖斧、解剖锯、骨剪子、肠剪子、剪子、手术刀、剪子、镊子、眼科镊子、分离针、大瓷盆、小瓷盆、成套粪桶、提水桶、黑色浅盘、手持放大镜、平皿、酒精灯、毛笔、铅笔、玻璃铅笔、标本瓶、青霉素瓶、载玻片、压片用玻璃板等；食盐。

(2)实习动物　羊、猪、鸡等。

【内容及方法】

**1. 剖检前的准备工作**

(1)动物的准备　因病死亡的家畜进行剖检，死亡时间一般不能超过 24h（一般虫体在病畜死亡 24～48h 崩解）。用于寄生虫的区系调查和动物驱虫效果评定时，所选动物应具有代表性，且应尽可能包括不同的年龄和性别，同时瘦弱或有临床症状的动物被视为主要的调查对象。选定做剖检的家畜在剖检前先绝食 1～2d，以减少胃肠内容物，便于寄生虫的检出。在登记表上详细填写每头动物种类、品种、年龄、性别、编号、营养状况、临床症状等。

(2)剖检前检查　畜禽死亡（或捕杀）后，首先制作血片，检查血液中有无锥虫、梨形虫、住白细胞虫、微丝蚴等。

然后仔细检查体表，观察皮肤有无淤痕、结痂、出血、皲裂、肥厚等病变，有皮肤可疑病变则刮取病料备检。并注意有无吸血虱、毛虱、羽虱、虱蝇、蚤、蜱、螨等外寄生虫，并收集之。

**2. 宰杀与剥皮**

剖检家畜进行放血处死，家禽可用舌动脉放血宰杀，宠物可采用安乐死。如利用屠宰场的屠畜可按屠宰场的常规处理，但脏器的采集必须合乎寄生虫检查的要求。而后按照一般解剖方法进行剥皮，观察皮下组织中有无副丝虫（马、牛）、盘尾丝虫、贝诺孢子虫、皮蝇幼虫等寄生虫。并观察身体各部淋巴结、皮下组织有无病变。切开浅在淋巴结进行观察，或切取小块备检。剥皮后切开四肢的各关节腔，吸取滑液立即检查。

**3. 腹腔各脏器的采取与检查**

**(1) 腹腔和盆腔脏器采取** 按照一般解剖方法剖开腹腔，首先检查脏器表面的寄生虫和病变，然后采集脏器。采取方法：结扎食管前端和直肠后端，切断食管、各部韧带、肠系膜根和直肠末端，小心取出整个消化系统（包括肝和胰），并采出肾脏。盆腔脏器也以同样方式全部取出。最后收集腹腔内的血液混合物备检。

**(2) 腹腔脏器的检查**

①消化系统检查：先将附在其上的肝、胰取下，再将食管、胃（反刍动物的4个胃应分开，禽类将嗉囊、腺胃、肌胃分开）、小肠、大肠分段做二重结扎后分离，分别进行检查。

食管：先检查食管的浆膜面有无肉孢子虫。沿纵轴剪开食管，检查食管黏膜面有无筒线虫和纹皮蝇幼虫（牛）、毛细线虫（鸽子等鸟类）、狼尾旋线虫（犬、猫）寄生。用小刀或载玻片刮取黏膜表层，压在两块载玻片之间检查，置解剖镜下观察。必要时可取肌肉压片镜检，观察有无肉孢子虫（牛、羊）。

胃：应先检查胃壁外面，然后将胃剪开，内容物冲洗入指定的容器内，并用生理盐水将胃壁洗净（洗下物一同倒入盛放胃内容物的容器），取出胃壁并刮取胃壁黏膜的表层，把刮下物放在两块载玻片之间做成压片镜检。如有肿瘤时可切开检查。先挑出胃内容物中较大的虫体，然后加生理盐水，反复洗涤，沉淀，待上层液体清净透明后，弃去上清液，分批取少量沉渣，放入白色搪瓷盘仔细观察并检出所有虫体。也可将沉淀物放入大培养皿中，先后放在白色和黑色的背景上检查。在胃内寄生的主要有胃虫（猪、鸡、马、驼）、胃蝇蛆（马）和毛圆线虫等。对反刍动物可以先把第一、二、三、四胃分开，分别检查。检查第一胃时主要观察有无前后盘吸虫。对第三胃延伸到第四胃的相连处和第四胃要仔细检查。注意观察是否有捻转血矛线虫、奥斯特线虫、指形长刺线虫、马歇尔线虫、古柏线虫等。

肠系膜：分离前把肠系膜充分展开，然后对着光线检查，看静脉中有无虫体（主要是血吸虫）寄生，然后剖开肠系膜淋巴结，切成小块，压片镜检。最后在生理盐水内剪开肠系膜血管，冲洗物进行反复水洗沉淀后检查沉淀物。

小肠：把小肠分为十二指肠、空肠、回肠3段，分段进行检查。先将每段内容物挤入指定的容器内，或由一端灌入清水，使肠内容物随水流出，再将肠管剪开，然后用生理盐水洗涤肠黏膜面后刮取黏膜表层，压薄镜检。洗下物和沉淀物的检查方法同胃内容物。注意观察是否有蛔虫、毛圆线虫、仰口线虫、细颈线虫、似细颈线虫、古柏线虫、莫尼茨绦虫、曲子宫绦虫、无卵黄腺绦虫、裸头绦虫、赖利绦虫、戴文绦虫、棘头虫。

大肠：把大肠分为盲肠、结肠和直肠3段，分段进行检查。先检查肠系膜淋巴结、肠壁浆膜面有无病变，然后在肠系膜附着部的对侧沿纵轴剪开肠壁，倾出内容物，内容物和肠壁黏膜的检查同小肠。注意观察大肠中有无圆线虫（马属动物）、蛲虫、食道口线虫、夏伯特线虫；盲肠有无毛尾线虫；网膜及肠系膜表面有无细颈囊尾蚴。

肝脏、胰腺和脾脏的检查：首先观察肝表面有无寄生虫结节，如有可做压片检查。分离胆囊，把胆汁挤入烧杯中，用生理盐水稀释，待自然沉淀后检查沉淀物；并将胆囊黏膜刮下物压片镜检。沿胆管剪开肝脏，检查其中虫体，而后将其撕成小块，用手挤压，反复淘洗，最后在沉淀物中寻找虫体。胰腺和脾脏的检查方法同肝脏。注意检查肝脏有无肝片吸虫、双腔吸虫、细粒棘球蚴；胰脏有无阔盘吸虫。

②泌尿系统检查：切开肾，先对肾盂做肉眼检查，注意肾周围脂肪和输尿管壁有无肿瘤及包囊，再刮取肾盂黏膜检查；最后将肾实质切成薄片，压于两载玻片间，在放大镜或解剖镜下检查。膀胱检查方法与胆囊相同，收集尿液，用反复沉淀法处理。按检查肠黏膜的方法检查输尿管。注意肾盂、肾周围脂肪和输尿管壁等处有无有齿冠尾线虫（猪肾虫）等。

③生殖器官的检查：切开，检查内腔，并刮下黏膜，压片检查。怀疑为马媾疫和牛胎儿毛滴虫时，应涂片染色后，用油镜检查。

**4. 胸腔脏器的取出和检查**

**(1) 胸腔脏器的取出** 按一般解剖方法打开胸腔以后，观察脏器的自然位置和状态后，注意观察脏器表面有无细颈囊尾蚴和棘球蚴。连同食管和气管摘取胸腔内的全部脏器，再采集胸腔内的液体用水洗沉淀法检查。

**(2) 胸腔脏器的检查**

①呼吸系统检查（肺脏和气管）：从喉头沿气管、支气管剪开，寻找虫体，发现虫体应直接采取。然后用小刀或载玻片刮取黏液在解剖镜下检查。肺组织按肝脏处理方法处理。注意气管和支气管、细支气管和肺泡中有无肺线虫。

②心脏及大血管检查：先观察心脏表面，检查心外膜及冠状动脉沟。剖开心脏和大血管，注意观察心肌中是否有囊尾蚴（猪、牛），将内容物洗于生理盐水中，反复沉淀法处理，注意血液中有无日本血吸虫、丝虫等。将心肌切成薄片压片镜检，观察有无旋毛虫和住肉孢子虫。

**5. 头部各器官的检查**

头部从枕骨后方切下，首先检查头部各个部位和感觉器官。然后沿鼻中隔的左或右约0.3cm处的矢状面纵形锯开头骨，撬开鼻中隔，进行检查。

**(1) 眼部的检查** 先将眼睑黏膜及结膜在水中刮取表层，沉淀后检查，最后剖开眼球将眼房液收集在培养皿内，在放大镜下检查是否有丝虫的幼虫、囊尾蚴、吸吮线虫等寄生。

**(2) 口腔的检查** 肉眼观察唇、颊、牙齿间、舌肌等，注意观察有无囊尾蚴、蝇蛆和筒线虫等。

**(3) 鼻腔和鼻窦的检查** 沿两侧鼻翼和内眼角连线切开，再沿两眼内角连线锯开，然后在水中冲洗后检查沉淀物。注意观察有无羊鼻蝇蛆、疥癣、锯齿状舌形虫等寄生。

**(4) 脑部和脊髓的检查** 劈开颅骨和脊髓管，检查脑（大、小脑等）和脊髓；先用肉眼检查有无绦虫蚴（脑多头蚴或猪囊尾蚴）、羊鼻蝇蛆寄生。再切成薄片压薄镜检，检查有无微丝蚴寄生。

**6. 肌肉的检查**

采取全身有代表性的肌肉进行肉眼观察和压片镜检。如采取咬肌、腰肌和臀肌等检查囊尾蚴；采取膈肌脚检查旋毛虫和住肉孢子虫；采取牛、羊食道等肌肉检查住肉孢子虫。

**7. 虫体收集**

发现虫体后,用分离针挑出,用生理盐水洗净虫体表面附着物后,放入预先盛有生理盐水和记有编号与脏器名称标签的平皿内,然后进行待鉴定和固定(虫体的保存和固定方法参见本项目的知识拓展)。但应注意:寄生于肺部的线虫应在略为洗净后尽快投入固定液中,否则虫体易于破裂。当遇到绦虫以头部附着于肠壁上时,切勿用力猛拉,应将此段肠管连同虫体剪下浸入清水中,5~6h 后虫体会自行脱落,体节也会自然伸直。为了检获沉渣中小而纤细的虫体,可在沉渣中滴加浓碘液,使粪渣和虫体均染成棕黄色,然后用5%硫代硫酸钠溶液脱去其他物质的颜色,虫体着色后不脱色,仍保持棕黄,故棕色虫体易于辨认。

鉴定后的虫体放入容器中保存,并贴好标签。标签上应写明:动物的种类、性别、年龄、解剖编号、虫体寄生部位、初步鉴定结果、剖检日期、地点、解剖者姓名、虫体数目等。可用双标签,即投入容器中的内标签和贴在容器外的外标签,内标签可用普通铅笔书写。

**8. 结果登记**

剖检结果要记录在寄生虫病学剖检登记表中并统计寄生虫的总数、各种(属、科)寄生虫的感染率和感染强度(表 15-8)。

表 15-8　畜禽寄生虫剖检记录表

| 剖检地点: | | 剖检者姓名: | | | 剖检日期: | 年　月　日 | |
|---|---|---|---|---|---|---|---|
| 动物编号 | | 产地 | | 畜禽类别 | | 品种 | |
| 性别 | | 年龄 | | 死因 | | 其他 | |
| 临床表现 | | | | | | | |
| 寄生虫收集情况 | 寄生部位 | | 虫　名 | 数目(条) | 瓶号 | 主要病变 | 备　注 |
| | | | | | | | |
| | | | | | | | |
| | | | | | | | |
| | | | | | | | |
| | | | | | | | |
| 备注 | | | | | | | |

**【注意事项】**

①如果器官内容物中的虫体很多,短时间内不能挑取完时,可将沉淀物中加入3%福尔马林保存。

②在应用反复沉淀法时,应注意防止微小虫体随水倒掉。

③采取虫体时应避免将其损坏,病理组织或含虫组织标本用10%甲醛溶液固定保存。对有疑问的病理组织应做切片检查。

**【训练报告】**　根据检查结果,填写剖检记录,写出一份剖检报告。

# 技能实训 21　驱虫技术

**【实训目标】**　使学生熟悉大群驱虫的准备和组织工作，掌握驱虫技术、驱虫中的注意事项和驱虫效果的评定方法。

**【设备材料】**

(1)表格　驱虫用各种记录表格。

(2)器材与药品　各种给药用具、称重或估重用具、粪学检查用具等；常用各种驱虫药。

(3)实验动物　现场的病畜或病禽。

**【内容及方法】**

**1. 驱虫药的选择**

选择驱虫药时一般应考虑药物的安全、高效、广谱、使用方便、价格低廉、药源丰富等条件，这些对养殖场的预防性驱虫尤为重要。

(1)**高效**　所谓高效的抗寄生虫药即对成虫、幼虫，甚至虫卵都有很好的驱杀效果，且使用剂量小。一般来说，其虫卵减少率应达95%以上，若小于70%则属较差。但目前较好的抗蠕虫药也难达到如此效果，多数驱虫药仅对成虫或部分幼虫有效，而对虫卵几乎无作用或作用较弱。因此，使用对幼虫和虫卵无效者则需间隔一定时间重复用药。

(2)**广谱**　广谱是指驱虫范围广。家畜的寄生虫病多属混合感染，因此要注意选择广谱驱虫药以达到一次投药能驱除多种寄生虫的目的。如吡喹酮可用于治疗血吸虫和绦虫感染；伊维菌素对线虫和体外寄生虫有效；阿苯达唑对线虫、绦虫和吸虫均有效。在实际应用中可根据具体情况，联合用药以扩大驱虫范围。如硝氯酚与左咪唑的复合疗法可以驱除牛的胃肠道线虫、肺线虫和肝片吸虫。

(3)**安全低毒**　一方面指治疗量不具有急性中毒、慢性中毒、致畸形和致突变作用；另一方面，应对人类安全，尤其是食品动物应用后，药物应不残留于肉、蛋和乳及其制品中，或可通过遵守休药期等措施控制药物在动物性食品中的残留。

(4)**方便**　方便多指投药方便。如驱肠道蠕虫时，应选择可以饮水或混饲的药物，并且应无味、无臭、适口性好则较为理想。杀体外寄生虫药应能溶于一定溶剂中，以喷雾方式给药。这样可节约人力、物力，提高工作效率。

(5)**价格低廉**　畜禽属经济动物，在驱虫时必然要考虑到经济核算，尤其是在牧区或规模化养殖时，家畜较多，用药量大，价格一定要低廉，以便降低养殖成本。

**2. 驱虫时间**

一定要依据当地动物寄生虫病流行病学调查的结果来确定。常有两种时机，一是在虫体尚未成熟前，以减少虫卵对外界环境的污染；二是秋冬季，有利于保护动物安全越冬。

**3. 用药量的确定**

驱虫药多是按体重计算药量的，所以首先用称量法或体重估算法确定驱虫畜禽的体重，再根据体重确定药量和悬浮液的给药量。每头(只)动物平均用药量的确定，以体重最低动物的使用剂量不高于最高剂量,体重最高动物的使用剂量又不低于最低剂量为前提,可采取以下公式来计算。

$$每头(只)剂量 = \frac{最低值体重(kg) \times 最高剂量(mg/kg) + 最高值体重(kg) \times 最低剂量(mg/kg)}{2 \times 1000}$$

**4. 药物的配制与给药**

应按药物要求配制给药。预防性驱虫,特别是对大群动物的驱虫,常将驱虫药混于饮水、饲料或饲草。若所用药物难溶于水,可配成混悬液,即先将淀粉、面粉或玉米粉加入少量水中,搅拌均匀后再加入药物继续搅匀,最后加足量水即成。使用时边用边搅拌,以防上清下稠,影响驱虫效果及安全。

应根据所选药物的要求和养殖场的具体条件,选择相应的给药方法,具体投药技术与临床常用给药法相同。如家禽多为群体给药(饮水和拌料给药)。

**5. 驱虫的实施和动物的管理**

最主要的是在投药前和投药后排虫期间的管理。

①驱虫前将动物的来源、健康状况、年龄、性别等逐头编号登记。为使驱虫药用量准确,要预先称重估重。

②根据驱虫目的和需要合理选择驱虫药,并计算剂量,确定剂型、给药方法和疗程。对药品的生产单位、批号等加以记载。

③在进行大群驱虫之前,最好选择少数有代表性的畜禽(包括不同年龄、性别、体况的畜禽)先做预试,并观察药物效果及安全性。

④采用口服法驱除肠道寄生虫时,动物应空腹给药,使药物直接与虫体接触,充分发挥作用。

⑤给药前后1~2d应观察整个群体,注意给药前后的变化,尤其是用药后3~5h,密切观察畜禽是否有毒性反应,尤其是大规模驱虫时要特别注意。如发现较重的副作用或中毒现象应及时抢救。

⑥在排虫期间应设法控制所有动物排出的成虫、幼虫或虫卵的散布,并加以杀灭。一般在动物驱虫后5d内,应将所排出的粪便及时清扫,利用发酵的办法集中处理粪便,杀死粪便内的寄生虫虫体和虫卵。放牧的家畜应留圈3~5d,将粪便集中堆积发酵处理。5d后应把驱虫动物驻留过的场地彻底清扫、消毒,以消灭残留的寄生虫虫体和虫卵。

⑦在驱虫期间还应加强对动物的看管和必要的护理,注意饲料、饮水卫生,避免虫卵等污染饲料和饮水。同时,要注意适当的运动,役畜在驱虫期间最好停止使役。

⑧驱虫后要进行驱虫效果评定,必要时进行第二次驱虫。重复驱虫可以杀灭由幼虫发育而成的成虫,一般在第一次驱虫后7d左右再重复驱虫一次。

**6. 驱虫的注意事项**

①正确选择驱虫药物,避免畜禽发生药物中毒。使用某种抗寄生虫药驱虫时,药物的用量最好按《中华人民共和国兽药典》或《中华人民共和国兽药规范》所规定的剂量。若用药不当,可能引起毒性反应,甚至导致畜禽死亡。因此,要注意药物的使用剂量、给药间隔和疗程。并且要注意群体驱虫给药时,方法要正确,药物搅拌要均匀。

②防止寄生虫产生耐药性。小剂量多次或长期使用某些抗寄生虫药物,虫体对该药物

可产生耐药性,尤其是球虫对抗球虫药极易产生耐药。因此,在制订动物的驱、杀虫计划时,应定期更换或轮换使用几种不同的抗寄生虫药,以避免或减少因长期或反复使用某些抗寄生虫药而导致虫体产生耐药性。

③要了解驱虫药在体内残留时间,以便在宰前适当时间停药,以免危害人类的健康。如我国规定左旋咪唑在牛、羊、猪、禽的肌肉、脂肪、肾中的最高残留限量均为 10μg/kg,肝为 100pg/kg。内服盐酸左旋咪唑在牛、羊、猪、禽的休药期分别是 2d、3d、3d、28d;牛、羊、猪皮下或肌内注射盐酸左旋咪唑的休药期分别是 14d、28d、28d。

**7. 驱虫效果评定**

驱虫之后,经过一段时间(1个月左右),应抽查一定数量的驱虫动物以了解驱虫效果,并了解存在问题,通过对比驱虫前后的各项检测结果,来评定驱虫效果。评定项目如下:

①发病率和死亡率:对比驱虫前后的发病率和死亡率。

②营养状况:对比驱虫前后机体营养状况的变化。

③临床表现:观察驱虫前后临床症状减轻与消失情况。

④生产能力:对比驱虫前后的生产性能。

⑤寄生虫情况:一般通过虫卵减少率、虫卵转阴率和驱虫率来确定,必要时通过剖检计算粗计和精计驱虫效果。驱虫疗效通常采用虫卵减少率、虫卵消失率或精计驱虫率和粗计驱虫率几种指标来表示。虫卵减少或消失率是根据虫卵减少或消失的情况来测定驱虫效果的方法。通过粪便检查挑选自然感染的动物,用药后 15~20d 再进行粪便检查,计算虫卵减少率、虫卵转阴率和驱净率。通常以虫卵减少率代表驱虫率。

$$虫卵减少率 = \frac{驱虫前平均虫卵数/g - 驱虫后平均虫卵数/g}{驱虫前平均虫卵数/g} \times 100\%$$

$$虫卵转阴率 = \frac{虫卵转阴动物数}{驱虫动物数} \times 100\%$$

$$驱净率 = \frac{驱净虫体的动物数}{全部实验动物数} \times 100\%$$

用检查虫卵来判定疗效的方法,其最大优点是经济、省力,不必剖杀动物,只需进行驱虫前后的粪便检查。缺点是结果不够精确,特别是对于虫卵检出率较低的蠕虫。

精计驱虫率是用驱虫后驱出虫体数来测定驱虫效果的方法。在驱虫前对粪便检查确定为自然感染某种寄生虫的动物进行驱虫。将驱虫后 3~5d 内所排出的粪便用粪兜全部收集起来,进行水洗沉淀,计算并鉴定驱出虫体的数量和种类;最后抽查剖检动物,收集并计算残留在动物体内各种虫体的数量,鉴定其种类,然后按下列公式计算,以确定疗效。

$$精计驱虫率 = \frac{排出虫体数}{排出虫体数 + 残留虫体数} \times 100\%$$

对于寄生于肝、肺、胰、肠系膜血管等器官的蠕虫,驱虫效果可用粗计驱虫率来评价。

$$粗计驱虫率 = \frac{对照动物荷虫总数 - 驱虫后实验动物(体)内残留活虫数}{对照动物荷虫总数} \times 100\%$$

【训练报告】 撰写畜(禽)驱虫总结报告。

# 参考文献

孔繁瑶，2010. 家畜寄生虫学[M]. 2版. 北京：中国农业大学出版社.
李国清，2007. 高级寄生虫学[M]. 北京：高等教育出版社.
朱兴全，2006. 小动物寄生虫病学[M]. 北京：中国农业科技出版社.
杨光友，2005. 动物寄生虫病学[M]. 成都：四川科学技术出版社.
李清艳，2012. 动物传染病学[M]. 北京：中国农业科技出版社.
陈溥言，2015. 兽医传染病学[M]. 6版. 北京：中国农业出版社.
聂奎，2007. 动物寄生虫病学[M]. 重庆：重庆大学出版社.
张西臣，2010. 动物寄生虫病学[M]. 3版. 北京：科学出版社.
张宏伟，2014. 动物寄生虫病[M]. 3版. 北京：中国农业出版社.
谢拥军，2009. 动物寄生虫病防治技术[M]. 北京：化学工业出版社.
何昭阳，2007. 动物传染学导读[M]. 北京：中国农业出版社.
宋铭忻，2009. 兽医寄生虫学[M]. 北京：科学出版社.
德怀特·D，2013. 兽医寄生虫学[M]. 9版. 李国清，译. 北京：中国农业出版社.
秦建华，李国清，2005. 动物寄生虫学实验教程[M]. 北京：中国农业大学出版社.
张西臣，李建华，2017. 动物寄生虫病学[M]. 4版. 北京：科学出版社.
李祥瑞，2004. 动物寄生虫病彩色图谱[M]. 北京：中国农业出版社.
扎雅克，康柏，2015. 兽医临床寄生虫学：兽医实验室系列[M]. 8版. 殷宏，译. 北京：中国农业出版社.
杜宗沛，2012. 动物疫病[M]. 北京：中国农业科技出版社.

# 附 录

## OIE 动物疫病分类

**A 类疾病(共 15 种)**

口蹄疫、水疱性口炎、猪水泡病、猪瘟、非洲猪瘟、非洲马瘟、牛瘟、牛传染性胸膜肺炎、蓝舌病、小反刍兽疫、裂谷热、疙瘩皮肤病、绵羊痘和山羊痘、禽流行性感冒(高致病性禽流感)、鸡新城疫。

**B 类疾病(共 85 种)**

多种动物共患病(11 种):炭疽、伪狂犬病、棘球蚴病、心水病、钩端螺旋体病、新蝇蛆病、旧蝇蛆病、副结核病、Q 热、狂犬病、旋毛虫病。

牛病(15 种):牛边虫病、牛巴贝斯焦虫病、布鲁菌病、牛囊尾蚴病、牛生殖道弯曲菌病、牛海绵状脑病、结核病、嗜皮菌病、牛白血病、牛出血性败血病、传染性鼻气管炎、恶性卡他热、泰勒焦虫病、毛滴虫病、牛锥虫病。

绵羊和山羊病(11 种):绵羊和山羊布鲁菌病、山羊关节炎-脑炎、接触传染性无乳症、山羊传染性胸膜肺炎、绵羊地方性流产(衣原体病)、梅迪-维斯纳病、内罗毕羊病、绵羊附睾炎(羊布鲁菌引起)、肺腺瘤病、沙门氏菌病、痒病。

马病(15 种):马传染性贫血、马流行性淋巴管炎、马鼻疽、巴贝斯焦虫病、伊氏锥虫病、马传染性子宫炎、马媾疫、马脑脊髓炎、马流感、马鼻肺炎、马病毒性动脉炎、马螨病、马痘、马日本脑炎、委内瑞拉脑炎。

猪病(6 种):猪传染性萎缩性鼻炎、猪囊尾蚴病、猪繁殖与呼吸综合征、肠病毒性脑脊髓炎、猪布鲁菌病、猪传染性胃肠炎。

禽病(13 种):鸡传染性支气管炎、鸡传染性喉气管炎、鸡败血支原体感染、鸭瘟、鸭病毒性肝炎、禽霍乱、禽痘、鸡传染性法氏囊病、鸡马立克病、鸡白痢、禽结核病、衣原体病、鸡伤寒。

兔病(3 种):兔病毒性出血症、兔黏液瘤病、野兔热。

蜜蜂病(5 种):蜜蜂螨病、美洲幼虫腐臭病、欧洲幼虫腐臭病、蜜蜂孢子虫病、大蜂螨病。

鱼病(5 种):病毒性出血性败血症、鲤鱼病毒症、地方流行性造血器官坏死、鱼传染性造血器官坏死、大马哈鱼病毒病。

其他动物病(1 种):利什曼病。

# 一、二、三类动物疫病病种名录

《中华人民共和国动物防疫法》根据动物疫病对养殖业生产和人体健康的危害程度,将动物疫病分为下列三类:一类疫病,是指对人畜危害严重,需要采取紧急、严厉的强制预防、控制、扑灭措施的;二类疫病，是指可造成重大经济损失，需要采取严格控制、扑灭措施，防止扩散的；三类疫病，是指常见多发、可能造成重大经济损失、需要控制和净化的。

**一类动物疫病(17种)**

口蹄疫、猪水泡病、猪瘟、非洲猪瘟、高致病性猪蓝耳病、非洲马瘟、牛瘟、牛传染性胸膜肺炎、牛海绵状脑病、痒病、蓝舌病、小反刍兽疫、绵羊痘和山羊痘、高致病性禽流感、新城疫、鲤春病毒血症、白斑综合征。

**二类动物疫病(77种)**

多种动物共患病(9种)：狂犬病、布鲁氏菌病、炭疽、伪狂犬病、魏氏梭菌病、副结核病、弓形虫病、棘球蚴病、钩端螺旋体病。

牛病(8种)：牛结核病、牛传染性鼻气管炎、牛恶性卡他热、牛白血病、牛出血性败血病、牛梨形虫病(牛焦虫病)、牛锥虫病、日本血吸虫病。

绵羊和山羊病(2种)：山羊关节炎脑炎、梅迪-维斯纳病。

猪病(12种)：猪繁殖与呼吸综合征(经典猪蓝耳病)、猪乙型脑炎、猪细小病毒病、猪丹毒、猪肺疫、猪链球菌病、猪传染性萎缩性鼻炎、猪支原体肺炎、旋毛虫病、猪囊尾蚴病、猪圆环病毒病、副猪嗜血杆菌病。

马病(5种)：马传染性贫血、马流行性淋巴管炎、马鼻疽、马巴贝斯虫病、伊氏锥虫病。

禽病(18种)：鸡传染性喉气管炎、鸡传染性支气管炎、传染性法氏囊病、马立克氏病、产蛋下降综合征、禽白血病、禽痘、鸭瘟、鸭病毒性肝炎、鸭浆膜炎、小鹅瘟、禽霍乱、鸡白痢、禽伤寒、鸡败血支原体感染、鸡球虫病、低致病性禽流感、禽网状内皮组织增殖症。

兔病(4种)：兔病毒性出血病、兔黏液瘤病、野兔热、兔球虫病。

蜜蜂病(2种)：美洲幼虫腐臭病、欧洲幼虫腐臭病。

鱼类病(11种)：草鱼出血病、传染性脾肾坏死病、锦鲤疱疹病毒病、刺激隐核虫病、淡水鱼细菌性败血症、病毒性神经坏死病、流行性造血器官坏死病、斑点叉尾鲴病毒病、传染性造血器官坏死病、病毒性出血性败血症、流行性溃疡综合征。

甲壳类病(6种)：桃拉综合征、黄头病、罗氏沼虾白尾病、对虾杆状病毒病、传染性皮下和造血器官坏死病、传染性肌肉坏死病。

**三类动物疫病(63种)**

多种动物共患病(8种)：大肠杆菌病、李氏杆菌病、类鼻疽、放线菌病、肝片吸虫病、丝虫病、附红细胞体病、Q热。

牛病(5种)：牛流行热、牛病毒性腹泻/黏膜病、牛生殖器弯曲杆菌病、毛滴虫病、牛皮蝇蛆病。

绵羊和山羊病(6种)：肺腺瘤病、传染性脓疱、羊肠毒血症、干酪性淋巴结炎、绵羊疥癣，绵羊地方性流产。

马病(5种)：马流行性感冒、马腺疫、马鼻腔肺炎、溃疡性淋巴管炎、马媾疫。

猪病(4种)：猪传染性胃肠炎、猪流行性感冒、猪副伤寒、猪密螺旋体痢疾。

禽病(4种)：鸡病毒性关节炎、禽传染性脑脊髓炎、传染性鼻炎、禽结核病。

蚕、蜂病(7种)：蚕型多角体病、蚕白僵病、蜂螨病、瓦螨病、亮热厉螨病、蜜蜂孢子虫病、白垩病。

犬、猫等动物病(7种)：水貂阿留申病、水貂病毒性肠炎、犬瘟热、犬细小病毒病、犬传染性肝炎、猫泛白细胞减少症、利什曼病。

鱼类病(7种)：鲴类肠败血症、迟缓爱德华氏菌病、小瓜虫病、黏孢子虫病、三代虫病、指环虫病、链球菌病。

甲壳类病(2种)：河蟹颤抖病、斑节对虾杆状病毒病。

贝类病(6种)：鲍脓疱病、鲍立克次体病、鲍病毒性死亡病、包纳米虫病、折光马尔太虫病、奥尔森派琴虫病。

两栖与爬行类病(2种)：鳖腮腺炎病、蛙脑膜炎败血金黄杆菌病。